中文版

Premiere Pro CS6 完全自学教程

（第2版）

时代印象 编著

人民邮电出版社
北京

图书在版编目（CIP）数据

中文版Premiere Pro CS6完全自学教程 / 时代印象编著. -- 2版. -- 北京 : 人民邮电出版社, 2018.1（2019.8重印）
ISBN 978-7-115-47044-7

Ⅰ. ①中… Ⅱ. ①时… Ⅲ. ①视频编辑软件—教材 Ⅳ. ①TN94

中国版本图书馆CIP数据核字(2017)第257611号

内 容 提 要

这是一本细致介绍Premiere Pro CS6各项功能及应用的书，内容丰富，技术全面，是入门级读者快速、全面掌握Premiere技术及应用的参考书。

Premiere Pro CS6是一款数字视频编辑软件，功能强大，易于掌握，为制作数字视频作品提供了完整的创作环境。本软件在视频编辑领域的应用十分广泛，是进行视频编辑工作的利器。

本书详细地介绍了视频编辑的流程和方法，可以帮助用户快速掌握Premiere Pro CS6的使用方法。全书共20章，分别讲述了数字视频编辑的基础知识、字幕和动画设计、视频特效处理以及视频输出等技术。在讲解技术的过程中，辅以数百个实例，让读者在学习的过程中快速掌握技术，并且通过提示、知识窗等来加深读者对视频技术的理解。

本书附带下载资源，内容包括书中所有实例的源文件、素材文件和各个实例的视频教学录像，以及综合实例的电子书文件，读者可通过在线方式获取这些资源，具体方法请参看本书前言。

本书内容全面、结构严谨、组织清晰，而且图文并茂、指导性强。无论用户是在视频编辑方面具有一定经验和水平的专业人士，还是对视频编辑感兴趣的初学者，都可以在本书中找到适合自己的内容。

◆ 编　　著　时代印象
责任编辑　张丹丹
责任印制　陈　犇

◆ 人民邮电出版社出版发行　　北京市丰台区成寿寺路11号
邮编　100164　　电子邮件　315@ptpress.com.cn
网址　http://www.ptpress.com.cn
北京虎彩文化传播有限公司印刷

◆ 开本：787×1092　1/16
印张：23.75
字数：691千字　　2018年1月第2版
印数：3 301－3 900册　　2019年8月北京第3次印刷

定价：108.00元

读者服务热线：(010)81055410　印装质量热线：(010)81055316
反盗版热线：(010)81055315
广告经营许可证：京东工商广登字20170147号

案例文件：第9章 新手练习——应用切换效果.Prproj
技术掌握：为视频素材应用切换效果的方法

案例文件：第9章 高手进阶——逐个显示的文字.Prproj
技术掌握：应用“插入”切换效果的方法

案例文件：第9章 高手进阶——制作电子相册.Prproj
技术掌握：应用各种切换效果的方法

案例文件：第9章 高手进阶——应用默认切换效果.Prproj
技术掌握：应用默认切换效果的方法

案例文件：第9章 新手练习——编辑切换效果.Prproj
技术掌握：编辑切换效果的方法

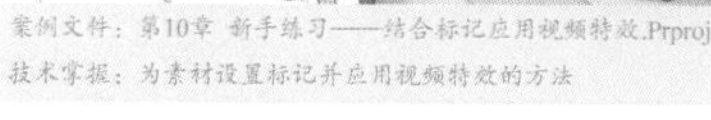

案例文件：第10章 新手练习——结合标记应用视频特效.Prproj
技术掌握：为素材设置标记并应用视频特效的方法

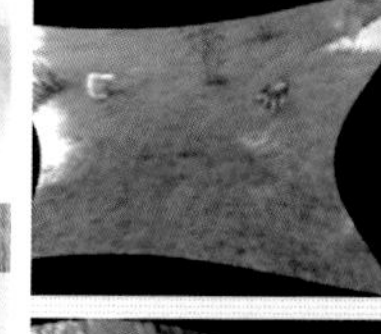

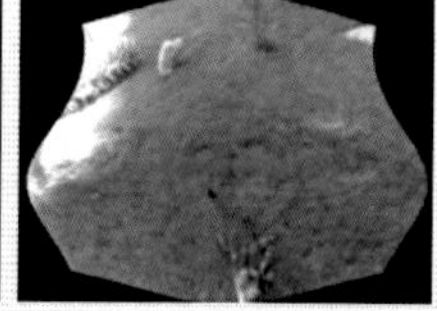

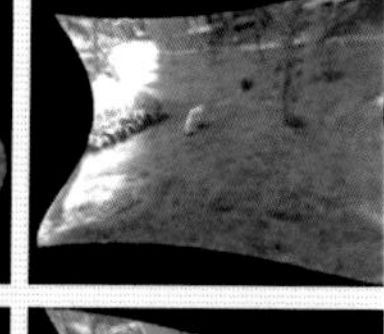

案例文件：第10章 新手练习——对素材应用视频特效.Prproj
技术掌握：对常用素材应用视频特效的方法

案例文件：第10章 高手进阶——制作漂浮的杯子.Prproj
技术掌握：结合应用关键帧和视频特效的方法

案例文件：第10章 高手进阶——为视频添加灯光特效.Prproj
技术掌握：使用“特效控制台”面板处理值图和速度图的方法

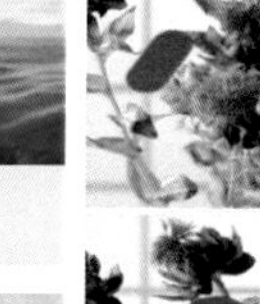

案例文件：第11章 高手进阶——制作书写效果.Prproj
技术掌握：应用“书写”特效并设置书写效果的方法

案例文件：第11章 新手练习——设置色彩传递颜色.Prproj
技术掌握：应用“色彩传递”特效并设置色彩传递颜色的方法

案例文件：第11章 高手进阶——制作运动残影.Prproj
技术掌握：应用“残像”视频特效的方法

案例文件：第12章 新手练习——应用“键控”特效.Prproj
技术掌握：对素材应用“键控”特效的方法

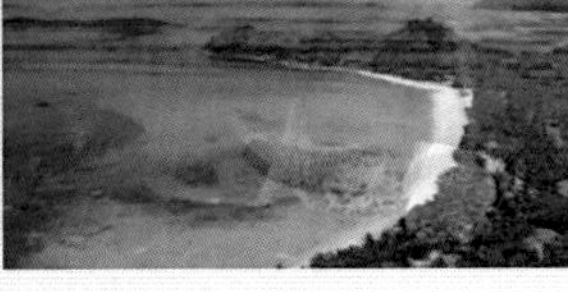

案例文件：第12章 新手练习——在“特效控制台”面板中设置渐隐.Prproj
技术掌握：在“特效控制台”面板中使用透明度图形线控制渐隐轨道的方法

案例文件：第12章 高手进阶——使用关键帧控制渐隐效果.Prproj
技术掌握：在透明度图形线上添加关键帧来控制渐隐轨道的方法

案例文件：第12章 高手进阶——使用“特效控制台”面板设置“键控”.Prproj
技术掌握：使用“特效控制台”面板制作“键控”效果控件动画的方法

案例文件：第12章 新手练习——使用“键控”特效创建叠加效果
技术掌握：使用“轨道遮罩键”创建文字与素材的叠加效果的方法

案例文件：第12章 高手进阶——创建叠加背景效果.Prproj
技术掌握：使用“颜色键”和“基本信号控制”效果，将两个视频素材叠加到一起的方法

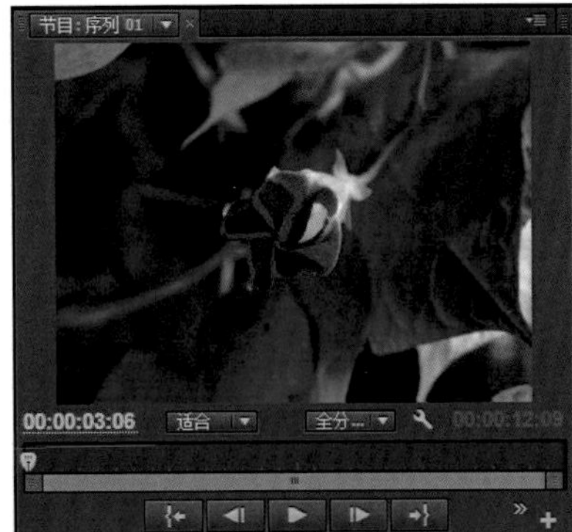

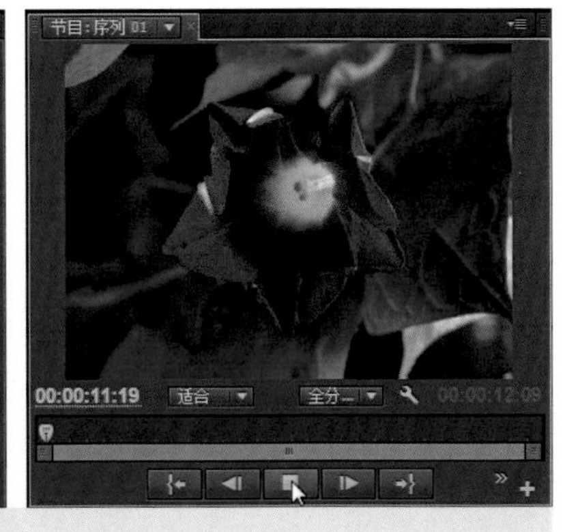

案例文件：第13章 新手练习——修改素材的播放速度.Prproj
技术掌握：使用关键帧点插入法的方法

案例文件：第13章 高手进阶——创建飞行的飞机效果.Prproj
技术掌握：使用关键帧添加运动效果的方法

案例文件：第13章 高手进阶——制作平滑的飞行轨迹.Prproj
技术掌握：使用关键帧点插入法的方法

案例文件：第13章 高手进阶——花朵的扭曲开放.Prproj
技术掌握：使用视频特效制作运动效果的方法

案例文件：第13章 新手练习——修改运动状态.Prproj
技术掌握：使用运动控件调整素材的方法

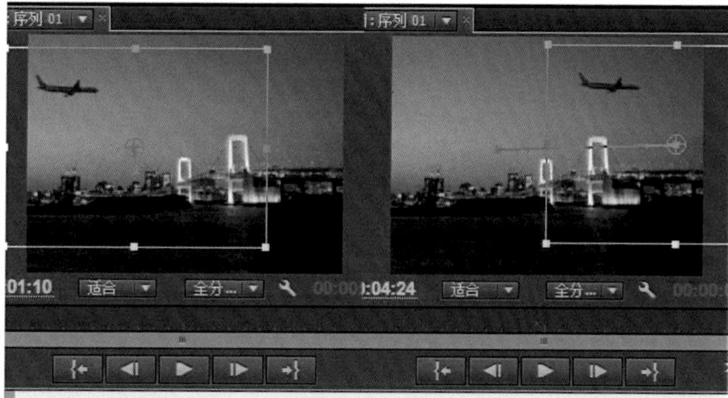

案例文件：第13章 新手练习——修改运动关键帧.Prproj
技术掌握：使用“特效控制台”或“时间线”面板移动关键帧点的方法

案例文件：第14章 高手进阶——创建描边文字.Prproj
技术掌握：使用描边文字将填充颜色和阴影颜色分开的方法

案例文件：第14章 高手进阶——创建阴影文字.Prproj
技术掌握：创建阴影文字的方法

案例文件：第14章 高手进阶——创建斜面立体文字.Prproj
技术掌握：使用斜面文字和图形对象添加三维立体效果的方法

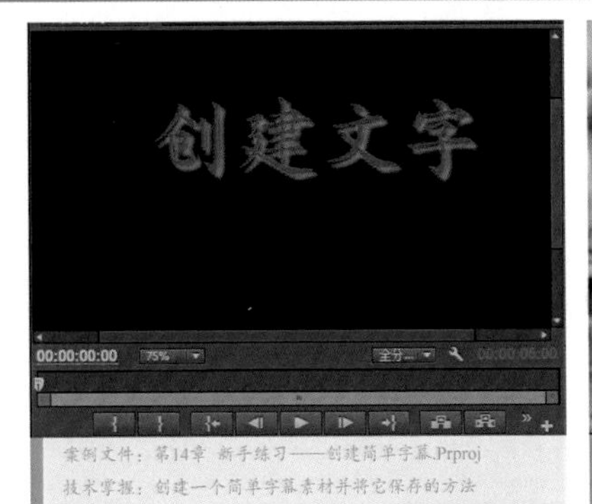

案例文件：第14章 新手练习——创建简单字幕.Prproj
技术掌握：创建一个简单字幕素材并将它保存的方法

案例文件：第14章 新手练习——"实色"填充文字.Prproj
技术掌握：应用"实色"填充文字的方法

案例文件：第14章 新手练习——添加文字光泽.Prproj
技术掌握：为文字制造光泽和阴影效果的方法

案例文件：第14章 新手练习——创建连接的直线段.Prproj
技术掌握：使用"钢笔工具"通过建立锚点的操作绘制直线段的方法

案例文件：第14章 新手练习——将矩形转换成菱形.Prproj
技术掌握：使用"钢笔工具"将矩形转换成菱形的方法

案例文件：第14章 新手练习——绘制曲线.Prproj
技术掌握：绘制曲线的方法

案例文件：第14章 高手进阶——在素材中使用标记.Prproj
技术掌握：创建插入标记的字幕

案例文件：第14章 高手进阶——创建按钮标记.Prproj
技术掌握：通过填充不同的渐变色来表现质感效果的方法

案例文件：第14章 高手进阶——创建路径文字.Prproj
技术掌握：使用"路径文字工具"创建路径文字的方法

案例文件：第14章 新手练习——创建游动字幕.Prproj
技术掌握：创建游动字幕的方法

案例文件：第18章 新手练习——校正偏暗的素材.Prproj
技术掌握：使用"快速色彩校正"特效校正偏暗素材的方法

案例文件：第18章 新手练习——校正图像亮度和对比度.Prproj
技术掌握：校正偏暗和缺少对比度的图像的方法

案例文件：第18章 高手进阶——转换文字的颜色.Prproj
技术掌握：使用"转换颜色"特效改变图像颜色的方法

案例文件：第20章 影片片头效果.Prproj
技术掌握：制作影片倒计时片头的方法

案例文件：第20章 广告宣传片.Prproj
技术掌握：制作公益广告宣传片的方法

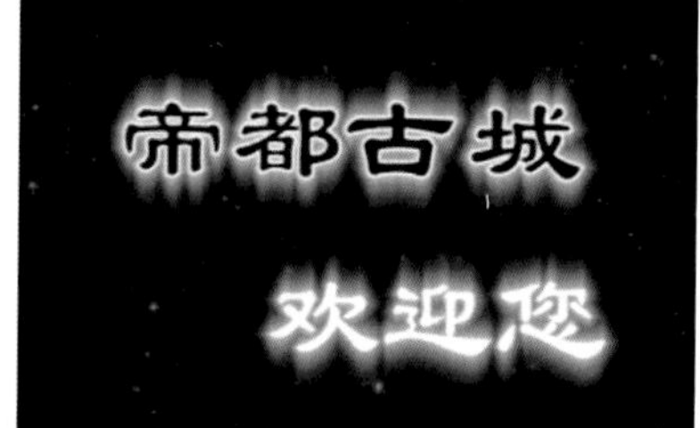

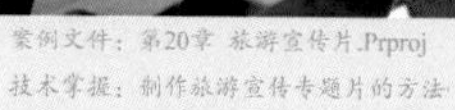

案例文件：第20章 旅游宣传片.Prproj
技术掌握：制作旅游宣传专题片的方法

案例文件：第20章 “梅花会”专题片.Prproj
技术掌握：制作“梅花会”专题片的方法

案例文件：第20章 “世界之窗”专题片.Prproj
技术掌握：制作“世界之窗”专题片的方法

前 言

Premiere是由Adobe公司推出的一款视频编辑软件，也是一款编辑画面质量比较好的软件，有较好的兼容性，可以与Adobe公司推出的其他软件相互协作。目前这款软件广泛应用于广告制作和电视节目制作。作为一款高效的视频生产全程解决软件，从开始捕捉到输出，Premiere能够与OnLocation、After Effects、Photoshop等软件进行有效协作，可以无限拓展用户的创意空间，并且可以将内容传输到DVD、蓝光光盘、Web和移动设备等。

作为一本专门讲解Premiere使用方法的图书，本书主要面向视频制作人、视频编辑人员、电影制作人、多媒体制作者，以及每一位对使用计算机创作视频作品感兴趣的人。无论是相关专业的学生，还是资深的视频制作人士，都可以选择本书作为自己的学习及参考图书。

本书是初学者自学Premiere Pro CS6的经典图书。本书全面、系统地讲解了Premiere Pro CS6的所有应用功能，基本涵盖了Premiere Pro CS6的全部工具、面板、对话框和菜单命令。图书在介绍软件功能的同时，还精心安排了65个具有针对性的新手练习实例、50个高手进阶实例和5个综合实例，帮助读者轻松掌握软件的使用技巧和具体应用，以做到学用结合。并且本书全部实例都配有多媒体视频教学录像，详细演示了实例的制作过程。

本书版式精美、注重细节、内容丰富、技术全面、学练结合，为读者提供一套完整、贴心的Premiere Pro CS6学习大餐。

本书的结构与内容

全书共20章，分别讲述了数字视频编辑的基础知识、字幕和动画设计、视频特效处理以及视频输出等技术。在讲解技术的过程中，辅以上百个实例，让读者在学习过程中快速掌握技术，并且还通过小技巧、知识窗等来拓展读者对技术的理解深度。

本书内容全面、结构严谨、组织清晰，而且图文并茂、指导性强。无论用户是在视频编辑方面具有一定经验和水平的专业人士，还是对视频编辑感兴趣的初学者，都可以在本书中找到适合自己的内容。本书附带下载资源，内容包括书中所有实例的源文件、素材文件和各个实例的视频教学录像，以及综合实例的电子书文件。

本书的版面结构说明

为了达到让读者轻松自学以及深入了解软件功能的目的，本书专门设计了“高手进阶”“知识窗”“小技巧”“新手练习”“扫码看视频”和“扫码看电子书”等项目，简要介绍如下。

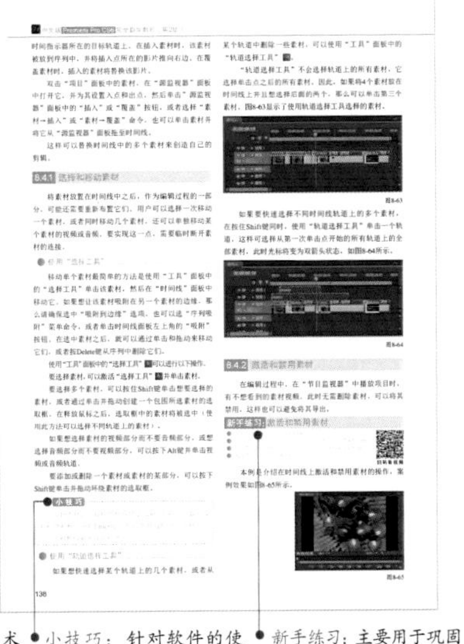

- 高手进阶：主要用于练习软件的一些高级功能，并且结合实际应用来拓展读者的视野。
- 知识窗：包含大量的技术性知识点详解，让读者深入掌握软件的各项技术。
- 小技巧：针对软件的使用技巧及实例操作过程中的难点进行重点提示。
- 新手练习：主要用于巩固和熟悉软件的基本技能，强化读者对技术的理解。
- 扫码看视频：用微信扫描该二维码，即可在线观看当前案例的视频教学录像。
- 扫码看电子书：用微信扫描该二维码，即可在线观看当前案例的电子书。

本书学习资源说明

本书附带下载资源，内容包含4个文件夹，分别是“案例文件”“素材文件”和“视频教学”，以及综合实例的“电子书文件”。“案例文件”文件夹中包含本书所有案例的工程源文件；“素材文件”文件夹中包含本书所有案例所用到的素材文件；“视频教学”文件夹中包含本书所有案例的视频教学录像；“电子书文件”文件夹中包含本书所有综合实例的电子书文件。

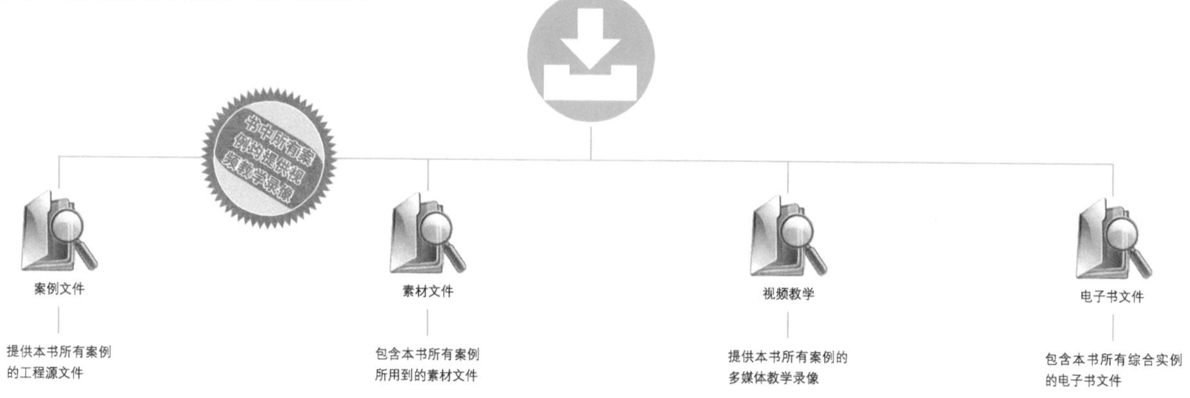

本书移动端学习说明

为了方便读者学习本书的内容，我们在本书所有“新手练习实例”“高手进阶实例”和“综合实例”的前面都配有一个“扫码看视频”二维码，用微信扫描该二维码，可以在手机或平板电脑等设备上在线观看当前案例的视频教学录像。另外，“综合实例”的前面还配有“扫码看电子书”二维码，用微信扫描该二维码，可以在手机或平板电脑等设备上在线观看当前案例的电子书。这些视频和电子书可以通过扫描封底“资源下载”二维码下载获得。建议读者使用大屏幕的移动设备观看视频和电子书，以获得较好的阅读体验。

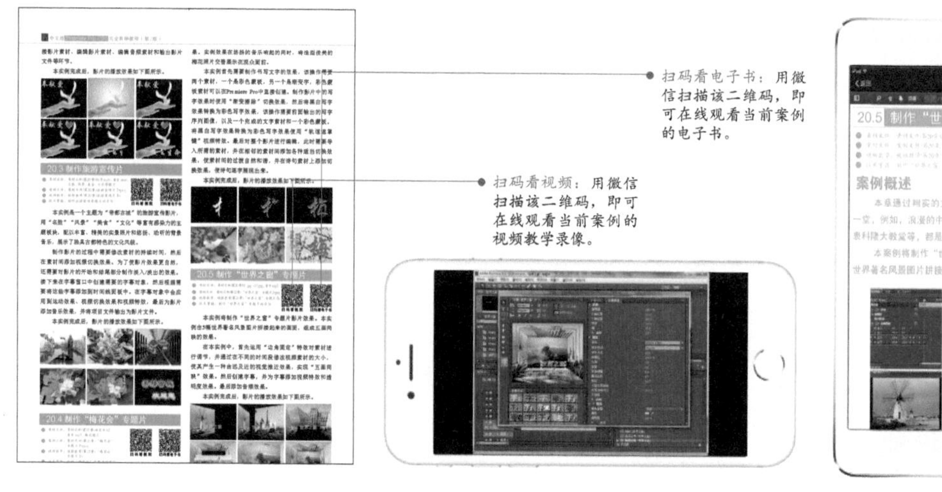

售后服务

本书所有的学习资源文件均可在线下载（或在线观看视频教程），扫描“资源下载”二维码，关注我们的微信公众号即可获得资源文件下载方式。资源下载过程中如有疑问，可通过我们的在线客服或客服电话与我们联系。在学习的过程中，如果遇到问题，也欢迎您与我们交流，我们将竭诚为您服务。

您可以通过以下方式来联系我们。

客服邮箱：press@iread360.com

客服电话：028-69182687、028-69182657

时代印象

2017年8月

目录

第11章 探索Premiere Pro视频特效... 187

第19章 导出影片 369

第20章 综合实例 379

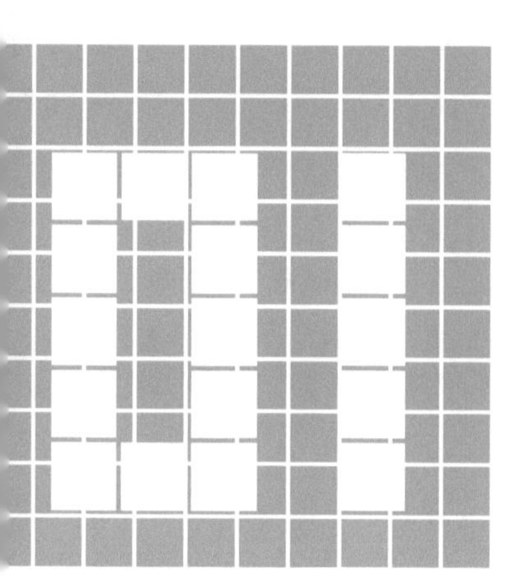

第1章 视频编辑基础

要点索引

本章概述

平时我们所看到的影视节目都是经过相应的视频压缩处理后才播放的，使用一种方法对视频内容进行压缩后，就需要用对应的方法对其进行解压缩来得到动画播放效果。使用的压缩方法不同，得到的视频编码格式也将不同。本章将介绍视频的一些基础知识，包括视频制式、数字视频和音频技术、线性编辑与非线性编辑等。

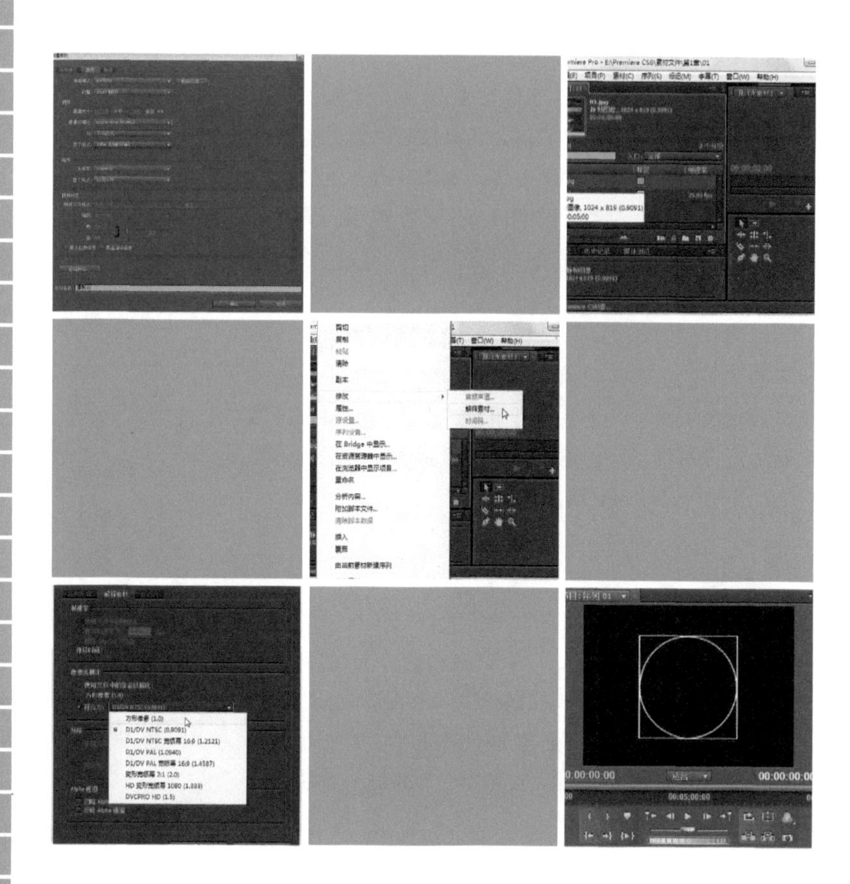

1.1 模拟视频基础

视频可以分为模拟视频和数字视频两种类型。在本节中，将学习模拟视频的相关知识，包括扫描格式、像素、帧与场的概念、视频制式概念。

1.1.1 扫描格式

扫描格式是视频标准中最基本的参数，指图像在时间和空间上的抽样参数。它主要包括图像每行的像素数、每秒的帧数以及隔行的扫描或逐行扫描。

扫描格式主要分为两类。

每帧的行数525/59.94。

每秒的场数625/50。

1.1.2 像素概念

像素是图像编辑中的基本单位。像素是一个个有色方块，图像是由许多像素以行和列的方式排列而成。文件包含的像素越多，其所含的信息越多，文件越大，图像品质越好。

1.1.3 帧概念

人们平时欣赏的电视、电影、Flash等，其实都是由一系列连续的静态图像组成的，在单位时间内的这些静态图像就称为帧。由于人眼对运动物体具有视觉残像的生理特点，所以，当某段时间内一组动作连续的静态图像依次快速显示时，就会被“感觉”是一段连贯的动画了。

电视或显示器上每秒钟扫描的帧数即是帧速率。帧速率的大小决定了视频播放的平滑程度。帧速率越高，动画效果越平滑，反之就会有阻塞。在视频编辑中也常常利用这样的特点，通过改变一段视频的帧速率，来实现快动作与慢动作的表现效果。

1.1.4 场概念

视频素材分为交错式和非交错式。交错视频的每一帧由两个场（Field）构成，称为场1和场2，也称为奇场（Odd Field）和偶场（Even Field），在Premiere中称为上场（Upper Field）和下场（Lower Field），这些场顺序显示在NTSC或PAL制式的监视器上，产生高质量的平滑图像。

场以水平分隔线的方式保存帧的内容，在显示时先显示第1个场的交错间隔内容，然后再显示第2个场来填充第1个留下的缝隙。

1.1.5 视频的制式

视频经过处理后就可以进行播放，最常见的就是平时所看的电视节目。由于世界上各个国家对电视影像制定的标准不同，其制式也有一定的区别。制式的区别主要表现在帧速率、分辨率、信号带宽等方面。

现行的彩色电视制式有3种。

● NTSC（National Television System Committee）

NTSC主要在美国、加拿大、日本、韩国等被采用。

帧频：30。

行/帧：525。

亮度带宽：4.2。

色度带宽：1.3（I），0.6（Q）。

声音载波：4.5。

● PAL（Phase Alternation Line）

PAL主要在英国、中国、澳大利亚、新西兰等地被采用。根据其中的细节可以进一步划分成G、I、D等制式，我们国家采用的是PAL-D。

帧频：25。

行/帧：625。

亮度带宽：6.0。

色度带宽：1.3（U），0.6（V）。

声音载波：6.5。

● SECAM

SECAM主要在东欧、中东等地被采用，它是一种顺序传送彩色信号与存储恢复彩色信号的制式。

帧频：25。

行/帧：625。

亮度带宽：6.0。

色度带宽：>1.0（U），>1.0（V）。

声音载波：6.5。

1.2 数字视频基础

在Premiere中编辑的视频属于数字视频，下面来了解一下数字视频的基础。

1.2.1 视频记录的方式

视频记录方式一般有两种：一种是以数字信号（Digital）的方式记录，另一种是以模拟信号（Analog）的方式记录。

数字信号以0和1记录数据内容，常用于一些新型的视频设备，如DC、Digits、Beta Cam和DV-Cam等。数字信号可以通过有线和无线的方式传播，传输质量不会随着传输距离的变化而变化，但必须使用特殊的传输设置，在传输过程中不受外部因素的影响。

模拟信号以连续的波形记录数据，用于传统影音设备，如电视、摄像机、VHS、S-VHS、V8、Hi8摄像机等，模拟信号也可以通过有线和无线的方式传播，传输质量随着传输距离的增加而衰减。

在视频编辑中，通常用时间码来识别和记录视频数据流中的每一帧，从一段视频的起始帧到终止帧，其间的每一帧都有一个唯一的时间码地址。根据动画和电视工程师协会SMPTE（Society of Motion Picture and Television Engineers）使用的时间码标准，其格式是：小时:分钟:秒:帧，或hours:minutes:seconds:frames。例如，一段长度为00:01:25:15的视频片段的播放时间为1分钟25秒15帧，如果以每秒30帧的速率播放，则播放时间为1分钟25.5秒。

根据电影、录像和电视工业中使用的不同帧速率，各有其对应的SMPTE标准。由于技术的原因，NTSC制式实际使用的帧率是29.97fps而不是30fps，因此在时间码与实际播放时间之间有0.1%的误差。为了解决这个误差问题，设计出丢帧（drop-frame）格式，即在播放时每分钟要丢2帧（实际上是有两帧不显示而不是从文件中删除），这样可以保证时间码与实际播放时间的一致。与丢帧格式对应的是不丢帧（nondrop-frame）格式，它忽略时间码与实际播放帧之间的误差。

1.2.2 数字视频量化

模拟波形在时间上和幅度上都是连续的。数字视频为了把模拟波形转换成数字信号，必须把这两个量纲转换成不连续的值。幅度表示成一个整数值，而时间表示成一系列按时间轴等步长的整数距离值。把时间转化成离散值的过程称为采样，而把幅度转换成离散值的过程称为量化。

1.2.3 视频帧速率

如果手头有一卷动态图像的胶片，那么将它对着光就可以看到组成此作品的单个图片帧。如果看得仔细点，就会发现动作是如何创建的，即动态图像的每一帧都与前一帧稍微不同。每一帧中视觉信息的改变创造了这种动态错觉。

若拿一卷录影带对着光，是看不到任何帧的。但是，摄像机确实已经将这些图片数据存储为单个视频帧了。标准DV NTSC（北美和日本标准）视频帧速率是每秒29.97帧；欧洲的标准帧速率是每秒25帧。欧洲使用逐行倒相（Phase Alternate Line，PAL）系统。电影的标准帧速率是每秒24帧。新高清视频摄像机也可以以每秒24帧（准确地说是23.976帧）录制。

在Premiere Pro中帧速率是非常重要的，因为它能帮助测定项目中动作的平滑度。通常，项目的帧速率与视频影片的帧速率相匹配。如果使用DV设备将视频直接采集到Premiere Pro中，那么采集速率会设置为每秒29.97帧，以匹配Premiere Pro的DV项目设置帧速率。虽然想让项目帧速率与素材源影片的速率相同，但如果准备将项目发布到Web中，可能会以较低的速率导出影片。以较低帧速率导出作品，能使作品快速下载到Web浏览器中。

1.2.4 隔行扫描与逐行扫描

刚刚接触视频的电影制作人或许想知道，为什么不是所有的摄像机都以每秒24帧录制和播放影片。答案就在早期电视播放技术的要点中。视频工程师发明了一种制作图像的扫描技术，即对视频显示器内部的荧光屏每次发射一行电子束。为防止扫描到达底部之前顶部的行消失，工程师们将视频帧分成两组扫描行：偶数行和奇数行。每次扫描（称作视频场）都会向屏幕下前进1/60秒。在第1次扫描时，视频屏幕的奇数行从右向左绘制（第1、3、5行等）。第2次扫描偶数行，因为扫描得太快，所以肉眼看不到闪烁。此过程称作隔行扫描。因为每个视频场都显示1/60秒，所以一个视频帧会每1/30秒出现一次。因此，视频帧速率是每秒30帧。视频录制设备就是这样设计的，即以1/60秒的速率创建隔行扫描域。

许多更新的摄像机能一次渲染整个视频帧，因此无需隔行扫描。每个视频帧都是逐行绘制的，从第1行到第2行，再到第3行，依此类推。此过程称作逐行扫描。某些使用逐行扫描技术进行录制的摄像机能以每秒24帧的速度录制，并且能生成比隔行扫描品质更高的图像。Premiere Pro提供用于逐行扫描设备的预设。无疑，未来我们将会看到更多逐行扫描设备的视频作品。在Premiere Pro中编辑逐行扫描视频后，就可以将其导出到类似Adobe Encore DVD的程序中，在其中可以创建逐行扫描DVD。

1.2.5 画幅大小

数字视频作品的画幅大小决定了Premiere Pro项目的宽度和高度。在Premiere Pro中，画幅大小是以像素为单位来进行衡量的。像素是计算机监视器上能显示的最小图片元素。如果正在工作的项目使用的是DV影片，那么通常使用DV标准画幅大小为720像素×480像素。HDV视频摄像机（索尼和JVC）可以录制1280像素×720像素和1400像素×1080像素的画幅。更昂贵的高清（HD）设备能以1920像素×1080像素进行拍摄。

小技巧

高清摄像机可以录制隔行扫描视频或者逐行扫描视频；有些摄像机则两者都可以录制。在视频规范中，720p表示1280像素×720像素画幅大小的逐行扫描视频。1920像素×1080像素的高清格式可以是逐行扫描，也可以是隔行扫描。在视频规范中，1080 60i表示画幅高度为1080像素的隔行扫描视频。数字60表示每秒的场数，因此表示录制速率是每秒30帧。

在Premiere Pro中，也可以在画幅大小不同于原始视频画幅大小的项目中进行工作。例如，即使正在使用DV影片（720像素×480像素），也可以使用用于iPod或手机视频的设置创建项目。此项目的编辑画幅大小将是640像素×480像素，但它将会以240像素×480像素的QVGA（1/4视频图形阵列）画幅大小进行输出。也可以以其他画幅大小进行编辑，以创建自定义画幅大小。

1.2.6 非正方形像素和像素纵横比

在DV出现之前，多数台式机视频系统中使用的标准画幅大小是640像素×480像素。计算机图像是由正方形像素组成的，因此640像素×480像素和320像素×240像素（用于多媒体）的画幅大小非常符合电视的纵横比（宽度比高度），即4:3（每4个正方形横向像素，对应有3个正方形纵向像素）。

但是在使用720像素×480像素或720像素×486像素的DV画幅大小进行工作时，计算不是很清晰。问题在于：如果创建的是720像素×480像素的画幅大小，那么纵横比就是3:2，而不是4:3的电视标准。如何将720像素×480像素压缩为4:3的纵横比呢？答案是使用矩形像素，比宽度更高的非正方形像素（在PAL DV系统中指720像素×576像素，像素长度大于宽度）。

如果对正方形与非正方形像素的概念感到迷惑，那么只需记住，640像素×480像素能提供4:3的纵横比。查看由720像素×480像素画幅大小所带来问题的方式是想想720像素的宽度如何转换为640像素的。这里要用到一点中学数学知识：720乘以多少等于640？答案是0.9，即640是720的0.9倍。因此，如果每个正方形像素都能削减到原来自身宽度的9/10，那么就可以将720像素×480像素转换为4:3的纵横比。如果正在使用DV进行工作，可能会频繁地看到数字0.9（即0.9:1的缩写），这称作像素纵横比。

在Premiere Pro中创建DV项目时，可以看到DV像素纵横比设置为0.9而不是1（用于正方形像素），如图1-1所示。此外，如果向Premiere Pro中导入画幅大小为720像素×480像素的影片，那么像素纵横比将自动设置为0.9。

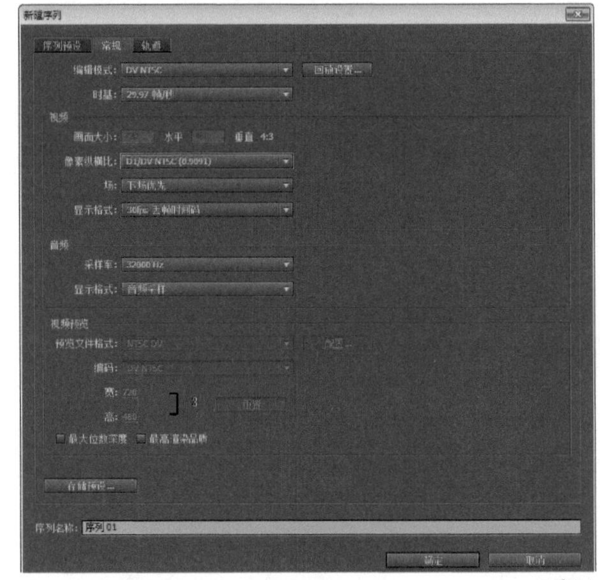

图1-1

小技巧

计算图像的纵横比可以使用这个公式：帧高度/帧宽度×纵横比宽度/纵横比高度。因此，对于4:3的纵横比，480/640×4/3=1。对于720/480，更精确地说是704/480×4/3=0.9。对于PAL系统，计算结果是576/704×4/3=1.067。注意704像素代替了720，因为704是实际活跃的图片区域。

在Premiere Pro中创建DV项目时，像素纵横比是自动选取的。Premiere Pro也会调整计算机显示器，使得在正方形像素的计算机显示器上查看非正方形像素影片时不会造成变形。尽管如此，理解正方形与非正方形像素的概念还是很有帮助的，因为可能需要将DV项目导出到Web、多媒体应用程序、手机或iPod（它们都显示正方形像素，因为是在逐行扫描显示器上查看）。还可能在工作的项目中，素材源同时包含正方形像素和非正方形像素。如果向DV项目导入的影片是由模拟视频卡数字化的（使用正方形像素数字化），或者将由使用正方形像素的计算机图形程序创建的图像导入包含DV影片的DV项目中，那么在视频区中就会有两种类型的像素。为防止变形，可以使用Premiere Pro的“解释素材”命令合理设置导入图形或影片的画幅大小。

新手练习：将像素纵横比转换回方形像素

- 素材文件：素材文件/第1章/01.Prproj
- 案例文件：案例文件/第1章/新手练习——将像素纵横比转换回方形像素.Prproj
- 视频教学：视频教学/第1章/新手练习——将像素纵横比转换回方形像素.flv
- 技术掌握：将像素纵横比转换回方形像素的方法

在Premiere Pro中，使用“解释素材”命令可以将像素纵横比转换为方形像素，以校正变形图像，具体操作步骤如下。

【操作步骤】

01 打开配套资源中相对应的素材文件“01.Prproj”，然后在项目窗口中选择需要校正为方形像素的对象“01.jpg”，如图1-2所示。

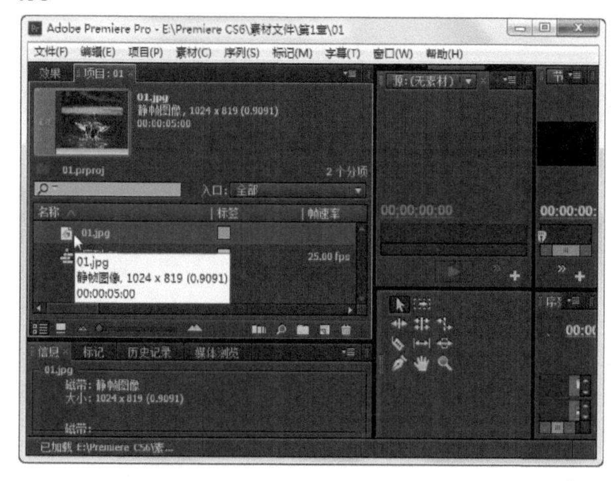

图1-2

02 在该图像文件名称上单击鼠标右键，然后从弹出的菜单中选择“修改→解释素材”菜单命令，如图1-3所示。

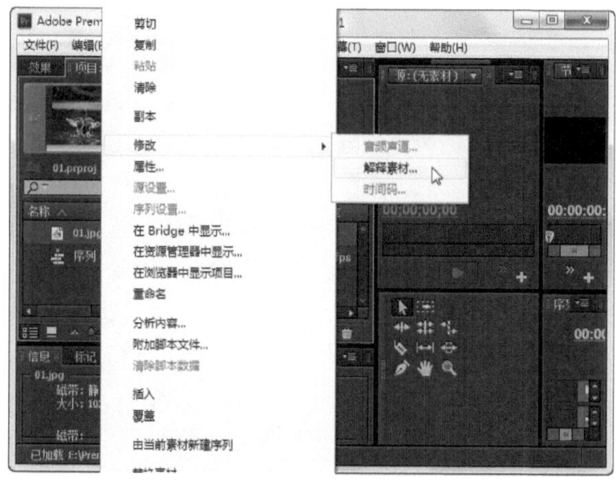

图1-3

03 在弹出的“修改素材”对话框的“像素纵横比”区域中，选中“符合为”命令，然后在下拉列表中选择“方形像素（1.0）”选项，如图1-4所示。单击“确定”按钮，项目窗口中的列表即可表示图像已经被转换为方形像素。

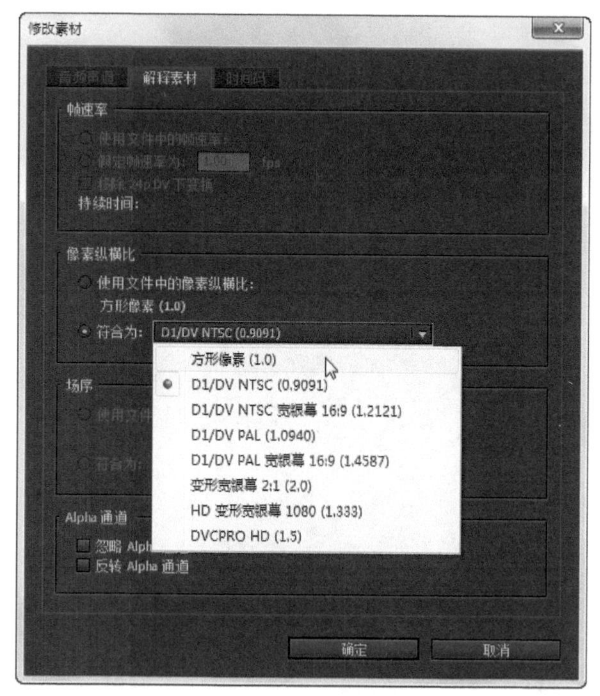

图1-4

1.2.7 RGB色彩和位数深度

计算机屏幕上的彩色图像是由红色、绿色和蓝色荧光粉混合创建而成的。使用不同数量的红、绿、蓝色组合可以显示百万种颜色。在数字图像程序中，如Premiere Pro和Photoshop，红色、绿色和蓝色成分通常称作通道。每个通道可以提供256种颜色（2^8，通常称作8位色彩，因为一个字节是8位），256种红色×256种绿色×256种蓝色的组合可以生成约1 760万种颜色。因此，在Premiere Pro中创建项目时，可以看到大多数色彩深度选项设置为数百万种色彩。几百万种色彩的色彩深度通常称作24位色彩（224）。某些新式高清摄像机能以10位每像素进行录制，可以为每种红色、绿色和蓝色像素提供1 024种颜色。这远远大于红、绿、蓝色通道的256种颜色。尽管如此，多数视频仍然以8位每像素进行采样，所以10位色彩也许并不比8位色彩更有制作优势。

知识窗：避免显示变形

当在计算机显示器（显示方形像素）上查看未更改的非方形像素时，图像可能会出现变形。当在视频监视器上而不是计算机显示器上查看影片时，并不会出现变形。幸运的是，Premiere Pro会在计算机显示器上调整非方形像素的影片，因此，在将影片导入DV项目中时并不会使非方形像素影片变形。此外，如果使用Premiere Pro

的“导出”命令将项目导出到Web，那么可以调整像素纵横比以防止变形。尽管如此，如果在方形像素程序（如Photoshop 7）中创建720×480（或720×486）的图形，然后将它导入NTSC DV项目中，那么图形在Premiere Pro中显示时可能会出现变形。图1-5显示了在Photoshop中以720×480创建的方形中包含一个圆形的图像。注意，此图像显示在Premiere Pro的素材源监视器面板中时会出现变形。图形变形是因为Premiere Pro自动将它转换为非方形的0.9像素纵横比。

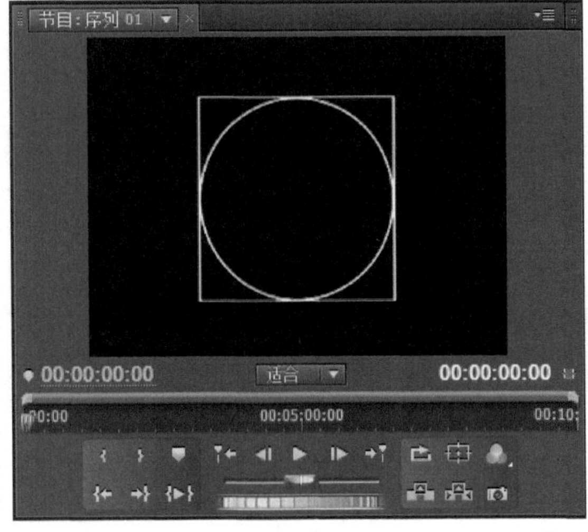

图1-5

如果在方形像素程序中以720×576创建了一个图形并将它导入到一个PAL DV项目中，那么Premiere Pro也会将它转换为非方形像素纵横比。会发生变形是因为Premiere Pro将以DV画幅大小创建的数字素材源文件都定义为非方形像素数据。这一文件导入规则是由一个名为“Interpretation Rules.txt”的文本文件指定的，此文件包含了关于如何编辑定义规则的指导，位于Premiere Pro的Plug-ins文件夹（在en_US文件夹）中并且是可编辑的，这使Premiere Pro可以定义不同的图形和视频文件。

在Photoshop CS2或更高版本中创建图形，就可以避免图形变形。使用Photoshop CS2及更高版本可以在视频监视器上预览图形并显示视频预设，如720×480 DV设置在文件中所提供的像素纵横比是0.9。如果使用此预设，就可以在将图形导入到DV项目中之前预览图形。

如果安装Premiere Pro的计算机中也安装了Photoshop CS版本，就可以通过选择“文件→新建→Photoshop文件”菜单命令，在Premiére Pro中创建一个Photoshop文件，此文件将会配置为匹配Premiere Pro项目的像素纵横比。

如果使用Photoshop CS或更高版本，甚至可以将一幅图像的像素纵横比设置为匹配Premiere项目的像素纵横比。首先选择“图像→图像大小”菜单命令，设置画幅大小与Premiere项目相匹配，然后选择“图像→像素长宽比”菜单命令，选择与项目匹配的像素纵横比即可。

但是，如果不使用Photoshop CS版本，则应该以720×534（DV/DVD）、720×540和768×576（PAL）的大小为DV项目创建全屏图形。对于宽银幕项目，则选择864×480（DV/DVD）或1 024×576（PAL）。创建图形之后，在项目面板中选定它们，然后选择“素材→视频选项→缩放为当前画面大小”菜单命令，将它们导入Premiere Pro中，这将压缩图形以适配DV项目并且不会产生变形。

如果在方形像素程序中以720×480创建了一个图形文件，并将它导入到一个Premiere Pro DV项目中，则可能会发生变形，因为Premiere Pro将它视为使用非方形像素创建的文件来进行显示。幸运的是，使用Premiere Pro的“解释素材”命令可以“修复”图像。注意，如果使用此技巧，Premiere Pro必须对其添加内容（给图像添加大约10%的像素），使它看起来不如以前锐利。

1.2.8 数字视频编码压缩

由胶片制作的模拟视频、模拟摄像机捕捉的视频信号都可以称为模拟视频。而数字视频的出现带来了巨大的变化，在成本、制作流程、应用范围等方面都大大超越了模拟视频。但是数字视频和模拟视频又是息息相关的，很多数字视频都是通过模拟信号数字化后而得到的。

模拟视频被数字化后，具有相当大的数据率，为了节省空间和方便管理，需要使用特定的方法对其进行压缩。根据视频压缩方法的不同，主要可以分为如下3种类型。

有损和无损压缩

在视频压缩中有损（Loss）和无损（Lossless）的概念与对静态图像的压缩处理基本类似。无损压缩即压缩前和解压缩后的数据完全一致。多数的无损压缩都采用RLE行程编码算法。有损压缩意味着解压缩后的数据与压缩前的数据不一致；要得到体积更小的文件，就必须通过对其进行损耗来得到。在压缩的过程中要丢失一些人眼和人耳所不敏感的图像或音频信息，而且丢失的信息不可恢复。几乎所有高压缩的算法都采用有损压缩，这样才能达到低数据率的目标。丢失的数据率与压缩比有关，压缩比越小，丢失的数据越多，解压缩后的效果一般越差。此外，某些有损压缩算法采用多次重复压缩的方式，这样还会引起额外的数据丢失。

帧内和帧间压缩

帧内（Intraframe）压缩也称为空间压缩（Spatial

compression）。当压缩一帧图像时，仅考虑本帧的数据而不考虑相邻帧之间的冗余信息，这实际上与静态图像压缩类似。帧内一般采用有损压缩算法，由于帧内压缩时各个帧之间没有相互关系，所以压缩后的视频数据仍可以以帧为单位进行编辑。帧内压缩一般达不到很高的压缩。许多视频或动画前后两帧间有相关性或信息变化小的特点，即视频的相邻帧之间有冗余信息，帧间（Interframe）压缩基于此特点，压缩相邻帧之间的冗余量就可以进一步提高压缩量，减小压缩比。帧间压缩也称为时间压缩（Temporal compression），它通过比较时间轴上不同帧之间的数据进行压缩，对帧图像的影响非常小，所以帧间压缩一般是无损的。帧差值（Frame differencing）算法是一种典型的时间压缩法，它通过比较本帧与相邻帧之间的差异，仅记录本帧与其相邻帧的差值，这样可以大大减少数据量。

● 对称和不对称压缩

对称性（symmetric）是压缩编码的一个关键特征。对称意味着压缩和解压缩占用相同的计算处理能力和时间，对称算法适合于实时压缩和传送视频，如视频会议应用就以采用对称的压缩编码算法为好。而在电子出版和其他多媒体应用中，都是先把视频内容压缩处理好，然后在需要的时候播放，因此可以采用不对称（asymmetric）编码。不对称或非对称意味着压缩时需要花费大量的处理能力和时间，而解压缩时则能较好地实时回放，即需要不同的速度进行压缩和解压缩。一般地说，压缩一段视频的时间比回放（解压缩）该视频的时间要多得多。例如，压缩一段3分钟的视频片段可能需要十多分钟的时间，而该片段实时回放时间只有3分钟。

1.2.9 SMPTE时间码

在视频编辑中，通常用时间码来识别和记录视频数据流中的每一帧，从一段视频的起始帧到终止帧，其间的每一帧都有一个唯一的时间码地址。根据动画和电视工程师协会SMPTE（Society of Motion Picture and Television Engineers）使用的时间码标准，其格式是小时:分钟:秒:帧，或 hours：minutes：seconds：frames。一段长度为00:02:31:15的视频片段的播放时间为2分钟31秒15帧，如果以每秒30帧的速率播放，则播放时间为2分钟31.5秒。

根据电影、录像和电视工业中使用的不同帧速率，各有其对应的SMPTE标准。由于技术的原因，NTSC制式实际使用的帧速率是29.97fps而不是30fps，因此在时间码与实际播放时间之间有0.1%的误差。为了解决误差问题，从而设计出丢帧（drop-frame）格式，即在播放时每分钟要丢2帧（实际上是有两帧不显示而不是从文件中删除），这样可以保证时间码与实际播放时间的一致。与丢帧格式对应的是不丢帧（nondrop-frame）格式，它忽略时间码与实际播放帧之间的误差。

1.3 视频和音频格式

在学习使用Premiere Pro进行视频编辑之前，读者首先需要了解数字视频与音频技术的一些基本知识。下面将介绍常见视频格式和常见音频格式的知识。

1.3.1 常见视频格式

数字视频包含DV格式和数字视频的压缩技术。目前对视频压缩编码的方法有很多，应用的视频格式也就有很多种，其中最有代表性的就是MPEG数字视频格式和AVI数字视频格式。下面就介绍几种常用的视频存储格式。

● AVI格式

AVI格式是一种专门为微软Windows环境设计的数字式视频文件格式，这个视频格式的好处是兼容性好、调用方便、图像质量好，缺点是占用空间大。

● MPEG格式

MPEG格式包括了MPEG-1、MPEG-2、MPEG-4。MPEG-1被广泛应用于VCD的制作和一些视频片段下载的网络上，使用MPEG-1的压缩算法可以把一部120分钟长的非视频文件的电影压缩到1.2GB左右。MPEG-2则应用在DVD的制作方面，同时在一些HDTV（高清晰电视广播）和一些高要求视频编辑、处理上也有一定的应用空间；相对于MPEG-1的压缩算法，MPEG-2可以制作出在画质等方面性能远远超过MPEG-1的视频文件，但是容量也不小，在4GB~8GB。MPEG-4是一种新的压缩算法，可以将MPEG-1压缩到1.2GB的文件压缩到300MB左右，以供网络播放。

● ASF格式

ASF格式是MICROSOFT为了和现在的Real Player竞争而发展出来的一种可以直接在网上观看视频节目的流媒体文件压缩格式，即一边下载一边播放，不用存储到本地硬盘。由于它使用了MPEG-4的压缩算法，所以在压缩率和图像的质量上都表现得非常不错。

NAVI格式

NAVI格式是一种新的视频格式，是由ASF的压缩算法修改而来的，它拥有比ASF更高的帧率，但是以牺牲ASF的视频流特性作为代价，也就是说它是非网络版本的ASF。

DIVX格式

DIVX格式的视频编码技术可以说是一种对DVD造成威胁的新生视频压缩格式，所以又被称为“DVD杀手”。由于它使用的是MPEG-4压缩算法，可以在对文件尺寸进行高度压缩时，保留非常清晰的图像。用该技术来制作的VCD，可以得到与DVD画质差不多的视频，而制作成本却要低廉得多。

QuickTime格式

QuickTime（MOV）格式是苹果公司创立的一种视频格式，在图像质量和文件尺寸的处理上具有很好的平衡性，无论是在本地播放还是作为视频流在网络中播放，都是非常优秀的。

REAL VIDEO格式（RA、RAM）

REAL VIDEO格式主要定位于视频流应用方面，是视频流技术的创始者。它可以在56K Modem的拨号上网条件下实现不间断视频播放，因此同时也必须通过损耗图像质量的方式来控制文件的数据量，图像质量通常很低。

1.3.2 常见音频格式

音频是指一个用来表示声音强弱的数据序列，由模拟声音经采样、量化和编码后而得到。不同数字音频设备一般对应不同的音频格式文件。音频的常见格式有WAV、MIDI、MP3、WMA、MP4、VQF、RealAudio、AAC等格式。下面将介绍几种常见的音频格式。

WAV格式

WAV格式是微软公司开发的一种声音文件格式，也叫波形声音文件，是最早的数字音频格式，Windows平台及其应用程序都支持这种格式。这种格式支持MSADPCM、CCITT A LAW等许多种压缩算法，并支持多种音频位数、采样频率和声道。标准的WAV文件和CD格式一样，也是44 100Hz的采样频率，速率88kbit/s，16位量化位数，因此WAV的音质和CD差不多，也是目前广为流行的声音文件格式，几乎所有的音频编辑软件都能识别WAV格式。

MP3格式

MP3的全称为“MPEG Audio Layer-3”。“Layer-3”是Layer-1、 Layer-2以后的升级版（version up）产品。与其前身相比，Layer-3 具有最好的压缩率，并被命名为MP3，其应用最为广泛。由于其文件尺寸小、音质好，因此为MP3格式的发展提供了良好的条件。

Real Audio格式

Real Audio是由Real Networks公司推出的一种文件格式，最大的特点就是可以实时传输音频信息，现在主要适用于网上在线音乐欣赏。

MP3 Pro格式

MP3 Pro由瑞典Coding科技公司开发，其中包含了两大技术：一是来自于Coding科技公司所特有的解码技术，二是由MP3的专利持有者——法国汤姆森多媒体公司和德国Fraunhofer集成电路协会共同研究的一项译码技术。MP3 Pro可以在基本不改变文件大小的情况下改善原有MP3音乐的音质，在用较低的比特率压缩音频文件的条件下，最大限度地保持压缩前的音质。

MP4格式

MP4是采用美国电话电报公司（AT&T）所开发的以“知觉编码”为关键技术的音乐压缩技术，由美国网络技术公司（GMO）及RIAA联合公布的一种新的音乐格式。MP4在文件中采用了保护版权的编码技术，只有特定用户才可以播放，有效地保证了音乐版权。另外MP4的压缩比达到1:15，体积比MP3小，音质却没有下降。

MIDI格式

MIDI又称乐器数字接口，是数字音乐电子合成乐器的国际统一标准。它定义了计算机音乐程序、数字合成器及其他电子设备交换音乐信号的方式，规定了不同厂家的电子乐器与计算机连接的电缆和硬件及设备数据传输的协议，可以模拟多种乐器的声音。

WMA格式

WMA是微软公司开发用于因特网音频领域的一种音频格式。音质要强于MP3格式，更远胜于RA格式，它和日本雅马哈公司开发的VQF格式一样，是以减少数据流量但保持音质的方法来达到比MP3压缩率更高的目的，WMA的压缩率一般都可以达到1:18左右，WMA还支持音频流（Stream）技术，适合在网上在线播放，更方便的是不用像MP3那样需要安装额外的播放器，只要安装了Windows操作系统就可以直接播放WMA音乐。

● VQF格式

VQF格式是由YAMAHA和NTT共同开发的一种音频压缩技术，它的核心是以减少数据流量但保持音质的方法来达到更高的压缩比，压缩率可达到1:18，因此相同情况下压缩后VQF文件体积比MP3小30%~50%，更利于网上传播，同时音质极佳，接近CD音质（16位44.1KHz立体声）。但是由于宣传不够，这种格式至今未能广泛使用，*.vqf文件可以用雅马哈的播放器播放。

1.4 线性编辑和非线性编辑

对视频进行编辑的方式可以分为两种，即线性编辑和非线性编辑。

1.4.1 线性编辑

所谓线性编辑是指在定片显示器上做传统编辑，源定片从一端进来做标记、剪切和分割，然后从另一端出来。线性编辑的主要特点是录像带必须按照它代表的顺序编辑。因此，线性编辑只能按照视频的播放先后顺序而进行编辑工作，如早期的为录DV带、电影添加字幕和对其进行剪辑的工作，就是使用的这种技术。

线性编辑又称作在线编辑，传统的电视编辑就属于此类编辑，是直接用母带来进行剪辑的方式。如果要在编辑好的录像带上插入或删除视频片段，那么在插入点或删除点以后的所有视频片段都要重新移动一次，在操作上很不方便。

1.4.2 非线性编辑

非线性编辑（DNLE）是组合和编辑多个视频素材的一种方式。它使用户在编辑过程中的任意时刻均能随机访问所有素材。非线性编辑技术融入了计算机和多媒体这两个先进领域的前端技术，集录像、编辑、特技、动画、字幕、同步、切换、调音、播出等多种功能于一身，改变了人们剪辑素材的传统观念，克服了传统编辑设备的缺点，提高了视频编辑的效率。

相对于线性编辑的制作途径，非线性编辑是在计算机中利用数字信息进行的视频、音频编辑，只需要使用鼠标和键盘就可以完成视频编辑的操作。数字视频素材的取得主要有两种方式，一种是先将录像带上的片段采集下来，即把模拟信号转换为数字信号，然后存储到硬盘中再进行编辑。现在的电影、电视中很多特技效果的制作过程，就是采用这种方式取得数字化视频，在计算机中进行特效处理后再输出影片的；另一种就是用数码摄像机（即现在所说的DV摄像机）直接拍摄得到数字视频。数码摄像机在拍摄中，就即时地将拍摄的内容转换成了数字信号，只需在拍摄完成后，将需要的片段输入到计算机中就可以了。

1.5 视频编辑中的常见术语

传统的视频编辑手段是源片从一端进来，接着做标记、剪切和分割，然后从另一端出来，这种编辑方式被称为线性编辑，因为录像带必须按照顺序编辑。Adobe的Premiere是革新性的非线性视频编辑应用软件，所谓非线性编辑，就是以计算机为载体，通过数字技术，完成传统制作工艺中需要十几套机器（A/B卷编辑机，特技机，编辑控制器，调音台，时基校正器，切换台等）才能完成的影视后期编辑合成以及特技制作任务，而且在完成编辑后可以方便快捷地随意修改而不损害图像质量。虽然在名称上加了一个“非”，在处理手段上运用了数字技术，但是非线性编辑还是和传统的线性编辑密切相关。

视频编辑中的常见术语主要有以下几个。

动画：通过迅速显示一系列连续的图像而产生动作模拟效果。

帧：在视频或动画中的单个图像。

帧/秒（帧速率）：每秒被捕获的帧数或每秒播放的视频或动画序列的帧数。

关键帧（Key frame）：一个在素材中特定的帧，它被标记是为了特殊编辑或控制整个动画。当创建一个视频时，在需要大量数据传输的部分指定关键帧有助于控制视频回放的平滑程度。

导入：将一组数据从一个程序置入另一个程序的过程。文件一旦被导入，数据将被改变以适应新的程序而不会改变源文件。

导出：在应用程序之间分享文件的过程。导出文件时，要使数据转换为接收程序可以识别的格式，源文件将保持不变。

转场效果：一个视频素材代替另一个视频素材的切换过程。

渲染：为输出服务，应用了转场和其他效果之后，将源信息组合成单个文件的过程。

1.6 视频制作的前期准备

在进行视频制作之前，应该做好剧本的策划和收集素材的准备。

1.6.1 策划剧本

剧本的策划是制作一部优秀的视频作品的首要工作。剧本的策划重点在于创作的构思。当脑海中有了一个绝妙的构思后，应该马上用笔把它描述出来，这就是通常所说的影片的剧本。

在编写剧本时，首先要拟订一个比较详细的提纲，然后根据这个提纲尽量做好详细的细节描述，以作为在Premiere中进行编辑过程的参考指导。剧本的形式有很多种，如绘画式，小说式等。

1.6.2 准备素材

素材是组成视频节目的各个部分，Premiere Pro CS6所做的只是将其穿插组合成一个连贯的整体。通过DV摄像机，可以将拍摄的视频内容通过数据线直接保存到计算机中来获取素材，旧式摄像机拍摄出来的影片还需要进行视频采集才能存入计算机。

在Premiere Pro CS6中经常使用的素材如下。

通过视频采集卡采集的数字视频AVI文件。

由Premiere或者其他视频编辑软件生成的AVI和MOV文件。

WAV格式和MP3格式的音频数据文件。

无伴音的FLC或FLI格式文件。

各种格式的静态图像，包括BMP、JPG、PCX、TIF等。

FLM（Filmstrip）格式的文件。

由Premiere制作的字幕（Title）文件。

根据脚本的内容将素材收集齐备后，将这些素材保存到计算机中指定的文件夹，以便管理，然后便可以开始编辑工作了。

1.7 获取影视素材

在进行视频制作之前，应该做好剧本的策划和收集素材的准备。获取影视素材可以直接从已有的素材库中提取，也可以在实地拍摄后，通过捕获视频信号的方式来实现。视频的捕获包括数字视频的捕获和模拟信号的捕获。

1.7.1 实地拍摄

实地拍摄是取得素材的最常用方法，在进行实地拍摄之前，应做好如下准备。

检查电池电量。

检查DV带是否备足。

如果需要长时间拍摄，应安装好三脚架。

首先计划拍摄的主题，实地考察现场的大小、灯光情况、主场景的位置，然后选定自己拍摄的位置，以便确定要拍摄的内容。

在做好拍摄准备后，就可以进行实地拍摄录像了。

1.7.2 数字视频捕获

拍摄完毕后，可以在DV机中回放所拍摄的片段，也可以通过DV机器的S端子或AV输出与电视机连接，在电视机上欣赏。如果要对所拍片段进行编辑，就必须将DV带里所存储的视频素材传输到计算机中，这个过程称为视频素材的采集。

1.7.3 模拟信号捕获

在计算机上通过视频采集卡可以接收来自视频输入端的模拟视频信号，对该信号进行采集、量化成数字信号，然后压缩编码成数字视频。把模拟音频转成数字音频的过程称作采样，其过程所用到的主要硬件设备便是模拟/数字转换器（Analog to Digital Converter，即ADC），计算机声卡中集成了模拟/数字转换芯片，其功能相当于模拟/数字转换器。采样的过程实际上是将通常的模拟音频信号的电信号转换成许多称作“比特（bit）”的二进制码0和1，这些0和1便构成了数字音频文件。

由于模拟视频输入端可以提供不间断的信息源，视频采集卡要采集模拟视频序列中的每帧图像，并在采集下一帧图像之前把这些数据传入PC系统。因此，实时采集的关键是每一帧所需的处理时间。如果每帧视频图像的处理时间超过相邻两帧之间的相隔时间，则要出现数据的丢失，即丢帧现象。采集卡都是把获取的视频序列先进行压缩处理，然后存入硬盘，将视频序列的获取和压缩一起完成。

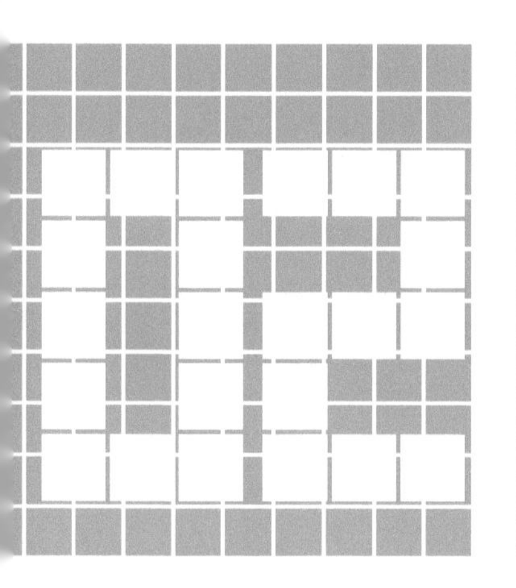

第2章 Premiere Pro快速入门

要点索引

本章概述

Premiere Pro为视频编辑人员提供了在创建复杂数字视频作品时所需的功能。使用它可以直接从台式机或笔记本电脑中创建数字电影、纪录片、销售演示和音乐视频。个人的数字视频作品也可以输出到录像带、Web或DVD中，或者将它整合到其他程序的项目中，如Adobe After Effects、Adobe Encore和Adobe Flash。

本章主要介绍Premiere Pro的基础知识，帮助读者理解其功能，包括Premiere Pro CS6的安装与卸载的方法以及对工作界面的认识和操作。

2.1 Premiere Pro的运用领域

Premiere Pro拥有创建动态视频作品所需的所有工具，无论是为Web创建一段简单的视频剪辑，还是创建复杂的纪录片、摇滚视频、艺术活动或婚礼视频。事实上，理解Premiere Pro的最好方式是把它看作一套完整的制作设备。原来需要满满一屋子的录像带和特效设备才能做到的事，现在只要使用Premiere Pro就能做到。

以下列出了一些使用Premiere Pro可以完成的制作任务。

将数字视频素材编辑为完整的数字视频作品。

从摄像机或录像机中采集视频。

从麦克风或音频播放设备中采集音频。

加载数字图形、视频和音频素材库。

创建字幕和动画字幕特效，如滚动或旋转字幕。

2.2 Premiere Pro的工作方式

要理解Premiere Pro的视频制作过程，就需要对传统录像带产品的创建步骤有基本的了解。在传统或线性视频产品中，所有作品元素都传送到录像带中。在编辑过程中，最终作品需要电子编辑到最终或节目录像带中。即使在编辑过程中使用了计算机，录像带的线性或模拟的本质也会使整个过程非常耗时；在实际编辑期间，录像带必须在磁带机中加载和卸载。时间都浪费在了等待录像机到达正确的编辑点上。作品通常也是按序组合的。如果想返回到以前的场景，并使用更短或更长的一段场景替换它，那么所有后续的场景都必须重新录制到节目卷轴上。

非线性编辑程序（NLE）如Premiere Pro完全颠覆了整个视频编辑过程。数字视频和Premiere Pro消除了传统编辑过程中耗时的制作过程。使用Premiere Pro时，不必到处寻找磁带，或者将它们放入磁带机和从中移走它们。制作人使用Premiere Pro时，所有的作品元素都数字化到磁盘中。Premiere Pro的项目面板中的图标代表了作品中的各个元素，无论它是一段视频素材、声音素材，还是一幅静帧图像。面板中代表最终作品的图标称为时间线。时间线的焦点是视频和音频轨道，它们是横过屏幕从左延伸到右的平行条。当需要使用视频素材、声音素材或静帧图像时，只需在项目面板中选中它并拖动到时间线中的一个轨道上即可。可以依次将作品中的项目放置或拖动到不同的轨道上。在工作时，可以通过单击时间线的期望部分访问自己作品的任一部分。也可以单击或拖动一段素材的起始或末尾以缩短或延长其持续时间。

要调整编辑内容，可以在Premiere Pro的素材源监视器和节目监视器中逐帧查看和编辑素材，也可以在素材源监视器面板中设置出点和入点。设置入点是指定素材开始播放的位置，设置出点是指定素材停止播放的位置。因为所有素材都已经数字化（而且没有使用录像带），所以Premiere Pro能够快速调整所编辑的最终作品。

下面总结了一些只需在Premiere Pro中的时间线上简单地拖动素材就可以执行的数字编辑小技巧。

旋转编辑：在时间线中单击并向右拖动素材边缘时，Premiere Pro将自动从下一素材中减去帧。如果单击并向左拖动以移除帧，那么Premiere Pro将自动在时间线的下一素材中添加帧。

波纹编辑：在单击并向左或向右拖动素材边缘时，将会对素材添加或减除帧。Premiere Pro会自动增加或减少整个节目的持续时间。

错落编辑：将两段素材之间的一段素材向左或向右拖动将自动改变素材的入点和出点，而不会改变节目的持续时间。

滑动编辑：将两段素材之间的一段素材向左或向右拖动将保持此段素材持续时间的完整性，但会改变前一段或后一段素材的入点或出点。

在工作时，可以很容易地预览编辑、特效和切换效果。改变编辑和特效通常只需简单地改变入点和出点，而不必到处寻找正确的录像带或等待作品重新装载到磁带中。完成所有的编辑之后，可以将文件导出到录像带，或者以其他某种格式创建一份新的数字文件。可以任意次数地导出文件，以不同的画幅大小和帧速率导出为不同的文件格式。此外，如果想给Premiere Pro项目添加更多特效，可以将它们导入Adobe After Effects，也可以将Premiere Pro影片整合到网页中，或导入Adobe Encore来创建一份DVD作品。

2.3 安装与卸载Premiere Pro

前面介绍了Premiere Pro CS6的应用领域和工作方式，接下来介绍一下Premiere Pro CS6的安装与卸载方法，该软件的安装和卸载操作与其他软件基本相同。

2.3.1 安装Premiere Pro CS6的系统需求

随着软件版本的不断更新，Premiere的功能也越来越强，同时安装文件所需的空间也越来越大。为了能够让用户完美地体验所有功能的应用，安装Premiere Pro CS6

时对计算机的硬件配置就提出了一定要求。

安装Premiere Pro CS6可使用64位Windows 7操作系统。

对64位操作系统的硬件需求如表2-1所示。

表2-1

操作系统	Microsoft Windows 7 Enterprise Microsoft Windows 7 Ultimate Microsoft Windows 7 Professional Microsoft Windows 7 Home Premium
浏览器	Internet Explorer 7.0或更高版本
处理器	AMD Athlon 64 AMD Opteron Intel Xeon，具有Intel EM 64T支持 Intel Pentium 4，具有Intel EM 64T支持
内存	2GB RAM（建议使用8GB）
显示器分辨率	1024 × 768 真彩色
磁盘空间	安装2.0GB
.NET Framework	.NET Framework版本4.0
视频编辑的其他需求	2 GB RAM或更大 2 GB可用硬盘空间（不包括安装需要的空间） 1280×1024真彩色视频显示适配器128 MB（建议：普通图像为256 MB，中等图像材质库图像为512 MB），Pixel Shader 3.0或更高版本，支持Direct3D功能的图形卡

2.3.2 安装Premiere Pro CS6

Premiere Pro CS6的安装十分简单，如果计算机中已经有其他版本的Premiere Pro软件，不必卸载其他版本的软件，只需要将运行的相关软件关闭即可。打开Premiere Pro CS6安装光盘，双击Setup.exe安装文件图标，然后根据向导提示即可进行安装。

2.3.3 卸载Premiere Pro CS6

在不需要Premiere Pro CS6应用程序时，可以通过控制面板将其删除，删除Premiere Pro CS6应用程序的方法如下。

新手练习：卸载Premiere Pro CS6

- 素材文件：无
- 案例文件：无
- 视频教学：视频教学/第2章/新手练习——卸载Premiere Pro CS6.flv
- 技术掌握：卸载Premiere Pro CS6的方法

扫码看视频

【操作步骤】

01 单击屏幕左下方的“开始”菜单按钮，在弹出的菜单中选择“控制面板”命令，如图2-1所示。

图2-1

02 在弹出的窗口中选择“程序和功能”命令，如图2-2所示。

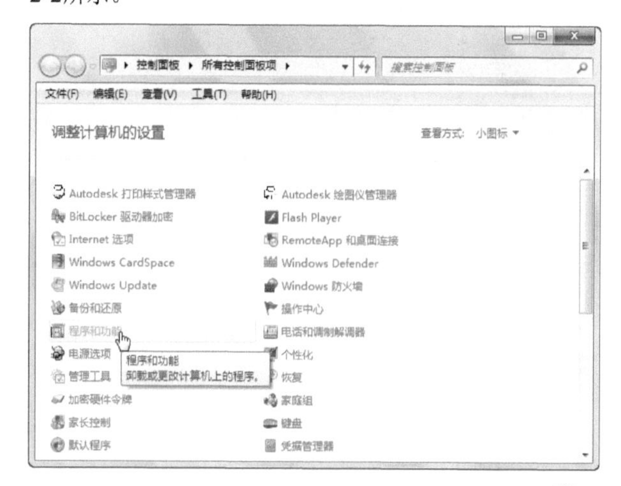

图2-2

03 在新出现的窗口中双击要卸载的Premiere Pro CS6应用程序对象，如图2-3所示。

04 此时会弹出初始化对话框，初始化完成后，进入卸载程序的窗口，然后单击“卸载”按钮，即可将Premiere Pro CS6卸载，如图2-4所示。

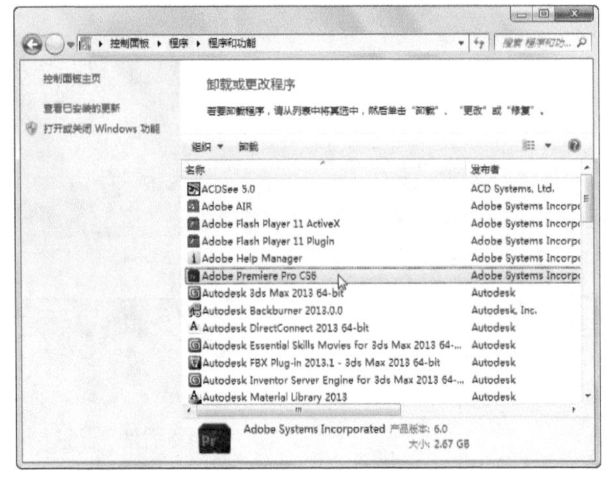

图2-3

图2-4

2.4 Premiere Pro的工作界面

在学习使用Premiere Pro CS6进行视频编辑之前，首先需要认识其工作界面，对各个部分的功能有一个大概的了解，以便在后期的学习中，可以快速找到需要使用的功能及其所在的位置。

2.4.1 启动Premiere Pro CS6

与启动其他应用程序一样，安装好Premiere Pro CS6后，可以通过以下两种方法来启动Premiere Pro CS6。

方法一：双击桌面上的Premiere Pro CS6快捷图标，启动Premiere Pro CS6。

方法二：在“开始”菜单中找到并单击Adobe Premiere Pro CS6命令，启动Premiere Pro CS6。

程序启动后，将出现欢迎界面，通过该界面，可以打开最近编辑的几个影片项目文件，以及执行新建项目、打开项目和开启帮助的操作。在默认状态下，Premiere Pro CS6可以显示用户最近使用的5个项目文件的路径，以名称列表的形式显示在“最近使用项目”一栏中，用户只需单击所要打开的项目文件名，就可以快速地打开该项目文件并进行编辑，如图2-5所示。

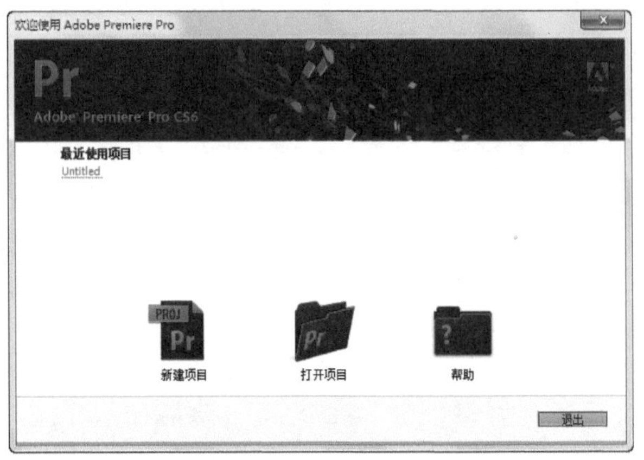

图2-5

【参数介绍】

新建项目：单击此文件，可以创建一个新的项目文件进行视频编辑。

打开项目：单击此文件，可以开启一个在计算机中已有的项目文件。

帮助：单击此文件，可以开启软件的帮助系统，查阅需要的说明内容。

当用户要开始一项新的编辑工作时，需要先单击“新建项目”按钮，建立一个新的项目。此时，会打开如图2-6所示的“新建项目”对话框，在“新建项目”对话框中可以设置活动与字幕安全区域、视频的显示格式、音频的显示格式、采集格式以及设置项目存放的位置和项目的名称。

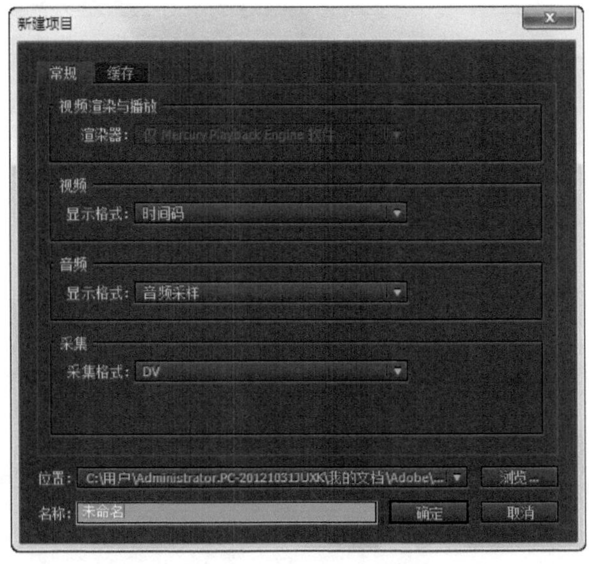

图2-6

在“新建项目”对话框中单击“确定”按钮，将打开“新建序列”对话框，在该对话框中包括“序列预设”“设置”和“轨道”等选项卡，这些选项卡中的参数将在后面章节中进行详细介绍，在对话框的下方可以输入序列的名称，如图2-7所示。单击“确定”按钮，即可进入Premiere Pro CS6的工作界面。

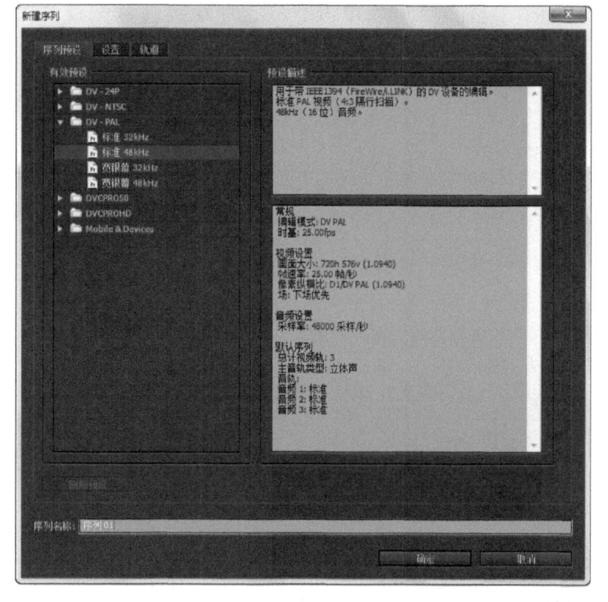

图2-7

2.4.2 认识Premiere Pro CS6工作界面

启动Premiere Pro CS6之后，会有几个面板自动出现在工作界面中。Premiere Pro CS6的工作界面主要由10部分组成。（1）菜单栏（2）工具面板（3）项目面板（4）源监视器面板（5）节目监视器面板（6）时间线面板（7）特效控制台面板（8）效果面板（9）调音台面板（10）信息等功能面板，如图2-8所示。

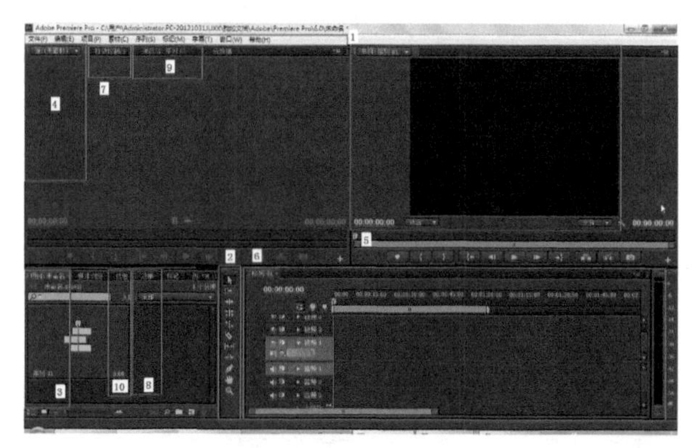

图2-8

知识窗：Premiere Pro窗口的特点

视频制作涵盖了多个方面的任务，完成一份作品，可能需要采集视频、编辑视频，以及创建字幕、切换效果和特效等，Premiere Pro窗口可以帮助分类及组织这些任务。

要使用Premiere Pro中的工作面板，只需在窗口菜单中单击其名称即可。例如，如果想打开时间线、监视器、调音台、历史、信息或工具面板，可以选择窗口菜单，然后选择需要打开的面板名称。如果面板已经打开，其名称前会出现一个√号。如果面板没有打开，那么在窗口菜单中选择时，它将在一个窗口中打开。如果屏幕上有多个视频序列，可以选择“窗口”菜单中的“时间线”命令，然后在弹出的子菜单中可以查看存在的序列对象，如图2-9所示。

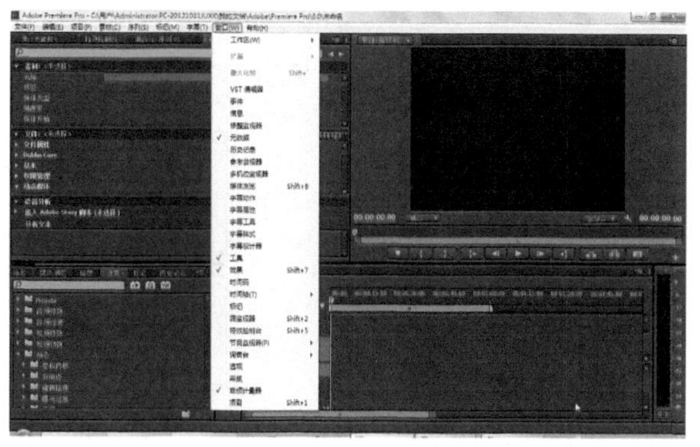

图2-9

2.4.3 Premiere Pro CS6的界面操作

如果知道如何编组与停放Premiere Pro面板，那么工作起来会更有效率。面板编组和停放能确保充分利用有限的屏幕空间。

Premiere Pro的所有视频编辑工具所驻留的面板都可以任意编组或停放。停放面板时，它们会连接在一起，因此调整一个面板的大小时，会改变另一个面板的大小。图2-10显示的是调整节目监视器大小前后的对比效果，即扩大节目监视器面板会使素材源监视器面板变小。

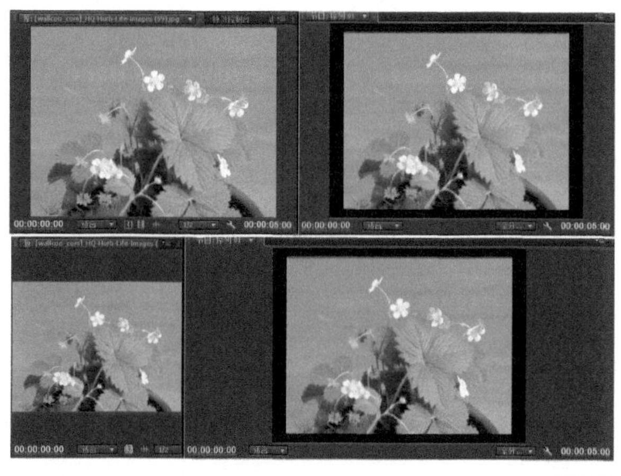

图2-10

新手练习：调整面板的大小

- 素材文件：素材文件/第2章/01.Prproj
- 案例文件：无
- 视频教学：视频教学/第2章/新手练习——调整面板的大小.flv
- 技术掌握：调整工作界面中的面板大小

要调整一个面板的大小，可以使用鼠标拖动面板之间的分隔线，即左右拖动面板间的纵向边界，或上下拖动面板间的横向边界，改变面板的大小。

【操作步骤】

01 打开本书配套资源中的“第2章/素材/01.Prproj”文件，如图2-11所示。

图2-11

02 将鼠标指针移动到工具面板和时间线面板之间，然后向右拖动面板间的边界，改变工具栏面板和时间线面板的大小，如图2-12所示。

图2-12

03 如果既想横向调整又想纵向调整面板的大小，可以将面板设置为浮动面板，然后将鼠标指针置于面板的某一角。当鼠标指针变为双向箭头时，单击并拖动此角即可，如图2-13所示。

图2-13

新手练习：面板编组与停放

- 素材文件：素材文件/第2章/01.Prproj
- 案例文件：无
- 视频教学：视频教学/第2章/新手练习——面板编组与停放.flv
- 技术掌握：进行面板编组与停放操作

单击选项面板左角的缩进点并拖动面板，可以在一个组中添加或移除面板。如果想将一个面板停放到另一个面板上，可以单击并将它拖动到目标面板的顶部、底部、左侧或右侧。在停放面板的暗色预览出现后再释放鼠标。

【操作步骤】

01 打开本书配套资源中的“第2章/素材/01.Prproj”文件，单击并拖动特效控制台面板到节目监视器面板中，可以将特效控制台面板添加到节目监视器面板组中，如图2-14所示。

图2-14

02 单击并拖动特效控制台面板到节目监视器面板的右方，可以改变特效控制台面板和节目监视器面板的位置，如图2-15所示。

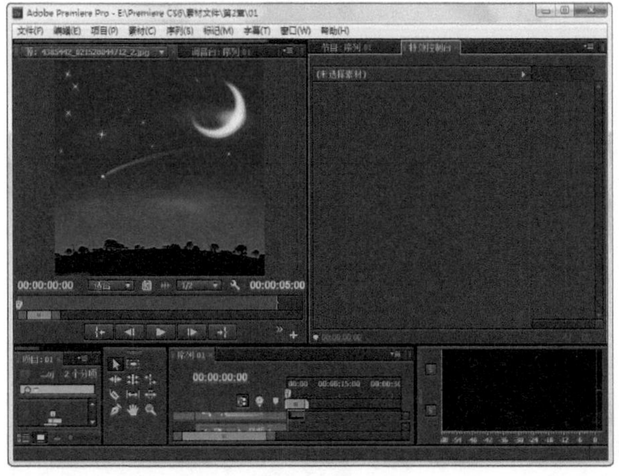

图2-15

小技巧

在拖动面板进行编组的过程中，如果对结果满意，则释放鼠标；如果不满意，则按Esc键取消操作；如果想将一个面板从当前编组中移除，可以将其拖动到其他地方，从而将其从当前编组中移除。

新手练习：创建浮动面板

- 素材文件：素材文件/第2章/01.Prproj
- 案例文件：无
- 视频教学：视频教学/第2章/新手练习——创建浮动面板.flv
- 技术掌握：将面板设置为浮动面板的样式

扫码看视频

在面板标题处单击鼠标右键，或者单击面板右方的下拉菜单按钮，在弹出的菜单中选择“浮动窗口”命令，可以将当前的面板组创建为浮动窗口。

【操作步骤】

01 打开本书配套资源中的“第2章/素材/01.Prproj”文件，在节目监视器面板标题处单击鼠标右键，或者单击面板右方的下拉菜单按钮，将弹出快捷菜单，如图2-16所示。

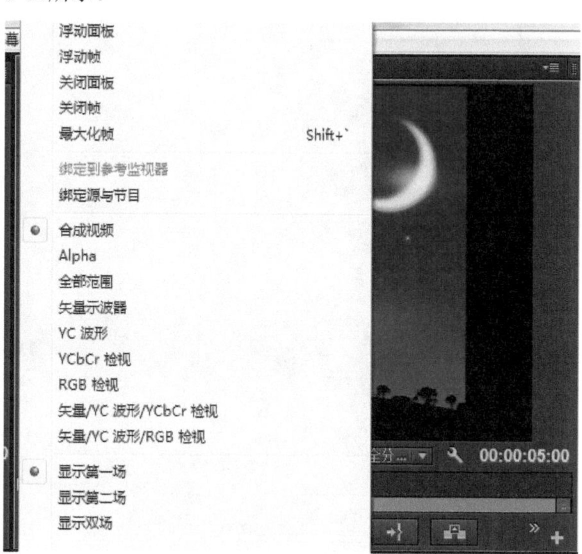

图2-16

02 在弹出的菜单中选择“浮动面板”命令，即可将节目监视器面板创建为浮动面板，如图2-17所示。

图2-17

新手练习：打开和关闭面板

- 素材文件：素材文件/第2章/01.Prproj
- 案例文件：无
- 视频教学：视频教学/第2章/新手练习——打开和关闭面板.flv
- 技术掌握：打开被关闭的面板和关闭不需要的面板

扫码看视频

有时Premiere Pro的主要面板会自动在屏幕上打开。如果想关闭某个面板，可以单击其关闭图标×；如果想打开被关闭的面板，可以在“窗口”菜单中将其打开。

【操作步骤】

01 打开本书配套资源中的“第2章/素材/01.Prproj”文件，单击节目监视器面板中的“关闭”按钮×，即可将节目监视器面板关闭，如图2-18所示。

图2-18

02 单击“窗口”菜单，在菜单中可以看到“节目监视器”命令前方没有√标记，表示该面板已被关闭；再次选择该命令，可以打开该面板，如图2-19所示。

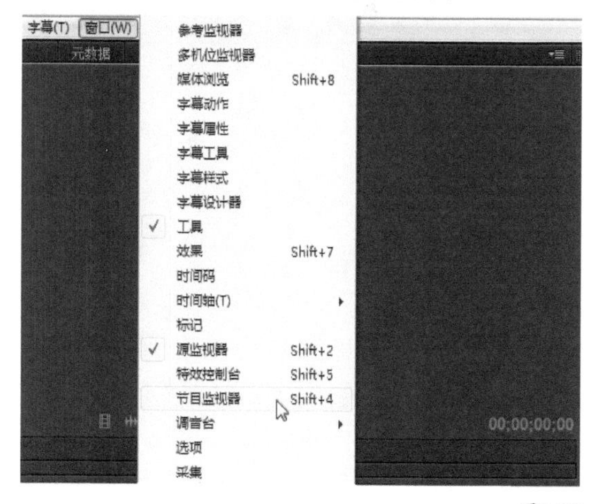

图2-19

小技巧

如果改变了面板在屏幕上的大小和位置，通过选择“窗口→工作区→重置当前工作区”菜单命令可以返回至初始设置；如果已经在特定位置按特定大小组织好了窗口，选择“窗口→工作区→新建工作区”菜单命令，可以保存此设置。在命名与保存工作区之后，工作区的名称会出现在“窗口→工作区”子菜单中。无论何时想使用此工作区，只需单击其名称即可。

2.5 认识Premiere Pro CS6的功能面板

前面学习了Premiere Pro CS6的工作界面，包括菜单栏、项目面板、时间线面板、监视器面板等功能面板，接下来将学习其中常用面板的主要功能和相关操作。

2.5.1 项目面板

如果所工作的项目中包含许多视频、音频素材和其他作品元素，那么应该重视Premiere Pro的项目面板。项目面板提供了对作品元素的总览，可以单击“播放-停止切换”按钮预览素材，如图2-20所示。

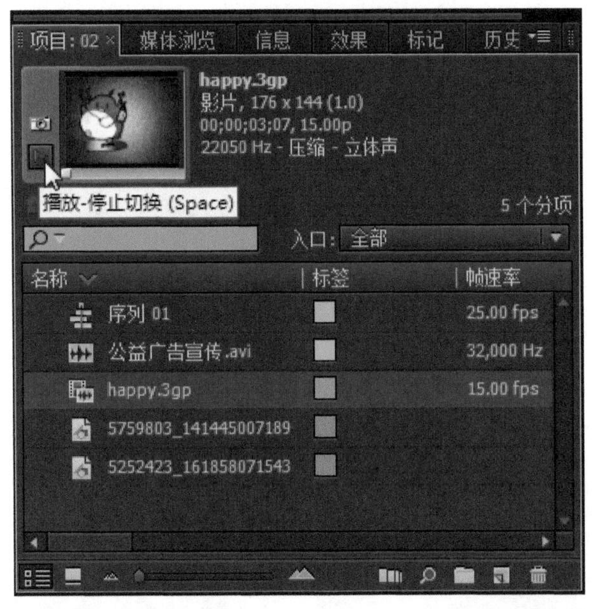

图2-20

新手练习：创建文件夹

- 素材文件：素材文件/第2章/02.Prproj
- 案例文件：案例文件/第2章/新手练习——创建文件夹.Prproj
- 视频教学：视频教学/第2章/新手练习——创建文件夹.flv
- 技术掌握：在项目面板中创建文件夹

扫码看视频

在工作时，Premiere Pro自动将各素材分类装载到项目面板中。在导入文件时，视频和音频素材会自动加载到项目面板中。如果导入了一个素材文件夹，那么Premiere Pro将为素材创建一个新文件夹，并使用原文件夹的名称。采集声音或视频时，在关闭素材之前可以快速将所采集的媒体添加到一个项目面板文件夹中。用户也可以单击“新建文件夹”按钮，在项目面板中新建一个文件夹，用于分类存放导入的素材。

【操作步骤】

01 打开本书配套资源中的“第2章/素材/02.Prproj”文件，单击项目面板中的“新建文件夹”按钮，如图2-21所示。

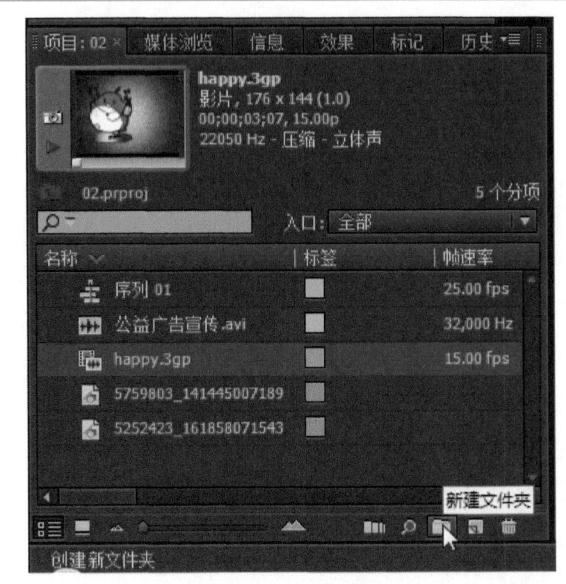

图2-21

02 对新建的文件夹进行命名，然后按下Enter键进行确定，完成文件夹的创建，如图2-22所示。

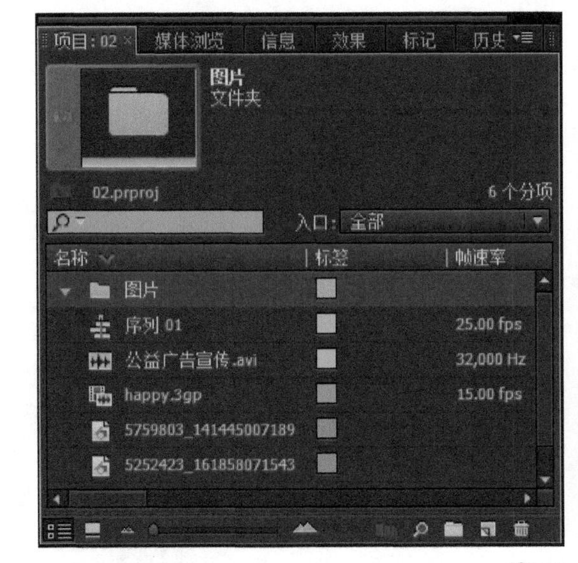

图2-22

小技巧

如果创建了多个文件夹，可以对文件夹中的素材进行统一管理和修改。例如，选择文件夹，然后选择“素材→速度和持续时间”菜单命令，可以一次性对文件夹中素材的速度和持续时间进行修改。

新手练习：创建分项

- 素材文件：素材文件/第2章/02.Prproj
- 案例文件：案例文件/第2章/新手练习——创建分项.Prproj
- 视频教学：视频教学/第2章/新手练习——创建分项.flv
- 技术掌握：在项目面板中创建分项

扫码看视频

单击“新建分项”按钮，可以快速创建新字幕或其他作品元素，如调整图层、色条和色调、颜色遮罩、倒计时向导和透明视频等。

【操作步骤】

01 打开本书配套资源中的“第2章/素材/02.Prproj”文件，单击项目面板中的“新建分项”按钮，如图2-23所示。

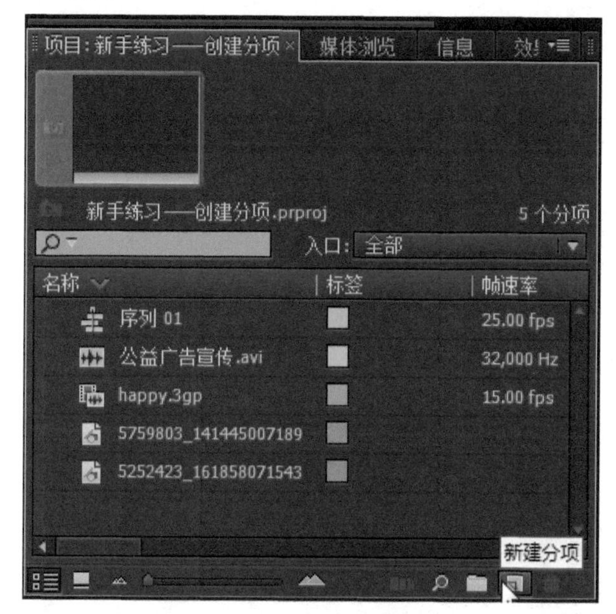

图2-23

02 在弹出的菜单中选择要创建的元素（如“黑色视频”），如图2-24所示。

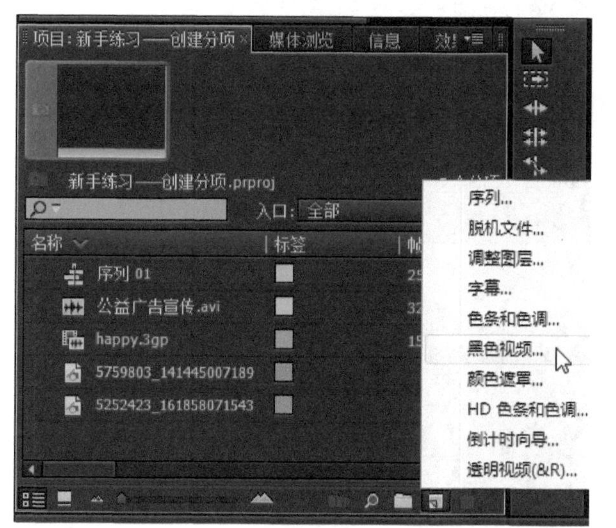

图2-24

03 在打开的“新建黑场视频”对话框中设置视频的宽度和高度，然后单击“确定”按钮，如图2-25所示。创建的“黑色视频”对象显示在项目面板中，如图2-26所示。

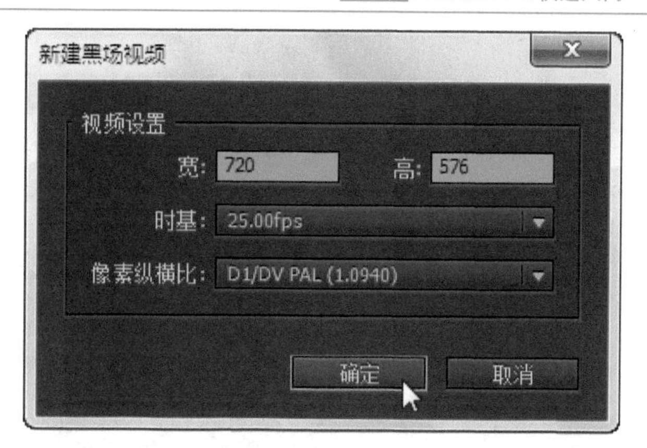

图2-25

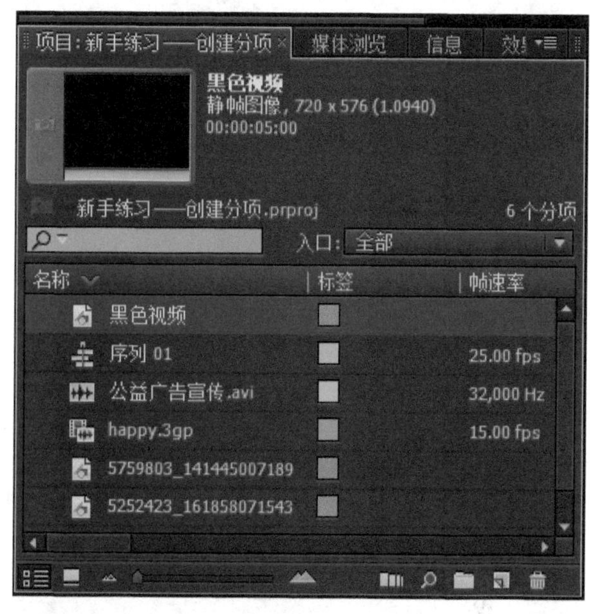

图2-26

新手练习：进行图标和列表视图切换

- 素材文件：素材文件/第2章/02.Prproj
- 案例文件：无
- 视频教学：视频教学/第2章/新手练习——进行图标和列表视图切换.flv
- 技术掌握：在项目面板中进行图标和列表视图切换

扫码看视频

在项目面板中可以以图标格式或列表格式显示项目中的元素对象。在图标和列表视图之间进行切换的操作方法如下。

【操作步骤】

01 打开本书配套资源中的“第2章/素材/02.Prproj”文件，单击项目面板左下方的“图标视图”按钮，所有作品元素都将以图标格式显示在屏幕上，如图2-27所示。

02 单击项目面板左下方的“列表视图”按钮，所有作品元素都将以列表格式显示在屏幕上，如图2-28所示。

图2-27

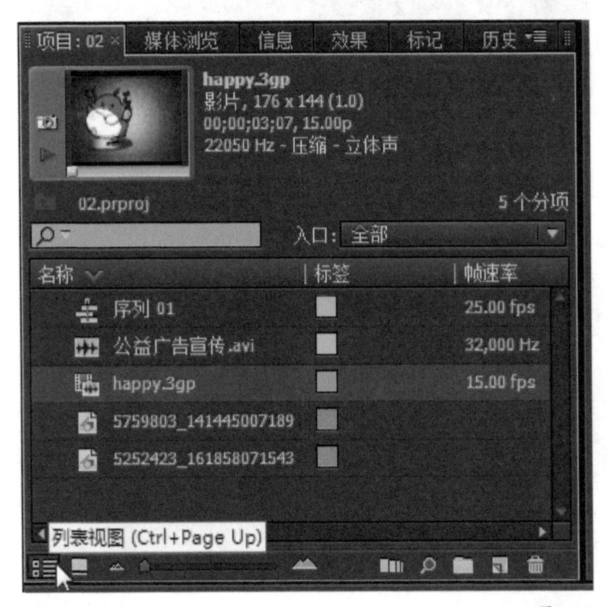

图2-28

新手练习：查看素材信息

- 素材文件：素材文件/第2章/02.Prproj
- 案例文件：无
- 视频教学：视频教学/第2章/新手练习——查看素材信息.flv
- 技术掌握：在项目面板中查看素材的各种信息

扫码看视频

在项目面板中，作品元素是根据当前分类的顺序编组的。因此改变作品元素的顺序可以使它们按照任意列的标题排序。要以某列的类别进行排序，只需单击此类别即可。第一次单击时，作品分类按照升序排列。再次单击列标题即可按降序排列。分类顺序由一个小三角表示。当箭头向上时，分类顺序是升序；当箭头向下时，分类顺序是降序。将图标视图切换到列表视图可以查看素材的信息。

【操作步骤】

01 打开本书配套资源中的“第2章/素材/02.Prproj”文件，通过单击并拖动面板边界扩展项目面板，可以看到Premiere Pro列出了每个素材的开始与结束时间，以及视频入点、视频出点和视频持续时间等，如图2-29所示。

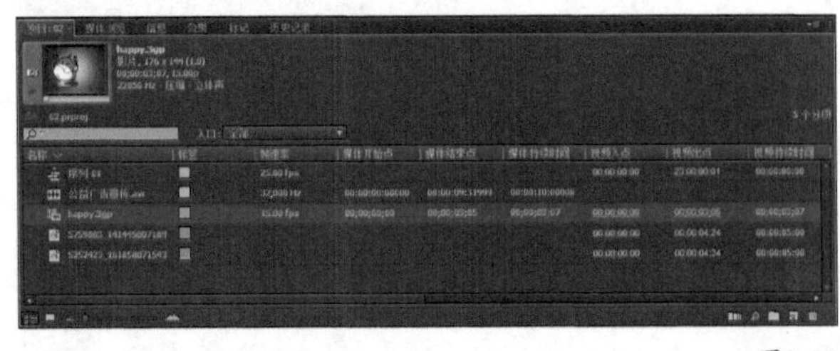

图2-29

02 在项目面板的信息栏中单击鼠标右键，在弹出的菜单中选择“元数据显示”命令，如图2-30所示。在“元数据显示”对话框中设置添加要显示的素材信息，如图2-31所示选择的“修改日期”信息。

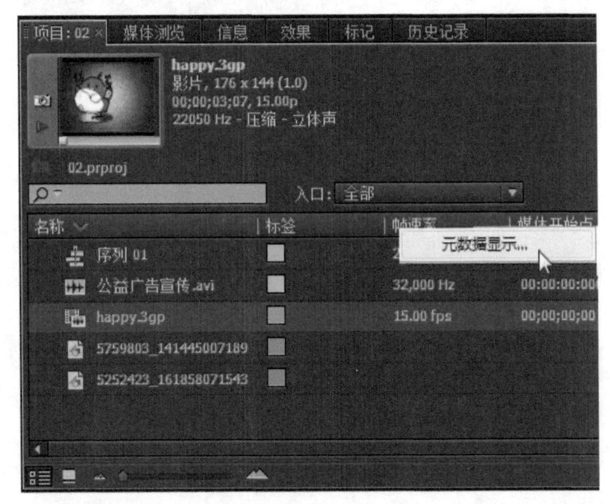

图2-30

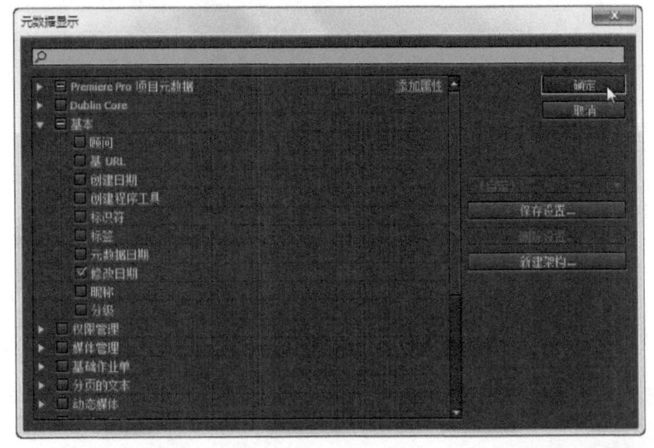

图2-31

03 向右拖动项目面板下方的水平滚动条，可以查看添加在右端的“修改日期”信息，如图2-32所示。

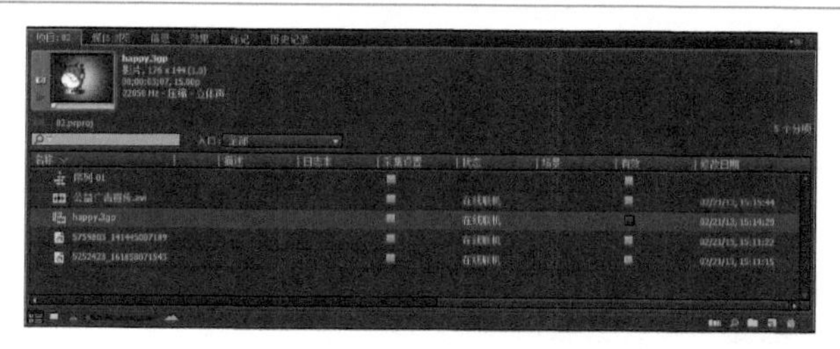

图2-32

> **小技巧**
>
> 如果要节省空间并隐藏项目窗口的缩略图监视器，可以在项目面板菜单中选择"视图→预览区域"命令。这时若要显示素材效果，可以切换到源监视器中进行预览。

2.5.2 时间线面板

时间线面板是制作视频作品的基础，它提供了组成项目的视频序列、特效、字幕和切换效果的临时图形总览，如图2-33所示。时间线并非仅用于查看，它也是可交互的。使用鼠标把视频和音频素材、图形和字幕从项目面板拖动到时间线中即可以构建自己的作品。

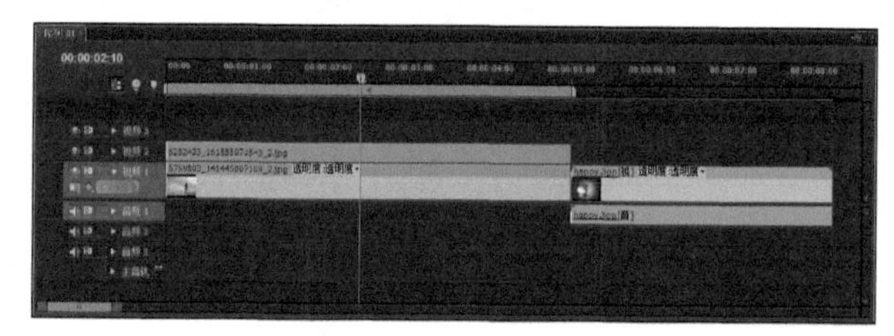

图2-33

使用Premiere Pro工具面板中的工具可以在时间线面板中排列、裁剪与扩展素材。单击并拖动工作区条任一端的工作区标记可以指定Premiere Pro预览或导出的时间线部分。工作区条下方的彩色窄条指示项目的预览文件是否存在。红色条表示没有预览，绿色条表示已经创建了视频预览。如果存在音频预览，则会出现一条更窄的浅绿色条。

时间线窗口中最有用的视觉表征是将视频和音频轨道表示为平行条。Premiere Pro提供了多个平行轨道以便实时预览并将作品概念化。例如，使用平行的视频和音频轨道可以在播放音频时查看视频。时间线也包含了用于隐藏或查看轨道的图标。在时间线面板中通常可以执行以下操作。

● 打开和关闭视频轨道内容

单击视频轨道中的"切换轨道输出"眼睛图标可以在预览作品时隐藏轨道中的内容；再次单击此图标可以使轨道的内容可见，如图2-34所示。

图2-34

● 打开或关闭音频轨道

单击音频的"开关轨道输出"喇叭图标可以打开或关闭音频轨道内容，如图2-35所示。

图2-35

● 设置显示样式

在眼睛图标下方是"设置显示样式"图标，用于设置轨道中素材的显示模式。单击此图标，可以选择在时间线中显示实际素材的帧，还是仅显示素材的名称，如图2-36所示。

图2-36

● 缩放时间线区域

使用时间线面板左下角的时间缩放级别滑块可以改变时间线的时间间隔，如图2-37所示。缩小显示项目可以占用更少的时间线空间，而放大显示项目将占用更大的时间线区域。因此，如果正在时间线中查看帧，放大可以显示更多的帧。

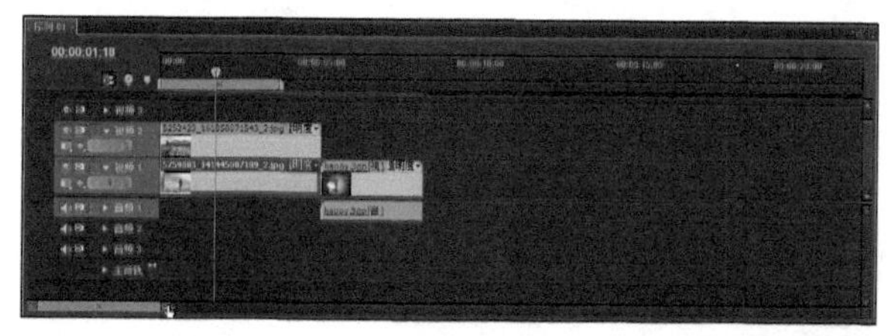

图2-37

2.5.3 监视器面板

监视器面板主要用于在创建作品时对它进行预览。在预览作品时，在素材源监视器或节目监视器中单击“播放-停止切换”按钮可以播放作品，如图2-38所示。

图2-38

使用Premiere Pro进行工作时，也可以单击并拖动微调区域（素材下方齿轮状的线）以微调或缓慢滚动影片。在微调区域上方是一个三角形图标，称作快速搜索滑块。单击并拖动此搜索滑块可以跳转到任意特定素材区域。单击时，监视器面板中的时间显示指示的是素材中的位置。监视器面板也可用于设置入点和出点。

Premiere Pro提供了5种不同的监视器面板：素材源监视器、节目监视器、修整监视器、参考监视器和多机位监视器。通过节目监视器的面板菜单可以访问修整、参考和多机位监视器。

● 素材源监视器

素材源监视器显示还未放入时间线的视频序列中的源影片。可以使用素材源监视器设置素材的入点和出点，然后将它们插入或覆盖到自己的作品中。素材源监视器也可以显示音频素材的音频波形，如图2-39所示。

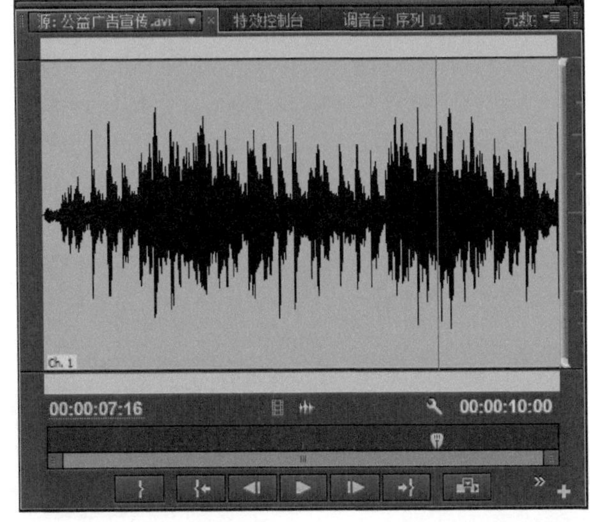

图2-39

● 节目监视器

节目监视器显示视频节目：在时间线窗口的视频序列中组装的素材、图形、特效和切换效果；也可以使用节目监视器中的“提升”和“提取”按钮移除影片，如图2-40所示。要在节目监视器中播放序列，只需单击窗口中的“播放-停止切换”按钮或按空格键即可。

图2-40

● 修整监视器

使用修整监视器可以精确地微调编辑。在“窗口”菜单中单击“修整监视器”命令可以访问修整监视器，如图2-41所示。

图2-41

在修整监视器面板中，一段素材的左边和右边显示在窗口的两边。要进行编辑，可以在素材的两个监视器视图之间单击并拖动，以便在素材的任一边添加或移除帧，如图2-42所示；也可以单击并拖动到左边或右边的监视器仅编辑素材对其进行编辑。只需单击窗口下方对应的按钮就可以选择一次编辑1帧或5帧。

图2-42

参考监视器

在许多情况下，参考监视器是另一个节目监视器。许多Premiere Pro编辑使用它进行颜色和音调调整，因为在参考监视器中查看视频示波器（它可以显示色调和饱和度级别）的同时，可以在节目监视器中查看实际的影片，如图2-43所示。参考监视器可以设置为与节目监视器同步播放或统调，也可以设置为不统调。

图2-43

多机位监视器

使用多机位监视器可以在一个监视器中同时查看多个不同的素材，如图2-44所示。在监视器中播放影片时，可以使用鼠标或键盘选定一个场景，将它插入到节目序列中。在编辑从不同机位同步拍摄的事件影片时，使用多机位监视器最有用。

图2-44

2.5.4 调音台面板

使用调音台面板可以混合不同的音频轨道、创建音频特效和录制叙述材料，如图2-45所示。调音台实时工作的功能使它具有这样的优势：在查看伴随视频的同时混合音频轨道并应用音频特效。

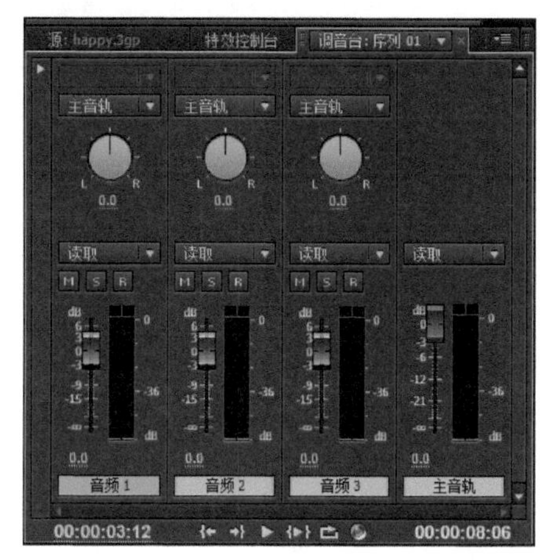

图2-45

单击并拖动音量衰减器控件可以提高或降低轨道的音频级别。使用圆形、旋钮状控件可以摇动或平衡音频。通过单击并拖动旋钮图标可以改变设置。使用平衡控件下方的按钮可以播放所有轨道，选定想要收听的轨道，或者选定想要静音的轨道。使用调音台窗口底部相似的控件可以在音频播放时启动或停止录制。

2.5.5 效果面板

使用效果面板可以快速应用多种音频特效、视频特效和切换效果。例如，视频特效文件夹包含了变换、图像控制、实用、扭曲、时间等特效类型，如图2-46所示。具体的特效放置在文件夹中，例如，扭曲文件夹中包含了偏移、变换、弯曲、放大、球面化等特效，如图2-47所示。要使用一种特效非常简单，只需单击并将特效拖动到时间线中的素材上即可。还可以使用特效控制台面板中的控件编辑特效。

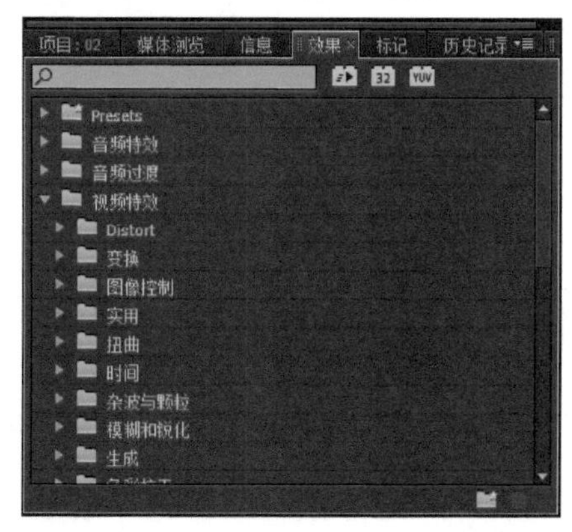

图2-46

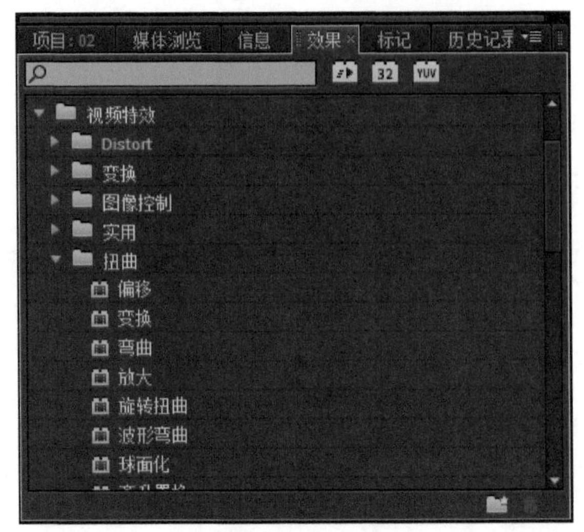

图2-47

2.5.6 特效控制台面板

使用特效控制台面板可以快速创建与控制音频和视频特效和切换效果。例如，在效果面板中选定一种特效，然后将它拖动到时间线中的素材上或直接拖到特效控制台面板中，就可以对素材添加这种特效。如图2-48所示的特效控制台面板包含了其特有的时间线和一个缩放时间线的滑块控件。

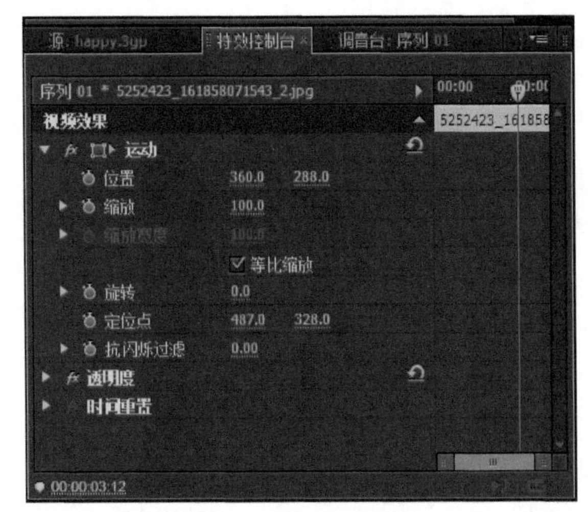

图2-48

2.5.7 工具面板

Premiere Pro的工具面板中的工具主要用于在时间线中编辑素材，如图2-49所示。在工具面板中单击此工具即可激活它。

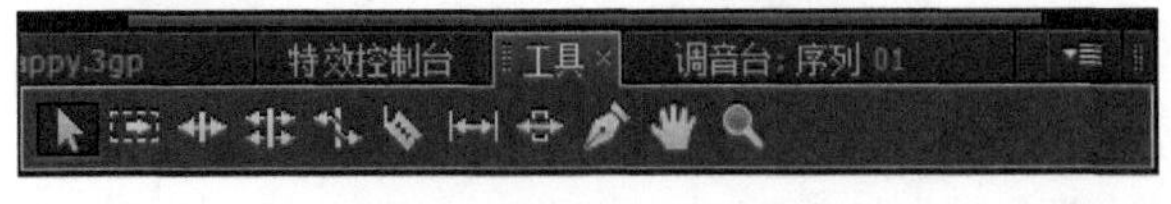

图2-49

【参数介绍】

选择工具：该工具用于对素材进行选择、移动，并可以调节素材关键帧、为素材设置入点和出点。

轨道选择工具：使用该工具，可以选择某一轨道上的所有素材。

波纹编辑工具：使用该工具，可以拖动素材的出点以改变素材的长度，而相邻素材的长度不变，项目片段的总长度改变。

滚动编辑工具：使用该工具在需要剪辑的素材边缘拖动，可以将增加到该素材的帧数从相邻的素材中减去，也就是说项目片段的总长度不发生改变。

速率伸缩工具：使用该工具可以对素材进行相应地速度调整，以改变素材长度。

剃刀工具：该工具用于分割素材。选择剃刀工具后单击素材，会将素材分为两段，产生新的入点和出点。

错落工具：该工具用于改变一段素材的入点和出点，保持其总长度不变，并且不影响相邻的其他素材。

滚动工具：使用该工具可以保持要剪辑素材的入点与出点不变，通过相邻素材入点和出点的变化，改变其在序列窗口中的位置，项目片段时间长度不变。

钢笔工具：该工具主要用来设置素材的关键帧。

手形工具：该工具用于改变序列窗口的可视区域，有助于编辑一些较长的素材。

缩放工具：该工具用来调整时间轴窗口显示的单位比例。按下Alt键，可以在放大和缩小模式间进行切换。

2.5.8 历史面板

使用Premiere Pro的历史面板可以无限制地执行撤销操作。进行编辑工作时，历史面板会记录作品制作步骤。要返回到项目的以前状态，只需单击历史面板中的历史状态即可，如图2-50所示。

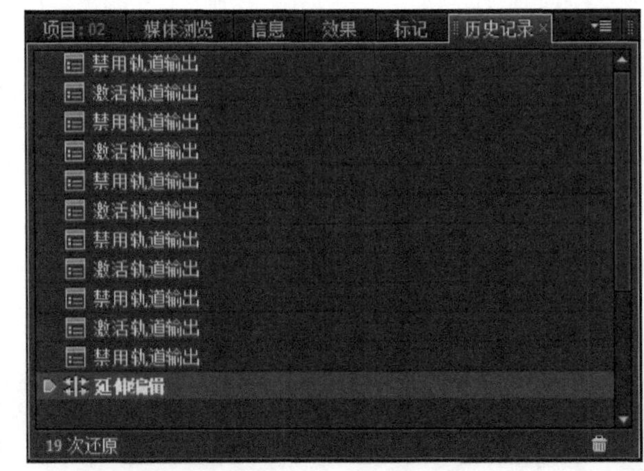

图2-50

单击并重新开始工作之后，所返回历史状态的所有后续步骤都会从面板中移除，被新步骤取代。如果想在面板中清除所有历史，可以单击面板右方的下拉菜单按钮，然后选择“清除历史记录”命令，如图2-51所示。要删除某个历史状态，可以在面板中选中它并单击“删除重做操作”按钮。

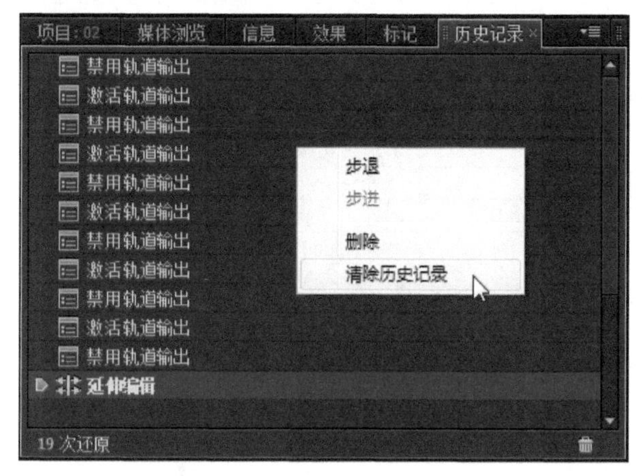

图2-51

小技巧

如果在历史面板中单击某个历史状态来撤销一个动作，然后继续工作，那么所单击的历史状态之后的所有步骤都会从项目中移除。

2.5.9 信息面板

信息面板提供了关于素材、切换效果和时间线中空白间隙的重要信息。要查看活动中的信息面板，请单击一段素材、切换效果或时间线中的空白间隙。信息窗口将显示素材或空白间隙的大小、持续时间以及起点和终点，如图2-52所示。

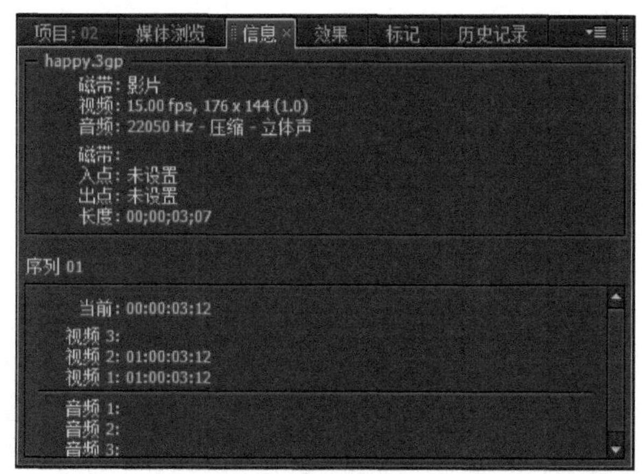

图2-52

知识窗：信息面板的作用

在编辑过程中，信息面板非常有用，因为此面板显示在时间线面板中所编辑的素材的入点和出点。

2.5.10 字幕面板

使用Premiere Pro的字幕设计可以为视频项目快速创建字幕，也可以使用字幕设计创建动画字幕效果。为了辅助字幕放置，字幕设计可以在所创建的字幕后面显示视频。

选择“窗口”菜单中的“字幕工具”“字幕样式”“字幕动作”或“字幕属性”命令，可以在屏幕上打开用于创建字幕的工具和其他选项。字幕工具位于字幕面板的左上角、纵向显示；字幕动作处于字幕面板中间，如图2-53所示。

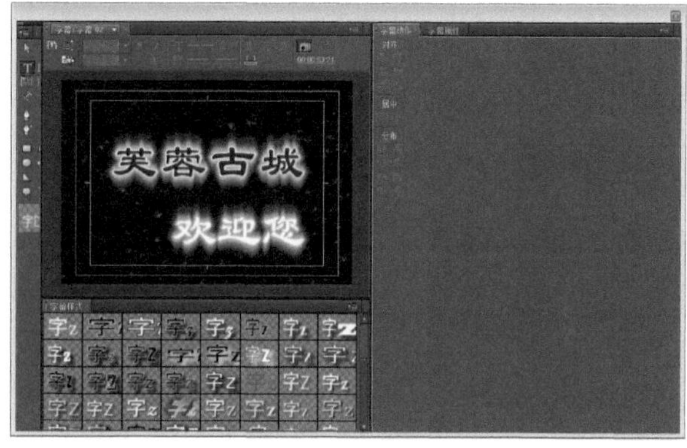

图2-53

小技巧

选择“文件→新建→字幕”菜单命令，可以打开字幕设计面板，如果想编辑时间线中已存在的字幕，双击此字幕，也可以打开字幕面板，并且可以编辑其中的字幕内容。

2.6 认识Premiere Pro CS6的菜单命令

Premiere Pro CS6主要包含了9个菜单：文件、编辑、项目、素材、序列、标记、字幕、窗口和帮助，如图2-54所示。以下小节概述各个菜单，并通过表格总结每个菜单的命令。

Adobe Premiere Pro - E:\Premiere CS6\素材文件\第2章\02 *
文件(F) 编辑(E) 项目(P) 素材(C) 序列(S) 标记(M) 字幕(T) 窗口(W) 帮助(H)

图2-54

2.6.1 文件菜单

“文件”菜单包含了标准Windows命令，如新建、打开项目、关闭项目、保存、另存为、返回和退出等命令，如图2-55所示。本菜单还包含用于载入影片素材和文件夹的命令，例如，可以使用“文件”菜单中的“新建→序列”命令将时间线添加到项目中，如图2-56所示。

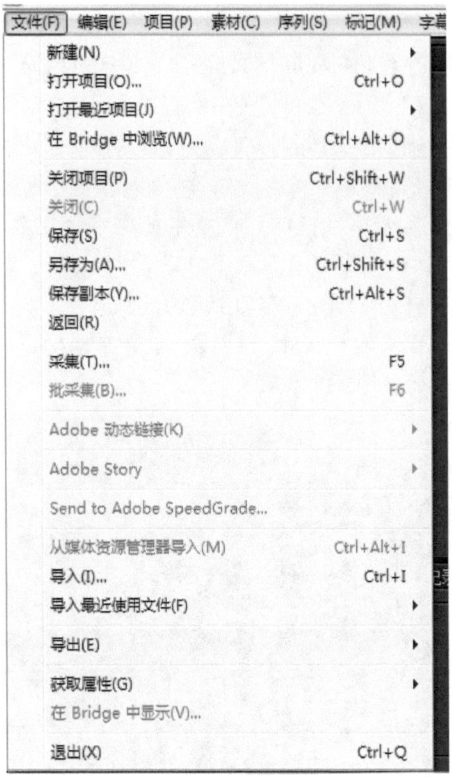

图2-55

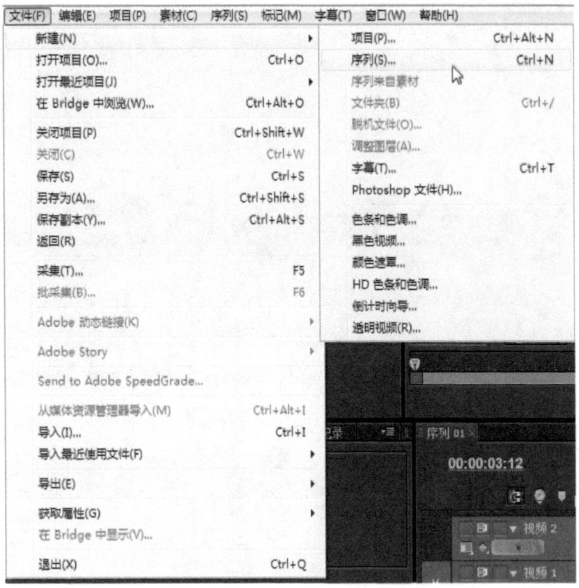

图2-56

表2-2列出了“文件”菜单中常用命令的作用。

表2-2

命令	说明
新建→项目	为新数字视频作品创建新文件
新建→序列	为当前项目添加新序列
新建→文件夹	在项目面板中创建新文件夹
新建→脱机文件	在项目面板中创建新文件条目，用于采集的影片
新建→字幕	打开字幕设计以创建文字或图形字幕
新建→Photoshop文件	新建与项目大小相等的空白Photoshop文件
新建→色条和色调	在项目面板的文件夹中添加彩条和声音音调
新建→黑色视频	在项目面板的文件夹中添加纯黑色视频素材
新建→彩色遮罩	在项目面板中创建新彩色蒙版
新建→倒计时向导	自动创建倒计时素材
新建→透明视频	创建可以置于轨道中用于显示时间码的透明视频
打开项目	打开一个Premiere Pro项目文件
打开最近项目	打开一个最近使用的Premiere Pro影片
在Bridge中浏览	打开Adobe Bridge窗口并浏览素材
关闭项目	关闭所有的项目面板
关闭	关闭当前的项目面板
保存	将项目文件保存到磁盘
另存为	以新名称保存项目文件，或者将项目文件保存到不同的磁盘位置；此命令将使用户停留在最新创建的文件中
保存副本	在磁盘上创建一份项目的副本，但用户仍停留在当前项目中
返回	将项目返回到以前保存的版本
采集	从录像带中采集素材
批量采集	从同一磁带中自动采集多个素材；此命令需要设备控制
Adobe动态链接→发送到Encore	使用此命令可以新建一个连接到Premiere Pro项目的Encore合成
Adobe动态链接→以After Effects合成方式替换	创建链接并使用Adobe After Effects替换当前程序合成图像
Adobe动态链接→新建After Effects合成图像	使用此命令可以新建一个连接到Premiere Pro项目的Adobe After Effects合成图像
Adobe动态链接→导入After Effects合成图像	创建链接并在Adobe After Effects中导入合成图像
导入	导入视频素材、音频素材或图形
导入最近使用文件	将最近使用的文件导入到Premiere Pro中
导出→媒体	根据“导出媒体”对话框中的设置将影片导出到磁盘中
导出→字幕	从项目面板中导出字幕
导出→磁带	将时间线导出到录像带中
导出→EDL	导出到Edit Decision List（编辑决策表）
导出→OMF	导出为OMF格式的文件
导出→AAF	将项目导出为Advanced Authoring Format（高级制作格式）以用于其他应用程序
导出→Final Cut Pro XML	导出为XML格式的文件
获取属性→文件	提供文件的大小、分辨率和其他数字信息

续表

获取属性→选择	提供项目面板中一项选择的大小、分辨率和其他数字信息
在Bridge中显示	在Adobe Bridge中打开一个文件的信息
退出	退出Premiere Pro

2.6.2 编辑菜单

Premiere Pro的“编辑”菜单包含可以在整个程序中使用的标准编辑命令，如复制、剪切和粘贴等。编辑菜单也包含了用于编辑的特定粘贴功能，以及Premiere Pro默认设置的参数，如图2-57所示。

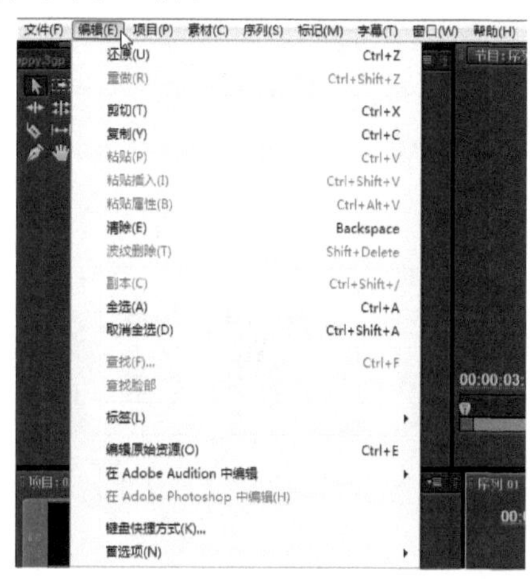

图2-57

表2-3描述了“编辑”菜单中常用命令的作用。

表2-3

命令	说明
还原	撤销上次操作
重做	重复上次操作
剪切	从屏幕上剪切选定分类，将它放置在剪贴板中
复制	将选定分类复制到剪贴板中
粘贴	更改已粘贴素材的出点以适合粘贴区域
粘贴插入	粘贴并插入一段素材
粘贴属性	将一段素材的属性粘贴到另一段中
清除	从屏幕中剪切分类但不保存在剪贴板中
波纹删除	删除选定素材而不在时间线中留下空白间隙
副本	在项目面板中复制选定元素
全选	在项目面板中选择所有元素
取消全选	在项目面板中取消选择所有元素
查找	在项目面板中查找元素（此项目必须已经打开）
查找脸部	在项目面板中查找多个元素
标签	允许在项目面板中选择标签颜色
编辑原始资源	从磁盘的原始应用程序中载入选定素材或图形
在Adobe Audition中编辑	打开一个音频文件以便在Adobe Audition中编辑
在Adobe Soundbooth中编辑	打开一个音频文件以便在Adobe Soundbooth中编辑
在Adobe Photoshop中编辑	打开一幅图形文件以便在Adobe Photoshop中编辑

续表

键盘快捷方式	指定键盘快捷键
首选项	选择其中的子命令可以访问多种设置参数

2.6.3 项目菜单

“项目”菜单提供了改变整个项目属性的命令。使用这些最重要的命令可以设置压缩率、画幅大小和帧速率，如图2-58所示。

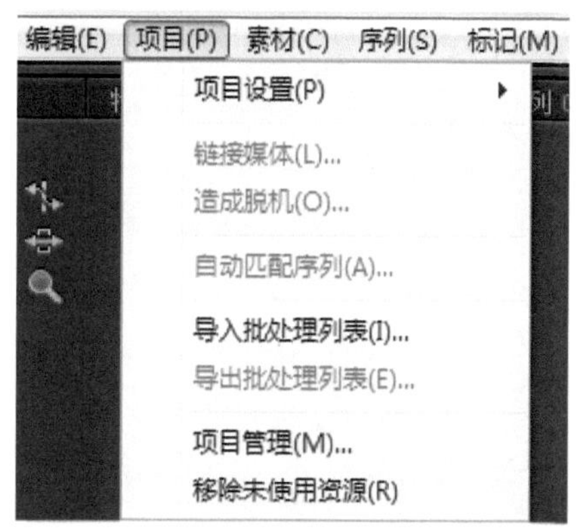

图2-58

表2-4描述了“项目”菜单中常用命令的作用。

表2-4

命令	说明
项目设置→常规	设置视频影片、时间基准和时间显示；显示视频和音频设置
项目设置→缓存	提供了用于采集音频和视频的设置及路径
链接媒体	使用磁盘上采集的文件替换时间线中的脱机文件
造成脱机	使素材脱机，使之在项目中不可用
自动匹配到序列	按顺序将项目面板文件中的内容放置到时间线中
导入批处理列表	将批量列表导入项目面板中
导出批处理列表	将批量列表从项目面板中导出为文本
项目管理	打开Project Manager（项目管理）；使用此命令可以创建项目的修整版本
移除未使用资源	从项目面板中移除不使用的素材

2.6.4 素材菜单

“素材”菜单包含了用于更改素材运动和透明度设置的选项。它也包含在时间线中，以帮助编辑素材，如图2-59所示。

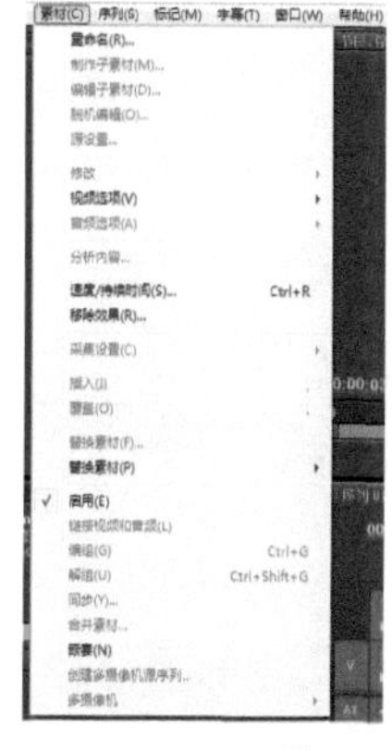

图2-59

表2-5描述了“素材”菜单中常用命令的作用。

表2-5

命令	说明
重命名	重命名选定的素材
制作子素材	根据在素材源监视器中编辑的素材创建附加素材
编辑子素材	允许编辑附加素材的入点和出点
脱机编辑	进行脱机编辑素材
源设置	对素材源对象进行设置
修改→音频声道	可以在打开的“修改素材”对话框中修改音频的声道
修改→解释素材	可以在打开的“修改素材”对话框中查看或修改素材的信息
修改→时间码	可以在打开的“修改素材”对话框中修改素材的时间码
视频选项→帧定格	指定从素材中制作静态帧的设置
视频选项→场选项	设置交换场序选项；也可以设置反交错
视频选项→帧混合	使速度或帧速率已更改的素材的运动更平滑
视频选项→缩放为当前画面大小	按比例将素材或图形适配到项目大小
音频选项→音频增益	允许改变音频级别
音频选项→拆分为单声道	允许将声道素材拆解为单体声
音频选项→渲染并替换	将选定音频素材替换为新素材并保留特效
音频选项→提取音频	从选定素材中创建新音频素材
速度/持续时间	允许更改速度和持续时间
移除效果	可以清除对素材所使用的各种特效
插入	将素材自动插入到时间线中的当前时间指示处
覆盖	将影片放置到当前时间标示点处，覆盖所有已存在的影片
素材替换	对项目中的素材进行替换
启用	允许激活或禁用时间线中的素材。禁用的素材不会显示在节目监视器中，也不能被导出
链接视频和音频	取消音频到视频素材的链接，以及将音频链接到视频
编组	将时间线素材放在一组中以便整体操作
解组	取消素材编组
同步	根据素材的起点、终点或时间码在时间线上排列素材
嵌套	在素材中添加其他素材

2.6.5 序列菜单

使用“序列”菜单中的命令可以在时间线窗口中预览素材，并能更改在时间线文件夹中出现的视频和音频轨道数，如图2-60所示。

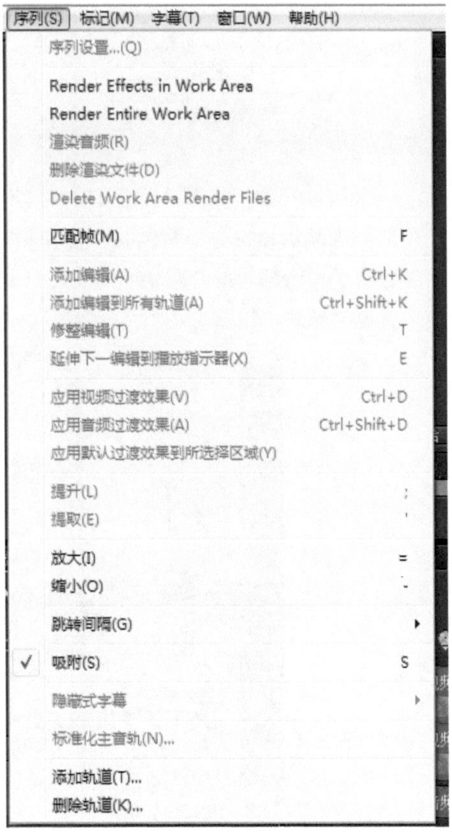

图2-60

表2-6描述了“序列”菜单中常用命令的作用。

表2-6

命令	说明
序列设置	可以在打开的“序列设置”对话框中对序列参数进行设置
Render Effects in Work Area	渲染工作区域内的效果，创建工作区预览，并将预览文件存储在磁盘上
Render Entire Work Area	渲染完整工作区域，为整个项目创建完成的渲染效果，并将预览文件存储在磁盘上
渲染音频	只对音频文件进行渲染
删除渲染文件	从磁盘中移除渲染文件
删除工作区域渲染文件	只删除工作区域内的渲染文件
应用视频过渡效果	在两段素材之间的当前时间指示器处应用默认视频切换效果
应用音频过渡效果	在两段素材之间的当前时间指示器处应用默认音频切换效果
应用默认过渡效果到所选择区域	将默认的过渡效果应用到所选择的素材对象上
提升	移除在节目监视器中设置的从入点到出点的帧，并在时间线中保留空白间隙
提取	移除序列在节目监视器中设置的从入点到出点的帧，而不在时间线中留下空白间隙
放大	放大时间线

续表

缩小	缩小时间线
跳转间隔→序列中下一段	跳转到序列中的下一段对象上
跳转间隔→序列中前一段	跳转到序列中的前一段对象上
跳转间隔→轨道中下一段	跳转到轨道中的下一段对象上
跳转间隔→轨道中前一段	跳转到轨道中的前一段对象上
吸附	打开/关闭吸附到素材边缘
标准化主音轨	对主音轨道进行标准化设置
添加轨道	在时间线中添加轨道
删除轨道	从时间线中删除轨道

2.6.6 标记菜单

Premiere Pro的“标记”菜单包含用于创建、编辑素材和序列标记的命令，如图2-61所示。标记表示为类似五边形的形状，位于时间线标尺下方或时间线中的素材内。使用标记可以快速跳转到时间线的特定区域或素材中的特定帧。

标记(M) 字幕(T) 窗口(W) 帮助(H)
标记入点(M) I
标记出点(M) O
标记素材(C) Shift+/
标记选择(S) /
标记拆分(P)
跳转入点(G) Shift+I
跳转出点(G) Shift+O
转到拆分(O)
清除入点(L) Ctrl+Shift+I
清除出点(L) Ctrl+Shift+O
清除入点和出点(N) Ctrl+Shift+X
添加标记 M
到下一标记(N) Shift+M
到上一标记(P) Ctrl+Shift+M
清除当前标记(C) Ctrl+Alt+M
清除所有标记(A) Ctrl+Alt+Shift+M
Edit Marker...
添加 Encore 章节标记(N)...
添加 Flash 提示标记(F)...

图2-61

表2-7总结了“标记”菜单中常用命令的作用。

表2-7

命令	说明
素材标记	在素材源监视器中为素材在子菜单的指定点处设置一个素材标记
跳转入点	跳转到素材的入点
跳转出点	跳转到素材的出点
清除入点	清除素材的入点
清除出点	清除素材的出点
添加标记	在子菜单的指定处设置一个标记
到下一标记	跳转到素材的下一个标记
到上一标记	跳转到素材的上一个标记
清除当前标记	清除在素材指定的标记
清除所有标记	清除在素材中所有的标记
添加Encore章节标记	在当前时间标示点处创建一个Encore章节标记
添加Flash提示标记	在当前时间标示点处创建一个Flash提示标记

2.6.7 字幕菜单

Premiere Pro的“字幕”菜单包含用于创建字幕、设置字体、大小、方向、排列和位置等命令，如图2-62所示。在Premiere Pro的字幕设计中创建一个新字幕后，大多数Premiere Pro的“字幕”菜单都会被激活。字幕菜单中的命令能够更改在字幕设计中创建的文字和图形。

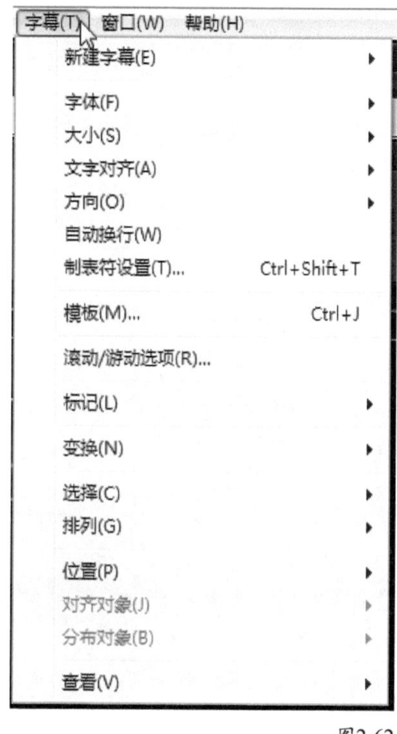

图2-62

表2-8总结了字幕菜单中常用命令的作用。

表2-8

命令	说明
新建字幕→默认静态字幕	创建带有用于创建静态字幕选项的新字幕屏幕
新建字幕→默认滚动字幕	创建带有用于创建滚动字幕选项的新字幕屏幕
新建字幕→默认游动字幕	创建带有用于创建游动字幕选项的新字幕屏幕
新建字幕→基于当前字幕	基于当前字幕创建新字幕屏幕
新建字幕→基于模板	基于模板创建新字幕屏幕
字体	提供字体选择
大小	提供文字大小选择
文字对齐	允许文字左对齐、居中对齐和右对齐
方向	控制对象的横向或纵向朝向
自动换行	打开或关闭文字自动换行
制表符设置	在文本框中设置跳格
模板	允许使用和创建字幕模板
滚动/游动选项	允许创建和控制动画字幕
标记	允许将图形导入字幕中
变换	提供视觉转换命令：位置、比例、旋转和不透明度

续表

选择	在子菜单中提供了选择对象的多个命令
排列	在子菜单中提供了向前或向后移动对象的命令
位置	在子菜单中提供了将选定分类放置在屏幕上的命令
对齐对象	在子菜单中提供了排列未选定对象的命令
分布对象	在子菜单中提供了在屏幕上分布或分散选定对象的对象
查看	在子菜单中提供了允许查看字幕和动作安全区域、文字基线、跳格标记和视频等命令

2.6.8 窗口菜单

使用“窗口”菜单可以打开Premiere Pro的各个面板，如图2-63所示。Premiere Pro包含项目面板、监视器面板、时间线面板、效果面板、特效台控制面板、事件面板、历史面板、信息面板、工具面板和字幕面板等。大多数命令的作用都很相似。在菜单中选择想要打开的面板名称，即可以打开此面板。

窗口(W) 帮助(H)
工作区(W)
扩展
最大化帧 Shift+`
VST 编辑器
事件
信息
修整监视器
元数据
历史记录
参考监视器
多机位监视器
媒体浏览 Shift+8
字幕动作
字幕属性
字幕工具
字幕样式
字幕设计器
✓ 工具
效果 Shift+7
时间码
时间轴(T)
标记
✓ 源监视器 Shift+2
特效控制台 Shift+5
节目监视器 Shift+4
调音台
选项
采集
✓ 音频计量器
✓ 项目 Shift+1

图2-63

选择“窗口→工作区”中的不同子命令，如图2-64所示，可以得到不同类型的面板模式，各种面板效果主要是针对方便当前的操作进行布置。

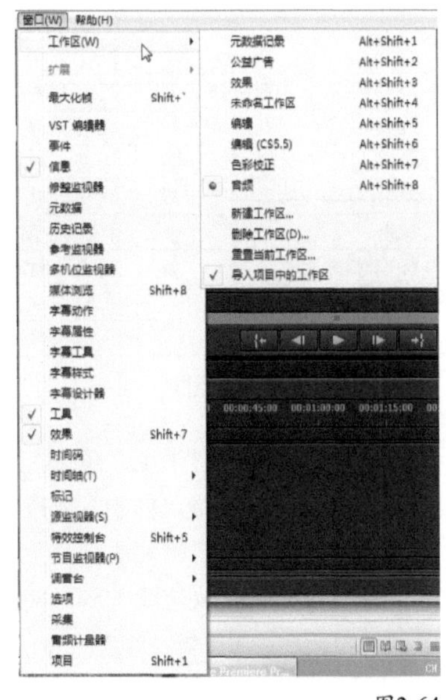

图2-64

选择“窗口→工作区→效果”命令，得到的面板效果如图2-65所示。

图2-65

选择“窗口→工作区→编辑”命令，得到的面板效果如图2-66所示。

图2-66

选择“窗口→工作区→色彩校正”命令，得到的面板效果如图2-67所示。

图2-67

选择“窗口→工作区→音频”命令，得到的面板效果如图2-68所示。

图2-68

选择“窗口→工作区→新建工作区”命令，可以打开“新建工作区”对话框，创建并保存新的工作区，如图2-69所示，以便日后在特定工作下进行使用设置。新建的工作区将显示在“窗口→工作区”的子菜单中，如图2-70所示。

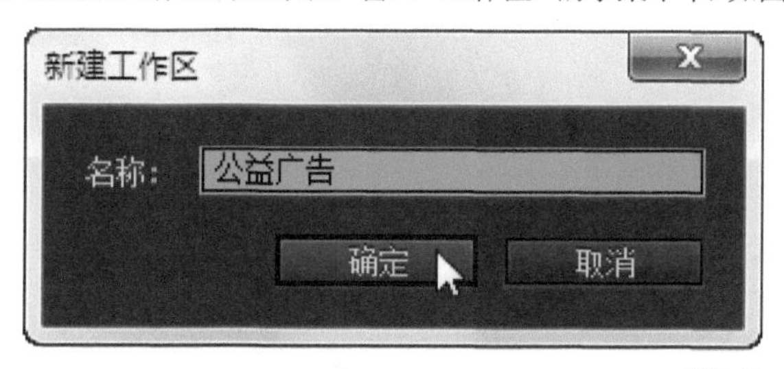

图2-69

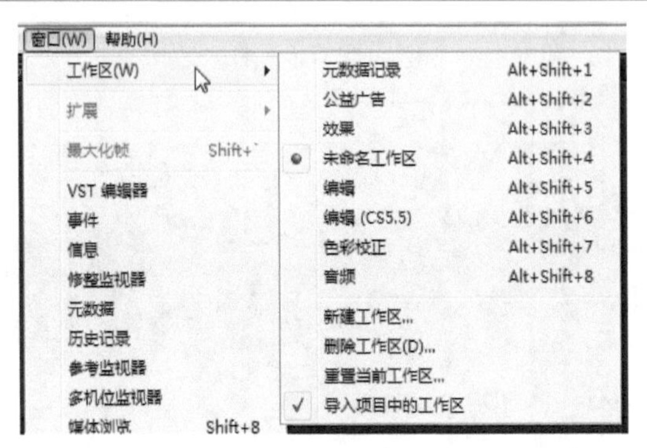

图2-70

选择“窗口→工作区→删除工作区”命令可以删除指定的工作区。要将当前工作区复位到原始设置，可以选择“窗口→工作区→重置当前工作区”命令。

2.6.9 帮助菜单

Premiere Pro的“帮助”菜单包含程序应用的帮助命令以及支持中心和产品改进计划等命令，如图2-71所示。选择“帮助”菜单中的“Adobe Premiere Pro帮助”命令，可以载入主帮助屏幕，然后选择或搜索某个主题进行学习。

图2-71

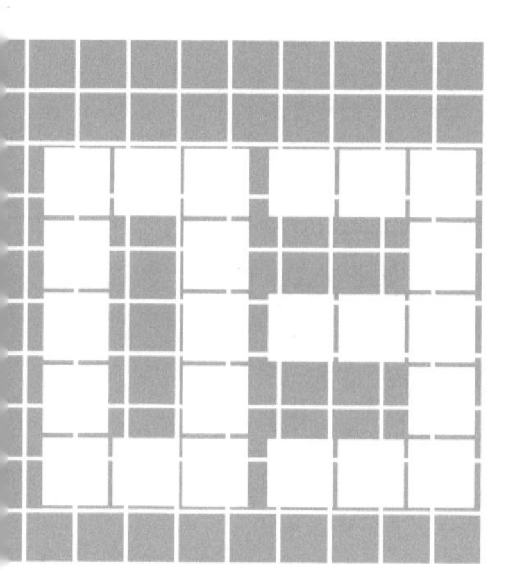

第3章 视频编辑的一般流程

要点索引

本章概述

本章主要介绍运用Premiere Pro CS6视频编辑软件进行视频编辑工作的过程。通过本章的学习，读者可以了解到如何一步一步地制作出完整的视频影片。

本章以制作一个简短视频作品的整个流程为例，帮助读者熟悉Premiere Pro的制作过程，可以学习如何在时间线上放置素材、在素材源监视器中编辑素材、应用切换效果，以及视频特效和音频特效。通过本章的学习，读者将看到把视频素材和图形加载到Premiere Pro项目中，并把它们编辑成一段简短的影片是多么轻松。编辑完项目之后，还可以将影片导出为一个QuickTime或Windows Media等影片格式，以便使用播放器进行播放。

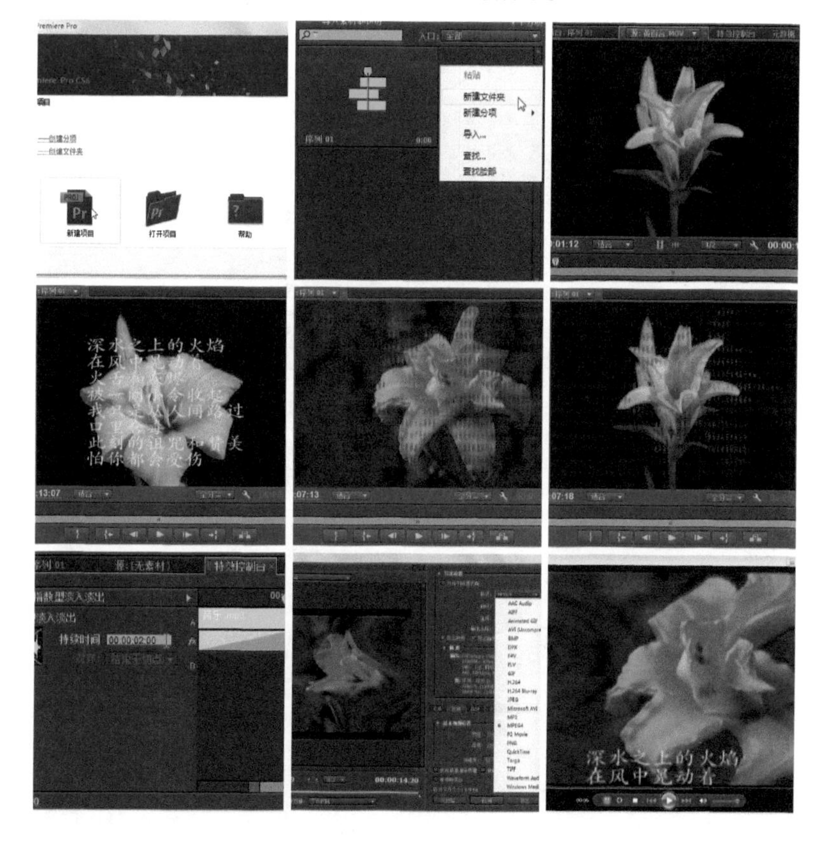

3.1 制定脚本和收集素材

要制作出一部完整的影片，必须要先具备创作构思和素材这两个要素。创作构思是一部影片的灵魂，素材则是组成它的各个部分，Premiere 所做的只是将其穿插组合成一个连贯的整体。

当脑海中有了一个绝妙的构思后，应该马上用笔把它描述出来，这就是脚本，也就是通常所说的影片的剧本。在编写脚本时，首先要拟定一个比较详细的提纲，然后根据这个提纲尽量做好详细的细节描述，以作为在Premiere中进行编辑过程的参考指导。脚本的形式有很多种，如绘画式，小说式等。

在第一章时讲到过在Premiere Pro CS6中可以使用的素材有：图像、字幕文件、WAV或者MP3格式的声音文件以及AVI或者MOV格式的影片等。通过DV摄像机，可以将拍摄的视频内容通过数据线直接保存到计算机中来获取素材，旧式摄像机拍摄出来的影片还需要进行视频采集才能存入计算机。根据脚本的内容将素材收集齐备后，将这些素材保存到计算机中指定的文件夹，以便管理，然后便可以开始编辑工作了。

这里已将本章实例所需要的素材准备好了，并存放在本书配套实例资源中对应的目录下。接下来，将以一个主题为“百花争艳”的视频影片，对一个完整的视频编辑过程进行详细讲解，该实例的完成效果如图3-1所示。案例制作流程如图3-2所示。

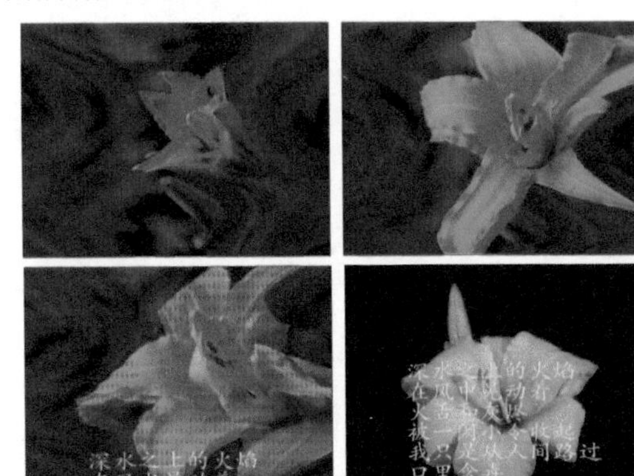

图3-1

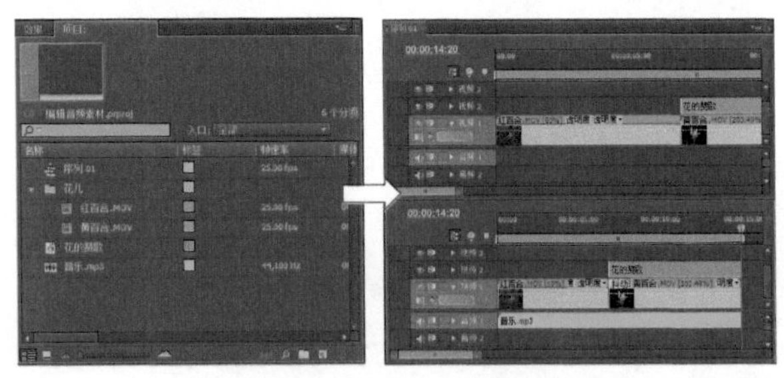

图3-2

3.2 建立Premiere Pro项目

Premiere Pro数字视频作品在此称为一个项目而不是视频产品，其原因是使用Premiere Pro不仅能创建作品，还可以管理作品资源，以及创建和存储字幕、切换效果和特效。因此，工作的文件不仅仅是一份作品，事实上是一个项目。在Premiere Pro中创建一份数字视频作品的第一步是新建一个项目，操作步骤如下。

新手练习：新建一个项目

- 素材文件：无
- 案例文件：案例文件/第3章/新手练习——新建一个项目.flv
- 视频教学：视频教学/第3章/新手练习——新建一个项目.flv
- 技术掌握：新建一个项目并对其进行命名的方法

扫码看视频

【操作步骤】

01 启动Premiere Pro，双击桌面上的Adobe Premiere Pro图标，如图3-3所示。当启动Premiere Pro时，程序自动假设用户想要创建一个新项目或者打开一个以前创建的项目。

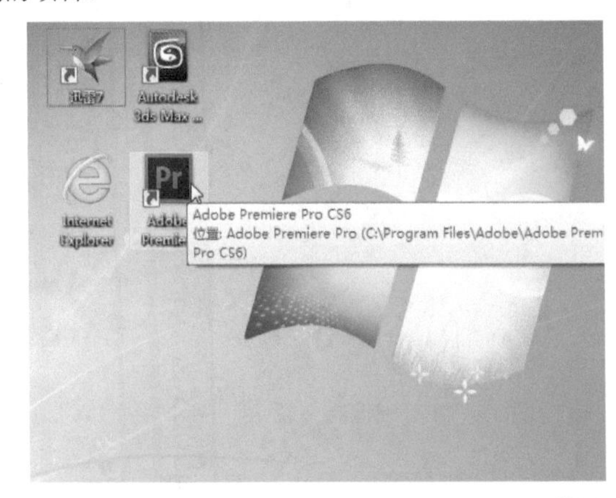

图3-3

02 在欢迎画面中单击“新建项目”图标，如图3-4所示。如果已经载入了Premiere Pro，那么可以通过选择“文件→新建→项目”菜单命令创建一个新项目。

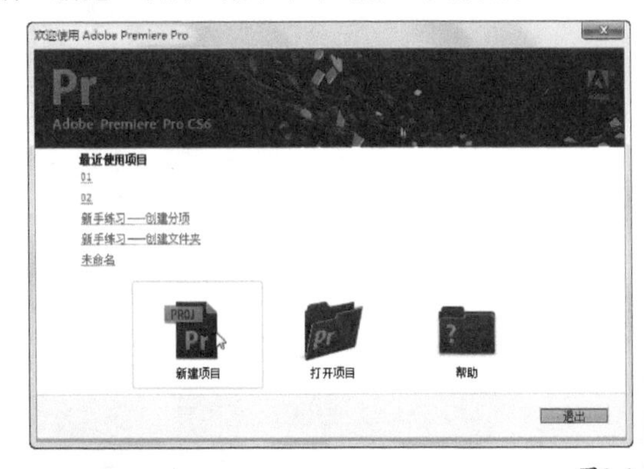

图3-4

03 在打开的“新建项目”对话框中设置项目的名称和

路径，如图3-5所示，单击“位置”选项栏后面的“浏览”按钮，可以在打开的“浏览文件夹”对话框中设置保存项目文件的位置，如图3-6所示。

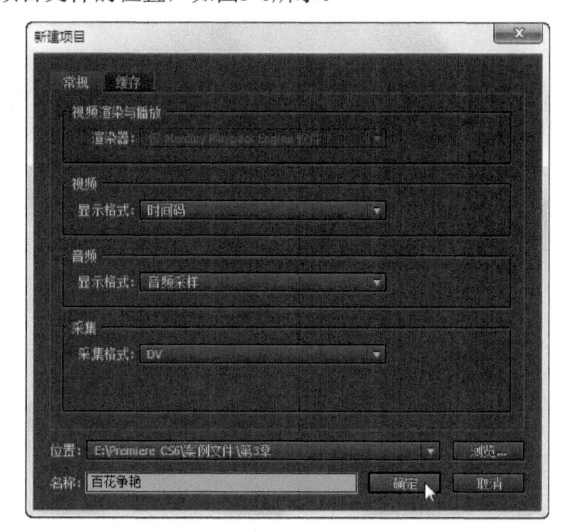

图3-5

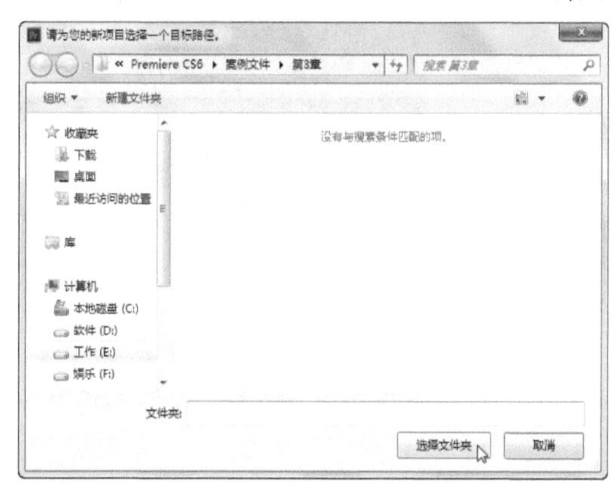

图3-6

04 单击“确定”按钮，将出现“新建序列”对话框，在对话框下方确定序列名称后，单击“确定”按钮，即可创建一个项目，如图3-7所示。

图3-7

小技巧

如果是为Web或多媒体应用程序创建项目，那么通常会以比原始项目设置更小的画幅大小、更慢的帧速率和更低分辨率的音频导出项目。一般来说，应该先使用匹配源影片的项目设置对项目进行编辑，然后再导出它。

3.3 导入作品元素

在Premiere Pro项目中可以放置并编辑视频、音频和静帧图像，因为它们是数字格式。表3-1列出了可以导入Premiere Pro的主要文件格式。所有的媒体影片，或称为素材，必须先保存在磁盘上。即使视频存储在数字摄像机上，也仍然必须转移到磁盘上。Premiere Pro可以采集数字视频素材并将它们自动存储到项目中。模拟媒体，如动画电影和录像带必须先数字化，才能在Premiere Pro中使用。在这种情况下，连接有采集板的Premiere Pro，可以将素材直接采集到项目中。

表3-1

媒体	文件格式
视频	Video for Windows（AVI Type 2）、QuickTime（MOV）（必须安装苹果公司的QuickTime）、MPEG-1、MPEG-2和Windows Media（WMV、WMA）
音频	AIFF、WAV、AVI、MOV和MP3
静帧图像和序列	TIFF、JPEG、BMP、PNG、EPS、GIF、Filmstrip、Illustrator和Photoshop

打开Premiere Pro面板之后，就可以导入各种图形与声音元素，以组成自己的数字视频作品。所有导入的分类都出现在项目面板的列表中。一个图标代表一个分类。在图标旁边，Premiere Pro显示此分类是一段视频素材、音频素材，还是一个图形。

新手练习：导入素材

- 素材文件：素材文件/第3章/01.mov、02.mov、音乐.mp3
- 案例文件：案例文件/第3章/新手练习——导入素材.prproj
- 视频教学：视频教学/第3章/新手练习——导入素材.flv
- 技术掌握：导入并查看素材的方法

扫码看视频

在将文件导入Premiere Pro中时，可以选择导入一个文件、多个文件（单击文件时按住Ctrl键）或整个文件夹。按照下面的步骤加载“百花争艳”项目的作品元素。

【操作步骤】

01 在项目面板中单击鼠标右键，在弹出的菜单中选择“新建文件夹”命令，即可新建一个文件夹，如图3-8所示。

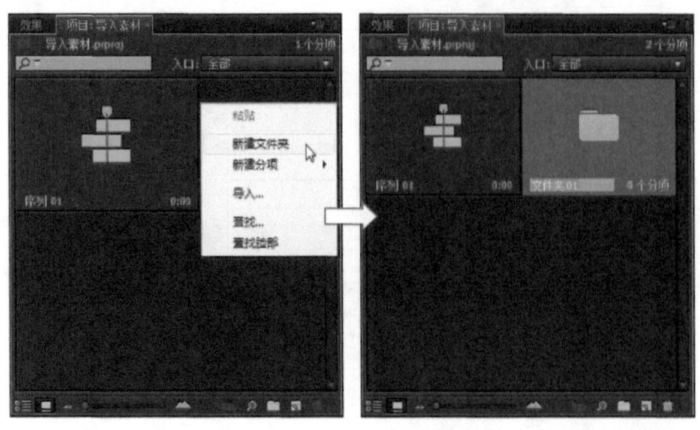

图3-8

02 单击文件夹名称，将其激活，然后输入新的名称“花儿”，即可对其进行重命名，如图3-9所示。

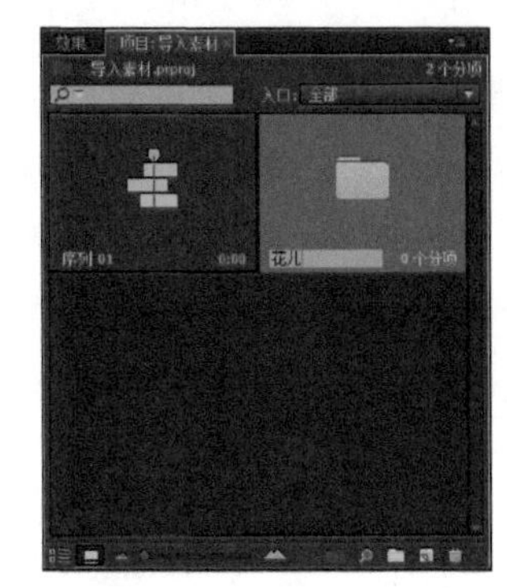

图3-9

03 选择“文件→导入”菜单命令，打开“导入”对话框，然后选择要导入的素材并将其打开，如“01.mov”和“02.mov”，如图3-10所示。

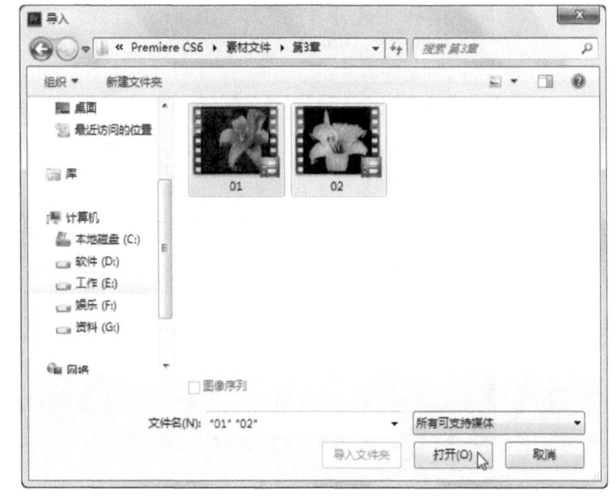

图3-10

小 技 巧

如果需要将其他项目导入到当前项目中，可以使用“文件→导入”菜单命令打开“导入”对话框，在该对话框中选择并打开需要导入的项目文件即可。

04 在“花儿”文件夹中载入“01”和“02”素材，然后使用列表视图的方式显示项目面板中的内容，如图3-11所示。单击素材名称，对素材进行重命名，例如，将01素材命名为“红百合”；将02素材命名为“黄百合”，如图3-12所示。

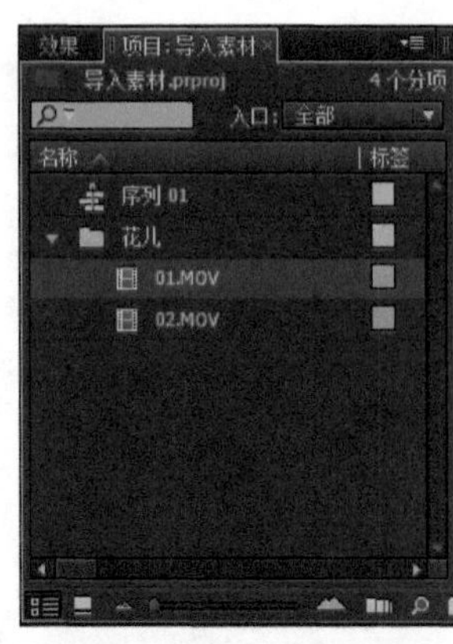

图3-11

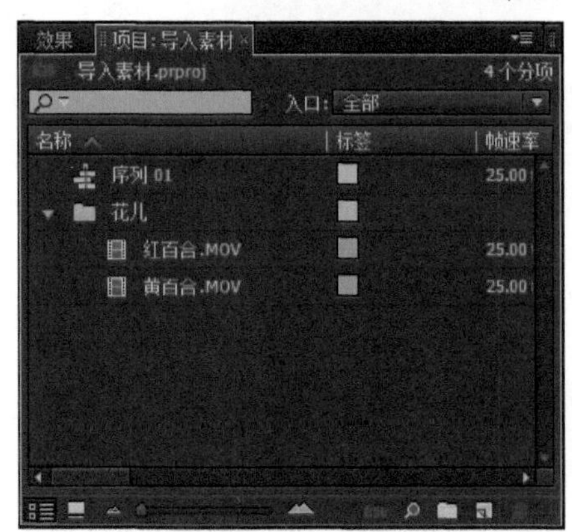

图3-12

小 技 巧

因为所创建的文件夹或导入的素材的名称不能清晰地描述各自的内容，所以可以在项目面板中对它们进行重命名。要重命名文件夹或素材，也可以在项目面板中单击它，然后选择“素材→重命名”菜单命令，再输入新的名称。

05 使用同样的方法，继续导入音频素材“音乐.mp3”，如图3-13所示。

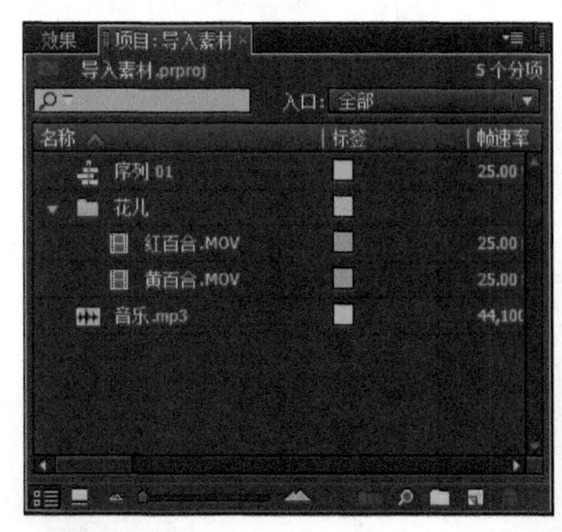

图3-13

06 在开始编排作品之前，可能需要查看素材或图形及听一听音频轨道。使用鼠标右键单击项目面板的标题，在弹出的菜单中选择“预览区域”命令，如图3-14所示。

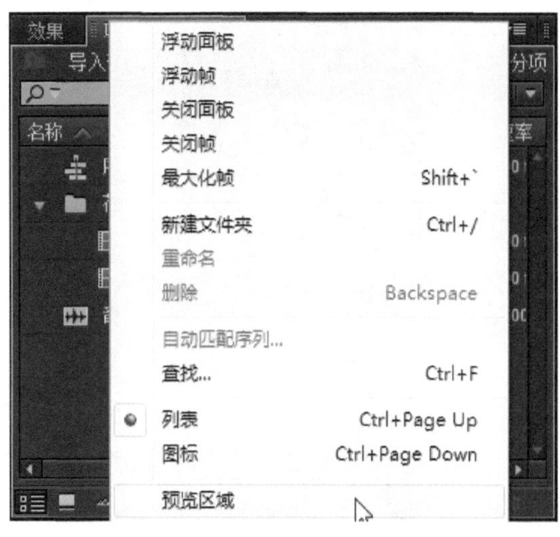

图3-14

07 在出现的预览区域中单击“播放-停止切换开关”按钮，可以查看所选视频素材的效果或播放音频素材效果，如图3-15所示。

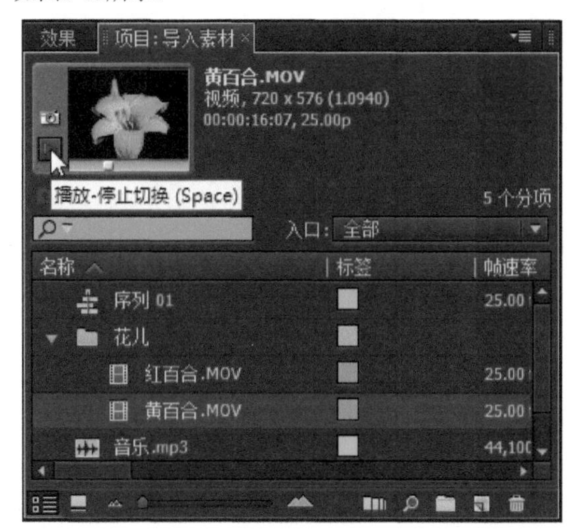

图3-15

小技巧

若双击项目中的素材，可以在源监视器面板中打开素材。单击源监视器面板中的“播放-停止切换”按钮也可以预览素材，如图3-16所示。

图3-16

08 单击“花儿”文件夹前面的三角形按钮，将展开或收拢其中的素材，如图3-17所示是收拢素材的效果。

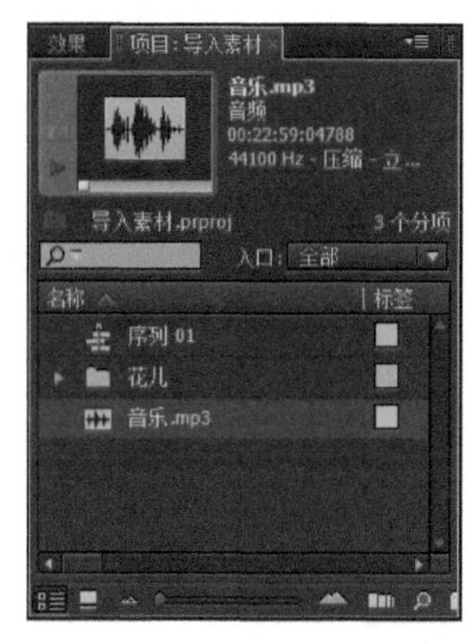

图3-17

3.4 添加字幕素材

如果存在文字素材，用户也可以直接将其导入到项目面板中，如果不存在文字素材，则可以通过创建字幕的方式新建一个文字素材。

高手进阶：创建字幕素材

- 素材文件：无
- 案例文件：案例文件/第3章/高手进阶——创建字幕素材.prproj
- 视频教学：视频教学/第3章/高手进阶——创建字幕素材.flv
- 技术掌握：创建字幕素材的方法

扫码看视频

本例是介绍创建字幕素材的操作，案例效果如图3-18所示，其制作流程如图3-19所示。

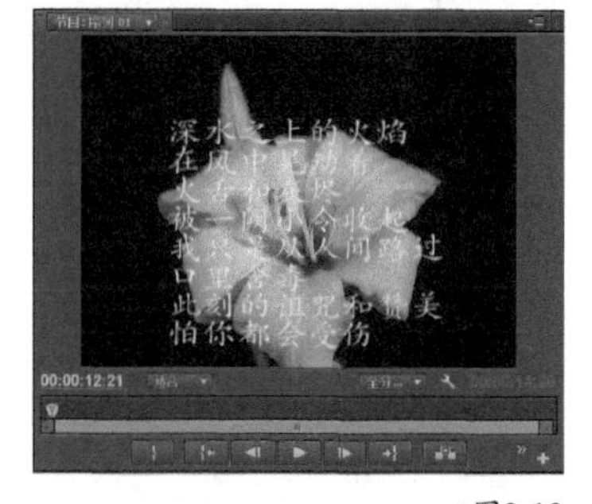

图3-18

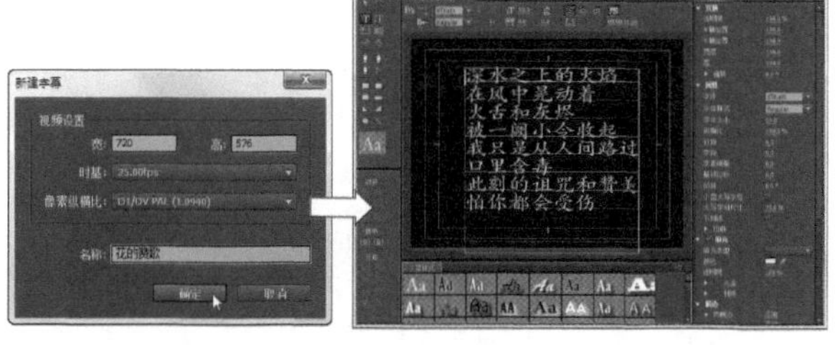

图3-19

【操作步骤】

01 选择“文件→新建→字幕”菜单命令，打开“新建字幕”对话框，设置视频大小并输入字幕名称，然后单击“确定”按钮，如图3-20所示。

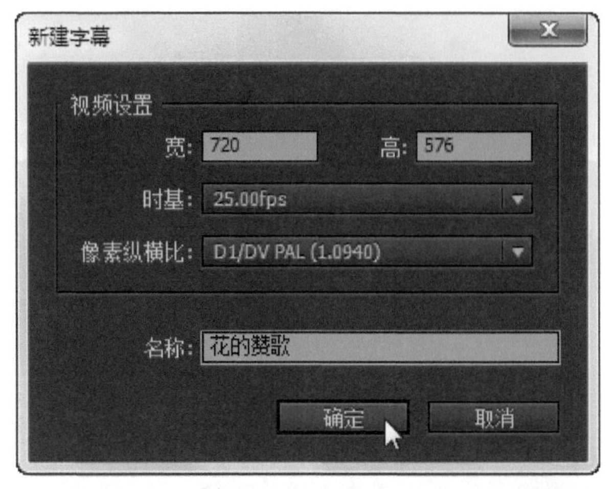

图3-20

02 在打开的字幕对话框中单击“输入工具”按钮T，如图3-21所示。

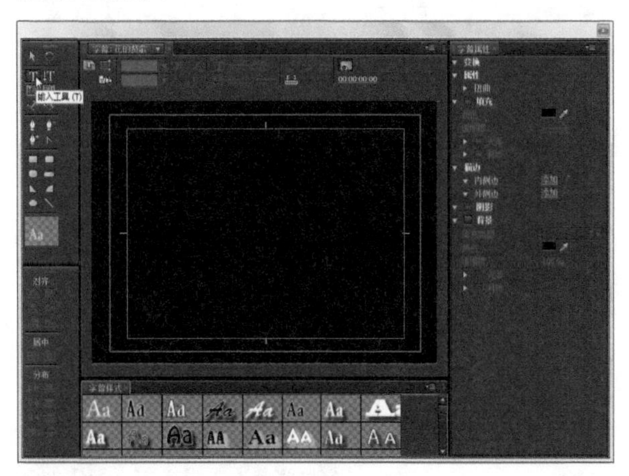

图3-21

03 在文字输入区单击鼠标，然后输入文字内容，再设置文字的字体为“STKaiTi”、字号为50，如图3-22所示。

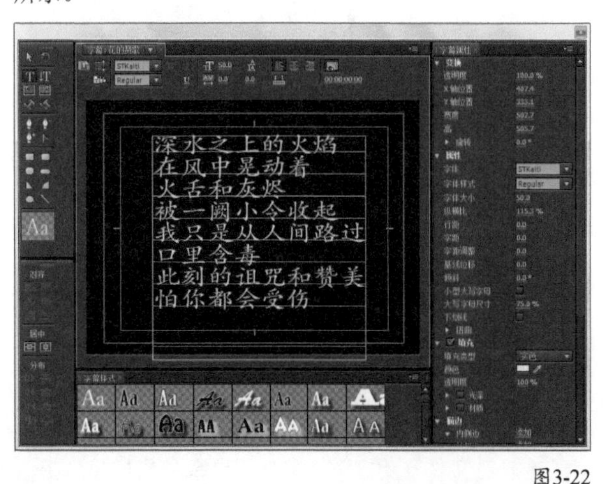

图3-22

04 关闭字幕对话框，即可在项目面板中生成新建的字幕对象，如图3-23所示。

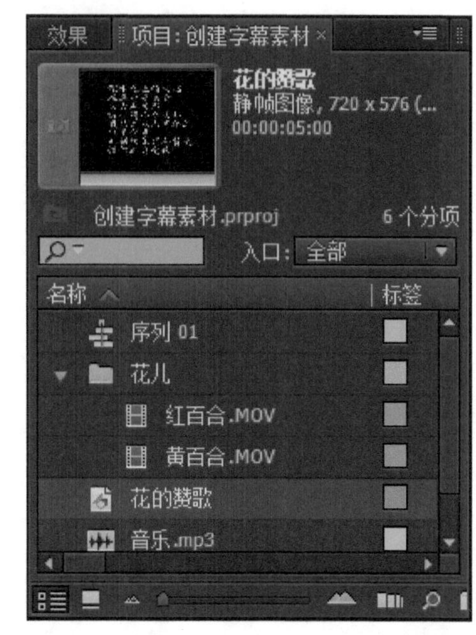

图3-23

3.5 编排素材元素

导入所有作品元素之后，需要将它们放置在时间线面板中的一个序列中，以便开始编辑项目。一个序列是指作品的视频、音频、特效和切换效果等各组成部分的顺序集合。

小技巧

如果需要将其他项目导入到当前项目中，可以使用“文件→导入”菜单命令打开“导入”对话框，在该对话框中选择并打开需要导入的项目文件即可。

高手进阶：编排素材元素

- 素材文件：无
- 案例文件：案例文件/第3章/高手进阶——编排素材元素.Prproj
- 视频教学：视频教学/第3章/高手进阶——编排素材元素.flv
- 技术掌握：在时间线面板中添加并调整素材的顺序

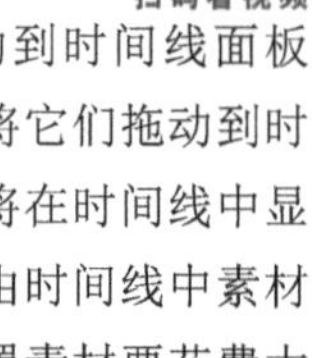

扫码看视频

要将项目面板中的素材或图形移动到时间线面板中，只需单击项目面板中的素材，然后将它们拖动到时间线中的一个轨道上即可。此时，分类将在时间线中显示为一个图标。素材或图形的持续时间由时间线中素材的长度表示。编辑作品时在时间线中放置素材要花费大量的时间。Premiere Pro的“选择工具”和“轨道选择工具”可以辅助用户按顺序编排节目素材。

【操作步骤】

01 单击并拖动项目面板中的“红百合”素材，将它拖动到时间线面板中的“视频1”轨道上，如图3-24所示。

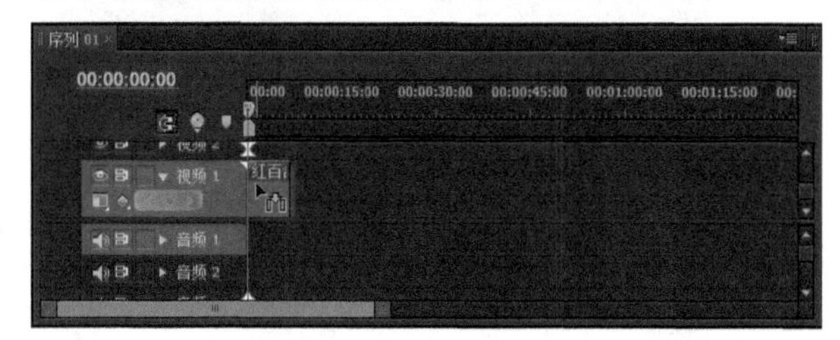

图3-24

02 参照如图3-25所示的效果，依次单击并拖动项目面板中的其他素材，将它们拖动到时间线面板中对应的轨道上。

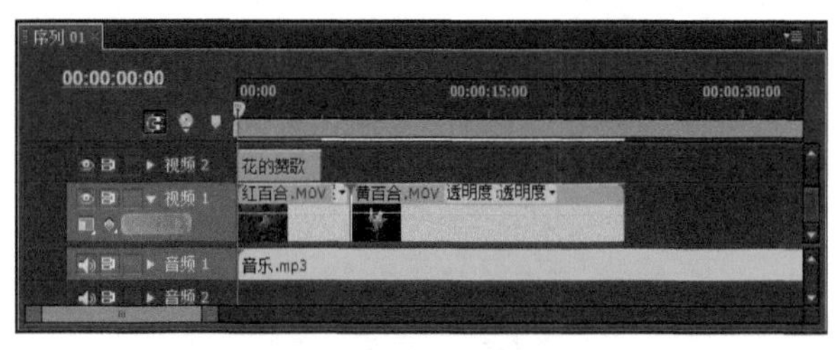

图3-25

小技巧

在素材源监视器面板中打开素材并单击“插入”或“覆盖”按钮，可以将素材直接放置到时间线中。

03 单击工具面板中的选择工具。然后单击时间线中的字幕素材，选中素材后，单击并将它拖动到期望位置，如图3-26所示。

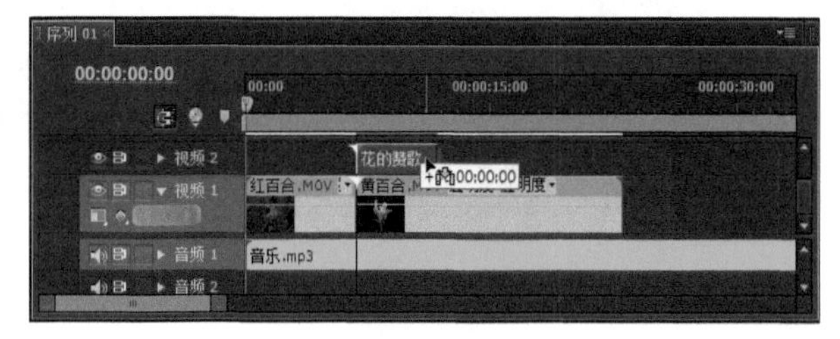

图3-26

知识窗：激活选择工具和轨道选择工具的快捷键

在键盘上按下V键，可以快速激活选择工具以便对素材进行选择操作。在键盘上按下A键，可以快速激活轨道选择工具，使用“轨道选择”工具可以移动整个轨道中的素材。

3.6 编辑视频素材

将素材拖入时间线面板后，需要对素材进行修改编辑，以达到符合视频编辑要求的效果，比如控制素材的播放速度、时间长度等。

高手进阶：编辑视频素材

- 素材文件：无
- 案例文件：案例文件/第3章/高手进阶——编辑视频素材.Prproj
- 视频教学：视频教学/第3章/高手进阶——编辑视频素材.flv
- 技术掌握：调整素材的播放速度和时间长度

扫码看视频

【操作步骤】

01 在时间线面板中用鼠标右键单击“红百合”视频素材文件，在弹出的命令选单中选择“速度/持续时间”命令，如图3-27所示。

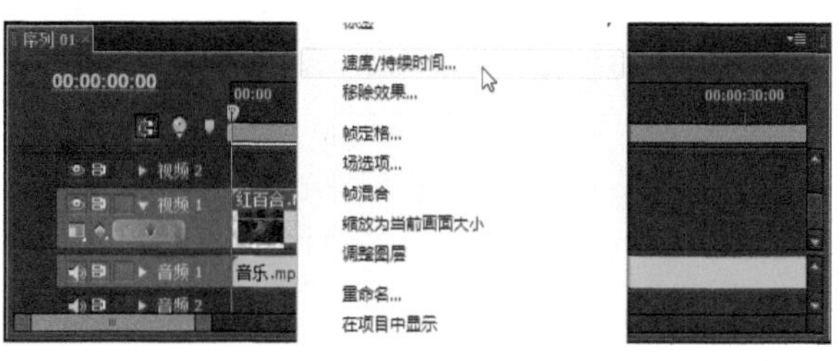

图3-27

02 在打开的“速度/持续时间”对话框中将素材的播放速度改为80%，如图3-28所示，单击“确定”按钮即可修改素材的播放速度。

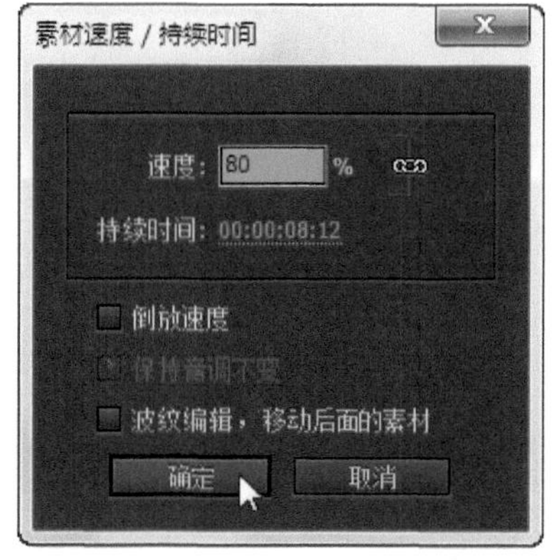

图3-28

03 在时间线面板中选择“花的赞歌”字幕文件，执行“素材→速度/持续时间”命令，打开“速度/持续时间”对话框，在“持续时间”文本框中将素材的持续时间改为00:00:08:00（即8秒），如图3-29所示。

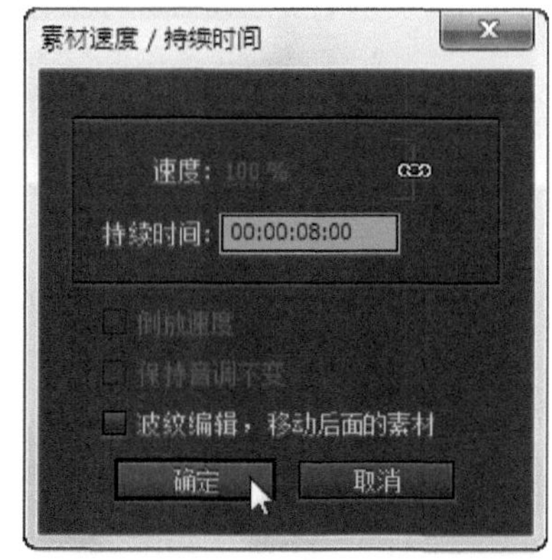

图3-29

04 使用同样的方法将“黄百合”视频素材的持续时间修改为8秒，如图3-30所示。

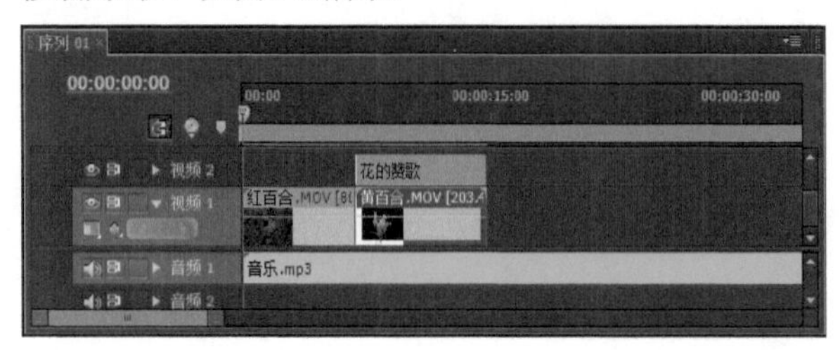

图3-30

知识窗：如何修改素材的长度和持续时间

修改素材的播放速度的前提是该素材属于视频素材。如果是图片素材，只能对该素材的时间长度进行修改。另外，用户也可以在项目面板中修改素材的长度和持续时间。

3.7 应用切换效果

在编辑视频节目的过程中，使用视频切换效果能使素材间的连接更加和谐、自然。为时间线面板中两个相邻的素材添加某种视频切换效果，可以在效果面板中展开该类型的文件夹，然后将相应的视频切换效果拖动到时间线面板中相邻素材之间即可。

高手进阶：添加切换效果

- 素材文件：无
- 案例文件：无
- 视频教学：视频教学/第3章/高手进阶——添加切换效果.flv
- 技术掌握：为素材添加切换效果

扫码看视频

本例是介绍为素材添加切换效果的操作，案例效果如图3-31所示。

图3-31

【操作步骤】

01 执行“窗口→效果”命令，在开启的效果面板中单击“视频切换”文件夹前的三角形按钮，将其展开，如图3-32所示。

02 单击“叠化”文件夹前的三角形按钮，将其展开，然后选择“抖动溶解”切换效果，如图3-33所示。

图3-32

图3-33

03 将“带状滑动”切换效果拖动到时间线面板中素材“黄百合”的开头处，为素材“红百合”和“黄百合”之间添加抖动溶解样式的切换效果，如图3-34所示。

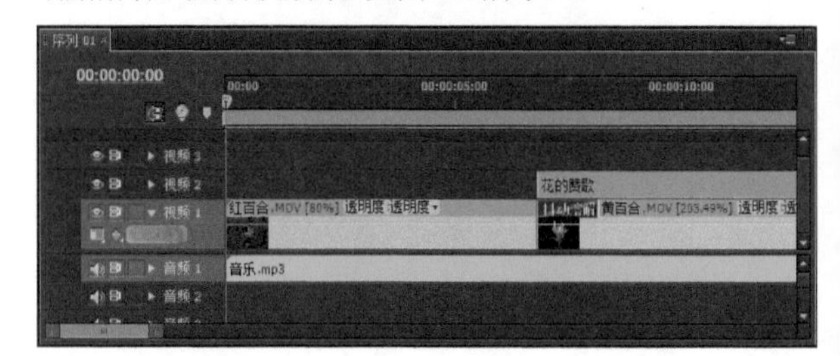

图3-34

04 单击节目监视器面板下方的播放按钮▶，对添加切换效果后的素材进行预览，如图3-35所示。

图3-35

图3-37

3.8 使用运动特效

使用Premiere Pro CS6进行视频编辑的过程中，可以为静态的图像素材添加运动效果。对素材使用运动特效的操作是在特效控制台面板中完成的。

高手进阶：为字幕添加运动效果

- 素材文件：无
- 案例文件：案例文件/第3章/高手进阶——为字幕添加运动效果.Prproj
- 视频教学：视频教学/第3章/高手进阶——为字幕添加运动效果.flv
- 技术掌握：为字幕添加运动效果的方法

扫码看视频

本例是介绍为字幕添加运动效果的操作，案例效果如图3-36所示。

图3-36

【操作步骤】

01 选择时间线面板中的“花的赞歌”字幕素材，然后执行“窗口→特效控制台”命令，打开特效控制台面板，单击“运动”选项组左边的三角形按钮，将其展开，如图3-37所示。

02 在特效控制台面板左下方的时间码处输入00:00:07:00，将时间线移到第7秒的位置。单击“位置”选项前面的“固定动画”按钮，在此时间添加一个关键帧，并将位置的坐标值改为360×692，改变素材的位置，如图3-38所示。

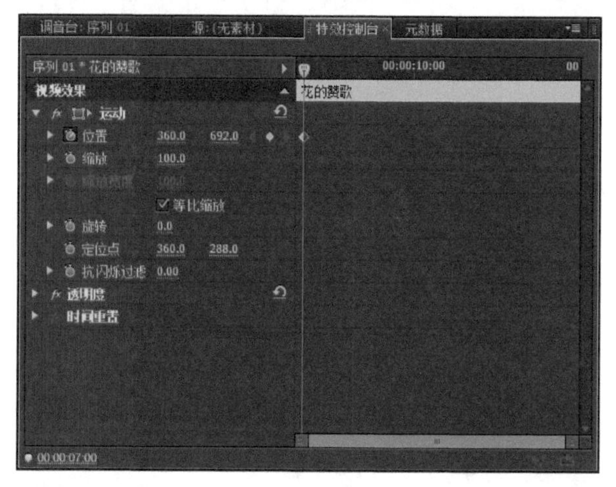

图3-38

03 在特效控制台面板左下方的时间码处输入00:00:14:00，将时间线移到第14秒的位置，单击“位置”选项后面的“添加/删除关键帧”按钮，在此时间添加一个关键帧，并将位置的坐标值改为360×288，如图3-39所示。

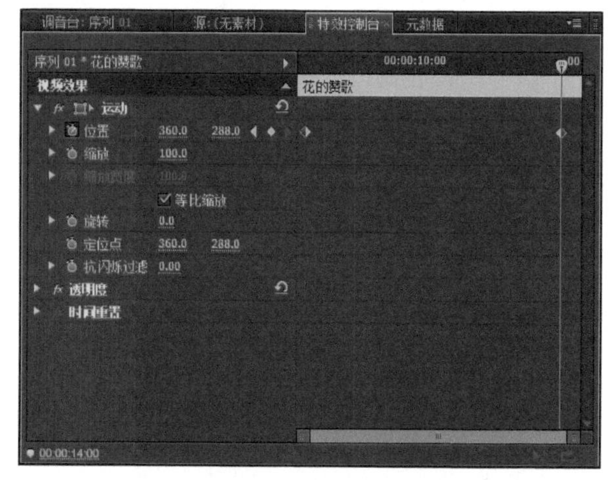

图3-39

04 单击节目监视器面板下方的播放按钮，对添加运动效果后的字幕素材进行预览，如图3-40和图3-41所示。

图3-40

图3-41

3.9 添加视频特效

视频特效是非线性编辑系统中很重要的一个功能，对素材使用视频特效可以使一个影视片段的视觉效果更加丰富多彩。

高手进阶：为素材添加视频特效

- 素材文件：无
- 案例文件：案例文件/第3章/高手进阶——为素材添加视频特效.Prproj
- 视频教学：视频教学/第3章/高手进阶——为素材添加视频特效.flv
- 技术掌握：为素材添加视频特效的方法

扫码看视频

本例是介绍为素材添加视频特效的操作，案例效果如图3-42所示。

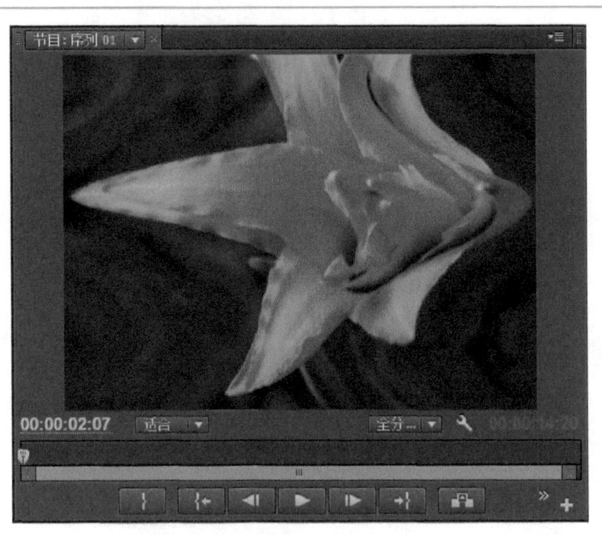

图3-42

【操作步骤】

01 在效果面板中单击“视频特效”文件夹前的三角形按钮，将其展开，如图3-43所示。

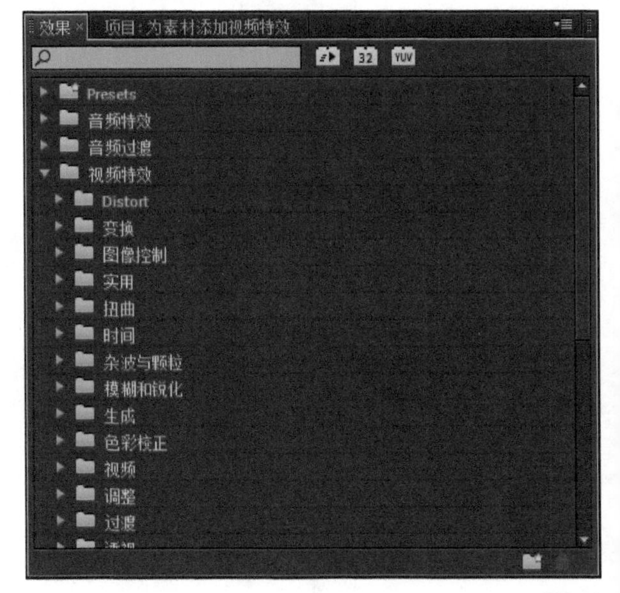

图3-43

02 单击“扭曲”文件夹前的三角形按钮，将其展开，选择“弯曲”视频特效，如图3-44所示，然后将“弯曲”视频特效拖动到“红百合”素材上。

03 在特效控制面板中单击“弯曲”选项组前面的三角形按钮，将其展开，可以设置其中的参数，如图3-45所示。

04 在节目监视器面板中可以预览添加的视频特效的效果，如图3-46所示。

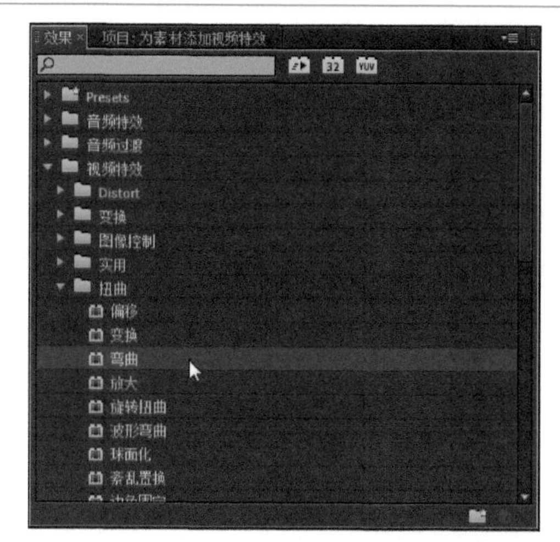

图3-44

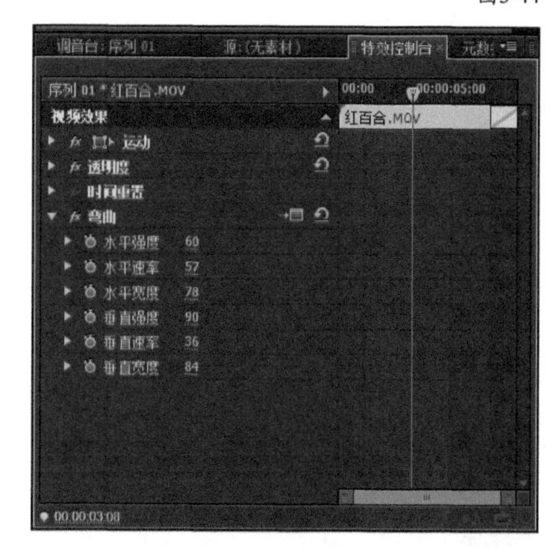

图3-45

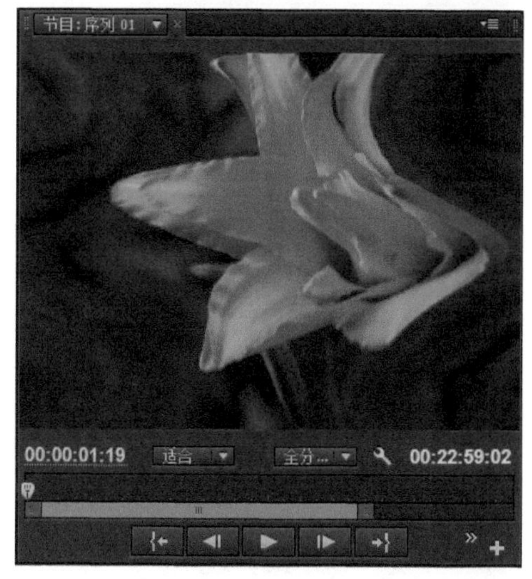

图3-46

3.10 编辑音频素材

将音频素材导入到时间线面板中后，如果音频的长度与视频不相符，用户可以通过编辑音频的持续时间改变音频长度，但是，音频的节奏也将发生相应的变化。如果音频过长，可以通过剪切多余的音频内容来修改音频的长度。

高手进阶：编辑音频素材

- 素材文件：无
- 案例文件：案例文件/第3章/高手进阶——编辑音频素材.Prproj
- 视频教学：视频教学/第3章/高手进阶——编辑音频素材.flv
- 技术掌握：修改音频长度的方法

扫码看视频

【操作步骤】

01 在时间线面板中将时间线移到00:00:14:20的位置，然后单击工具面板中的剃刀工具，在时间线面板中单击“音乐”素材，如图3-47所示。

图3-47

02 将音频素材分割开后，单击工具面板中的选择工具，选择后面多余的音频部分，再按下Delete键将其删除，即可修改音频素材的长度，如图3-48所示。

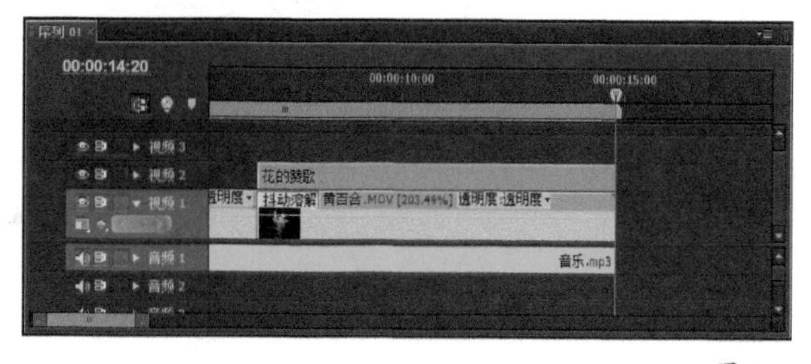

图3-48

3.11 添加音频特效

在视频的制作中，不仅可以为视频素材添加特效，也可以为音频素材添加特效。例如，用户可以为音频添加立体声或渐隐效果等。

高手进阶：添加音频特效

- 素材文件：无
- 案例文件：案例文件/第3章/高手进阶——添加音频特效.Prproj
- 视频教学：视频教学/第3章/高手进阶——添加音频特效.flv
- 技术掌握：添加音频特效的方法

扫码看视频

【操作步骤】

01 在效果面板中单击“音频过渡”文件夹前面的三角形按钮将其展开，然后展开“交叉渐隐”文件夹，选择其中的“指数型淡入淡出”音频特效，如图3-49所示。

图3-49

02 将选择的音频特效拖动到时间线面板的“音乐”素材结尾处，将显示添加的音频特效名称，如图3-50所示。

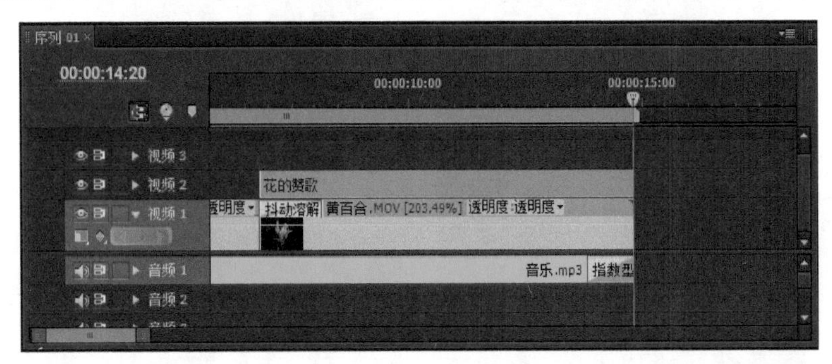

图3-50

03 打开特效控制台面板，将音频特效的持续时间改为2秒，如图3-51所示。

图3-51

3.12 生成影视文件

生成影片是将编辑好的项目文件以视频的格式输出，输出的效果通常是动态的且带有音频效果。在输出影片时需要根据实际需要为影片选择一种压缩格式。在输出影片之前，应先做好做项目的保存工作，并对影片的效果进行预览。

高手进阶：生成影片

- 素材文件：无
- 案例文件：案例文件/第3章/高手进阶——生成影片.avi
- 视频教学：视频教学/第3章/高手进阶——生成影片.flv
- 技术掌握：将项目文件导出为影片的方法

扫码看视频

本例是介绍将项目文件导出为影片的操作，案例效果如图3-52所示。

图3-52

【操作步骤】

01 选择时间线面板，然后执行“文件→导出→媒体”命令，打开“导出设置”对话框，在“格式”下拉列表中选择输出影片的格式，如图3-53所示。

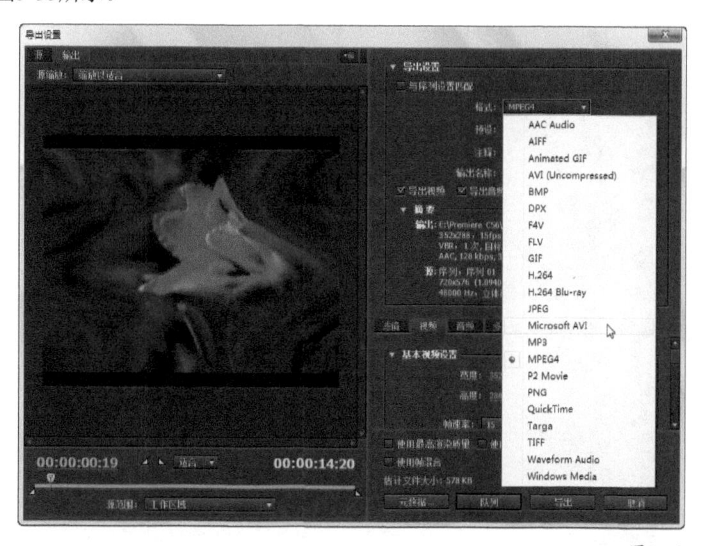

图3-53

02 单击对话框中的“输出名称”选项右方的链接文字，在打开的“另存为”对话框中设置输出视频的位置和影片的名称，然后单击“保存”按钮，如图3-54所示。

图3-54

03 单击对话框中的“视频”选项卡，在其中设置输出视频的宽度、高度和帧速率，然后单击“导出”按钮将项目中的序列导出来，如图3-55所示。

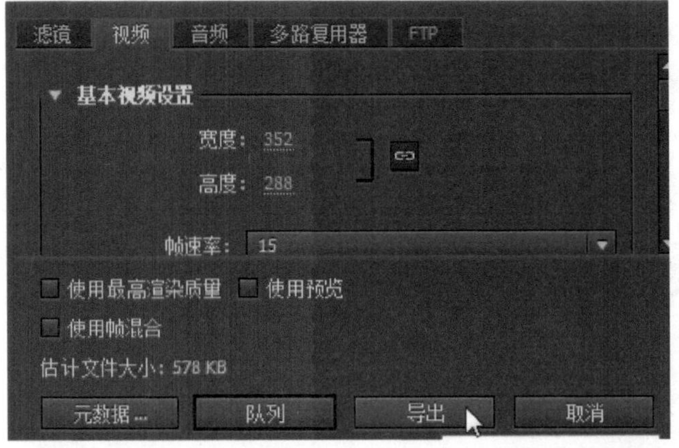

图3-55

04 将项目文件导出后，可以使用Windows Media Play播放输出的影片，观看影片的完成效果，如图3-56所示。

图3-56

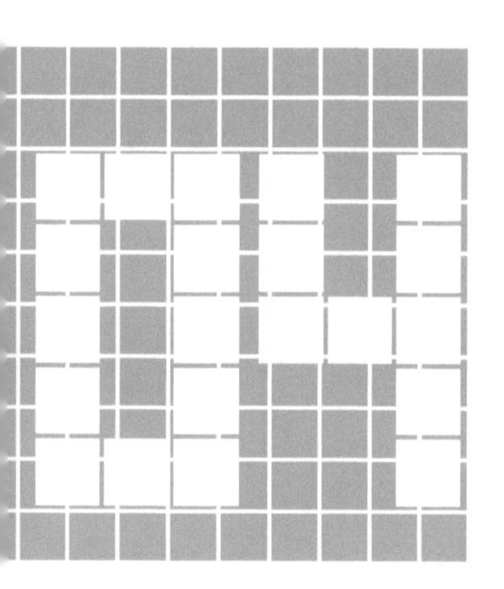

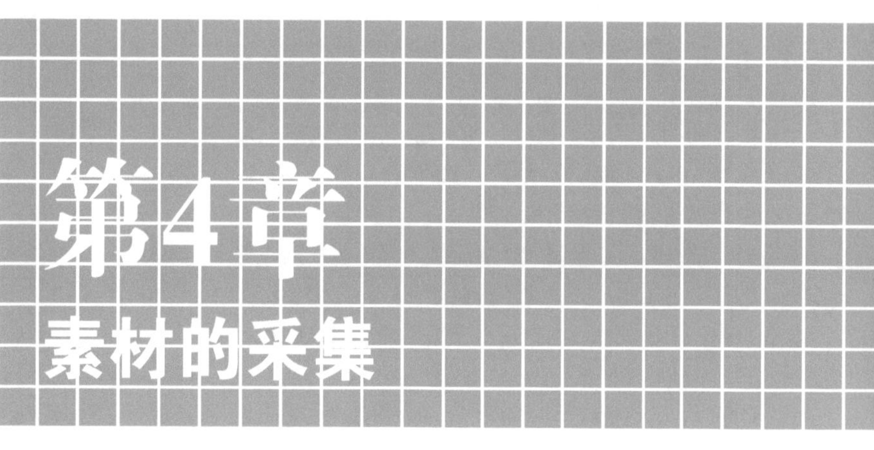

第4章 素材的采集

要点索引

本章概述

Premiere Pro项目中视频素材的质量通常决定着作品之间的不同，一种是能吸引观众并紧紧抓住他们的注意力，另一种则会驱使观众去寻找其他娱乐资源。毋庸置疑，决定素材源质量的主要因素之一是如何采集视频，幸运的是，Premiere Pro提供了非常高效可靠的采集选项。

如果有一张可以数字化模拟视频的采集卡或外围板卡，就可以在Premiere Pro中直接访问采集卡来对视频进行数字化。如果有IEEE 1394端口，那么也可以使用Premiere Pro的采集窗口从DV摄像机中直接传送素材。使用Premiere Pro可以采集所有的视频素材源，这取决于设备的复杂程度和作品的质量要求。本章将讲述使用Premiere Pro采集视频和音频的方法。

4.1 素材采集的基本知识

在开始为作品采集视频之前，首先应认识到，最终采集影片的品质取决于数字化设备的复杂程度和采集素材所使用的硬盘驱动速度。现在市场上出售的多数设备所提供的视频品质都适合于Web或公司内部视频。但是，如果要创建非常高品质的视频作品并将它们传送到录像带中，就应该分析制作需求并精确评估最适合自己需求的硬件和软件配置。

Premiere Pro既能使用低端硬件又能使用高端硬件采集音频和视频。常用的采集硬件有：Fire Wire/IEEE 1394、模拟数字采集卡和带有SDI输入的HD或SD采集卡3种。

4.1.1 FireWire/IEEE 1394

苹果计算机创建的IEEE 1394端口主要用于将数字化的视频从视频设备中快速传输到计算机中。在苹果计算机中，IEEE 1394板卡称作FireWire端口。少数PC制造商，包括索尼和戴尔，出售的计算机中预装有IEEE（索尼称其IEEE 1394端口为i.Link端口）。如果购买IEEE 1394板卡，则硬件必须是OHCI（Open Host Controller Interface，开放式主机控制器接口）。OHCI是一个标准接口，它允许Windows识别板卡并使之工作。如果Windows能够识别此板卡，那么多数DV软件应用程序都可以毫无问题地使用此板卡。

如果计算机有IEEE 1394端口，那么就可以将数字化的数据从DV摄像机直接传送到计算机中。DV和HDV摄像机实际上在拍摄时就数字化并压缩了信号。因此，IEEE 1394端口是连接已数字化的数据和Premiere Pro之间的一条渠道。如果设备与Premiere Pro兼容，那么就可以使用Premiere Pro的采集窗口启动、停止和预览采集过程。如果计算机上安装有IEEE 1394板卡，就可以在Premiere Pro中启动和停止摄像机或录音机，这称作设备控制。使用设备控制，可以在Premiere Pro中控制一切动作。也可以为视频源材料指定特定的磁带位置、录制时间码并建立批量会话，使用批量会话可以在一个会话中自动录制录像带的不同部分。

知识窗：高品质采集对硬盘的要求

为了确保高品质采集，硬盘驱动必须能够维持3.6MB/s（DV数据速率）的数据速率。

4.1.2 模拟/数字采集卡

此板卡可以采集模拟视频信号并对它进行数字化。某些计算机制造商出售的机型中直接将这些板卡嵌入到计算机中。在PC上，多数模拟/数字采集卡允许进行设备控制，即启动和停止摄像机或录音机以及指定到想要录制的录像带位置。如果正在使用模拟/数字采集卡，则必须注意并非所有的板卡都是使用相同的标准设计的，某些板卡可能与Premiere Pro不兼容。

4.1.3 带有SDI输入的HD或SD采集卡

如果正在采集HD影片，则需要在系统中安装一张Premiere Pro兼容的HD采集卡。此板卡必须有一个串行设备接口（Serial Device Interface，SDI）。Premiere Pro本身支持AJA的HD SDI板卡。

4.2 正确连接采集设备

在开始采集视频或音频之前，要确保已经阅读了所有随同硬件提供的相关文档。许多板卡包含了插件，以便直接采集到Premiere Pro中，而不是先采集到另一个软件应用程序，然后再导入Premiere Pro中。本节简要描述模拟－数字采集卡和IEEE 1394端口的连接需求。

4.2.1 IEEE 1394/FireWire的连接

要将DV或HDV摄像机连接到计算机的IEEE 1394端口非常简单。只需将IEEE 1394线缆插进摄像机的DV入/出插孔，然后将另一端插进计算机的IEEE 1394插孔即可。虽然这个步骤很简单，但也要保证阅读所有的文档。例如，只有将外部电源接入到DV/HDV摄像机中，连接才会有效，在只有DV/HDV摄像机电池的情况下，传送也许不会发生。

知识窗：IEEE 1394线缆

用于桌面计算机和笔记本电脑的IEEE 1394线缆通常是不同的，不能够相互交换。此外，将外部FireWire硬盘驱动连接到计算机的IEEE 1394线缆也许不同于将计算机连接到摄像机的IEEE 1394线缆。在购买IEEE 1394线缆之前，要确保它是适合计算机的正确线缆。

4.2.2 模拟到数字

多数模拟-数字采集卡使用复式视频或S视频系统，某些板卡既提供了复式视频也提供了S视频。连接复式视频系统通常需要使用三个RCA插孔的线缆，将摄像机或录音机的视频和声音输出插孔连接到计算机采集卡的视频和声音输入插孔。S视频连接提供了从摄像机到采集卡的视频输出，一般来说，只需简单地将一根线缆从摄像机或录音机的S视频输出插孔连接到计算机的S视频输入插孔即可。某些S视频线缆额外提供有声音插孔。

4.2.3 串行设备控制

使用Premiere Pro可以通过计算机的串行通信（COM）端口控制专业的录像带录制设备。计算机的串行通信端口通常用于调制解调器通信和打印。串行控制允许通过计算机的串行端口传输与发送时间码信息。使用串行设备控制，就可以采集重放和录制视频。因为串行控制只导出时间码和传输信号，所以需要一张硬件采集卡将视频和音频信号发送到磁带。Premiere Pro支持如下标准：九针串行端口、Sony RS-422、Sony RS-232、Sony RS-422 UVW、Panasonic RS-422、Panasonic RS-232和JVC-232。

4.3 采集时需要注意的问题

视频采集对计算机来说是一项相当耗费资源的工作，要在现有的计算机硬件条件下最大程度的发挥计算机的效能，需要注意如下几项。

4.3.1 对现有的系统资源进行释放

关闭所有常驻内存中的应用程序，包括防毒程序、电源管理程序等，只保留运行的Premiere Pro和Windows资源管理器这两个应用程序。最好在开始采集前重新启动系统。

4.3.2 对计算机的磁盘空间进行释放

为了在捕获视频时能够有足够大的磁盘空间，建议把计算机中不常用的资料和文件备份到其他存储设备上。

4.3.3 对系统进行优化

如果没有进行过磁盘碎片整理，最好先运行磁盘碎片整理程序和磁盘清理程序。这两个程序都可以在“开始→所有程序→附件→系统工具”中找到。磁盘碎片整理程序的界面如图4-1所示。

采集时需要选中一个空余空间较大的磁盘盘符，单击“磁盘碎片整理”按钮，系统就开始整理磁盘碎片了。磁盘碎片整理可以释放一定的硬盘空间，优化影片的存取速度，在对硬盘存取文件速度要求很高的视频捕获工作中，对硬盘进行优化是很有必要的。

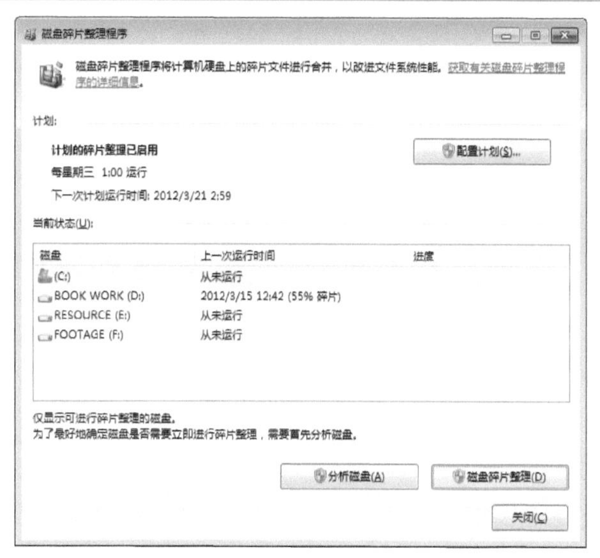

图4-1

4.3.4 对时间码进行校正

如果要更好地采集影片和更顺畅地控制设备，则必须校正DV录像带的时间码。而要校正时间码，则必须在拍摄视频前先使用标准的播放模式从头到尾不中断地录制视频，也可以采用在拍摄时用不透明的纸或布来盖住摄像机的方法。

4.3.5 关闭屏幕保护程序

在此还有一点是需要用户特别注意的，就是一定要停止屏幕保护。因为如果打开它，在启动的时候可能会终止采集工作，前功尽弃。

4.4 进行采集设置

Premiere Pro中的许多设置取决于计算机中实际安装的设备。采集过程中出现的对话框取决于计算机中安装的硬件和软件。本章中出现的对话框可能与用户在屏幕上看到的不同，但是采集视频和音频的常规步骤是相似的。如果有一张数字化模拟视频的采集卡，且计算机中安装了IEEE 1394端口，那么其安装过程将有所不同。下一节将描述如何为这两个系统安装IEEE 1394。

小技巧

为了确保采集会话成功，请务必阅读制造商的所有自述文件和文档，知道自己的计算机中安装了什么是很重要的。

4.4.1 检查采集设置

在开始采集过程之前，需要检查Premiere Pro的项目和默认设置，因为它们会影响采集过程。设置完默认值之后，再次启动程序时，这些设置也会继续保存。影响采集的默认值包括暂存盘设置和设备控制设置。

● 设置暂存盘参数

无论是正在采集数字视频还是数字化模拟视频，初始步骤应该是确保恰当设置Premiere Pro的采集暂存盘位置。

暂存盘是用于实际执行采集的磁盘。请确保暂存盘是连接到计算机的最快磁盘，而且硬盘驱动上应该有最大的可用空间。在Premiere Pro中，可以为视频和音频设置不同的暂存盘，其操作步骤如下。

新手练习：设置暂存盘

- 素材文件：无
- 案例文件：无
- 视频教学：视频教学/第4章/新手练习——设置暂存盘.flv
- 技术掌握：设置暂存盘参数的方法

扫码看视频

【操作步骤】

01 选择“项目→项目设置→暂存盘”菜单命令，打开如图4-2所示的“项目设置”对话框，在“暂存盘”选项卡中检查暂存盘的设置情况。

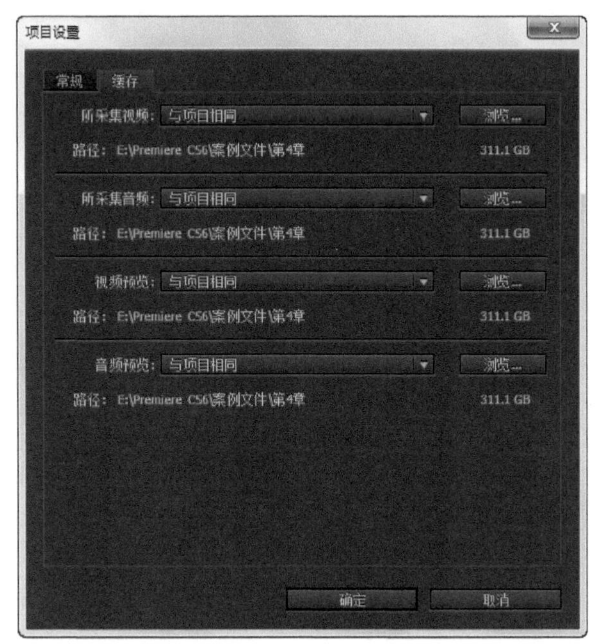

图4-2

02 要更改已采集视频或音频的暂存盘设置，可单击相应的“浏览”按钮，在弹出的“浏览文件夹”对话框中选择特定的硬盘和文件夹，以设置新的采集路径，如图4-3所示。

03 单击“视频预览”或“音频预演”对应的“浏览”按钮，可选择用于采集视频和音频的硬盘。

图4-3

> **知识窗：Premiere Pro在采集过程中的作用**
>
> 在采集过程中，Premiere Pro也会相应创建一个高品质音频文件，用于快速访问音频。

● 设置采集参数

使用Premiere Pro的采集参数可以指定是否因丢帧而中断采集、报告丢帧或者在失败时生成批量日志文件。批量日志文件是一份文本文件，上面列出了关于采集失败的素材信息。

选择“编辑→首选项→采集”菜单命令，打开“首选项”对话框的“采集”部分，在该对话框中可以查看采集参数，如图4-4所示。

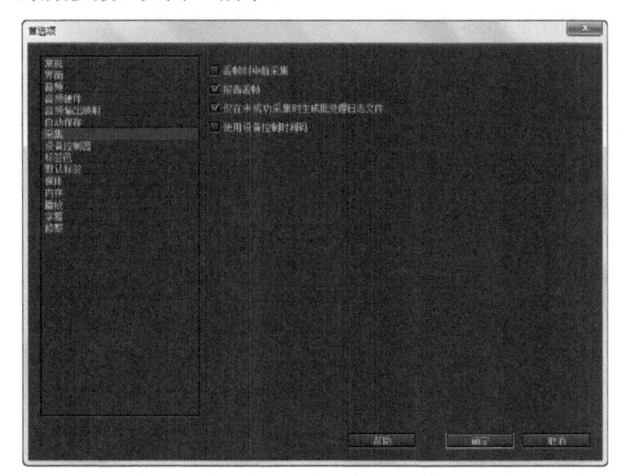

图4-4

如果想采用外部设备创建的时间码，而不是素材源材料的时间码，则在“首选项”对话框的“采集”部分选择“使用设备控制时间码”选项，如图4-5所示。

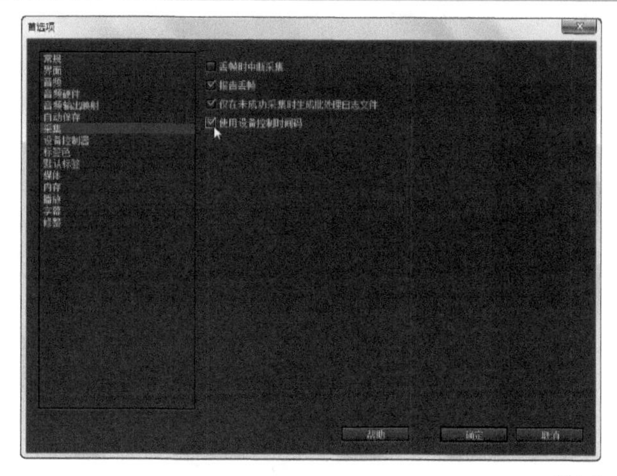

图4-5

使用设备控制默认设置

如果系统允许设备控制，就可以使用Premiere Pro屏幕上的按钮启动或停止录制，并设置入点和出点。也可以执行批量采集操作，使Premiere Pro自动采集多个素材。

要访问设备控制的默认设置，选择“编辑→首选项→设备控制”菜单命令，然后在打开的“首选项”对话框的“设备控制器”部分中设置预卷和时间码参数，如图4-6所示。

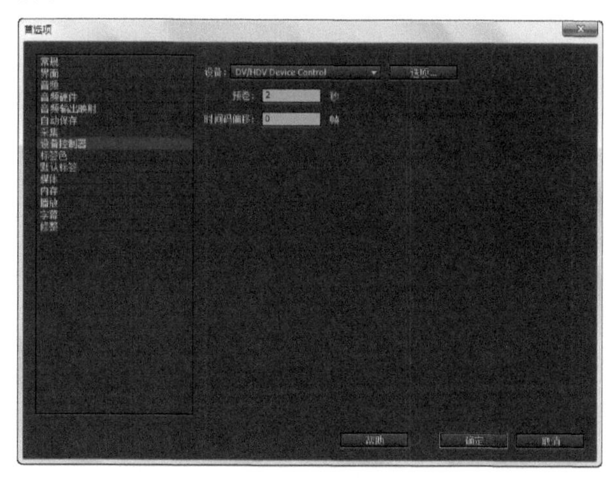

图4-6

“设备控制器”部分包含如下选项。

设备：如果正在使用设备控制，则使用此下拉列表选择“DV/HDV设备控制”或由板卡制造商提供的一个设备控制选项。如果没有使用设备控制，那么可以将此选项设置为“无”。

预卷：设置预卷时间，使得播放设备可以在采集开始之前达到指定速度。特定信息请参考摄像机和录音机的说明书。

时间码偏移：使用此设置可以更改已采集视频上录制的时间码，以使它精确匹配素材源录像带上相同的帧。

选项：单击“选项”按钮，可以打开“DV/HDV设备控制设置”对话框，如图4-7所示。在此可以设置特定的视频标准（NTSC或PAL）、设备品牌、设备类型（例如，标准或HDV）和时间码格式（丢帧或无丢帧）。如果设备已经恰当连接到计算机，打开并处于VCR模式，则状态读数应该是“在线”。如果未能得到在线状态并且要连接到Internet，单击“转到在线设备信息”按钮，将打开一个Adobe Web页面，上面有兼容性信息。

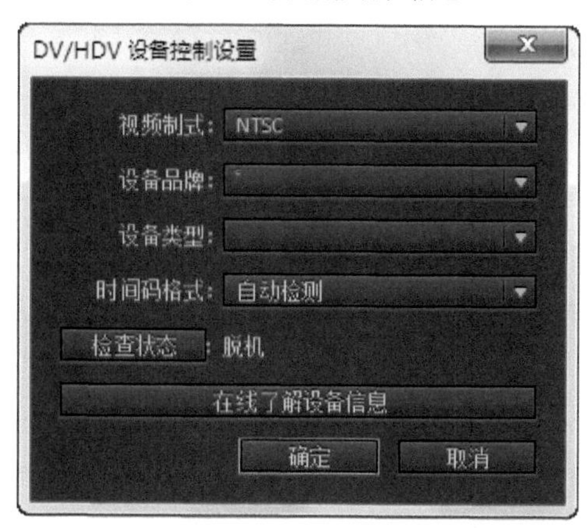

图4-7

知识窗：丢帧时间码与不丢帧时间码

在专业视频系统中，电影电视工程师协会（Society of Motion Picture and Television Engineers，SMPTE）时间码被录制在磁带上与视频轨道不同的轨道中或是从中清除。（在DV格式中，时间码并非视频数据，不在单独的轨道上。）视频制作者使用时间码在编辑会话期间指定精确的入点和出点。在预览影片时，制作者通常创建一个时间码的复制窗口以便在一个窗口中显示时间码，这使得制作者可以同时查看磁带与时间码。默认情况下，Premiere Pro使用时间码以这种格式显示时间，即小时：分钟：秒钟：帧数。

对于视频或Premiere Pro新手，这需要一点时间去熟悉。例如，01:01:59:29后的下一个读数是01：02：00：00（在使用30帧/秒时），此时间码格式称作不丢帧。然而，专业的视频制作者通常使用的时间码格式称作丢帧。

使用丢帧时间码是必要的，因为NTSC专业视频帧速率是29.97（而不是30）帧/秒。经过一段持续时间之后，30帧与29.97之间0.03帧的差别开始累加，导致程序次数不精确。为了解决这个问题，专业视频制造商创建了一种时间码系统，它会在时间码中丢帧而不会在视频中丢帧。在清除SMPTE不丢帧时，每分钟将会跳过两帧—除了第十分钟。在丢帧时间码中，01;01;59;29之后的帧是01;02;00;02。注意，在此使用分号指定丢帧，以示与不丢帧的区别。

如果所创建的视频中不需要精确的持续时间，那就没有必要使用丢帧时间码，采集时可以使用30帧/秒而不是29.97的项目设置。需要牢记的是，不丢帧是为NTSC视频创建的，不要将它用于PAL或SECAM，因为它们使用的帧速率是25帧/秒。

采集项目设置

项目的采集设置决定了如何采集视频和音频，采集设置是由项目预置决定的。如果想从DV摄像机或DV录音机中采集视频，那么采集过程很简单，因为DV摄像机能压缩和数字化，所以几乎不需要更改任何设置。但是，为了保证最好品质的采集，必须在采集会话之前创建一个DV项目。

在采集之前需要检查这些常规的项目设置步骤。

高手进阶：常规的项目设置

- 素材文件：无
- 案例文件：无
- 视频教学：视频教学/第4章/高手进阶——常规的项目设置.flv
- 技术掌握：常规的项目设置方法

扫码看视频

【操作步骤】

01 选择“文件→新建→项目”菜单命令，打开“新建项目”对话框。如果正从DV或HDV素材源中进行采集，则选择DV或HDV项目预置。如果正从模拟板卡中进行采集，则需要选择一个非DV预置或板卡制造商推荐的某个预置。

02 设置采集项目设置。在打开的“新建项目”对话框中，单击“采集格式”下拉按钮，从弹出的下拉列表中选择所需的采集格式，如图4-8所示。如果正在使用第三方板卡，那么或许可以看到用于帧速率、画幅大小、压缩、格式（或位数深度）和声道数目的设置。

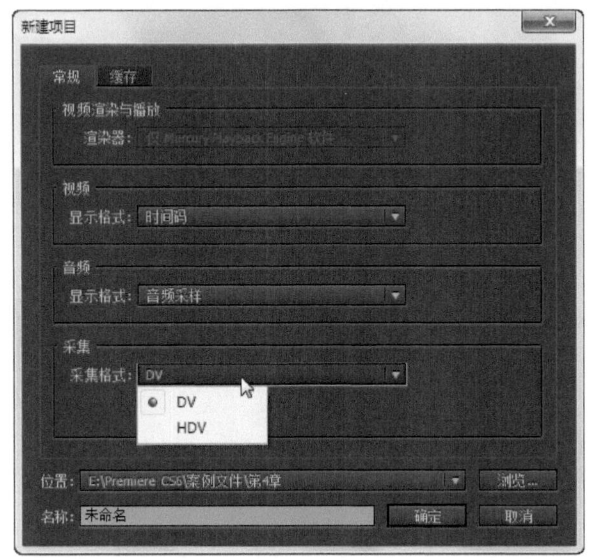

图4-8

03 单击“确定”按钮，打开“新建序列”对话框，在其中设置好所需的序列参数，也可以选择一个预设序列，然后单击“确定”按钮，创建一个新项目，如图4-9所示。

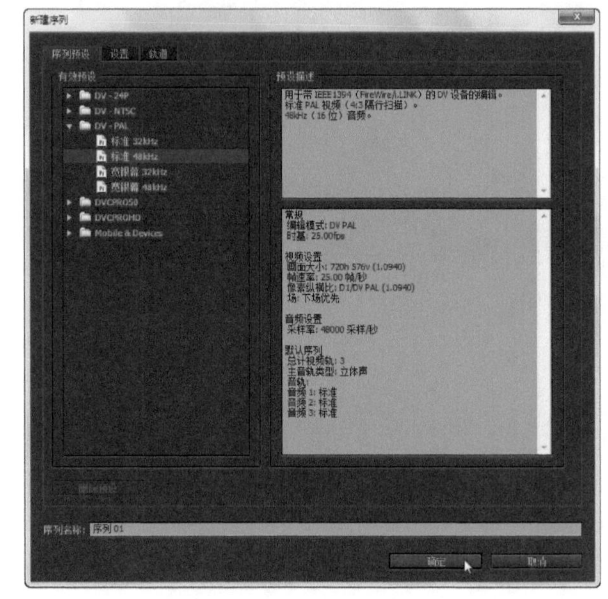

图4-9

04 检查连接。检查所有从视频设备到计算机的连接，打开视频和音频素材源。如果正在使用摄像机，则将它设置为VCR模式。

知识窗：时间码问题

如果正使用设备控制并且在采集一份带有已录制时间码的录像带，那么必须确保时间码是连续的——即没有重复的时间码。如果在拍摄时启动和停止录制时间码，那么一份磁带上的两个帧或多个帧可能会有同样的时间码。例如，磁带上两个不同的帧都将01;02;00;02作为录制的时间码，这就为Premiere Pro带来一个问题。当Premiere Pro使用设备控制和批量处理采集视频时，它将搜索出某个特定录制时间码的帧作为入点，并一直采集到时间码指定为出点的帧。如果同样的时间码出现在磁带上不同的位置，那么会使Premiere Pro变得混乱而不能采集到正确的序列。

对于这个问题的一种解决方法是，在拍摄之前使用连续时间码清除所有磁带，只需在整个磁带上录制时间码时录制黑场（盖上镜头盖）即可。使用与拍摄视频时相同的设置，但是不要录制音频。

另外，可以尝试一种节奏拍摄法，以免重新录制时间码。为此，请在欲结束录制的场景之后再额外拍摄5至10秒的视频。当再次开始录制时先倒放，以使它在已录制有时间码的位置开始。如果看到时间码又从00;00;00处开始，则继续倒放，直至达到某个已录制时间码的位置。

05 如果设备支持设备控制，则选择“编辑→首选项→设备控制”菜单命令，在打开的“首选项”对话框的“设置控制器”部分检查设置。如果正在使用DV或HDV进行采集，则在“设备”下拉菜单中选择“DV/HDV Device Control”选项，如图4-10所示。

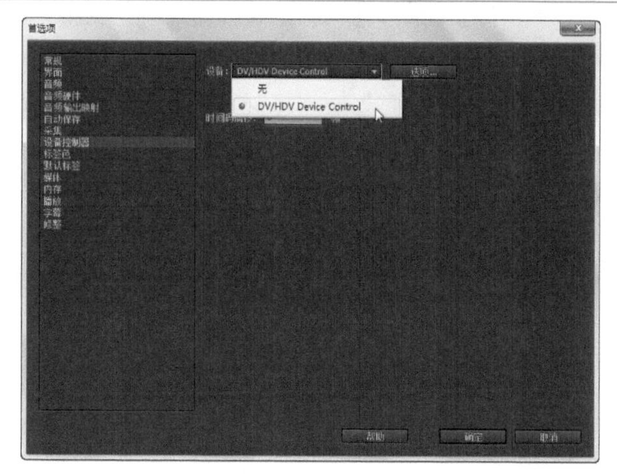

图4-10

06 如果要对DV设备进行设备控制，可以单击“选项”按钮，在打开的“DV设备控制设置”对话框中选择品牌和设备类型，如图4-11所示。如果摄像机已经连接到计算机并设置为VCR模式，则它应该显示为在线（在采集窗口中也可以进行检查）。

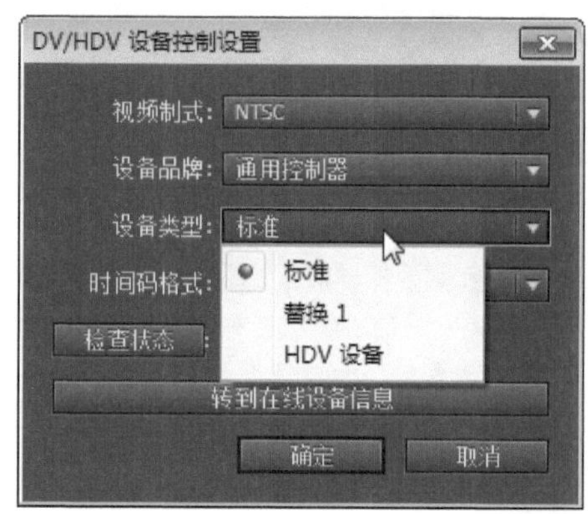

图4-11

4.4.2 “采集”窗口设置

在开始采集之前，首先要熟悉采集窗口设置，这些设置决定了是同时采集还是分别采集视频和音频，使用此窗口也可以更改暂存盘和设备控制设置。

小技巧

在开始采集会话之前，确保除了Premiere Pro之外没有任何其他程序在运行，另外确保硬盘中没有碎片。Windows Pro用户可以整理碎片并检查硬盘错误，即右键单击硬盘，然后单击“属性”，再单击“工具”选项卡访问硬盘的维护工具。

选择“文件→采集”菜单命令，打开如图4-12所示的采集窗口。单击该窗口右边的“设置”选项卡，可查看采集设置，如图4-13所示。

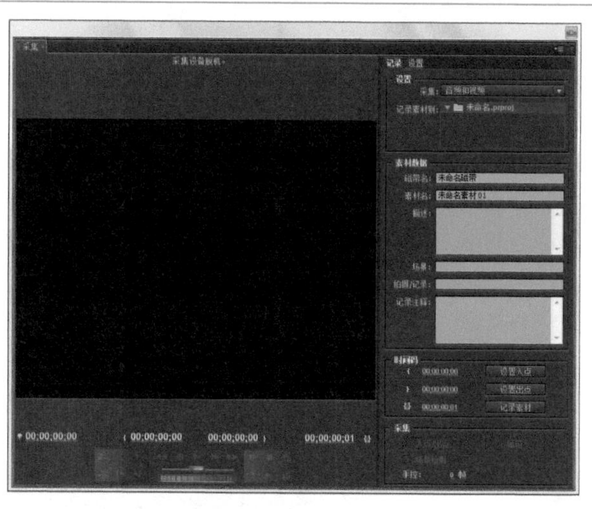

图4-12

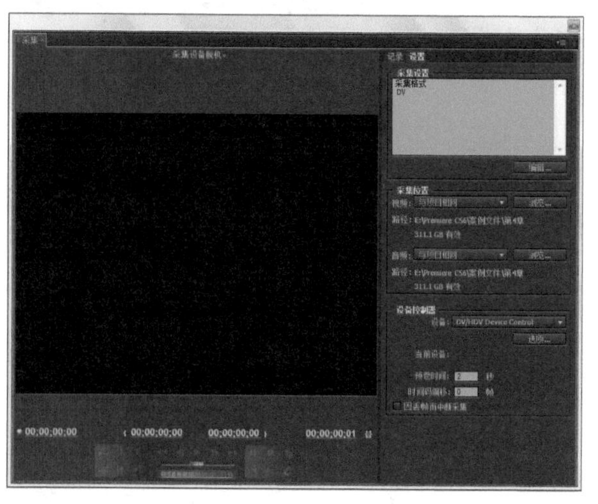

图4-13

小技巧

如果“采集”窗口中的“设置”选项卡不能访问，则说明该窗口处于折叠状态，这时单击该窗口右上角的按钮，从弹出的菜单中选择“展开窗口”命令，如图4-14所示，即可将该窗口展开。

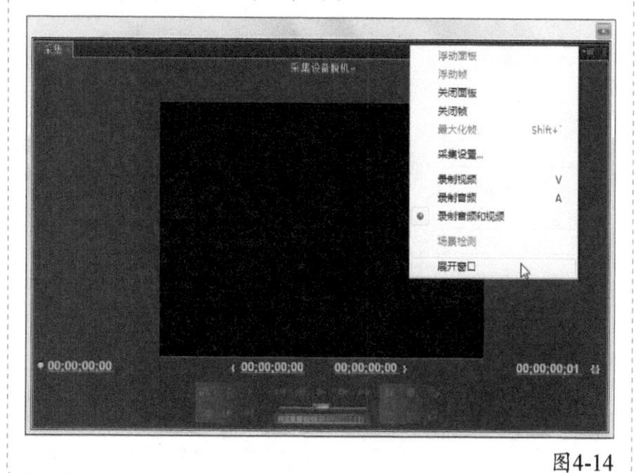

图4-14

下面介绍“采集”窗口中不同区域内的各选项功能。

“采集设置”选项

“设置”选项卡中的“采集设置”部分与“项目设置”对话框中选定的采集设置一致。单击“设置”选项卡，展开采集设置选项，如图4-15所示。如果正在采集DV，则不能更改画幅大小和音频选项，因为所有的采集设置都遵守IEEE 1394标准。但使用第三方板卡的Premiere Pro用户或许能够看到某些允许更改画幅大小、帧速率和音频取样率的设置。

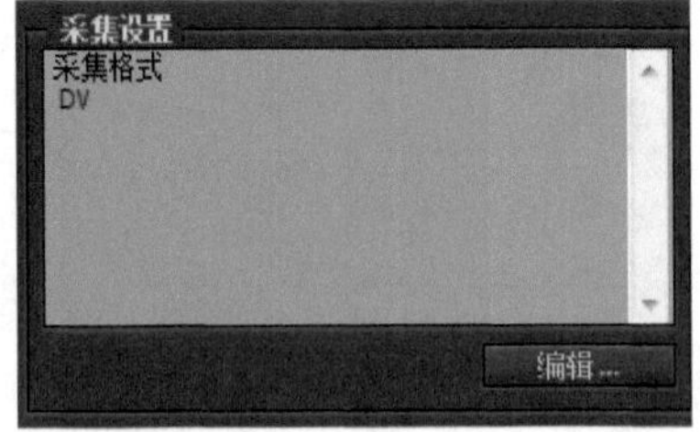

图4-15

“采集位置”设置

“设置”选项卡中的“采集位置”部分显示了视频和音频的默认设置，如图4-16所示。单击对应的“浏览”按钮，可以更改视频和音频的采集位置。

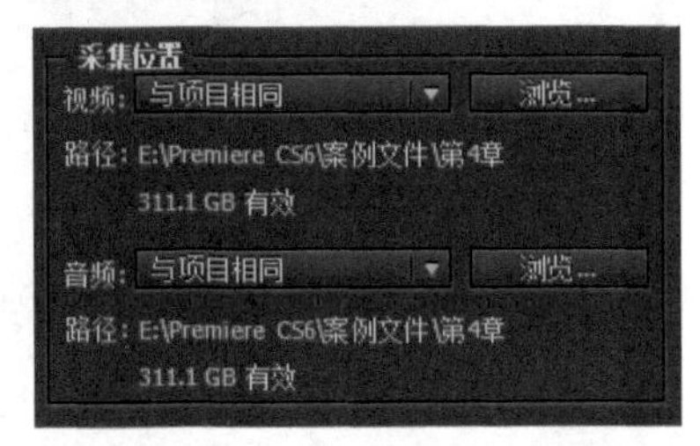

图4-16

“设备控制器”设置

“设置”选项卡中的“设备控制器”部分显示了设备控制器的默认值，如图4-17所示。在此也可以更改默认值，并可以单击“选项”按钮，选择播放设备并查看它是否在线，也可以选择因丢帧而中断采集。

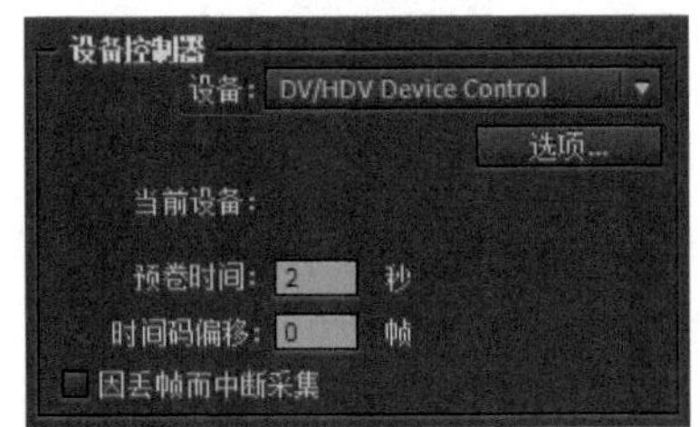

图4-17

“采集”窗口菜单

单击“采集”窗口右上角的按钮，弹出“采集”窗口的菜单命令，如图4-18所示，其中各主要菜单的功能如下。

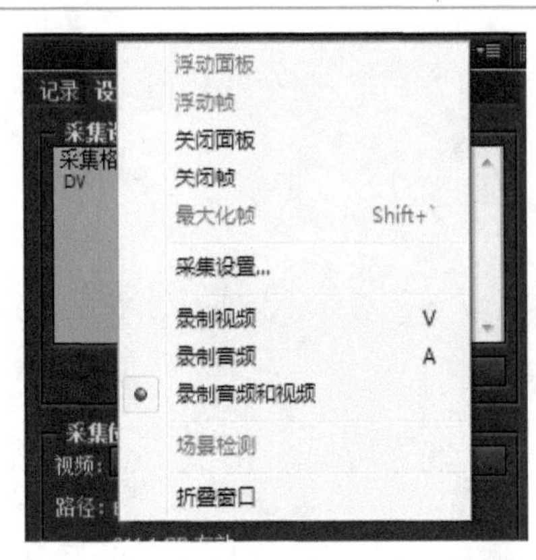

图4-18

采集设置：选择该命令，将打开“项目设置”对话框，在此可以检查或更改采集格式，如图4-19所示。

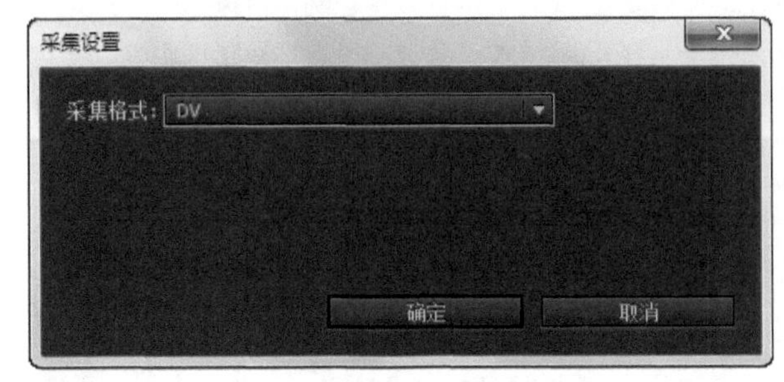

图4-19

录制视频/录制音频/录制音频和视频：在此可以选择是仅采集音频或仅采集视频，还是同时采集音频和视频。默认设置是“录制音频和视频”。

场景侦测：选择该命令，将打开Premiere Pro的自动场景侦测，此功能在设备控制时可用。打开场景侦测时，Premiere Pro会在侦测到视频时间印章发生改变时自动将采集分割成不同的素材，按下摄像机的“暂停”按钮时，会发生时间印章改变。

折叠窗口：此命令将从窗口中隐藏“设置”和“记录”标签。在窗口折叠时，此菜单命令变为“展开窗口”命令。

4.5 在“采集”窗口采集视频或音频

如果系统不允许设备控制，那么可以打开录音机或摄像机并在采集窗口中查看影片以采集视频。通过手动启动和停止摄像机或录音机，可以预览素材源材料。

高手进阶：无设备控制时采集视频

- 素材文件：无
- 案例文件：案例文件/第4章/高手进阶——无设备控制时采集视频.prproj
- 视频教学：视频教学/第4章/高手进阶——无设备控制时采集视频.flv
- 技术掌握：无设备控制时采集视频的方法

扫码看视频

下面将讲解无设备控制时采集视频的方法。

【操作步骤】

01 确保已正确连接所有线缆。

02 选择“文件→采集”菜单命令，打开“采集”窗口，单击并拖动窗口的左下边缘可以更改窗口大小，如图4-20所示。

图4-20

03 如果想仅采集视频或仅采集音频，则在“采集”窗口菜单中选择相应的设置，也可以单击“记录”选项卡中的“采集”下拉按钮，在弹出的下拉列表中选择“视频”或“音频”来更改此设置，如图4-21所示。

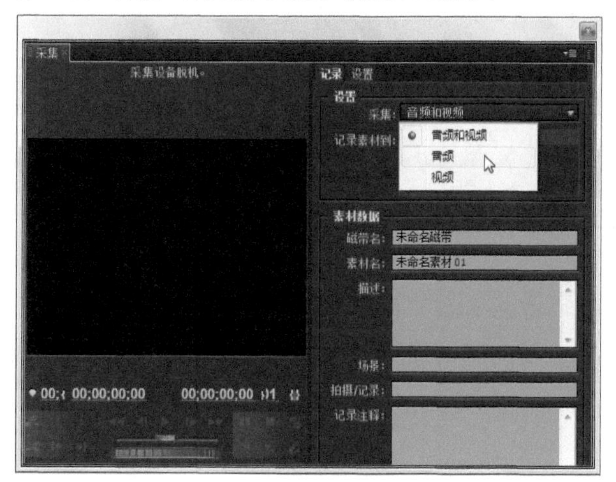

图4-21

04 进行素材采集，完成后单击播放设备上的“停止”按钮，停止素材的采集。

05 在“项目”面板中右键单击素材并在出现的菜单中选择“属性”命令，如图4-22所示，在弹出的“属性”窗口中可以查看关于丢帧、数据速率和文件位置的素材信息，如图4-23所示。

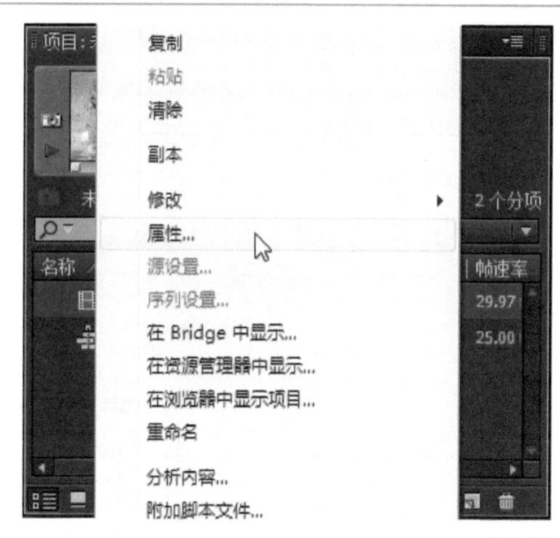

图4-22

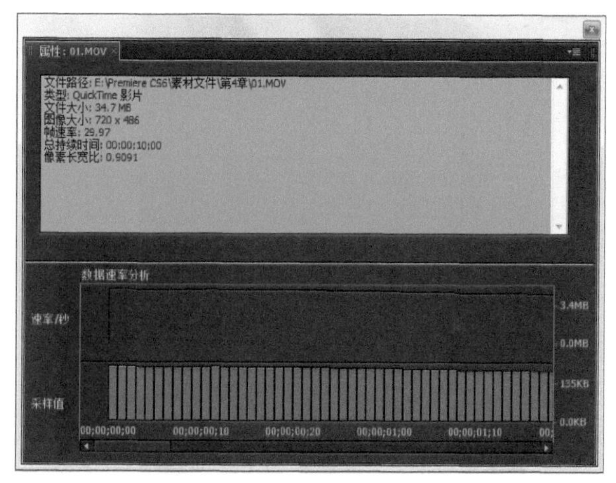

图4-23

知识窗：音频的位置

如果已经采集了视频和音频，但是没有听到音频，那么需要等待Premiere Pro为已采集的片段创建对应的音频文件。当创建AVI视频文件时，音频会与视频交织在一起。通过创建单独的对应的高品质音频文件，Premiere Pro就可以在编辑过程中更快地访问与处理音频。对应文件的缺点是，用户必须等待其创建，并且此过程要占用额外的硬盘空间。

4.6 使用“设备控制”采集视频或音频

在采集过程中，使用设备控制可以直接在Premiere Pro中启动和停止摄像机或录音机。如果使用了IEEE 1394连接并且正从摄像机中进行采集，则很适合使用设备控制。要使用设备控制，则需要一张支持设备控制的采集卡和精确帧录音机（由板卡控制）。如果没有DV板卡，那么可能需要一个Premiere Pro兼容的插件才能使用设备控制。如果系统支持设备控制，也可以导入时间码并自动生成批量列表以便自动批量采集素材。

在“采集”窗口底部提供的设备控制按钮可以方便地控制摄像机或VCR，按钮如图4-24所示。使用这些按钮，可以启动和停止视频，以及为视频设置入点和出点。

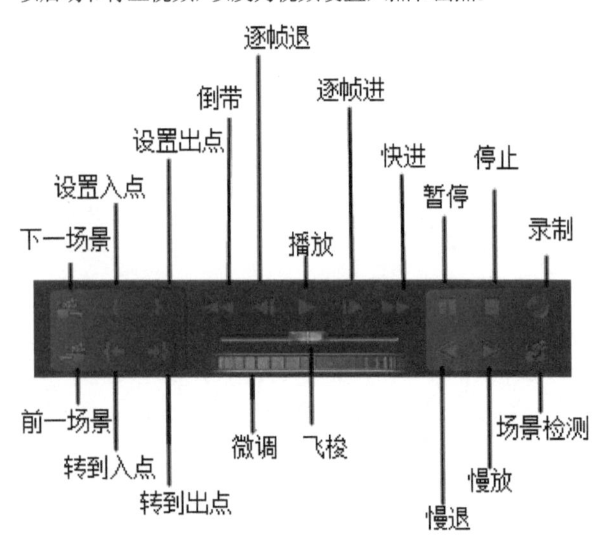

图4-24

当准备好使用设备控制采集时，可以按照如下步骤操作。

01 选择“文件→采集”菜单命令，打开“采集”窗口。

02 单击“设置”选项卡检查采集设置。在“设备控制器”区域中，将“设备”下拉菜单设置为“DV/HDV设备控制”选项。如果需要检查播放设备的状态，则单击“选项”按钮，在弹出的“DV/HDV设备控制设置”对话框中进行检测，如图4-25所示。

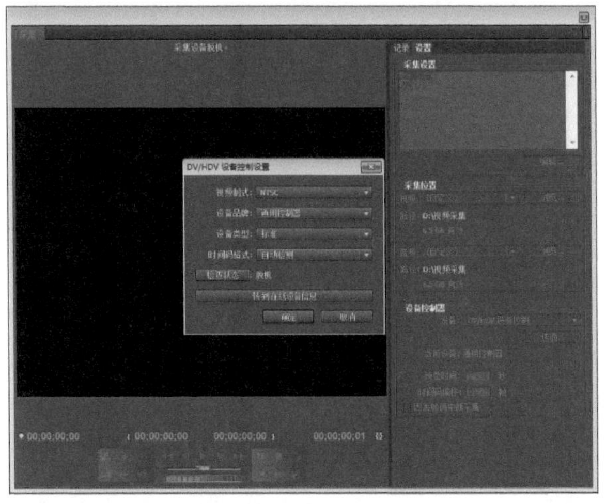

图4-25

03 在“采集设置”区域中单击“编辑”按钮可以更改项目设置。如果要更改视频或音频暂存盘的位置，则在“采集位置”区域单击“浏览”按钮。

04 选择“记录”选项卡。“采集”窗口的“记录”部分包含了从素材的入点到出点进行自动采集的按钮，也包含了一个“场景检测”复选框——打开“场景检测”选项的另一种方法。

05 单击屏幕上的控件移动到开始采集视频的点。

小技巧

单击并向左拖动微调控件区域可以倒放一帧，单击并向右拖动可以快进一帧，拖动快速搜索控件可以更改观看影片的速度。

06 单击“设置入点”按钮，或者“记录”选项卡的“时间码”部分的“设置入点”按钮。

07 单击屏幕上的控件移动到停止采集视频的点。

08 单击“设置出点”按钮或“时间码”部分的“设置出点”按钮。此时可以单击“转到入点”或“转到出点”按钮检查入点和出点。

小技巧

如果打开了场景侦测，那么Premiere Pro会在特定的入点和出点之间分割素材。

09 如果要在所采集素材的入点之前或出点之后添加帧，则在“记录”选项卡的“采集”区域中的“手控”文本框中输入帧数。

10 要开始采集，在“采集”区域中单击“入点/出点”按钮，Premiere Pro将开始预卷。预卷之后，视频会出现在采集窗口中。Premiere Pro在入点处开始采集过程并在出点处结束。

11 出现“文件名”对话框时，为素材键入一个名称。如果屏幕上打开了一个项目，则素材会自动出现在“项目”窗口中。

小技巧

如果不想为录制过程设置入点和出点，可以只单击“播放”按钮，然后单击“录制”按钮，以采集出现在“采集”窗口中的序列。

4.7 批量采集

如果采集卡支持设备控制，则可以设置“项目”面板中出现的批量采集列表，如图4-26所示。

当执行“文件→批采集”菜单命令时，列表中出现了一系列使用入点和出点的脱机素材。注意，在“项目”面板中，用于脱机素材的图标与正常在线的图标是不同的。创建此列表之后，可以选择想要采集的素材，然后在一段时间里让Premiere Pro自动采集各个素材，也可以手动或使用设备控制创建批量采集列表。

如果手动创建批量列表，则需要为所有素材键入入点和出点的时间码。如果使用设备控制，在采集窗口记录选项卡下，单击时间码部分中的设置入点和设置出点按钮时，Premiere Pro会输入启动和停止时间。

图4-26

知识窗：选择采集设置

当Premiere Pro从批量采集列表中进行采集时，它会使用当前项目设置自动采集。虽然大多数情况下会使用当前项目的画幅大小及其他设置批量采集素材，但是也可以在“项目”面板中选择一个要采集的素材，即执行“素材→采集设置→设置采集设置”命令，为它选择一种采集设置。在“项目”面板中素材的采集设置栏中放置一个X。要清除素材的采集设置，请选中此素材并执行“素材→采集设置→清除采集设置”命令。

也可以在“项目”面板中右键单击一个脱机素材，然后在出现的菜单中执行“批采集”命令，将打开“批采集”对话框，在此选中“忽略采集设置”选项，然后选择另一种采集格式，如图4-27所示。

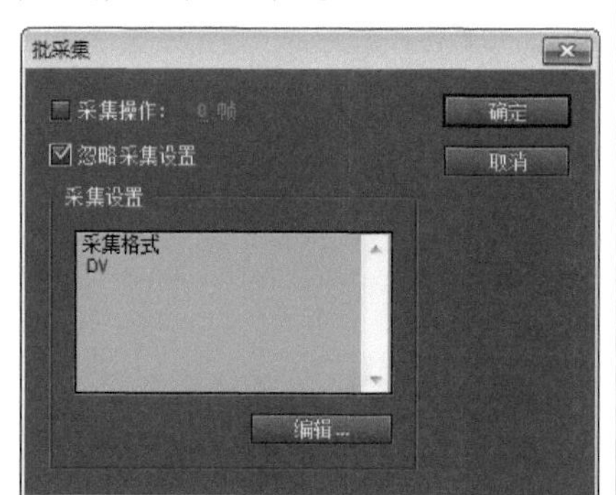

图4-27

4.7.1 手动创建批采集列表

要为素材手动创建批量采集列表，请按照如下步骤操作。

01 如果想让批量列表出现在“项目”面板中的一个容器中，请打开容器或单击面板底部的文件夹按钮创建一个容器。

02 要创建批量采集列表，请选择“文件→新建→脱机文件”菜单命令，这将打开“新建脱机文件”对话框，如图4-28所示。

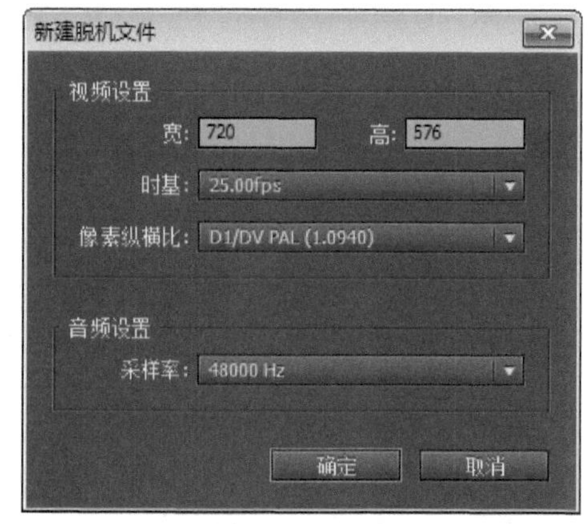

图4-28

03 在其中设置画面大小、时间基准、像素纵横比和采样率等参数，然后单击“确定”按钮，打开“脱机文件”对话框，如图4-29所示。

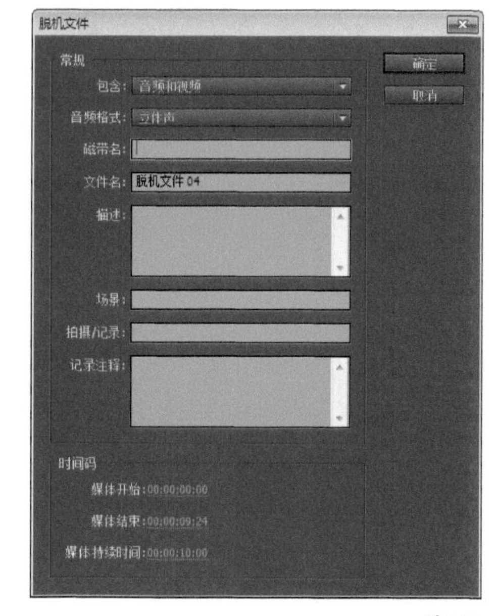

图4-29

04 为素材键入入点、出点和文件名，并添加其他描述性备注（如磁带名称），如图4-30所示。单击“确定”按钮，素材的信息将添加到“项目”面板中，如图4-31所示。

05 对每个想采集的素材，重复步骤2至步骤4的操作。

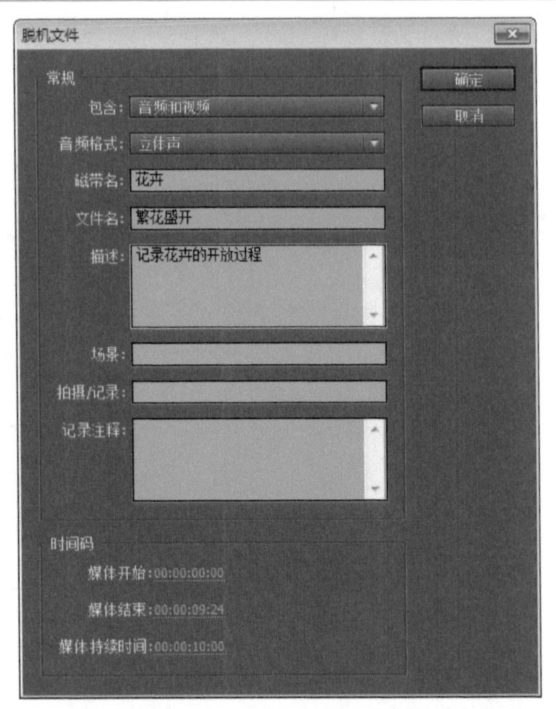

图4-30

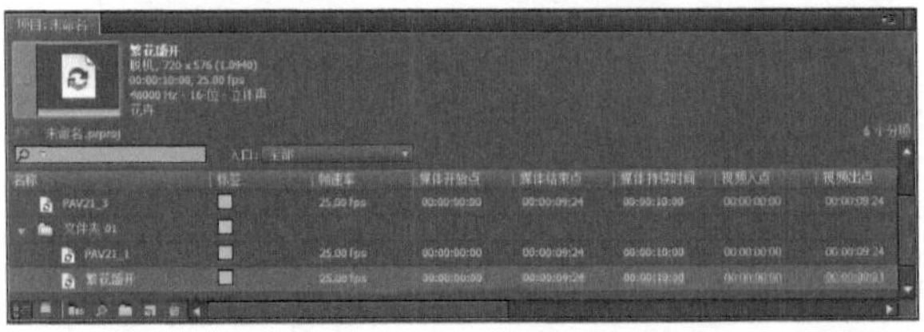

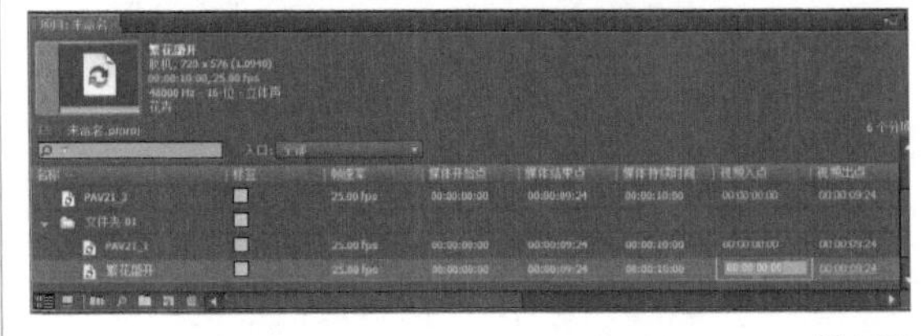

图4-31

知识窗：在“项目”面板中更改时间码读数

在“项目”面板中单击特定素材的“视频入点”和“视频出点”栏，然后更改时间码读数，可以编辑脱机文件的入点和出点，如图4-32所示。

图4-32

06 如果想将批量列表保存到磁盘中，以便在其他时间采集素材，或者将此列表载入另一台计算机的程序中，请选择“项目→导出批处理列表”菜单命令。此后也可以选择“项目→导入批处理列表”菜单命令，重新载入列表开始采集过程。

4.7.2 使用设备控制创建批采集列表

如果想创建批量采集列表，但又不想为所有的素材键入入点和出点，可以使用Premiere Pro的“采集”窗口来实现，具体操作步骤如下。

01 选择“文件→采集”菜单命令，打开“采集”窗口。

02 单击“记录”选项卡，在“素材数据”部分输入想在“项目”面板中看到的磁带名称和素材名称等信息，如图4-33所示。

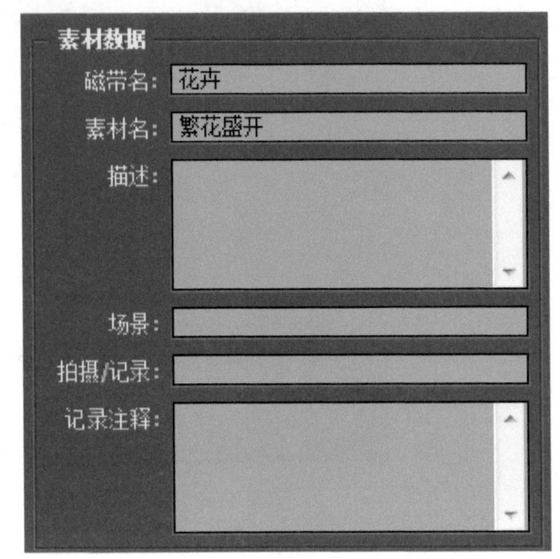

图4-33

03 使用采集控制图标定位录像带中包含了采集素材的部分。

04 单击“设置入点”按钮，入点出现在“记录”选项卡的入点区。

05 使用采集控制图标定位素材的出点。

06 单击“设置出点”按钮，出点出现在出点区。

07 在“时间码”部分单击“记录素材”按钮，并为素材输入文件名。如果需要，可以在对话框中键入描述信息，然后单击“确定”按钮。

08 对每个想采集的素材重复步骤3至步骤7的操作。

09 如果要将批量列表保存到磁盘中，可选择“项目→导出批处理列表”菜单命令，此后可以选择“项目→导入批处理列表”菜单命令，重新载入列表开始采集过程。

10 关闭“采集”窗口。

4.7.3 使用批列表采集

在创建了欲采集素材的批量列表之后，可以令Premiere Pro自动采集“项目”面板列表中的素材。要完成如下步骤，需要先按照上一小节描述的方法创建批量列表。

小技巧

只有支持设备控制的系统才能自动采集批量列表。

01 如果脱机文件批量列表已经保存但没有载入“项

目”面板，请选择“项目→导入批处理列表”菜单命令载入列表到“项目”面板中。

02 要指定想采集的素材，在“项目”面板中单击第一个素材，然后按住Shift键并单击扩展选择，选中其他的脱机素材，如图4-34所示。

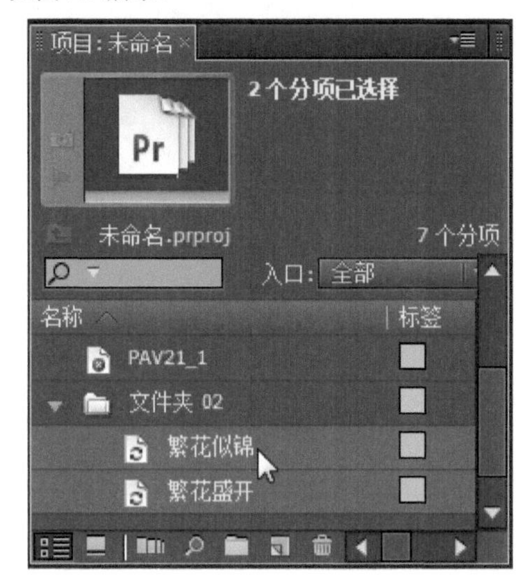

图4-34

03 选择“文件→批采集”菜单命令，打开如图4-35所示的“批采集”对话框，在此指定是否使用手控采集（设置在入点之前和出点之后想采集帧数）。如果需要，可以选择“忽略采集设置”选项；否则，单击“确定”按钮。

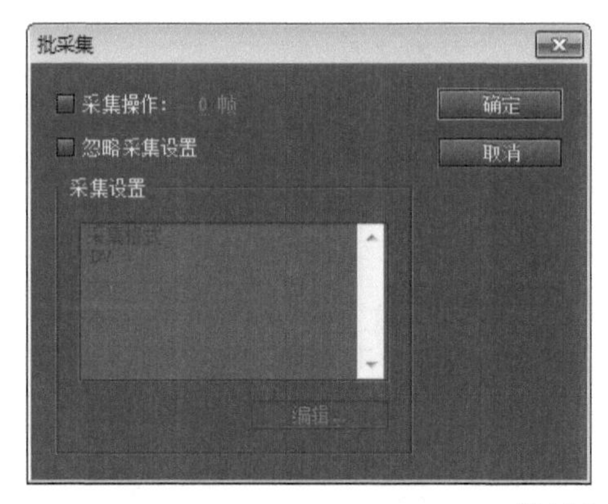

图4-35

04 在出现“插入磁带”对话框时，确保摄像机或重放设备中磁带正确，然后单击“确定”按钮。此时将打开“采集”窗口，开始采集。

05 检查采集状态。批量采集过程结束之后，会出现警告，指示素材已经采集。在“项目”面板中，Premiere Pro更改了文件名图标，指示它们已经连接到磁盘上的文件。要查看所采集素材的状态，请向右滚动“项目”面板。在采集设置栏中可以看到已采集素材的对号标记。素材的状态应该是在线，这也指示素材已经连接到磁盘文件。

小技巧

如果在“项目”面板中有脱机文件，并且想把它们连接到已采集的文件，则右键单击“项目”面板中的素材，再选择“链接媒体”，然后使用鼠标导航至硬盘上的素材。

4.8 更改素材的时间码

高端视频摄像机和中端DV摄像机可以把时间码录制到录像带中（通常称作SMPTE时间码，取自电影电视工程师协会）。时间码以小时：分钟：秒钟：帧数的格式为每个录像带帧提供了一个精确帧读数。视频制作者可以使用时间码跳转到特定位置并设置入点和出点。在编辑过程中，广播设备使用时间码在最终节目录像带上创建素材源材料的精确帧剪辑。

新手练习：更改素材的时间码

- 素材文件：素材文件/第4章/01.mov
- 案例文件：案例文件/第4章/新手练习——更改素材的时间码.prproj
- 视频教学：视频教学/第4章/新手练习——更改素材的时间码.flv
- 技术掌握：更改素材的时间码的方法

扫码看视频

【操作步骤】

01 在项目面板中导入01.MOV素材，双击该素材图标，在源监视器面板中将其打开，如图4-36所示。

图4-36

02 在源监视器面板中将时间线移动到想启动时间码的帧处，如图4-37所示。

图4-37

03 选择“素材→修改→时间码”菜单命令，打开“修改素材”对话框中的“时间码” 选项卡设置。在“时间码” 选项卡中，输入想要使用的起始时间码，如果移动到某个特定帧处并想在此启动时间码，则选中“在当前帧设置”选项，并单击“确定”按钮，如图4-38所示。

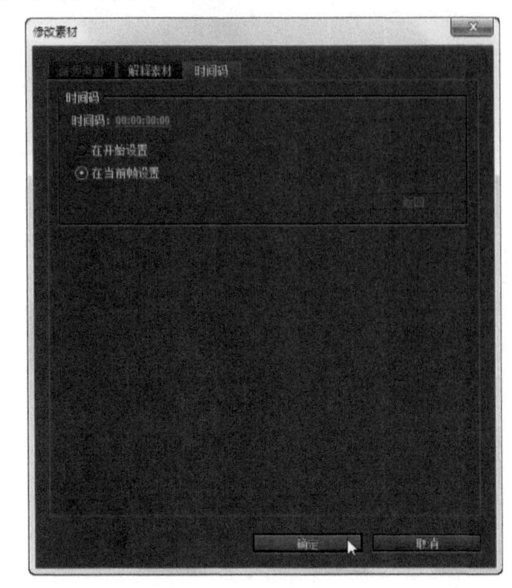

图4-38

4.9 使用“调音台”单独采集音频

使用Premiere Pro的“调音台”面板可以独立于视频采集音频。使用调音台可以直接从音频源（如麦克风或录音机）录制到Premiere Pro中，甚至可以在节目监视器中查看视频的同时录制叙述材料。在采集音频时，其品质基于音频硬件设置的取样率和位数深度。

要查看这些设置，请选择“编辑→首选项→音频硬件”菜单命令，弹出如图4-39所示的“首选项”对话框，然后单击“ASIO设置”按钮，在弹出的“音频硬件设置”对话框中进行查看和设置，如图4-40所示。

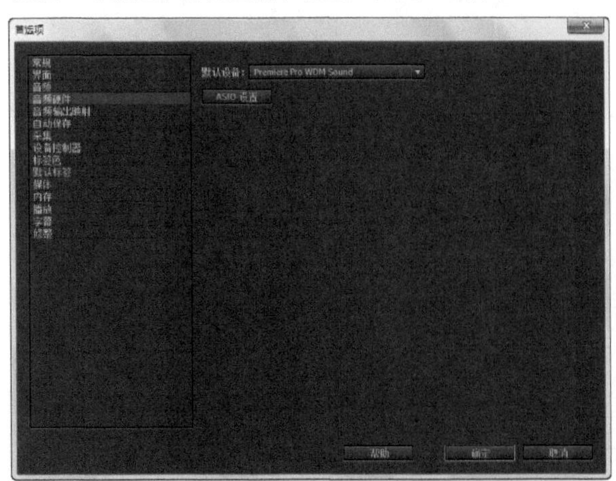

图4-39

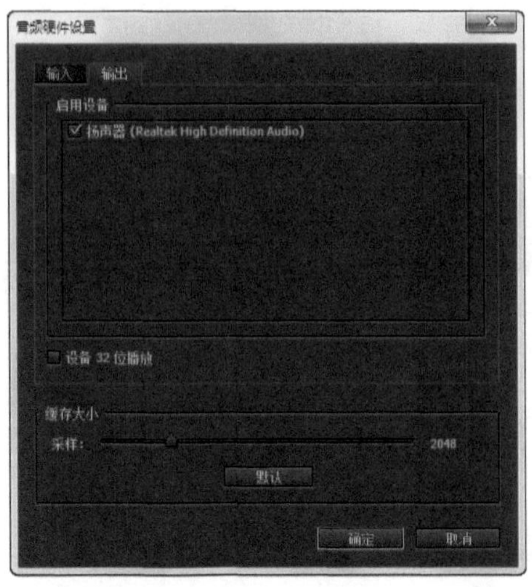

图4-40

硬件详情通常包含了关于音频取样率和位数深度的信息。取样率是每秒采集样本的数量，位数深度是实际数字化音频中每个样本的位数（一个字节数据包含8位）。大多数音频编解码器的最小位数深度是16。

高手进阶：使用“调音台”录制音频

- 素材文件：无
- 案例文件：无
- 视频教学：视频教学/第4章/高手进阶——使用“调音台”录制音频.flv
- 技术掌握：使用“调音台”录制音频的方法

扫码看视频

【操作步骤】

01 将录音机、麦克风或其他音频源连接到计算机的声音端口或声卡。

小技巧

如果想为音频采集新建一条音轨，请选择“序列→添加轨道”菜单命令，弹出如图4-41所示的“添加视音轨”对话框，在“音频轨”部分的“添加音频轨”文本框中输入1。如果正在使用单声道麦克风，则在“轨道类型”下拉列表中选择“单声道”选项，然后在“添加视频轨”和“添加音频子混合轨”文本框中输入0。

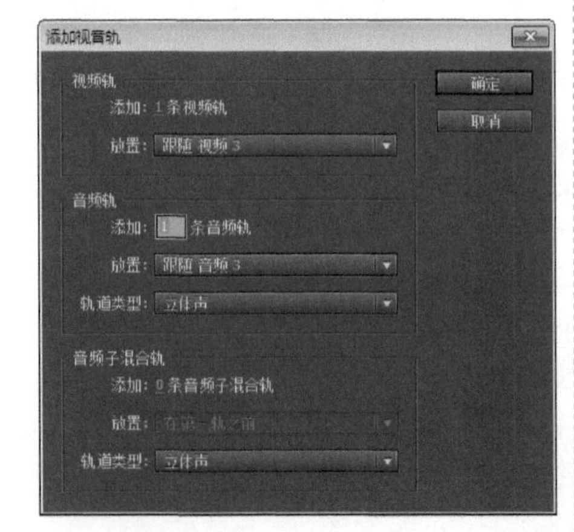

图4-41

02 选择“窗口→调音台”菜单命令，打开“调音台”面板，如图4-42所示。右键单击轨道名称，然后在出现的下拉菜单中选择Rename（重命名）对此轨道进行重命名。

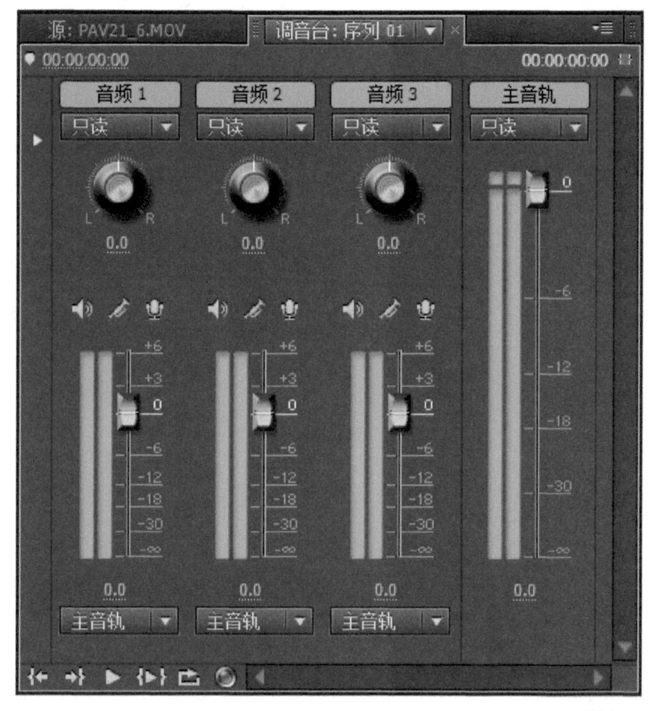

图4-42

03 如果时间线上有视频，并且想为视频录制叙述材料，则将时间线移动到音频开始之前约5秒钟的位置。

04 要准备录制，可以在“调音台”面板中要录制轨道部分单击“激活录制轨”按钮，此时该按钮会变成红色。如果正在录制画外音叙述材料，那么可以在轨道中单击“独奏轨”按钮，使来自于其他音频轨道的输出变为静音。

05 单击“调音台”面板底部的“录制”按钮，“录制”按钮开始闪动。

06 测试音频级别。在“调音台”面板菜单中，选择“只静音输入”命令，此时面板菜单中会出现一个对号标记，表明已执行该命令，如图4-43所示，并且VU指示计会替代音量控件，显示录制轨道的硬件输入。注意，激活只静音输入时，仍然可以查看未录制轨道的轨道音量。

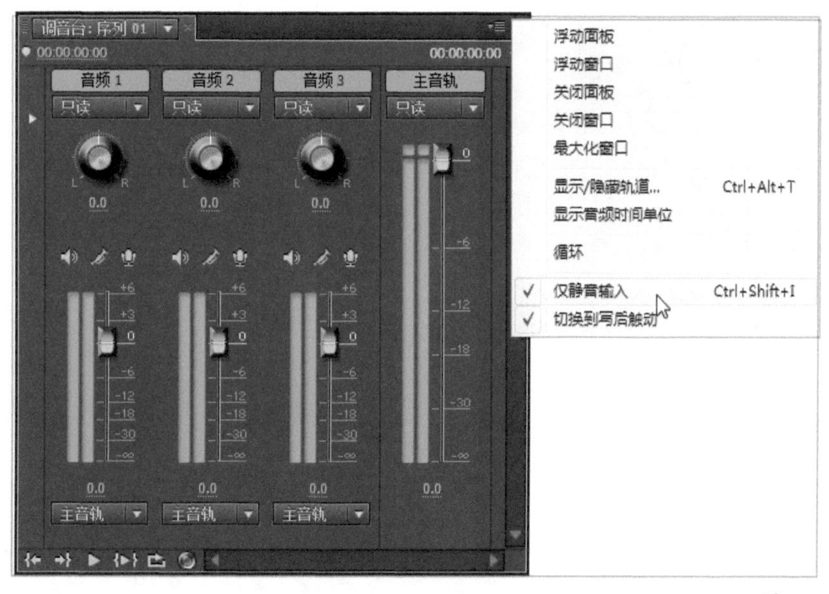

图4-43

07 对着麦克风讲话。在讲话时，声音级别应该接近0dB而不会进入红色区域。

08 调整麦克风或录制输入设备的音量。例如，在大多数系统中，麦克风直接连接到计算机上，在“声音和音频设备属性”的“音频”选项卡中可以更改录音级别（单击“开始”菜单，然后选择“控制面板”，访问“声音和音频设备属性”控制面板）。

09 要开始录制，请单击“调音台”面板底部的“播放-停止切换”按钮▶。

10 播放录音机或开始对麦克风讲话以录制叙述材料。

11 叙述或音频结束时，在“调音台”面板中单击“录制”按钮●结束录制。

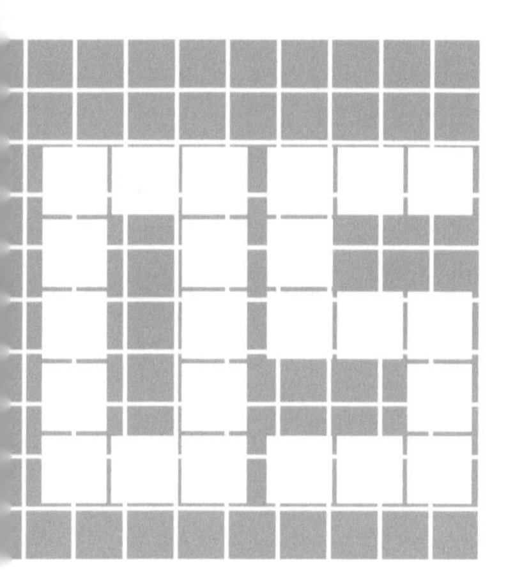

第5章 Premiere Pro程序设置

要点索引

本章概述

熟悉Premiere Pro之后，会赞美它有许多节省时间的功能。在编辑与调整作品时，人人都想尽办法节省时间，这是毫无疑问的。值得高兴的是，Premiere Pro为键盘和程序自定义提供了许多实用的工具和命令。

本章将学习如何创建自己的键盘快捷方式以自定义Premiere Pro来满足各种需要。本章还概述了Premiere Pro的默认设置，也可以自定义这些默认设置来提高工作效率。例如，在项目面板中可以创建自定义选项卡，指定图形和静帧图像的默认画幅长度和使用外部设置（如录像机或VCR）采集视频时所需的预卷时间。

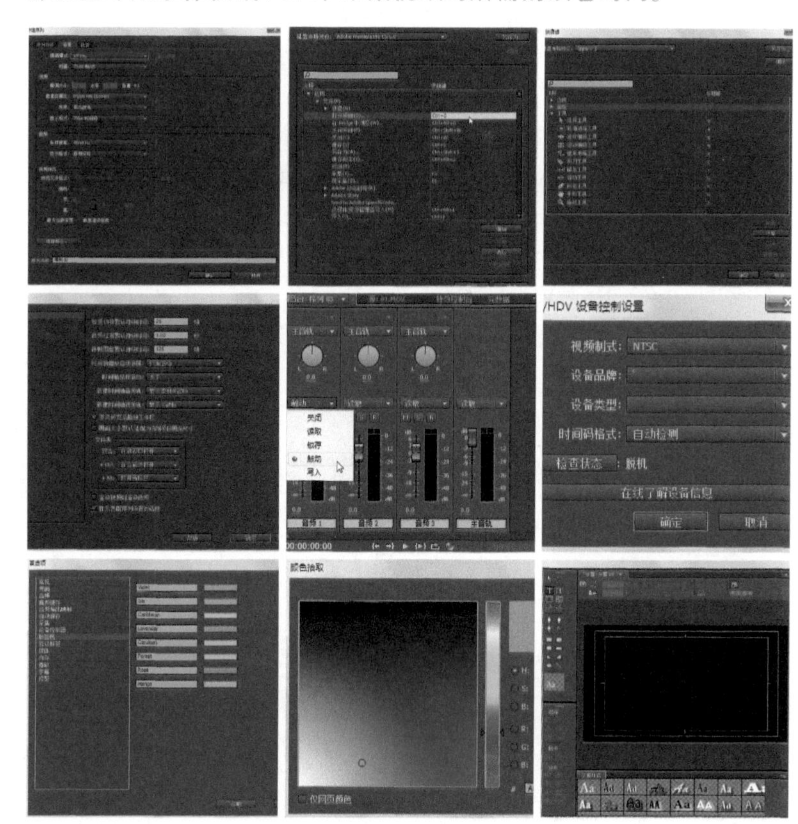

5.1 项目和序列设置

在对帧速率、画幅大小和压缩有了基本了解之后，在Premiere Pro中创建项目时就可以更好地选择设置，仔细选择项目设置能制作出更高品质的视频和音频。

5.1.1 项目“常规”设置

在启动Premiere Pro后单击欢迎界面中的“新建项目”图标，或在载入Premiere Pro后选择“文件→新建→项目”菜单命令，即可打开“新建项目”对话框，该对话框默认为“常规”选项卡设置，如图5-1所示。

图5-1

【参数介绍】

活动与字幕安全区域：在视频监视器中查看项目时，这两个设置很重要。此设置帮助补偿监视器过扫描，使TV监视器切断图片的边缘。本设置提供一个警告边界，显示可以安全查看字幕和动作的界限。可以更改字幕和动作安全区域的百分比。要在监视器窗口中查看安全区域，请在监视器窗口菜单中选择“安全框”命令。当安全区域出现时，确保所有字幕都在第一个边界内，所有动作都在第二个边界内，如图5-2所示。

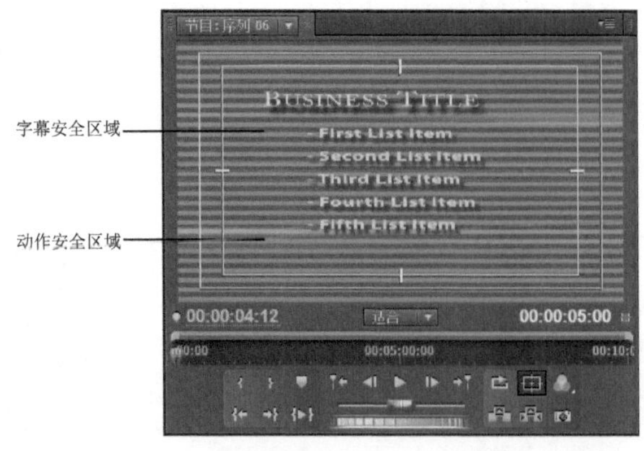

图5-2

视频显示格式：本设置决定了帧在时间线中播放时，Premiere Pro所使用的帧数目，以及是否使用丢帧或不丢帧时间码。在Premiere Pro中，用于视频项目的时间显示在时间线和其他面板中，使用的是电影电视工程师协会（Society of Motion Picture and Television Engineers，SMPTE）视频时间读数，称作时间码。在不丢帧时间码中，使用冒号分隔小时、分钟、秒钟和帧数。在不丢帧时间码中是每秒29.97帧或30帧，1:01:59:29的下一帧是1:02:00:00。在丢帧时间码中，使用分号分隔小时、分钟、秒钟和帧数。例如，1;01;59;29的下一帧是1;02;00;02。每分钟可视帧显示都会丢失数目，以补偿帧速率是29.97而不是30的NTSC视频帧速率。注意，视频的帧并没有丢失，丢失的只是时间码显示的数字。如果所工作的影片项目是24帧每秒，那么可以选择16mm或35mm的选项。

音频显示格式：处理音频素材时，可以更改时间线面板和节目监视器面板显示，以显示音频单位而不是视频帧。使用音频显示格式可以将音频单位设置为毫秒或音频取样。就像视频中的帧一样，音频取样是用于编辑的最小增量。

采集：在“采集格式”下拉列表中可以选择所要采集视频或音频的格式，其中包括DV和HDV两种格式。

位置：用于选择该项目存储的位置。单击“浏览”按钮，在弹出的“浏览文件夹”对话框中指定文件的存储路径即可。

名称：用于为该项目命名。

选择“新建项目”对话框中的“缓存”选项卡，其设置如图5-3所示，在该选项卡中可以设置视频采集的路径。

图5-3

所采集视频：存放视频采集文件的地方，默认为相同项目，也就是与Premiere Pro主程序所在的目录相同。单击“浏览”按钮可以更改路径。

所采集音频：存放音频采集文件的地方，默认为相同项目，也就是与Premiere Pro主程序所在的目录相同。单击“浏览”按钮可以更改路径。

视频预览：放置预演影片的文件夹。

音频预览：放置预演声音的文件夹。

在“新建项目”对话框中设置好各项设置后，单击“确定”按钮，可打开“新建序列”对话框，在其中可以选择一个可用的预设，也可以通过自定义序列预设，以满足制作视频和音频的需要。

5.1.2 序列预设

要选择预设，也可以在载入Premiere Pro后选择“文件→新建→序列”菜单命令，打开“新建序列”对话框，在其中的“有效预设”列表中单击一个所需的预设即可，如图5-4所示。

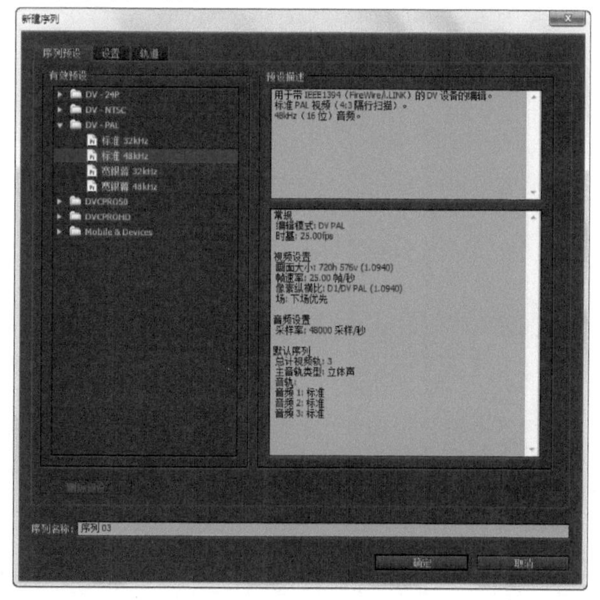

图5-4

选择序列预设后，在该对话框的“预设描述”区域中，将显示该预设的编辑模式、画面大小、帧速率、像素纵横比和位数深度设置以及音频设置等。

Premiere Pro为NTSC电视和PAL标准提供了DV（数字视频）格式预设。如果正在使用HDV或HD进行工作，也可以选择预设。

如果所工作的DV项目中的视频不准备用于宽银幕格式（16∶9的纵横比），可以选择“标准48kHz”选项。该预设将声音品质指示为48kHz，它用于匹配素材源影片的声音品质。

24 P预设文件夹用于以每秒24帧拍摄且画幅大小是720×480的逐行扫描影片（松下和佳能制造的摄像机在此模式下拍摄）。如果有第三方视频采集卡，可以看到其他预设，专门用于辅助采集卡工作。

如果使用DV影片，可以无需更改默认设置。

知识窗：手机和iPod视频预置

Premiere Pro为手机视频和其他移动设备（如视频iPod）提供了预设。通用中间格式（Common Intermediate Format，CIF）和四分之一通用中间格式（Quarter Common Intermediate Format，QCIF）是为视频会议创建的标准。Premiere Pro的CIF编辑预设是为支持第三代合作伙伴计划（Third Generation Partnership Project，3GP2）格式的移动设备特别设计的。3G移动网络是支持视频会议和发送与接收全动作视音频的第三代移动网络。3GP2格式是当前最通用的第三代格式，两种第三代视频格式—3GPP和3GPP2都基于MPEG-4。

Premiere Pro的CIF和QVGA（用于视频iPod）预设与视频录制设置不同。例如，标准手机屏幕是176×220。如果素材源影片符合移动标准，则应该使用CIF或QVGA预设。导出CIF或QVGA项目时，需要用Adobe Media Encoder选择H.264输出格式，因为它为QCIF和QVGA提供了输出规范。如果素材源影片不是CIF或QVGA，在为移动设备创建项目时，仍然可以使用H.264选项。

用户还可以更改预设，同时将自定义预设保存起来，用于其他项目。

新手练习：更改并保存序列

- 素材文件：无
- 案例文件：案例文件/第5章/新手练习——更改并保存序列.Prproj
- 视频教学：视频教学/第5章/新手练习——更改并保存序列.flv
- 技术掌握：更改并保存序列的方法

扫码看视频

【操作步骤】

01 选择“文件→新建→序列”菜单命令，打开“新建序列”对话框，在“新建序列”对话框中选择“设置”选项卡，如图5-5所示。

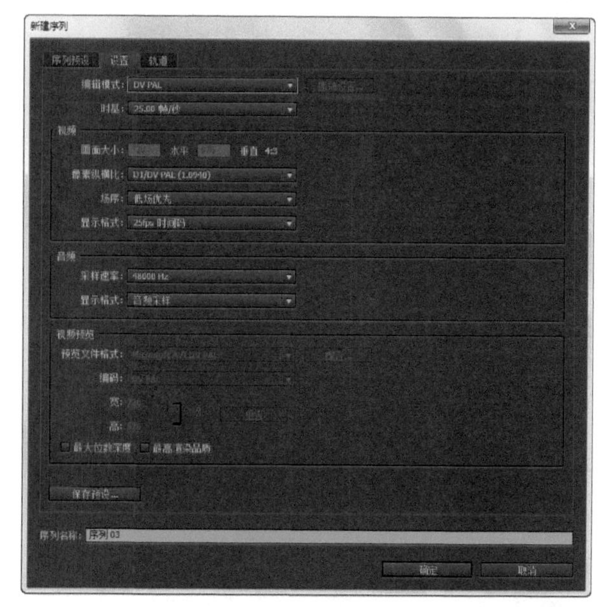

图5-5

02 在“设置”部分中自定义所需的选项设置，并在“序列名称”中为该序列命名，然后单击“保存预设”按钮，如图5-6所示。

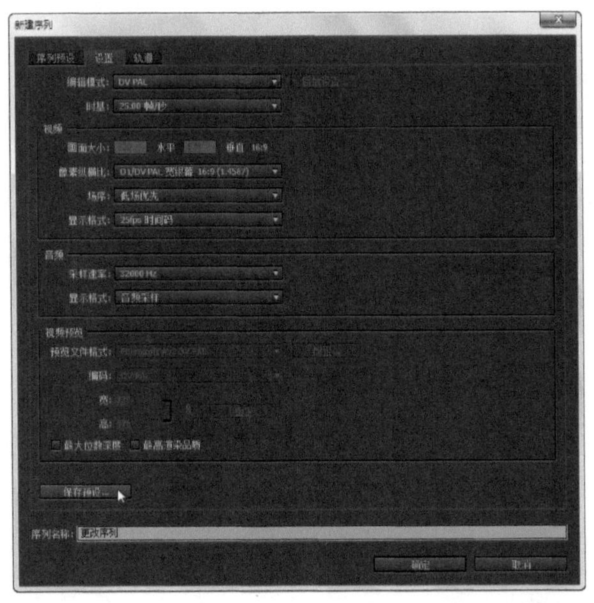

图5-6

03 在弹出的“存储设置”对话框中为该自定义预设命名，也可以在“描述”文本框中输入该预设的说明性文字，然后单击“确定”按钮，如图5-7所示。保存的预设将出现在“序列预设”选项卡的“自定义”文件夹中，如图5-8所示。

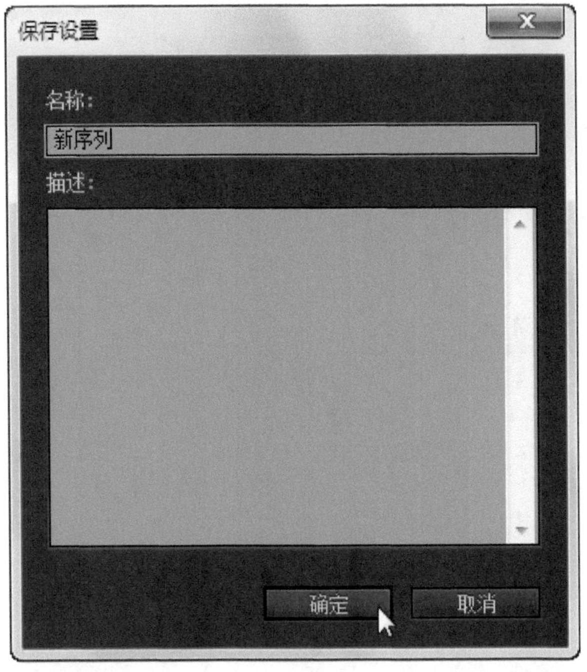

图5-7

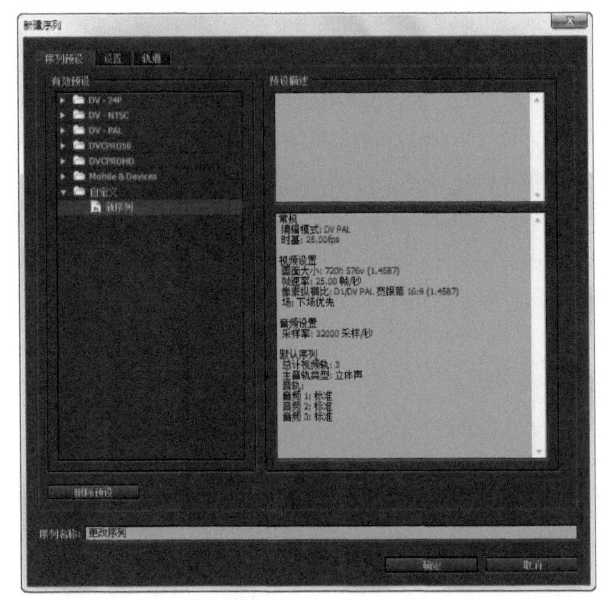

图5-8

小技巧

在首次创建项目时，新建项目对话框中所有这些部分都是可访问的，但是在创建项目后，大多数设置将不能进行修改。如果想在创建项目之后查看项目设置，可以选择“项目→项目设置→常规”菜单命令。

5.1.3 序列常规设置

选择“文件→新建→序列”菜单命令，打开“新建序列”对话框，然后选择“设置”选项卡，其参数设置如图5-9所示。

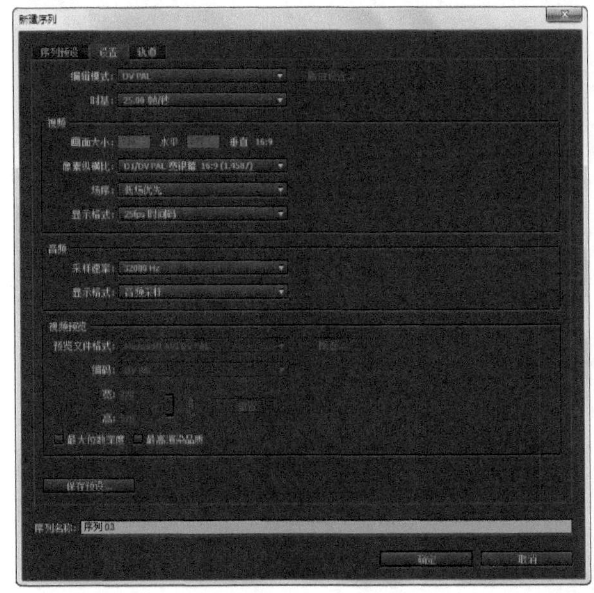

图5-9

【参数介绍】

编辑模式：编辑模式是由“序列预设”选项卡中选

定的预设所决定的。使用编辑模式选项可以设置时间线播放方法和压缩设置。选择DV预设，编辑模式将自动设置为DV NTSC或DV PAL。如果不想挑选某种预设，那么可以从“编辑模式”下拉列表中选择一种编辑模式，选项如图5-10所示。

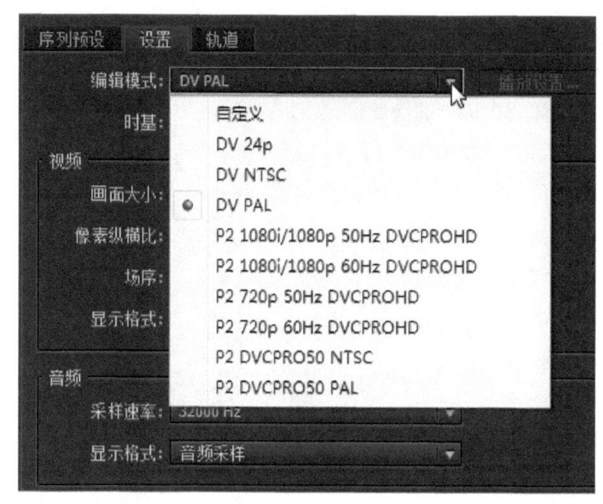

图5-10

时基：也就是时间基准。在计算编辑精度时，“时基”选项决定了Premiere Pro如何划分每秒的视频帧。在大多数项目中，时间基准应该匹配所采集影片的帧速率。对于DV项目来说，时间基准设置为29.97并且不能更改。应当将PAL项目的时间基准设置为25，影片项目为24，移动设备为15。“时基”设置也决定了“显示格式”区域中哪个选项可用。“时基”和“显示格式”选项决定了时间线窗口中的标尺核准标记的位置。

画面大小：项目的画面大小是其以像素为单位的宽度和高度。第一个数字代表画面宽度，第二个数字代表画面高度。如果选择了DV预设，则画面大小设置为DV默认值（720×480）。如果使用DV编辑模式，则不能更改项目画幅大小。但是，如果是使用桌面编辑模式创建的项目，则可以更改画幅大小。如果是为Web或光盘创建的项目，那么在导出项目时可以降低其画面大小。

像素纵横比：本设置应该匹配图像像素的形状——图像中一个像素的宽与高的比值。对于在图形程序中扫描或创建的模拟视频和图像，请选择方形像素。根据所选择的编辑模式的不同，“像素纵横比”选项的设置也会不同。例如，如果选择了“DV NTSC”编辑模式，可以从0.9和1.2中进行选择用于宽银幕影片，如图5-11所示。如果选择“自定义”编辑模式，则可以自由选择像素纵横比，如图5-12所示，此格式多用于方形像素。如果胶片上的视频有变形镜头拍摄的，则选择“变形宽银幕2:1（2.0）”选项，这样镜头会在拍摄时压缩图像，但投影时，可变形放映镜头可以反向压缩以创建宽银幕效果。D1/DV项目的默认设置是0.9。

图5-11

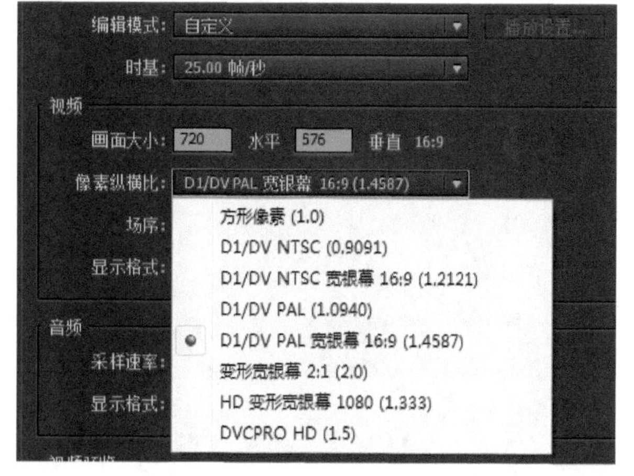

图5-12

小技巧

如果需要更改所导入素材的帧速率或像素纵横比（因为它们可能与项目设置不匹配），请在项目面板中选定此素材，然后选择“素材→修改→解释素材”命令，打开“修改素材”对话框。要更改帧速率，可在该对话框中选择“假定帧速率为”选项，然后在文本编辑框中输入新的帧速率；要更改像素纵横比，则选择“符合为”选项，然后从像素纵横比列表中进行选择。设置完成后单击“确定”按钮，项目面板即指示出这种改变。

如果需要在纵横比为4:3的项目中导入纵横比为16:9的宽银幕影片，那么可以使用“运动”视频特效的“位置”和“比例”选项，以缩放与控制宽银幕影片。

场序：在所工作的项目将要导出到录像带中时，就要用到场。每个视频帧都会分为两个场，它们会显示1/60秒。在PAL标准中，每个场会显示1/50秒。在“场”下拉列表中可以选择“上场优先”或“下场优先”选项，这取决于系统期望什么样的场。

采样速率：音频取样值决定了音频品质。取样值越高，提供的音质就越好。最好将此设置保持为录制时的值。如果将此设置更改为其他值，就需要更多处理过程，而且还可能降低品质。

小技巧

因为DV项目使用的是行业标准设置，所以不应该更改像素纵横比、时间基准、画面大小或场的设置。

视频预览：用于指定使用Premiere Pro时如何预览视频。大多数选项是由项目编辑模式决定的，因此不能更改。例如，对DV项目而言，任何选项都不能更改。如果选择HD编辑模式，则可以选择一种文件格式。如果预览部分中的选项可用，可以选择组合文件格式和色彩深度，以便在重放品质、渲染时间和文件大小之间取得最佳平衡。

5.1.4 序列“轨道”设置

在打开的“新建序列”对话框中选择“轨道”选项卡，该部分设置如图5-13所示，在该选项卡中可以设置时间线窗口中的视频和音频轨道数，也可以选择是否创建子混合轨道和数字轨道。

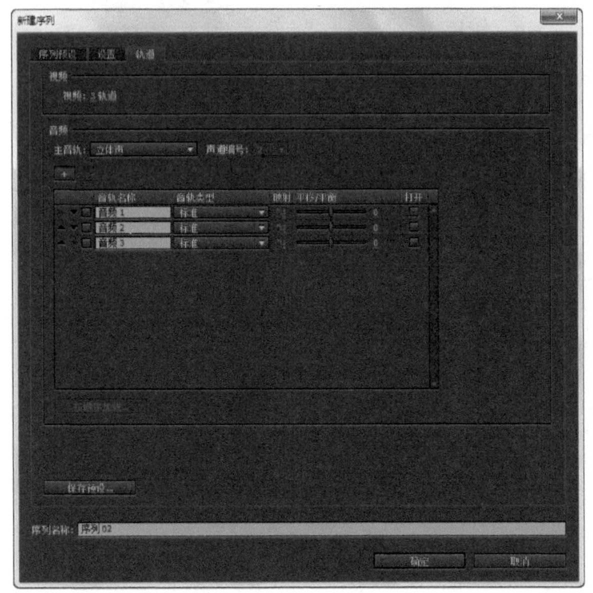

图5-13

小技巧

在“轨道”选项卡中更改设置并不会改变当前时间线，不过如果通过选择“文件→新建→序列”菜单命令的方式创建一个新项目或新序列后，添加到项目中的下一个时间线会显示新设置。

5.2 设置键盘快捷键

使用键盘快捷方式可以使重复性工作更轻松，并提高制作速度。Premiere Pro为激活工具、打开面板以及访问大多数菜单命令都提供了键盘快捷方式。这些命令是预置的，但要修改也很方便。用户还可以自己创建Premiere Pro操作的键盘命令。

执行“编辑→键盘快捷方式”菜单命令，如图5-14所示，打开“键盘快捷键”对话框，用户可以在此修改键盘的快捷方式，在该对话框中可以修改或创建“应用”“面板”和“工具”3个部分的快捷键，如图5-15所示。

图5-14

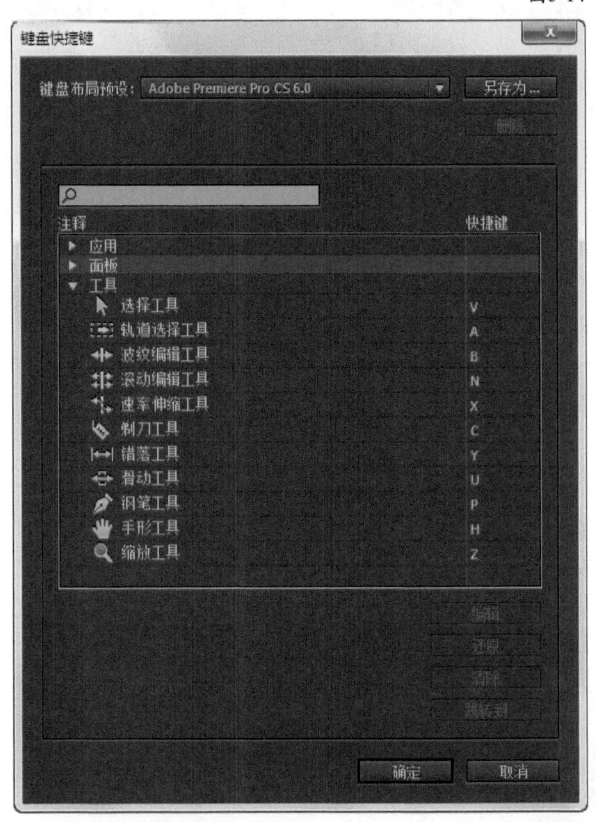

图5-15

5.2.1 修改菜单命令快捷键

在默认状态下，“键盘快捷键”对话框中显示了“应用”类型的键盘命令，要更改或创建其中的键盘设置，单击下方列表中的三角形按钮，展开包含相应命令的菜单标题，然后对其进行相应的修改或创建操作即可。

高手进阶：创建自定义键盘命令

- 素材文件：无
- 案例文件：无
- 视频教学：视频教学/第5章/高手进阶——创建自定义键盘命令.flv
- 技术掌握：创建自定义键盘命令的方法

扫码看视频

【操作步骤】

01 执行“编辑→键盘快捷方式”菜单命令，打开“键盘快捷键”对话框，展开要创建快捷键的菜单命令，例如，单击“素材”菜单命令选项后面的三角形按钮，展开其中的命令选项，如图5-16所示。

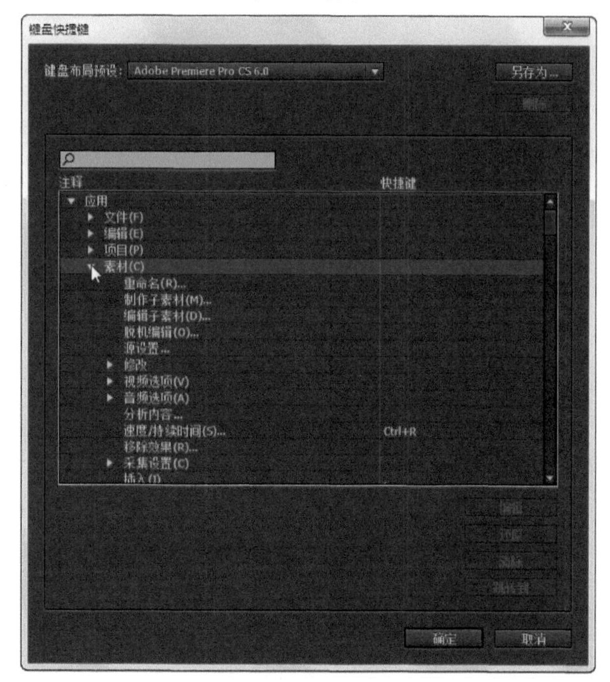

图5-16

02 在“快捷键”列中双击要创建快捷键命令所对应的图标，激活相应的命令行，如“重命名”命令行，如图5-17所示。

03 按下一个功能键或一个组合键，为指定的命令创建键盘快捷键，如“Ctrl+P”，然后单击“确定”按钮即可为命令创建一个快捷键，如图5-18所示。

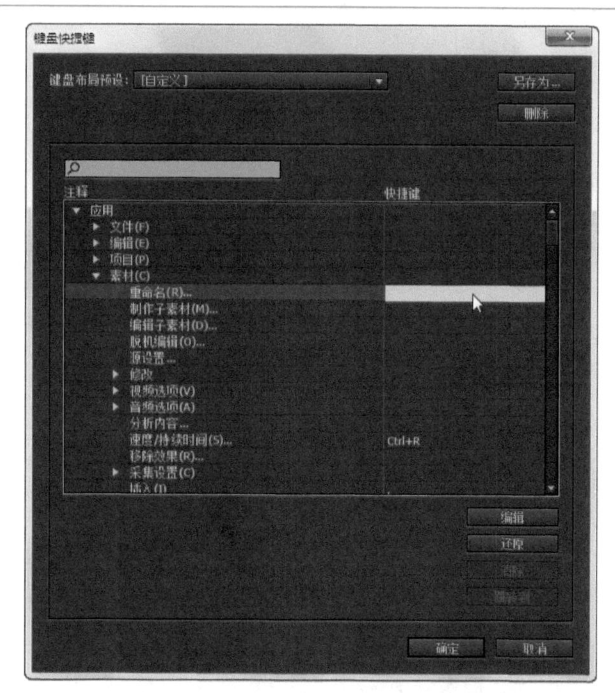

图5-17

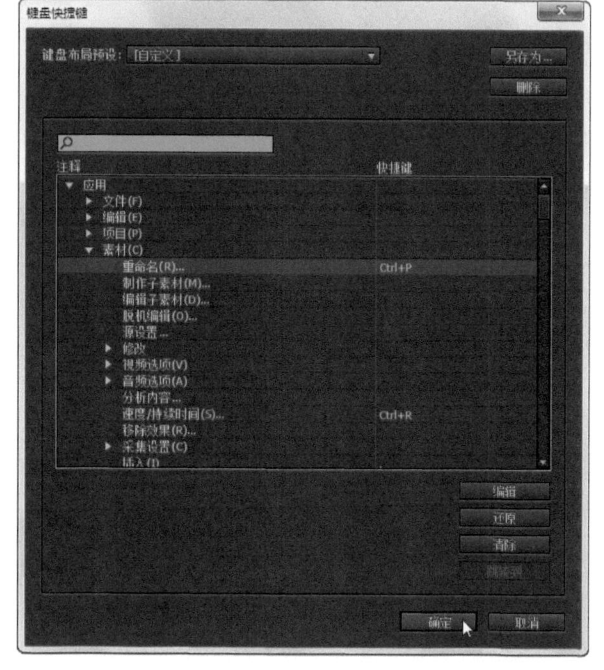

图5-18

小技巧

为命令指定快捷键的操作中，可以使用任何未指定的快捷方式，如Ctrl/⌘+Shift+R或Alt/Opt+Shift+R。

高手进阶：修改自定义键盘命令

- 素材文件：无
- 案例文件：无
- 视频教学：视频教学/第5章/高手进阶——修改自定义键盘命令.flv
- 技术掌握：修改自定义键盘命令的方法

【操作步骤】

01 在“键盘快捷键”对话框中展开要修改快捷键的菜单命令，例如，单击“文件”菜单命令选项后面的三角形按钮，在展开的命令选项中双击“打开项目”命令对应的快捷键图标，如图5-19所示。

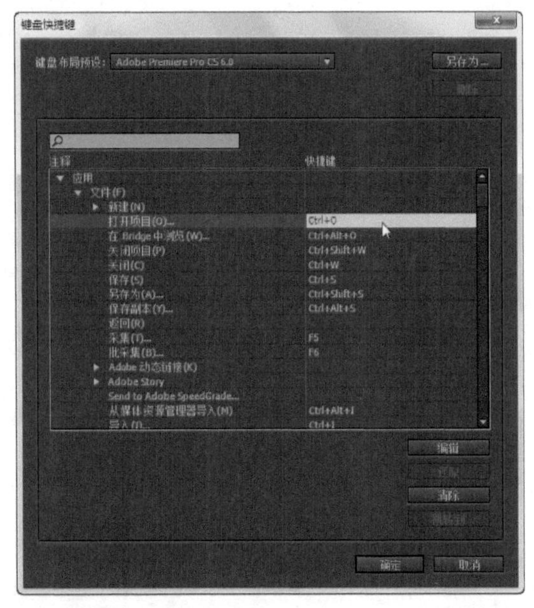

图5-19

02 按下一个功能键或组合键，为指定的命令重新创建一个键盘快捷键，如“Ctrl+Shift+Q”，然后单击“确定”按钮即可修改命令的快捷键，如图5-20所示。

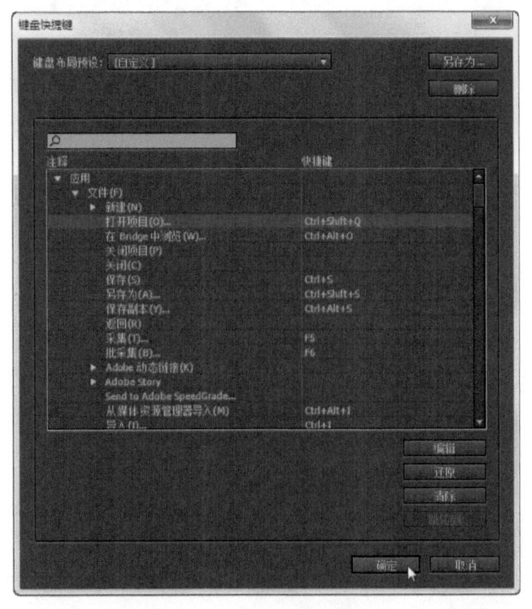

图5-20

5.2.2 修改面板快捷键

Premiere Pro面板命令的键盘自定义使用得非常广泛。要创建或修改面板键盘命令，可以在“键盘快捷键”对话框的“应用”下拉菜单中选择“面板”选项。其中的键盘命令为许多命令提供了快捷方式，而执行这些命令一般需要单击或单击并拖动鼠标来完成。因此，即使不打算创建或更改现有的键盘命令，也要花时间查看一下面板键盘命令，了解Premiere Pro提供的许多节省时间的快捷方式。

例如，图5-21显示了项目面板操作的键盘快捷键；图5-22显示了历史面板操作的键盘快捷键。如果要创建或更改面板中的键盘命令，可以使用上一小节中所介绍的操作方法，即单击命令行中的快捷方式列，然后按下要使用的命令键。

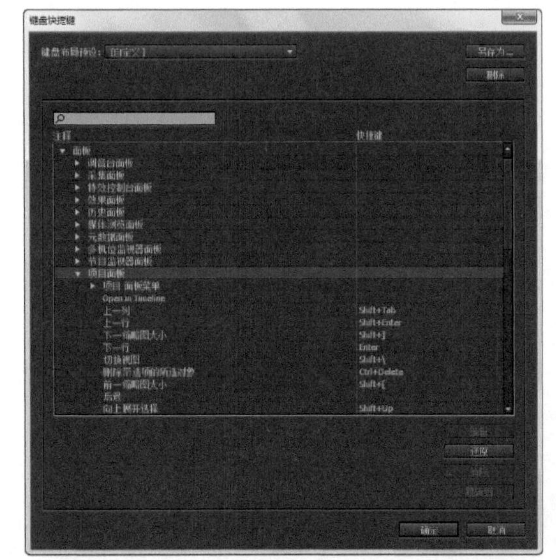

图5-21

图5-22

5.2.3 修改工具快捷键

Premiere Pro为每个工具提供了键盘快捷键。在“键盘快捷键”对话框的“应用”下拉菜单中选择“工具”选项，可以修改工具的键盘快捷键，如图5-23所示，要更改对话框“工具”部分中的键盘命令，只需要在工具行的快捷方式列中单击鼠标，然后输入新的键盘快捷键。

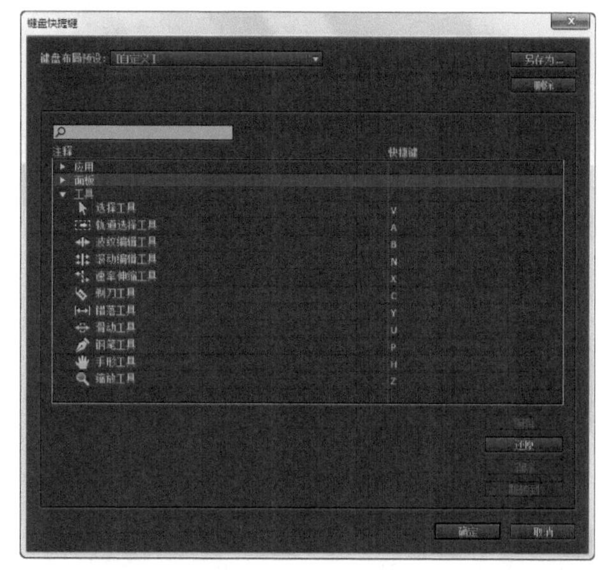

图5-23

5.2.4 保存与载入自定义快捷键

更改键盘命令后，Premiere Pro将自动在“设置”下拉菜单中添加新的自定义设置，这样可以避免改写Premiere Pro的出厂默认设置，如图5-24所示。

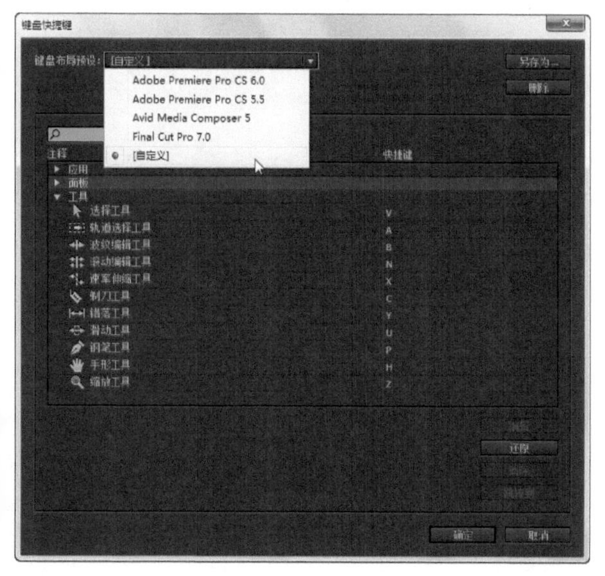

图5-24

知识窗：保存设置的快捷键

如果想在新键盘命令设置中保存键盘命令，单击“另存为”按钮，然后在“键盘布局设置”对话框中输入名称，如图5-25所示，然后单击“保存”按钮即可。如果快捷键设置错误或者想删除某个命令快捷键，只需在“键盘快捷键”对话框中单击“清除”按钮即可。另外，用户也可以单击“键盘快捷键”对话框中的“还原”按钮，撤销快捷键的设置操作。

图5-25

5.3 设置程序参数

Premiere Pro的程序参数控制着每次打开项目时所载入的各种设置。在当前项目中可以更改这些参数设置，但是只有在创建或打开一个新项目后，才能激活这些更改。在编辑菜单中可以更改采集设备的默认值、切换效果和静帧图像的持续时间，以及标签颜色。本节将概述Premiere Pro提供的许多默认设置。选择“编辑→首选项”命令，然后在参数子菜单中选择一个选项即可访问这些设置，如图5-26所示。

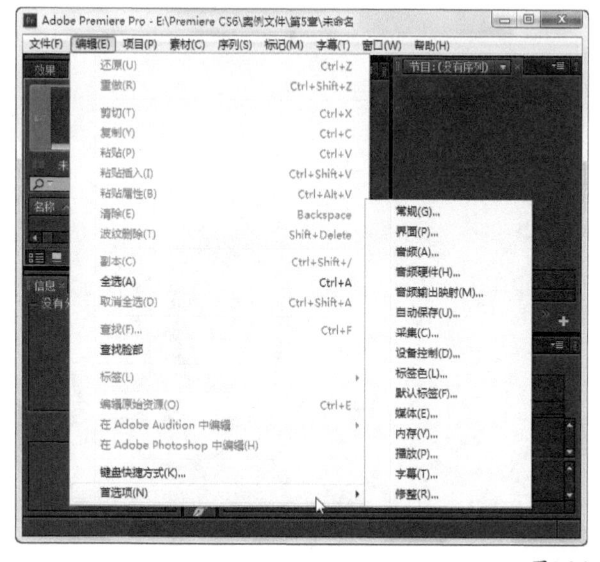

图5-26

5.3.1 常规

选择“编辑→首选项→常规”命令，打开“首选项”对话框，在该对话框中将显示“常规”参数的内容，其中为Premiere Pro的多种默认参数提供了设置，如

图5-27所示。

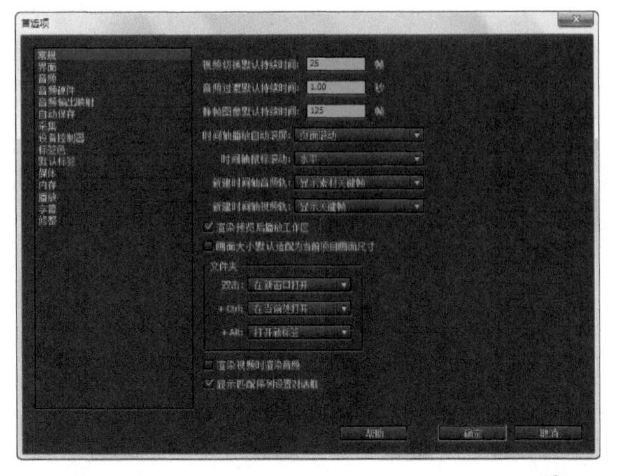

图5-27

【参数介绍】

视频切换默认持续时间：在首次应用切换效果时，此设置用于控制其持续时间。默认情况下，此字段设置为30帧—大约为1秒钟。

音频切换默认持续时间：在首次应用音频切换效果时，此设置用于控制其持续时间。默认设置是1秒钟。

静帧图像默认持续时间：在首次将静帧图像放置在时间线上时，此设置用于控制其持续时间。默认设置是150帧（5秒钟），每秒钟30帧。

时间轴播放自动滚屏：使用此设置可以选择播放时时间线面板是否滚动。使用自动滚动可以在中断播放时停止在时间线某一特定点上，并且可以在播放期间反映时间线编辑。在右方的下拉菜单中可以将时间线设置为播放时按页面滚动、平滑滚动（CTI位于时间线可视区域的中间）或不滚动，如图5-28所示。

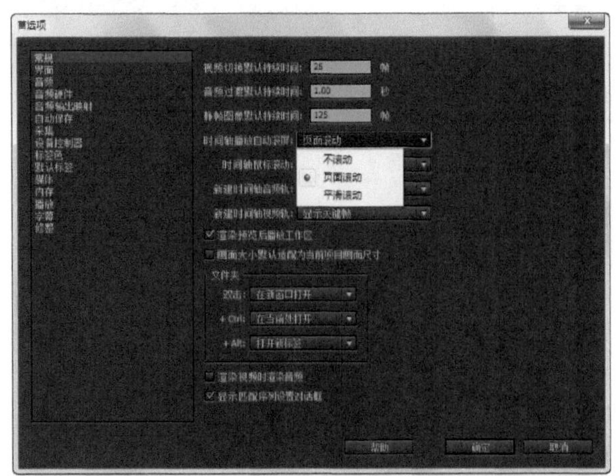

图5-28

时间轴鼠标滚动：使用此设置来设置时间线面板中的鼠标滚动方式，在右方的下拉菜单中可以选择“水平”和“垂直”两种方式。

新建时间轴音频轨：用于设置在时间线面板中新建音频轨道的状态，在右方的下拉菜单中可以选择新建音频轨道的显示状态，如图5-29所示。

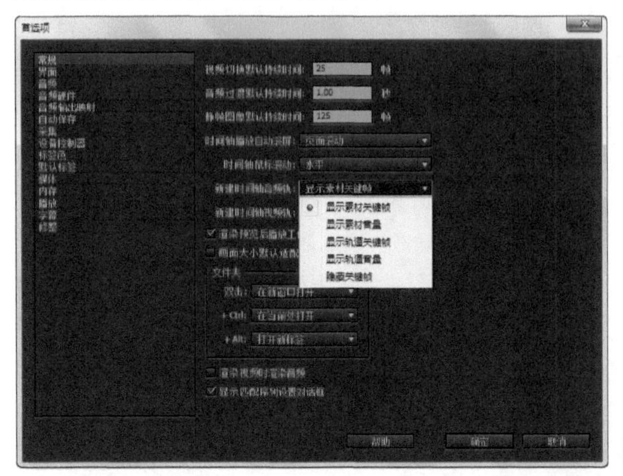

图5-29

新建时间轴视频轨：用于设置在时间线面板中新建视频轨道的状态，在右方的下拉菜单中可以选择新建视频轨道的显示状态，如图5-30所示。

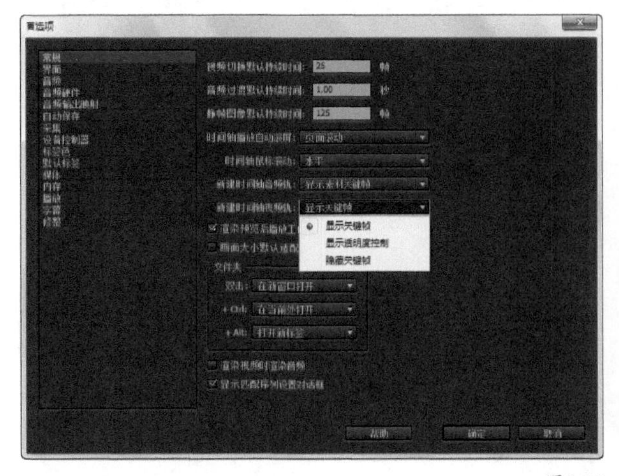

图5-30

渲染预览后播放工作区：默认情况下，Premiere Pro在渲染后播放工作区。如果不想在渲染后播放工作区，则可以取消选择此选项。

画面大小默认适匹为当前项目画面尺寸：默认情况下，Premiere Pro不会放大或缩小与项目画幅大小不匹配的影片。如果想让Premiere Pro自动缩放导入的影片，则选择此选项。注意，如果选择让Premiere Pro缩放画幅大小，那么不是按项目画幅大小创建的导入图像可能会出现扭曲。

文件夹：使用文件夹部分可以在项目面板中管理影片。单击各个选项中的下拉菜单可以选择是在新窗口打开、在当前处打开、或是打开新标签，如图5-31所示。

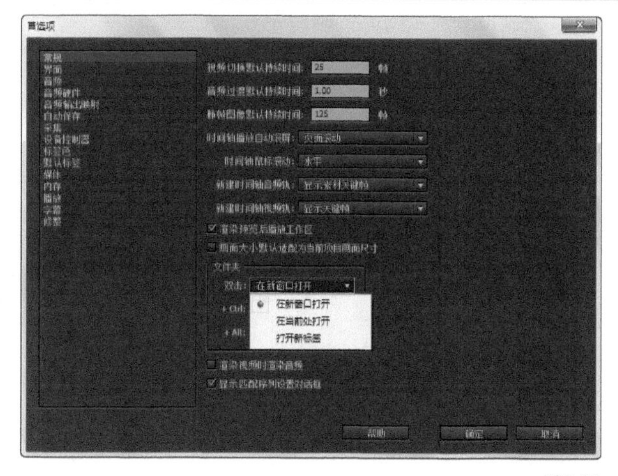

图5-31

渲染视频时渲染音频：默认情况下，渲染视频将不渲染音频，选择此选项后，渲染视频时，将音频一同渲染出来。

5.3.2 界面

在“首选项”对话框的左方列表中选择“界面”选项，将显示“界面”的参数设置，在对话框的右方拖动“亮度”滑块，可以调整界面的亮度，如向右拖动滑块将增加界面亮度，如图5-32所示，单击“默认”按钮，将还原界面亮度。

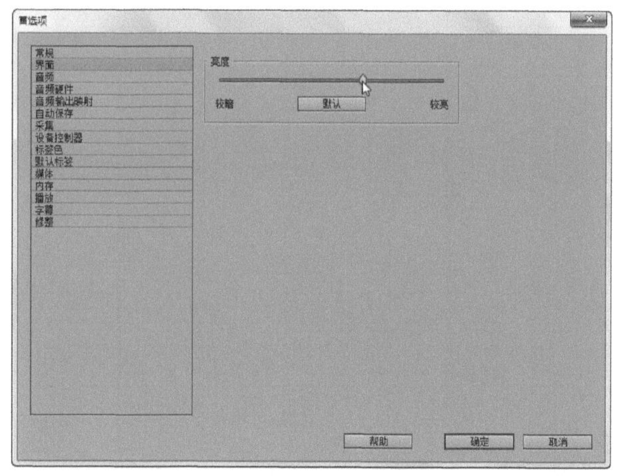

图5-32

5.3.3 音频

在“首选项”对话框的左方列表中选择“音频”选项，在对话框右方将显示相关“音频”的设置参数，如图5-33所示。

【参数介绍】

自动匹配时间：此设置需要与调音台中的“触动”选项联合使用，如图5-34所示。在调音台面板中选择触动之后，Premiere Pro将返回到更改以前的值，但是仅在指定的秒数之后。例如，如果在调音时更改了音频1的音频级别，那么在更改之后，此级别将返回到以前的设置，即记录更改之前的设置。自动匹配设置用于控制Premiere Pro返回到音频更改之前的值所需的时间间隔。

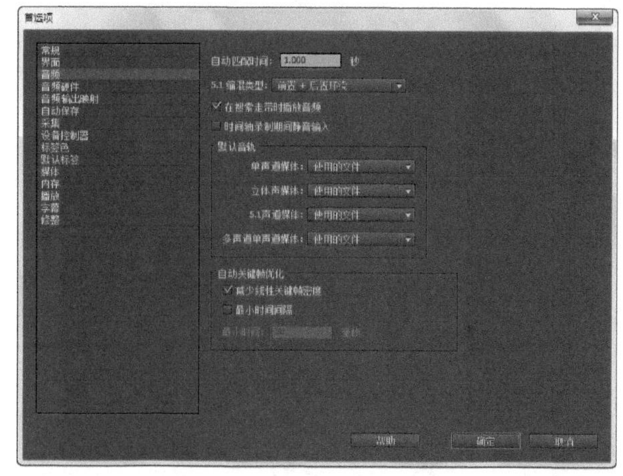

图5-33

图5-34

5.1下混类型：此设置用于控制5.1环绕音轨混合。一个5.1音轨由以下三个声道组成：左、中和右声道（5个主要声道的前3个），加上左后和右后声道（成为5个声道的其余两个）和一个低频声道（LFE）。使用5.1下混类型下拉菜单可以更改混合声道时的设置，这将降低声道的数目，如图5-35所示。

在搜索走带时播放音频：此设置用于控制是否在时间线或监视器面板中搜索走带时播放音频。

时间轴录制期间静音输入：此设置在使用“调音台”进行录制时关闭音频。当计算机上连接有扬声器时，选择此选项可以避免音频反馈。

默认音道：单击“默认音道”区域中各个选项的下拉按钮，可以在各个下拉列表中选择对应的默认轨道格式，如图5-36所示。

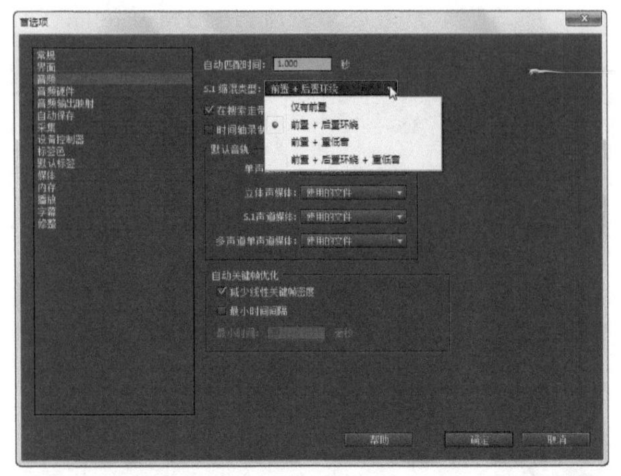

图5-35

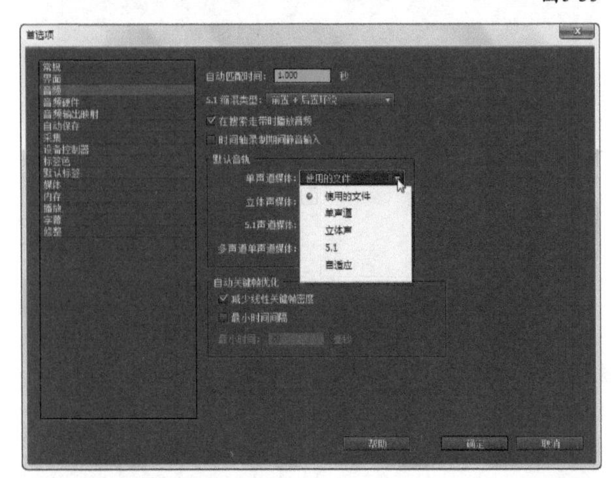

图5-36

自动关键帧优化：使用此设置可防止调音台创建过多的关键帧而导致性能降低，其选项如下。

减少线性关键帧密度：此设置试图仅在直线末端创建关键帧。例如，指示音量改变的一段斜线在每端有一个关键帧。

最小时间间隔：使用此设置控制关键帧之间的最小时间。例如，如果将间隔时间设置为20微秒，则只有在间隔20微秒之后才会创建关键帧。

5.3.4 音频硬件

在“首选项”对话框的左方列表中选择“音频硬件”选项，在对话框右方将显示相关“音频硬件”的设置参数，在“默认设置”选项的下拉列表中可以选择音频硬件的默认设置，如图5-37所示。

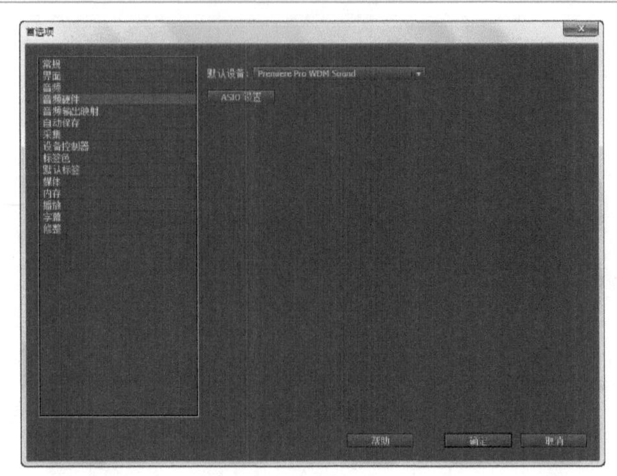

图5-37

新手练习：设置输入或输出音频硬件

- 素材文件：无
- 案例文件：无
- 视频教学：视频教学/第5章/新手练习——设置输入或输出音频硬件.flv
- 技术掌握：设置输入或输出音频硬件的方法

扫码看视频

【操作步骤】

01 在“首选项”对话框的左方列表中选择“音频硬件”选项，单击对话框右方的“ASIO”按钮。

02 在打开的“音频硬件设置”对话框中选择“输入”选项卡，可以设置音频输入的硬件设备，还可以设置输入音频的缓冲大小和采样，如图5-38所示。

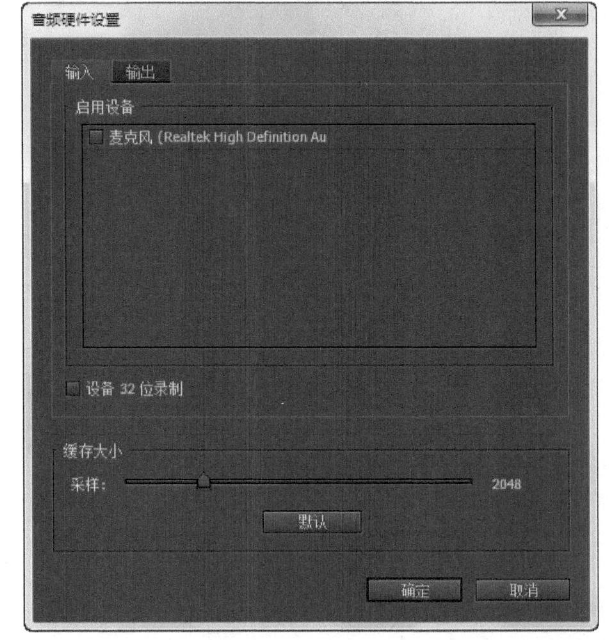

图5-38

03 在“音频硬件设置”对话框中选择“输出”选项卡，可以设置音频输出的硬件设备，还可以设置输入音频的缓冲大小和采样，如图5-39所示。

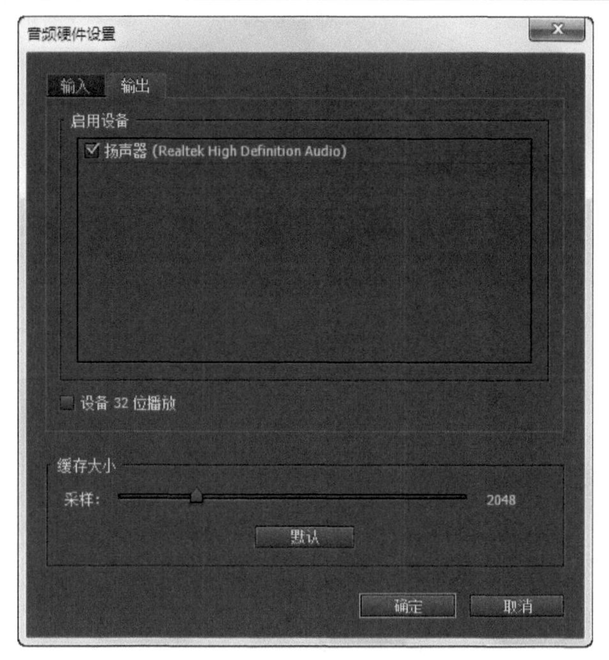

图5-39

5.3.5 音频输出映射

在“首选项”对话框的左方列表中选择“音频输出映射”选项，将显示“音频输出映射”的相关参数，提供了用于扬声器输出的显示，在此将指示音频如何映射到声音设备中，如图5-40所示。

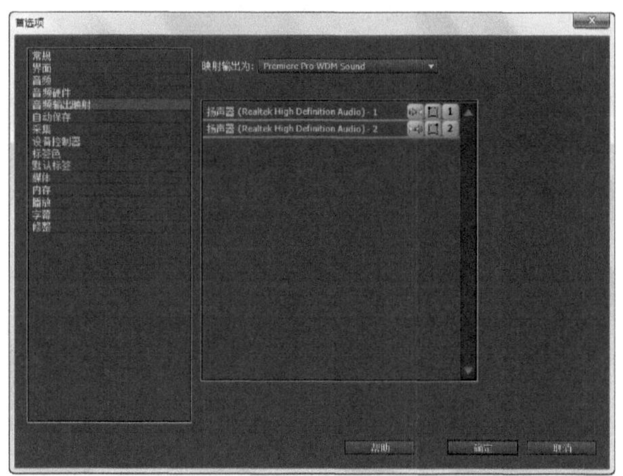

图5-40

5.3.6 自动保存

使用Premiere Pro不必担心工作时忘记保存项目，因为Premiere Pro默认状态下已打开“自动保存”的参数。在“首选项”对话框的左方列表中选择“自动保存”选项，在此可以设置自动保存项目的间隔时间，还可以修改自动存储项目的数量，如图5-41所示。

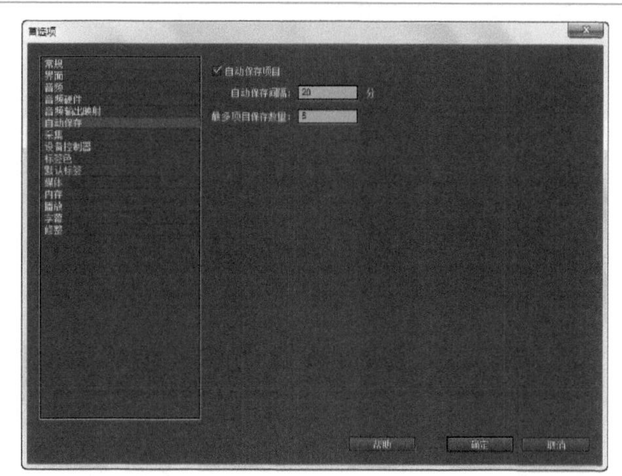

图5-41

小技巧

用户不必担心自动保存会消耗大量的硬盘空间。当Premiere Pro进行自动保存项目时，它仅保存与媒体文件相关的部分，并不会在每次创建作品的新版本时都重新保存文件。

5.3.7 采集

在“首选项”对话框的左方列表中选择“采集”选项，可以设置采集的相关参数，如图5-42所示。Premiere Pro的默认“采集”设置提供了用于视频和音频采集的选项。采集参数的作用是显而易见的，可以选择在丢帧时中断采集。也可以选择在屏幕上查看关于采集过程和丢失帧的报告。选择“仅在未成功采集时生成批量日志文件”选项，可以在硬盘中保存日志文件，列出未能成功批量采集时的结果。

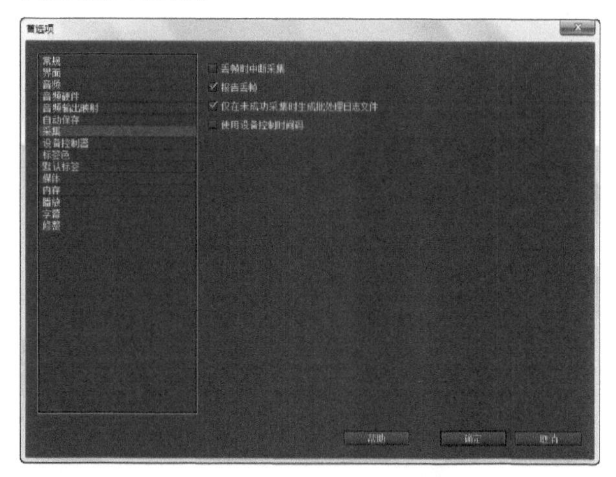

图5-42

5.3.8 设备控制器

在“首选项”对话框的左方列表中选择“设备控制器”选项，可以在“设备”下拉列表中选择当前的采集设备，如图5-43所示。

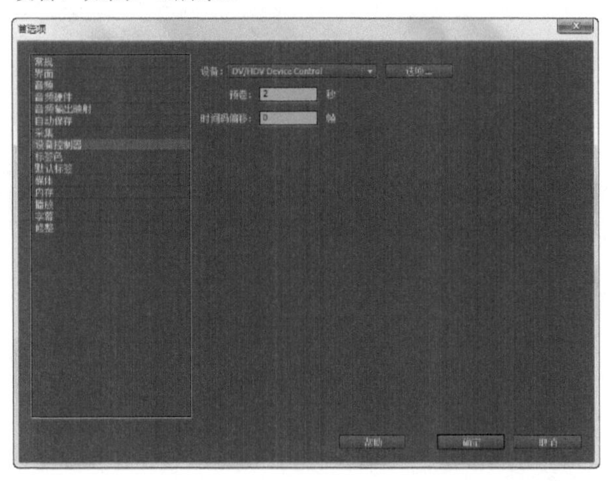

图5-43

【参数介绍】

预卷：使用“预卷”设置可以设置磁盘卷动时间和采集开始时间之间的间隔。这可使录像机或VCR在采集之前达到应有的速度。

时间码偏移：使用“时间码偏移”选项可以指定四分之一帧的时间间隔，以补偿采集材料和实际磁带的时间码之间的偏差。使用此选项可以设置采集视频的时间码以匹配录像带上的帧。

选项：单击“选项”按钮可以打开“DV/ HDV设备控制设置”对话框，在此可以选择采集设备的品牌、设置时间码格式，并检查设备的状态是在线还是离线等，如图5-44所示。

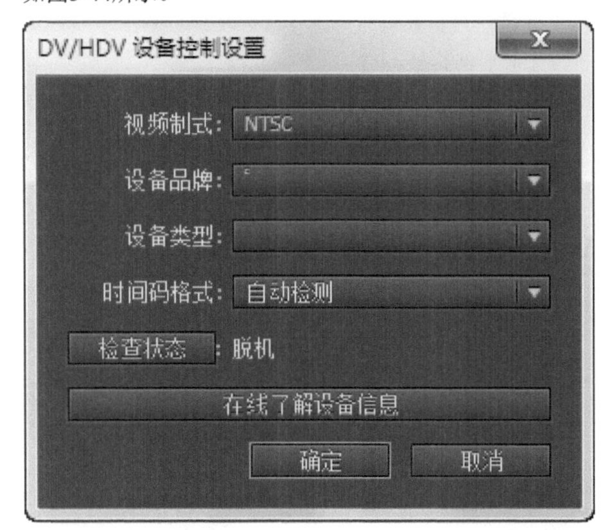

图5-44

5.3.9 标签色

在“首选项”对话框的左方列表中选择“标签色”选项，可以在“标签色”参数中更改项目面板中出现的标签颜色，如图5-45所示。例如，可以在项目面板中为不同的媒体类型指定特定的颜色。单击彩色标签样本，打开“颜色拾取”对话框，在矩形颜色框内单击鼠标，然后单击并拖动垂直滑块可以更改颜色，也可以通过在数字字段输入数值更改颜色，更改颜色之后，可以在参数对话框的标签颜色部分编辑颜色名称，如图5-46所示。

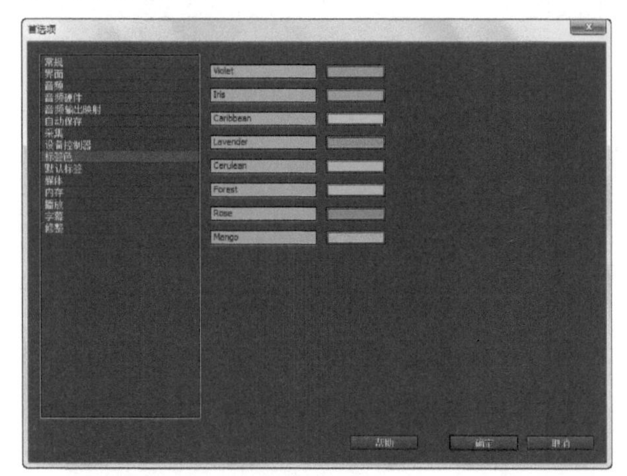

图5-45

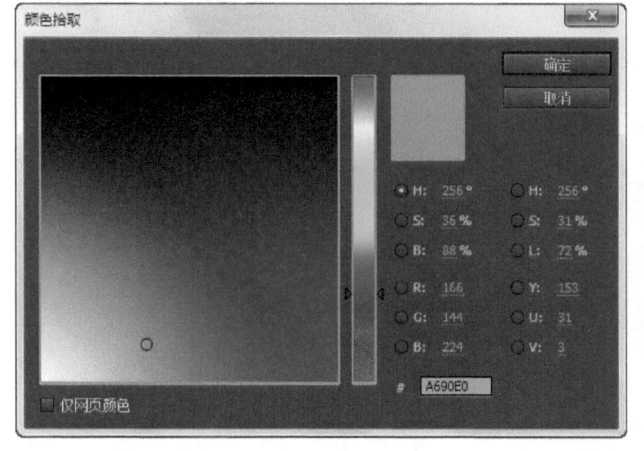

图5-46

5.3.10 默认标签

在“首选项”对话框的左方列表中选择“默认标签”选项，可以在“默认标签”参数中更改指定的标签颜色，如项目面板中出现的视频、音频、文件夹和序列标签等，如图5-47所示。如果不喜欢Adobe为各种媒体类型指定的标签颜色，可以更改颜色分配。例如，要更改视频的标签颜色，只需单击“视频”行的下拉菜单并选择一种不同的颜色即可，如图5-48所示。

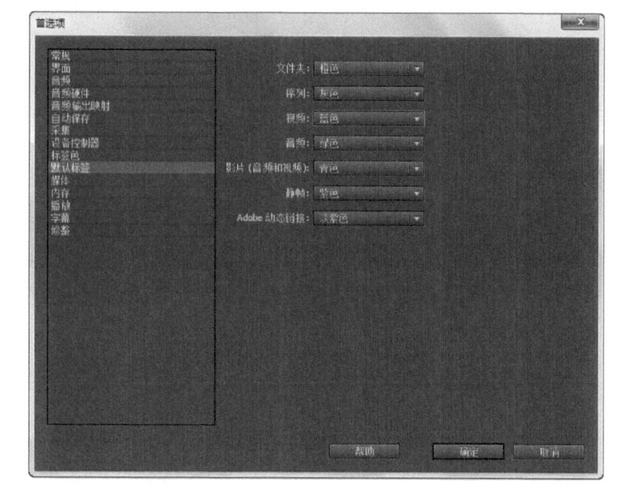

图5-47

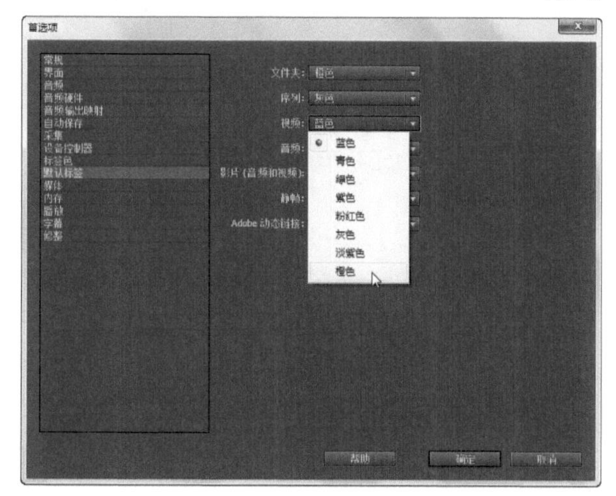

图5-48

5.3.11 媒体

在“首选项”对话框的左方列表中选择“媒体”选项，可以使用Premiere Pro的“媒体”参数设置媒体高速缓存数据库的位置，如图5-49所示。

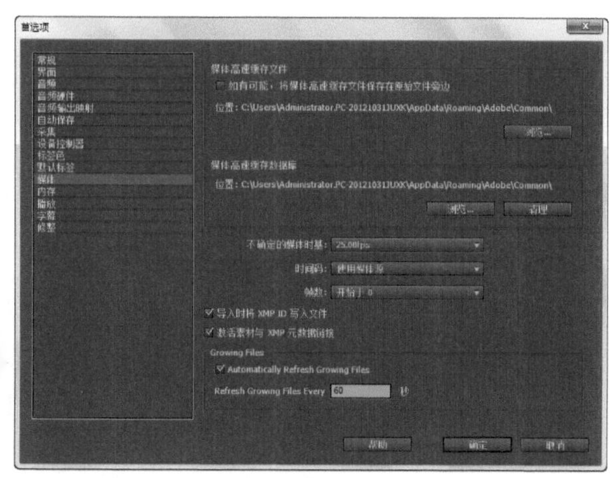

图5-49

知识窗：媒体高速缓存库

媒体高速缓存库用于跟踪作品中所使用的缓存媒体，以便计算机使用缓存来快速访问最近使用的数据。Premiere Pro中可以识别的缓存数据文件如下：.pek（Peak音频文件）、.cfa（统一音频文件）和MPEG视频索引文件。单击“清理”按钮可以从计算机中移除这些不必要的缓存文件。单击“清理”按钮之后，Premiere Pro将审查原始文件，将它们与缓存文件比较，然后移除不再需要的文件。

媒体参数也可以设置使用媒体源的帧速率显示时间码。在“时间码”选项列表中可以改用项目帧速率。在新建项目时，在自定义设置选项卡的时间码字段将设置为项目帧速率。

5.3.12 内存

在“首选项”对话框的左方列表中选择“内存”选项，可以在对话框中查看计算机安装的内存信息和可用的内存信息，还可以修改优化渲染的对象，如图5-50所示。

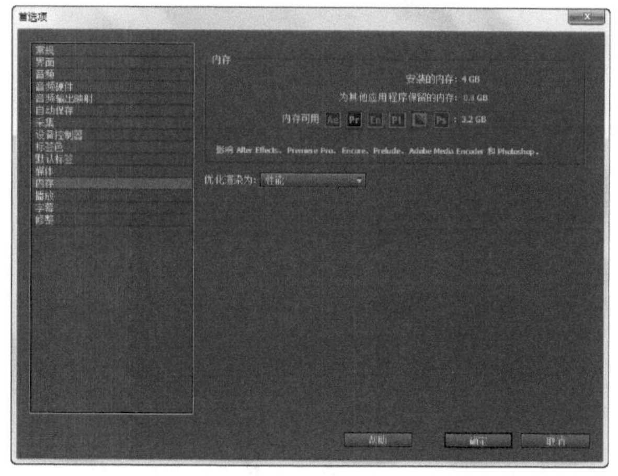

图5-50

5.3.13 播放设置

在“首选项”对话框的左方列表中选择“播放”选项，可以在对话框中选择默认的播放器和音频设备，如图5-51所示。其中 “预卷”和“过卷”选项的含义是：在单击监视器中的“循环”播放按钮时，这些设置将控制Premiere Pro在当前时间指示（CTI）前后播放的影片。如果在素材源监视器、节目监视器或多机位监视器中单击“循环”播放按钮，则CTI将回到预卷位置并播放到后卷位置。

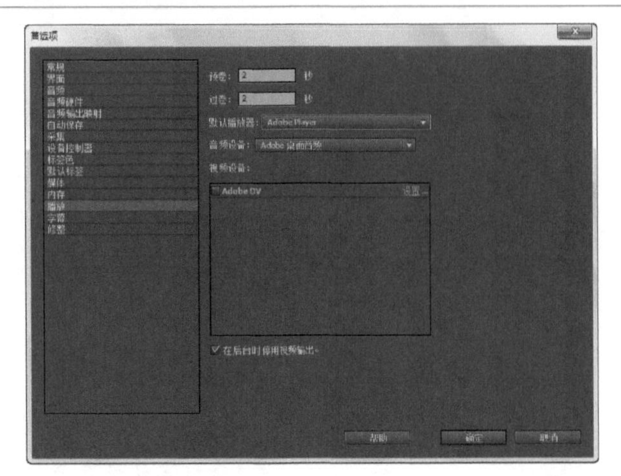

图5-51

5.3.14 字幕

在“首选项”对话框的左方列表中选择“字幕”选项，可以在对话框中控制Adobe字幕设计中出现的样式示例和字体浏览器，如图5-52所示。选择“文件→新建→字幕”命令，可以打开字幕设计窗口，如图5-53所示。

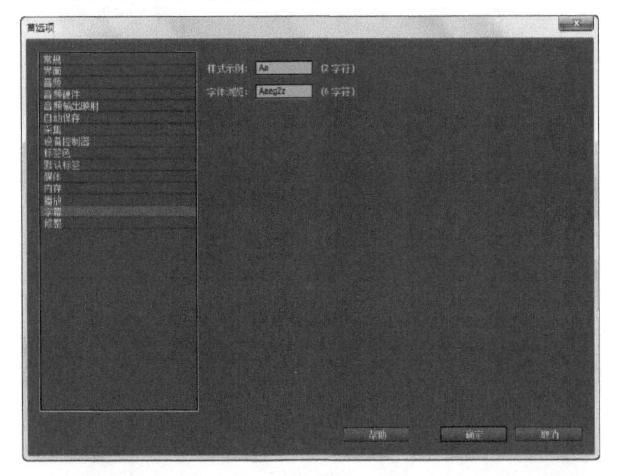

图5-52

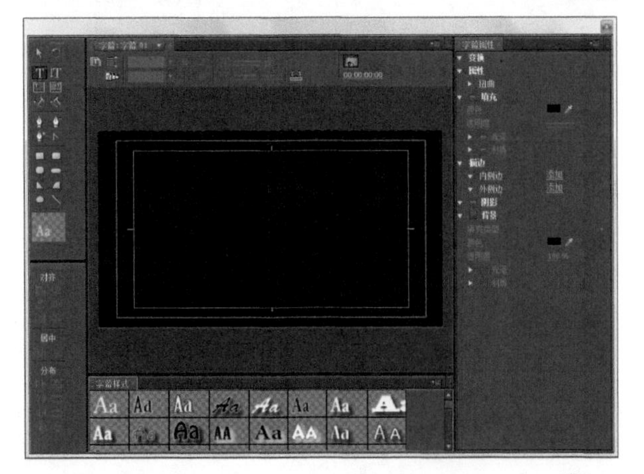

图5-53

5.3.15 修整

在“首选项”对话框的左方列表中选择“修整”选项，可以在对话框中修改最大修整偏移的值和音频时间单位，如图5-54所示。在节目监视器面板处于修整监视器视图中时，使用修整参数可以更改监视器面板中出现的最大修整偏移，在默认情况下，最大修整偏移设置为5帧。如果更改了修整部分的最大修整偏移字段的值，那么下次创建项目时，此值在监视器面板中显示为一个按钮。

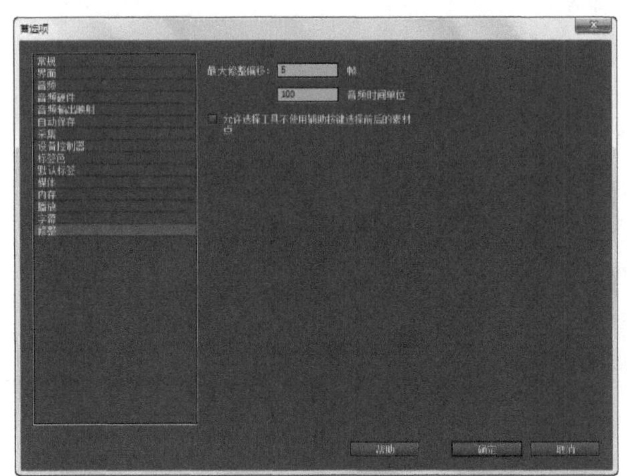

图5-54

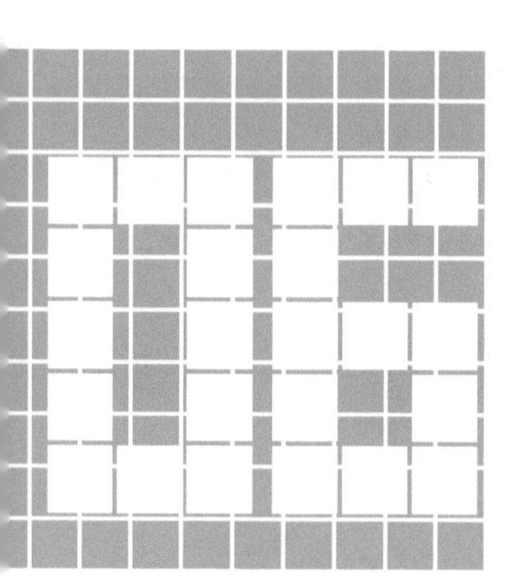

第6章 创建项目背景素材

要点索引

本章概述

在视频制作过程中，可能需要创建简单的彩色背景视频轨道。而且希望轨道是适合于文字的纯色背景，或者是适合于透明效果的背景。本章将学习在Adobe Premiere Pro创建彩色背景的方法，以及如何从素材中导出静帧图像用作背景，还将学习使用Adobe Photoshop创建背景的方法。

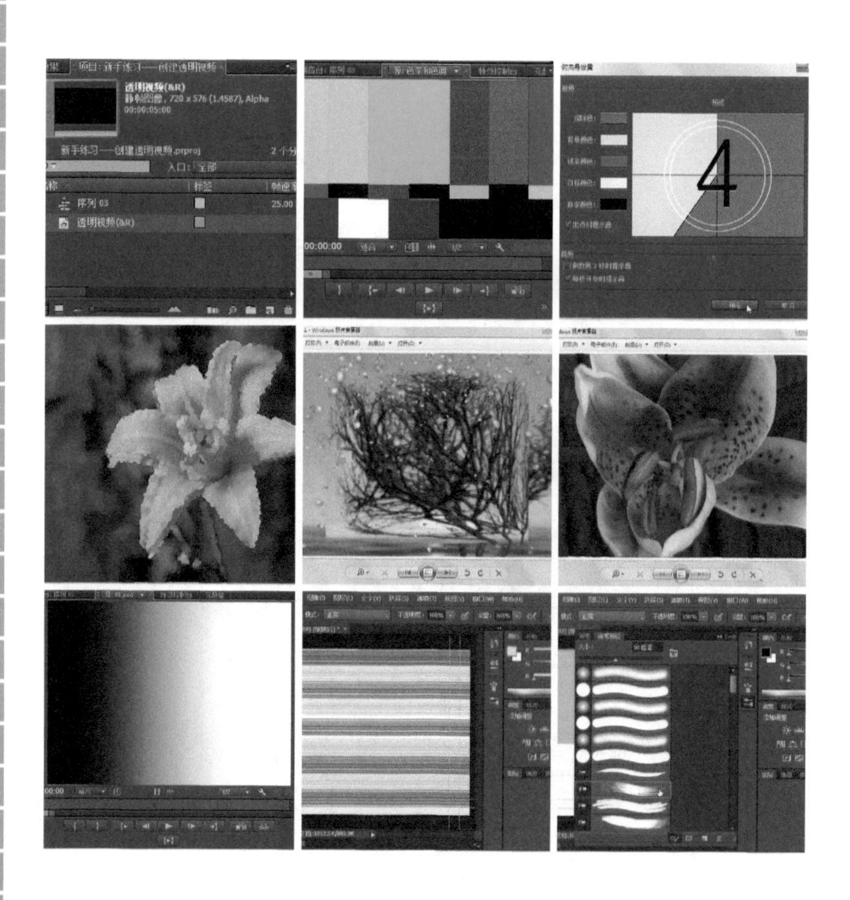

6.1 创建Premiere Pro背景元素

如果需要为文本或图形创建黑色、彩色或透明背景，可以使用Premiere Pro提供的相应命令来创建。用户可以通过Premiere Pro的菜单命令或“项目”面板中的“新建分项”工具来创建这些背景元素。

6.1.1 使用菜单命令创建Premiere Pro背景

选择“文件→新建”菜单命令，在弹出的菜单命令中选择相应的命令，可以创建色条和色调、黑色视频、颜色遮罩、透明视频等背景元素，如图6-1所示。

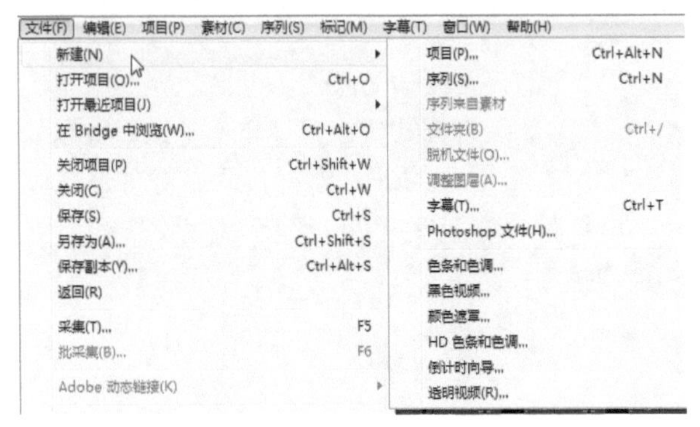

图6-1

新手练习：创建透明视频

- 素材文件：无
- 案例文件：案例文件/第6章/新手练习——创建透明视频.Prproj
- 视频教学：视频教学/第6章/新手练习——创建透明视频.flv
- 技术掌握：创建透明视频的方法

扫码看视频

【操作步骤】

01 选择“文件→新建→透明视频”菜单命令，打开“新建透明视频”对话框，如图6-2所示。

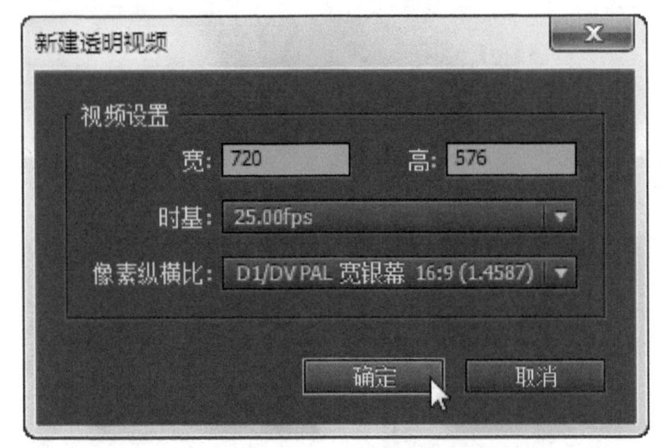

图6-2

02 单击“新建透明视频”对话框中的“确定”按钮，即可创建一个“透明视频”素材，该素材将显示在项目面板中，如图6-3所示。

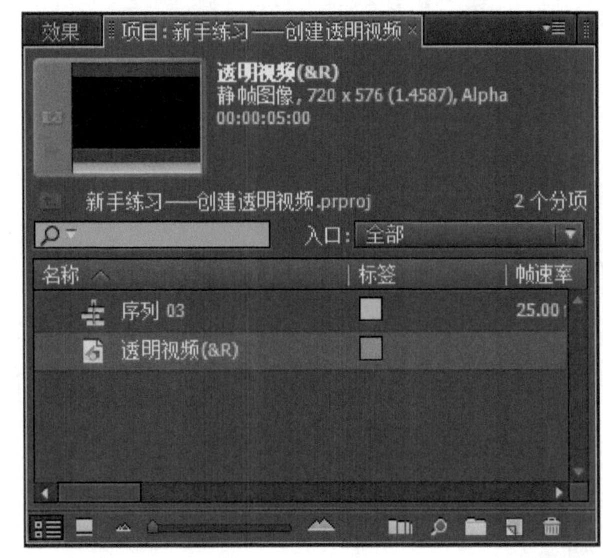

图6-3

新手练习：创建颜色遮罩

- 素材文件：无
- 案例文件：案例文件/第6章/新手练习——创建颜色遮罩.Prproj
- 视频教学：视频教学/第6章/新手练习——创建颜色遮罩.flv
- 技术掌握：创建颜色遮罩的方法

扫码看视频

颜色遮罩与Premiere Pro的许多视频蒙版不同，它是一个覆盖整个视频帧的纯色遮罩。颜色遮罩可作为背景，或者创建最终轨道之前的临时轨道占位符。使用颜色遮罩的优点之一是它的通用性，在创建完颜色遮罩后，单击几次鼠标就可以轻松修改颜色。

【操作步骤】

01 在屏幕上显示一个项目，执行“文件→新建→颜色遮罩”命令，打开“新建彩色蒙版”对话框，在其中单击“确定”按钮，如图6-4所示。

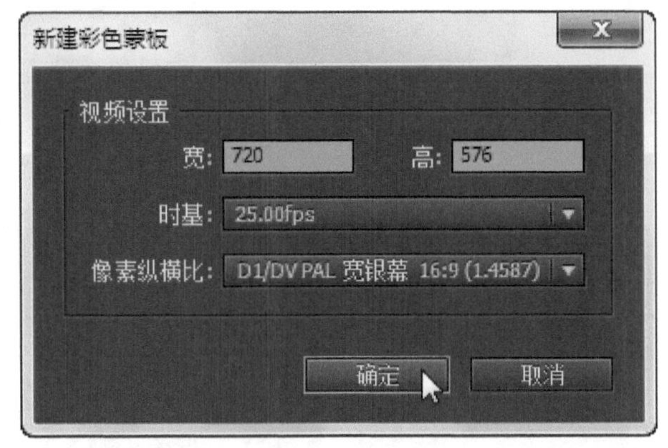

图6-4

02 在弹出的“颜色拾取”对话框中选择遮罩颜色。如果对话框右上角的颜色样本旁边出现一个感叹号图标，如图6-5所示，表示选中了NTSC色域以外的颜色，该颜色不能在NTSC视频中正确重现。单击感叹号图标，让Premiere Pro选择最接近的颜色。

图6-5

03 选择好颜色后，单击“确定”按钮，关闭“颜色拾取”对话框。然后在出现的“选择名称”对话框中输入颜色遮罩的名称，如图6-6所示。

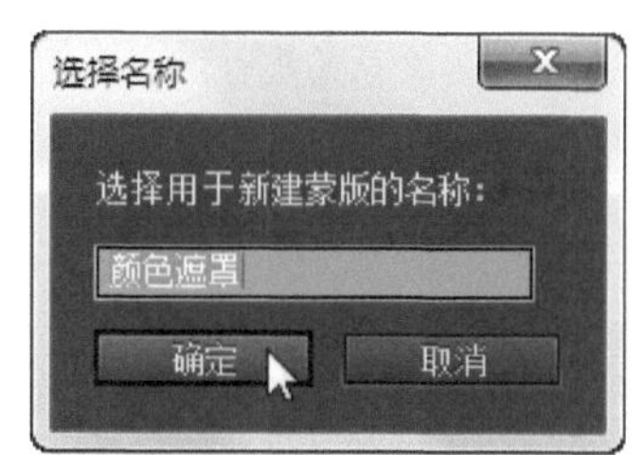

图6-6

04 单击“确定”按钮，颜色遮罩会自动生成在“项目”面板中，如图6-7所示。要使用颜色遮罩，只需将它从“项目”面板拖进视频轨道中即可。

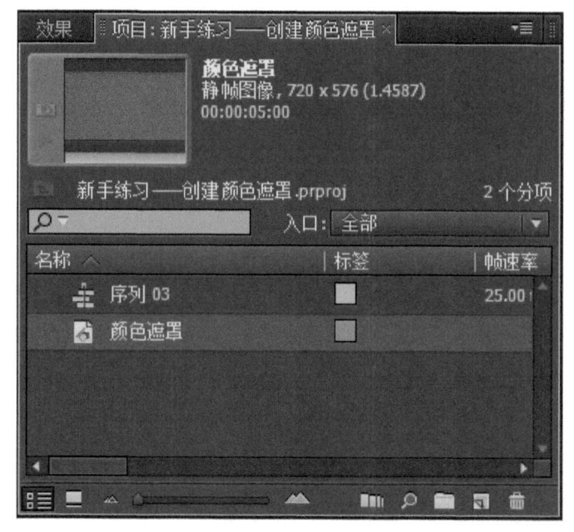
图6-7

知识窗：修改颜色遮罩的默认持续时间

彩色蒙版的默认持续时间由常规首选项对话框中的静帧图像设置决定。要修改默认设置，选择“编辑→首选项→常规”命令，弹出如图6-8所示的“首选项”对话框，在“静帧图像默认持续时间”字段中输入想要用作静帧图像默认值的帧数，然后单击“确定”按钮即可。

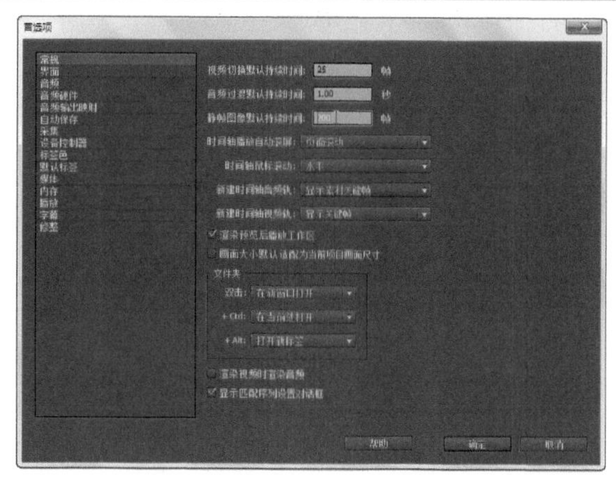
图6-8

6.1.2 在项目面板中创建Premiere Pro背景

除了可以使用菜单命令创建Premiere Pro背景元素外，也可以在Premiere Pro的“项目”面板中单击“新建分项”按钮来创建Premiere Pro背景元素。

高手进阶：创建色条和色调

- 素材文件：无
- 案例文件：案例文件/第6章/高手进阶——创建色条和色调.Prproj
- 视频教学：视频教学/第6章/高手进阶——创建色条和色调.flv
- 技术掌握：创建色条和色调的方法

扫码看视频

本例介绍的是创建色条和色调的操作，案例效果如图6-9所示。

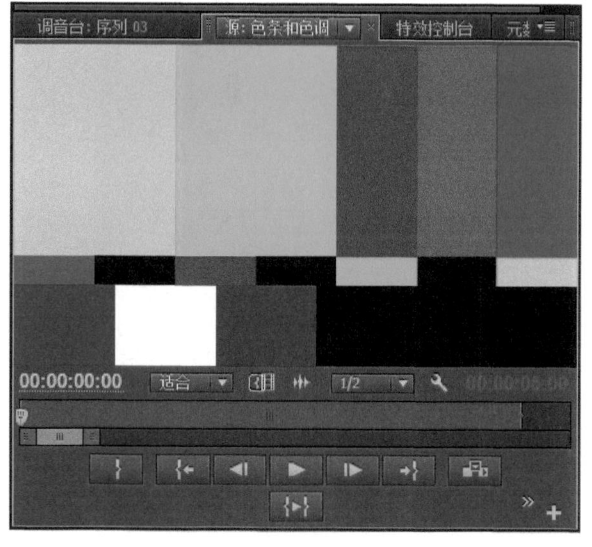
图6-9

【操作步骤】

01 在“项目”面板中单击“新建分项”按钮，从弹出的命令菜单中选择“色条和色调”命令，如图6-10所示。

02 在打开的“新建彩条”对话框中单击“确定”按钮，如图6-11所示，即可创建一个“色条和色调”素材，该素材将显示在项目面板中，如图6-12所示。

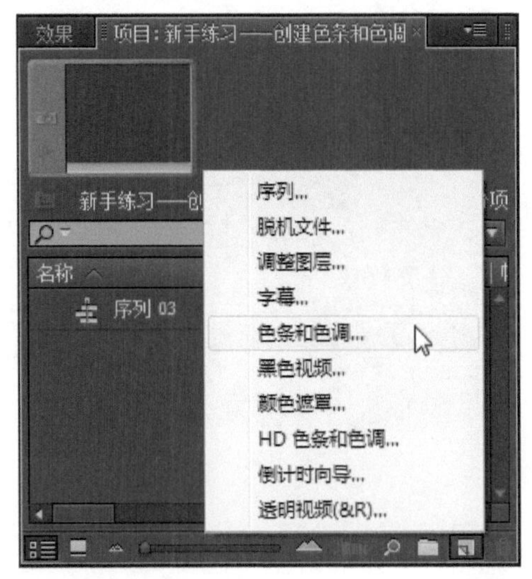

图6-10

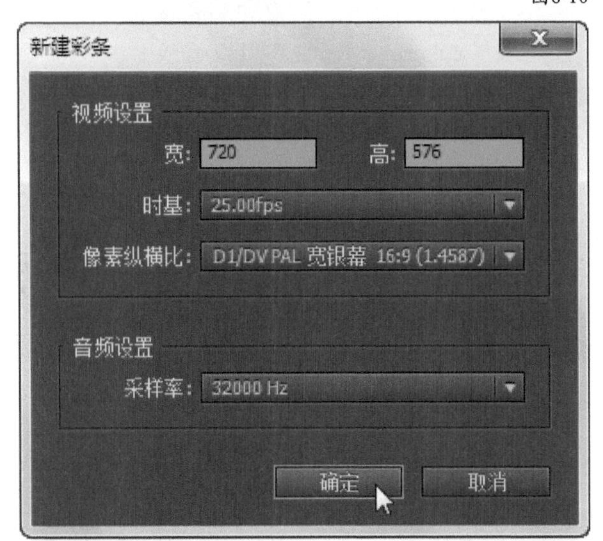

图6-11

图6-12

知识窗：修改所创建素材的持续时间

要修改所创建素材的持续时间，可以在“项目”面板上单击创建的素材，然后选择“素材→速度/持续时间”命令，在“素材速度/持续时间”对话框中，单击“持续时间”值进行修改，完成后单击“确定”按钮即可，如图6-13所示。

图6-13

6.1.3 编辑Premiere Pro背景元素

在Premiere Pro中创建的自带背景元素，可以通过双击元素对象对其进行编辑。但是，色条和色调、黑色视频和透明视频只有唯一的状态，因此不能对其进行重新编辑。

新手练习：修改颜色遮罩的颜色

- 素材文件：素材文件/第6章/01.Prproj
- 案例文件：案例文件/第6章/新手练习——修改颜色遮罩的颜色.Prproj
- 视频教学：视频教学/第6章/新手练习——修改颜色遮罩的颜色.flv
- 技术掌握：修改颜色遮罩颜色的方法

扫码看视频

Premiere Pro颜色遮罩明显要胜过在字幕面板中简单地创建彩色背景或者在其他软件中创建彩色背景。如果正在使用Premiere Pro彩色蒙版，那么当原始蒙版颜色不合适或没有吸引力时，可以快速修改颜色。

【操作步骤】

01 打开“01.Prproj”素材文件，在“项目”面板中创建一个颜色遮罩背景，然后双击颜色遮罩图标，如图6-14所示。

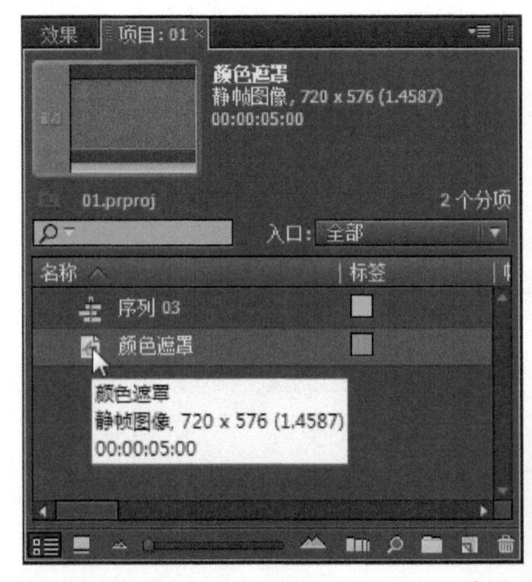

图6-14

02 在弹出的“颜色拾取”对话框中选择新的颜色（如蓝色），然后单击“确定”按钮，如图6-15所示。即可将颜色遮罩的颜色修改为蓝色，如图6-16所示。

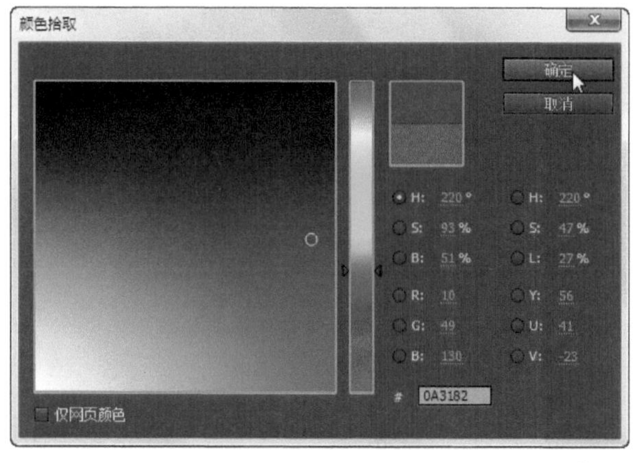

图6-15

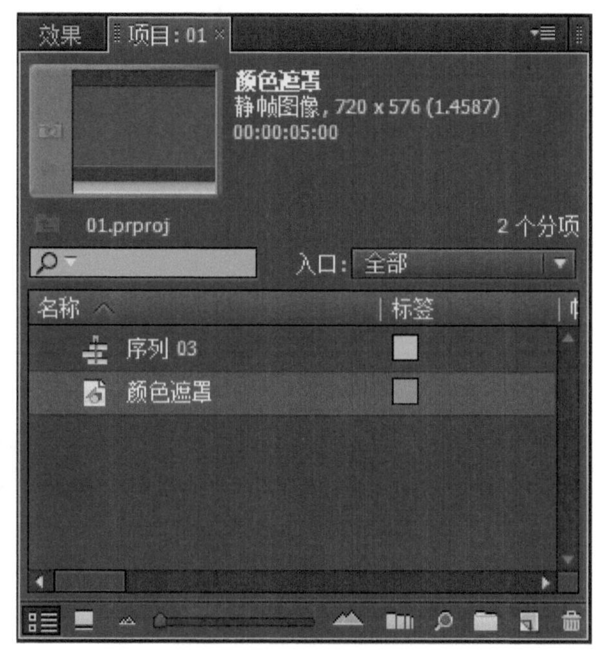

图6-16

知识窗：修改“时间线”面板中的颜色遮罩

将颜色遮罩放在“时间线”面板中，如果要修改它的颜色，只需双击“时间线”面板中的颜色遮罩素材，在出现Premiere Pro的“颜色拾取”对话框中，选择一种新的颜色，然后单击“确定”按钮。在“时间线”面板中修改颜色遮罩的颜色后，不仅选中素材中的颜色发生改变，而且轨道上所有使用该颜色遮罩素材中的颜色都会随之改变。

高手进阶：修改倒计时向导元素

- 素材文件：素材文件/第6章/01.Prproj
- 案例文件：案例文件/第6章/高手进阶——修改倒计时向导元素.Prproj
- 视频教学：视频教学/第6章/高手进阶——修改倒计时向导元素.flv
- 技术掌握：修改倒计时向导元素的方法

扫码看视频

本例介绍的是修改倒计时向导元素的操作，案例效果如图6-17所示。

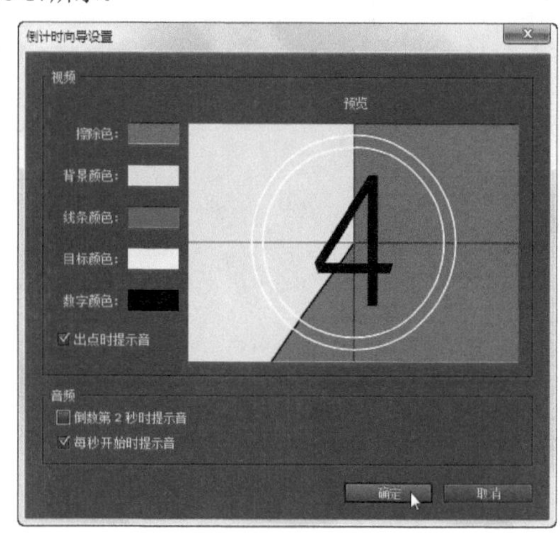

图6-17

【操作步骤】

01 打开“02.Prproj”素材文件，在“项目”面板中创建一个倒计时向导元素，然后双击倒计时向导图标，如图6-18所示。

图6-18

02 在弹出的“倒计时向导设置”对话框中单击“擦除色”选项右方的颜色块，如图6-19所示。即可在打开的“颜色拾取”对话框中修改擦除色的颜色（如红色），如图6-20所示。

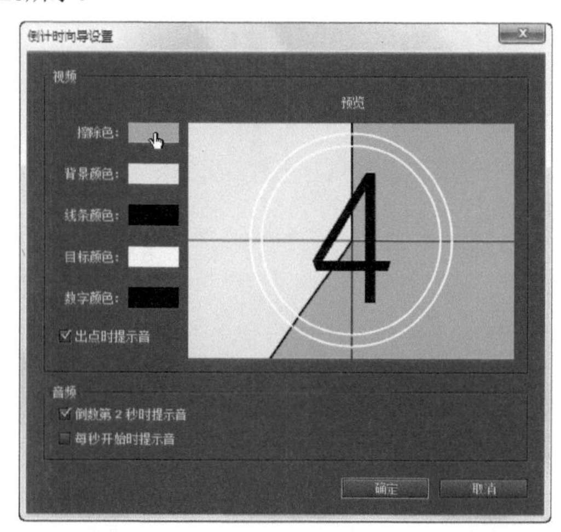

图6-19

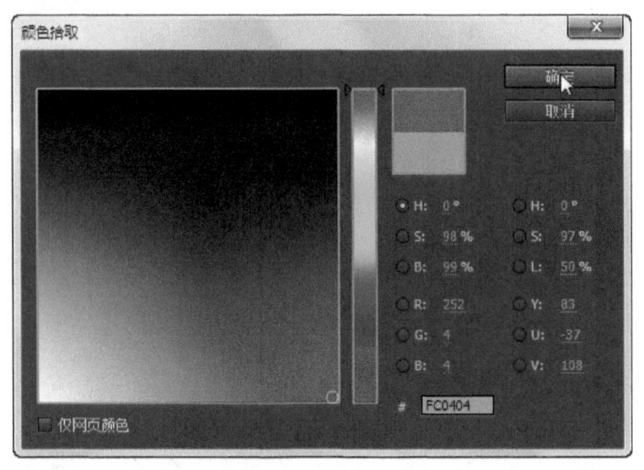

图6-20

03 继续修改倒计时其他选项的颜色，再设置提示音开始的时间，然后进行确定即可，如图6-21所示。

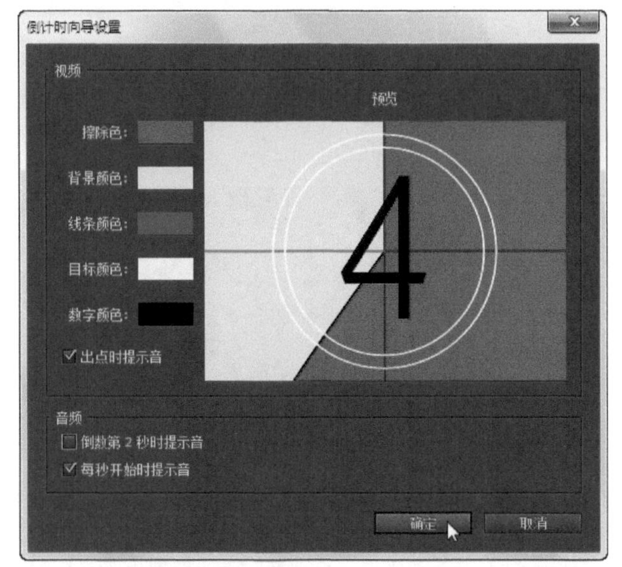

图6-21

6.2 在“字幕”窗口中创建背景

字幕设计可以用于创建背景。用户可以使用各种工具创建用作背景的艺术作品，或者使用“矩形工具”创建背景。下面将介绍在Premiere Pro的“字幕”窗口中使用“矩形工具”创建背景的方法。

高手进阶：在“字幕”窗口中创建背景

- 素材文件：无
- 案例文件：案例文件/第6章/新手练习——在“字幕”窗口中创建背景.Prproj
- 视频教学：视频教学/第6章/新手练习——在“字幕”窗口中创建背景.flv
- 技术掌握：在“字幕”窗口中创建背景的方法

扫码看视频

本例介绍的是在“字幕”窗口中创建背景的操作，案例效果如图6-22所示，案例的制作流程如图6-23所示。

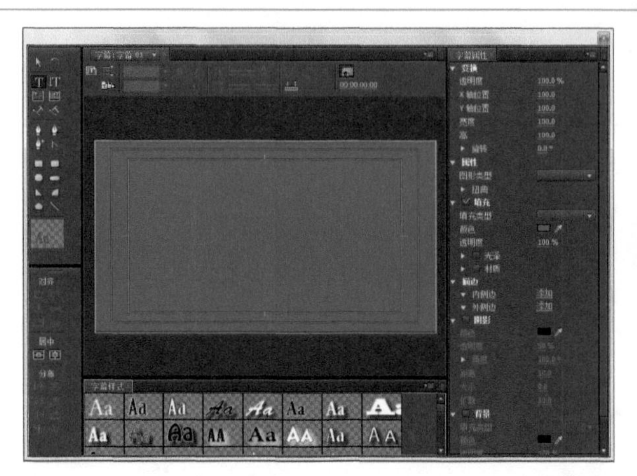

图6-22

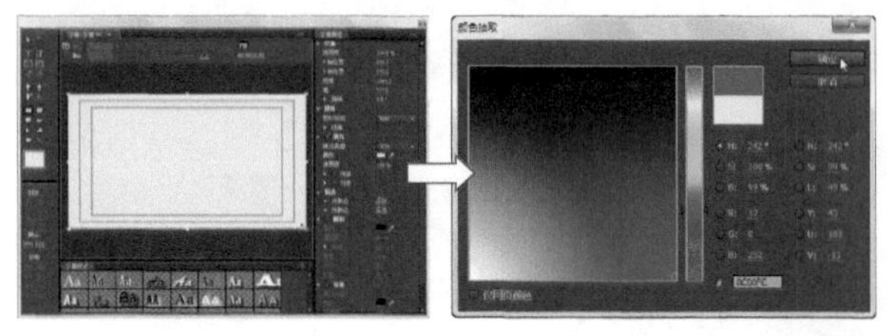

图6-23

【操作步骤】

01 启动Premiere Pro CS6，创建一个新项目，然后选择“文件→新建→字幕”命令，如图6-24所示。

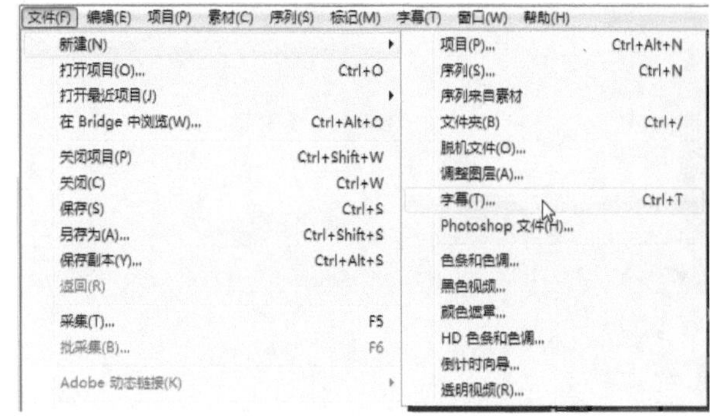

图6-24

02 在出现的“新建字幕”对话框中为字幕命名，然后单击“确定”按钮，如图6-25所示。

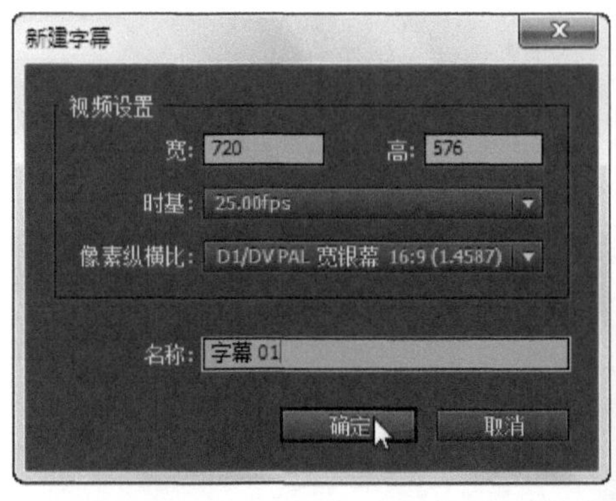

图6-25

03 在打开的“字幕”窗口的左方面板中单击“矩形工具”按钮，如图6-26所示。

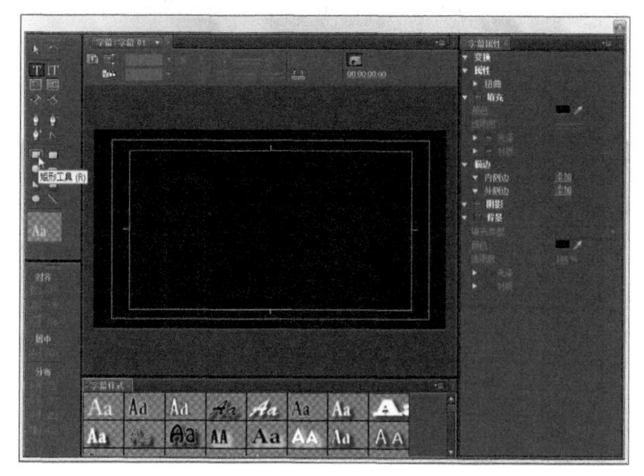

图6-26

04 在“字幕”面板的绘图区单击并拖动来创建一个覆盖整个绘图区的矩形，如图6-27所示。

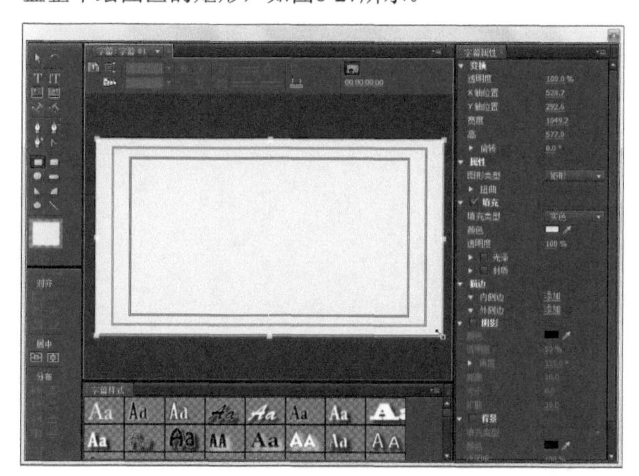

图6-27

05 在“字幕属性”面板中单击“填充”选项组的颜色块，在打开的“颜色拾取”对话框中可以设置矩形的填充颜色，如图6-28所示。

图6-28

06 设置好矩形的颜色后进行确定，然后关闭“字幕”窗口，创建的字幕背景便创建在“项目”面板中，如图6-29所示。

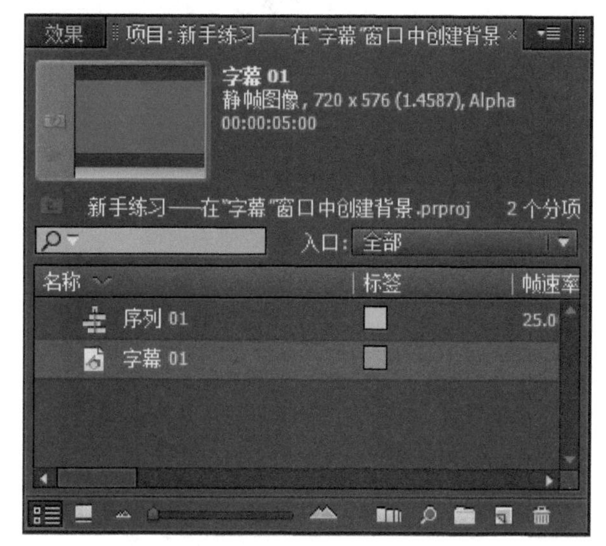

图6-29

小技巧

在“字幕设计”中创建背景后，可以将视频特效应用于“时间线”面板上视频轨道中背景所在的字幕。视频特效可以修改背景颜色或者扭曲字幕素材。

6.3 使用静态帧创建背景

使用Premiere Pro时，可能需要从视频素材中导出静态帧，并将其保存为TIFF或BMP格式，以便在Photoshop或Illustrator中将它打开，并增强其效果以用作背景蒙版，图6-30所示为使用Photoshop对从Premiere Pro导出的静态帧进行绘制所获得的油画效果。

图6-30

新手练习：创建静态帧背景

- 素材文件：素材文件/第6章/01.mov
- 案例文件：案例文件/第6章/新手练习——创建静态帧背景.Prproj
- 视频教学：视频教学/第6章/新手练习——创建静态帧背景.flv
- 技术掌握：创建静态帧背景的方法

扫码看视频

本例介绍的是创建静态帧背景的操作，案例效果如图6-31所示。

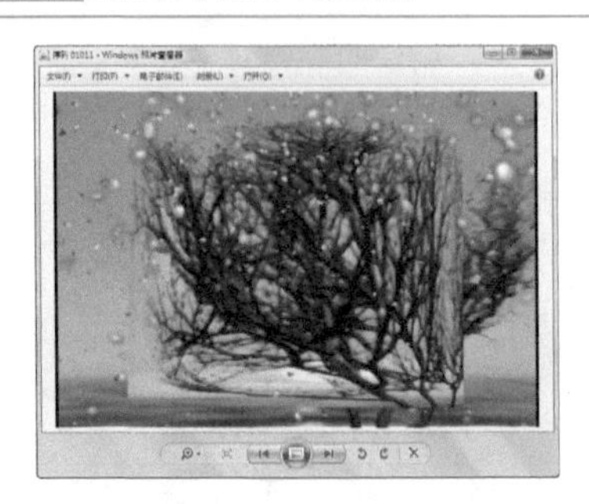

图6-31

【操作步骤】

01 新建一个项目，将视频素材“01.mov”导入Premiere Pro项目中，如图6-32所示。

图6-32

02 将视频素材“01.mov”从“项目”面板拖动到“时间线”面板的视频1轨道中，如图6-33所示。

图6-33

03 选择“文件→导出→媒体”菜单命令，打开“导出设置”对话框，在“格式”下拉列表中选择导出静态帧图像的格式，如BMP、GIF、JPEG、Targa或者TIFF。例如，选择JPEG格式，如图6-34所示。

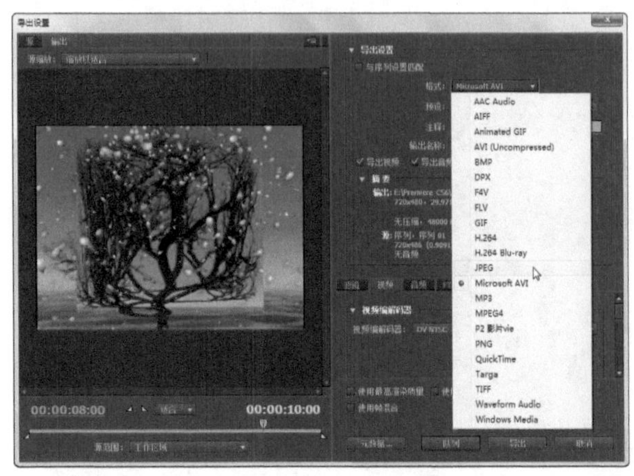

图6-34

04 在“输出名称”选项右方的名称上单击，在出现的“另存为”对话框中选择导出图像的存储位置，并为图像文件命名，然后单击“保存”按钮，如图6-35所示，回到“导出设置”对话框。

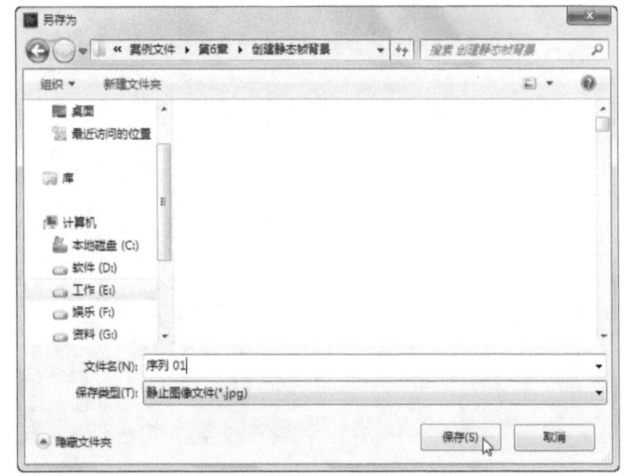

图6-35

05 单击“导出设置”对话框中的“导出”按钮，将视频文件输出为静态帧图像，可以在相应的位置查看输出的图像，如图6-36所示。

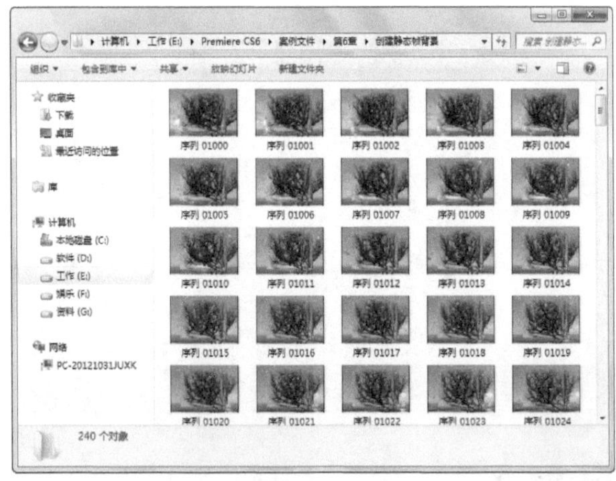

图6-36

高手进阶：创建单帧背景

- 素材文件：素材文件/第6章/02.mov
- 案例文件：案例文件/第6章/高手进阶——创建单帧背景.Prproj、01.jpg
- 视频教学：视频教学/第6章/高手进阶——创建单帧背景.flv
- 技术掌握：创建单帧背景的方法

扫码看视频

本例介绍的是创建单帧背景的操作，案例效果如图6-37所示。

图6-37

【操作步骤】

01 新建一个项目，将视频素材“02.mov”导入Premiere Pro项目中，然后双击素材“02.mov”图标，将素材添加在“源监视器”面板中，如图6-38所示。

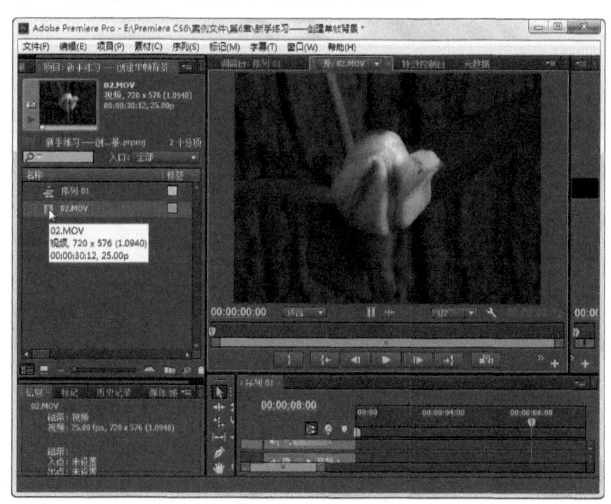

图6-38

02 选择“文件→导出→媒体”菜单命令，打开“导出设置”对话框，选择“源”选项卡，将时间指示器移动到要导出的帧上（如第19秒的位置），然后设置输出的格式为静态帧图像格式（如JPEG格式），如图6-39所示。

03 在“输出名称”选项右方的名称上单击，在出现的“另存为”对话框中选择导出图像的存储位置，并为图像文件命名，然后单击“保存”按钮，如图6-40所示，回到“导出设置”对话框。

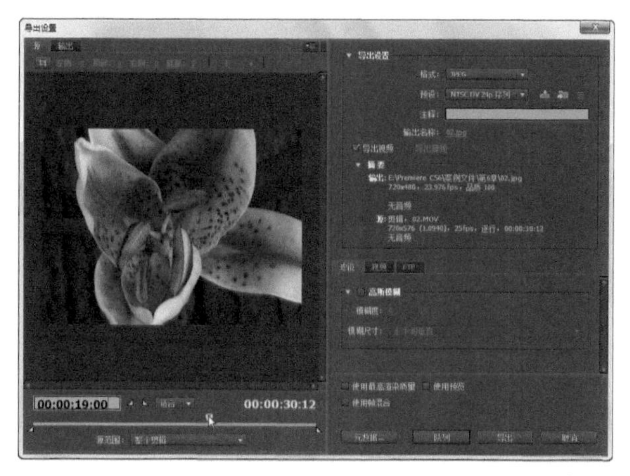

图6-39

图6-40

04 在“视频”选项卡中取消“导出为序列”复选框，然后单击“导出”按钮，将视频导出为单帧图像，如图6-41所示。

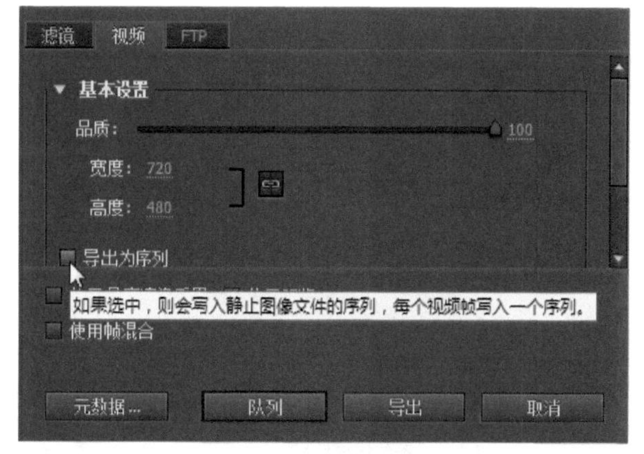

图6-41

05 单击“导出设置”对话框中的“导出”按钮，将视频文件输出为单帧图像，可以在相应的位置查看输出的图像，如图6-42所示。

图6-42

6.4 在Photoshop中创建项目背景

对于创建全屏背景蒙版或者背景而言，Adobe Photoshop是一个功能非常强大的程序。在Photoshop中不仅可以编辑和操作图像，还可以创建黑白、灰度或彩色图像来用作背景模板。

创建新的Photoshop文件，可以用两种不同的方式创建新的Photoshop文件：从Premiere Pro项目中创建和从Photoshop中创建。

6.4.1 在Premiere Pro项目中创建Photoshop背景文件

在Premiere Pro项目中创建Photoshop文件的优点是不必将创建的文件导入Premiere Pro中，它会自动放置在Premiere Pro项目下。

高手进阶：在项目中创建Photoshop文件

- 素材文件：无
- 案例文件：案例文件/第6章/高手进阶——在项目中创建Photoshop文件.Prproj、01.psd
- 视频教学：视频教学/第6章/高手进阶——在项目中创建Photoshop文件.flv
- 技术掌握：在项目中创建Photoshop文件的方法

扫码看视频

本例介绍的是在Premiere Pro项目中创建Photoshop背景文件的操作，案例效果如图6-43所示。

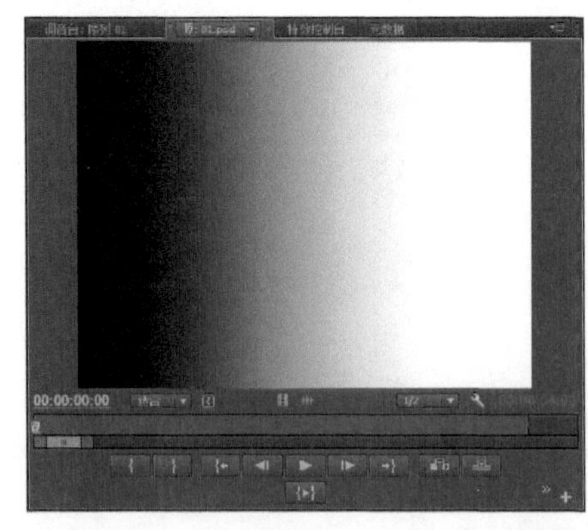

图6-43

【操作步骤】

01 在当前项目中选择“文件→新建→Photoshop文件”命令，如图6-44所示，在打开的“新建Photoshop文件”对话框中单击“确定”按钮，如图6-45所示。

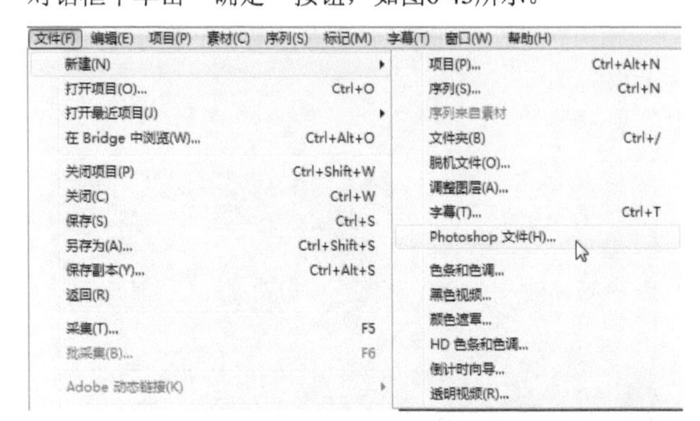

图6-44

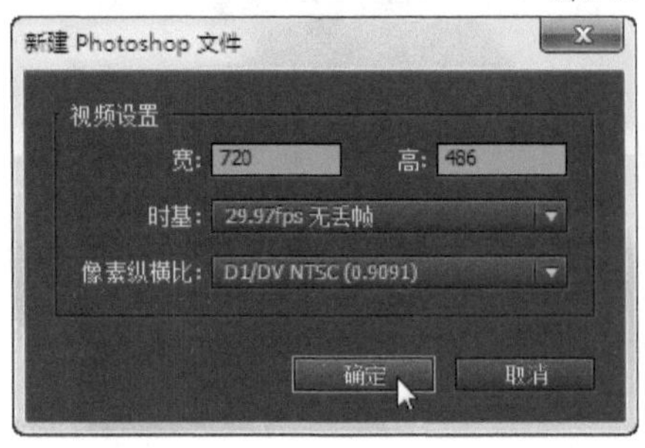

图6-45

02 在打开的“另存Photoshop文件为”对话框中单击“保存类型”下拉按钮，从弹出的下拉列表中选择保存文件的格式，并为文件命名，然后单击“保存”按钮，如图6-46所示。

图6-46

小技巧

在“另存Photoshop文件为”对话框中确保选中了“添加到项目(合并图层)”复选框，这样保存文件时，它会自动保存到当前Premiere Pro项目的“项目”面板中。

03 Premiere Pro通过保存的Photoshop文件将自行启动

Photoshop程序，连同动作安全框和字幕安全框一起出现在程序窗口中，如图6-47所示。

图6-47

04 在Photoshop中的工具箱中单击“渐变工具”按钮▣，然后在窗口的绘图区单击并拖动创建渐变背景，如图6-48所示，然后选择“文件保存”命令保存创建的图像。

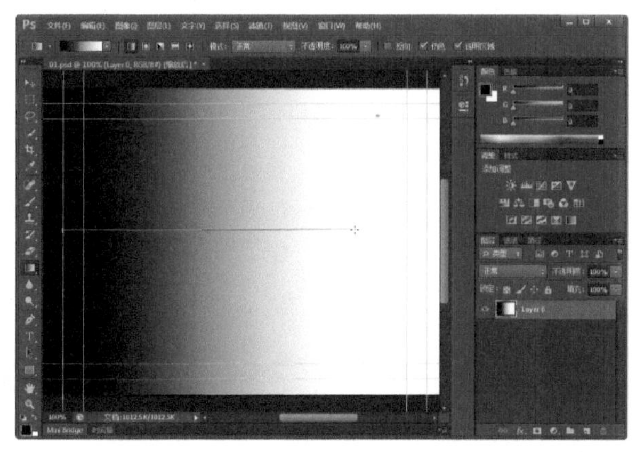

图6-48

05 关闭Photoshop应用程序，创建的Photoshop文件会出现在正在工作的Premiere Pro“项目”面板中，如图6-49所示。

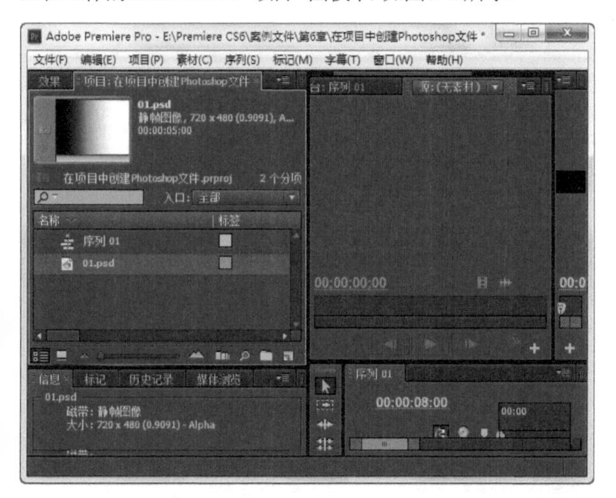

图6-49

6.4.2 在Photoshop中创建背景文件

Photoshop CS6是Adobe公司推出的最新版本图形图像处理软件，其功能强大、操作方便，是当今功能最强大、使用范围最广泛的平面图像处理软件之一，使用该软件可以方便地制作背景图像。

高手进阶：在Photoshop中创建背景

- 素材文件：无
- 案例文件：案例文件/第6章/高手进阶——在Photoshop中创建背景.Prproj、02.psd
- 视频教学：视频教学/第6章/高手进阶——在Photoshop中创建背景.flv
- 技术掌握：在Photoshop中创建背景文件的方法

扫码看视频

本例介绍的是使用Photoshop创建背景文件的操作，案例效果如图6-50所示，案例的制作流程如图6-51所示。

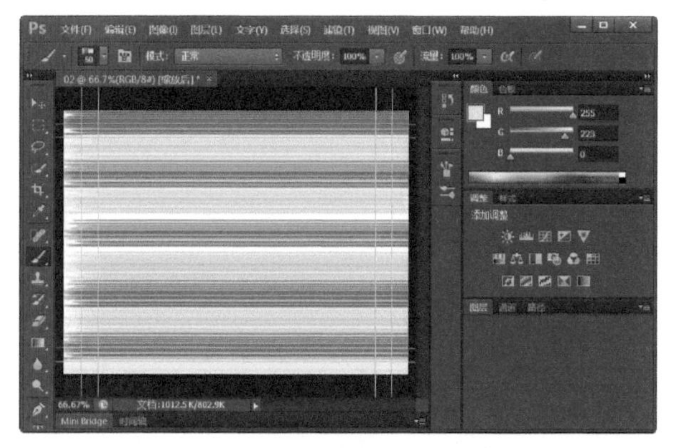

图6-50

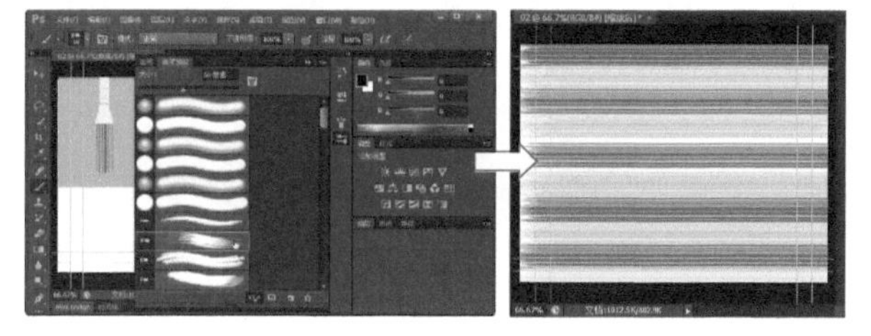

图6-51

【操作步骤】

01 启动Photoshop应用程序，选择“文件→新建”命令，如图6-52所示。在打开的“新建”对话框中输入文件名称，在“预设”下拉菜单中选择“胶片和视频”选项，如图6-53所示。

02 在“新建”对话框中单击“确定”按钮，一个具有动作安全框和字幕安全框的Photoshop文件将出现Photoshop窗口中，如图6-54所示。

03 单击工具箱中的“画笔工具”按钮，选择“窗口→画笔”命令显示“画笔”面板，在“画笔”面板中选择一种画笔样式和大小，如图6-55所示。

04 在“颜色”或“色板”面板中选择一种绘图颜色（如红色），然后在绘图区中单击并拖动鼠标创建画笔描边图像，如图6-56所示。

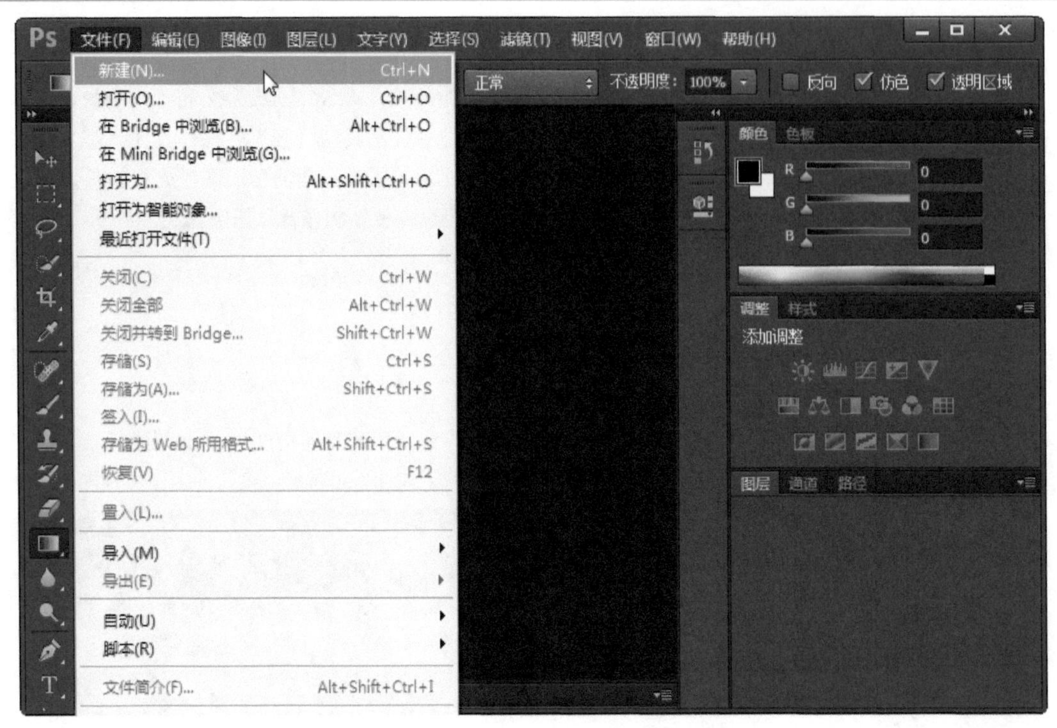

图6-52

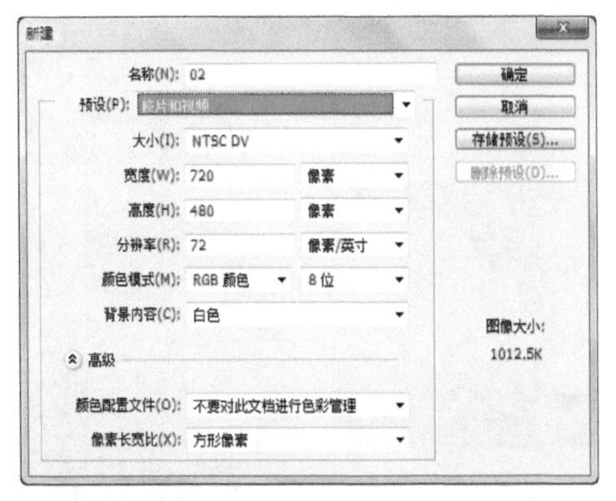

图6-53

图6-54

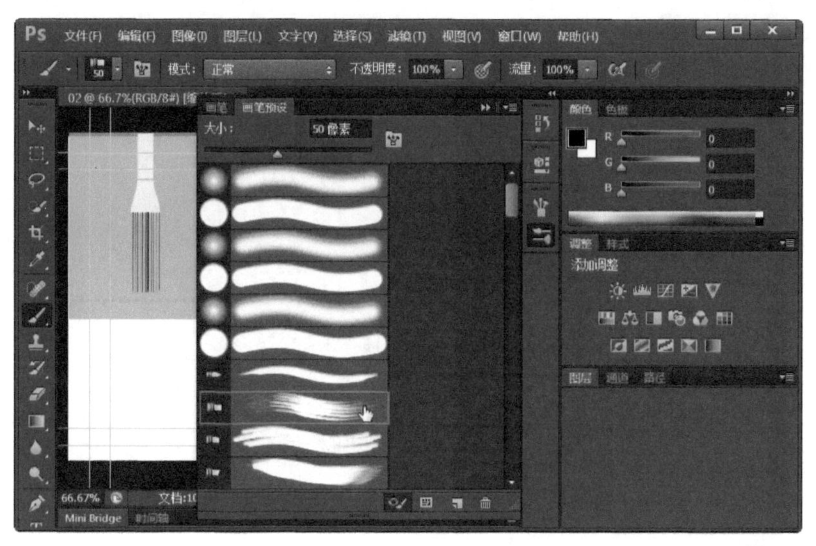

图6-55

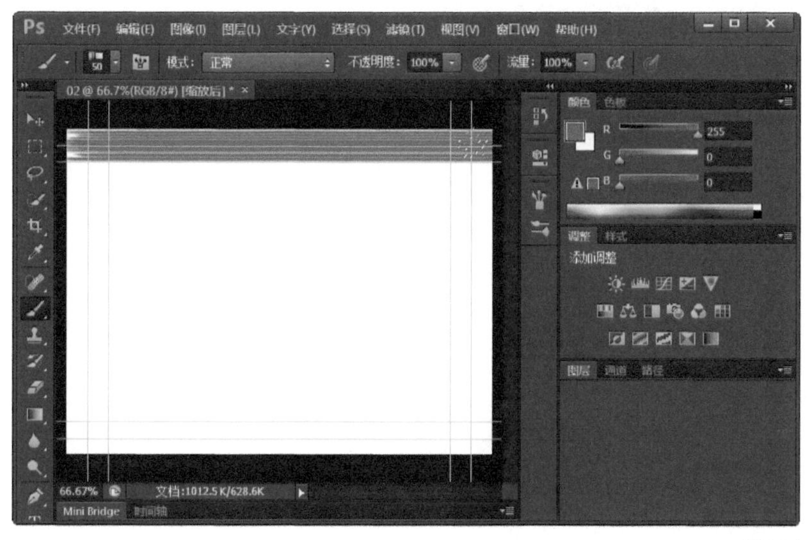

图6-56

05 继续使用不同的颜色在绘图区创建其他的画笔描边图像，直到画完整个绘图区，如图6-57所示。

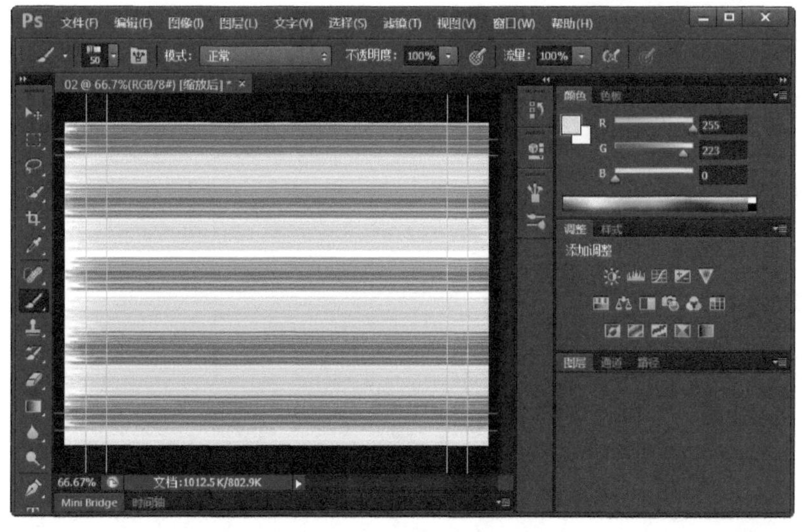

图6-57

知识窗：使用“填充”命令

要对Photoshop文件中的图像进行颜色填充，可以选择“编辑→填充”菜单命令，在打开的“填充”对话框中单击“内容”下拉菜单，可以选择要使用的颜色，如图6-58所示。

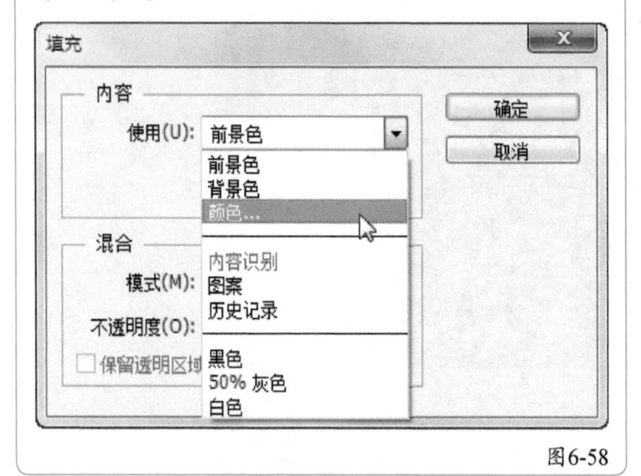

图6-58

06 完成编辑Photoshop背景文件后，选择“文件→存储”命令，在“存储”对话框中将文件以Photoshop格式保存下来，如图6-59所示。

图6-59

07 启动Premiere Pro，选择“文件→导入”命令，在“导入”对话框中找到创建的Photoshop文件，将创建的Photoshop文件导入Premiere Pro的“项目”面板中，如图6-60所示。

图6-60

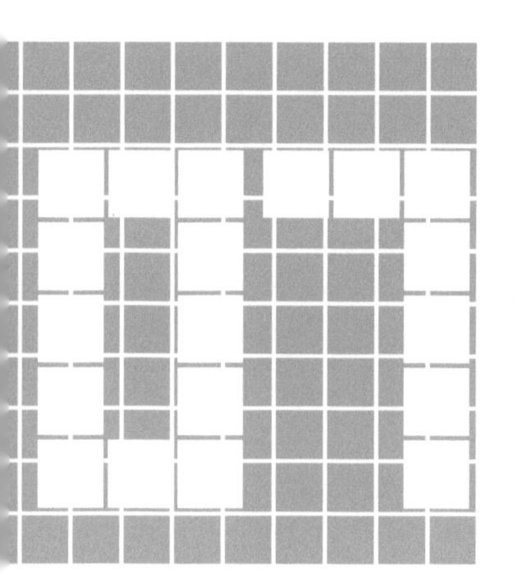

第7章 素材管理和编辑

要点索引

本章概述

在Premiere Pro中编辑视频之前，应该熟悉一下素材的管理和编辑技术。将素材从“项目”面板拖到“时间线”面板中之前，用户可以对素材进行必要的管理和编辑操作。另外，用户也可以通过在“源监视器”面板中编辑某个素材的入点和出点来更有效地工作。

本章将介绍Premiere Pro进行素材管理和编辑的操作，包括在Premiere Pro的“项目”面板中进行素材的管理和使用“源监视器”面板查看素材效果，以及在“源监视器”面板中设置素材的入点和出点等操作。

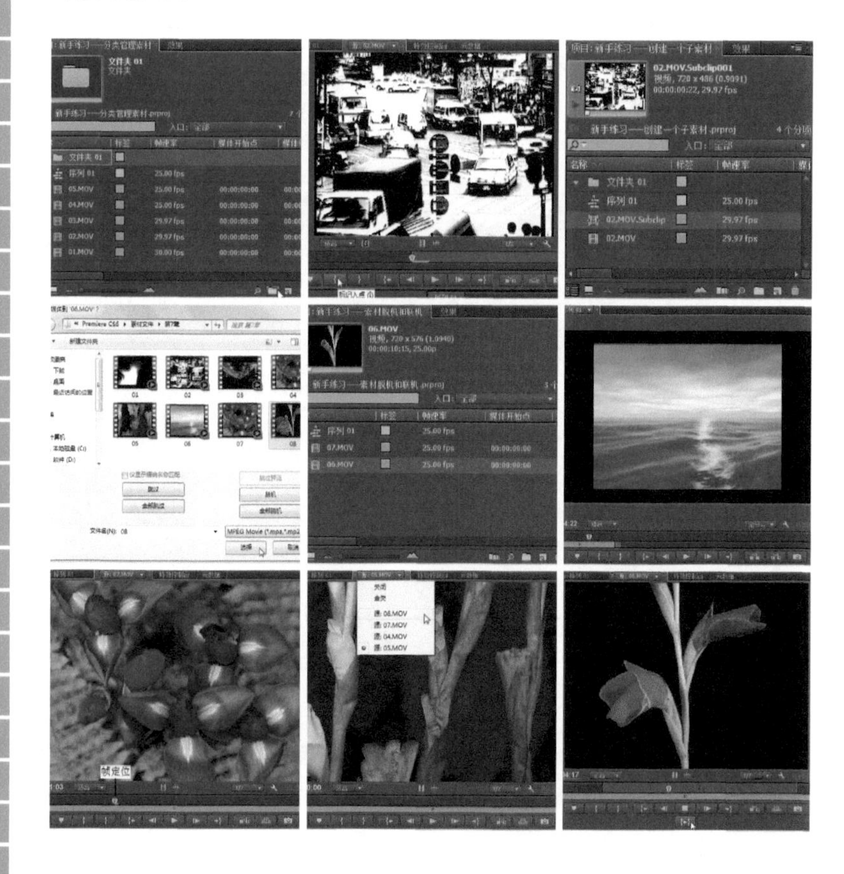

7.1 素材项目管理

Premiere Pro提供了一些用于在工作时保持源素材有序化的功能。下面将学习提高处理素材效率的各种菜单命令和选项。

7.1.1 查看素材

在Premiere Pro中，要了解导入素材的属性，可以按照以下两种方法来完成。

● 查看素材的基本信息

在“项目”面板中单击鼠标右键查看素材的属性，在弹出的菜单中选择“属性”命令，如图7-1所示。在打开的“属性”对话框中显示该素材的基本属性，如文件路径、类型、大小、色彩深度等，如图7-2所示。

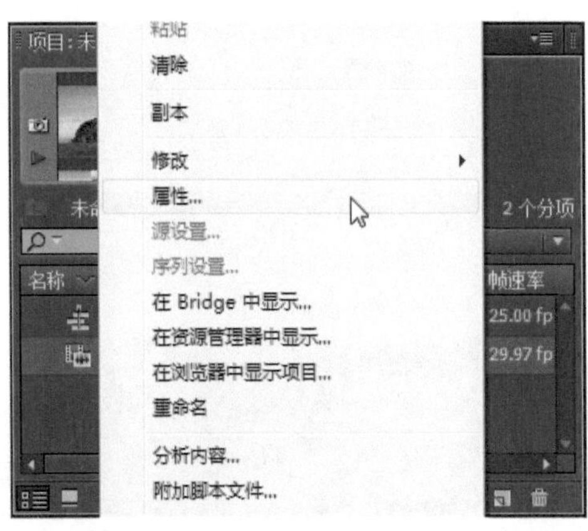

图7-1

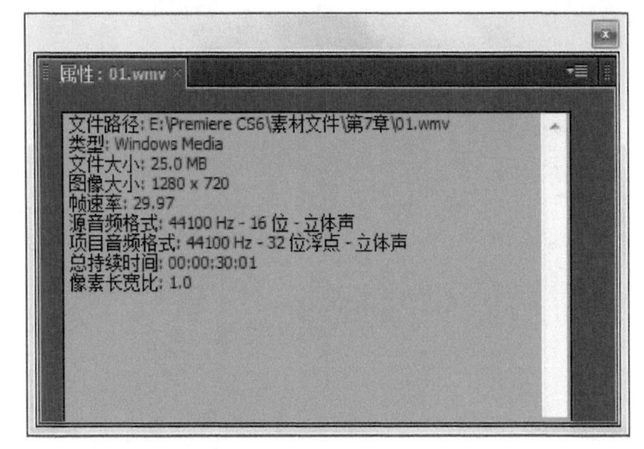

图7-2

● 查看更多的素材信息

单击“项目”面板底部的“列表视图”按钮，将显示模式设置为列表，然后将“项目”面板向右展开，即可在该面板中查看素材的帧速率、类型、媒体持续时间、音频信息、视频信息和状态等，如图7-3所示。

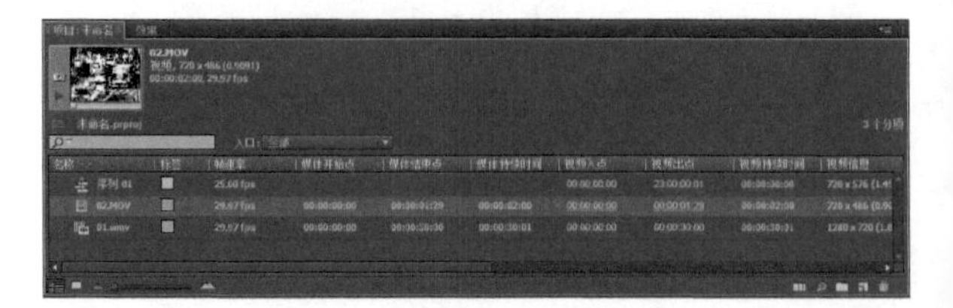

图7-3

7.1.2 分类管理素材

使用“项目”面板中的文件夹管理功能，可以帮助用户有条理地管理各种导入的素材文件。在创建了新的文件夹后，可以将同类的素材文件放入一个文件夹中，以便于分类管理素材。

新手练习：分类管理素材

- 素材文件：素材文件/第7章/01.MOV~05.mov
- 案例文件：案例文件/第7章/新手练习——分类管理素材.Prproj
- 视频教学：视频教学/第7章/新手练习——分类管理素材.flv
- 技术掌握：分类管理素材的方法

扫码看视频

对素材进行分类管理的操作步骤如下。

【操作步骤】

01 在“项目”面板中导入需要的各种素材文件，如图7-4所示。

图7-4

02 单击“项目”面板下方的“新建文件夹”按钮，创建一个新的文件夹，如图7-5所示。

03 在文件夹名称上单击鼠标，在其名称文字变为输入状态后，为文件夹输入一个利于辨别的名称（如“概念”），如图7-6所示。

04 在“项目”面板中选择需要的素材（如“01.mov、02.mov和03.mov”），将它们拖至对应名称的文件夹图标上，如图7-7所示，即可将其移动到文件夹的层级中，如图7-8所示。

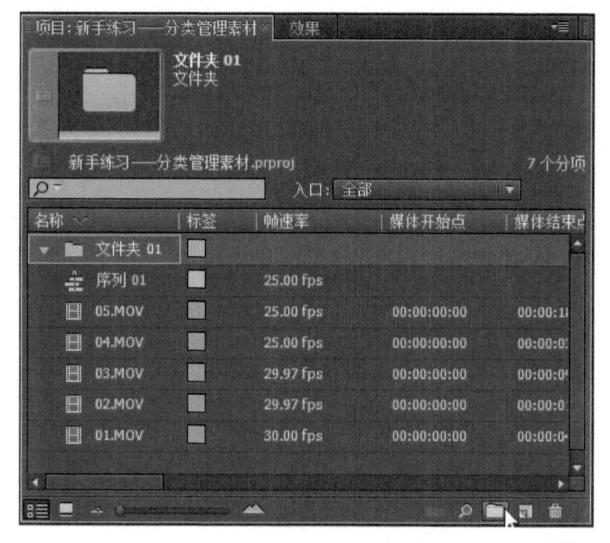

图7-5

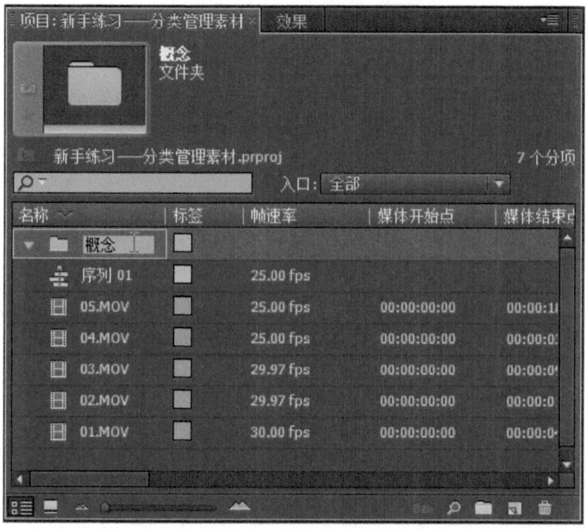

图7-6

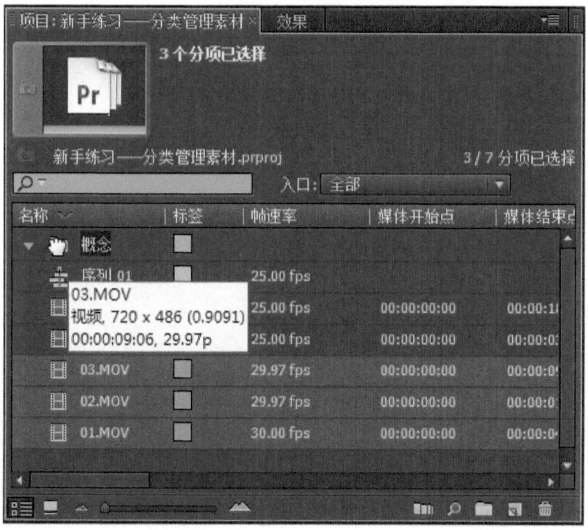

图7-7

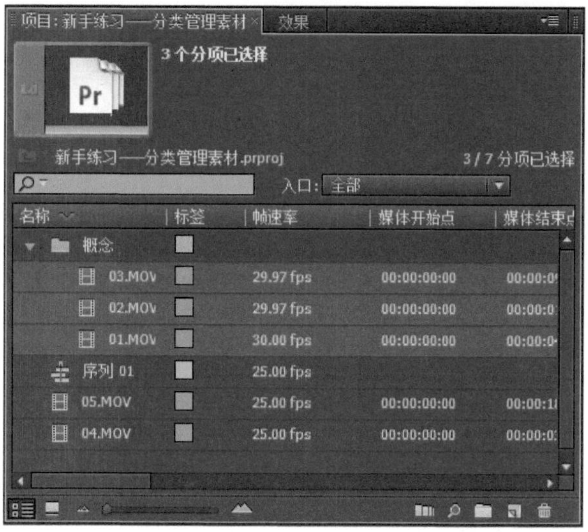

图7-8

05 选择文件夹，然后单击“新建文件夹”按钮，可以在该文件夹中创建新的文件夹，对文件夹中的素材内容进行更详细的分类管理，如图7-9所示。

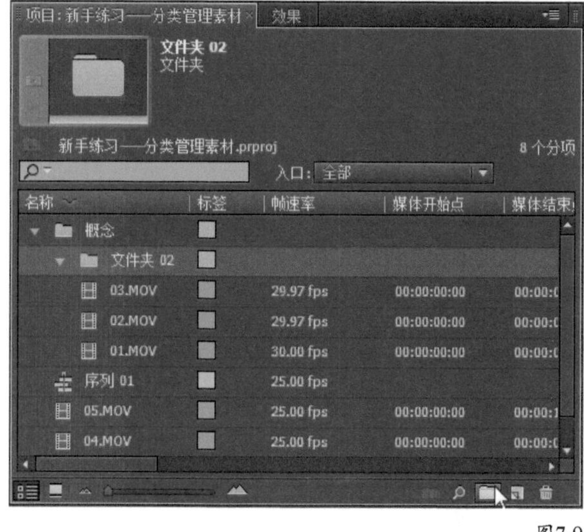

图7-9

06 单击文件夹图标前的▾或▸按钮，可以展开或关闭文件夹中的内容。双击一个文件夹图标，可以进入其单独的文件夹窗口，查看该文件夹中的所有内容，如图7-10所示。

07 对于“项目”面板中不需要的文件夹，可以在选中该对象后，单击该面板底部的“清除”按钮，即可将指定的文件夹从“项目”面板中删除，如图7-11所示是将名为“文件夹02”文件夹删除后的效果。

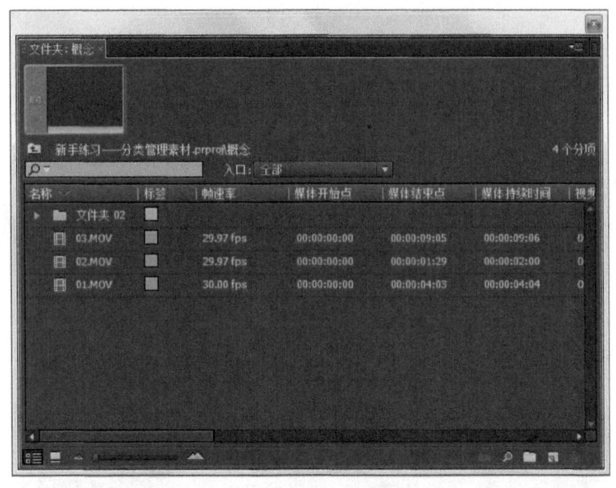

图7-10

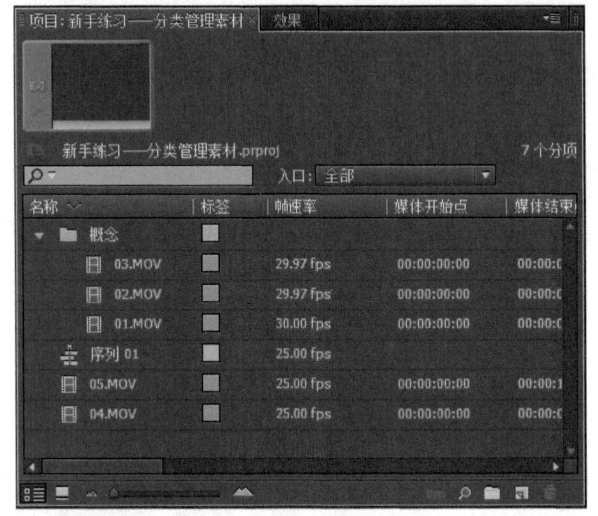

图7-11

小技巧

用户还可以在"项目"面板中根据所要使用的素材类型，预先创建多个文件夹，然后将需要的素材文件直接导入到指定的文件夹中，从而快速完成对素材的分类管理。

7.1.3 使用项目管理素材

Premiere Pro的项目管理提供了一种减小项目文件大小和删除无关素材的最快方法。项目管理通过创建新的工作修整版本来节省磁盘空间，它通过删除未使用文件以及入点前和出点后的额外帧来实现这一点。项目管理提供了两种选项，创建一个新的修整项目，或者将所有或部分项目文件复制到一个新位置。

要使用项目管理，可以选择"项目→项目管理"菜单命令，将打开如图7-12所示的"项目管理"对话框，用户可以在其中选择如下选项。

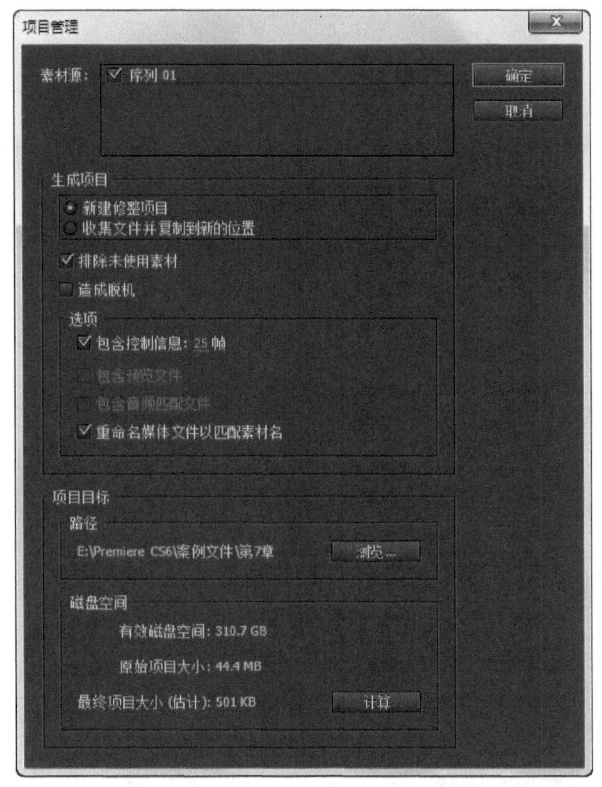

图7-12

【参数介绍】

排除未使用素材：此选项将从新项目中删除未使用的素材。

造成脱机：选择此选项使项目素材脱机，以便使用Premiere Pro的批量采集命令重新采集它们。如果使用低分辨率的影片，这个选项将非常有用。

包含控制信息：此选项用于选择项目素材的入点前和出点后的额外帧数。

包含预览文件：此选项用于在新项目中包含渲染影片的预览文件。如果选中此选项，则会创建一个更小的项目，但是需要重新渲染效果以查看新项目中的效果。只有选择"收集文件并复制到新的位置"选项之后，才能选择此选项。

包含音频匹配文件：此选项在新项目中保存匹配的音频文件。如果选择此选项，新项目将会占用更少的硬盘空间，但是Premiere Pro必须在新项目中匹配文件一这也许会花费很多时间（关于音频文件的更多信息请参阅第8章）。只有选择"收集文件并复制到新的位置"选项之后，才能选择此选项。

重命名媒体文件以匹配素材名：如果重命名"项目"面板中的素材，此选项可以确保在新项目中保留这些新名称。注意，如果重命名一个素材，然后将其状态设置为脱机，则原始的文件名将会保留。

项目目标：此选项用于为包含修整项目材料的项目文件夹指定一个位置。单击“浏览”按钮，指定新的位置。

磁盘空间：此选项将原始项目的文件大小与新的修整项目进行比较。单击“计算”按钮，更新文件大小。

> **小技巧**
>
> 选择“项目→移除未使用资源”菜单命令，可以只删除项目中未使用的素材。

7.2 主素材和子素材

如果正在处理一个较长的视频项目，有效地组织视频和音频素材有助于确保工作效率。Premiere Pro提供了大量用于素材管理的方便特性，用户可以重命名素材、在主素材中创建子素材。

7.2.1 认识主素材和子素材

由于子素材是父级主素材的子对象，并且它们可以同时服务于一个项目，所以必须理解它们与原始源影片之间的关系。

主素材：当首次导入素材时，它会作为“项目”面板中的主素材。主素材是媒体硬盘文件的屏幕表示。可以在“项目”面板中重命名和删除主素材，而不会影响到原始的硬盘文件。

子素材：子素材是主素材的一个更短的、经过编辑的版本，独立于主素材。例如，如果采集一个较长的访谈素材，可以将不同的主题分解为多个子素材，并在“项目”面板中快速访问它们。编辑时，处理更短的素材比在时间线中为更长的素材使用不同的实例效率更高。如果从项目中删除主素材，它的子素材仍会保留在项目中。可以使用Premiere的批量采集选项从“项目”面板重新采集子素材。

以下是一些管理主素材和子素材的提示。

如果造成一个主素材脱机，或者从“项目”面板中将其删除，这样并未从磁盘中将素材文件删除，子素材和子素材实例仍然是联机的。

如果造成一个素材脱机并从磁盘中删除素材文件，则子素材及其主素材将会脱机。

如果从项目中删除子素材，不会影响到主素材。

如果造成一个子素材脱机，则它在时间线序列中的实例也会脱机，但是其副本将会保持联机状态。基于主素材的其他子素材也会保持联机。

如果重新采集一个子素材，那么它会变为主素材。子素材在序列中的实例被连接到新的子素材电影胶片。它们不再被连接到旧的子素材材料。

7.2.2 使用主素材和子素材管理素材

理解了主素材、素材实例和子素材之间的关系之后，就可以在项目中使用子素材了。正如前面所述，Premiere Pro允许在一个或更多较短的素材（称为子素材）中重新生成较长素材的部分影片，此特性允许处理与主素材独立的更短子素材。

高手进阶：创建一个子素材

- 素材文件：素材文件/第7章/02.mov
- 案例文件：案例文件/第7章/高手进阶——创建一个子素材.Prproj
- 视频教学：视频教学/第7章/高手进阶——创建一个子素材.flv
- 技术掌握：创建一个子素材的方法

扫码看视频

本例介绍的是创建一个子素材的操作，案例的制作流程如图7-13所示。

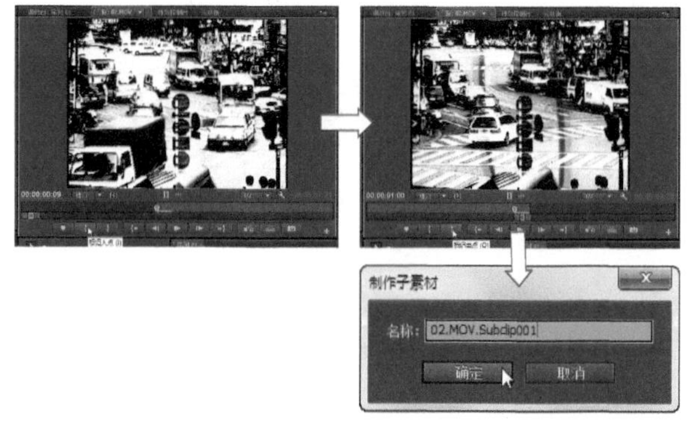

图7-13

【操作步骤】

01 在“项目”面板中创建一个文件夹，然后在文件夹中导入一个素材文件“02.mov”（即主素材），如图7-14所示。

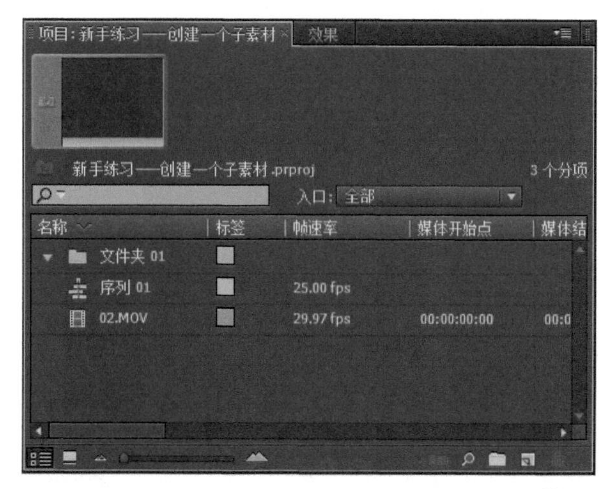

图7-14

02 双击素材文件“02.mov”的图标（即主素材的图标），

或者将该素材从“项目”面板拖到素材源监视器中，将在素材源监视器中打开该素材，如图7-15所示。

图7-15

03 将素材源监视器的当前时间指示器移动到期望的帧上，然后单击“标记入点”按钮；然后将当前时间指示器移动到期望的出点上，再单击“标记出点”按钮，如图7-16所示。

图7-16

04 选择“素材→制作子素材”菜单命令，打开“制作子素材”对话框，为子素材输入一个名称，如图7-17所示。

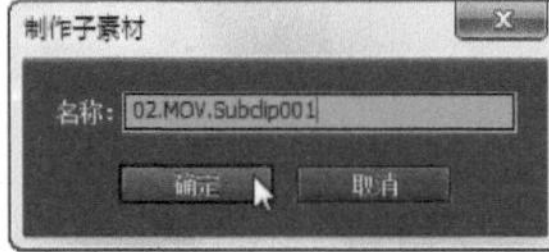

图7-17

05 在“制作子素材”对话框中单击“确定”按钮，即可在“项目”面板中创建一个新的子素材，如图7-18所示。

图7-18

高手进阶：编辑子素材的入点和出点

- 素材文件：素材文件/第7章/02.mov
- 案例文件：案例文件/第7章/高手进阶——编辑子素材的入点和出点.Prproj
- 视频教学：视频教学/第7章/高手进阶——编辑子素材的入点和出点.flv
- 技术掌握：编辑子素材的入点和出点的方法

扫码看视频

编辑子素材的入点和出点的操作步骤如下。

【操作步骤】

01 参照前面的练习操作在“项目”面板中创建一个子素材，然后选择其中的子素材，该子素材的开始点和结束点如图7-19所示。

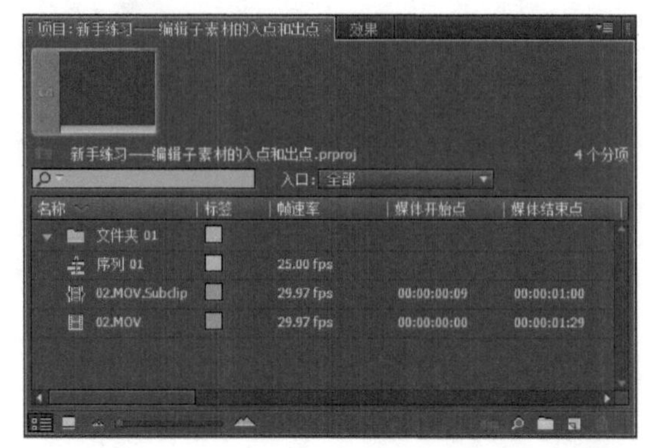

图7-19

02 选择“素材→编辑子素材”菜单命令，打开“编辑子素材”对话框，然后重新设置素材的开始时间（即入点）和结束时间（即出点），如图7-20所示。

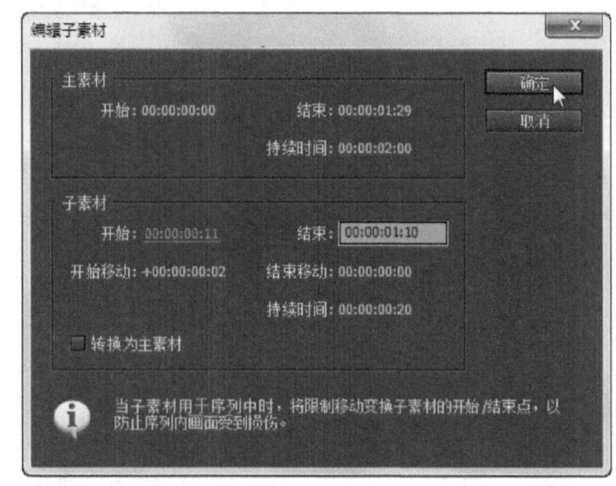

图7-20

03 在“编辑子素材”对话框中单击“确定”按钮，即可完成子素材入点和出点的编辑，在“项目”面板中将显示编辑后的开始点（即入点）和结束点（即出点），如图7-21所示。

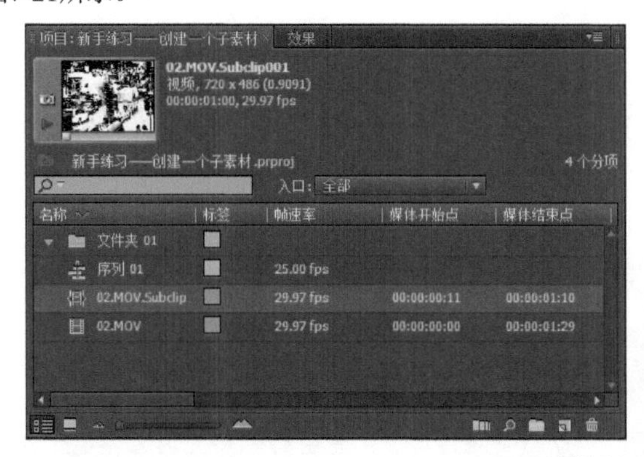

图7-21

知识窗：如何将子素材转换为主素材

要将子素材转换为主素材，选择“素材→编辑子素材”菜单命令，在弹出的“编辑子素材”对话框中选中“转换为主素材”选项，如图7-22所示，然后单击“确定”按钮即可。将子素材转换为主素材后，其在“项目”面板中的图标将变为主素材图标，如图7-23所示。

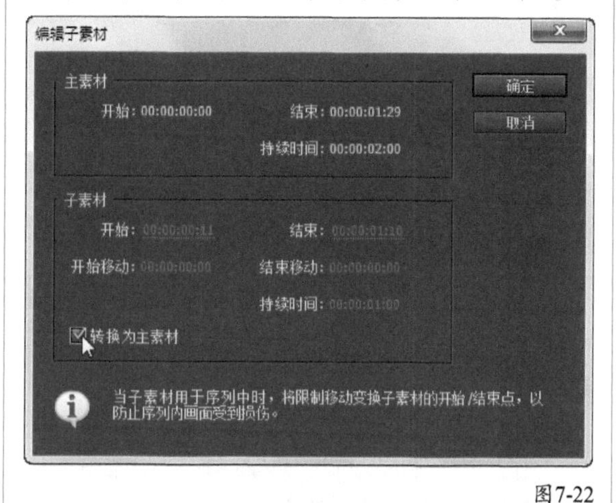

图7-22

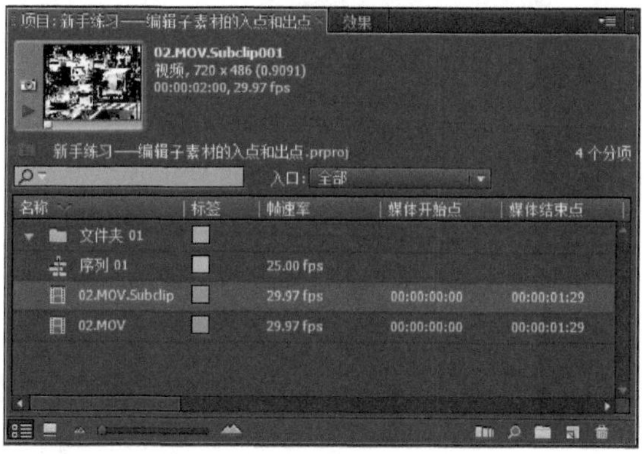

图7-23

7.2.3 复制、重命名和删除素材

尽管创建子素材的操作要比复制和重命名素材效率更高，但有时也需要复制整个素材，以在“项目”面板中拥有主素材的另一个实例。

新手练习：复制、重命名和删除素材

- 素材文件：素材文件/第7章/04.mov
- 案例文件：案例文件/第7章/新手练习——复制、重命名和删除素材.Prproj
- 视频教学：视频教学/第7章/新手练习——复制、重命名和删除素材.flv
- 技术掌握：复制、重命名和删除素材的方法

扫码看视频

复制、重命名和删除素材的操作步骤如下。

【操作步骤】

01 在“项目”面板中导入一个素材（如“04.mov”），然后选中该素材，如图7-24所示。

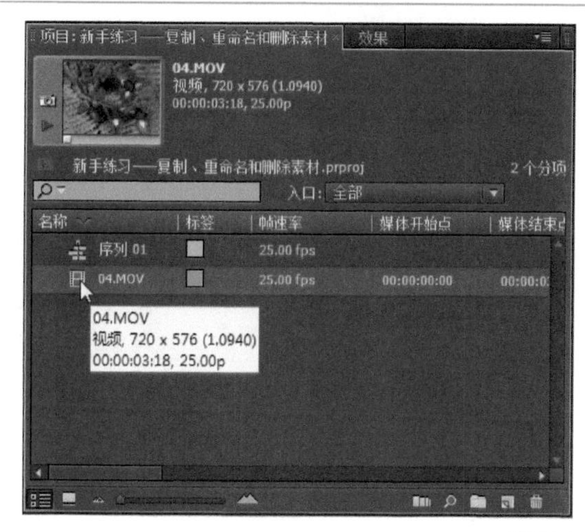

图7-24

02 选择“编辑→副本”菜单命令，素材的一个副本将出现在“项目”面板中，其名称为原始素材名称之后加上副本两个字，如图7-25所示。

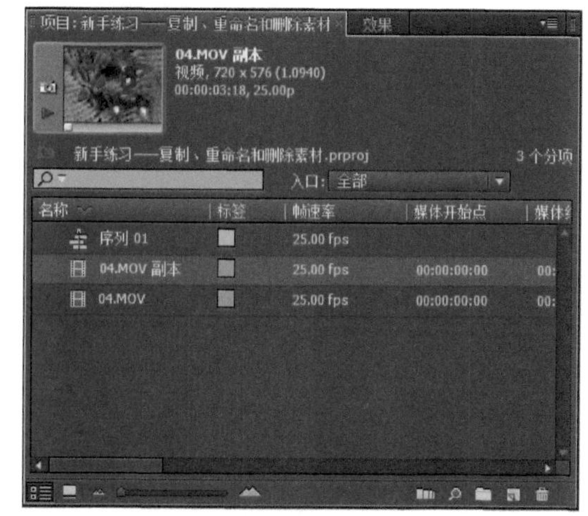

图7-25

03 选择“编辑→重命名”菜单命令，即可对素材进行重命名，如图7-26所示。

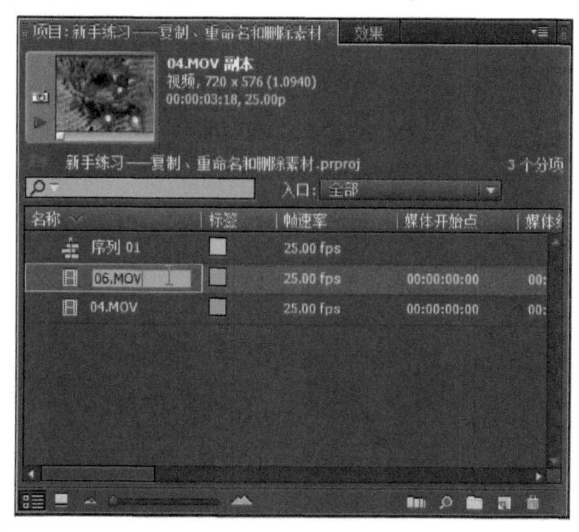

图7-26

04 选择要删除的素材（如“04.mov”），然后选择“编辑→清除”菜单命令，即可将选择的素材删除，如图7-27所示。

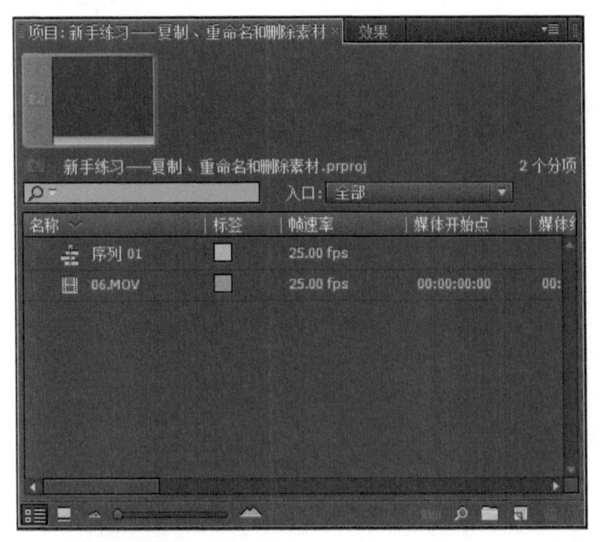

图7-27

小技巧

在“项目”面板中按住Ctrl键将主素材拖到面板中最后一个项目的下面，然后释放鼠标和按键，也可以复制主素材。如果想要从“项目”面板或“时间线”面板中删除素材，可以选中它并按Backspace键，或者选择“编辑→剪切”命令（“剪切”命令会将素材放在剪贴板中，这样可以将其再次放入Premiere Pro中），也可以右键单击一个素材并选择“编辑→剪切”或“编辑→清除”命令，将其删除。

7.3 使素材脱机或联机

处理素材时，如果让素材的位置发生变化，将会出现素材脱机的现象，即Premiere Pro将删除“项目”面板中从素材到其磁盘文件的连接。另外，用户也可以通过删除此连接，对素材进行脱机修改。当素材脱机后，则在打开项目时，Premiere Pro不再尝试访问影片。在素材脱机之后，可以将其重新连接到硬盘媒体并在一个批量采集会话中对其重新采集。

高手进阶：素材脱机和联机

- 素材文件：素材文件/第7章/06.mov、07.mov
- 案例文件：案例文件/第7章/高手进阶——素材脱机和联机.Prproj
- 视频教学：视频教学/第7章/高手进阶——素材脱机和联机.flv
- 技术掌握：将素材脱机和将脱机素材联机的方法

扫码看视频

将素材脱机和将脱机素材联机的操作方法如下。

【操作步骤】

01 在“项目”面板中导入素材“06.mov”和“07.mov”，然后使用鼠标右键单击“06.mov”素材，在弹出的右键菜单中选择“造成脱机”命令，如图7-28所示。

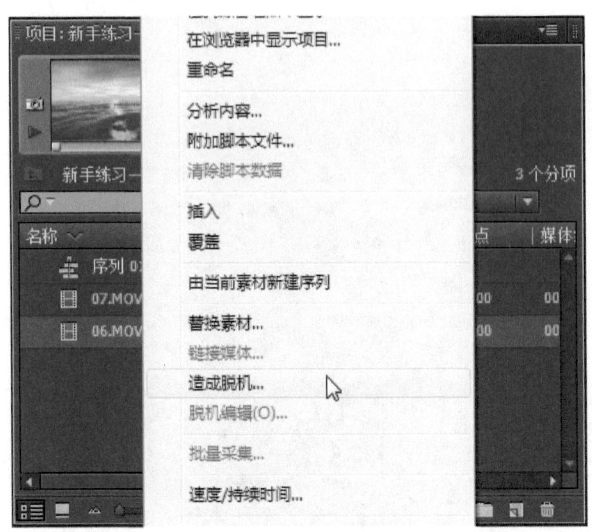

图7-28

02 在打开的“造成脱机”对话框中可以设置是否从存储媒体中删除原始文件电影胶片，然后单击“确定”按钮即可，如图7-29所示。脱机素材在“项目”面板中将显示为问号图标，如图7-30所示。

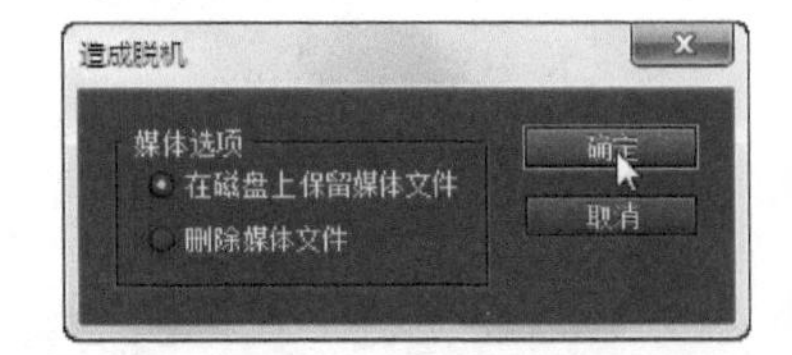

图7-29

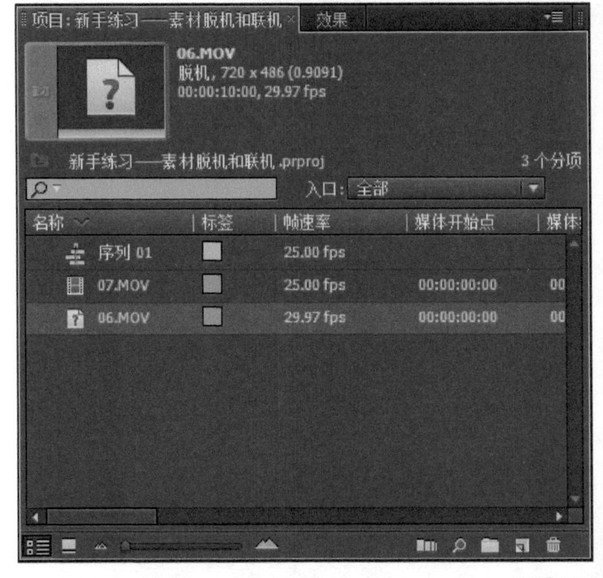

图7-30

03 如果需要将脱机文件连接到另一个文件，可以在“项目”面板中右键单击脱机文件，然后选择“链接媒体”命令，如图7-31所示。

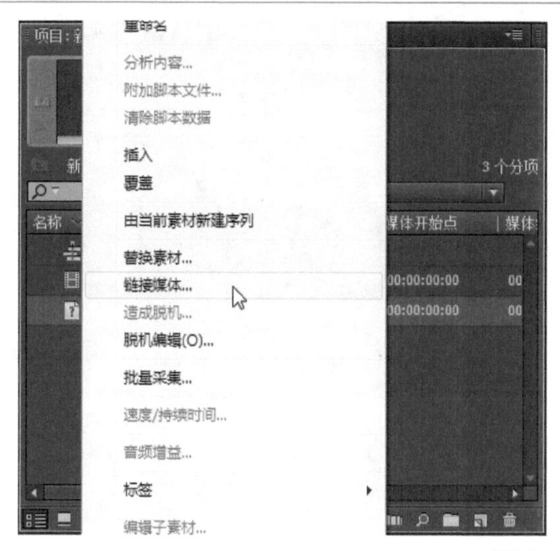

图7-31

04 在“链接媒体到”对话框中将脱机素材指定到想要连接的文件，如图7-32所示。

图7-32

05 在“链接媒体到”对话框中单击“选择”按钮，即可将脱机文件连接到指定的文件，如图7-33所示。

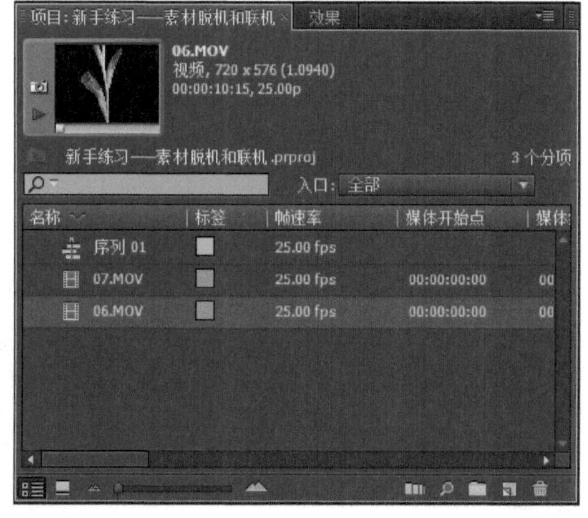

图7-33

> **小技巧**
>
> 可以使用硬盘上的采集影片替换一个或多个脱机文件，方法是在“项目”面板中选择脱机文件，然后选择“项目→链接媒体”命令。

7.4 使用监视器面板

在大多数编辑情况下，需要在屏幕上一直打开源监视器和节目监视器。以便同时查看源素材（将在节目中使用的素材）和节目素材（已经放置在“时间线”面板序列中的素材）。

7.4.1 认识监视器面板

源监视器、节目监视器和修整监视器面板不仅可以在工作时预览作品，还可以用于精确编辑和修整。可以在将素材放入视频序列之前，使用“源监视器”面板修整这些素材，“源监视器”面板如图7-34所示。

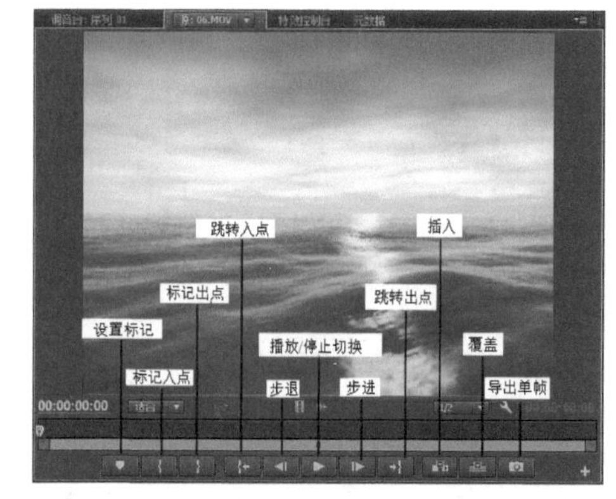

图7-34

可以使用“节目监视器”面板编辑已经放置在时间线上的影片，“节目监视器”面板如图7-35所示。在“修整监视器”面板中可以进行素材微调编辑，以便更精确地设置入点和出点，选择“窗口→修整监视器”命令，即可打开“修整监视器”面板，如图7-36所示。

图7-35

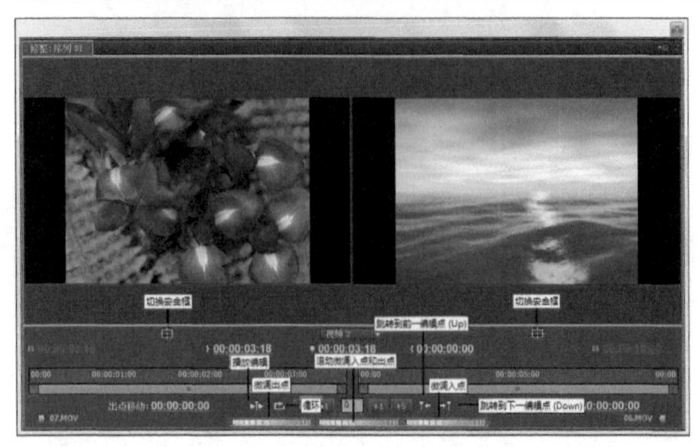

图7-36

源监视器和节目监视器都允许查看安全框区域。监视器安全框显示动作和字幕所在的安全区域。这些框指示图像区域在监视器视图区域内是安全的，包括那些可能被过扫描的图像区域。安全区域是必需的，因为电视屏幕（不同于视频制作监视器或计算机屏幕）无法显示照相机实际拍摄到的完整视频帧。

要查看监视器面板中的安全框标记，从监视器面板菜单中选择“安全框”命令，或单击监视器的“安全框”按钮。当安全区域边界显示在监视器中时，内部安全区域就是字幕安全区域，而外部安全区域则是动作安全区域。

7.4.2 查看素材的帧

在“源监视器”面板中可以精确地查找素材片段的每一帧，在“源监视器”面板中可以进行如下操作。

在“源监视器”面板中的时间码区域中单击，将其激活为可编辑状态，输入需要跳转的准确的时间，如图7-37所示，然后按下Enter键确认，即可精确地定位到指定的帧位置，如图7-38所示。

图7-37

图7-38

单击“步进”按钮，可以使画面向前移动一帧。如果按住Shift键的同时单击该按钮，可以使画面向前移动5帧。

单击“步退”按钮，可以使画面向后移动一帧。如果按住Shift键的同时单击该按钮，可以使画面向后移动5帧。

直接拖动当前时间指示器到要查看的位置。

7.4.3 在“源监视器”面板中选择素材

使用“源监视器”面板中的素材后，可以轻松返回到以前使用的素材。第一次使用“源监视器”面板中的素材时，该素材的名字会显示在“源监视器”面板顶部的选项卡中。如果想返回到源监视器中以前使用的某个素材，只需单击选项卡的向下箭头，打开一个下拉列表，在此选择以前使用过的素材即可，如图7-39所示。从下拉菜单中选择素材之后，该素材会出现在源监视器窗口中。

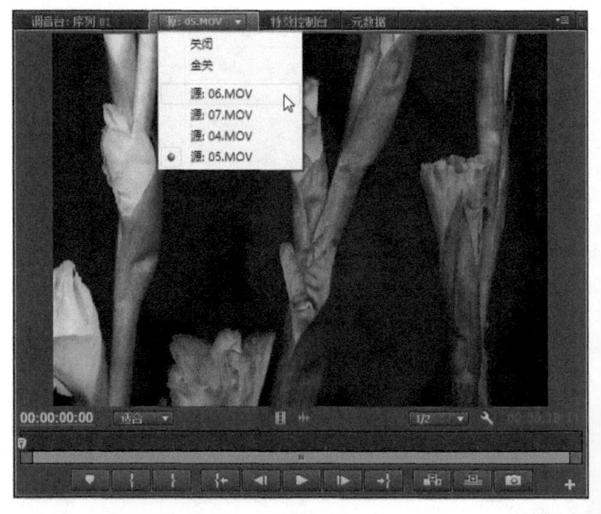

图7-39

7.4.4 在“源监视器”面板中修整素材

在将素材放到时间线上的某个视频序列中时，可能需要先在“源监视器”面板中修整它们（设置素材的入点和出点），因为采集的素材包含的影片总是多于所需的影片。如果在将素材放入时间线中的某个视频序列之前修整它，可以节省在时间线中单击并拖动素材边缘所花费的时间。

新手练习：在“源监视器”面板中设置入点和出点

- 素材文件：素材文件/第7章/08.mov
- 案例文件：案例文件/第7章/新手练习——在“源监视器”面板中设置入点和出点.Prproj
- 视频教学：视频教学/第7章/新手练习——在“源监视器”面板中设置入点和出点.flv
- 技术掌握：在“源监视器”面板中设置素材入点和出点的方法

扫码看视频

本例介绍的是在“源监视器”面板中设置素材入点和出点的操作，案例效果如图7-40所示。

图7-40

【操作步骤】

01 在“项目”面板中导入一个素材文件（如“08.mov”），然后双击该素材图标，在“源监视器”面板中显示该素材，如图7-41所示。

图7-41

小技巧

要精确访问设置为入点的帧，请单击当前时间指示器，并在“源监视器”面板的标尺区域中拖动它。在单击并拖动当前时间指示器时，源监视器的时间显示会指示帧的位置。如果没有在所需的帧处停下时，可以单击“步进”或“步退”按钮，一次一帧地慢慢向前或向后移动。

02 将时间指示器移到需要设置为入点的位置，然后单击“标记入点”按钮；或者选择“标记→设置素材标记→入点”菜单命令，即可为素材设置入点。将时间指示器从入点位置移开，可看到入点处的左括号标记，如图7-42所示。

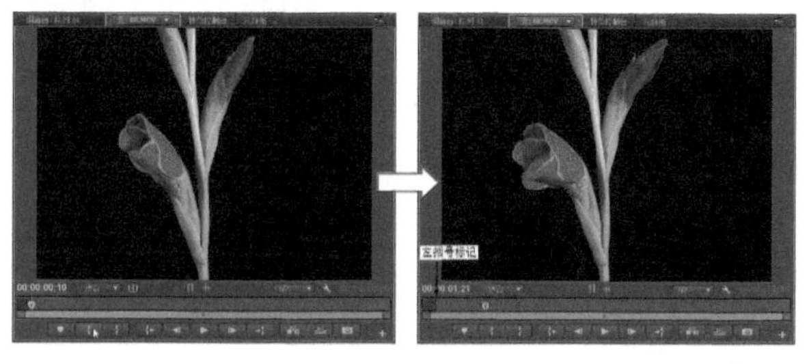

图7-42

03 将时间指示器移到需要设置为出点的位置，然后单击“标记出点”按钮，如图7-43所示，或者选择“标记→设置素材标记→出点”菜单命令，即可为素材设置出点，将时间指示器从出点位置移开，可看到出点处的右括号标记，如图7-44所示。

图7-43

图7-44

04 在设置入点和出点之后，就可以通过单击并拖动括号图标来轻松地编辑入点和出点的位置。设置入点和出点后，注意源监视器右边的时间显示，该时间所指示的时间是从入点到出点的持续时间，如图7-45所示。

图7-45

05 单击“源监视器”面板右下方的“按钮编辑器”按钮，在弹出的面板中将“播放入点到出点”按钮拖动到“源监视器”面板下方的工具按钮栏中，如图7-46所示。

图7-46

06 在“源监视器”面板中单击添加的“播放入点到出点”按钮，可以在“源监视器”面板中预览素材在入点和出点之间的视频，如图7-47所示。

图7-47

知识窗：移动时间指示器的快捷键

在“源监视器”面板中，通过快捷键可以快速移动时间指示器到需要的位置。在“源监视器”面板中移动时间指示器的快捷键如下：

逐帧进：按住K键的同时敲击L键

逐帧退：按住K键的同时敲击J键

以8 fps的速度向前播放：敲击K后再敲击L键

以8 fps的速度后退：敲击K后再敲击J键

前进5帧：Shift+向右箭头键

后退5帧：Shift+向左箭头键

7.4.5 使用素材标记

如果想返回素材中的某个特定帧，可以设置一个标记作为参考点。在“源监视器”面板或时间线序列中，标记显示为三角形。

新手练习：使用素材标记

- 素材文件：素材文件/第7章/08.mov
- 案例文件：案例文件/第7章/新手练习——使用素材标记.Prproj
- 视频教学：视频教学/第7章/新手练习——使用素材标记.flv
- 技术掌握：使用素材标记的方法

扫码看视频

本例介绍的是使用素材标记的方法，案例效果如图7-48所示。

图7-48

【操作步骤】

01 在“项目”面板中导入素材，然后双击其中的一个素材将其显示在“源监视器”面板中，如图7-49所示。

图7-49

在“源监视器”面板中显示素材

02 要为源素材设置入点标记，可以将源监视器的当前时间指示器移动到想创建标记的帧处，然后单击源监视器中的“设置入点”，如图7-50所示，也可以执行“标记→设置素材标记→入点”命令。

图7-50

03 要为源素材设置出点标记，可以将源监视器的当前时间指示器移动到想创建标记的帧处，然后单击源监视器中的“设置出点”按钮，如图7-51所示，也可以执行“标记→设置素材标记→出点”命令。

图7-51

04 要返回素材的入点标记，可以单击“源监视器”面板中的“跳转到入点”，也可以执行“标记→跳转素材标记→入点”命令，如图7-52所示。

05 要返回素材的出点标记，可以单击“源监视器”面板中的“跳转到出点”按钮，也可以执行“标记→跳转素材标记→出点”命令，如图7-53所示。

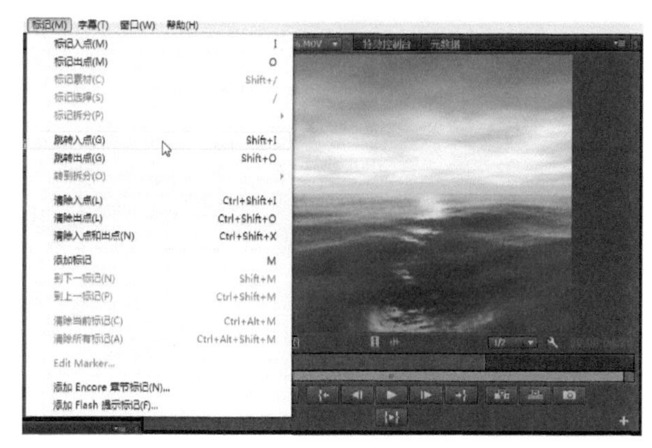

图7-52

图7-53

06 选择“标记→添加标记→未编号”命令，或单击“添加标记”按钮，即可设置未编号标记，标记出现在时间标尺中，如图7-54所示为设置的3个未编号标记。

图7-54

07 要跳转到某个标记，可以选择“标记→到下一标记”或“标记→到上一标记”命令，如图7-55所示。

08 要清除当前标记，可以选择“标记→清除当前标记”命令，如图7-56所示，用户可以根据需要选择其他清除标记的命令，如选择“标记→清除所有标记”命令将所有标记清除。

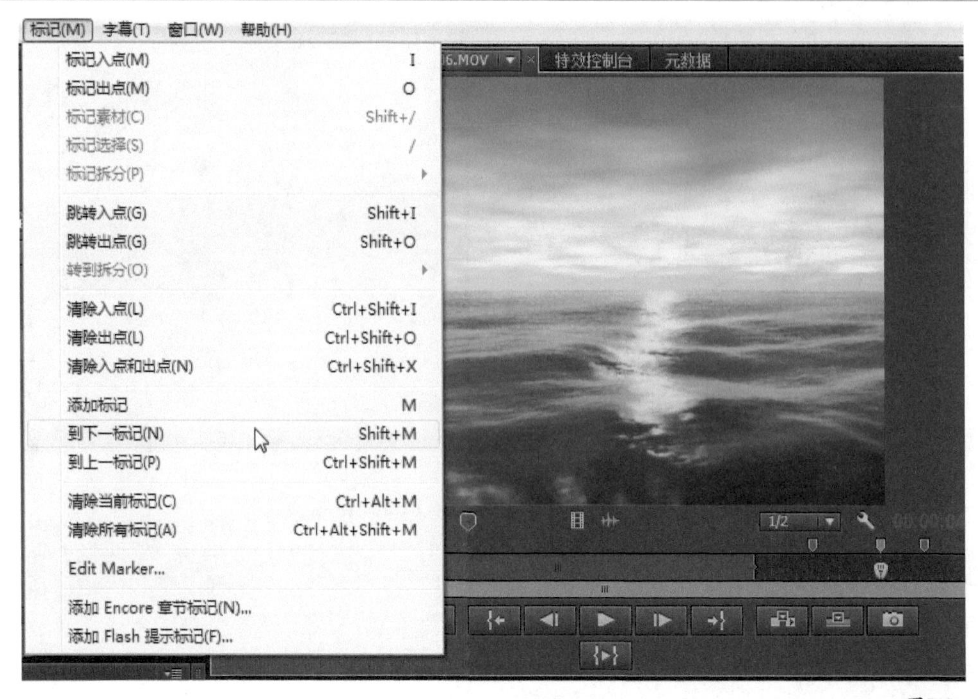
标记(M) 字幕(T) 窗口(W) 帮助(H)
标记入点(M) I
标记出点(M) O
标记素材(C) Shift+/
标记选择(S) /
标记拆分(P)
跳转入点(G) Shift+I
跳转出点(G) Shift+O
转到拆分(O)
清除入点(L) Ctrl+Shift+I
清除出点(L) Ctrl+Shift+O
清除入点和出点(N) Ctrl+Shift+X
添加标记 M
到下一标记(N) Shift+M
到上一标记(P) Ctrl+Shift+M
清除当前标记(C) Ctrl+Alt+M
清除所有标记(A) Ctrl+Alt+Shift+M
Edit Marker...
添加 Encore 章节标记(N)...
添加 Flash 提示标记(F)...
特效控制台
元数据
1/2

图7-55

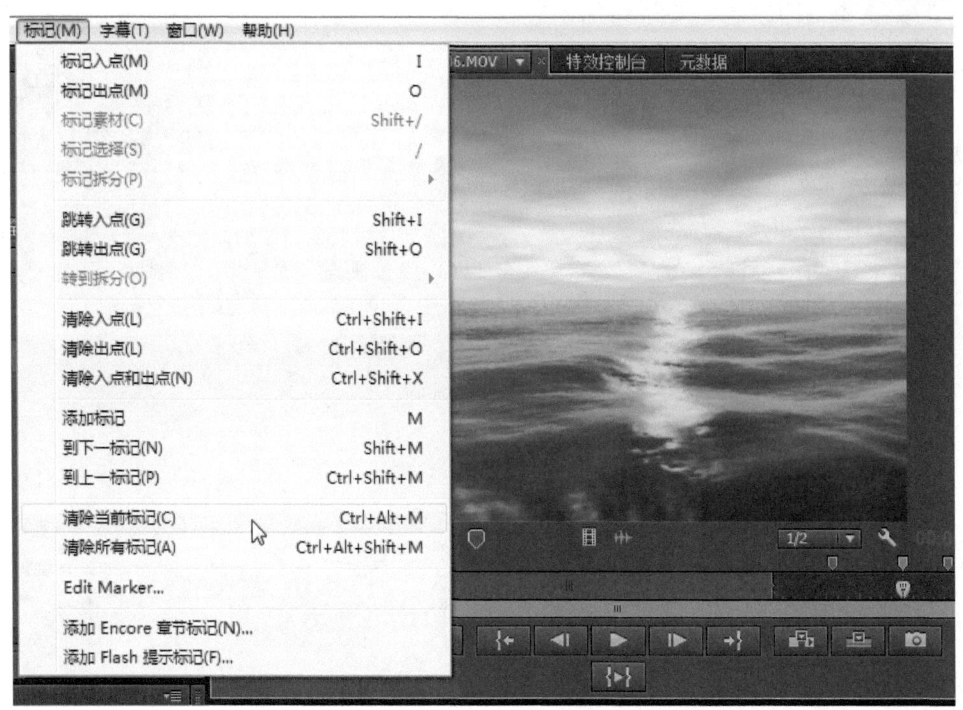
标记(M) 字幕(T) 窗口(W) 帮助(H)
标记入点(M) I
标记出点(M) O
标记素材(C) Shift+/
标记选择(S) /
标记拆分(P)
跳转入点(G) Shift+I
跳转出点(G) Shift+O
转到拆分(O)
清除入点(L) Ctrl+Shift+I
清除出点(L) Ctrl+Shift+O
清除入点和出点(N) Ctrl+Shift+X
添加标记 M
到下一标记(N) Shift+M
到上一标记(P) Ctrl+Shift+M
清除当前标记(C) Ctrl+Alt+M
清除所有标记(A) Ctrl+Alt+Shift+M
Edit Marker...
添加 Encore 章节标记(N)...
添加 Flash 提示标记(F)...
特效控制台
元数据
1/2

图7-56

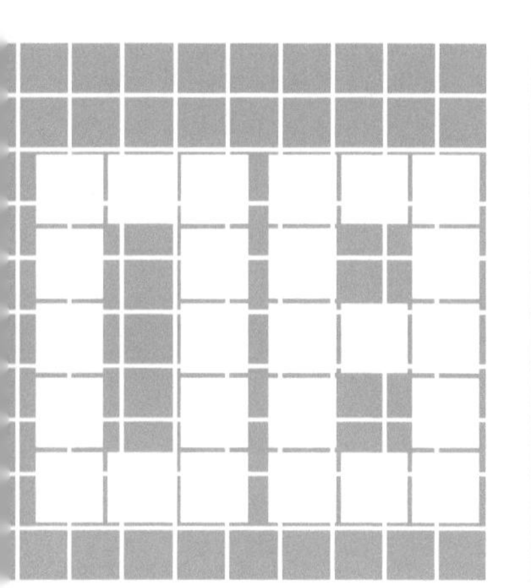

第8章 在时间线面板中编辑素材

要点索引

本章概述

Premiere Pro提供了两个主要编辑和编排素材的区域，即“监视器”面板和“时间线”面板。“时间线”面板提供项目的可视化概述，用户可以从创建一个粗糙的剪辑开始，只需将素材从“项目”面板拖到“时间线”面板中即可。然后使用“时间线”面板中的“选择工具”即可开始按逻辑顺序安排这些素材。

时间线是Premiere Pro中功能最丰富的一个面板。它不但提供了素材、转场和效果的图形化概览，还提供了管理项目的实际框架。使用时间线可以编辑和装配数字影片、控制透明度和音量，还可以向音频和视频特效添加关键帧。借助集成的所有这些功能，可以充分利用时间线面板，从而极大提高Premiere Pro的工作效率。

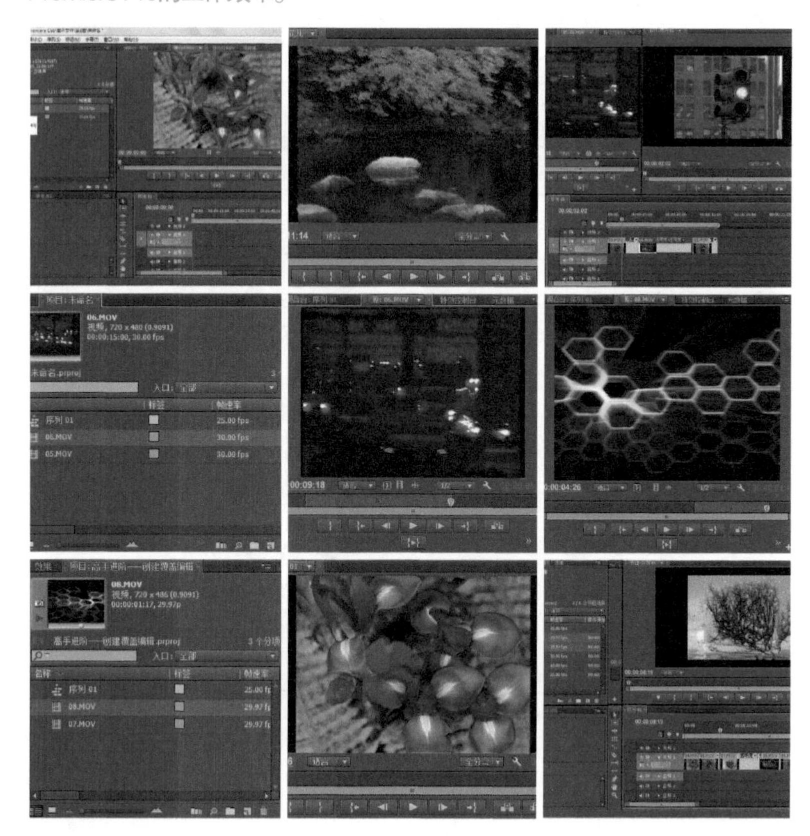

8.1 认识时间线面板

初看起来，要掌握所有的时间线按钮、图标、滑块和控件似乎非常困难，但是在开始使用时间线之后，将会逐渐了解每个特性的功能和用法。

为了使学习时间线的过程变得更轻松，本节将根据3个特定的时间线元素进行组织学习：标尺区和控制标尺的图标、视频轨道、音频轨道。开始之前，需要将随书资源中的某个视频和音频素材复制到时间线面板中，这样可以体验本节讨论的各种观看选项。

选择“文件→导入”菜单命令，将需要的素材导入“项目”面板中，然后单击视频文件并将它拖到视频1轨道上，或单击音频文件，再将它拖到音频1轨道上。

知识窗：快速打开“时间线”面板

如果在屏幕上看不到“时间线”面板，则双击“项目”面板中的序列图标即可打开它，如图8-1所示。

图8-1

8.1.1 时间线标尺选项

“时间线”面板中的时间线标尺图标和控件决定了观看影片的方式，以及Premiere Pro渲染和导出的区域，图8-2显示了时间线标尺图标和控件的外观。

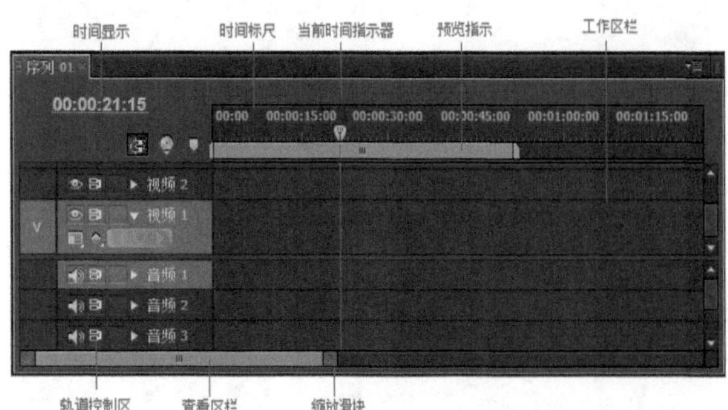

图8-2

【参数介绍】

时间标尺：时间标尺是时间间隔的可视化显示，它将时间间隔转换为每秒包含的帧数，对应于项目的帧速率。标尺上出现的数字之间的实际刻度数取决于当前的缩放级别，用户可以拖动查看区栏或缩放滑动块进行调整。

小技巧

默认情况下，时间线标尺以每秒包含的帧数来显示时间间隔。如果正在编辑音频，可以将标尺更改为以毫秒或音频采样的形式显示音频单位。要切换音频单位，可以在“时间线”面板菜单中选择“显示音频时间单位”命令，也可以执行“项目→项目设置→常规”菜单命令，在弹出的“项目设置”对话框的音频显示格式的下拉列表中进行选择。

当前时间指示器：当前时间指示器是标尺上的蓝色三角图标。可以单击并拖动当前时间指示器在影片上缓缓移动，也可以单击标尺区域中的某个位置将当前时间指示器移动到特定帧处，如图8-3所示。或在时间显示区输入一个时间并按Enter键移动到指定位置，还可以单击并向左或向右拖动时间显示，以移动当前时间指示器。

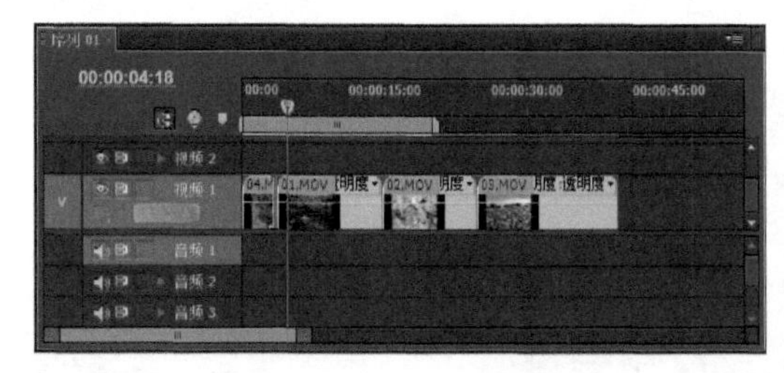

图8-3

时间显示：在时间线上移动当前时间指示器时，时间显示会指示当前帧所在的位置。单击时间显示并输入一个时间，会快速跳到指定的帧处。键入时间时不必输入分号或冒号。例如，单击时间显示并输入215后按Enter键，如图8-4所示，即可移动到帧02:15:00的位置，如图8-5所示。

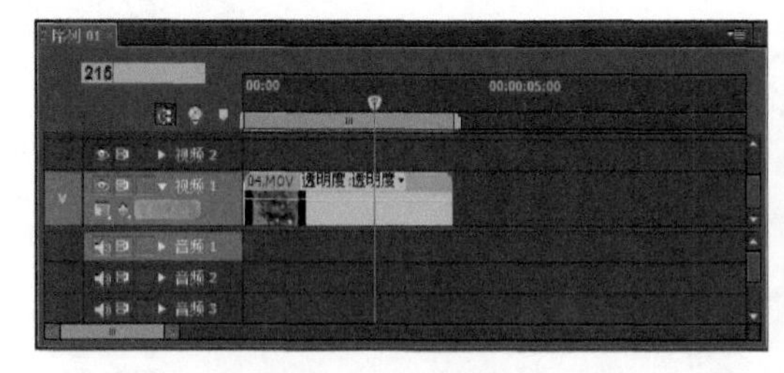

图8-4

图8-5

查看区栏：单击并拖动查看区栏可以更改时间线中的查看位置，如图8-6所示。

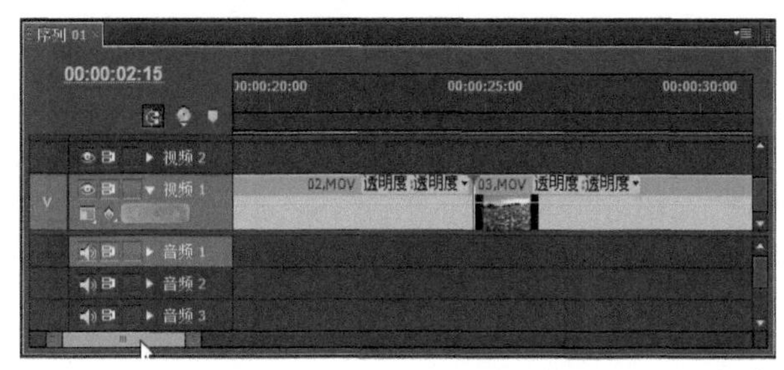

图8-6

缩放按钮：单击并拖动查看区栏两边的缩放按钮可以更改时间线中的缩放级别。缩放级别决定标尺的增量和在时间线面板中显示的影片长度。单击并拖动查看区栏的一端更改缩放级别。单击查看区栏的右侧端点并将它向左拖动可以在时间线上显示更少的帧。因此，随着显示的时间间隔缩短，标尺上刻度线之间的距离会增加。总而言之，要放大时间线，可单击查看区栏两边的缩放按钮并向左拖动，如图8-7所示；要缩小时间线，可单击查看区栏两边的缩放按钮并向右拖动，如图8-8所示。

图8-7

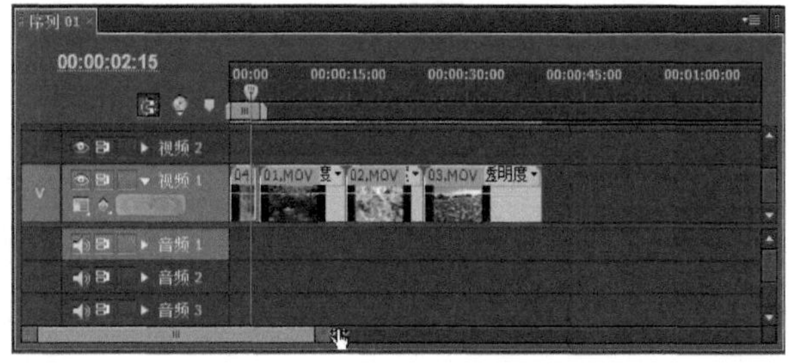

图8-8

工作区栏：在时间线标尺的下面是Premiere Pro的工作区栏，用于指定将要导出或渲染的工作区。可单击工作区的某个端点并拖动，或从左向右拖动整个栏。为什么要更改工作区栏呢？因为在渲染项目时，Premiere Pro只渲染工作区栏定义的区域。这样，当想要查看一个复杂效果的外观时，不需等到整个项目渲染完毕。而且，当导出文件时，可以只选择导出时间线中选定序列的工作区部分。

小技巧

通过快捷键重新设置工作区栏的端点，可以快速调整其宽度和位置。要设置左侧端点，将当前时间指示器移动到特定的帧并按下Alt+[键。要设置右侧端点，将当前时间指示器移动到特定的帧并按下Alt+]键。也可以双击工作区栏将其展开或缩短，以包含当前序列中的影片或时间线窗口的宽度（更短的一边）。

预览指示：预览指示器用于调整节目进行渲染的时间区域。在渲染影片后，“转场”和“效果”的质量可以达到最好（如果将素材源监视器或节目监视器面板菜单的显示设置为最高质量或自动质量）。当Premiere Pro渲染一个序列时，它会将渲染的工作文件保存到硬盘上。预览指示区域的绿色区域表示已渲染的影片，红色区域表示未渲染的影片，如图8-9所示。要渲染工作区，按Enter键即可。

图8-9

轨道控制区：轨道控制区用于控制轨道的折叠与展开、轨道的开关、轨道的锁定以及关键帧的设置等，在后面将对这些设置进行详细介绍。

8.1.2 轨道控制区设置

“时间线”面板的重点是它的视频和音频轨道，轨道提供了视频和音频影片、转场和效果的可视化表示。使用时间线轨道选项可以添加和删除轨道，并控制轨道的显示方式，还可以控制在导出项目时是否输出指定轨道，以及锁定轨道和指定是否在视频轨道中查看视频帧。

轨道控制区中的图标和轨道选项如图8-10所示，下面分别介绍各图标和选项的功能。

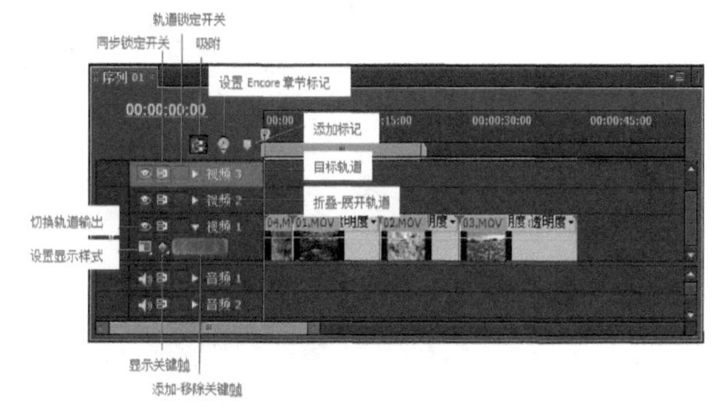

图8-10

【参数介绍】

吸附：该按钮触发Premiere Pro的吸附到边界命令。当打开吸附功能时，一个序列的帧吸附到下一个序列的帧上，这种磁铁似的效果有助于确保产品中没有间隙。要激活吸附功能，可以单击“时间线”面板中的“吸附”按钮，或选择“序列→吸附”菜单命令，也可以按下S键。打开吸附功能后，“吸附”按钮显示为被按下的状态，此时，单击一个素材并向另一个邻近的素材拖动时，它们会自动吸附在一起，这可以防止素材之间出现时间线间隙。

添加标记：使用序列标记，可以设置想要快速跳至的时间线上的点。序列标记有助于在编辑时将时间线中的工作分解。当将Premiere Pro项目导出到Encore DVD时，还可以将标记用作章节标题。要设置未编号标记，将当前时间指示器拖动到想要设置标记的地方，然后单击“添加标记”按钮即可，图8-11所示为设置的标记。

图8-11

知识窗：为标记区添加注释

如果想为标记区添加注释，可双击标记图标，将打开如图8-12所示的“标记”对话框，然后可以在其中的“注释”文本框中输入描述文字。

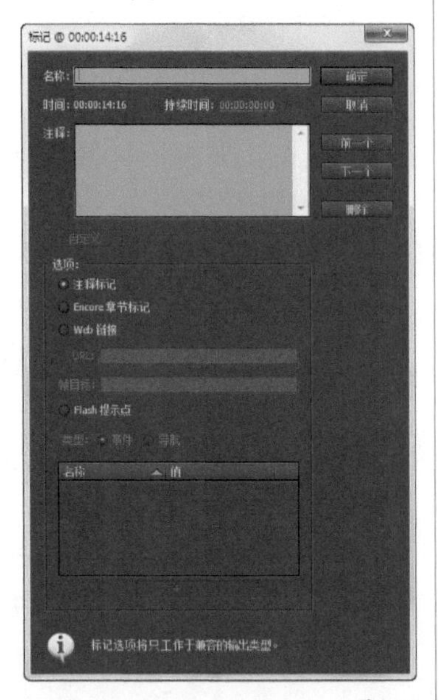

图8-12

设置Encore章节标记：如果使用Encore DVD创建DVD项目，可以为章节点设置一个Encore 章节标记。在将电影胶片导入Encore DVD时，这些章节点将会出现。要设置Encore DVD标记，将当前时间指示器拖至想要出现标记的帧处，然后单击“设置Encore章节标记”按钮即可，如图8-13所示。

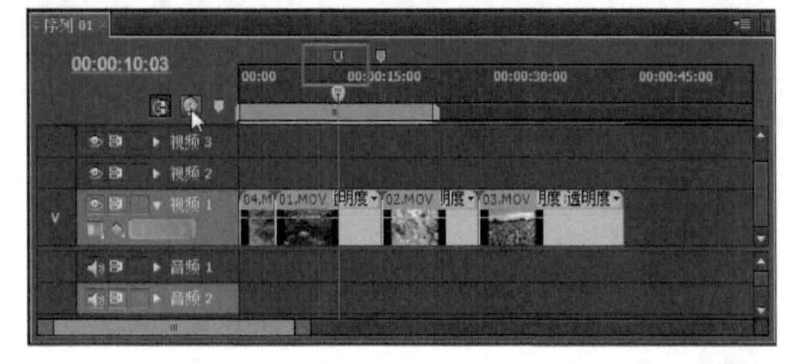

图8-13

目标轨道：当使用素材源监视器插入影片、使用节目监视器或修整监视器编辑影片时，Premiere Pro将会改变时间线中当前目标轨道中的影片。要指定一个目标轨道，只需单击此轨道的最左侧区域即可。目标轨道将变为浅灰色，如图8-14所示的“视频1”和“音频2”轨道。

图8-14

折叠-展开轨道：要查看一个轨道的所有可用选项，单击“折叠-展开轨道”按钮。如果未在轨道中放置影片，可以将轨道保持为折叠模式，从而减少占用过多的屏幕空间。如果展开了一个轨道，并要将其折叠，只需再次单击“折叠-展开轨道”按钮即可。

切换轨道输出：单击“切换轨道输出”眼睛图标可以打开或关闭轨道输出，这可以避免在播放期间或导出时在节目监视器面板中查看到轨道。要再次打开输出时，只需单击此按钮；眼睛图标再次出现，指示导出时可以在节目监视器面板中查看轨道。

轨道锁定开关：轨道锁定是一个安全功能，以防止意外编辑。当一个轨道被锁定时，就不能对轨道进行任何更改。单击“轨道锁定开关”图标后，此图标将出现锁定标记，指示轨道已被锁定。要对轨道解锁，再次单击该图标即可。

设置显示样式：单击此下拉按钮，弹出如图8-15所示的下拉列表，在其中可以选择缩略图在时间线轨道中的显示方式，或者是否在时间线轨道中出现。要查看素材的所有帧中的电影胶片，可选择“显示帧”命令。

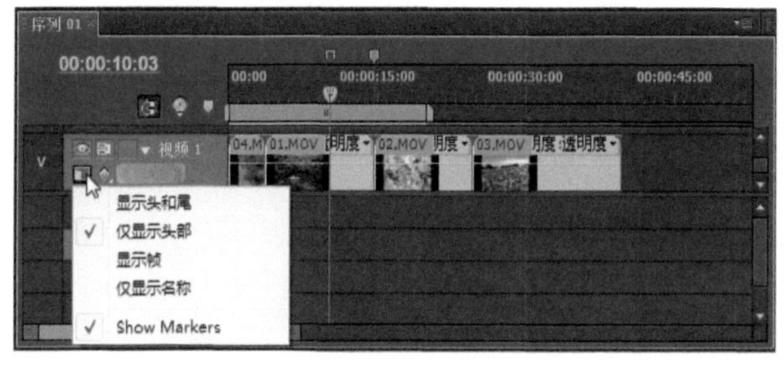

图8-15

显示关键帧：单击此下拉按钮，在弹出的下拉列表中可以选择在时间线效果图形线中查看或隐藏关键帧，以及对透明度的控制，如图8-16所示。其中，关键帧指示在效果面板中选择的特殊效果控制点，不透明性指示帧中的透明度。创建关键帧之后，右键单击关键帧可以弹出关键帧类型的下拉列表，如图8-17所示。在该下拉列表中选择类型之后，可以在时间线中单击并拖动其关键帧来进行调整相应的效果。

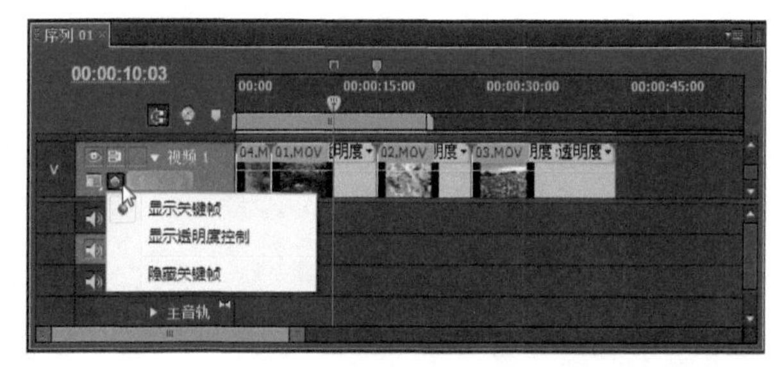

图8-16

添加-移除关键帧：单击此按钮，可以在轨道的效果图形线中添加或删除关键帧。要添加关键帧，将当前时间指示器移动到想要关键帧出现的位置，然后单击“添加-移除关键帧”按钮即可。要删除关键帧，将当前时间指示器移动到该关键帧处，然后单击“添加-移除关键帧”按钮即可。要将一个关键帧移到另一个关键帧处，单击向左或向右箭头图标即可。

8.1.3 音频轨道设置

音频轨道时间线控件与视频轨道控件类似。使用音频轨道时间线选项，可以调整音频音量、选择要导出的轨道，以及显示和隐藏关键帧。Premiere Pro提供了各种不同的音频轨道：标准音频轨道、子混合轨、主音轨以及5.1轨道。标准音频轨道用于WAV和AIFF素材。子混合轨用来为轨道的子集创建效果，而不是为所有轨道创建效果。使用Premiere Pro调音台可以将音频放到主音轨和子混合轨道中。5.1轨道是一种特殊轨道，仅用于立体声音频。

> **小技巧**
>
> 如果将一个包含音频的视频素材拖到一个视频轨道中，其中的音频会自动放置在对应的音频轨道中。也可以直接将音乐音频拖到音频轨道中。当播放项目时，就会播放视频和对应的音频。

图8-17所示为音频轨道设置，下面将描述“时间线”面板中的音频轨道图标和选项功能。

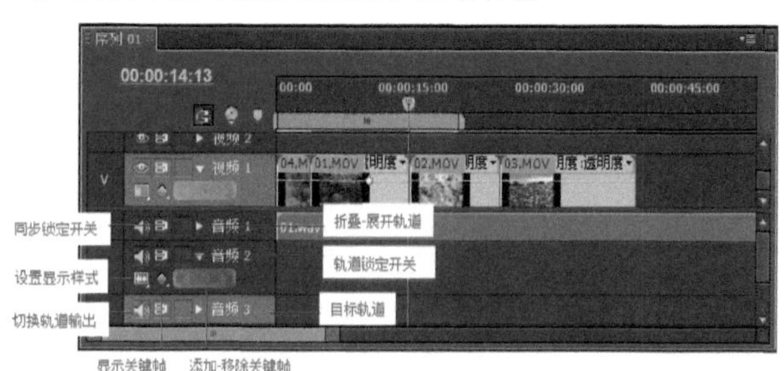

图8-17

目标轨道：要将一个轨道转变为目标轨道，单击其左侧边界即可。

切换轨道输出：单击此图标，将会打开或关闭轨道的音频输出。如果关闭输出，则在节目监视器面板中播放输出时，将不会输出音频。

轨道锁定开关：此图标控制轨道是否被锁定。当轨道被锁定后，不能对轨道进行更改。单击轨道锁定开关图标，可以打开或关闭轨道锁定。当轨道被锁定时，将会出现一个锁形图标。

设置显示样式：在其下拉列表中可以选择是否通过名称显示音频素材，或是将音频素材显示为一个波形。图8-18所示为仅显示音频素材名称的效果。

图8-18

显示关键帧：此下拉列表中可以选择是查看还是隐藏音频素材，或整个轨道的关键帧以及音量设置，如图8-19所示。音频轨道中的关键帧指示音频特效中的更改。如果选择显示素材或整个轨道的音量设置，创建关键帧的音频特效之后，特效名称将出现在“时间线”面板中的音频特效图形线中的一个下拉列表中。在此下拉列表中选择特效之后，可以单击或拖动其在“时间线”面板中的关键帧对其进行调整。

图8-19

添加-移除关键帧：单击此按钮，可以在一个轨道的音量或音频特效的图形线中添加或删除关键帧。要添加关键帧，将当前时间指示器移动到希望关键帧出现的位置，然后单击“添加-移除关键帧”按钮。要删除关键帧，将当前时间指示器移动到该关键帧处并单击“添加-移除关键帧”按钮。

主音轨：主音轨需要和调音台联合使用。与其他音频轨道一样，主音轨可以被扩展，可以显示关键帧和音量，还可以设置或删除关键帧。

8.1.4 时间线轨道命令

使用时间线时可能需要添加、删除音频或视频轨道，也有可能需要对其重命名。本节将学习使用添加轨道、删除轨道和重命名轨道的方法。

重命名轨道

要重命名一个音频或视频轨道，右键单击其名称，并在出现的菜单中选择“重命名”命令，然后为轨道重新命名，完成后按下Enter键即可，如图8-20所示。

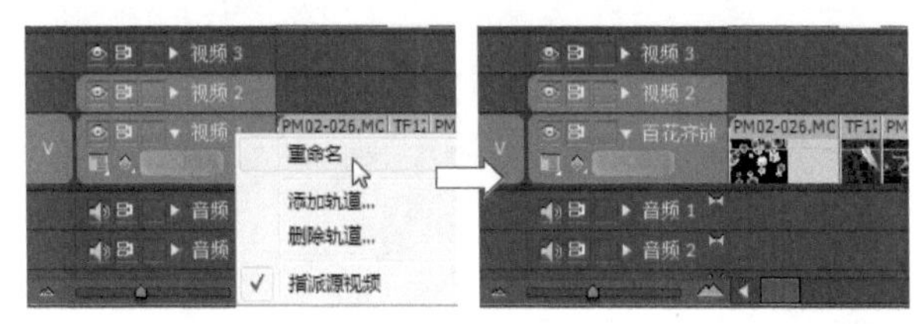

图8-20

添加轨道

要添加轨道，选择“序列→添加轨道”菜单命令，或者右键单击轨道名称并选择“添加轨道”命令，这会打开如图8-21所示的“添加视音轨”对话框，在此可以选择要创建的轨道类型和轨道放置的位置。

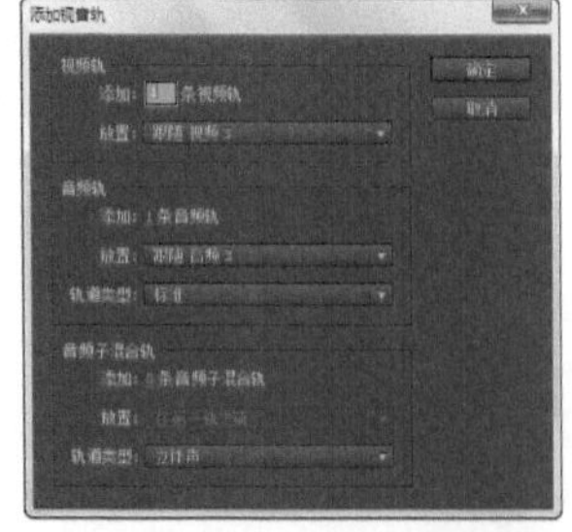

图8-21

删除轨道

删除一个轨道之前，需要决定删除一个目标轨道还是空轨道。如果删除一个目标轨，单击轨道左侧将其选中，然后选择“序列→删除轨道”菜单命令，或右键单击轨道名称并选择“删除轨道”命令，将打开“删除视音轨”对话框，可以在其中选择删除空轨道、目标轨道还是音频子混合轨，如图8-22所示。

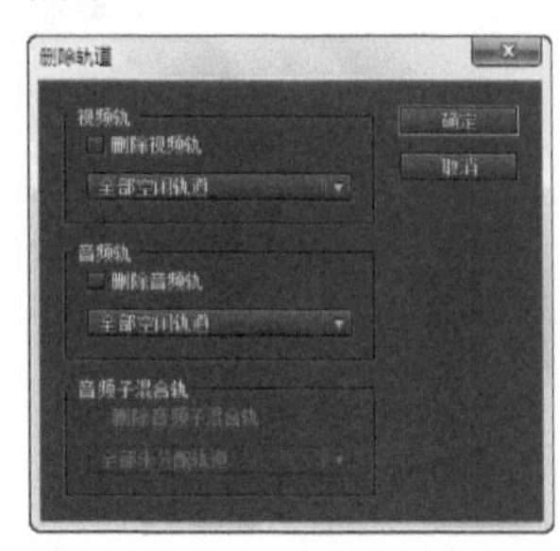

图8-22

设置开始时间

可以从“时间线”面板菜单中选择“开始时间”命令来更改一个序列的零点，如图8-23所示。选择“开始时间”命令，将打开如图8-24所示的“开始时间”对话框，在其中输入想要设置为零点的帧，然后单击“确定”按钮即可。

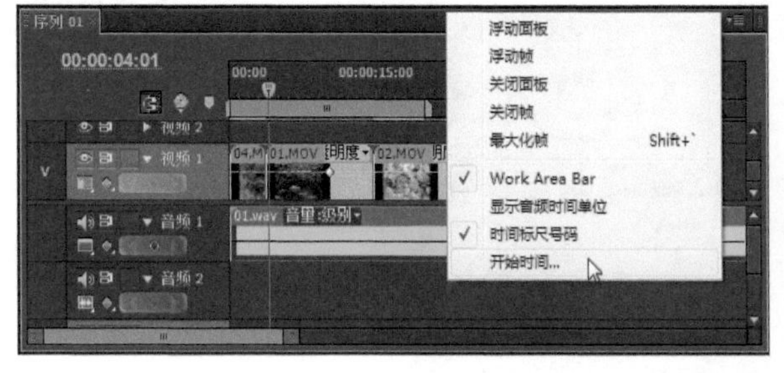

图8-23

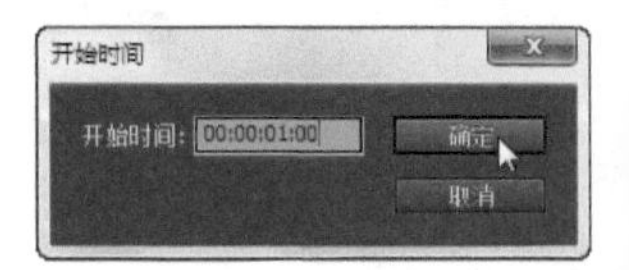

图8-24

知识窗：为什么要设置开始时间

设置开始时间的作用是使用倒计时或以其他序列作为作品的起点，并且不想将打开序列的持续时间也添加到时间线帧的计时中。

显示音频时间单位

默认情况下，Premiere Pro以帧的形式显示时间线间隔。可以在时间线面板菜单中选择“显示音频时间单位”命令，如图8-25所示，将时间线间隔更改为显示音频取样。如果选择“显示音频时间单位”命令，可以选择以毫秒或音频取样的形式显示音频单位。首次创建项目或新序列时，在“项目设置”对话框中也可以指定音频单位为毫秒或取样。图8-26所示为显示音频时间单位的“时间线”面板。

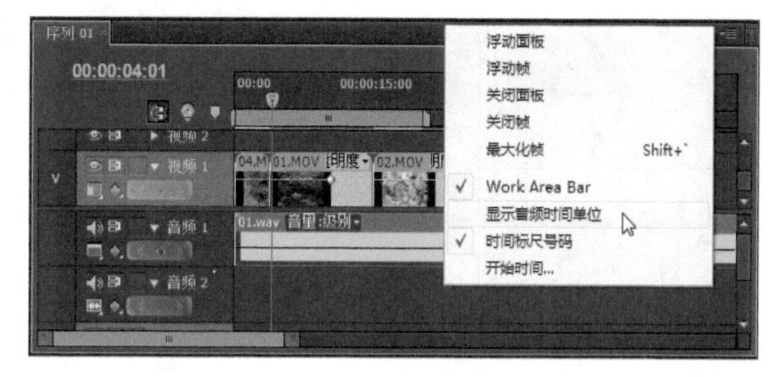

图8-25

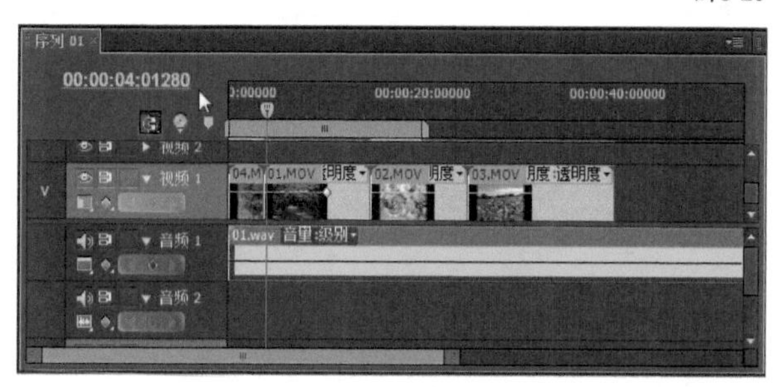

图8-26

知识窗：为什么要设置开始时间

在“时间线”面板中右键单击不同的位置，也可以选择并执行相应的一些命令。图8-27所示为右键单击轨道后弹出的命令，图8-28所示为右键单击时间线标尺后弹出的命令。

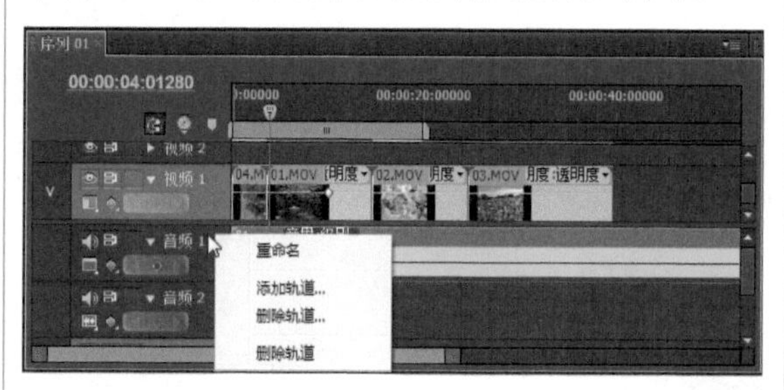

图8-27

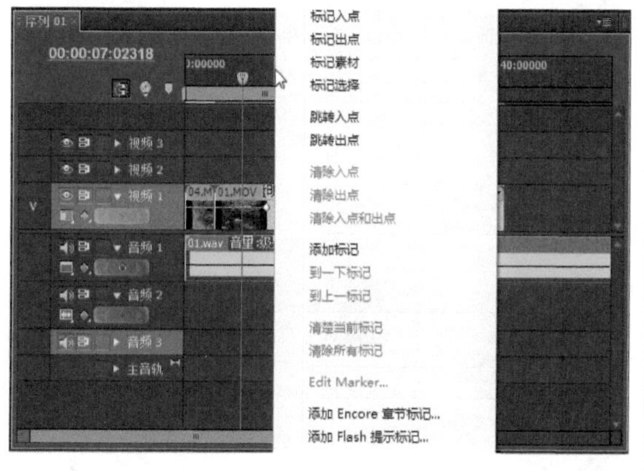

图8-28

8.2 使用序列

在Premiere Pro中，序列是放置在时间线面板中装配好的影片，及时间线面板中装配的产品称为序列。为什么要把时间线和其中的序列区分开呢？因为一个时间线中可以放置多个序列，每个序列具有不同的影片特性。每个序列都有一个名称并可以重命名。可以使用多个序列将项目分解为更小的元素。完成对更小序列的编辑之后，可以将它们组合成一个序列，然后导出。还可以将影片从一个序列复制到另一个序列中，以尝试不同的编辑或转场效果。图8-29展示了一个包含两个序列的“时间线”面板。

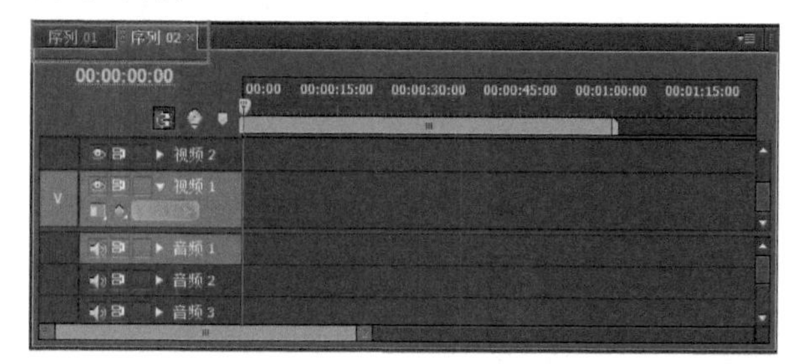

图8-29

小技巧

如果将一个Premiere Pro项目导入另一个Premiere Pro项目中，导入的项目将在一个独立的序列中显示，Premiere Pro将该序列放置在“项目”面板的一个容器（文件夹）中，容器名称为被导入项目的名称。要让序列出现在时间线面板中，打开该容器并双击序列图标即可。

8.2.1 创建新序列

创建一个新序列时，它会作为一个新选项卡自动添加到“时间线”面板中。创建序列非常简单，只需选择“文件→新建→序列”菜单命令，打开“新建序列”对话框，在其中重命名序列并选择添加的轨道数量，如图8-30所示，然后单击“确定”按钮，即可创建新序列并将其添加到当前选定的“时间线”面板中，如图8-31所示。

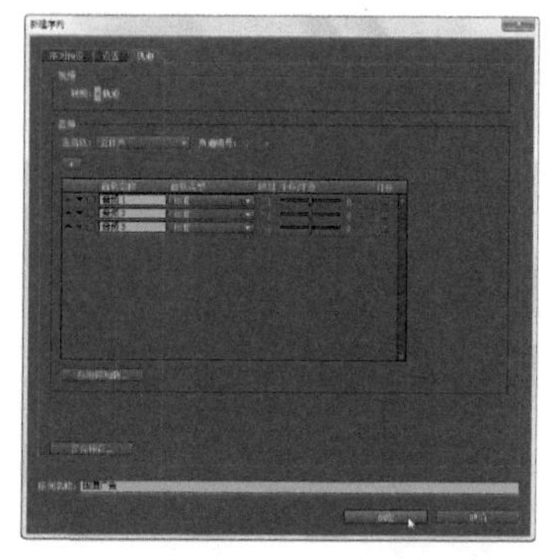

图8-30

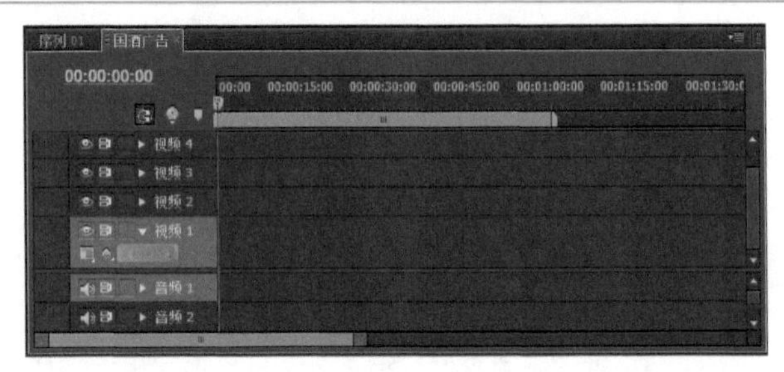

图8-31

在创建新序列后，用户可以对序列进行如下的操作。

在屏幕上放置两个序列之后，可以将一个序列剪切粘贴到另一个序列，或编辑一个序列并将其嵌套到另一个序列中。

要在“时间线”面板中从一个序列移动到另一个序列，单击序列的选项卡即可。

如果想要将一个序列显示为一个独立的窗口，单击其选项卡，然后按下Ctrl键，并将其拖离时间线面板后释放即可。

如果在屏幕上打开了多个窗口，可以选择“窗口→时间线”菜单命令，然后在展开的子菜单中选择序列名，即可将其激活。

8.2.2 嵌套序列

将一个新序列添加到项目之后，可以在其中放置影片并添加特效和切换效果。可以根据需要将其嵌套到另一个序列中，也可以使用此特性在独立的小序列中逐步创建一个项目，然后将它们组装成一个序列（将小序列嵌套到一个序列中）。

嵌套的一个优点是可以多次重用编辑过的序列，只需将其在时间线中嵌套多次。每次将一个序列嵌套到另一个中时，可以对其进行修整并更改时间线中围绕该序列的切换效果。当将一个效果应用到嵌套序列时，Premiere Pro将该效果应用到序列中的所有素材，这样能够方便地将相同效果应用到多个素材。

如果要嵌套序列，注意嵌套序列始终引用其原始的源素材。如果更改原始的源素材，则它所嵌套的序列也将被更改。

高手进阶：创建嵌套序列

- 素材文件：素材文件/第8章/01.mov、02.mov
- 案例文件：案例文件/第8章/高手进阶——创建嵌套序列.Prproj
- 视频教学：视频教学/第8章/高手进阶——创建嵌套序列.flv
- 技术掌握：创建嵌套序列的方法

扫码看视频

本例是介绍创建嵌套序列的操作，案例效果如图8-32所示，其制作流程如图8-33所示。

图8-32

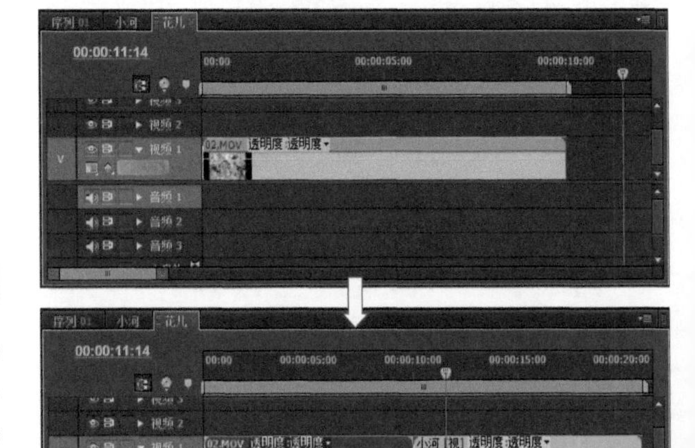

图8-33

【操作步骤】

01 执行“文件→导入”菜单命令，打开“导入”对话框，然后选择01.mov和02.mov素材并将其打开，如图8-34所示，将素材导入到“项目”面板中，如图8-35所示。

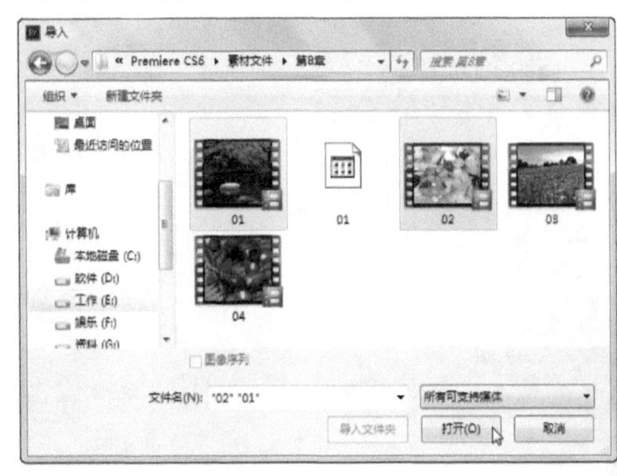

图8-34

图8-35

02 选择“文件→新建→序列”菜单命令，在打开的“新建序列”对话框中输入序列名并确定，如图8-36所示，创建的新序列将生成在“项目”面板和“时间线”面板中，如图8-37所示。

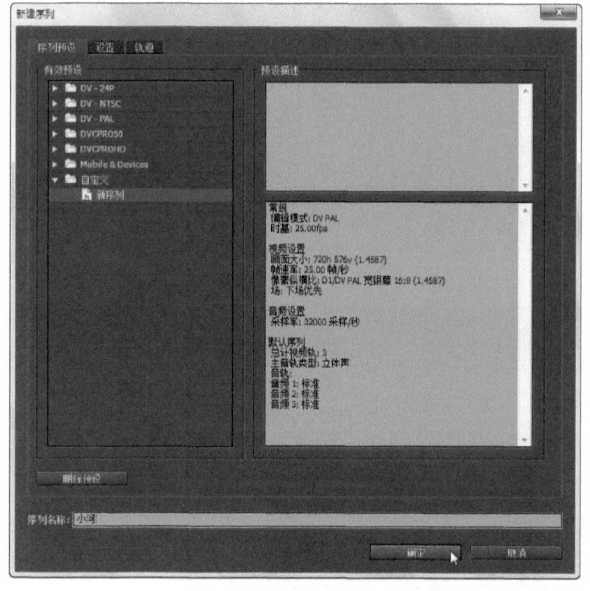

图8-36

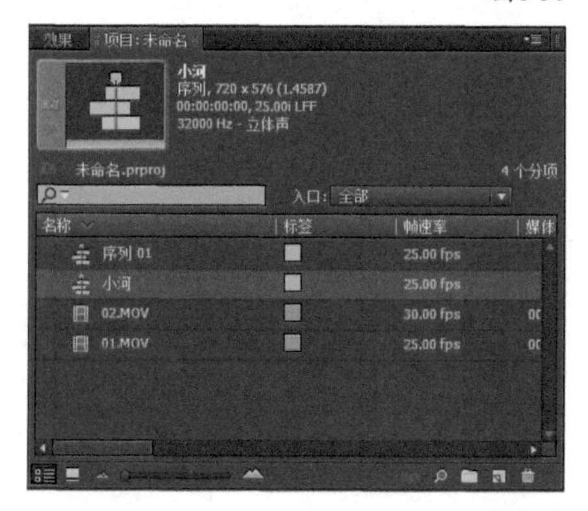

图8-37

03 继续创建名为“花儿”的新序列，如图8-38所示，然后在“时间线”面板中选择“水河”序列，再将影片01.mov添加到该序列的视频轨道上，如图8-39所示。

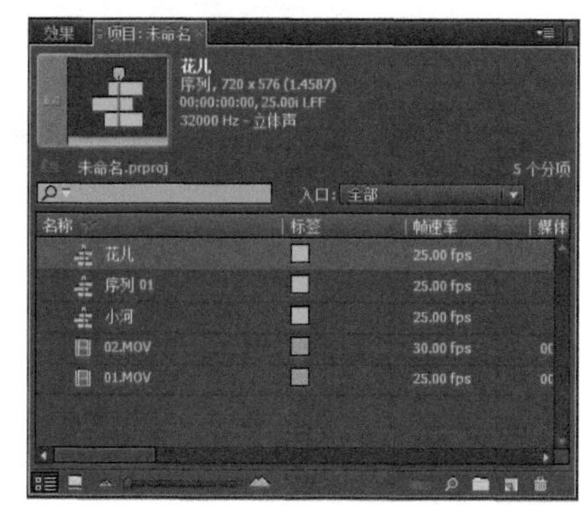

图8-38

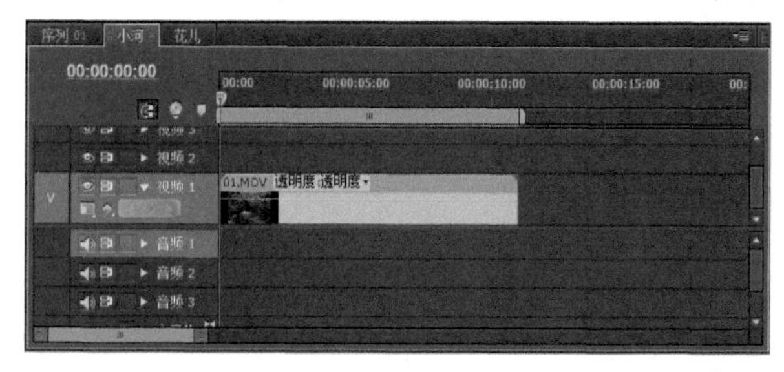

图8-39

04 为该影片添加需要的视频特效或转场效果，如“风格化”特效中的“笔触”效果，如图8-40所示。

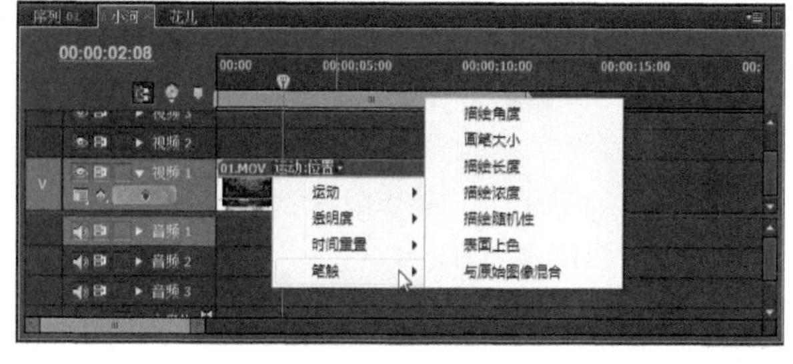

图8-40

05 重复步骤3和步骤4的操作，为“花儿”序列添加影片并为其添加视频特效，如图8-41所示。

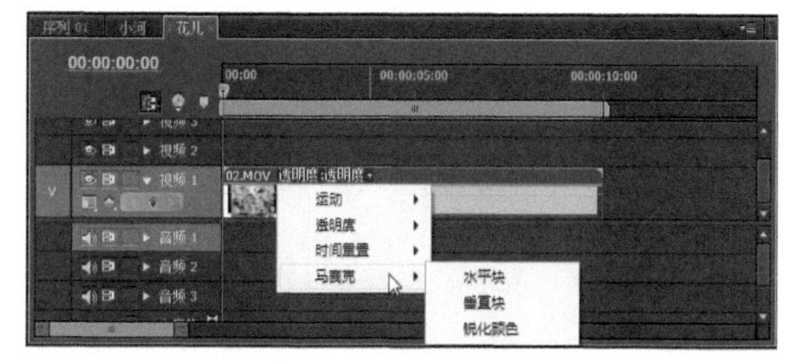

图8-41

06 在“项目”面板中，将“小河”序列拖动到“花儿”序列的轨道中，即可将“花儿”序列嵌套到“小河”序列中，如图8-42所示。

图8-42

小技巧

要在素材源监视器中打开一个序列，按下Ctrl键并在“项目”面板或“时间线”面板中双击该序列即可。要快速返回到嵌套序列的原始序列，在“时间线”面板中双击嵌套的序列即可。

8.3 创建插入和覆盖编辑

编辑好素材的入点和出点之后，下一步就是将它放入时间线的序列中。一旦素材位于时间线中，就可以在节目监视器中播放它。在将素材放入时间线中时，可以将素材插在其他影片之间，或者覆盖其他影片。在创建覆盖编辑时，将使用新影片替代旧影片；在插入影片时，新影片将添加到时间线中，但没有影片被替换。

例如，时间线中的影片可能包含一匹飞驰的骏马，想在该影片中编辑一名赛马骑师骑在马上的三秒钟特写镜头。如果执行插入编辑，那么素材将在当前编辑点分割，赛马骑师被插入影片。整个时间线序列延长了三秒。如果执行覆盖编辑，那么三秒钟的赛马骑师影片将替代三秒钟的骏马影片。覆盖编辑允许继续使用连接到飞驰骏马素材的音频轨道。

8.3.1 在时间线中插入或覆盖素材

在源监视器中创建插入或覆盖编辑很简单。首先，选择要在源监视器中编辑的素材。素材位于源监视器中后，就可以开始设置入点和出点。用户可以按照以下步骤在时间线中插入或覆盖素材。

01 在时间线中选择目标轨道，目标轨道是想让视频出现的地方。要选择目标轨道，单击轨道的左边缘，选定后的轨道边缘显示为圆角。

02 将当前时间指示器移动到需要创建插入或覆盖编辑的位置，这样插入或用于覆盖的素材就会出现在时间上序列中的这一点处。

03 要创建插入编辑，可单击“源监视器”面板中的“插入”按钮，或选择“素材→插入”菜单命令。要创建覆盖编辑，可单击“源监视器”面板中的“覆盖”按钮，或选择“素材→覆盖”菜单命令。

8.3.2 手动创建插入或覆盖编辑

喜欢使用鼠标的用户可以通过将素材直接拖至时间线来创建插入和覆盖编辑。

高手进阶：在时间线上创建插入编辑

- 素材文件：素材文件/第8章/05.mov、06.mov
- 案例文件：案例文件/第8章/高手进阶——在时间线上创建插入编辑.Prproj
- 视频教学：视频教学/第8章/高手进阶——在时间线上创建插入编辑.flv
- 技术掌握：在时间线上创建插入编辑的方法

扫码看视频

本例是介绍在时间线上创建插入编辑的操作，案例效果如图8-43所示，其制作流程如图8-44所示。

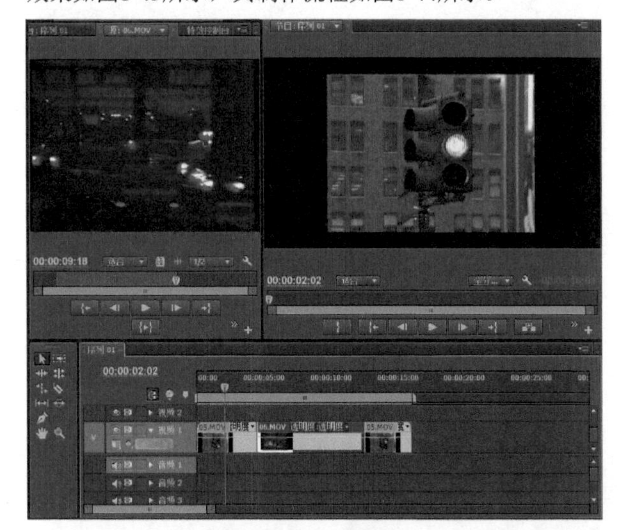

图8-43

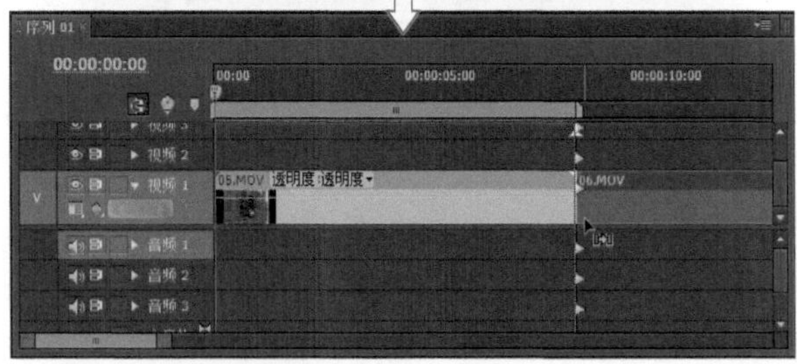

图8-44

【操作步骤】

01 在“项目”面板中导入一个素材（如05.mov），如图8-45所示，然后将该素材添加到“时间线”面板中的轨道中，如图8-46所示。

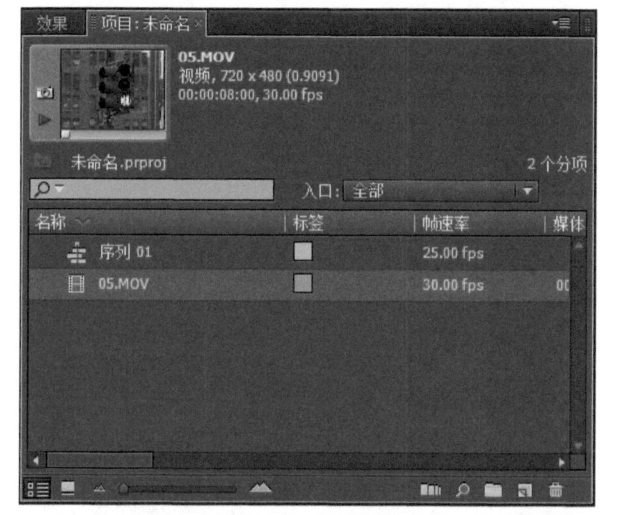

图8-45

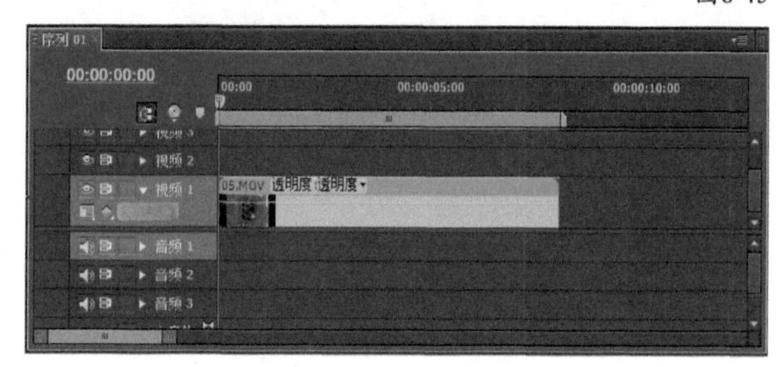

图8-46

02 导入另一个素材（如06.mov）到“项目”面板中，如图8-47所示，然后双击素材使其在“源监视器”面板中显示，如图8-48所示。

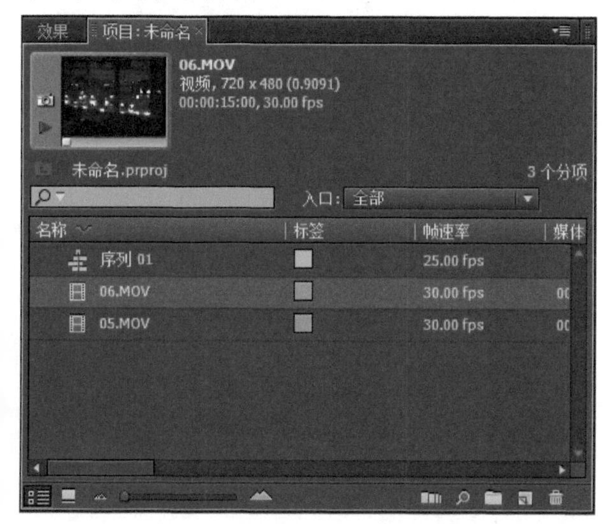

图8-47

图8-48

03 在“源监视器”面板中为TF06.mov素材设置入点和出点，如图8-49所示。

图8-49

04 按住Ctrl键的同时，单击素材并将它从源监视器或“项目”面板拖到时间线中的素材上，此时鼠标指针会变为插入图标（一个指向右边的箭头），如图8-50所示。

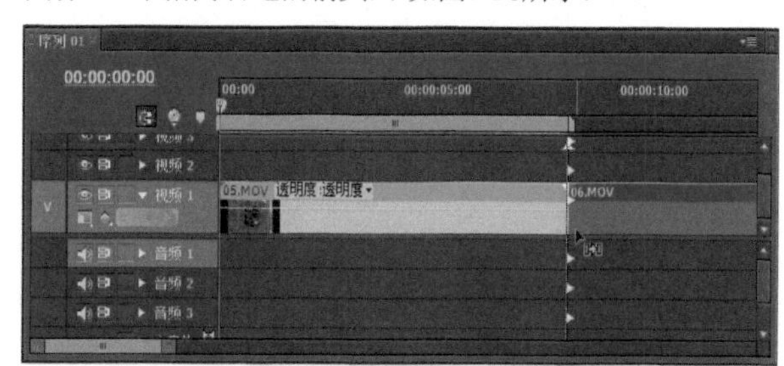

图8-50

05 在释放鼠标时（确保Ctrl键仍然按着），Premiere

Pro会将新素材插入时间线中，并将插入点上的影片推向右边，如图8-51所示。

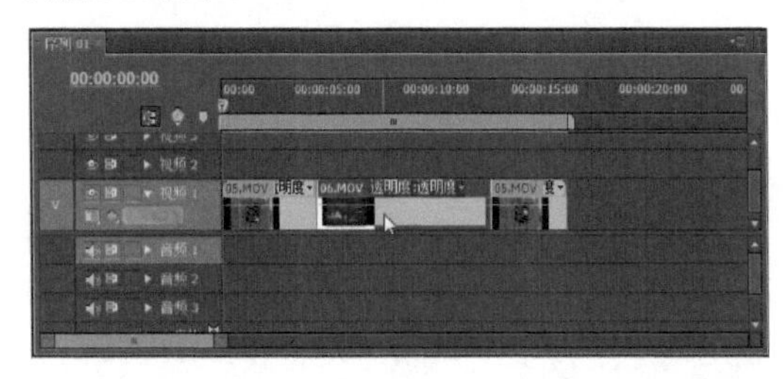

图8-51

06 单击“节目”监视器面板中的“播放-停止切换”按钮▶，可播放插入素材后的影片效果，如图8-52所示。

图8-52

高手进阶：在时间线上创建覆盖编辑

- 素材文件：素材文件/第8章/07.mov、08.mov
- 案例文件：案例文件/第8章/高手进阶——在时间线上创建覆盖编辑.Prproj
- 视频教学：视频教学/第8章/高手进阶——在时间线上创建覆盖编辑.flv
- 技术掌握：在时间线上创建覆盖编辑的方法

本例是介绍在时间线上创建覆盖编辑的操作，案例效果如图8-53所示，其制作流程如图8-54所示。

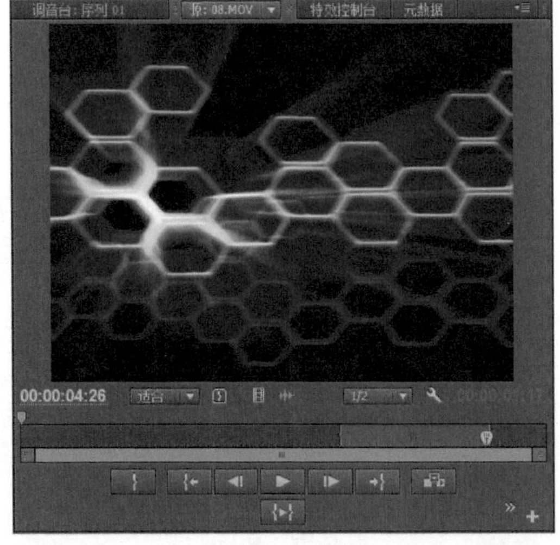

图8-53

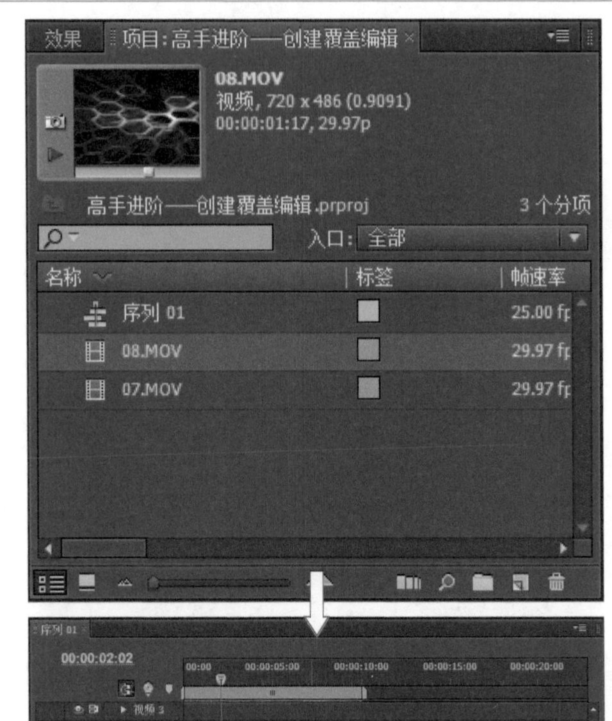

图8-54

【操作步骤】

01 与前面创建插入编辑相同，先将原素材添加到时间线上，然后在源监视器中为用于覆盖的素材设置入点和出点，如图8-55所示。

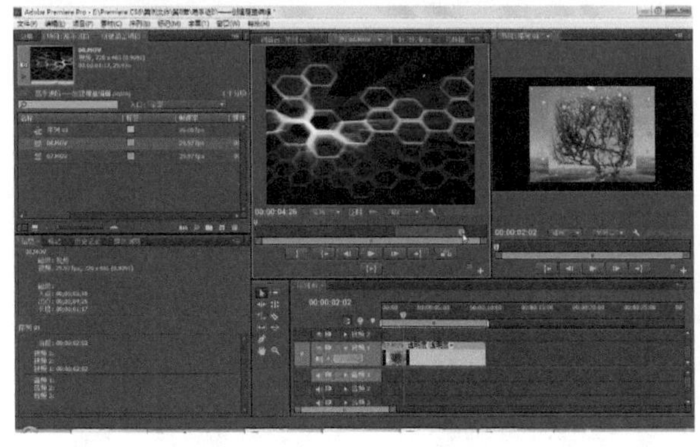

图8-55

02 单击素材并将它从源监视器或“项目”面板拖到时间线中的素材上，此时鼠标指针将变为覆盖图标（一个向下指的箭头），如图8-56所示。

03 释放鼠标时，Premiere Pro会将用于覆盖的素材放置在原素材的上方，并覆盖底层的视频，如图8-57所示。

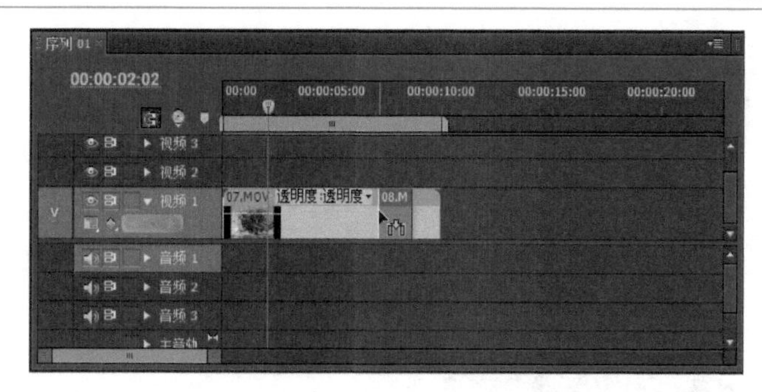

图8-56

图8-57

8.3.3 替换素材

如果已经编辑好素材并将它放置在时间线中，并且稍后需要用另一个素材替换该素材，那么可以替换原始素材并让Premiere Pro自动编辑替换素材，以便其持续时间与原始素材匹配。

要替换素材，可以按下Alt键，然后单击一个素材，并将它从“项目”面板拖到时间线中的另一个素材上方即可。还可以使用“源监视器”面板中的素材替换时间线中的素材，并使该素材从在“源监视器”面板中选择的帧开始。

新手练习：替换素材

- 素材文件：素材文件/第8章/05.mov、06.mov
- 案例文件：案例文件/第8章/新手练习——替换素材.Prproj
- 视频教学：视频教学/第8章/新手练习——替换素材.flv
- 技术掌握：替换素材的方法

扫码看视频

本例是介绍替换素材的操作，案例效果如图8-58所示，其制作流程如图8-59所示。

图8-58

图8-59

【操作步骤】

01 新建一个项目文件，导入并在时间线中添加素材，然后在时间线中选择想要替换的素材，如图8-60所示。

图8-60

02 在“源监视器”面板中添加一个素材，然后将当前时间指示器移到要用作起始替换帧的帧上，如图8-61所示。

03 选择“素材→素材替换”菜单命令，从展开的子菜单中可以选择用源监视器中显示的素材，或当前在“项目”

面板文件夹中选择的素材来替换时间线中当前选中的素材。这里选择用源监视器中显示的素材进行替换，效果如图8-62所示。

图8-61

图8-62

8.4 编辑素材

Premiere Pro的“时间线”面板提供了项目的图形表示形式，用户只需分析时间线视频序列中的效果和转场，即可获得作品的视觉效果，无需实际观看影片。Premiere Pro提供了将素材放入时间线的各种方法。

单击影片或图像，并将它们从“项目”面板拖到时间线中。

选择“项目”面板中的一个素材，然后选择“素材→插入”或“素材→覆盖”命令。素材被插入或覆盖到当前时间指示器所在的目标轨道上。在插入素材时，该素材被放到序列中，并将插入点所在的影片推向右边。在覆盖素材时，插入的素材将替换该影片。

双击“项目”面板中的素材，在“源监视器”面板中打开它，并为其设置入点和出点，然后单击“源监视器”面板中的“插入”或“覆盖”按钮，或者选择“素材→插入”或“素材→覆盖”命令，也可以单击素材并将它从“源监视器”面板拖至时间线。

这样可以替换时间线中的多个素材来创造自己的剪辑。

8.4.1 选择和移动素材

将素材放置在时间线中之后，作为编辑过程的一部分，可能还需要重新布置它们。用户可以选择一次移动一个素材，或者同时移动几个素材，还可以单独移动某个素材的视频或音频。要实现这一点，需要临时断开素材的连接。

● 使用“选择工具”

移动单个素材最简单的方法是使用“工具”面板中的“选择工具”单击该素材，然后在“时间线”面板中移动它。如果想让该素材吸附在另一个素材的边缘，那么请确保选中“吸附到边缘”选项，也可以选“序列吸附”菜单命令，或者单击时间线面板左上角的“吸附”按钮。在选中素材之后，就可以通过单击和拖动来移动它们，或者按Delete键从序列中删除它们。

使用“工具”面板中的“选择工具”可以进行以下操作。

要选择素材，可以激活“选择工具”并单击素材。

要选择多个素材，可以按住Shift键单击想要选择的素材，或者通过单击并拖动创建一个包围所选素材的选取框，在释放鼠标之后，选取框中的素材将被选中（使用此方法可以选择不同轨道上的素材）。

如果想选择素材的视频部分而不要音频部分，或想选择音频部分而不要视频部分，可以按下Alt键并单击视频或音频轨道。

要添加或删除一个素材或素材的某部分，可以按下Shift键单击并拖动环绕素材的选取框。

小技巧

选择素材，然后按下数字键盘上的+或—，然后输入要移动的帧数并按Enter键，可以在时间线中将素材中特定数量的帧向右或向左移动。

● 使用“轨道选择工具”

如果想快速选择某个轨道上的几个素材，或者从某个轨道中删除一些素材，可以使用“工具”面板中的“轨道选择工具”。

“轨道选择工具”不会选择轨道上的所有素材，它选择单击点之后的所有素材。因此，如果将4个素材放在时间线上并且想选择后面的两个，那么可以单击第三个素材。图8-63显示了使用轨道选择工具选择的素材。

图8-63

如果要快速选择不同时间线轨道上的多个素材，在按住Shift键同时，使用“轨道选择工具”单击一个轨道，这样可选择从第一次单击点开始的所有轨道上的全部素材，此时光标将变为双箭头状态，如图8-64所示。

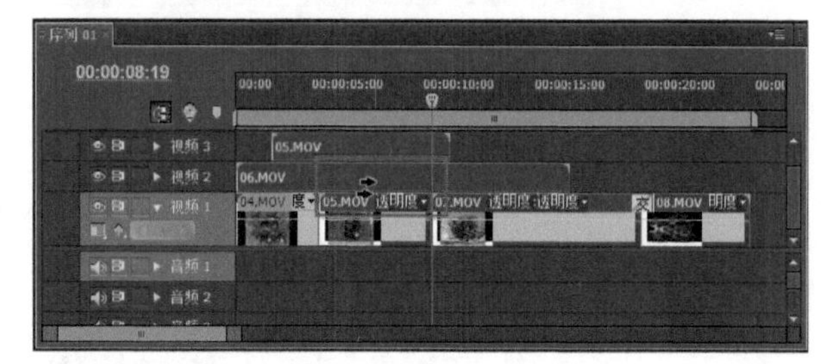

图8-64

8.4.2 激活和禁用素材

在编辑过程中，在“节目监视器”中播放项目时，有不想看到的素材视频。此时无需删除素材，可以将其禁用，这样也可以避免将其导出。

新手练习：激活和禁用素材

- 素材文件：素材文件/第8章/04.mov
- 案例文件：案例文件/第8章/新手练习——激活和禁用素材.Prproj
- 视频教学：视频教学/第8章/新手练习——激活和禁用素材.flv
- 技术掌握：激活和禁用素材的方法

扫码看视频

本例是介绍在时间线上激活和禁用素材的操作，案例效果如图8-65所示。

图8-65

【操作步骤】

01 在“项目”面板中导入一个素材（如“04.mov”），如图8-66所示，然后将该素材添加到“时间线”面板的视频轨道中，如图8-67所示。

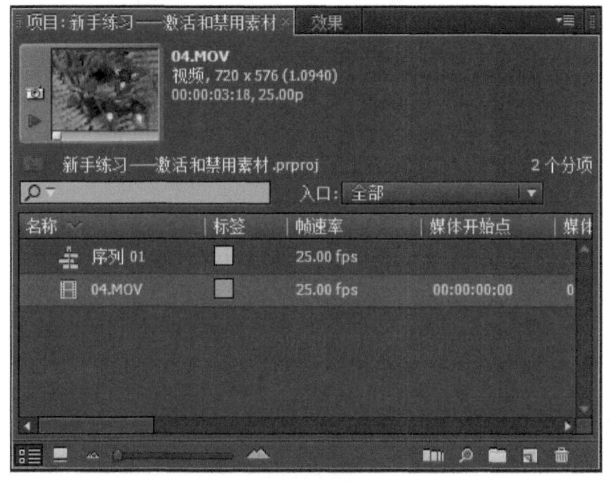

图8-66

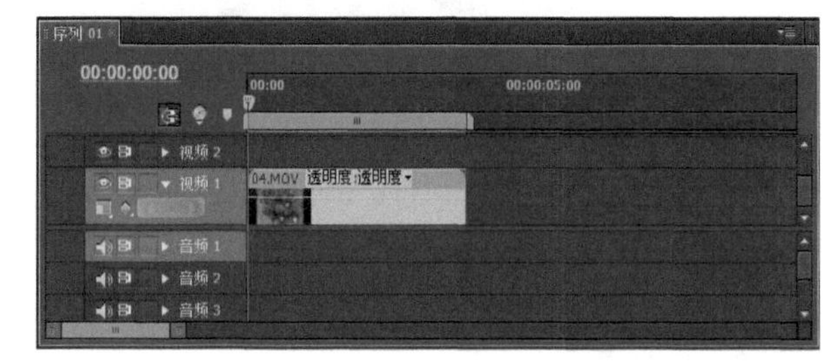

图8-67

02 在“时间线”面板中选中素材，然后选择“素材→启用”命令，如图8-68所示，“启用”菜单项上的复选标记将被移除，这样可以将素材设置为禁用状态，禁用的素材名称将显示为灰色文字，并且该素材不能在“节目监视器”面板中显示，如图8-69所示。

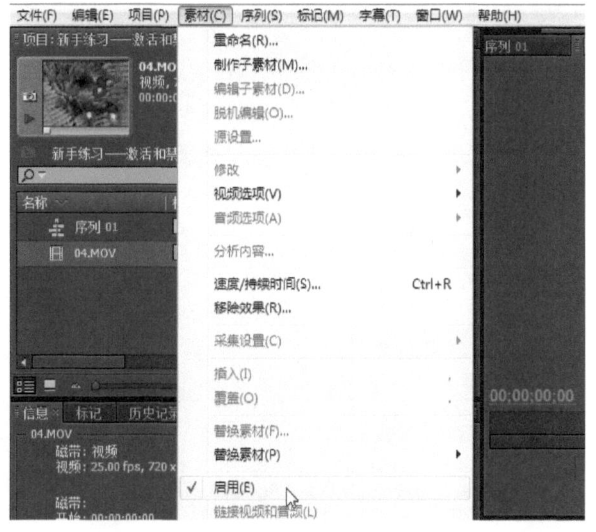

图8-68

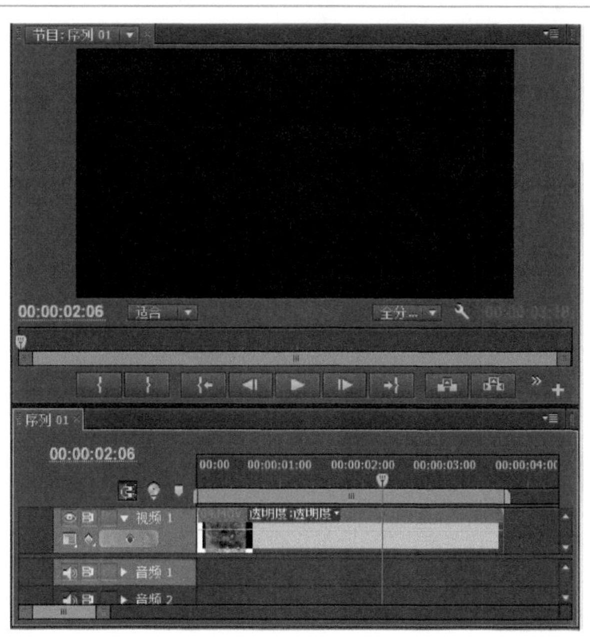

图8-69

03 重新激活素材。可以再次选择“素材→启用”命令，将素材设置为最初的激活状态，该素材便可以在“节目监视器”面板中显示，如图8-70所示。

图8-70

8.4.3 自动匹配到序列

Premiere Pro的“自动匹配序列”命令提供一种在时间线中编排项目的快速方法。自动匹配序列不仅可以将素材从“项目”面板放置到时间线中，还可以在素材之间添加默认转场。因此，可以将此命令视为创建快速粗剪的有效方法。但是，如果“项目”面板中的素材包含太多无关影片，那么最佳选择是在执行序列自动化之前修整“源监视器”面板中的素材。

新手练习：自动匹配到序列

- 素材文件：素材文件/第8章/04.mov、05.mov、06.mov
- 案例文件：案例文件/第8章/新手练习——自动匹配到序列.Prproj
- 视频教学：视频教学/第8章/新手练习——自动匹配到序列.flv
- 技术掌握：自动匹配到序列的方法

本例是介绍在时间线上激活和禁用素材的操作，案例效果如图8-71所示。

图8-71

【操作步骤】

01 在“项目”面板中导入素材，然后将部分素材添加到“时间线”面板中，并将当前时间指示器移动到时间线中想作为影片起始位置的地方，如图8-72所示。

图8-72

02 选择“项目”面板中想要自动匹配到“时间线”面板中的素材，如图8-73所示。

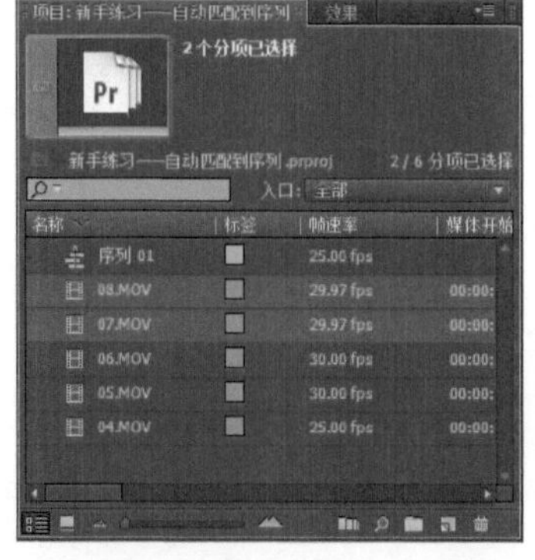

图8-73

小技巧

要选择一组相邻的素材，可以单击要包含在序列中的第一个素材，然后按下Shift键的同时，单击要包含在序列中的最后一个素材。

03 要将选定的素材添加到时间线中，可以选择“项目→自动匹配序列”菜单命令，或者选择“项目”面板菜单中的“自动匹配序列”命令，打开“自动匹配序列”对话框，如图8-74中所示。

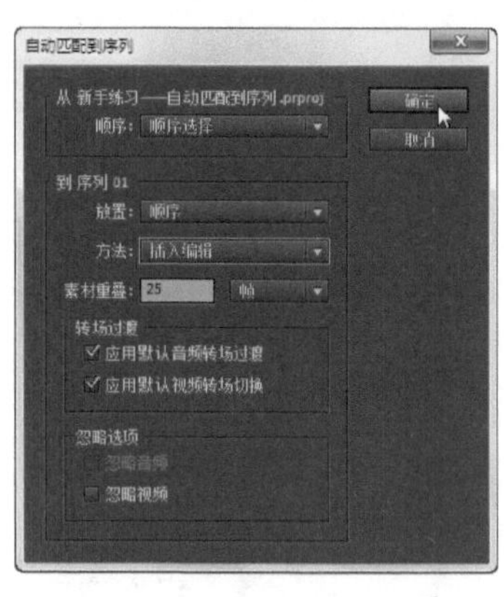

图8-74

【参数介绍】

“自动匹配序列”对话框中各选项的功能如下。

顺序：此选项用于选择是按素材在“项目”面板中的排列顺序对它们进行排序，还是根据在“项目”面板中选择它们的顺序进行排序。

放置：选择按顺序对素材进行排序，或者选择按时间线中的每个未编号标记排列。如果选择“未编号标记”选项，那么Premiere Pro将禁用该对话框中的“转场过渡”选项。

方法：此选项允许选择“插入编辑”或“覆盖编辑”。如果选择“插入编辑”选项，那么已经在时间线中的素材将向右推移。如果选择“覆盖编辑”选项，那么来自“项目”面板的素材将替换时间线中的素材。

素材重叠：此选项用于指定将多少秒或多少帧用于默认转场。在30帧长的转场中，15帧将覆盖来自两个相邻素材的帧。

转场过渡：此选项应用目前已设置好的素材之间的默认切换转场。

忽略音频：如果选择此选项，那么Premiere Pro不会放置连接到素材的音频。

忽略视频：如果选择此选项，那么Premiere Pro不会将视频放置在时间线中。

04 在“自动匹配序列”对话框中，选择控制素材放置在时间线上的方式，然后单击“确定”按钮，即可完成操作，自动匹配到序列后的效果如图8-75所示。

图8-75

小 技 巧

可以将从项目面板中选择的素材按顺序放置在时间线中。首先，要对项目面板中的素材进行排序，以便它们按您想在时间线中看到它们的顺序出现。按住Shift键并单击素材，选择项目面板中的多个素材，然后将其中一个素材拖到时间线中。这样，素材在时间线中的放置顺序将与它们出现在项目面板中的顺序相同。

8.4.4 素材编组

如果需要多次选择相同的素材，则应该将它们放置在一个组中。在创建素材组之后，可以通过单击任意组编号选择该组的每个成员。还可以通过选择该组的任意成员并单击Delete键来删除该组中的所有素材。

要创建素材组，首先在“时间线”面板中选择需要编为一组的素材，然后选择“素材→编组”菜单命令即可，如图8-76所示。这样当选择组中的其中一个素材时，该组中的其他素材也会同时被选取。

要取消素材的分组，首先在“时间线”面板中选择素材组，然后选择“素材→解组”菜单命令即可。

图8-76

小 技 巧

如果将时间线上已经编组的素材移动到另一个素材，比如连接其音频素材的视频素材，那么连接的素材将移动到一起。

8.4.5 锁定与解锁轨道

在“时间线”面板中，可以通过锁定轨道的方法，使指定轨道中的素材内容暂时不能被编辑。

锁定视频轨道

可将光标移动到需要锁定的视频轨道上，然后单击视频轨道左侧的“轨道锁定开关”图标，在出现一个锁定轨道标记后，表示该轨道已经被锁定了，如图8-77所示。锁定后的轨道上将出现灰色的斜线。

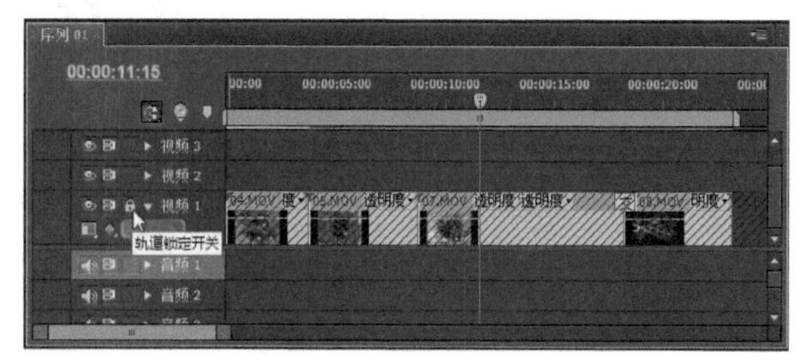

图8-77

锁定音频轨道

锁定音频轨道的方法与锁定视频轨道相似，单击音频轨道左侧的“轨道锁定开关”图标，在出现锁定轨道标记后，表示该音频轨道已被锁定，如图8-78所示。

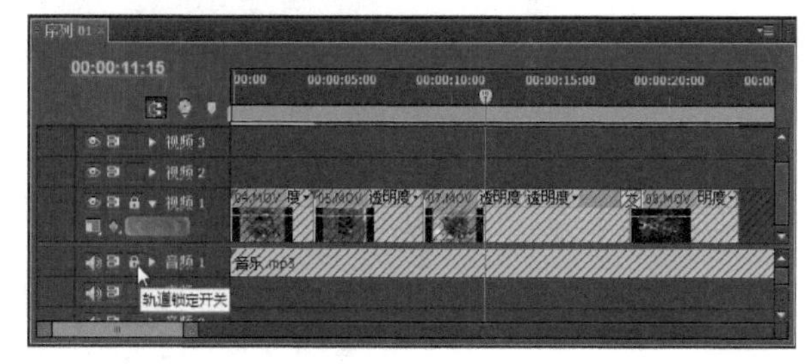

图8-78

解除轨道的锁定

要解除轨道的锁定状态，可直接单击被锁定轨道左侧的“轨道锁定开关”图标，解除锁定后就可以对该轨道进行编辑操作了。

8.5 设置入点和出点

当熟悉如何选择时间线中的素材后，用户就可以通过“选择工具”或使用标记为素材设置入点和出点来执行编辑。

8.5.1 使用“选择工具”设置入点和出点

在“时间线”面板中执行编辑最简单的方法是使用“选择工具”设置入点和出点。本节将介绍使用“选择工具”设置入点和出点的方法。

新手练习：设置入点和出点

- 素材文件：素材文件/第8章/04.mov、05.mov、06.mov
- 案例文件：案例文件/第8章/新手练习——设置入点和出点.Prproj
- 视频教学：视频教学/第8章/新手练习——设置入点和出点.flv
- 技术掌握：使用“选择工具”设置入点和出点的方法

扫码看视频

本例是介绍使用“选择工具”设置入点和出点的操作，案例效果如图8-79所示。

图8-79

【操作步骤】

01 在“项目”窗口中导入素材，并将素材添加到“时间线”面板中，然后单击“工具”面板中的“选择工具”，如图8-80所示。

图8-80

02 设置素材的入点，可以将“选择工具”移到时间线中素材的左边缘，选择工具将变为一个向右的边缘图标，如图8-81所示。

图8-81

03 单击素材边缘，并将它拖动到想作为素材开始点的地方，即可设置素材的入点。在单击并拖动素材时，一个时间码读数会显示在该素材旁边，显示编辑更改，并且“节目监视器”面板中的显示更改为显示素材的入点，如图8-82所示。

图8-82

04 设置素材的出点，将“选择工具”移动到时间线中素材的右边缘，此时选择工具变为一个向左的边缘图标，如图8-83所示。

图8-83

05 单击素材边缘，并将它拖动到想作为素材结束点的地方，即可设置素材的出点。在单击并拖动素材时，一个时间码读数会显示在该素材旁边，显示编辑更改，如图8-84所示。

图8-84

8.5.2 使用“剃刀工具”切割素材

如果想快速创建入点和出点，可以使用“剃刀工具”将素材切割成两片，具体操作方法如下。

将当前时间指示器移动到想要切割的帧上。在“工具”面板中选择“剃刀工具”并单击该帧，如图8-85所示，即可切割目标轨道上的影片，如图8-86所示。

图8-85

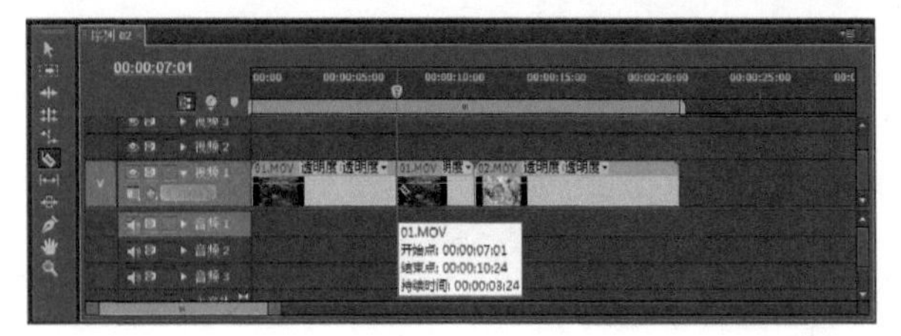

图8-86

8.5.3 调整素材的排列

编辑时，有时需要抓取时间线中的某个素材，以便将其放置在到另一个区域。如果这样做，就会在移除影片的地方留下一个空隙，这就是所谓的“提升”编辑。与“提升”编辑对应的是“提取”编辑，该编辑在移除影片之后闭合间隙。Premiere Pro提供了一个节省时间的键盘命令，该命令将“提取”编辑与“插入”编辑或“覆盖”编辑组合在一起。

“插入”编辑重排影片

要使用“提取”编辑和“插入”编辑重排影片，可以按下Ctrl键的同时，将一个素材或一组选中的素材拖动到新位置，然后释放鼠标，最后释放Ctrl键。例如，图8-87所示为原素材排列效果，图8-88所示为使用“提取”和“插入”编辑重排影片的效果。

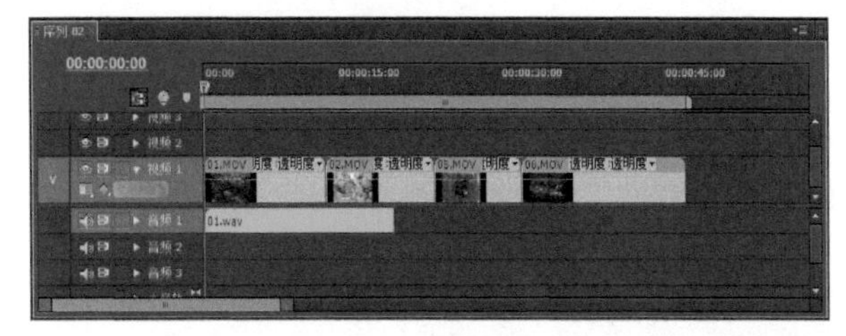

图8-87

图8-88

“覆盖”编辑重排影片

要使用“提取”编辑（闭合间隙）和“覆盖”编辑重排影片，按下Ctrl键的同时，将一个素材或一组选中的素材拖动到新位置，然后释放Ctrl键，最后释放鼠标即可。例如，图8-89所示为原素材排列效果，图8-90所示为使用“提取”和“覆盖”编辑重排影片的效果。

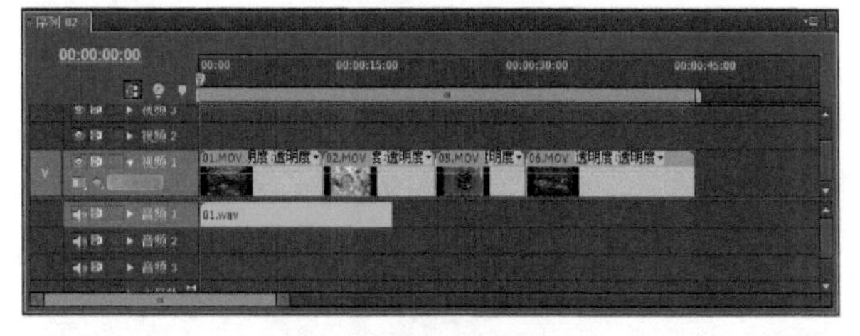

图8-89

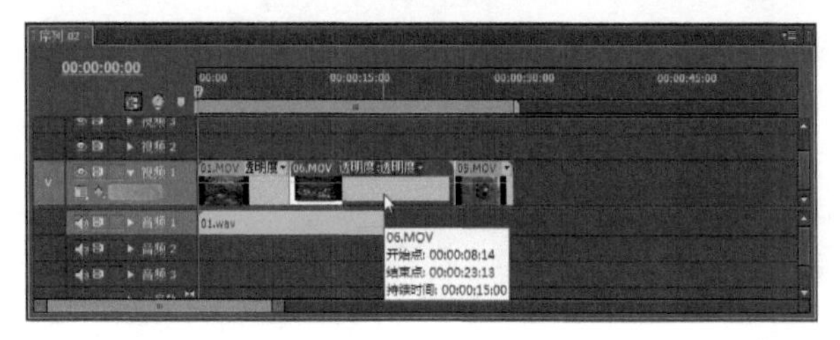

图8-90

8.5.4 为序列设置入点和出点

用户还可以在当前选中的序列中执行基本编辑。使用“标记→标记入点”和“标记→标记出点”菜单命令设置入点和出点。这些命令设置用作时间线序列起点和终点的入点和出点。

新手练习：为当前序列设置入点和出点

- 素材文件：素材文件/第8章/01.mov、06.mov
- 案例文件：案例文件/第8章/新手练习——为当前序列设置入点和出点.Prproj
- 视频教学：视频教学/第8章/新手练习——为当前序列设置入点和出点.flv
- 技术掌握：为当前序列设置入点和出点的方法

扫码看视频

本例是介绍为当前序列设置入点和出点的操作，案例效果如图8-91所示。

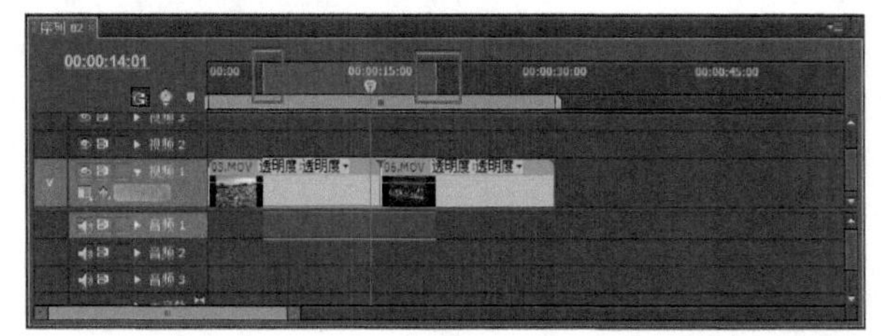

图8-91

【操作步骤】

01 在“项目”面板中导入素材，然后将素材添加到“时间线”面板中，再将当前时间指示器拖动到要设置为序列入点的位置，如图8-92所示。

图8-92

02 选择“标记→标记入点”菜单命令，在时间线标尺线上的相应时间位置处即可出现一个“入点”图标，如图8-93所示。

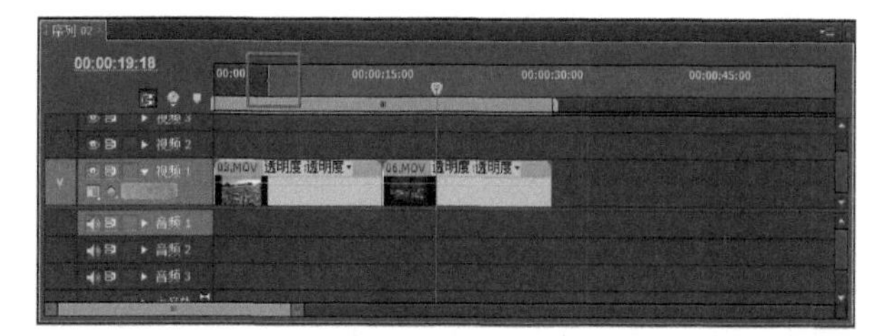

图8-93

03 将当前时间指示器拖动到要设置为序列出点的位置。然后选择“标记→标记出点”菜单命令，在时间线标尺线上的相应时间位置处即可出现一个“出点”图标，如图8-94所示。

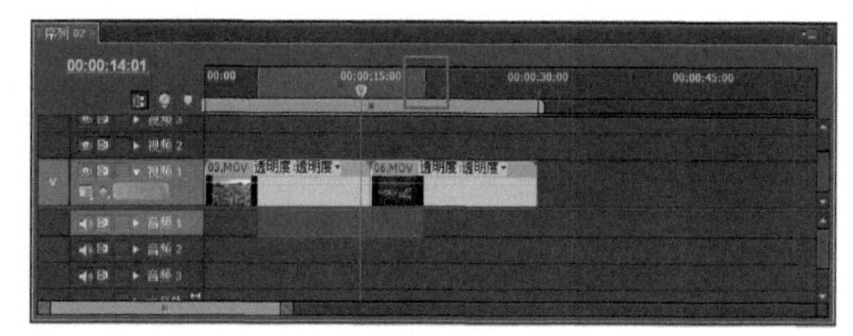

图8-94

04 在为当前序列设置入点和出点之后，就可以通过在“时间线”面板中单击并拖动来移动它们，如图8-95所示为移到入点标记的效果。

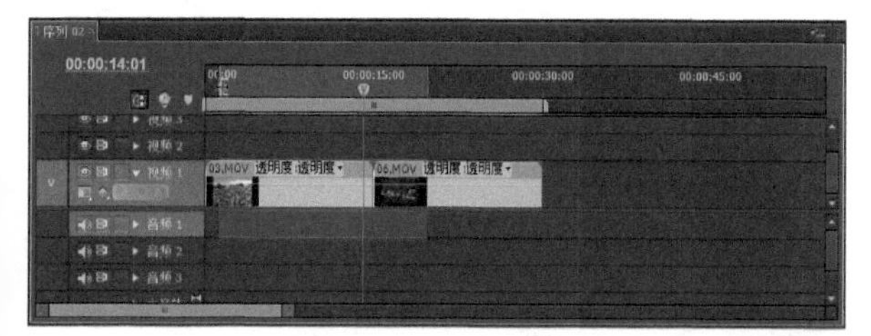

图8-95

在创建序列标记之后，可以使用以下菜单命令轻松清除它们。

要同时清除入点和出点，请选择“标记→清除入点和出点”菜单命令。

若只清除入点，请选择“标记→清除入点”菜单命令。

若只清除出点，请选择“标记→清除出点”菜单命令。

8.5.5 提升和提取编辑标记

在创建序列标记之后，可以将它们用作“提升”编辑和“提取”编辑的入点和出点，这将从“时间线”面板中移除一些帧。

通过执行序列“提升”或“提取”命令，可以使用序列标记从时间线中轻松移除素材片段。在执行“提升”编辑时，Premiere Pro从时间线提升出一个片段，然后在已删除素材的地方留下一个空白区域。在执行“提取”操作时，Premiere Pro移除素材的一部分，然后将剩余素材部分的帧汇集在一起，因此不存在空白区域。

高手进阶：提升和提取序列标记

- 素材文件：素材文件/第8章/01.mov、06.mov
- 案例文件：案例文件/第8章/高手进阶——提升和提取序列标记.Prproj
- 视频教学：视频教学/第8章/高手进阶——提升和提取序列标记.flv
- 技术掌握：在序列标记处执行提升和提取编辑的方法

扫码看视频

本例是介绍在序列标记处执行提升和提取编辑的操作，案例效果如图8-96和图8-97所示。

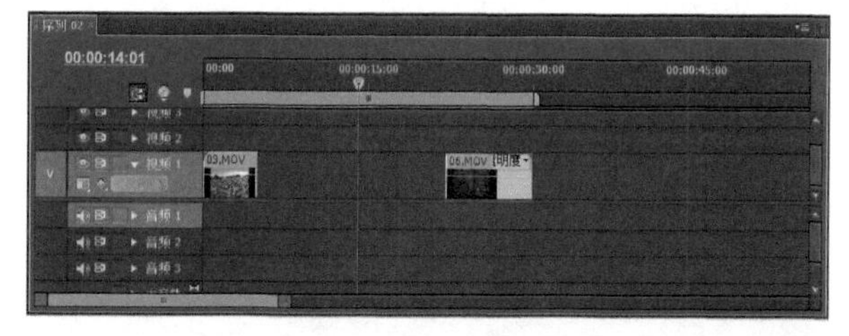

图8-96

图8-97

【操作步骤】

01 参照8.5.4介绍的方法，在“时间线”面板中创建序列的入点和出点标记，如图8-98所示。

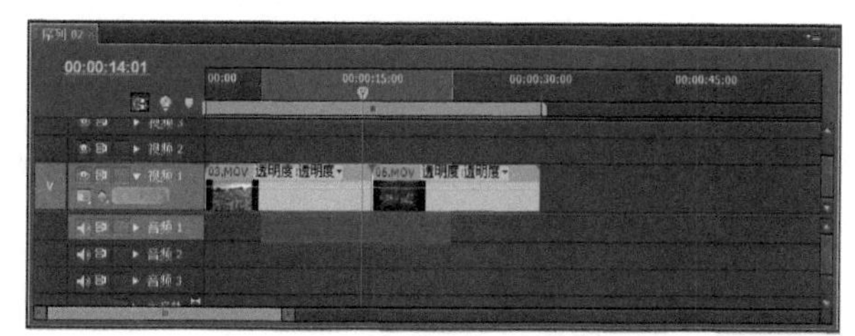

图8-98

02 选择“序列→提升”菜单命令，或单击“节目监视器”面板中的“提升”按钮，即可完成提升编辑操作，此时Premiere Pro将移除由入点标记和出点标记划分出的区域，并在时间线中留下一个空白区域，如图8-99所示。

图8-99

03 执行“编辑→撤销”菜单命令，或按下Ctrl+Z组合键，撤销上一步的“提升”编辑操作，使素材回到“提升”编辑前的状态，如图8-100所示。

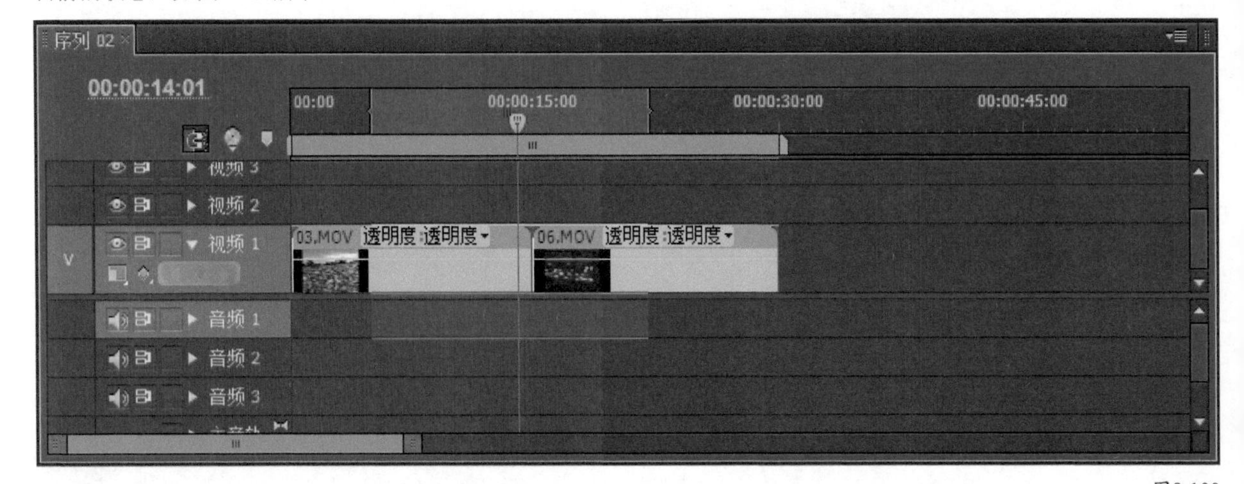

图8-100

04 选择“序列→提取”菜单命令，或单击节目监视器中“提取”按钮，即可完成提取编辑操作，此时Premiere Pro将移除由入点标记和出点标记划分出的区域，并将已编辑的部分连接在一起，如图8-101所示。

图8-101

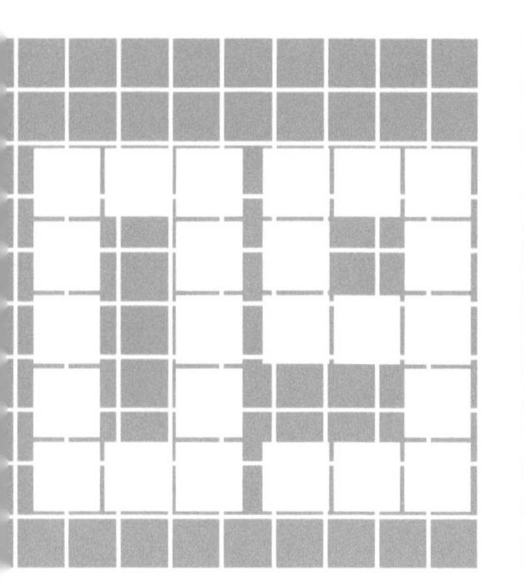

第9章 了解和应用“视频切换”效果

要点索引

本章概述

对于动作素材或者将取景器从一个地方移动到另一个地方的素材而言，在视频作品中从一个场景切换到另一个场景就是一次极好的转场。但是，想传达时间的推移，或者想创建从一个场景逐渐切入另一个场景的效果时，只有简单的剪切是不够的。要从艺术上表达时间的推移，可能需要使用交叉叠化，将一个素材逐渐淡入另一个素材中。要获得更多生动和意想不到的效果，可以使用时钟擦除效果。在使用此效果时，场景绕轴转动出现在屏幕上，就像是用时钟的指针扫入画面中一样。

无论是试着从黑夜进入白昼、从白昼进入黑夜、青年变成老人，还是想用从一个场景过渡到另一个场景的特效吸引观众，您都会发现Adobe Premiere Pro的视频切换效果正是您需要的。本章将对其进行介绍。

9.1 使用“视频切换”效果

“效果”面板中的“视频切换”效果文件夹中存储了70多种不同的切换效果。要查看视频切换效果文件夹，可以选择“窗口→效果”命令。要查看切换效果种类列表，可以单击“效果”面板中“视频切换”效果文件夹前面的三角形图标。

“效果”面板将所有视频切换效果有组织地放入子文件夹中，如图9-1所示。要查看“切换效果”文件夹中的内容，可以单击文件夹左边的三角形图标。在文件夹被打开时，三角形图标会指向下方，如图9-2所示的“视频切换”和“三维运动”文件夹，单击指向下方的三角形图标可以关闭文件夹。

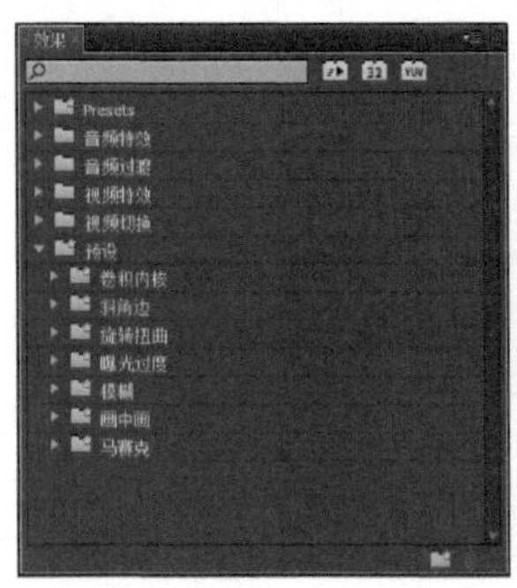

图9-1

图9-2

9.1.1 使用和管理“视频切换”效果文件夹

“效果”面板可以帮助用户找到切换效果并使它们有序化。在“效果”面板中用户可以进行如下操作。

要查找某个视频切换效果，单击“效果”面板中的查找字段，然后键入切换效果的名称即可，如图9-3所示。

要组织文件夹，可以创建新的自定义文件夹，将最常使用的切换效果组织在一起。要创建新的自定义文件夹，可以单击“效果”面板底部的“新建自定义文件夹”按钮，如图9-4所示，或者在该面板菜单中选择“新建预设文件夹”命令。

图9-3

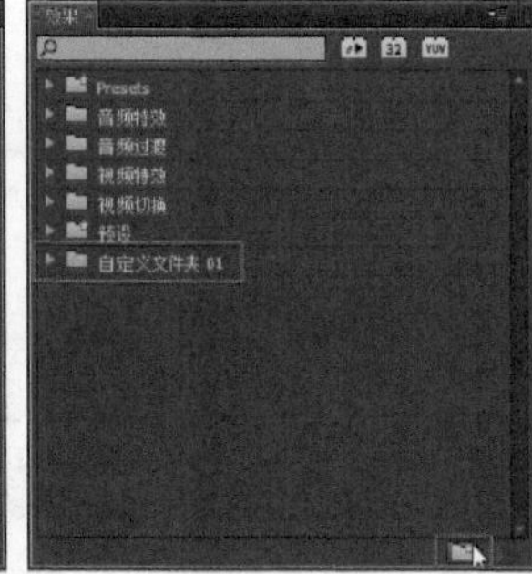

图9-4

要重新命名自定义文件夹，在自定义文件夹名称上单击两次，然后键入新名称即可。

要删除自定义文件夹，可以单击文件夹将其选中，然后单击“删除自定义分项”图标，或者从面板菜单中选择“删除自定条目”命令。当“删除分项”对话框出现时，单击“确定”按钮即可。

“效果”面板还用于设置默认切换效果。在默认情况下，视频切换效果被设置为“交叉叠化”，默认切换效果的图标有一个黄色的边框，如图9-5所示。

视频切换效果的默认持续时间被设置为25帧。要更改默认切换效果的持续时间，单击“效果”面板菜单中的“设置默认过渡持续时间”命令，在弹出的“首选项”对话框的“常规”设置中，修改“视频切换默认持续时间”参数，如图9-6所示，然后单击“确定”按钮，即可更改。

图9-5

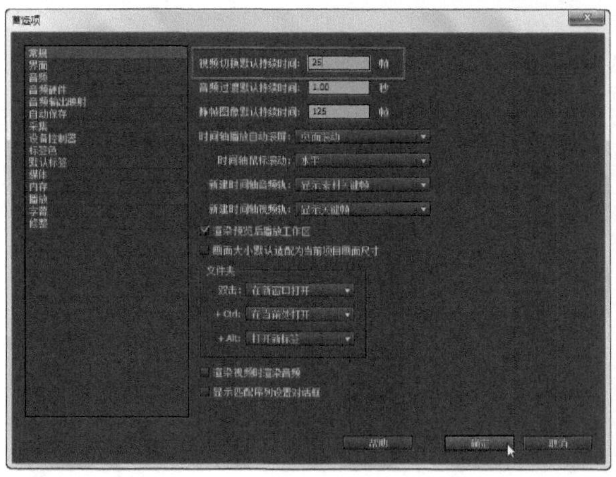

图9-6

知识窗：如何设置默认的视频切换

要选择新的切换效果作为默认切换效果，可以先选择一个视频切换效果，然后单击“效果”面板菜单中的“设置所选择为默认过渡”命令。

9.1.2 应用视频切换效果

Premiere Pro允许以传统视频编辑方式应用切换效果，用户只需将切换效果放入轨道中的两个素材之间即可。切换效果使用第一个素材出点处的额外帧和第二个素材入点处的额外素材之间的区域作为切换效果区域。在使用单轨道编辑时，素材出点以外的额外帧以及下一个素材入点之前的额外帧之间的区域均被用作切换效果区域（如果没有额外的帧可用，Premiere Pro允许重复创建结束帧或起始帧）。

图9-7所示为一个示例切换效果项目及其面板。在“时间线”面板中，可以看到用于创建切换效果项目的两个视频素材。通过在这两个素材之间应用“交叉叠化”效果，使前一个素材逐渐淡出到后一个素材。

应用切换效果后，在“信息”面板中将显示关于选中切换效果的信息。在“特效控制台”面板中将显示选中切换效果的选项，并且在“节目监视器”面板中，可以看到选中切换效果的预览。

图9-7

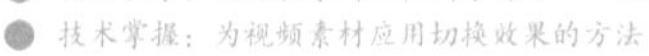

小技巧

效果工作区有助于组织处理切换效果时需要显示在屏幕上的所有窗口和面板。要将工作区设置为“效果”工作区，可以选择“窗口→工作区→效果”命令。

新手练习：应用切换效果

- 素材文件：素材文件/第9章/01.mov、02.mov、03.mov
- 案例文件：案例文件/第9章/新手练习——应用切换效果.Prproj
- 视频教学：视频教学/第9章/新手练习——应用切换效果.flv
- 技术掌握：为视频素材应用切换效果的方法

扫码看视频

本例是介绍为视频素材应用切换效果的操作，案例效果如图9-8所示，该案例的制作流程如图9-9所示。

图9-8

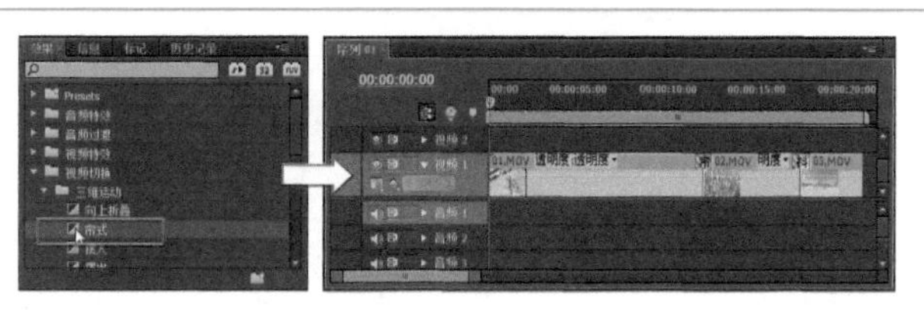

图9-9

【操作步骤】

01 选择“文件→新建→项目”命令，在“新建项目”对话框中设置项目的存储位置和文件名，然后单击“确定”按钮，如图9-10所示，在打开的“新建序列”对话框中选择一个预置或创建一个自定义设置，再单击“确定”按钮创建一个新序列，如图9-11所示。

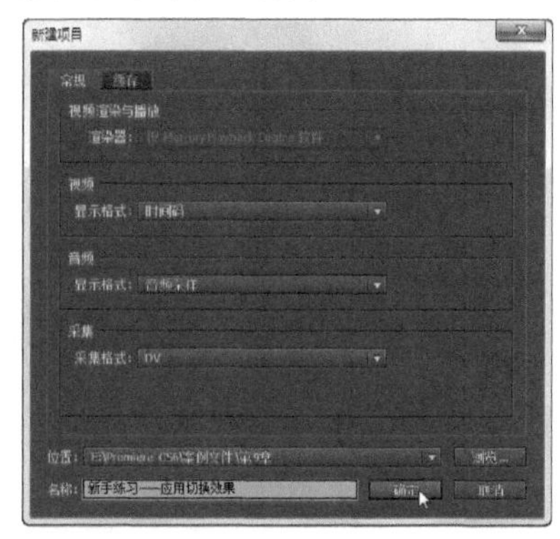

图9-10

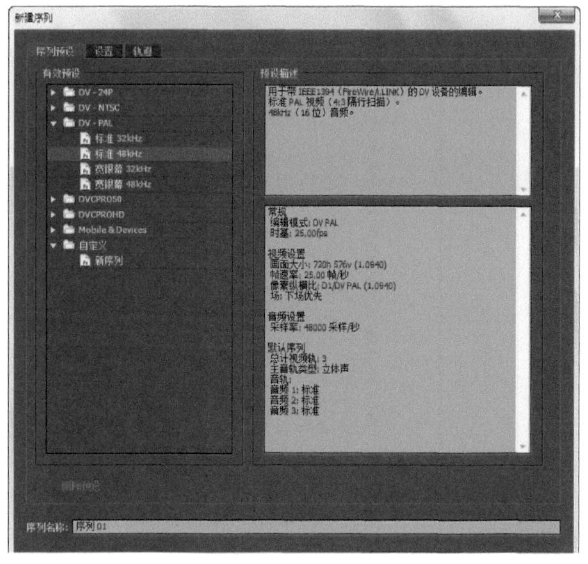

图9-11

02 选择“窗口→效果”命令，打开“效果”面板。然后选择“窗口→工作区→效果”命令，将Premiere Pro的工作区设置为“效果”模式。在“效果”工作区中，可以将应用和编辑切换效果所需的面板都显示在屏幕上，如图9-12所示。

图9-12

03 选择“文件→导入”命令，在“导入”对话框中选择想要导入的素材，然后单击“打开”按钮，如图9-13所示，将视频素材导入“项目”面板，如图9-14所示。

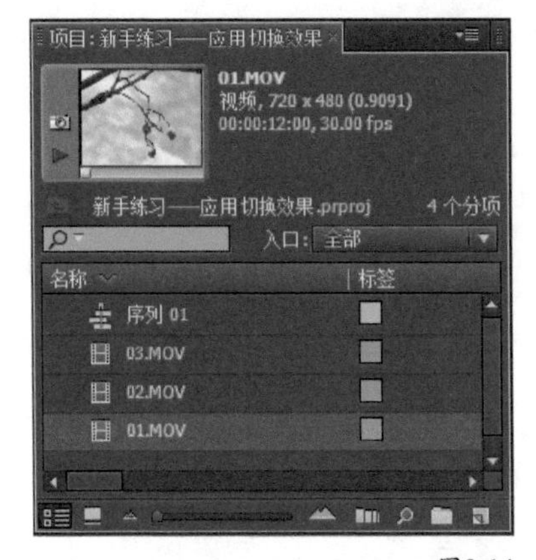

图9-13

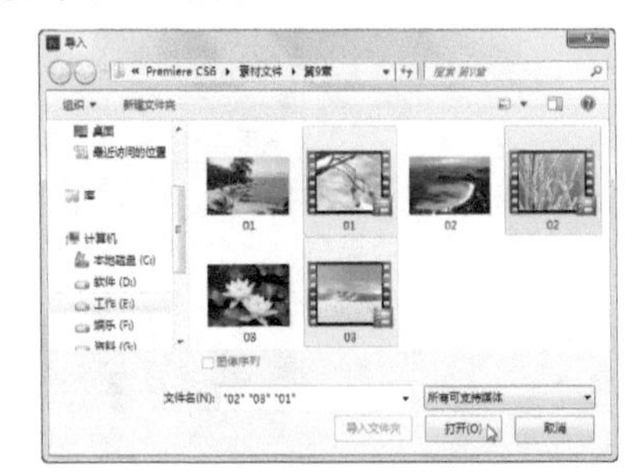

图9-14

04 将视频素材从“项目”面板中拖入到“时间线”面板的视频1轨道中，如图9-15所示。

图9-15

05 在“效果”面板中选择一个切换效果，如图9-16所示的“帘式”三维运动切换效果，然后将它拖至前两个素材的交会处，此时切换效果将被放入轨道中，并会突出显示发生切换的区域，如图9-17所示。

图9-16　　图9-17

06 在“效果”面板中选择另一个切换效果，如图9-18所示的“抖动”叠化切换效果，然后将它拖至后两个素材的交汇处，如图9-19所示。

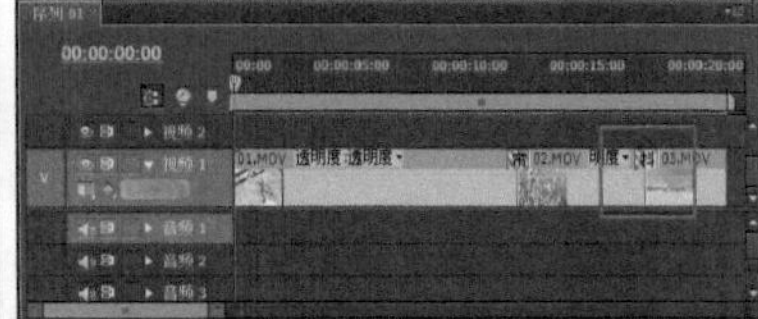

图9-18　　图9-19

07 在“节目监视器”面板中播放的影片效果如图9-20所示。

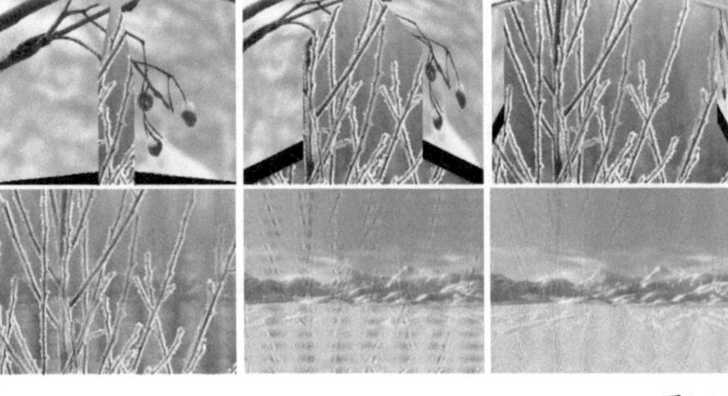

图9-20

9.1.3 编辑视频切换效果

应用切换效果之后，就可以在“时间线”面板中编辑它，或者使用“特效控制台”面板进行编辑。要编辑切换效果，首先需要在“时间线”面板中选中它，然后移动切换效果的对齐方式或更改其持续时间。

● 更改切换效果的对齐方式

要使用“时间线”面板更改切换效果的对齐方式，可以单击切换效果并向左或向右拖动它，或者让它居中。向左拖动，可将切换效果与编辑点的结束处对齐。向右拖动，可将切换效果与编辑点的开始处对齐。在让切换效果居中时，需要将切换效果放置在编辑点范围内的中心。

“特效控制台”面板允许进行更多的编辑更改。要使用“特效控制台”面板更改切换效果的对齐方式，可以先双击“时间线”面板中的切换效果，然后选中“显示实际来源”复选框，再从“对齐”下拉列表中选择一个选项来更改切换效果的对齐方式。

要创建自定义对齐方式，可以手动移动“特效控制台”面板时间线中的切换效果，如图9-21所示。

图9-21

更改切换效果的持续时间

在“时间线”面板中，通过拖动切换效果其中一个边缘，可以增加或减少应用切换效果的帧数。为了精确起见，可以确保在时间线上进行调整时使用“信息”面板。

要使用“特效控制台”面板更改切换效果的持续时间，首先双击“时间线”面板中的切换效果，然后单击并拖动“持续时间”值来更改持续时间。切换效果的对齐方式和持续时间可以一起使用。更改切换效果持续时间所得到的结果会受对齐方式的影响。

在将对齐方式设置为“居中于切点”或“自定开始”时，更改持续时间值对入点和出点都有影响。

在将对齐方式设置为“开始于切点”时，更改持续时间值对出点有影响。

在将对齐方式设置为“结束于切点”时，更改持续时间值对入点有影响。

除了使用持续时间值更改切换效果的持续时间以外，还可以手动调整切换效果的持续时间，方法是单击切换效果的左边缘或右边缘并向内或向外拖动，如图9-22所示。

图9-22

更改切换效果的设置

许多切换效果包含用于更改切换效果在屏幕上的显示方式的设置选项。在将切换效果应用于素材后，在“特效控制台”面板底部可以进行切换效果的设置，如图9-23所示是应用“反转”切换效果的设置。

图9-23

在应用切换效果之后，可以单击“特效控制台”面板中的“反转”复选框来编辑切换方向。默认情况下，素材切换是从第一个素材切换到第二个素材（A到B）。偶尔可能需要创建从场景B到场景A的切换效果，即使场景B出现在场景A之后。

要查看切换效果的预览，可以单击并拖动“开始”或“结束”滑块。要查看窗口中预览的实际素材，可以选择“显示实际来源”复选框，然后单击并拖动“开始”或“结束”滑块。要预览切换效果，则单击“播放转场切换效果”按钮。

许多切换效果允许反转使用效果。例如，“三维运动”文件夹中的“帘式”效果，通常将切换效果应用于屏幕上的素材A—打开窗帘显示素材B。但是，通过单击“特效控制台”面板底部的“反转”复选框，可以关闭窗帘来显示素材B。“门”切换效果与此非常类似，通常是打开门来显示素材B。但是，如果单击“反转”复选框，则是关闭门来显示素材A。

还有一些切换效果用于使效果更加流畅，或通过应用切换效果来创建柔化边缘效果。要使效果更加流畅，可以单击“抗锯齿品质”下拉列表并选择抗锯齿的级别，如图9-24所示。一些切换效果还允许添加边框。为此，可以单击“边色”值设置边框宽度，然后选择边框颜色。要选择边框颜色，可以选择滴管工具或边框颜色样本。

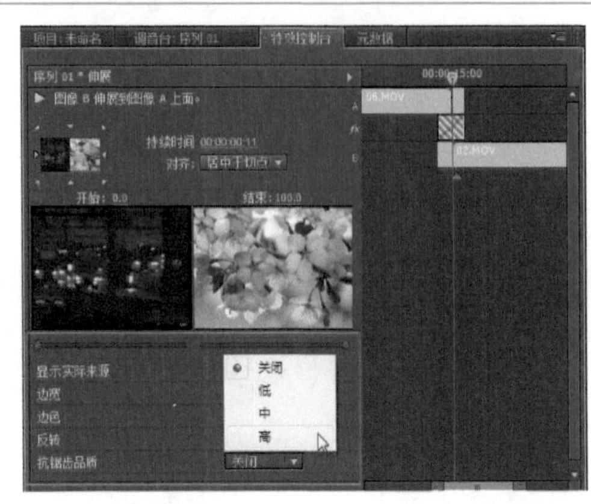

图9-24

新手练习：编辑切换效果

- 素材文件：素材文件/第9章/01.Prproj
- 案例文件：案例文件/第9章/新手练习——编辑切换效果.Prproj
- 视频教学：视频教学/第9章/新手练习——编辑切换效果.flv
- 技术掌握：编辑切换效果的方法

扫码看视频

本例是介绍编辑切换效果的操作，案例效果如图9-25所示，该案例的制作流程如图9-26所示。

图9-25

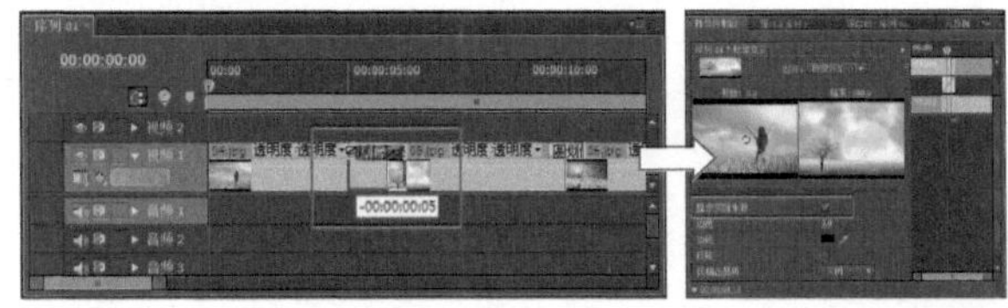

图9-26

01 根据素材路径打开“01.Prproj”素材文件，如图9-27所示，下面将介绍在“时间线”面板中编辑切换效果的操作。

图9-27

02 将素材移动到右边或左边，或者通过移动切换效果的边缘来更改其持续时间，如图9-28所示。

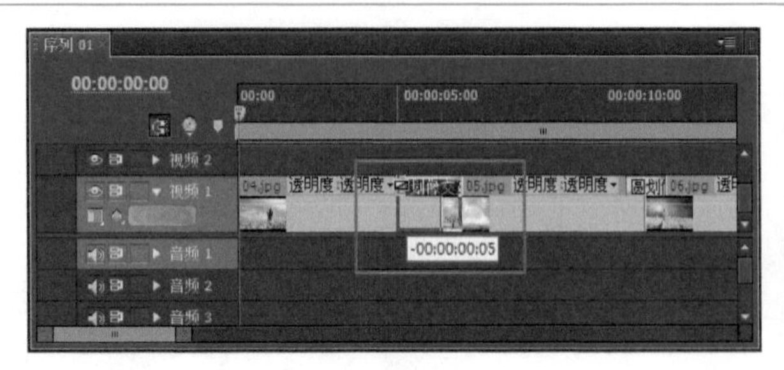

图9-28

小技巧

如果移动切换效果边缘，可能会移动素材的边缘。要想移动切换效果边缘而又不影响任何素材，可以在单击并拖动切换效果边缘的同时按住Ctrl键。

03 选中“特效控制台”面板中的“显示实际来源”复选框，可以查看“特效控制台”面板时间线中的素材和切换效果，如图9-29所示。

图9-29

04 单击“播放转场过渡效果”按钮▶，或选中“显示实际来源”复选框并移动“开始”预览和“结束”预览下方的滑块，即可预览“特效控制台”面板中的切换效果，如图9-30所示。

图9-30

05 单击“节目监视器”面板中的“播放-停止切换”按

钮，可以在"节目监视器"面板中预览影片的切换效果，如图9-31所示。

图9-31

● 替换和删除切换效果

在应用切换效果之后，可能会发现它并没有提供理想的效果。幸运的是，替换或删除切换效果的操作非常简单，用户可以使用下面介绍的方法实现这一点。

要用一个切换效果替换另一个切换效果，只需单击切换效果，并将它从"效果"面板拖至要在时间线中替换的切换效果的上方即可。新的切换效果将替换原来的切换效果。

要删除切换效果，只需选中切换效果并按下"Delete"键即可。也可以在切换效果名称上单击鼠标右键，从弹出的菜单中选择"清除"命令。

● 应用默认切换效果

如果在整个项目中多次应用相同的切换效果，那么可以将它设置为默认切换效果。在指定默认切换效果后，无需将它从效果面板拖动到时间线中就可很容易地应用。要使用默认切换效果，可以像对待常规切换效果一样组织视频1轨道中的素材。必须确定素材的位置，以便入点和出点出现在轨道中汇合。

高手进阶：应用默认切换效果

- 素材文件：素材文件/第9章/01.jpg、02.jpg、03.jpg
- 案例文件：案例文件/第9章/高手进阶——应用默认切换效果.Prproj
- 视频教学：视频教学/第9章/高手进阶——应用默认切换效果.flv
- 技术掌握：应用默认切换效果的方法

扫码看视频

本例是介绍应用默认切换效果的操作，案例效果如图9-32所示，该案例的制作流程如图9-33所示。

图9-32

图9-33

【操作步骤】

01 新建一个项目文件，然后在"项目"面板中导入素材文件，并将素材文件编排在"时间线"面板的视频1轨道中，如图9-34所示。

图9-34

02 选择"窗口→效果"菜单命令，将"效果"面板打开，然后在"效果"面板中选择要设置的默认切换效果。然后单击"效果"面板菜单并选择"设置所选择为默认过渡"命令，如图9-35所示，即可将当前选择的切换效果设置为默认切换效果，如图9-36所示的"翻页"切换效果。

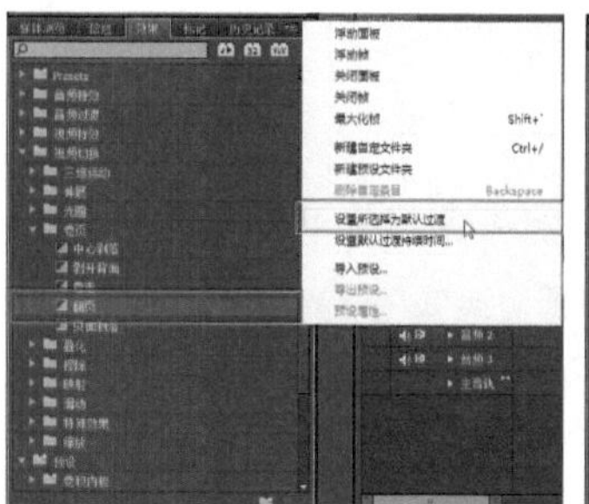

图9-35

图9-36

03 单击"工具"面板中的"轨道选择工具"按钮，然后选择包含视频素材的视频1轨道，如图9-37所示。

04 选择"序列→应用默认过渡效果到所选择区域"菜单命令，如图9-38所示，也可以按下Ctrl+D组合键应用默认切换效果。

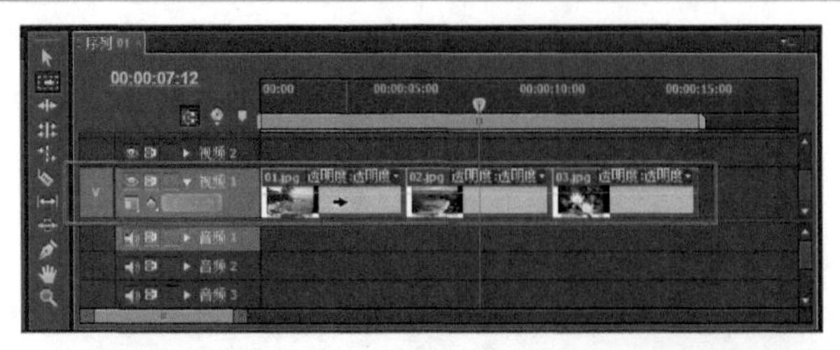

图9-37

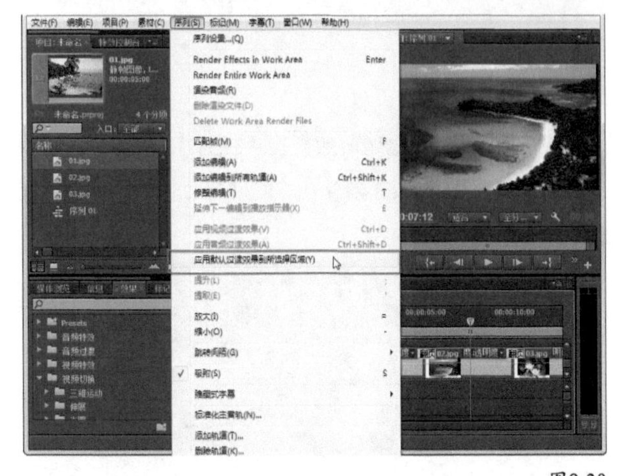

图9-38

05 应用默认过渡效果到所选择区域后，所选的所有素材之间将应用默认过渡效果，在“节目监视器”面板中播放的影片效果如图9-39所示。

图9-39

9.2 Premiere Pro切换效果概览

Premiere Pro的“视频切换”文件夹中包含10个不同的切换效果文件夹，分别是“三维运动”“伸展”“光圈”“卷页”“叠化”“擦除”“映射”“滑动”“特殊效果”和“缩放”，如图9-40 所示。每个文件夹都包含引人注目的切换效果集。在“效果”面板中，可以单击“视频切换”效果文件夹前面的三角形，显示视频切换效果文件夹。

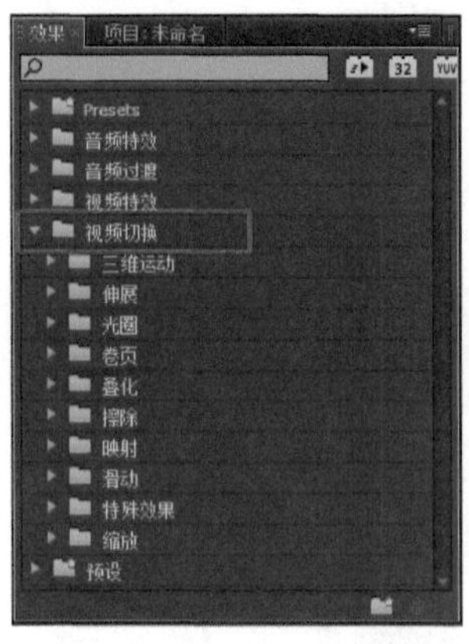

图9-40

9.2.1 三维运动切换效果

“三维运动”文件夹中包含10个切换效果，分别是“向上折叠”“帘式”“摆入”“摆出”“旋转”“旋转离开”“立方体旋转”“筋斗过渡”“翻转”和“门”，如图9-41所示。在切换发生时，每个切换效果都包含运动。

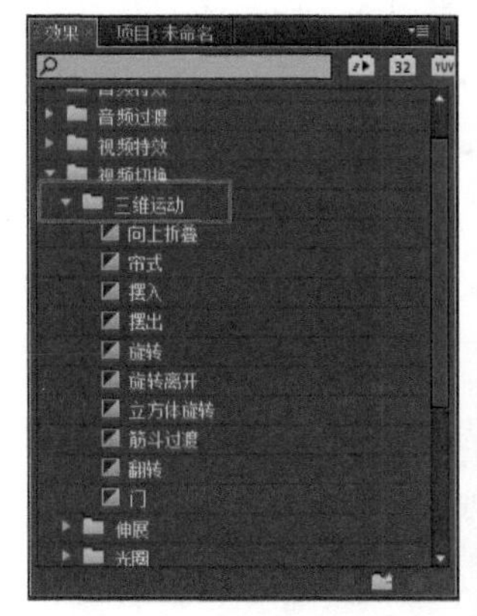

图9-41

向上折叠

此切换效果向上折叠素材A（就好像它是一张纸）来显示素材B，如图9-42所示。

图9-42

帘式

此切换效果模仿窗帘，打开窗帘显示素材B来替换素材A。可以在“特效控制台”面板中查看帘式设置，并在

“节目监视器”面板中查看效果预览，如图9-43所示。

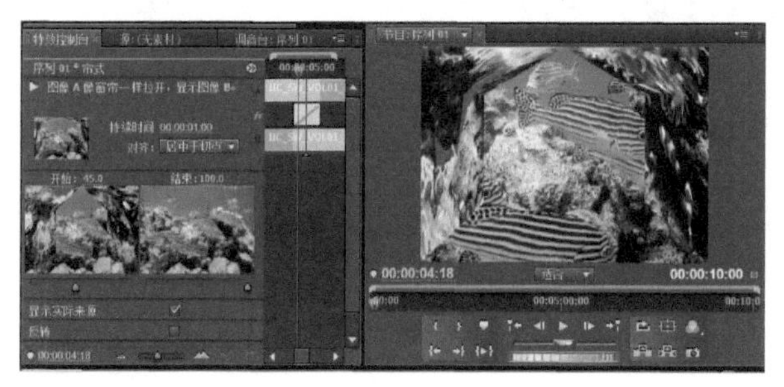

图9-43

摆入

在此切换效果中，素材B从左边摆动出现在屏幕上，如同一扇开着的门即将关闭，如图9-44所示。

图9-44

在“特性控制台”面板中，单击“持续时间”左边的缩览图四周的三角形按钮，可以将切换效果设置为从北到南、从南到北、从西到东或从东到西。

摆出

在此切换效果中，素材B从左边摆动出现在屏幕上，如同一扇关着的门即将打开，如图9-45所示。

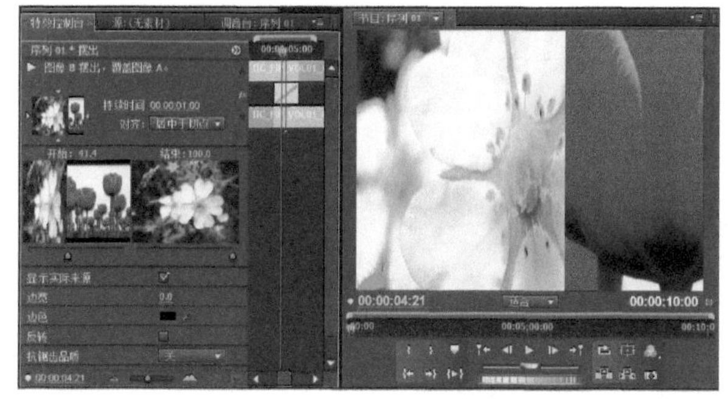

图9-45

旋转

“旋转”非常类似于“翻转”切换效果，只是素材B旋转出现在屏幕上，而不是翻转替代素材A。图9-46显示了“特效控制台”面板中的旋转效果控件以及“节目监视器”面板中的效果预览。

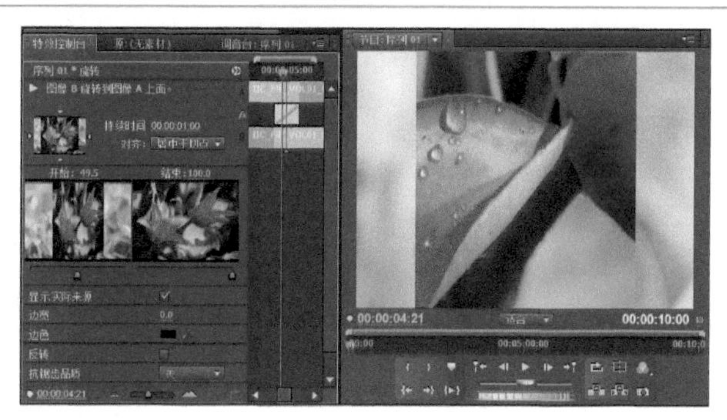

图9-46

旋转离开

在此切换效果中，素材B类似于旋转切换效果旋转出现在屏幕上。但是，在“旋转离开”切换效果中，素材B使用的帧要多于旋转切换效果。图9-47中显示了“特效控制台”面板中的“旋转离开”效果控件以及“节目监视器”面板中的效果预览。

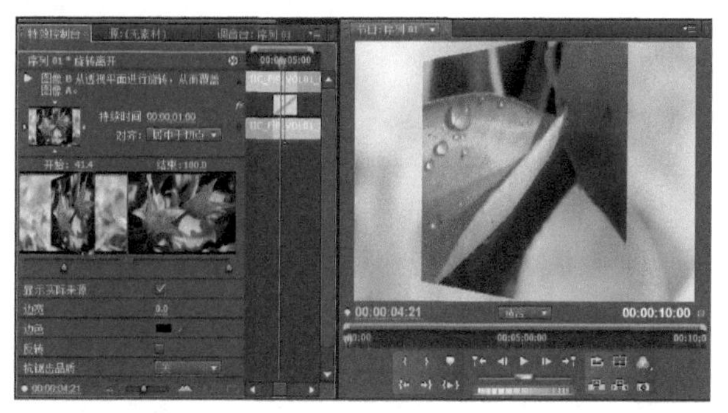

图9-47

立方体旋转

此切换效果使用旋转的9-D立方体创建从素材A到素材B的切换效果。在如图9-48所示的“立方体旋转”设置中，单击“持续时间”左边的缩览图四周的三角形按钮，可以将切换效果设置为从北到南、从南到北、从西到东或者从东到西。

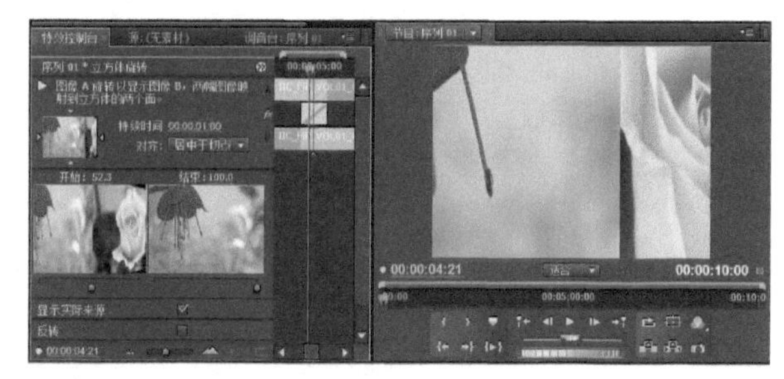

图9-48

筋斗过渡

在此切换效果中，素材A旋转并且逐渐变小，同时素材B将取代素材A。在“特效控制台”面板中，向右拖动“边宽”数值将增加两个视频轨道之间的边框颜色。

如果想更改边框颜色，可以单击样本色。单击“持续时间”左边的缩览图四周的三角形按钮，可以将切换效果设置为从北到南、从南到北、从西到东或者从东到西。

图9-49中显示了“特效控制台”面板中的“筋斗过渡”效果控件以及“节目监视器”面板中的效果预览。

图9-49

翻转

此切换效果将沿垂直轴翻转素材A来显示素材B，如图9-50所示。单击“特效控制台”面板底部的“自定义”按钮，显示“翻转设置”对话框，可以使用此对话框设置条带颜色和单元格颜色的数量。单击“确定”按钮关闭对话框。

图9-50

门

此切换效果模仿打开一扇门的效果。门后是素材B（替换素材A）。可以将此切换效果设置为从北到南、从南到北、从西到东或者从东到西移动。如图9-51中所示，“门”控件中包含一个“边宽”选项。向右拖动“边宽”参数，将增加两个视频轨道之间的边框颜色。如果想更改边框颜色，可以单击样本色。

图9-51

9.2.2 伸展切换效果

“伸展”效果文件夹中提供了各种拉伸切换效果，其中至少有一个在效果有效期间进行拉伸。这些切换效果包括“交叉伸展”“拉伸”“伸展覆盖”和“伸展进入”，如图9-52所示。

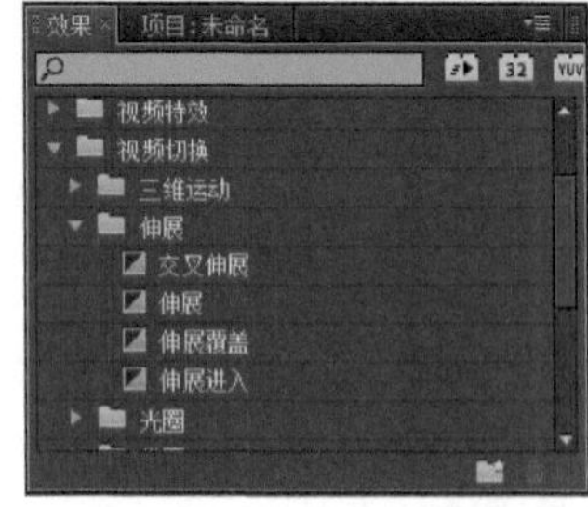

图9-52

交叉伸展

此切换效果与其说是伸展，不如说更像是一个3D立方切换效果。在使用此切换效果时，素材像是在转动的立方体上。在立方体转动时，素材B将替换素材A。

图9-53中显示了“特效控制台”面板中的“交叉伸展”效果控件以及“节目监视器”面板中的效果预览。

图9-53

伸展

在此切换效果中，素材B先被压缩，然后逐渐伸展到整个画面，从而替代素材A。图9-54中显示了“特效控制台”面板中的“伸展”效果控件以及“节目监视器”面板中的效果预览。

图9-54

伸展覆盖

在此切换效果中，素材B经过细长的伸缩后逐渐不再伸缩，然后覆盖在素材A上方。图9-55中显示了“特效控制台”面板中的“伸展覆盖”效果控件以及“节目监视器”面板中的效果预览。

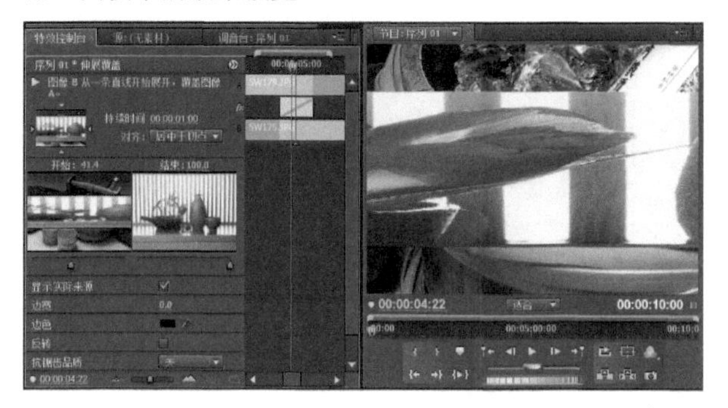

图9-55

● 伸展进入

在此切换效果中，素材B伸展到素材A上方，然后逐渐不再伸展。在使用此切换效果时，可以单击“特效控制台”面板中的“自定义”按钮，显示“伸展进入设置”对话框，在此对话框中选择需要的条带数，如图9-56所示。图9-57中显示了“特效控制台”面板中的“伸展进入”效果控件以及“节目监视器”面板中的效果预览。

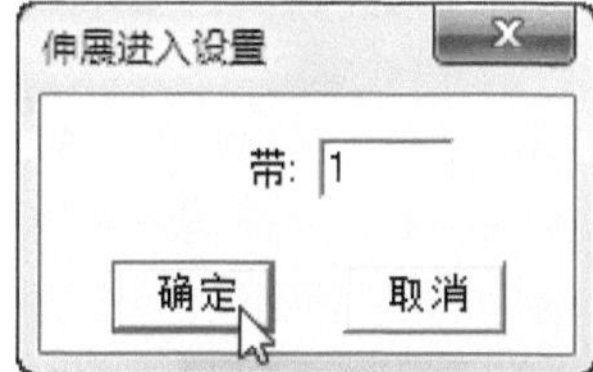

图9-56

图9-57

9.2.3 光圈切换效果

“光圈”切换效果的开始和结束都在屏幕的中心进行。“光圈”切换效果包括“划像交叉”“划像形状”“圆划像”“星形划像”“点划像”“盒形划像”和“菱形划像”，如图9-58所示。

图9-58

● 划像交叉

在此切换效果中，素材B逐渐出现在一个十字形中，该十字会越变越大，直到占据整个画面。图9-59中显示了特效控制台面板中的十字划像效果控件和节目监视器中的效果预览。

图9-59

● 形状划像

在此切换效果中，素材B逐渐出现在菱形、椭圆形或矩形中，这些形状会逐渐占据整个画面。在选择此切换效果后，可以单击“特效控制台”面板中的“自定义”按钮，显示“形状划像设置”对话框，在此挑选形状数量和形状类型，如图9-60所示。

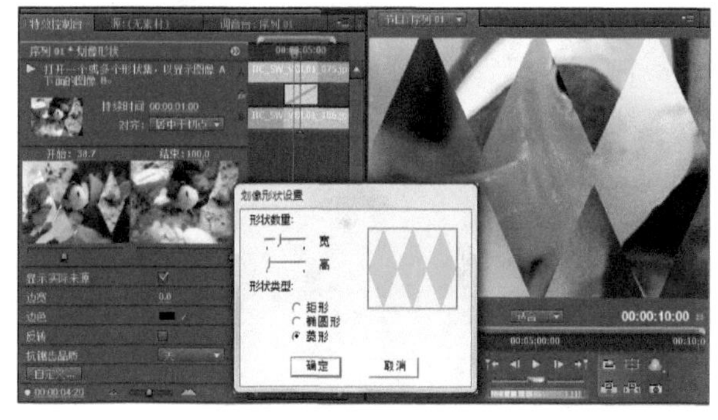

图9-60

● 圆形划像

在此切换效果中，素材B逐渐出现在慢慢变大的圆形中，该圆形将占据整个画面。图9-61中显示了“特效控制台”面板中的“圆形划像”效果控件以及“节目监视器”面板中的效果预览。

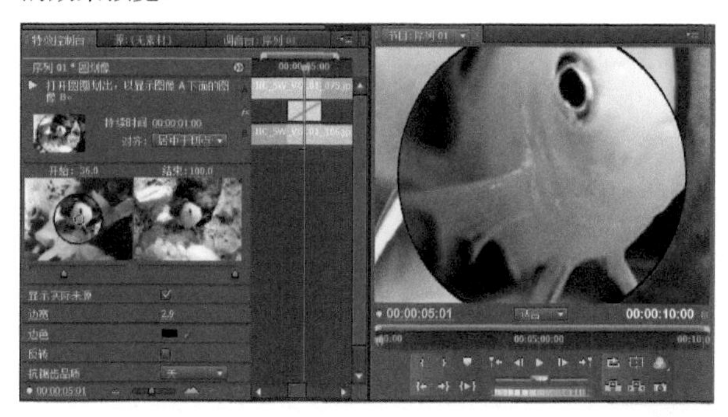

图9-61

星形划像

在此切换效果中，素材B出现在慢慢变大的星形中，此星形将逐渐占据整个画面。图9-62中显示了“特效控制台”面板中的“星形划像”效果控件以及“节目监视器”面板中的效果预览。

图9-62

点划像

在此切换效果中，素材B出现在一个大型十字的外边缘中，素材A在十字中。随着十字越变越小，素材B逐渐占据整个屏幕。图9-63中显示了“特效控制台”面板中的“点划像”效果控件以及“节目监视器”面板中的效果预览。

图9-63

盒形划像

在此切换效果中，素材B逐渐显示在一个慢慢变大的矩形中，该矩形会逐渐占据整个画面。“盒形划像”效果控件以及“节目监视器”面板中的效果预览如图9-64所示。

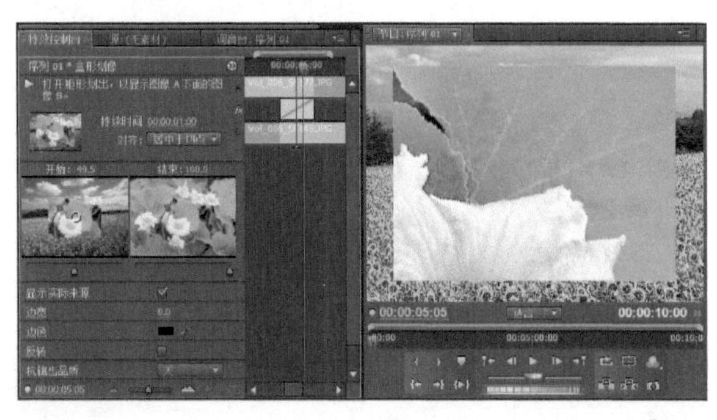

图9-64

菱形划像

在此切换效果中，素材B逐渐出现在一个菱形中，该菱形将逐渐占据整个画面。“菱形划像”效果控件以及“节目监视器”面板中的效果预览如图9-65所示。

图9-65

9.2.4 卷页切换效果

“卷页”文件夹中的切换效果模仿翻转显示下一页的书页。素材A在第一页上，素材B在第二页上。此切换效果的效果可能非常显著，因为Premiere Pro渲染素材A中卷到翻转页背后的图像。图9-66所示为“卷页”中的视频切换效果。

图9-66

中心剥落

此切换效果创建了4个单独的翻页，从素材A的中心向外翻开显示素材B。图9-67显示了“中心剥落”设置和效果预览。

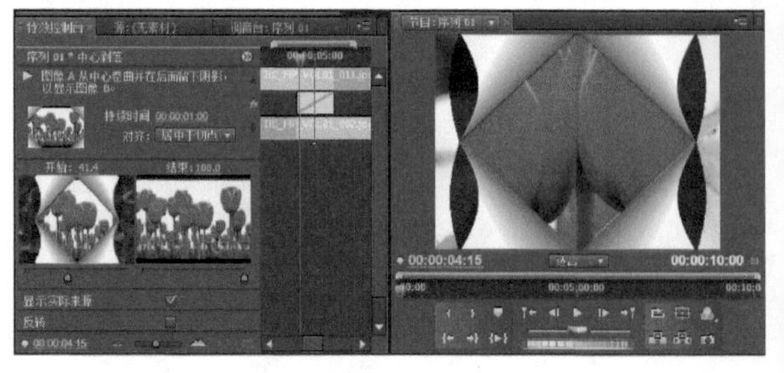

图9-67

剥开背面

在此切换效果中，页面先从中间卷向左上，然后卷向右上，随后卷向右下，最后卷向左下。图9-68显示了

“剥开背面”设置和效果预览。

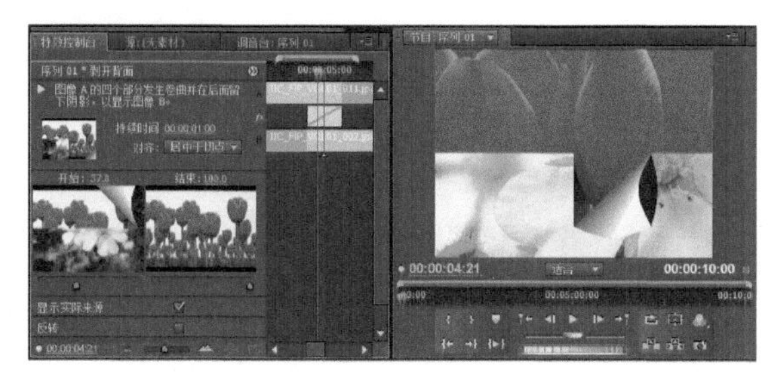

图9-68

卷走

此切换效果是一个标准的卷页，页面从屏幕的左上角卷向右下角来显示下一页。图9-69显示了“卷走”设置和效果预览。

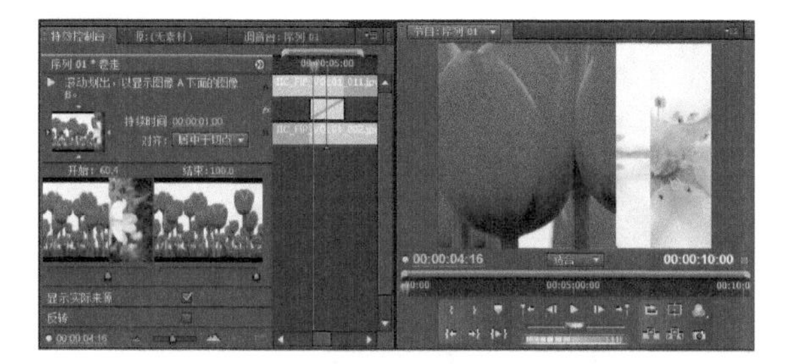

图9-69

翻页

使用此切换效果，页面将翻转，但不发生卷曲，在翻转显示素材B时，可以看见素材A颠倒出现在页面的背面。图9-70显示了“翻页”设置和效果预览。

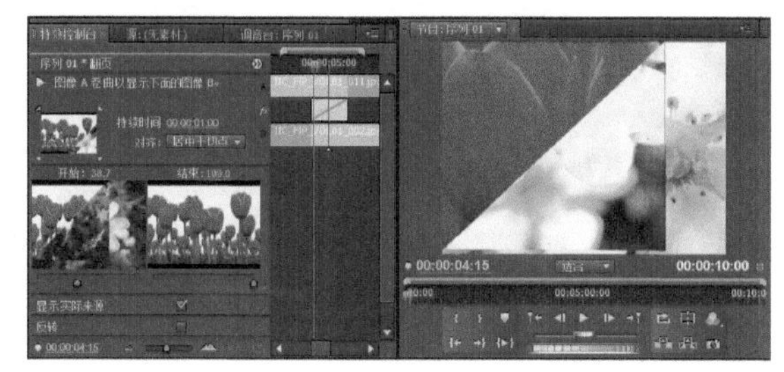

图9-70

页面剥落

在此切换效果中，素材A从页面左边滚动到页面右边（没有发生卷曲）来显示素材B。图9-71显示了“页面剥落”设置和效果预览。

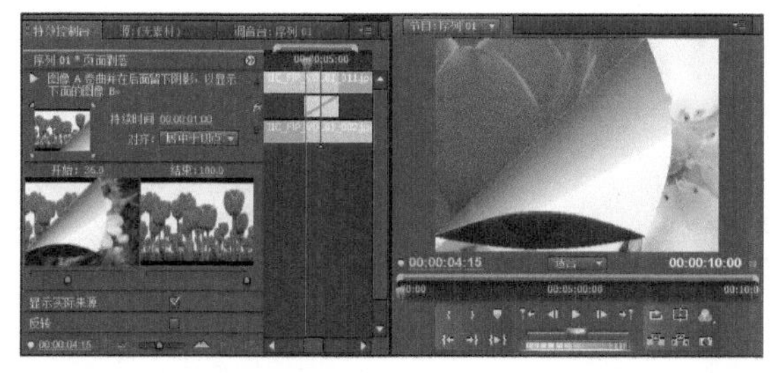

图9-71

9.2.5 叠化切换效果

“叠化”切换效果将一个视频素材逐渐淡入另一个视频素材中。用户可以从7个叠化切换效果中进行选择，包括“交叉叠化”“抖动溶解”“渐隐为白色”“渐隐为黑色”“胶片溶解”“附加叠化”“随机反相”和“非附加叠化”，如图9-72所示。

图9-72

交叉叠化

在此切换效果中，素材B在素材A淡出之前淡入。图9-73显示了“交叉叠化”设置和效果预览。

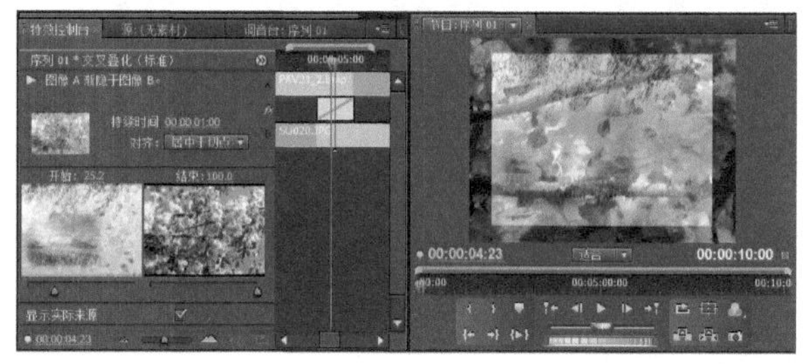

图9-73

抖动溶解

在此切换效果中，素材A叠化为素材B，像许多微小的点出现在屏幕上一样。图9-74显示了“抖动溶解”设置和效果预览。

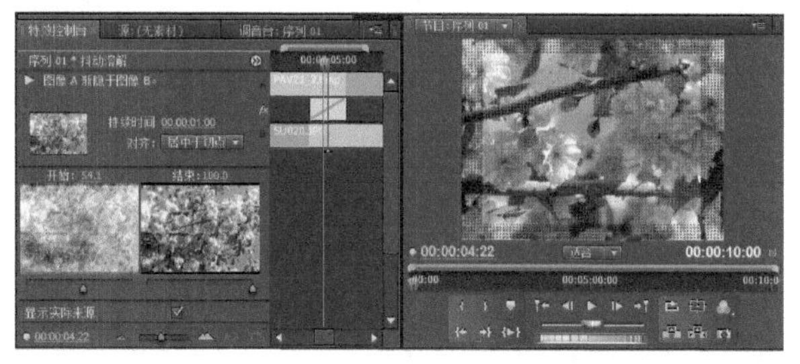

图9-74

渐隐为白色

在此切换效果中，素材A淡化为白色，然后淡化为素材B。图9-75所示显示了“渐隐为白色”设置和效果预览。

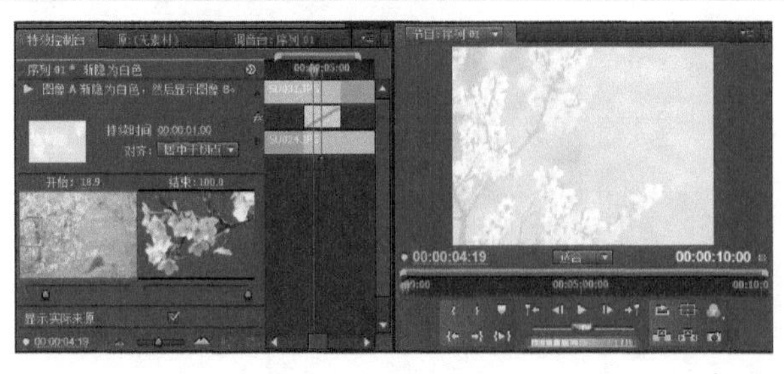

图9-75

渐隐为黑色

在此切换效果中，素材A逐渐淡化为黑色，然后再淡化为素材B。图9-76显示了“渐隐为黑色”设置和效果预览。

图9-76

附加叠化

此切换效果创建从一个素材到下一个素材的淡化，图9-77显示了“附加叠化”设置和效果预览。

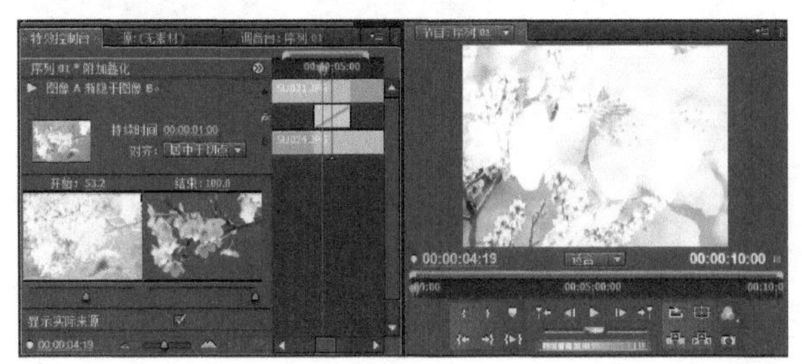

图9-77

随机反相

在此切换效果中，素材B逐渐替换素材A，以随机点图形形式出现。图9-78显示了“随机反相”设置和效果预览。

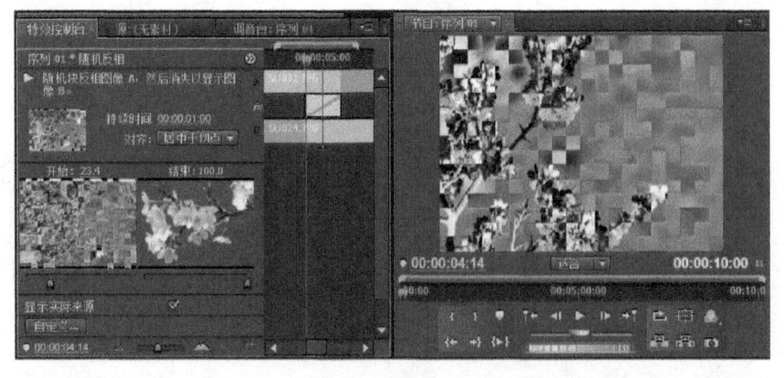

图9-78

非附加叠化

在此切换效果中，素材B逐渐出现在素材A的彩色区域内。图9-79显示了“非附加叠化”设置和效果预览。

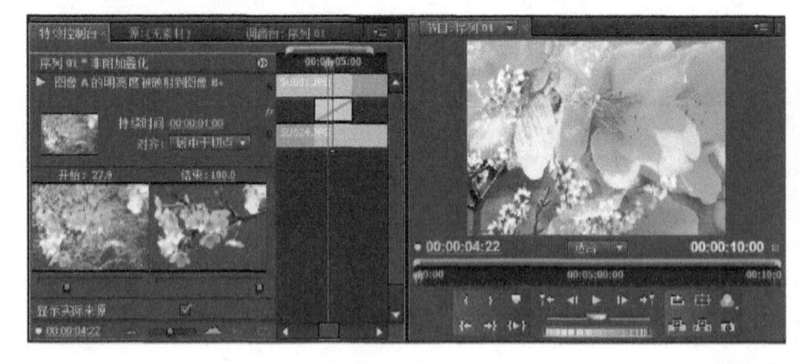

图9-79

高手进阶：逐个显示的文字

- 素材文件：素材文件/第9章/07.jpg、08.jpg、文字01.tif、文字02.tif
- 案例文件：案例文件/第9章/高手进阶——逐个显示的文字.Prproj
- 视频教学：视频教学/第9章/高手进阶——逐个显示的文字.flv
- 技术掌握：应用“插入”切换效果的方法

扫码看视频

本例是介绍应用“插入”切换效果的操作，案例效果图及该案例的制作流程如图9-80所示。

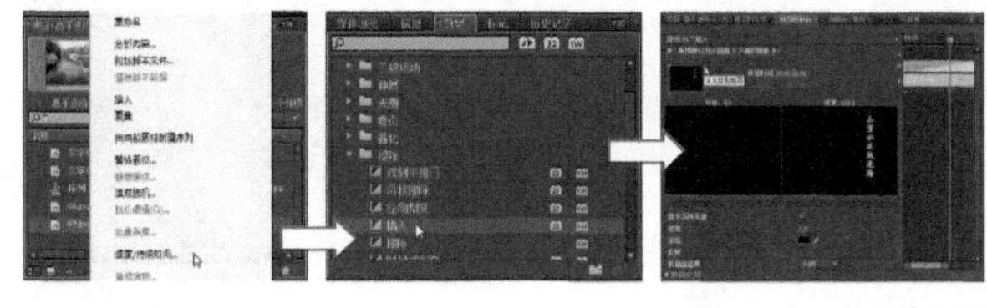

图9-80

【操作步骤】

01 选择“文件→新建→项目”命令，在“新建项目”对话框中设置项目的存储位置和文件名，然后单击“确定”按钮，如图9-81所示，在打开的“新建序列”对话框中选择一个预置或创建一个自定义设置，再单击“确定”按钮创建一个新序列，如图9-82所示。

图9-81

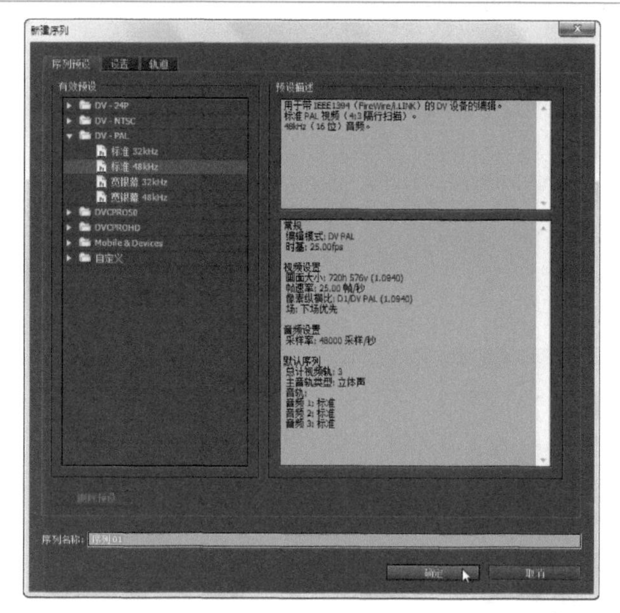

图9-82

02 选择“文件→导入”命令，将需要的素材导入到“项目”面板中，如图9-83所示。

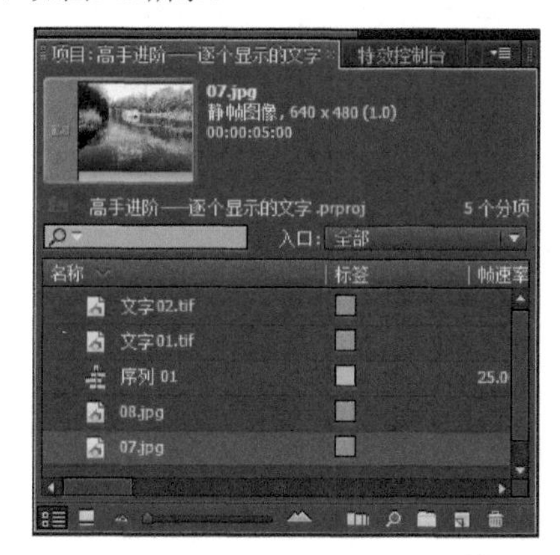

图9-83

03 选择素材“07.jpg”并单击鼠标右键，在弹出的菜单中选择“速度/持续时间”命令，如图9-84所示，在打开的“素材速度/持续时间”对话框中将持续时间改为2秒，然后单击“确定”按钮，如图9-85所示。

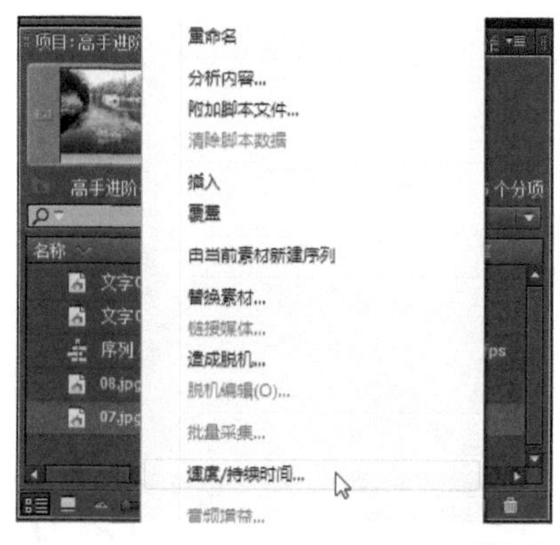

图9-84

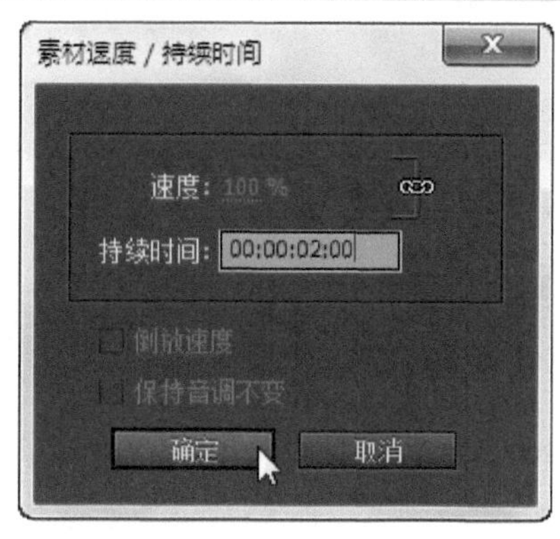

图9-85

04 使用同样的方法将素材“08.jpg”的持续时间改为4秒；将素材“文字01.tif”的持续时间改为6秒；将素材“文字02.tif”的持续时间改为4秒，如图9-86所示。

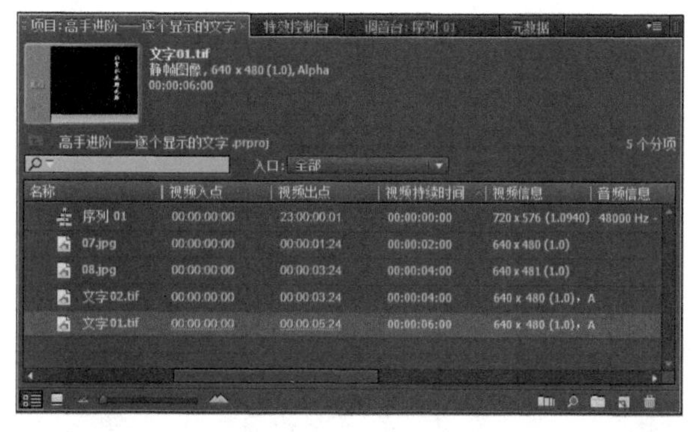

图9-86

05 将素材“07.jpg”和“08.jpg”依次添加到视频1轨道中；将素材“文字01.tif”添加到视频2轨道中；将素材“文字02.tif”添加到视频3轨道中，如图9-87所示。

图9-87

06 在“效果”面板中选择“抖动溶解”切换效果，如图9-88所示，将“抖动溶解”切换效果添加到“07.jpg”和“08.jpg”素材之间，如图9-89所示。

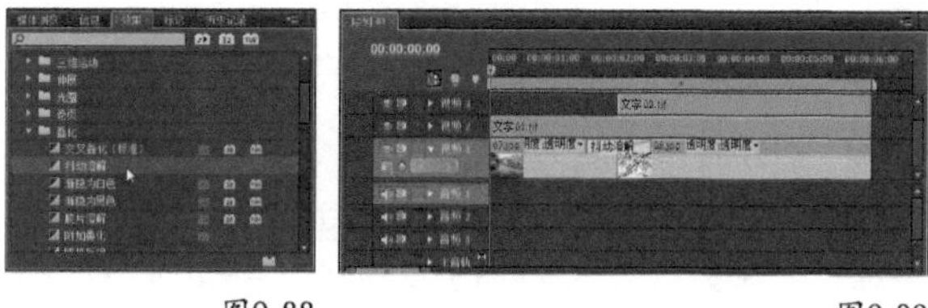

图9-88　　图9-89

07 在“效果”面板中选择“插入”切换效果，如图

9-90所示，然后将“插入”命令添加到“文字01.tif”和“文字02.tif”素材的前端，如图9-91所示。

图9-90

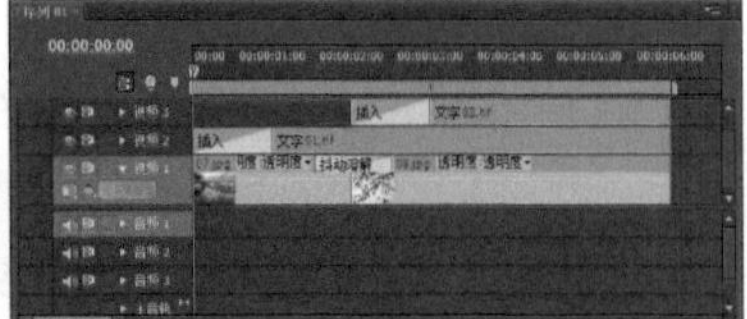
图9-91

08 双击“文字01.tif”素材上的切换图标，打开“特效控制台”面板，设置切换效果的起始位置为“从北东到南西”、持续时间为2秒，选中“显示真实来源”复选框，如图9-92所示。

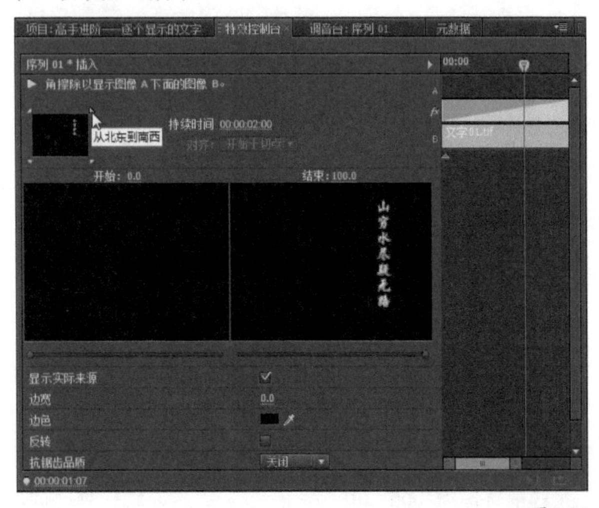

图9-92

09 用同样的方法设置“文字02.tif”素材上的切换效果和参数，然后在“节目监视器”窗口中对添加切换效果后的素材进行预览，效果如图9-93所示。

图9-93

10 按Ctrl + M 组合键，打开“导出设置”对话框，在该对话框中设置影片保存的位置和名称，然后单击“导出”按钮，如图9-94所示。

11 使用播放软件播放输出后的影片文件，效果如图9-95所示。

图9-94

图9-95

9.2.6 擦除切换效果

“擦除”切换效果擦除素材A的不同部分来显示素材B。许多切换效果都提供看起来非常时髦的数字效果。“擦除”切换效果包括“双侧平推门”“带状擦除”“径向划变”“插入”“擦除”“时钟式划变”“棋盘”“棋盘划变”“楔形划变”“水波块”“油漆飞溅”“渐变擦除”“百叶窗”“螺旋框”“随机块”“随机擦除”和“风车”，如图9-96所示。

图9-96

双侧平推门

素材A打开，显示素材B。该效果更像是滑动的门，而不是侧转打开的门。图9-97显示了“双侧平推门”设置和效果预览。

图9-97

带状擦除

在此切换效果中，矩形条带从屏幕左边和屏幕右边渐渐出现，素材B将替代素材A。在使用此切换效果时，可以单击“特效控制台”面板中的“自定义”按钮显示“带状擦除设置”对话框，在此对话框中键入需要的条带数，然后单击“确定”按钮应用该设置，如图9-98所示。

图9-98

径向划变

在此切换效果中，素材B是通过擦除显示的，先水平擦过画面的顶部，然后顺时针扫过一个弧度，逐渐覆盖素材A。图9-99显示了“径向划变”设置和效果预览。

图9-99

插入

在此切换效果中，素材B出现在画面左上角的一个小矩形框中。在擦除过程中，该矩形框逐渐变大，直到素材B替代素材A。图9-100显示了“插入”设置和效果预览。

图9-100

擦除

在这个简单的切换效果中，素材B从左向右滑入，逐渐替代素材A。图9-101显示了“擦除”设置和效果预览。

图9-101

时钟式划变

在此切换效果中，素材B逐渐出现在屏幕上，以圆周运动方式显示。该效果就像是时钟的旋转指针扫过素材屏幕。图9-102显示了“时钟式划变”设置和效果预览。

图9-102

棋盘

在此切换效果中，包含素材B的棋盘图案逐渐取代素材A。在使用此切换效果时，可以单击“特效控制台”面板中的“自定义”按钮，显示“棋盘设置”对话框，在此选择水平切换和垂直切片的数量。图9-103显示了“棋盘”设置和效果预览。

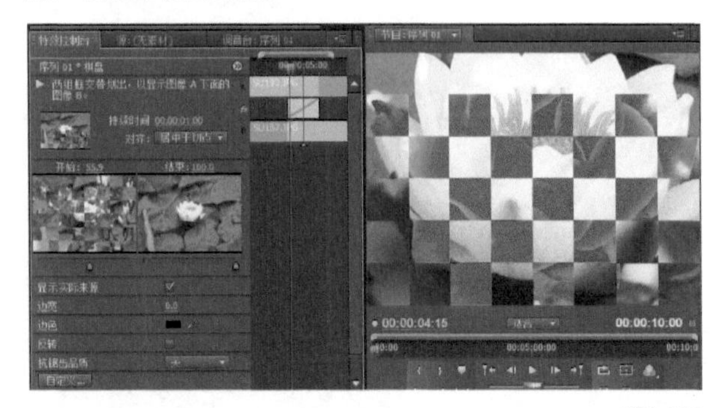

图9-103

棋盘划变

在此切换效果中，包含素材B切片的棋盘方块图案逐渐延伸到整个屏幕。在使用此切换效果时，可以单击“特效控制台”面板底部的“自定义”按钮，然后在“棋盘式擦除设置”对话框中，选择水平切片和垂直切片的数量。图9-104显示了特效控制台面板中的划格擦除效果控件以及节目监视器面板中的效果预览。

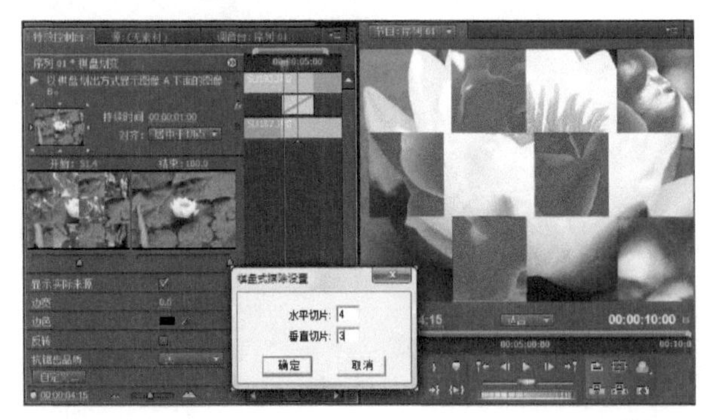

图9-104

楔形划变

在此切换效果中，素材B出现在逐渐变大并最终替换素材A的饼式楔形中。图9-105显示了“特效控制台”面板中的楔形划变效果控件以及“节目监视器”面板中的效果预览。

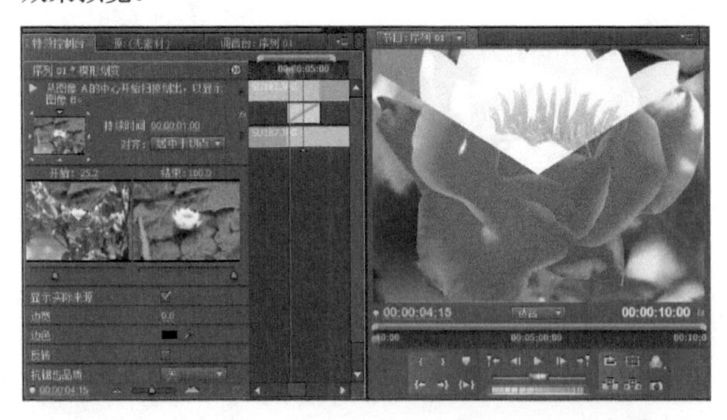

图9-105

水波块

在此切换效果中，素材B渐渐出现在水平条带中，这些条带从左向右移动，然后从右向屏幕左下方移动。在使用此切换效果时，可以单击“特效控制台”面板中的“自定义”按钮，显示“水波块设置”对话框。在此对话框中选择需要的水平条带和垂直条带的数量，然后单击“确定”按钮，应用这些更改。图9-106显示了“特效控制台”面板中的水波块效果控件以及“节目监视器”面板中的效果预览。

图9-106

油漆飞溅

素材B逐渐以泼洒颜料的形式出现。图9-107显示了“特效控制台”面板中的“油漆飞溅”效果控件以及“节目监视器”面板中的效果预览。

图9-107

渐变擦除

在此切换效果中，素材B逐渐擦过整个屏幕，并使用用户选择的灰度图像的亮度值确定替换素材A中的哪些图像区域。

在使用此效果时，将弹出“渐变擦除设置”对话框，如图9-108所示，在此对话框中单击“选择图像”按钮加载灰度图像，这样在擦除效果出现时，对应于素材A的黑色区域和暗色区域的素材B图像区域是最先显示。在该对话框中，还可以单击并拖动“柔和度”滑块来柔化效果。完成设置后，单击“渐变擦除设置”对话框中的“确定”按钮，即可应用此效果。

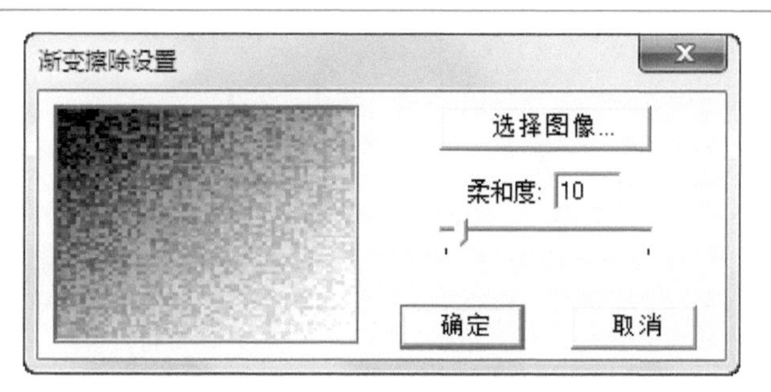

图9-108

图9-109显示了“特效控制台”面板中的“渐变擦除”效果控件以及“节目监视器”面板中的效果预览。

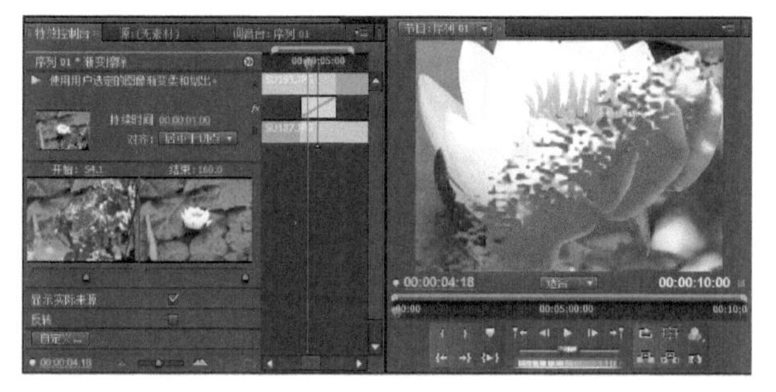

图9-109

● 百叶窗

在此切换效果中，素材B看起来像是透过百叶窗出现的，百叶窗逐渐打开，从而显示素材B的完整画面。在使用此切换效果时，可以单击“特效控制台”面板中的“自定义”按钮显示“百叶窗设置”对话框，在此对话框中选择要显示的条带数，然后单击“确定”按钮，应用这些更改。

图9-110显示了“特效控制台”面板中的“百叶窗”效果控件以及“节目监视器”面板中的效果预览。

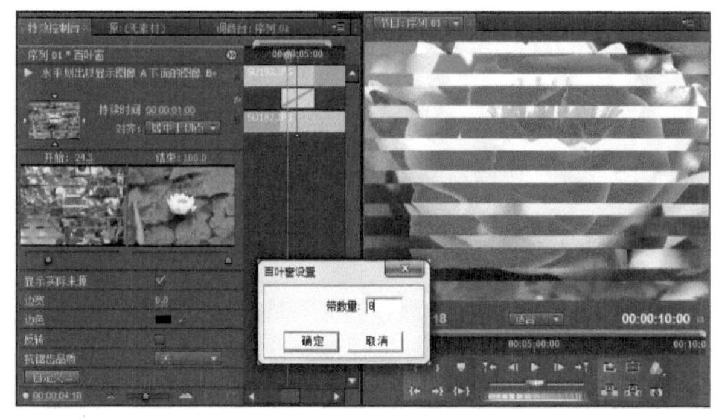

图9-110

● 螺旋框

在此切换效果中，一个矩形边框围绕画面移动，逐渐使用素材B替换素材A。在使用此切换效果时，单击单击“特效控制台”面板中的“自定义”按钮，显示“螺旋框设置”对话框，在此对话框中设置水平值和垂直值。图9-111显示了“特效控制台”面板中的“螺旋框”效果控件以及“节目监视器”面板中的效果预览。

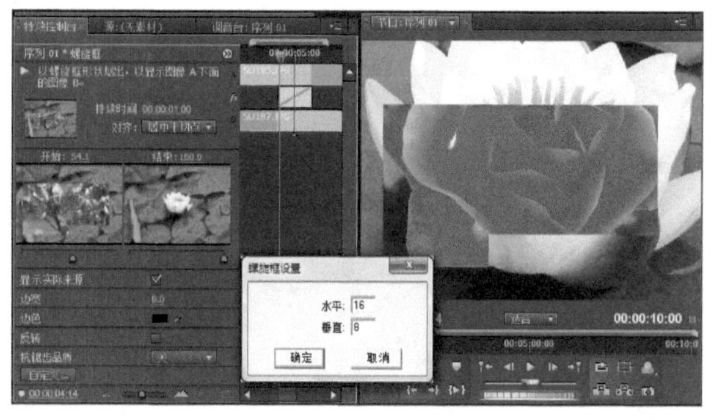

图9-111

● 随机块

在此切换效果中，素材B逐渐出现于屏幕上随机显示的小盒中。在使用此切换效果时，单击“特效控制台”面板中的“自定义”按钮，显示“随机块设置”对话框，在此对话框中设置盒子的宽度和高度值。

图9-112显示了“特效控制台”面板中的“随机块”效果控件以及“节目监视器”面板中的效果预览。

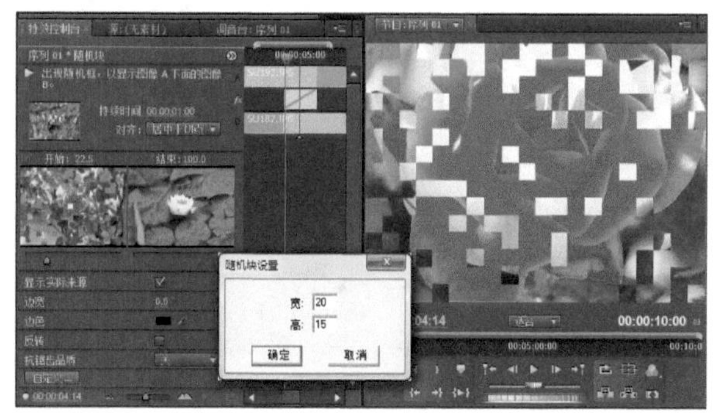

图9-112

● 随机擦除

在此切换效果中，素材B逐渐出现在顺着屏幕下拉的小块中。图9-113显示了“随机擦除”效果控件以及“节目监视器”面板中的效果预览。

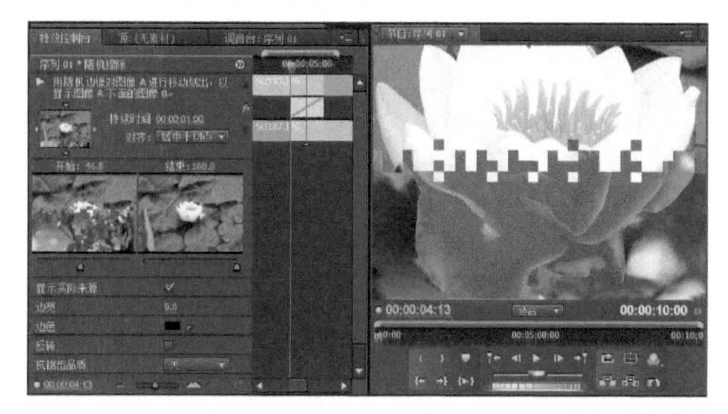

图9-113

● 风车

在此切换效果中，素材B逐渐以不断变大的星星形式出现，这个星形最终将占据整个画面。在使用此切换效果时，单击“特效控制台”面板中的“自定义”按钮，显示“风车设置”对话框，在此对话框中可以选择需要的楔形数量。图9-114显示了“风车”效果控件以及“节目监视器”面板中的效果预览。

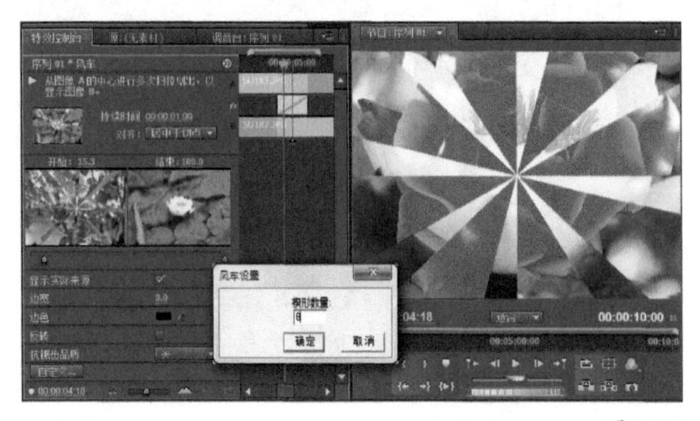

图9-114

9.2.7 映射切换效果

“映射”切换效果在切换期间重新映射颜色，该切换效果包括“明亮度映射”和“通道映射”，如图9-115所示。

图9-115

● 明亮度映射

此切换效果使用一个素材的亮度级别替换另一个素材的亮度级别。图9-116显示了“明亮度映射”效果控件以及“节目监视器”面板中的效果预览。

图9-116

● 通道映射

此切换效果用于创建不寻常的颜色效果，方法是将图像通道映射到另一个图像通道。在使用此切换效果时，将弹出如图9-117所示的“通道映射设置”对话框，在此对话框的下拉列表中选择通道，并选择是否反转颜色，然后单击“确定”按钮，应用此效果。

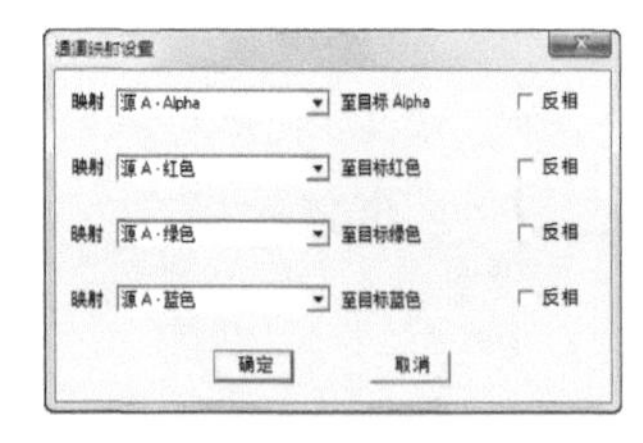

图9-117

图9-118显示了“通道映射”效果控件以及“节目监视器”面板中的效果预览。

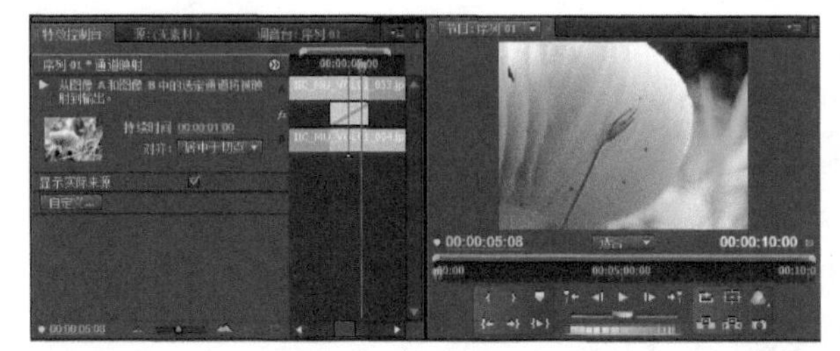
图9-118

9.2.8 滑动切换效果

“滑动”切换效果用于将素材滑入或滑出画面来体现切换效果，该切换效果中包括了12种不同的效果，如图9-119所示。

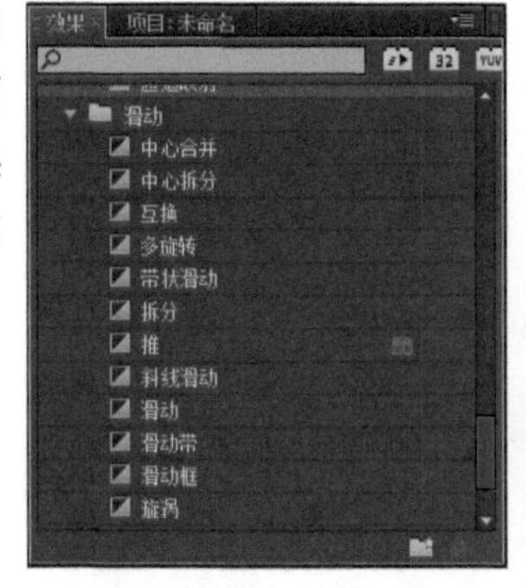

图9-119

● 中心合并

在此切换效果中，素材A逐渐收缩并挤压到页面中心，素材B将取代素材A。图9-120显示了“中心合并”效果控件以及“节目监视器”面板中的效果预览。

图9-120

中心拆分

在此切换效果中，素材A被切分成四个象限，并逐渐由中心向外移动，然后素材B将取代素材A。图9-121显示了“中心拆分”效果控件以及“节目监视器”面板中的效果预览。

图9-121

互换

在此切换效果中，素材B与素材A交替放置。该效果类似一个素材从左向右移动，然后移动到前一个素材的后面。图9-122显示了“互换”效果控件以及“节目监视器”面板中的效果预览。

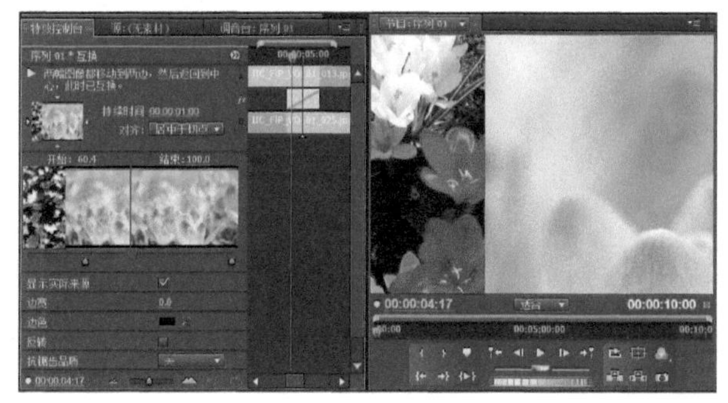

图9-122

多旋转

在此切换效果中，素材B逐渐出现在一些小的旋转盒子中，这些盒子将慢慢变大，以显示整个素材。单击“特效控制台”面板中的“自定义”按钮，显示“多旋转设置”对话框，可以在该对话框中设置水平值和垂直值。图9-123显示了“多旋转”效果控件以及“节目监视器”面板中的效果预览。

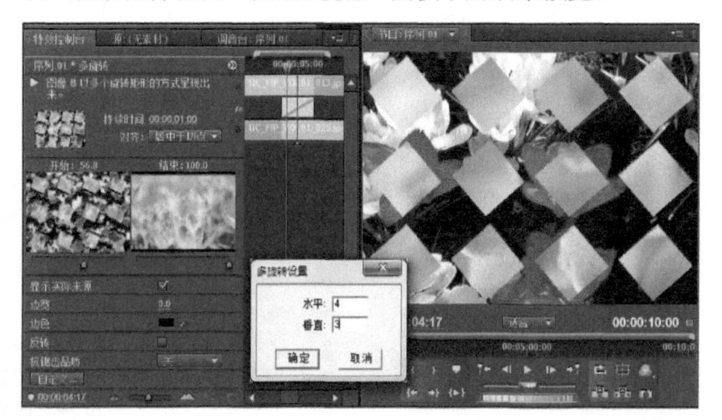

图9-123

带状滑动

在此切换效果中，矩形条带从屏幕的右边和左边出现，逐渐用素材B替代素材A。在使用此切换效果时，可以单击特效控制台面板中的自定义按钮显示Band Slide Settings（带状滑动设置）对话框。在此对话框中，键入需要滑动的条带数。

图9-124显示了“带状滑动”效果控件以及“节目监视器”面板中的效果预览。

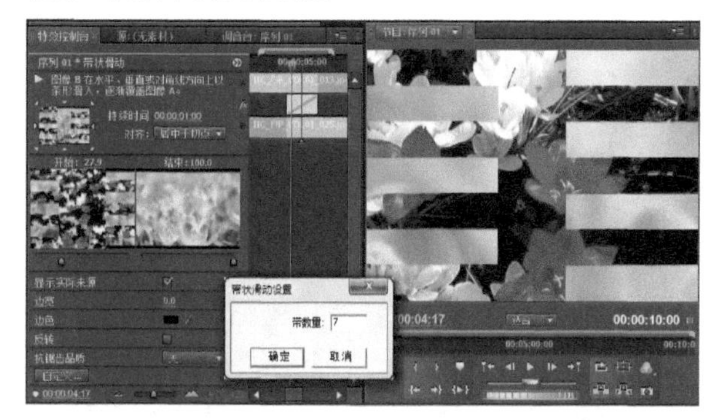

图9-124

拆分

在此切换效果中，素材A从中间分裂开以显示后面的素材B，该效果类似于打开两扇门来显示房间内的东西。图9-125显示了“拆分”效果控件以及“节目监视器”面板中的效果预览。

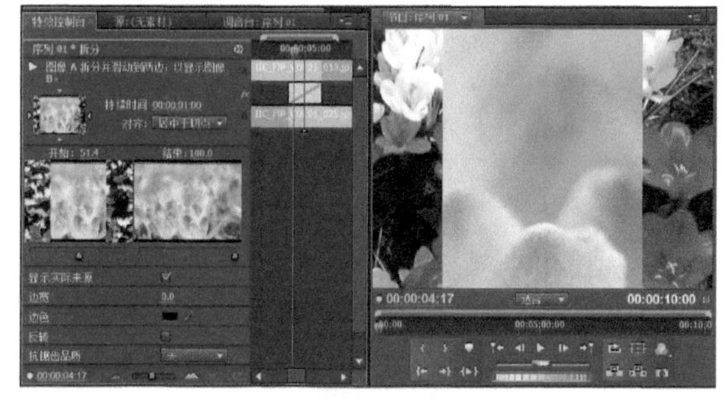

图9-125

推

在此切换效果中，素材B将素材A推向一边。可以将此切换效果的推挤方式设置为从西到东、从东到西、从北到南或从南到北。图9-126显示了“推”效果控件以及“节目监视器”面板中的效果预览。

图9-126

● 斜线滑动

在此切换效果中，使用素材B中片段填充的对角斜线来逐渐替代素材A。可以将斜线的移动方式设置为从北西到南东、从南东到北西、从北东到南西、从南西到北东、从西到东、从东到西、从北到南或从南到北。

在使用此切换效果时，单击“特效控制台”面板底部的“自定义”按钮，显示“斜线滑动设置”对话框，在该对话框中可更改斜线数量。图9-127显示了“斜线滑动”效果控件以及“节目监视器”面板中的效果预览。

图9-127

● 滑动

在此切换效果中，素材B逐渐滑动到素材A上方。用户可以设置切换效果的滑动方式，切换效果的滑动方式可以是从北西到南东、从南东到北西、从北东到南西、从南西到北东、从西到动、从东到西、从北到南或从南到北。图9-128显示了“滑动”效果控件以及“节目监视器”面板中的效果预览。

图9-128

● 滑动带

在此切换效果中，素材B开始处于压缩状态，然后逐渐延伸到整个画面来替代素材A。用户可以将滑动条带的移动方式设置为从北到南、从南到北、从西到东或从东到西。

图9-129显示了“滑动带”效果控件以及“节目监视器”面板中的效果预览。

图9-129

● 滑动框

在此切换效果中，由素材B组成的垂直条带逐渐移动到整个屏幕来替代素材A。在使用此切换效果时，可以单击“特效控制台”面板中的“自定义”按钮，显示“滑动框设置”对话框，在此对话框中设置需要的条带数。图9-130显示了“滑动框”效果控件以及“节目监视器”面板中的效果预览。

图9-130

● 旋涡

在此切换效果中，素材B呈旋涡状旋转出现在屏幕上来替代素材A。在使用此切换效果时，单击“特效控制台”面板中的“自定义”按钮，显示“旋涡设置”对话框，在此对话框中设置水平、垂直和速率值。

图9-131显示了“旋涡”效果控件以及“节目监视器”面板中的效果预览。

图9-131

9.2.9 特殊效果切换效果

“特殊效果”文件夹中包含创建特效的各种切换效果，其中许多切换效果可以改变素材的颜色或扭曲图像。“特殊效果”文件夹中的切换效果包括“映射红蓝通道”“纹理”和“置换”，如图9-132所示。

图9-132

映射红蓝通道

应用此切换效果，可以将源图像映射到红色和蓝色输出通道中。图9-133显示了“映射红蓝通道”效果控件以及“节目监视器”面板中的效果预览。

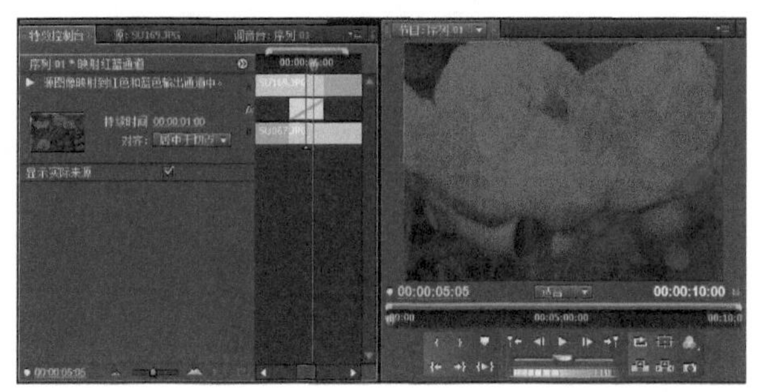

图9-133

纹理

此切换效果将颜色值从素材B映射到素材A中，两个素材的混合可以创建纹理效果。图9-134显示了“纹理”效果控件以及“节目监视器”面板中的效果预览。

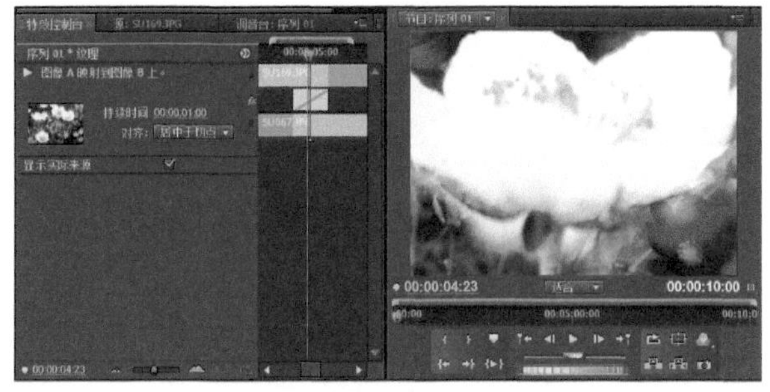

图9-134

置换

在此切换效果中，素材A的“RGB通道”通道置换素材B的像素，从而在素材B中创建一个图像扭曲。图9-135显示了“置换”效果控件以及“节目监视器”面板中的效果预览。

图9-135

9.2.10 缩放切换效果

“缩放”切换效果用来放大或缩小整个素材的效果，或提供一些可以放大或缩小的盒子，从而使一个素材替换另一个素材。“缩放”切换效果包括“交叉缩放”“缩放”“缩放拖尾”和“缩放框”，如图9-136所示。

图9-136

交叉缩放

此切换效果缩小素材B，再逐渐放大它，直到占据整个画面。图9-137显示了“交叉缩放”效果控件以及“节目监视器”面板中的效果预览。

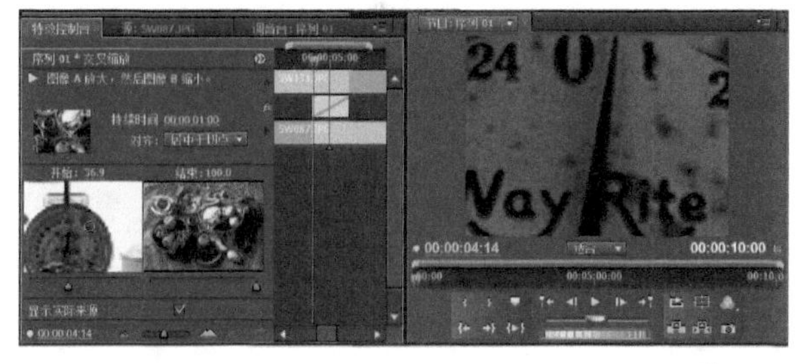

图9-137

缩放

在此切换效果中，素材B以很小的点出现，然后这些点逐渐放大替代素材A。图9-138显示了“缩放”效果控件以及“节目监视器”面板中的效果预览。

图9-138

● 缩放拖尾

在此切换效果中，素材A逐渐收缩（缩小效果），并在素材B替换素材A时留下轨迹。在使用此切换效果时，单击“特效控制台”面板中的“自定义”按钮，显示“缩放拖尾设置”对话框，在此对话框中可以选择需要的轨迹数量。图9-139显示了“缩放拖尾”效果控件以及“节目监视器”面板中的效果预览。

图9-139

● 缩放框

在此切换效果中，以素材B填充的一些小盒逐渐放大，最终替换素材A。在使用此切换效果时，单击“特效控制台”面板中的“自定义”按钮，显示“缩放框设置”对话框，在此对话框中选择需要的形状数量，然后单击“确定”按钮应用这些更改。图9-140显示了“缩放框”效果控件以及“节目监视器”面板中的效果预览。

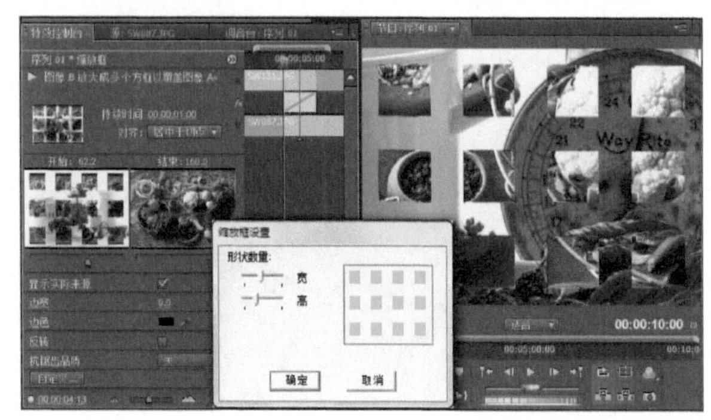

图9-140

高手进阶：制作电子相册

- 素材文件：素材文件/第9章/09.jpg、10.jpg、11.jpg、12.jpg、13.jpg、14.jpg
- 案例文件：案例文件/第9章/高手进阶——制作电子相册.Prproj
- 视频教学：视频教学/第9章/高手进阶——制作电子相册.flv
- 技术掌握：应用各种切换效果的方法

扫码看视频

本例是介绍制作电子相册的操作，案例效果如图9-141所示，该案例的制作流程如图9-142所示。

【操作步骤】

01 选择“文件→新建→项目”命令，在“新建项目”对话框中设置项目的存储位置和文件名，然后单击“确定”按钮，如图9-143所示，在打开的“新建序列”对话框中选择一个预置或创建一个自定义设置，再单击“确定”按钮创建一个新序列，如图9-144所示。

图9-141

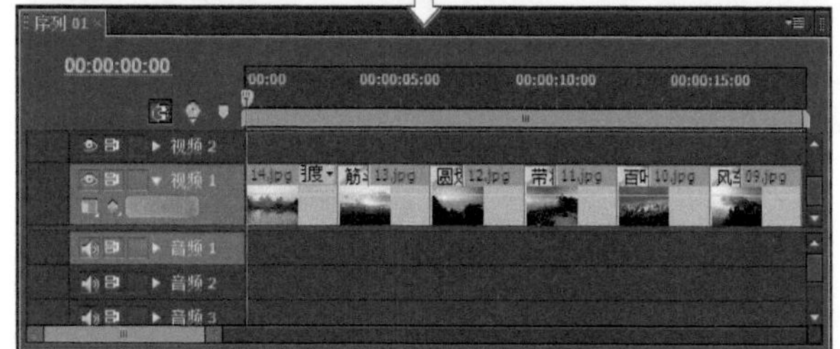

图9-142

图9-143

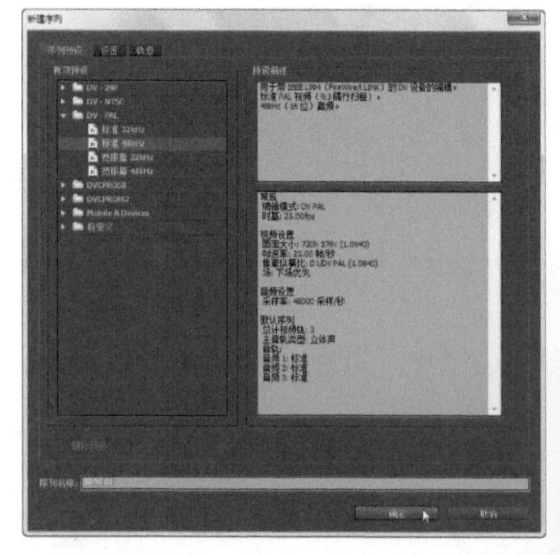

图9-144

02 选择“文件→导入”命令，将需要的素材导入到“项目”面板中，如图9-145所示。

图9-145

03 选择所有的素材并单击鼠标右键，在弹出的菜单中选择“速度/持续时间”命令，如图9-146所示，在打开的“素材速度/持续时间”对话框中将持续时间改为3秒，然后单击“确定”按钮，如图9-147所示。

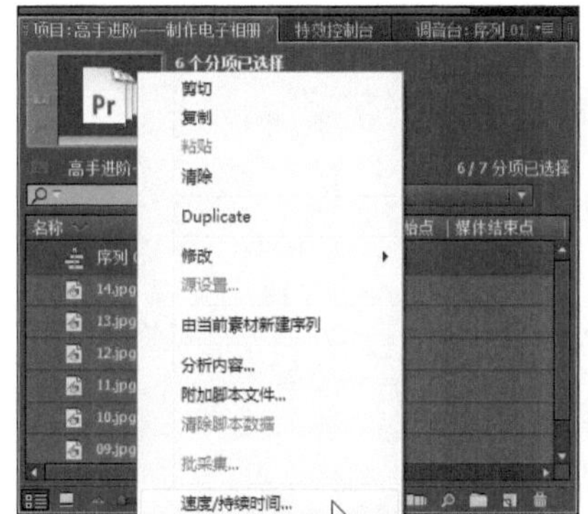

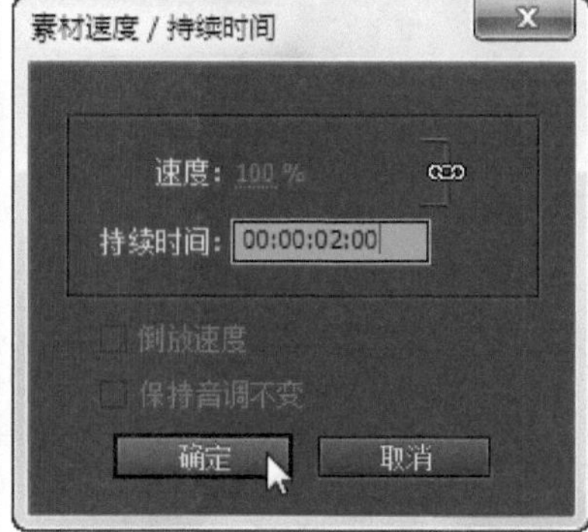

图9-146　　图9-147

04 将“项目”面板中的素材依次添加到视频1轨道中，如图9-148所示。

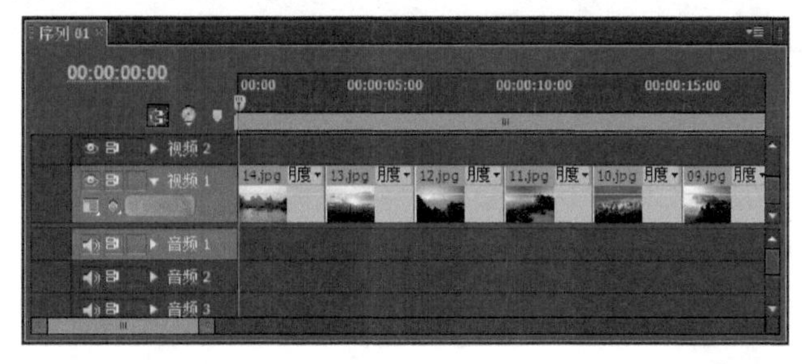

图9-148

05 打开“效果”面板，选择“视频切换 / 三维运动 / 筋斗过渡”切换效果，将“筋斗过渡”效果拖到“时间线”面板的“13.jpg”素材上，如图9-149所示。

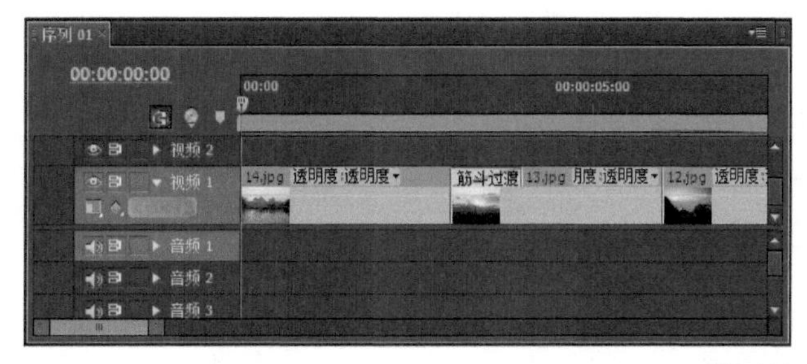

图9-149

06 依次将切换效果中的“抖动溶解”“圆划像”“带状滑动”“百叶窗”“风车”命令添加到其他素材上，如图9-150所示。

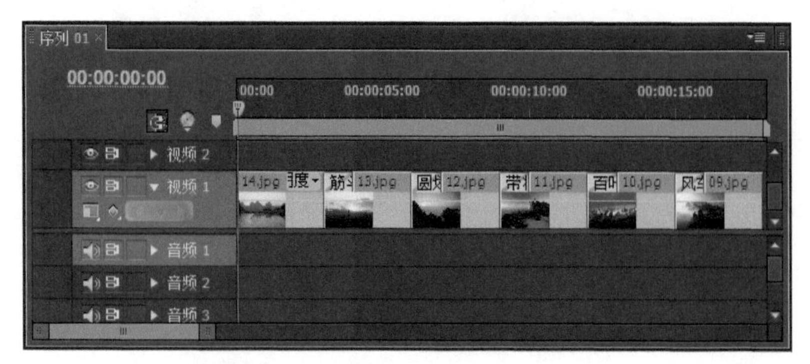

图9-150

07 按Ctrl+M组合键，打开“导出设置”对话框，在该对话框中设置影片保存的位置和名称，然后单击“导出”按钮，如图9-151所示。

图9-151

08 使用播放软件播放输出后的影片文件，效果如图9-152所示。

图9-152

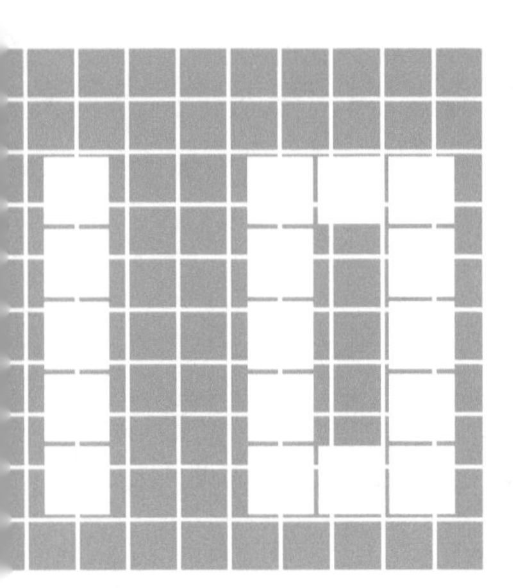

第10章 使用视频特效

要点索引

本章概述

Adobe Premiere Pro的特效可以使最枯燥乏味的视频作品也能充满生趣。例如，使用Premiere Pro效果面板上的视频特效可以模糊或倾斜图像，给它添加斜角边、阴影和美术效果。一些效果可以修正视频，提高视频质量；而另一些效果会使视频变得稀奇古怪。修改效果控件，还可以创建惊人的运动效果，例如使素材看起来像地震或者龙卷风袭击过的一样。

如同本章说明，Premiere Pro的视频特效与关键帧轨道同步工作，这样可以修改时间线上某一点的效果设置。用户只需要指定效果的开始设置、移动到另一个关键帧处，以及设置结束效果。在创建预览时，Premiere Pro会完成其他事情，即编辑帧之间的连接，使整个视频效果连贯起来，从而创建出随时间变化的流畅效果。

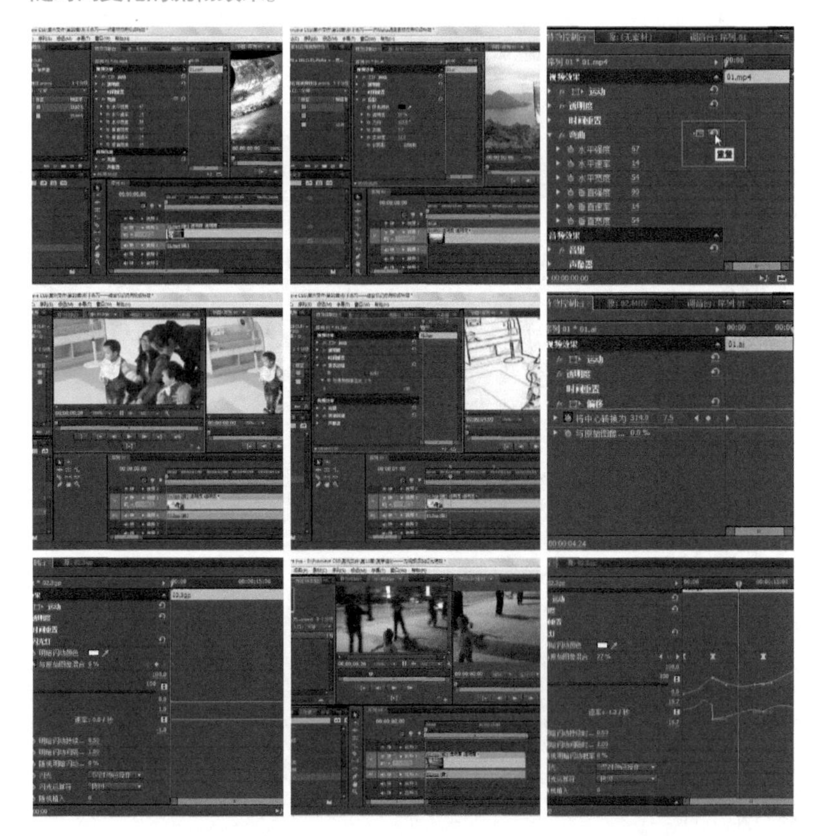

10.1 认识视频特效

“效果”面板中不仅包括“视频切换”文件夹，还包括“视频特效”“音频特效”和“音频过渡”文件夹；单击“效果”面板上“视频特效”文件夹左边的三角，可以查看其中的视频特效，如图10-1所示。

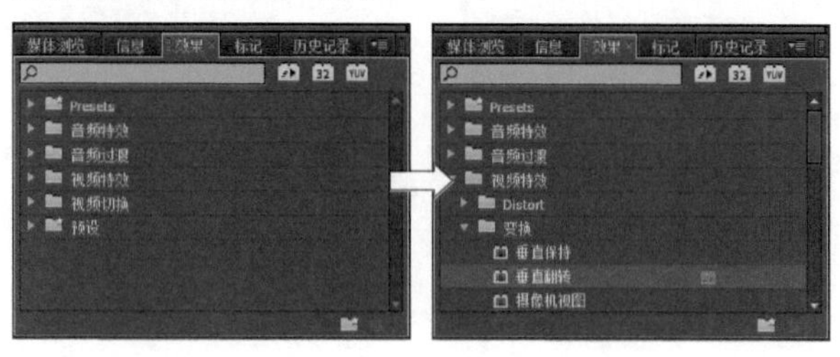

图10-1

打开“视频特效”文件夹后，会显示一个特效列表。视频特效名称左边的图标表示每个效果，单击一个视频特效并将它拖到时间线面板中的一个素材上，这样就可以将这个视频特效应用到视频轨道。单击文件夹左边的三角可以关闭文件夹。

10.1.1 了解视频特效

使用Premiere Pro视频特效时，可以使用“效果”面板的功能选项来辅助管理。

查找：使用“效果”面板顶部的查找字段定位效果，在查找字段中输入想要查找的特效名称，Premiere Pro将会自动查询，如图10-2所示。

新建自定义文件夹：单击“效果”面板底部的“新建自定义文件夹”图标，或选择“效果”面板菜单中的“新建自定义文件夹”命令，创建自定义文件夹来更好地管理特效，如图10-3所示是新建自定义文件夹并在其中添加特效的效果。

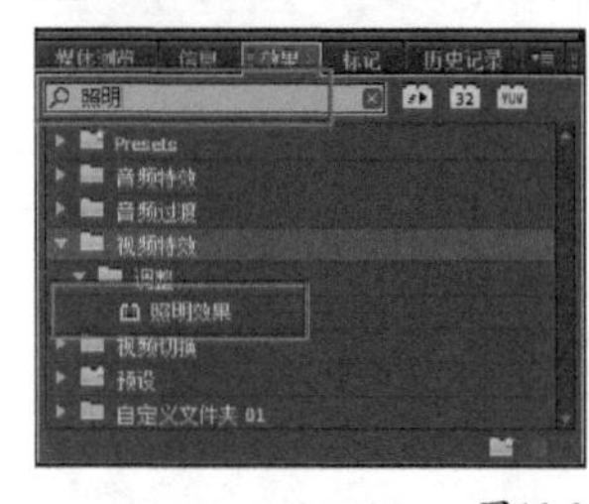

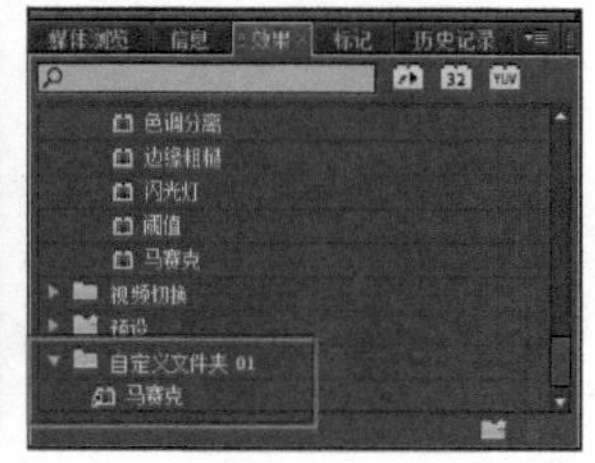

图10-2　　图10-3

重命名：自定义文件夹的名称可以随时修改。选中自定义文件夹，然后单击文件夹名称。当文件夹名称高亮显示时，在名称字段中输入想要的名称。

删除：使用完自定义文件夹后，可以将它删除。选中自定义文件夹，然后选择“效果”面板菜单中的“删除自定条目”命令，或单击面板底部的“删除自定义分项”图标。接着会出现一个提示框，询问是否要删除这个分类，如果是，单击“确定”按钮。

10.1.2 特效控制台面板

将一个视频特效应用于图像后，可以在“特效控制台”面板中对该特效进行设置，如图10-4所示。

图10-4

在“特效控制台”面板中可以执行如下操作：

选中素材的名称显示在面板的顶部。在素材名称的右边有一个三角形按钮，单击这个按钮可以显示或隐藏时间轴视图，如图10-5所示。

在“特效控制台”面板的左下方显示某一时间，表示素材出现在时间线上的某一地点，在此可以对视频特效的关键帧时间进行设置，如图10-6所示。

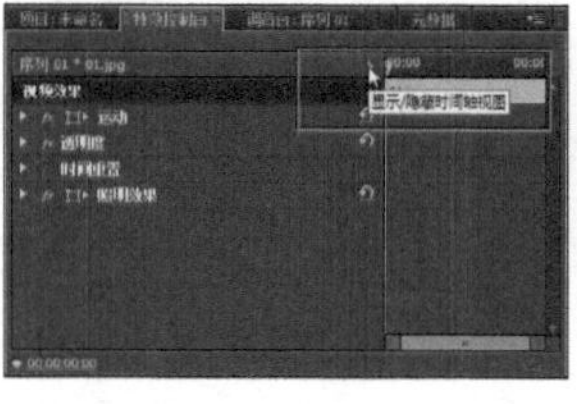

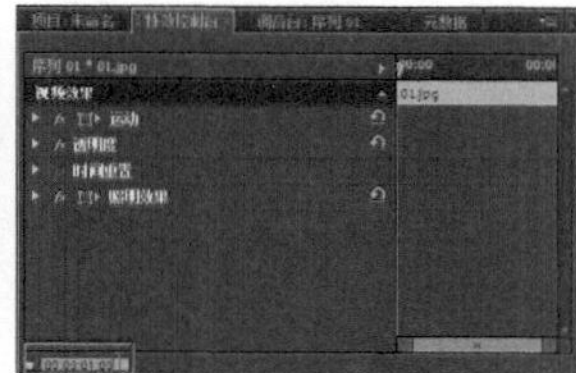

图10-5　　图10-6

在选中的序列名称和素材名称下面是固定效果——“运动”和“透明度”。固定效果下面是标准效果。如果选中的素材应用于一个视频特效，那么“透明度”选项的下面就会显示一个标准效果。选中素材应用的所有视频特效都显示在“视频效果”标题下面，视频特效按应用的先后顺序排列。可以单击标准视频效果并上下拖动来改变顺序。

固定效果和视频效果名称左边都有一个“切换效果开关”按钮，显示为按钮时表示这个效果是可用的。单击按钮或者取消选择“特效控制台”面板菜单中的“启用效果”命令，可以禁用效果。效果名称旁边也有一个小三角形，单击该三角形，会显示与特效名称相对应的设置。

许多特效还能够弹出一个包含预览区的对话框。如果一个特效提供对话框，那么在“特效控制台”面板上的该视频特效名称右边会有一个“设置”按钮，如图10-7所示。单击该按钮就可以访问设置对话框，如图10-8所示。

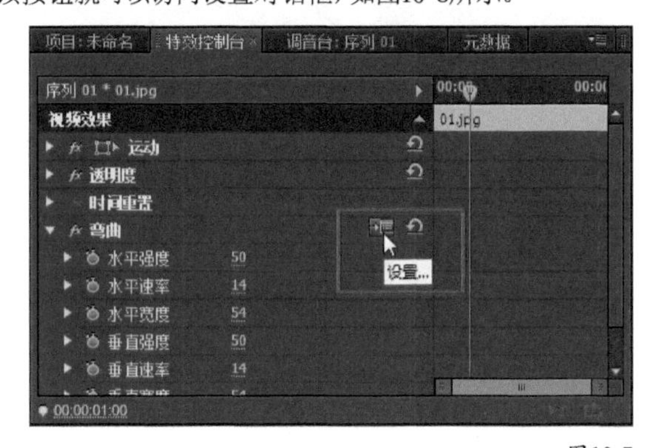

图10-7

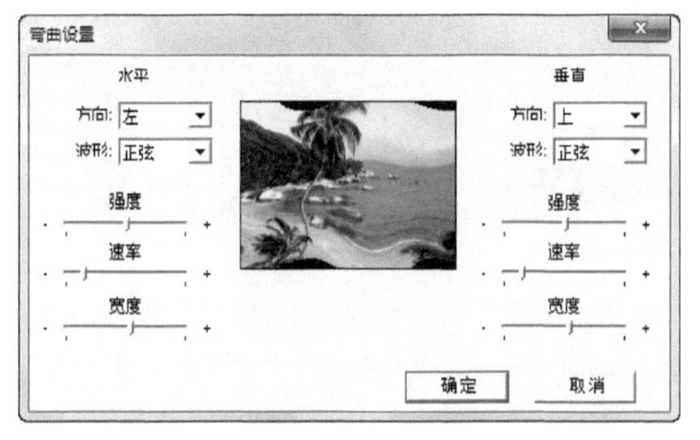

图10-8

单击“切换动画”按钮，可以开启动画设置功能，如图10-9所示。添加关键帧后，如果再单击“切换动画”按钮，将关闭关键帧的设置，同时删除该选项中所有的关键帧。

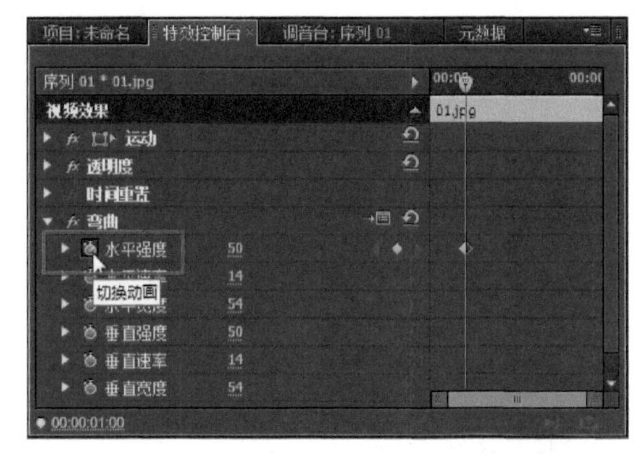

图10-9

通过单击“特效”参数后方的“添加/删除关键帧”按钮，在指定的时间位置添加或删除关键帧，如图10-10所示；单击“跳转到前一关键帧”按钮，可以将时间线移动到该时间线之前的一个关键帧位置；单击“跳转到下一关键帧”按钮，可以将时间线移动到该时间线之后的一个关键帧位置。

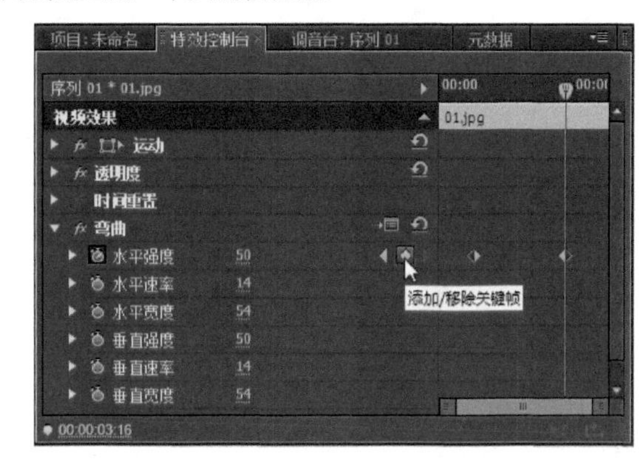

图10-10

10.1.3 特效控制台面板菜单

“特效控制台”面板菜单用于控制面板上的所有素材。使用此菜单可以激活或禁用预览、选择预览质量，还可以激活或禁用效果，如图10-11所示。

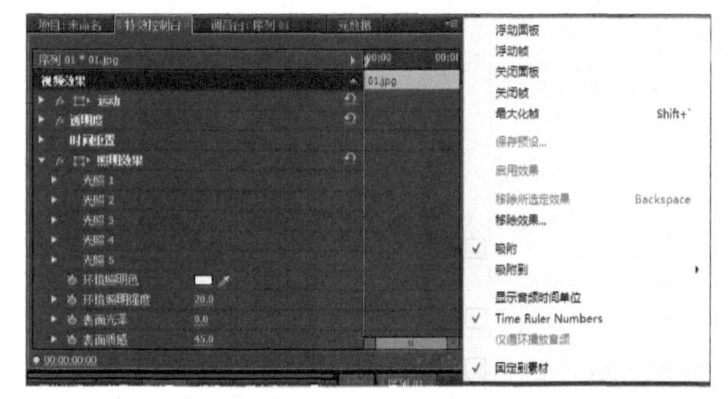

图10-11

启用效果：单击这个命令可以禁用或激活效果。默认情况下，“启用效果”是选中的。

移除所选定效果：这个命令可以将效果从素材上删除。也可以选择“特效控制台”面板上的效果，然后按Delete键来删除面板上的效果。

移除效果：这个命令将应用于素材的所有效果删除。

10.2 应用视频特效

本节将介绍视频特效的应用，除了可以对常用素材应用视频特效外，还可以对具有Alpha通道的素材应用视频特效。

10.2.1 对素材应用视频特效

将“效果”面板中的视频特效拖到时间线上，就可以将一个或多个视频特效应用于整个视频素材。视频特效可以修改素材的色彩，使素材变得模糊或者扭曲等。

新手练习：对素材应用视频特效

● 素材文件：素材文件/第10章/01.mp4
● 案例文件：案例文件/第10章/新手练习——对素材应用视频特效.Prproj
● 视频教学：视频教学/第10章/新手练习——对素材应用视频特效.flv
● 技术掌握：对常用素材应用视频特效的方法

扫码看视频

本例是介绍对常用素材应用视频特效的操作，案例效果图及该案例的制作流程如图10-12所示。

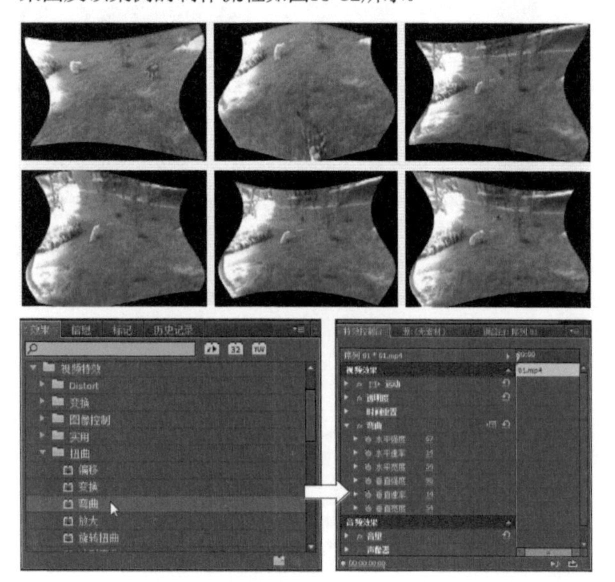

图10-12

【操作步骤】

01 新建一个项目并命名，然后选择“窗口→工作区→效果”命令，显示所需的所有面板，再将“01.mp4”素材导入到“项目”面板中，如图10-13所示。

图10-13

02 将“项目”面板上的视频素材拖到“时间线”面板的视频1轨道上，然后选中“时间线”面板中的素材，如图10-14所示。

03 在“效果”面板中选择要添加到素材上的视频特效（如“扭曲”文件夹中的“弯曲”特效），如图10-15所示。

图10-14

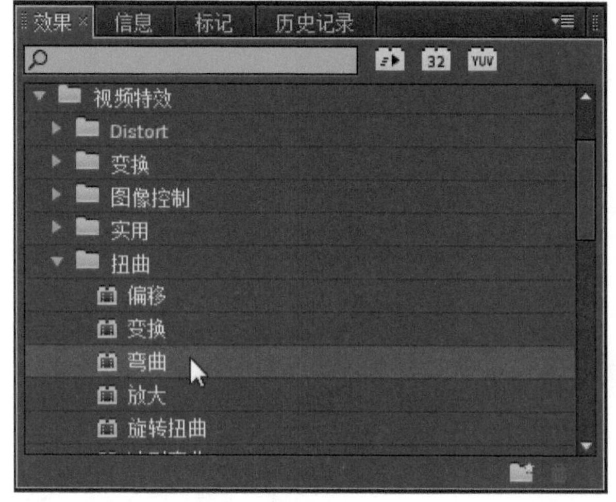

图10-15

04 将“效果”面板中的特效直接拖到视频1轨道的素材上，或将其拖到“特效控制台”面板中，即可在选中的素材上添加该特效，图10-16所示是使用了“弯曲”特效后，使视频图像变得弯曲的效果。

图10-16

05 要调整效果的设置，对“特效控制台”面板中特效名称下面的选项进行调节即可。要使用默认设置，单击效果名称右边的“重置”按钮，如图10-17所示。

06 在素材上添加其他特效，尝试不同的效果，如“调节”“图像控制”“生成”“风格化”“时间”和“变换”文件夹中的效果。单击“节目监视器”面板中的“播放-停止切换”按钮，可以预览素材应用特效后的效果，如图10-18所示对素材应用“弯曲”特效后的播放效果。

图10-17

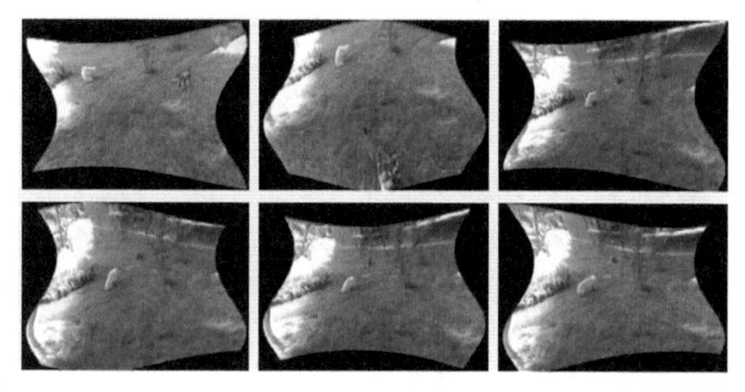

图10-18

小技巧

一个图像可以应用多个效果，同一个图像可以添加具有不同设置的同一个效果。

10.2.2 对具有Alpha通道的素材应用视频特效

特效不仅可以应用于视频素材，还可以应用于具有Alpha通道的静帧图像。在静帧图像中，Alpha通道用于分隔物体和背景。要使效果仅作用于图像而不应用到图像背景，这个图像必须具有Alpha通道。可以使用Adobe Photoshop为图像创建蒙版，并将蒙版保存为Alpha通道或者一个图层，也可以使用Adobe Illustrator创建图形。将Illustrator文件导入Premiere Pro中时，Premiere Pro读取透明区域并创建Alpha通道。

新手练习：对Alpha通道素材应用视频特效

- 素材文件：素材文件/第10章/01.jpg、01.ai
- 案例文件：案例文件/第10章/新手练习——对Alpha通道素材应用视频特效.Prproj
- 视频教学：视频教学/第10章/新手练习——对Alpha通道素材应用视频特效.flv
- 技术掌握：导入Illustrator文件并为其应用视频特效的方法

扫码看视频

本例是介绍导入Illustrator文件并为其应用视频特效的操作。案例效果如图10-19所示，该案例的制作流程如图10-20所示。

图10-19

图10-20

【操作步骤】

01 新建一个项目，并导入一个视频素材（01.jpg），然后将它拖到视频1轨道上，如图10-21所示。

图10-21

02 选择“文件→导入”命令，导入一个带有Alpha通道的文件“01.ai”，然后将“01.ai”素材拖到视频2轨道上，如图10-22所示。

03 选择视频2轨道上的Alpha通道文件（01.ai），单击“源监视器”面板菜单并选择“Alpha”命令，如图10-23所示，查看Alpha通道文件（01.ai）。图10-24所示显示的是“01.ai”文件的Alpha通道视图。

04 要恢复成标准视图，选择面板菜单中的“合成视频”命令即可，图10-25所示显示的是“01.ai”文件的合成视频的效果。

图10-22

图10-23

图10-24

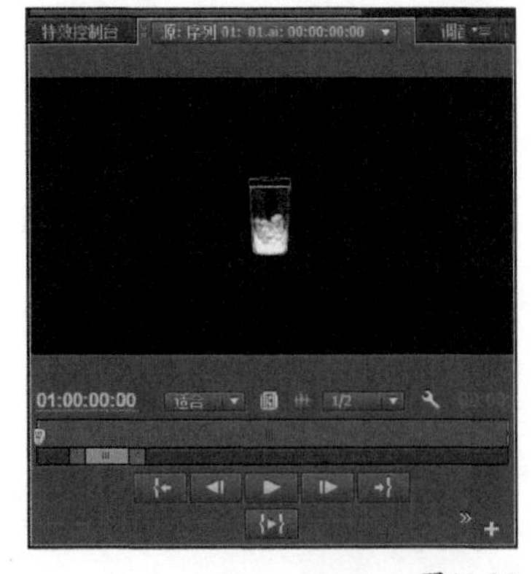

图10-25

05 选择要使用的视频特效，如图10-26所示，然后将其从“效果”面板拖到视频2轨道上的Alpha通道文件上，或拖到“特效控制台”面板上，图10-27所示为应用“透视”文件夹中的“投影”效果。

图10-26

图10-27

10.2.3 结合标记应用视频特效

在Premiere Pro中，用户可以查看整个项目，并在指定区域设置标记，以便在这些区域的视频素材中添加视频特效。可设置入点和出点标记、未编号标记，也可以使用“时间线”面板或“特效控制台”面板上的时间线标尺设置标记，通过“特效控制台”面板上的时间线标尺可以查看并编辑标记。

新手练习：结合标记应用视频特效

- 素材文件：素材文件/第10章/01.mp4
- 案例文件：案例文件/第10章/新手练习——结合标记应用视频特效.Prproj
- 视频教学：视频教学/第10章/新手练习——结合标记应用视频特效.flv
- 技术掌握：为素材设置标记并应用视频特效的方法

扫码看视频

本例是介绍为素材设置标记并应用视频特效的操作，案例效果如图10-28所示，该案例的制作流程如图10-29所示。

01 新建一个项目，并导入一个视频素材（01.3gp），然后将它拖到视频1轨道上，如图10-30所示。

图10-28

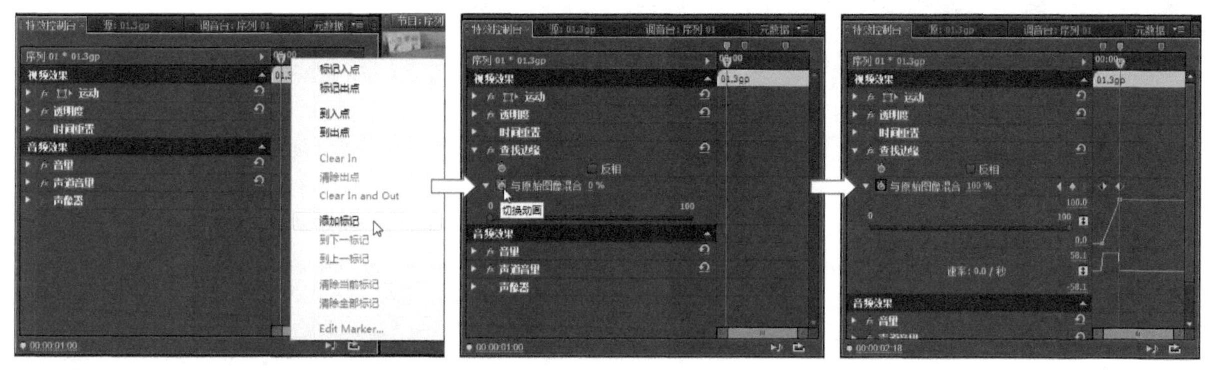

图10-29

图10-30

02 选中“时间线”面板上视频轨道中的视频素材，将当前时间指示器移动到想要设置标记的位置，然后使用右键单击“特效控制台”面板或“时间线”面板上的时间线标尺，在出现的菜单中选择“添加标记”命令，如图10-31所示。

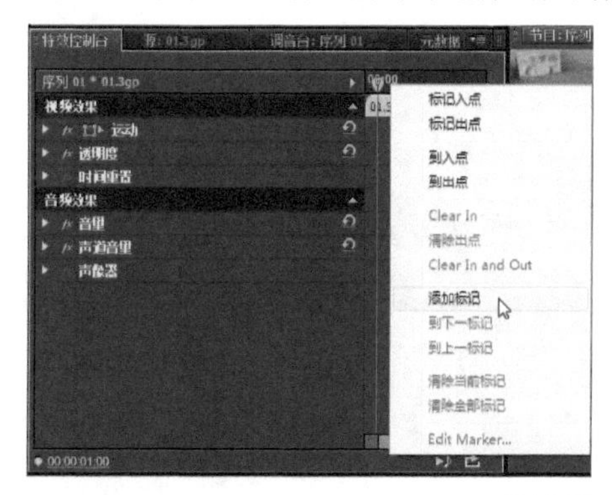

图10-31

03 使用同样的操作，在“特效控制台”面板中为素材添加多个标记，如图10-32所示。

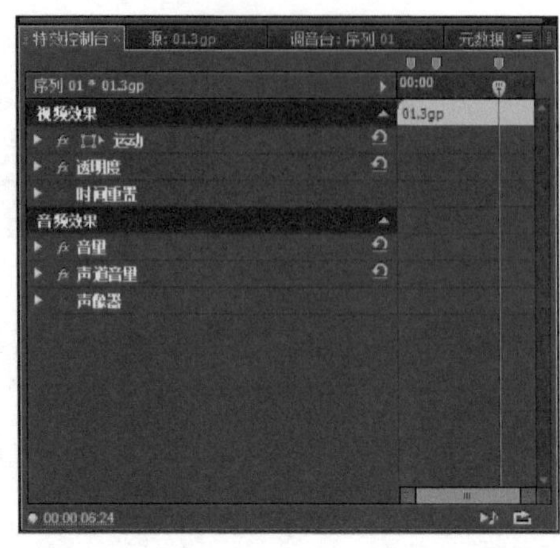

图10-32

04 右键单击“特效控制台”面板或“时间线”面板上的时间线标尺。在出现的菜单中选择“到上一标记”命令，如图10-33所示，再执行一次该操作，将时间指示器移到第一个标记处，如图10-34所示。

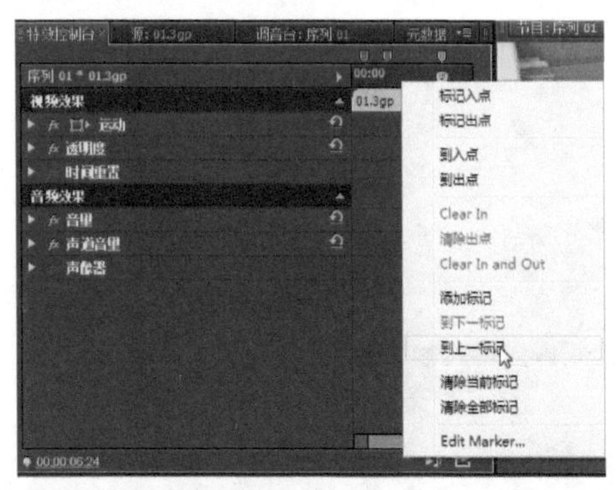

图10-33

图10-34

05 在“效果”面板中选择一个特效，然后将它拖到“特效控制台”面板上，例如，应用“风格化”文件夹中的“查找边缘”效果，如图10-35所示。

图10-35

06 单击特效参数中的“切换动画”按钮，添加一个关帧键，如图10-36所示，然后将时间指示器移到下一个标记处，并添加一个关键帧，再调节参数，如图10-37所示。

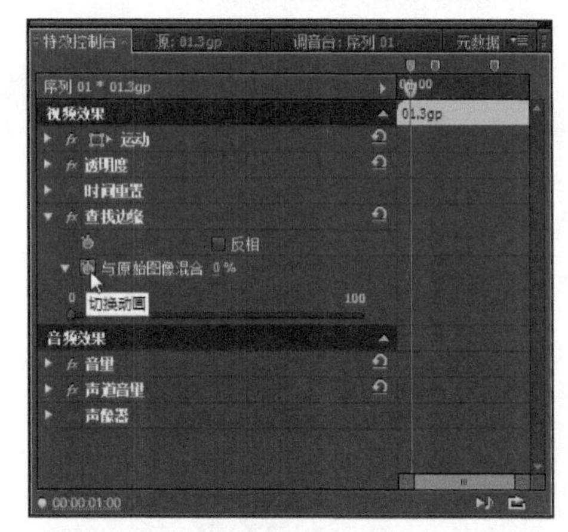

图10-36

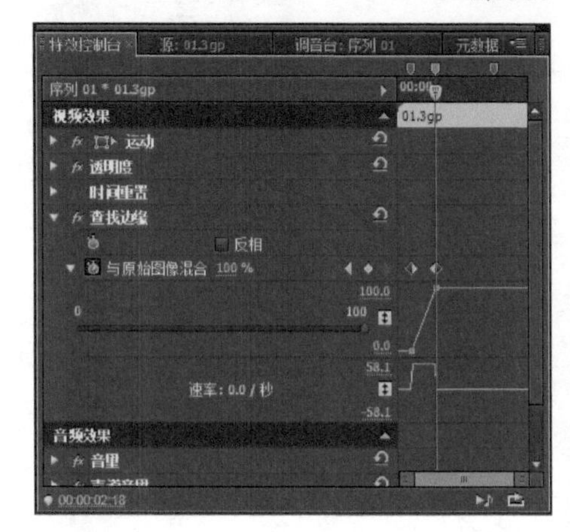

图10-37

07 单击“节目监视器”面板中的“播放-停止切换”按钮，预览素材应用特效后的效果，如图10-38所示。

图10-38

小技巧

在编辑视频特效时，可以将特效从一个素材复制粘贴到另一个素材。在“特效控制台”面板上，单击想要复制的特效（按Shift键并单击可以选择多个特效），然后选择“编辑→复制”命令。在“时间线”面板上，选择想要应用这些特效的素材，然后选择“编辑→粘贴”命令。

10.3 结合关键帧使用视频特效

使用Premiere Pro的关键帧功能可以修改时间线上某些特定点处的视频效果。通过关键帧，可以使Premiere Pro应用时间线上某一点的效果设置逐渐变化到时间线上另一点的设置。Premiere Pro在创建预览时，会不断插入效果，渲染在设置点之间的所有变化帧，使用关键帧可以让视频素材或静态素材更加生动。

10.3.1 利用关键帧设置特效

Premiere Pro的关键帧轨道使关键帧的创建、编辑和操作更快速、更有条理、更精确。“时间线”面板和“特效控制台”面板上都有关键帧轨道。

要激活关键帧，单击“特效控制台”面板上某个效果设置旁边的小秒表图标。也可以单击“时间线”面板上的显示关键帧图标，并从视频素材菜单中选择一个效果设置，来开关关键帧。

在关键帧轨道中，圆圈或菱形表示在当前时间线帧设有关键帧。单击右箭头图标“转到前一关键帧”，当前时间标示会从一个关键帧跳到前一个关键帧。单击左箭头图标“转到下一关键帧”，当前时间标示会从一个关键帧跳到下一个关键帧。

高手进阶：制作漂浮的杯子

- 素材文件：素材文件/第10章/02.mov、01.ai
- 案例文件：案例文件/第10章/高手进阶——制作漂浮的杯子.Prproj
- 视频教学：视频教学/第10章/高手进阶——制作漂浮的杯子.flv
- 技术掌握：结合应用关键帧和视频特效的方法

扫码看视频

本例是介绍结合应用关键帧和视频特效的操作，案例效果如图10-39所示，该案例的制作流程如图10-40所示。

【操作步骤】

01 选择“文件→新建→项目”命令，在“新建项目”对话框中设置项目的存储位置和文件名，然后单击“确定”按钮，如图10-41所示，在打开的“新建序列”对话框中选择一个预置或创建一个自定义设置，再单击“确定”按钮创建一个新序列，如图10-42所示。

图10-39

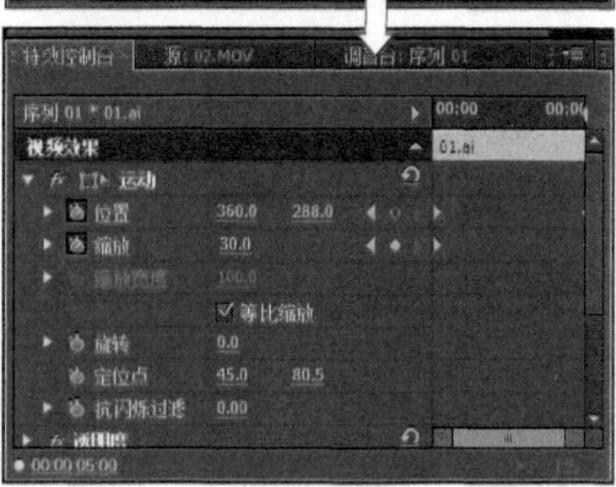

图10-40

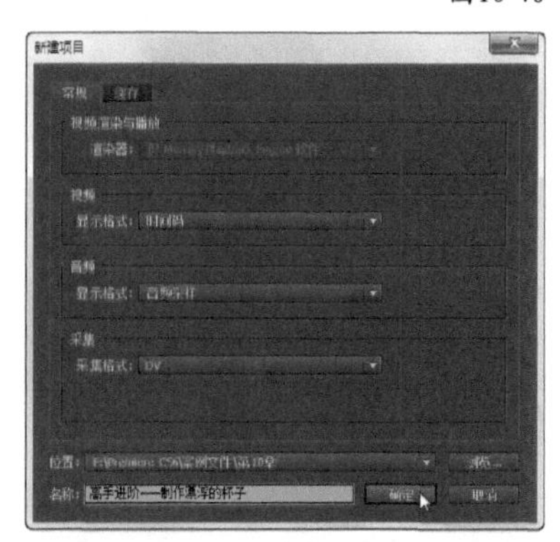

图10-41

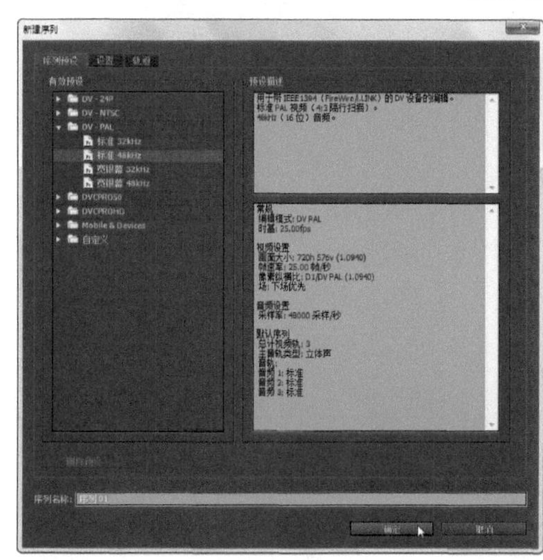

图10-42

02 在“项目”面板中导入“02.mov”和“01.ai”素材，然后拖到视频1轨道和视频2轨道上，如图10-43所示。

图10-43

03 选择“效果”面板上的“偏移”特效，拖动到“时间线”面板的视频2轨道上的图像上，如图10-44所示。“偏移”效果在“效果”面板中视频特效文件夹下的“扭曲”文件夹中。

图10-44

04 在“时间线”面板中将当前时间线指示器移动到素材的起点处。在“特效控制台”面板中，展开“偏移”设置，然后单击“将中心转换为”左侧的“切换动画”按钮，激活关键帧功能，同时添加一个关键帧，如图10-45所示。

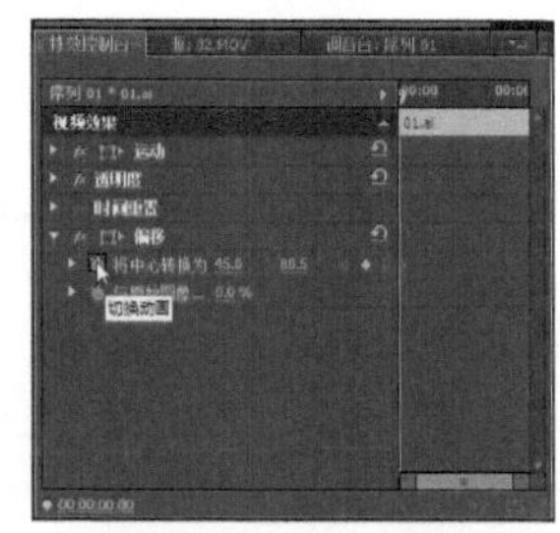

图10-45

05 将当前时间指示器移动到素材的结束处，然后拖动“将中心转换为”参数，设置素材的偏移动画效果，调节控制设置时，就会添加一个关键帧，如图10-46所示。

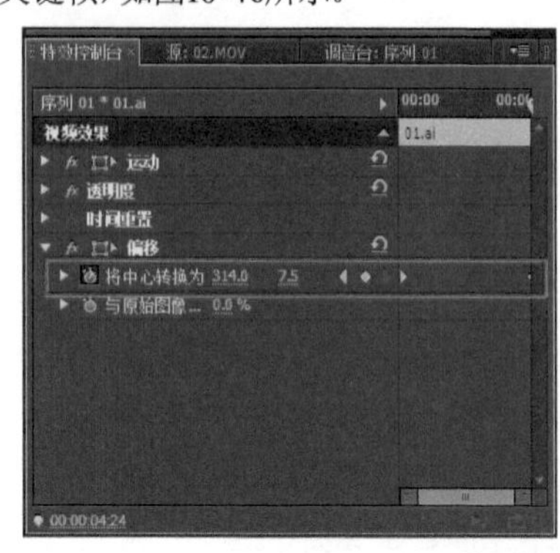

图10-46

06 单击“节目监视器”上的“播放-停止切换”按钮，预览素材添加关键帧和特效后的效果，如图10-47所示。

图10-47

07 在“时间线”面板上单击“折叠-展开轨道”图标显示关键帧轨道，如图10-48所示。

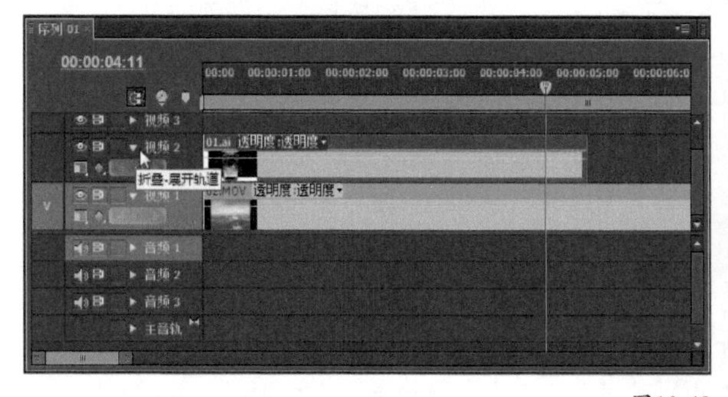

图10-48

08 单击素材标题栏菜单选择一个效果控制，如图10-49所示的“缩放”效果。

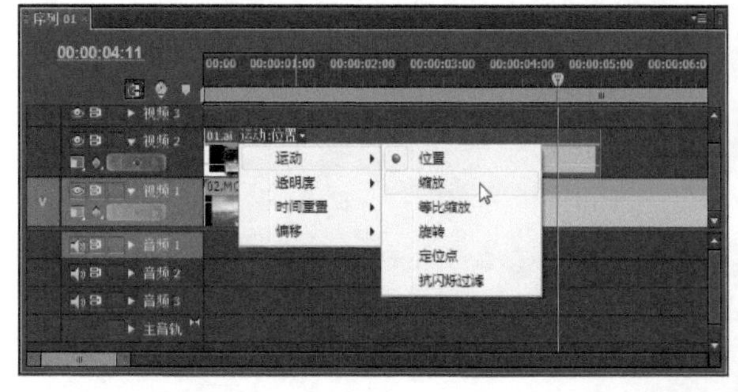

图10-49

09 将当前时间指示器移动到视频2轨道上图像的第一帧处，然后单击“添加-移除关键帧”图标添加一个关键帧，一个圆圈出现在关键帧轨道上，如图10-50所示。

10 将当前时间指示器移到素材“01.ai”的结束点，然后单击“添加-移除关键帧”图标，添加新的关键帧，如图10-51所示。

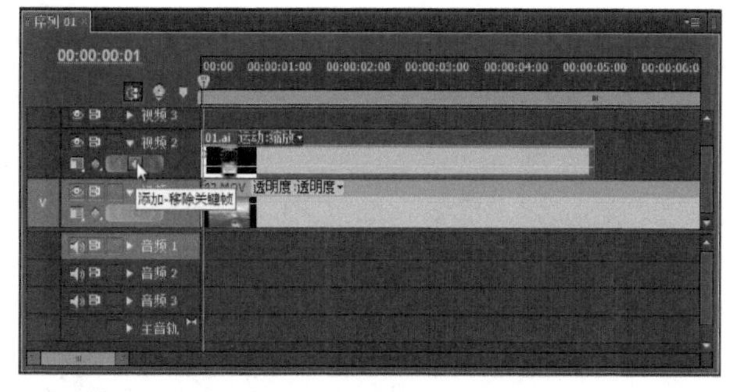

图10-50

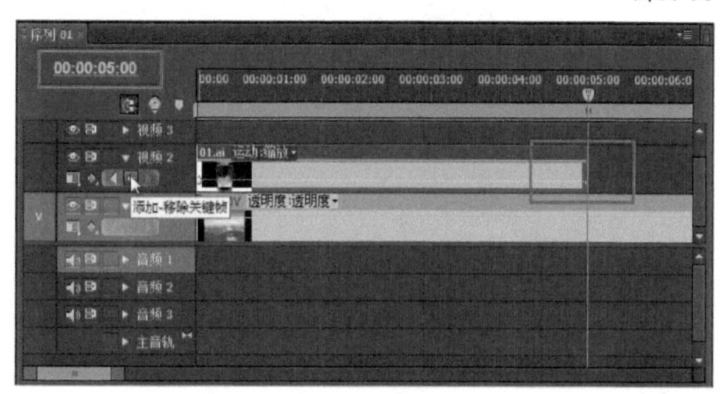

图10-51

11 在“特效控制台”面板中将当前关键帧的缩放值改为30，如图10-52所示。

图10-52

小技巧

单击关键帧并按Delete键，可以删除关键帧，单击并拖动关键帧到新位置，可以移动关键帧。

12 单击“节目监视器”面板中的“播放-停止切换”按钮，预览素材添加关键帧和特效后的效果，如图10-53所示。

图10-53

10.3.2 使用值图和速度图修改关键帧属性值

使用Premiere Pro的“值”图和“速度”图可以微调效果的平滑度，增加或减小效果的速度。大多数效果都有各种图形，效果的每个控件（属性）都可能对应一个值图和速度图。

调整效果的控制时，打开“切换动画”图标，在图上添加关键帧和编辑点，如图10-54所示。在对效果的控制进行任何调整之前，图形是一条直线。调整效果的控件后，既添加了关键帧，又改变了图形。

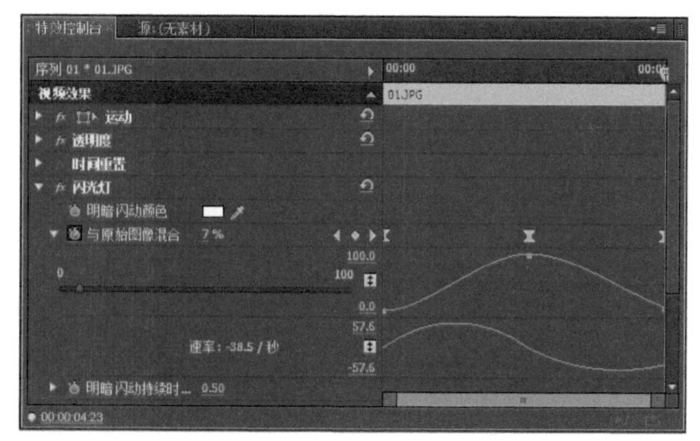

图10-54

可以在“特效控制台”面板和“时间线”面板上查看和编辑值图和速度图。在“时间线”面板上的编辑能力有限，但在“特效控制台”面板上就可以同时查看和编辑多个图形。为此，只需为效果控件（属性）创建关键帧，然后单击控件（属性）名前面的三角。在“特效控制台”面板的时间线中，值图位于速度图上方。要在时间线面板上查看和编辑效果的图，可以单击视频轨道上素材的效果菜单，然后选择一个属性。

小技巧

可以在“特效控制台”面板或“时间线”面板上查看音频效果的属性图形。音频效果的图形和视频效果的图形工作方式类似。

高手进阶：为视频添加灯光特效

- 素材文件：素材文件/第10章/02.flv
- 案例文件：案例文件/第10章/高手进阶——为视频添加灯光特效.Prproj
- 视频教学：视频教学/第10章/高手进阶——为视频添加灯光特效.flv
- 技术掌握：使用“特效控制台”面板处理值图和速度图的方法

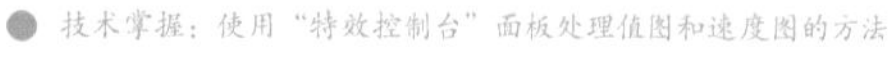

扫码看视频

本例是介绍使用“特效控制台”面板处理值图和速度图的操作，案例效果如图10-55所示，该案例的制作流程如图10-56所示。

图10-55

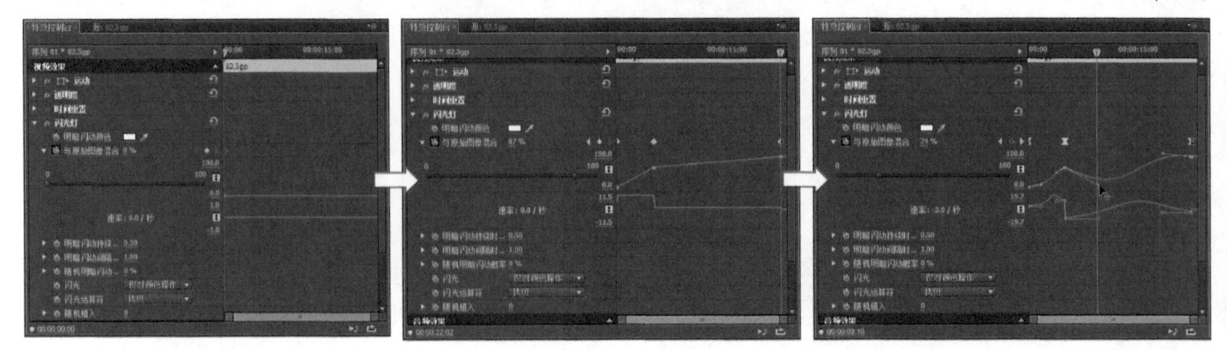

图10-56

【操作步骤】

01 新建一个“项目”文件，导入一个视频素材（02.3gp），然后将视频素材从“项目”面板上拖到“时间线”面板的“视频 1 ”轨道上，如图10-57所示。

图10-57

02 选择一个特效，并将其拖到“时间线”面板上的视频素材中。例如，使用“风格化”文件夹中的“闪光灯”效果，单击“与原始图混合”前面的三角，将这个控件的值设置为0%，如图10-58所示。

03 将当前时间指示器移动到时间线的起始位置，然后单击“切换动画”图标，创建一个关键帧，并显示该控件的值和速度图，如图10-59所示。注意出现的图形是一条水平直线，说明时间线上的效果没有变化。

图10-58

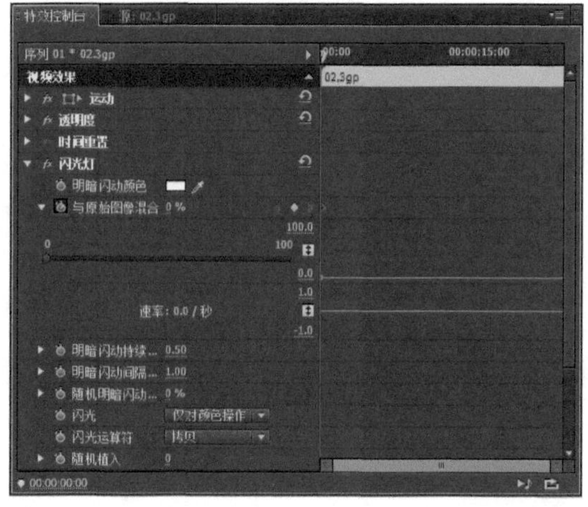

图10-59

04 要编辑图形，可以向右移动当前时间指示器，调整控件。本例中将“与原始图混合”滑块向右移动（即改值该选项的值），注意另一个关键帧会随之创建，即图形上会出现一个点，如图10-60所示。

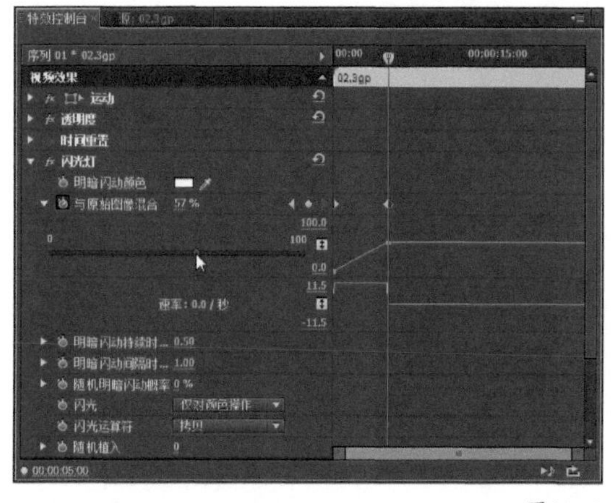

图10-60

05 新建关键帧，继续编辑图形。将当前时间指示器向右移动，然后调整控件，创建一个关键帧，如图10-61所示。

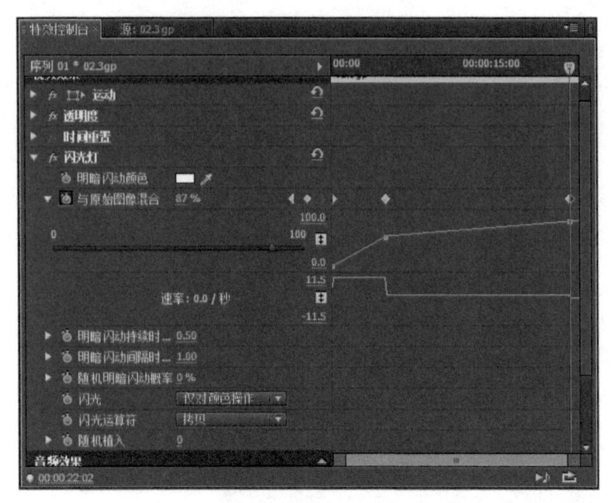

图10-61

06 创建一个图形后，可以使用“选择工具”移动图形。在“特效控制台”面板中单击关键帧，然后可以通过拖动关键帧的控制标杆编辑图形，从而改变视频特效的变化速度，如图10-62所示。

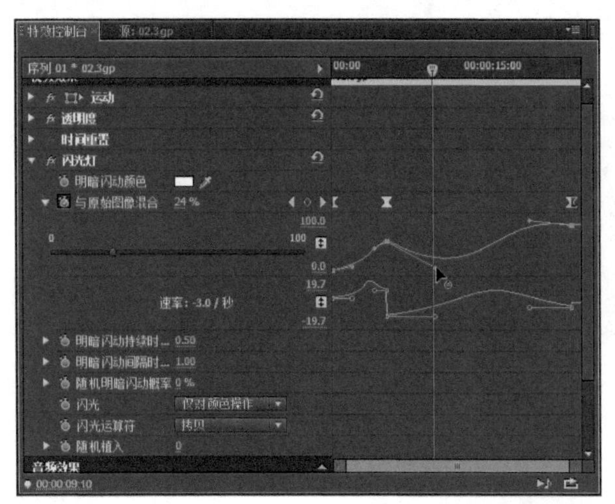

图10-62

07 单击“节目监视器”面板中的“播放-停止切换”按钮▶，预览素材添加视频特效并进行编辑后的效果，如图10-63所示。

图10-63

知识窗：如何调整关键帧的值图

（1）移动值图：将光标放在值图和速度图之间的白色水平线上，当光标变成上下箭头时，单击并向上或向下拖动。

（2）移动速度图：将光标放在速度图下面的白色水平线上，当光标变成上下箭头时，单击并向上或向下拖动。

（3）在值图上添加一个点：将光标放在图形上想要添加点的位置，当光标变成带加号的钢笔工具（如图10-64所示）时按住Ctrl键并单击，图形上将新建一个关键帧，如图10-65所示。

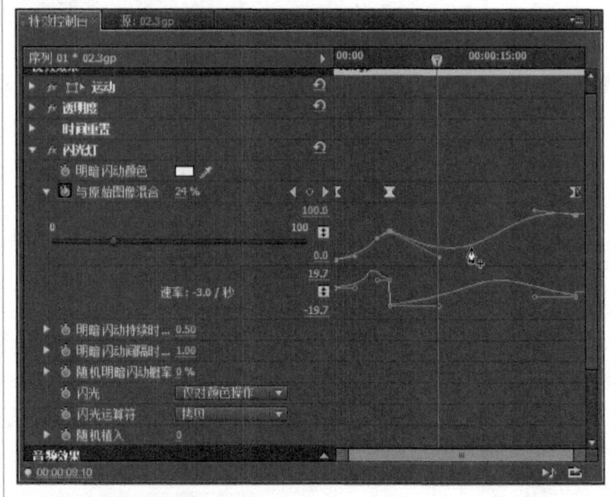

图10-64

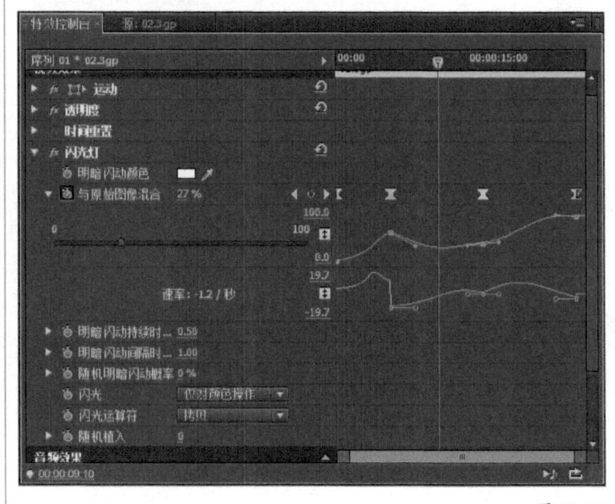

图10-65

（4）将图形上的一个尖角拐点修改为平滑曲线：可以将点的连接方式从直线改为贝塞尔曲线。要将一个直线关键帧标记改成贝塞尔曲线标记，可以按住Ctrl键并单击值图上的点并进行拖动。这样点的连接方式就从直线变为贝塞尔曲线。

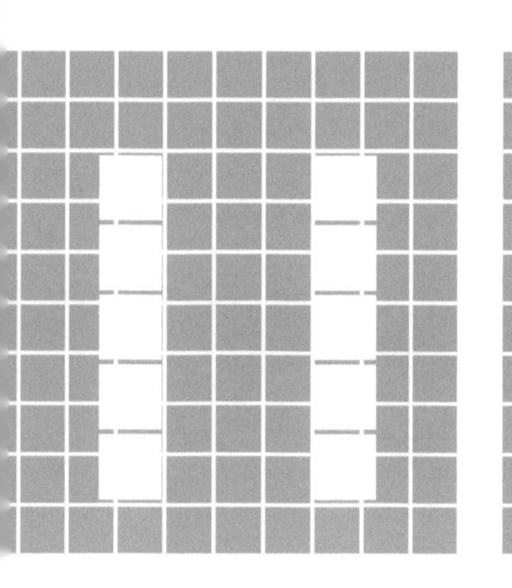

第11章 探索Premiere Pro视频特效

要点索引

本章概述

Premiere Pro提供几十种视频特效，这些效果分布在各个文件夹中，包括“变换”“图像控制”“实用”“扭曲”“时间”“杂波与颗粒”“模糊与锐化”“生成”“色彩校正”“视频”“调整”“过渡”“透视”“通道”“键控”“风格化”等。本节将依据效果的分类介绍每个效果，以帮助用户合理有效地选择视频特效。

在漫游效果前，请记住许多效果都会提供预览对话框。如果有效果提供对话框，那么单击特效控制台面板上的设置对话框图标就可以查看预览。

虽然大多数效果靠单击和拖动滑块就可以控制，但也可以单击滑块中间的带下划线的值来进行设置。单击带下画线的值时，会出现一个对话框，上面显示该滑块设置所允许的最大值和最小值。

11.1 变换

“变换”文件夹中包含的特效可以翻转、裁剪及滚动视频素材，也可以更改摄像机视图。“变换”文件夹中的效果如图11-1所示。

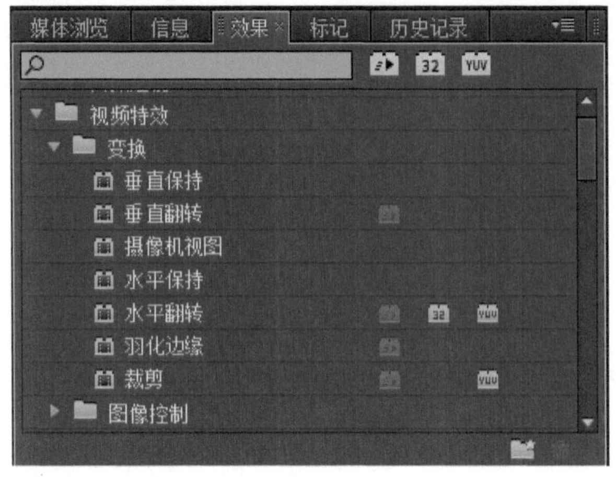

图11-1

11.1.1 垂直保持

该特效模拟在电视机上垂直控制旋钮，该效果无选项设置。图11-2所示为应用“垂直保持”特效后的素材。

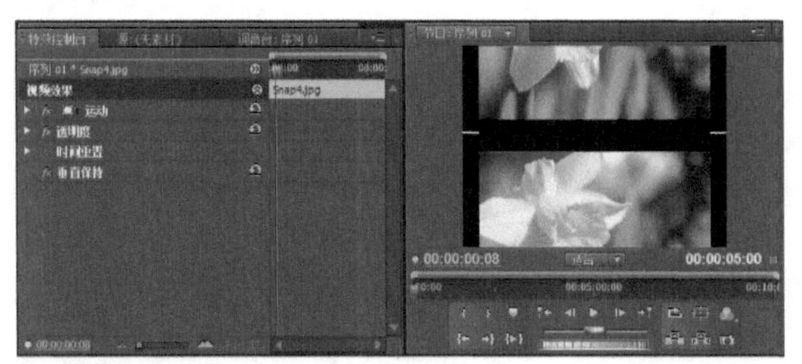

图11-2

11.1.2 垂直翻转

该特效垂直地翻转素材，结果是将原始素材上下颠倒呈现。图11-3所示为应用“垂直翻转”特效后的素材。

图11-3

11.1.3 摄像机视图

该特效能够模拟以不同的摄像角度来查看素材。在如图11-4所示的“摄像机视图设置”参数选项组中可以使用滑块来调节特效。

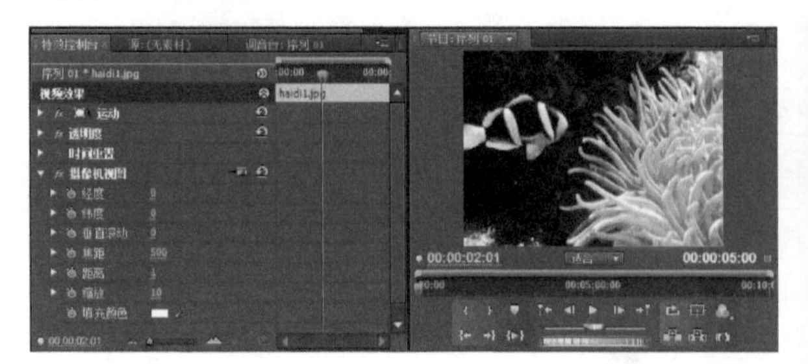

图11-4

【参数介绍】

经度：使用“经度”滑块可以水平翻转素材。

纬度：单击并拖动“纬度”滑块可以垂直翻转素材。

垂直滚动：调整“垂直滚动”滑块可以通过旋转素材来模拟滚动摄像机。

焦距：单击并拖动“焦距”滑块可以使视野更宽广或更狭小。

距离：“距离”滑块允许更改假想的摄像机和素材间的距离。

缩放：使用“缩放”滑块可以放大或缩小。

填充颜色：用于创建背景填充色，可以单击颜色样本并在颜色拾取对话框中选择一种颜色。

设置：单击“特效控制台”面板中的“设置”按钮，弹出如图11-5所示的对话框设置。如果想将背景区域设置为透明，则选择“填充Alpha通道”选项（要使用这个选项，素材必须包括Alpha通道）。

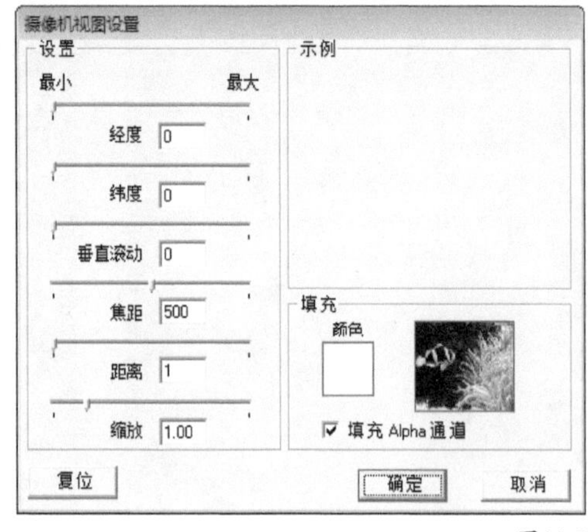

图11-5

11.1.4 水平保持

该特效是根据电视机上的水平控制旋钮命名的，并能够模拟旋转水平控制旋钮产生的效果。拖动“水平保持”特效中的“偏移”滑块，可以创建出相位差效果，如图11-6所示。

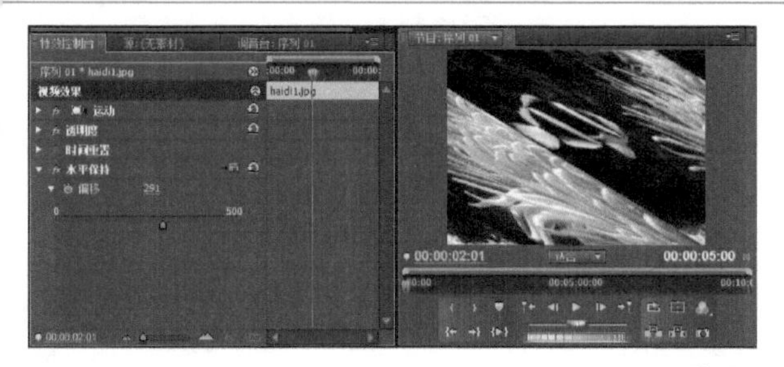

图11-6

11.1.5 水平翻转

“水平翻转”特效能够将画面进行左右翻转，如图11-7所示。

图11-7

11.1.6 羽化边缘

该特效能够对所处理的图像素材的边缘创建三维羽化特效。应用羽化边缘时，可以向右移动“羽化值”滑块增加羽化边缘的尺寸。图11-8所示是为上方素材应用“羽化边缘”的特效，这样可以通过羽化后的边缘看到下方的素材。haidi1.jpg素材位于视频2轨道中，对它应用“羽化边缘”特效。haidi2.jpg素材位于视频1轨道中。

图11-8

11.1.7 裁剪

要使用该特效，单击并拖动“左侧”“顶部”“右侧”和“底部”控件。Premiere Pro根据这些设置重新调整素材的大小。如果裁剪素材的下方还有一个素材，那么将会看到那个素材，如图11-9所示。单击“缩放”复选框对裁剪区域进行缩放。haidi1.jpg素材位于视频2轨道中，对它应用“裁剪”特效。haidi2.jpg素材位于视频1轨道中。

图11-9

11.2 图像控制

“图像控制”文件夹包括各种色彩特效，有灰度系数（Gamma）校正、色彩传递、颜色平衡（RGB）、颜色替换和黑白，如图11-10所示。

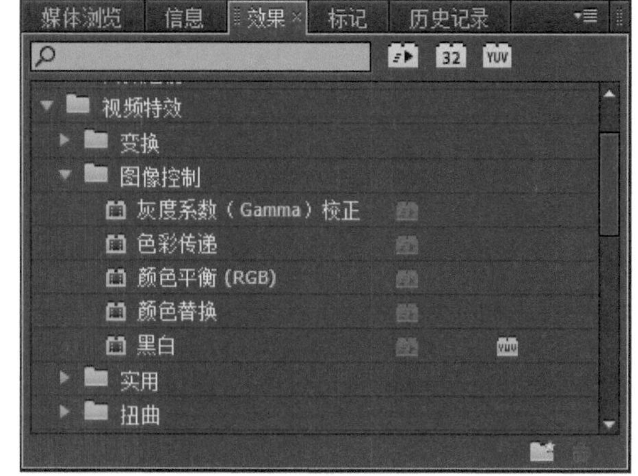

图11-10

11.2.1 灰度系数（Gamma）校正

该特效允许调节素材的中间调颜色级别。在“灰度系数（Gamma）校正”特效设置中单击并拖动“灰度系数”滑块进行调节。向左拖动会使中间调变亮，向右拖动会使中间调变暗，如图11-11所示。

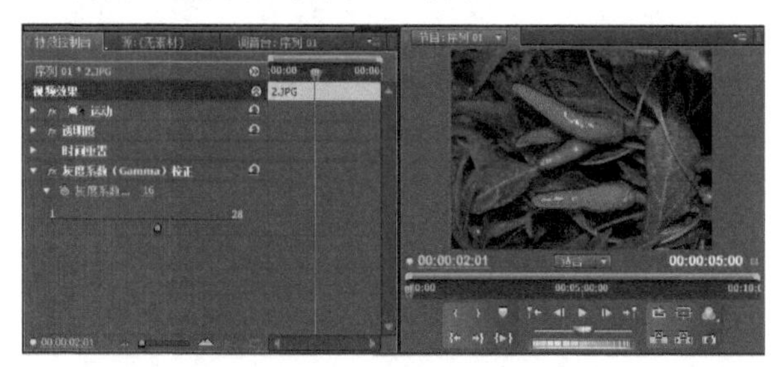

图11-11

11.2.2 色彩传递

该特效能够将素材中一种颜色以外的所有颜色都转换成灰度颜色，或者仅将素材中的一种颜色转换成灰度颜色。使用该特效时，可以只对素材中的指定项目产生影响。

新手练习：设置色彩传递颜色

- 素材文件：素材文件/第11章/01.jpg
- 案例文件：案例文件/第11章/新手练习——设置色彩传递颜色.Prproj
- 视频教学：视频教学/第11章/新手练习——设置色彩传递颜色.flv
- 技术掌握：应用"色彩传递"特效并设置色彩传递颜色的方法

本例是介绍应用"色彩传递"特效并设置色彩传递颜色的操作，案例效果如图11-12所示，该案例的制作流程如图11-13所示。

图11-12

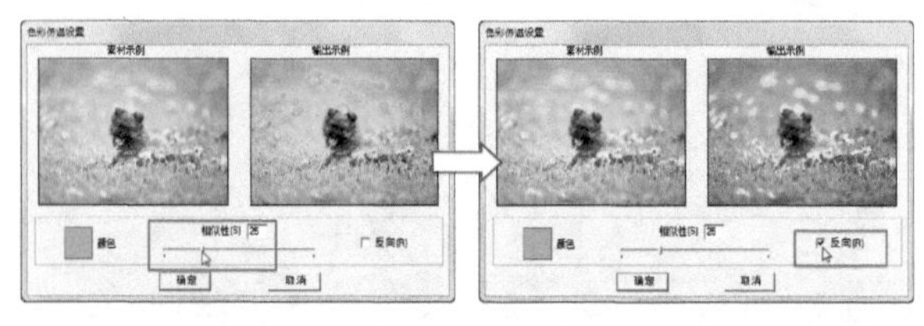

图11-13

【操作步骤】

01 新建一个项目，并导入一个视频素材（01.jpg），然后将它拖到视频1轨道上，再将"色彩传递"特效拖动到"时间线"面板中的素材上，如图11-14所示。

图11-14

02 单击"特效控制台"面板中的"设置"按钮，弹出"色彩传递设置"对话框，在对话框的素材区单击想要保留的颜色，如图11-15所示。

图11-15

03 要增加或减小颜色范围，可以左右拖动"相似性"滑块。图11-16所示是拖动"相似性"滑块，使素材中绿色以外的区域变为灰度的效果。

图11-16

04 要反转颜色特效（也就是使除选中颜色外的所有颜色中性化和灰度化），单击"反向"复选框，效果如图11-17所示。

图11-17

11.2.3 颜色平衡（RGB）

该特效能够添加或减少素材中的红色、绿色或蓝色值。"颜色平衡（RGB）"特效的参数设置如图11-18所示。单击"特效控制台"面板中的红、绿或蓝滑块，即可轻松地添加和减少颜色值。向左拖动滑块会减少颜色的数量，向右拖动滑块则会增加颜色的数量。关于该特效使用方法的全面描述，请参阅第18章。

图11-18

11.2.4 颜色替换

该特效能够将一种颜色或某一范围内的颜色替换为其他颜色。

【参数介绍】

目标颜色：单击“目标颜色”样本可以在颜色拾取对话框中选择一种目标颜色，或者使用吸管工具在素材中选择一种目标颜色。

替换颜色：要选择“替换颜色”，可以单击“替换颜色”样本，在颜色拾取对话框中选择一种颜色，或者使用吸管工具在素材中选择一种替换颜色。

相似性：要增加或减小替换色的颜色范围，左右拖动“相似性”滑块即可，如图11-19所示。

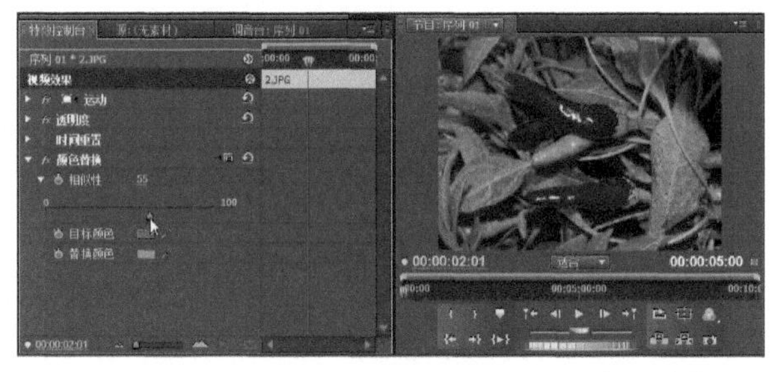

图11-19

设置：单击“特效控制台”面板中的“设置”按钮，将弹出如图11-20所示的“颜色替换设置”对话框，选中“纯色”选项，可以将颜色替换成纯色。

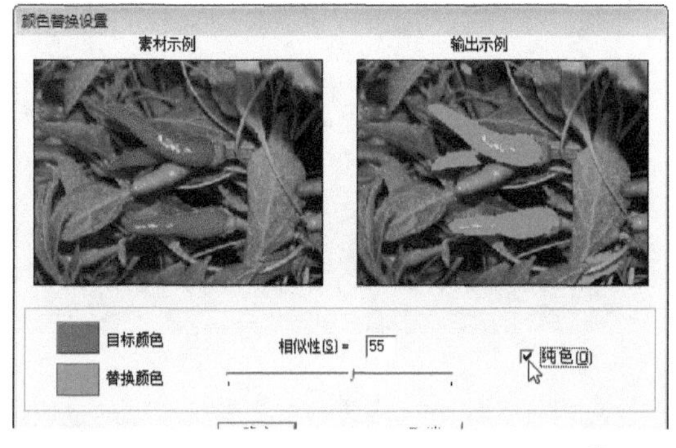

图11-20

11.2.5 黑白

“黑白”特效能够使选中素材变成灰度素材，如图11-21所示。

图11-21

11.3 实用

“实用”特效文件夹中只提供了“Cineon转换”特效，如图11-22所示，该特效能够转换Cineon文件中的颜色。“Cineon转换”特效的参数设置如图11-23所示。

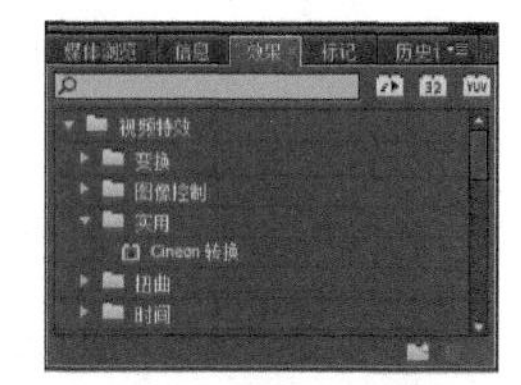

图11-22

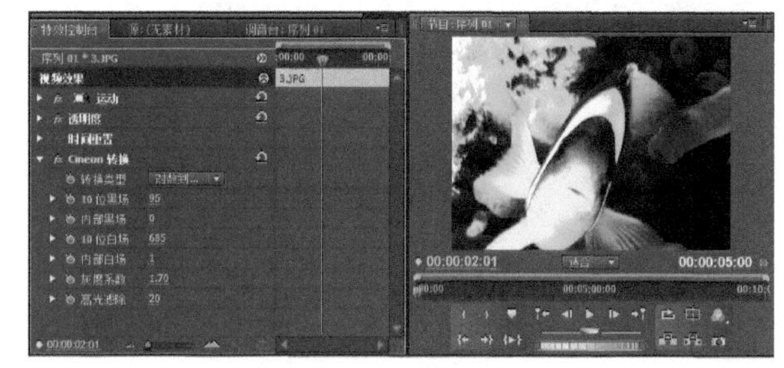

图11-23

11.4 扭曲

使用“扭曲”文件夹下的各种效果，可以通过旋转、收聚或筛选来扭曲图像。这里的很多命令与Adobe Photoshop中的“扭曲”滤镜类似。“扭曲”特效文件夹中的效果如图11-24所示。

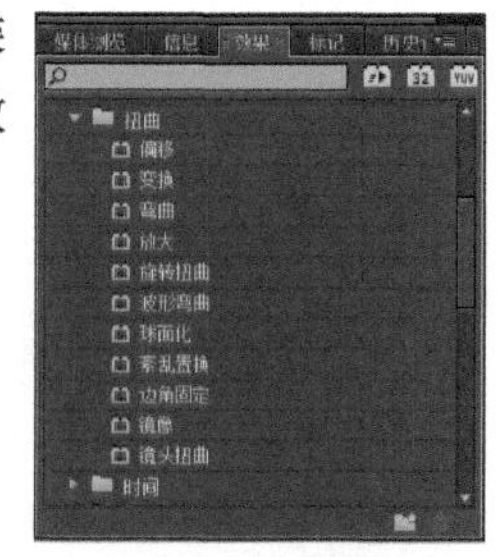

图11-24

11.4.1 偏移

该特效允许在垂直方向和水平方向上移动素材，创建一个平面效应。调整“移动中心到”控件可以垂直或水平移动素材。如果想要将偏移特效与原始素材混合使用，可以调整与原始素材的混合控件。图11-25所示为“偏移”特效设置及素材产生的效果。

图11-25

11.4.2 变换

使用该特效可以移动图像的位置，调整高度比例和宽度比例，倾斜或旋转图像，还可以修改不透明度。图11-26所示为将“变换”特效应用到字幕上的效果。

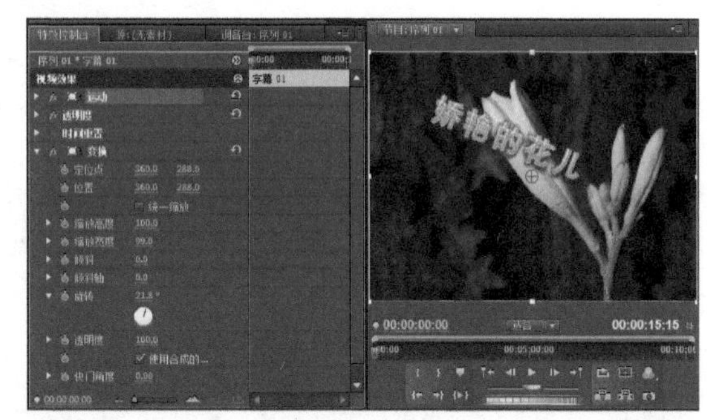

图11-26

也可以使用“变换”特效更改素材位置。要更改素材的位置，可以单击“特效控制台”面板中“位置”左侧的“切换动画”按钮，然后在“节目监视器”中单击希望素材移动到的目标位置，再拖动“位置”右边的参数值，即可移动素材。图11-27显示了将“变换”特效应用到视频2轨道的字幕素材后的效果。在视频2轨道的字幕下方，视频1轨道包含另一个视频素材（TF123.mov）。

图11-27

11.4.3 弯曲

该特效可以向不同方向弯曲图像。可以单击“弯曲”特效前的三角并调整控件（如图11-28所示）来进行调整，也可以单击“弯曲”旁边的“设置”按钮，并在“弯曲设置”对话框中进行调整，如图11-29所示。

图11-28

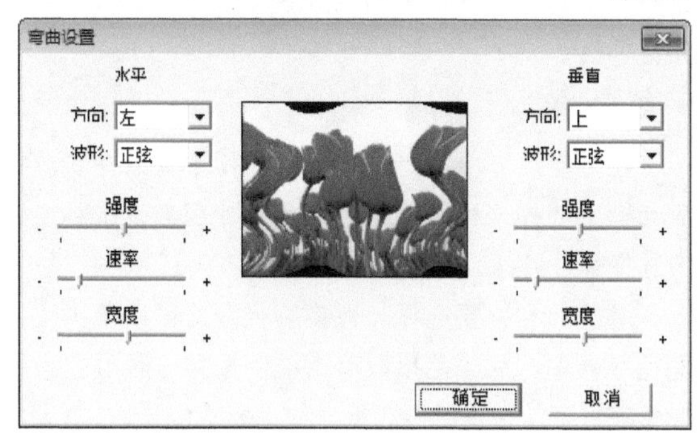

图11-29

【参数介绍】

“强度”指的是波纹的高度，“速率”指的是频率，“宽度”指的是波纹的宽度。

“方向”下拉菜单用于控制效果的方向。

“波形”下拉菜单用于指定波纹的类型。

11.4.4 放大

该特效允许放大素材的某个部分或整个素材。应用“放大”特效的图像素材的透明度和混合模式也将发生变动。如图11-30所示为放大特效应用于字幕素材的效果。

图11-30

应用了“放大”特效的字幕素材可以通过应用关键帧来制作动画。要想创建动画，可以将编辑线移到素材的起点，然后单击“居中”和“放大率”选项前的“切换动画”图标。这样一个关键帧就创建好了。如果要再创建一个关键帧，可以移动编辑线，然后编辑“放大”控件。可以重复以上操作，直到获得满意的动画效果。

11.4.5 旋转扭曲

该特效可以将图像扭曲成旋转的数字迷雾。使用“角度”值可以调节扭曲的度数，角度设置越大，产生的扭曲程度越大。

图11-31显示了将“旋转扭曲”特效应用到视频2轨道的字幕素材和视频1轨道中的视频素材后的效果。要为扭曲特效制作动画，必须为扭曲控件设置关键帧。

图11-31

11.4.6 波形弯曲

这个特效能够创建出波形效果，看起来就像是浪潮拍打着素材一样。要调节该特效，可以使用“特效控制台”面板中的“波形弯曲”设置，如图11-32所示。图中可以看到将“波形弯曲”特效应用到视频2轨道的字幕后的效果。

图11-32

【参数介绍】

波形类型：选择波纹顶部的类型。

波形高度：更改波峰间的距离。该控件允许调节垂直扭曲的数量。

波形宽度：更改方向及波纹长度。该控件允许调节水平扭曲的数量。

方向：调节水平和垂直扭曲的数量。

波形速度：更改波长和波幅。

固定：调节连续波纹的数量，并选择不受波纹影响的图像区域。

相位：确定波纹循环周期的起点。

消除锯齿：确定波纹的平滑度。

11.4.7 球面化

该特效将平面图像转换成球面图像。调节“半径”属性来控制球面化程度。向右拖动滑块增加半径值，这样会生成较大的球面。调节“球面中心”值修改球面的位置。图11-33显示了将“球面化”特效应用到视频2轨道的字幕素材后的结果。

图11-33

11.4.8 紊乱置换

该特效使用不规则噪波置换素材。该特效能够使图像看起来具有动感。有时还可以将此特效用于海浪信号或流动的水。

“紊乱置换”特效控件设置及在“节目监视器”中的预览效果如图11-34所示。使用“置换”下拉菜单选择想要出现的置换类型，然后调整数量、大小、偏移、复杂度和演进控件，对创建的扭曲进行适当的调整。

图11-34

11.4.9 边角固定

该特效允许通过调整“上左”“上右”“下左”和“下右”值（边角）来扭曲图像。图11-35显示了“特效控制台”面板中的“边角固定”特效控件，特效的结果显示在“节目监视器”面板中。注意，图中素材的位置发生了变化。注意，在图中所示的效果为“边角固定”特效应用于视频2中的字幕素材上，字幕素材的位置发生了变化，而图片素材位于视频1轨道上。

图11-35

【参数介绍】

左上：素材左上角的坐标位置。其后跟随的第一个参数用以设置素材左上角在水平方向的坐标；第二个参数用以设置素材左上角在垂直方向的坐标。

右上：素材右上角的坐标位置。其后跟随的第一个参数用以设置素材右上角在水平方向的坐标；第二个参数用以设置素材右上角在垂直方向的坐标。

左下：素材左下角的坐标位置。其后跟随的第一个参数用以设置素材左下角在水平方向的坐标；第二个参数用以设置素材左下角在垂直方向的坐标。

右下：素材右下角的坐标位置。其后跟随的第一个参数用以设置素材右下角在水平方向的坐标；第二个参数用以设置素材右下角在垂直方向的坐标。

11.4.10 镜像

该特效能够创建镜像效果。图11-36显示了“特效控制台”面板上“镜像”特效的控件，特效结果显示在“节目监视器”面板中。

图11-36

在“特效控制台”面板中，单击“反射中心”指定反射线的x和y坐标。“反射角度”选项允许选择反射出现的位置。下列角度设置说明将有助于理解拖动滑块与扭曲图像的关系。

0°：左边反射到右边。

90°：上方反射到下方。

180°：右边反射到左边。

270°：下方反射到上方。

对字幕素材应用“镜像”特效后，可以应用关键帧为其制作动画。要应用关键帧创建动画，首先将编辑线移动到素材的起点位置，然后单击“反射中心”和“反射角度”选项前的“切换动画”图标。这样，一个关键帧就创建出来了。如果要再创建一个关键帧，可以移动编辑线，然后编辑镜像控件。重复以上操作，直到获得满意的动画效果。

11.4.11 镜头扭曲

使用该特效可以模拟通过失真镜头看到的视频。可以使用下面方法之一进行调整：单击“镜头扭曲”特效前的三角并调整控件，如图11-37所示，或者单击“镜头扭曲”右边的“设置”按钮，可以在“镜头扭曲设置”对话框中进行调整。

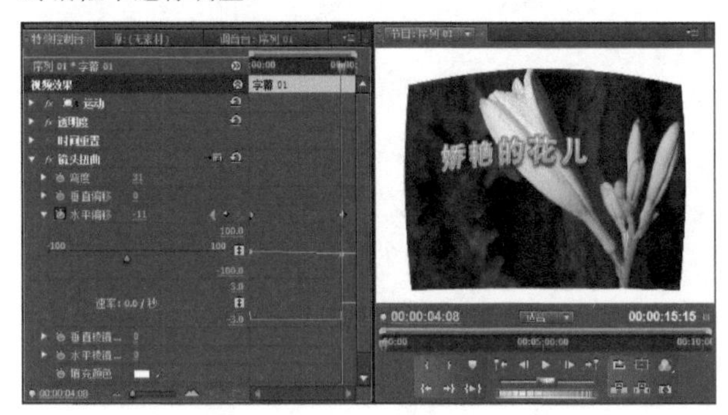

图11-37

可以使用“镜头扭曲设置”对话框中的“弯度”滑块更改镜头曲线，如图11-38所示。负值使得弯曲更加向内凹陷，正值使得弯曲更加向外凸出。“垂直偏移”和“水平偏移”滑块能够更改镜头的焦点。“垂直棱镜效果”和“水平棱镜效果”设置能够创建类似于垂直棱镜和水平棱镜的效果。使用填充色样本可以更改背景色。单击“填充Alpha通道”复选框，会基于素材Alpha通道将背景区域变得透明。

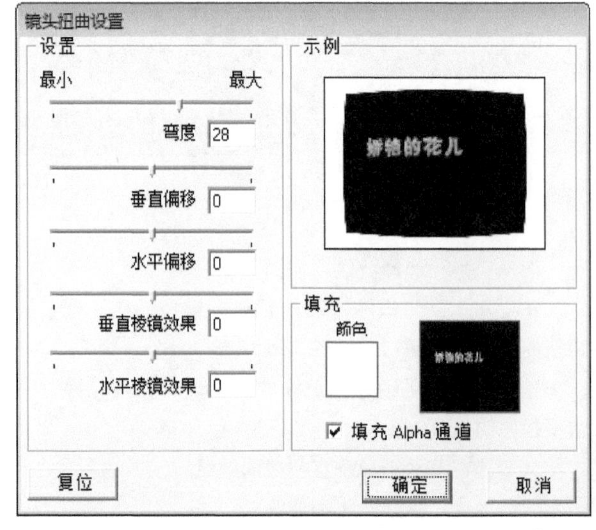

图11-38

11.5 时间

"时间"文件夹中包含的特效都是与选中素材的各个帧息息相关的特效，该文件夹中包含"抽帧"和"重影"效果，如图11-39所示。

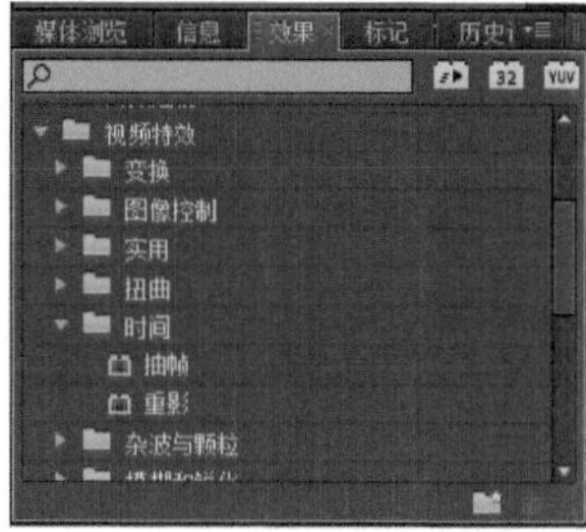

图11-39

11.5.1 抽帧

该特效控制素材的帧速率设置，并替代在效果控制"帧速率"滑块中指定的帧速率。"抽帧"特效控件设置及在"节目监视器"中的预览效果如图11-40所示。

图11-40

11.5.2 重影

该特效能够创建视觉重影，也就是说，将选定素材的帧进行多次重复，这仅仅在显示运动的素材中有效。根据素材不同，"重影"可能会产生重复的视觉特效，也可能产生少许条纹类型特效。

在如图11-41所示的"特效控制台"面板中，使用"回显时间"滑块调节重影间的时间间隔。拖动"重影数量"滑块指定该特效同时显示的帧数。

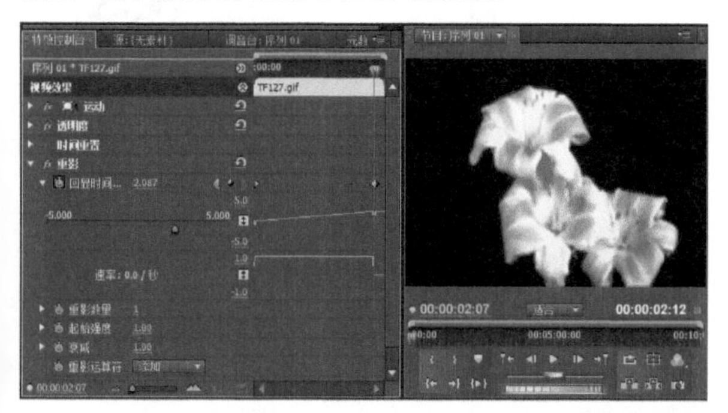

图11-41

使用"起始强度"滑块调节第一帧的强度。设置成1将提供最大强度，0.25提供四分之一的强度。"衰减"滑块调节重影消散的速度。如果将"衰减"滑块设成0.25，第一个重影将会是开始强度的0.25，下一个重影将会是前一个重影的0.25，以此类推。

小技巧

如果要将"重影"特效和"运动"设置特效结合在一起，可以创建一个虚拟素材，并将特效应用于虚拟素材。

11.6 杂波与颗粒

使用"杂波与颗粒"文件夹中的特效，可以将杂波添加到素材中。"杂波与颗粒"文件夹中的效果如图11-42所示。

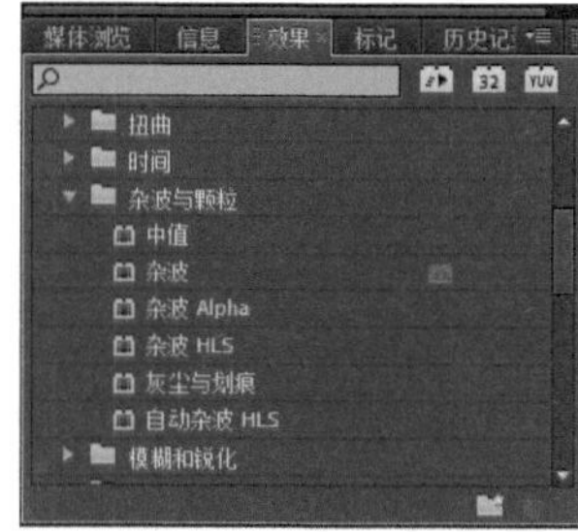

图11-42

11.6.1 中值

使用该特效可以减少杂波。这个特效的工作原理如下：获取邻近像素中的中间像素值，然后将该值应用到"特效控制台"面板中指定的像素半径区域内的像素上。如果输入的"半径"值较大，那么图像看起来就像是用颜料画出的。单击"在Alpha通道上操作"选项，将特效应用到图像的Alpha通道上，就像应用到图像中一样。"中值"特效控件设置及在"节目监视器"中的预览效果如图11-43所示。

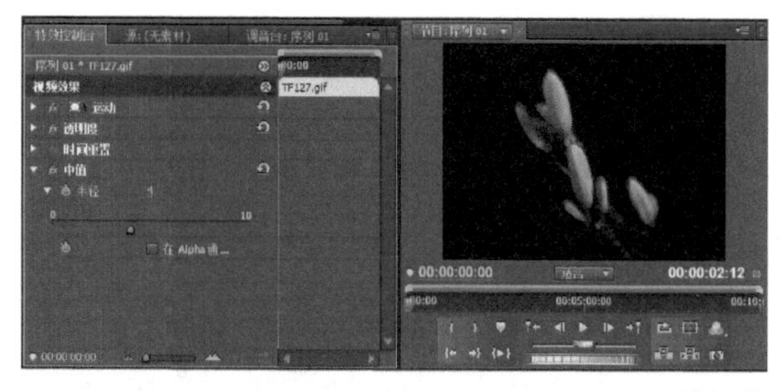

图11-43

11.6.2 杂波

该特效随机修改视频素材中的颜色，使素材呈现出颗粒状。在如图11-44所示的"特效控制台"面板中，使用“杂波数量”来指定想要添加到素材中的杂波或颗粒的数量。添加的杂波越多，消失在创建的杂波中的图像越多。

如果选择了“使用杂波”选项，特效将会随机修改图像中的像素。如果关闭该选项，图像中的红、绿和蓝色通道上将会添加相同数量的杂波。

“剪切结果值”是一个数学上的限制，用于防止产生的杂波多于设定值。当选中“剪切结果值”选项时，杂波值在达到某个点后会以较小的值开始增加。如果关闭该选项，会发现图像完全消失在杂波中。

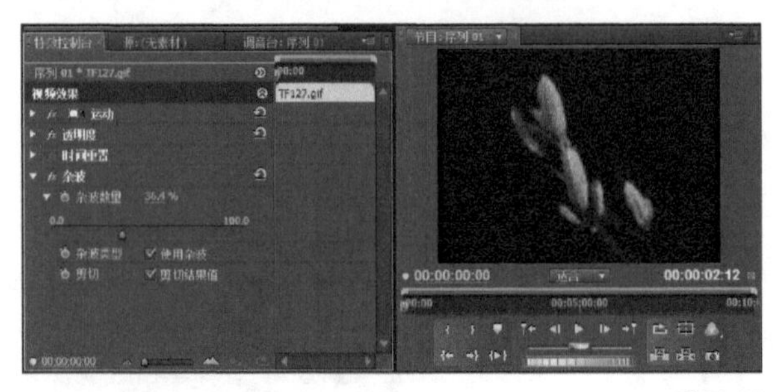

图11-44

11.6.3 杂波Alpha

该特效使用受影响素材的Alpha通道来创建杂波。“杂波Alpha”特效控件设置及在“节目监视器”中的预览效果如图11-45所示。

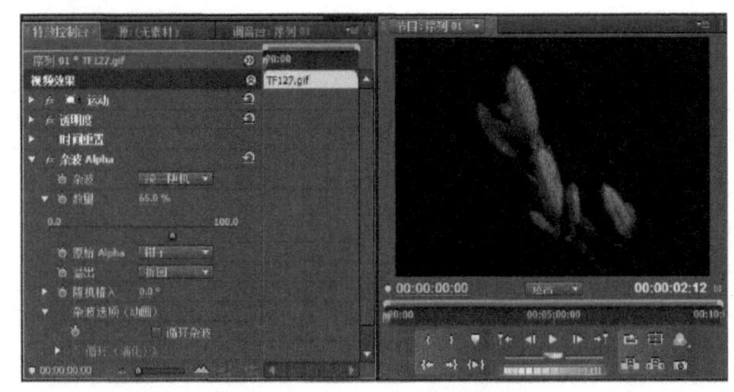

图11-45

11.6.4 灰尘与划痕

该特效会对不相似的像素进行修改并创建杂波。体验使用“半径”和“阈值”控件来获得期望的效果。单击“在Alpha通道上操作”选项，将特效应用到Alpha通道上。“灰尘与划痕”特效控件设置及在“节目监视器”中的预览效果如图11-46所示。

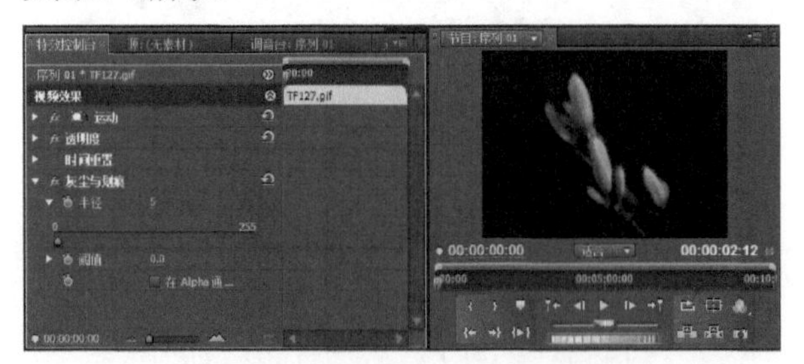

图11-46

11.6.5 自动杂波HLS

这些特效允许使用“色相”“亮度”和“饱和度”创建杂波，也可以制作杂波动画。“自动杂波HLS”特效控件设置及在“节目监视器”中的预览效果如图11-47所示。

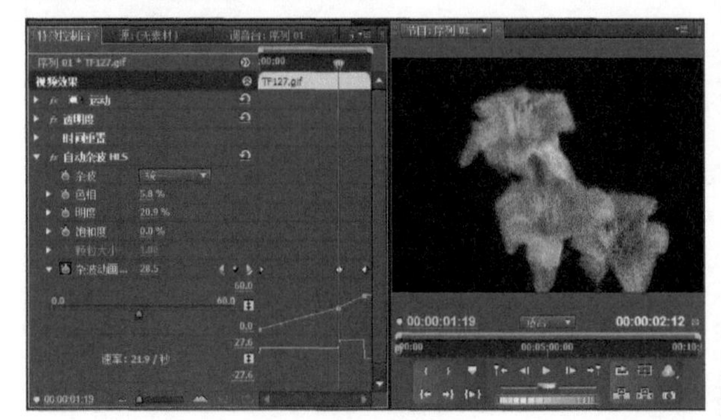

图11-47

11.7 模糊与锐化

“模糊”效果包含的选项能够模糊图像。使用“模糊”效果，可以创建运动效果，或者使背景视频轨道变模糊从而突出前景。“锐化”效果可以锐化图像。如果数字图像或图形边缘过度柔和，可以通过锐化使它们变得更加分明。“模糊与锐化”文件夹中包含如图11-48所示效果。

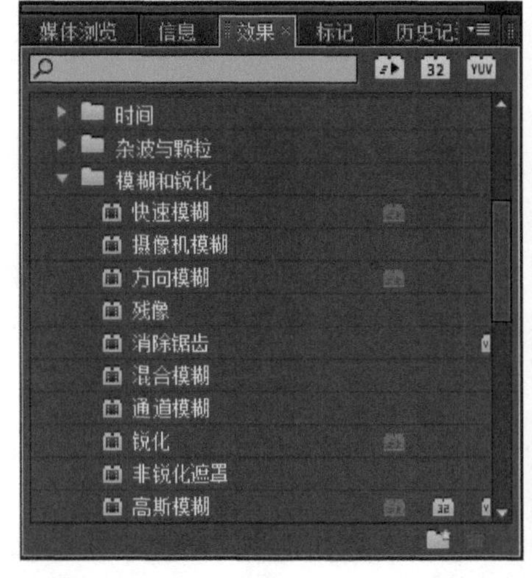

图11-48

11.7.1 快速模糊

该效果可以快速模糊素材。使用“特效控制台”面板上的“模糊量”下拉选项可以指定模糊方向：垂直、水平或两者兼有。拖动“模糊量”滑块，可以设置使素材变模糊的程度。“快速模糊”特效控件设置及在“节目监视器”中的预览效果如图11-49所示。

图11-49

11.7.2 摄像机模糊

结合关键帧使用这个效果，可以模拟对准焦点和失去焦点时的图像效果，还可以模拟“摄像机模糊”特效。使用“摄像机模糊设置”对话框中的“模糊百分比”滑块可以控制这个效果，如图11-50所示。

图11-50

11.7.3 方向模糊

此效果沿指定方向模糊图像，从而创建运动效果。“特效控制台”面板上的滑块控制模糊的方向和长度，如图11-51所示。

图11-51

11.7.4 残像

此效果将前面帧的图像区域层叠在一帧上。使用这个效果可以显示移动对象的路径，例如一个超速飞行的子弹或扔到空中的馅饼。应用“残像”效果后在“节目监视器”中的预览效果如图11-52所示。

图11-52

高手进阶：制作运动残影

- 素材文件：素材文件/第11章/01.mov
- 案例文件：案例文件/第11章/高手进阶——制作运动残影.Prproj
- 视频教学：视频教学/第11章/高手进阶——制作运动残影.flv
- 技术掌握：应用“残像”视频特效的方法

扫码看视频

本例是介绍应用“残像”视频特效制作运动残影的操作，案例效果如图11-53所示，该案例的制作流程如图11-54所示。

图11-53

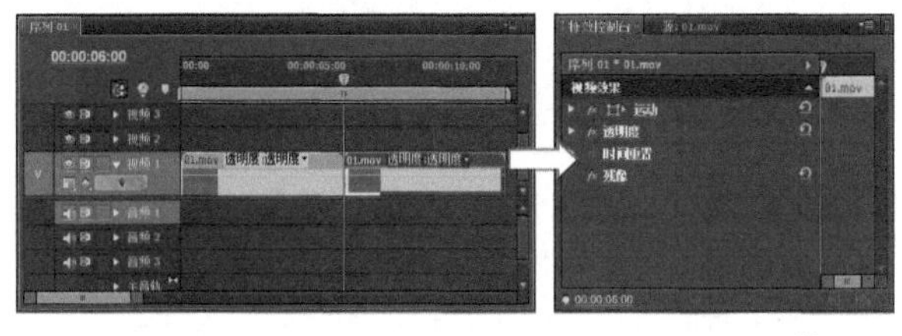

图11-54

【操作步骤】

01 选择“文件→新建→项目”命令，在“新建项目”对话框中设置项目的存储位置和文件名，然后单击“确定”按钮，如图11-55所示，在打开的“新建序列”对话框中选择一个预置或创建一个自定义设置，再单击“确定”按钮创建一个新序列，如图11-56所示。

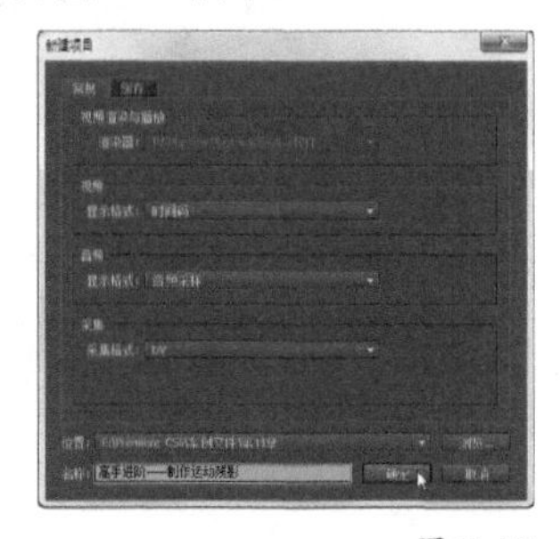

图11-55

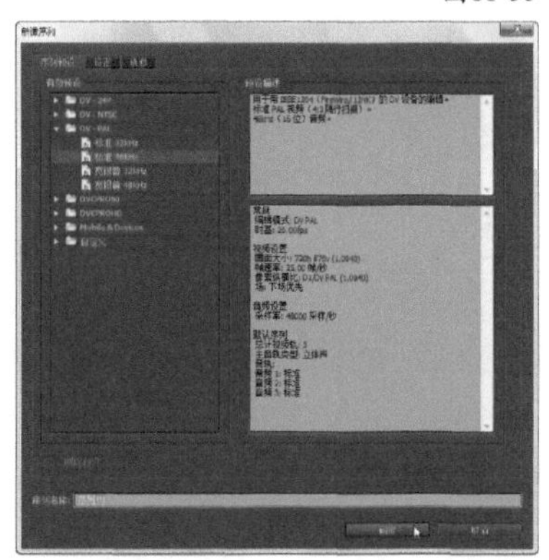

图11-56

02 选择“文件→导入”命令，将“01.mov”素材导入到“项目”面板中，再将素材连续两次添加到“时间线”面板的视频1轨道中，将其入点分别放置在第0秒和第6秒的位置，如图11-57所示。

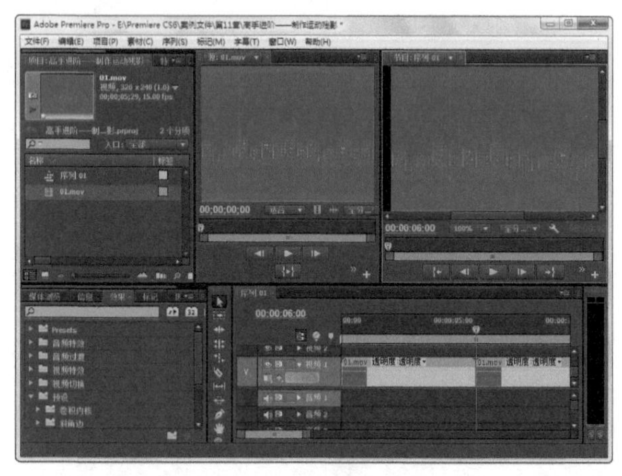

图11-57

03 选择“视频特效/模糊与锐化/残像”视频特效，将“残像”视频特效拖到“时间线”面板中的第2个素材上，运用“残像”特效后，可以将前几帧的图像以半透明形式覆盖在当前帧上，产生重影效果，如图11-58所示。

图11-58

04 将时间线分别移动到第5秒和第11秒的位置，在“节目监视器”面板中对未添加“重像”特效和已添加“重像”特效的素材进行预览，效果如图11-59所示。

图11-59

11.7.5 消除锯齿

这个效果通过混合对比色的图像边缘减少锯齿线，从而生成平滑的边缘。应用“消除锯齿”效果后在“节目监视器”中的预览效果如图11-60所示。

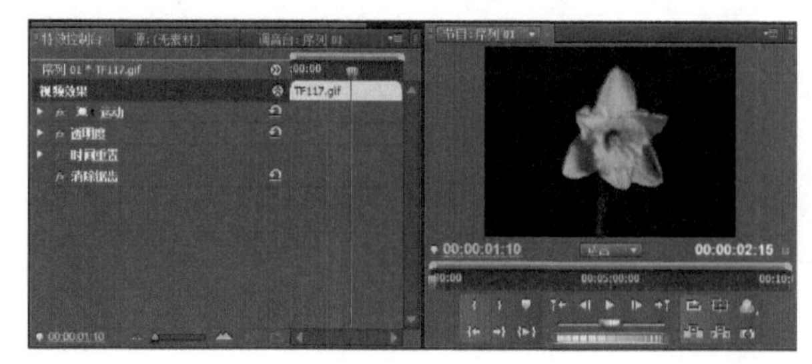

图11-60

11.7.6 混合模糊

这个效果基于亮度值模糊图像，并使图像具有烟熏效果。“混合模糊”是基于“模糊层”的。单击“模糊层”下拉菜单，选择一个视频轨道。如果需要，可以使用一个轨道模糊另一个轨道，创建非常有趣的叠加效果。

新手练习：设置叠加效果

- 素材文件：素材文件/第11章/02.jpg
- 案例文件：案例文件/第11章/新手练习——设置叠加效果.Prproj
- 视频教学：视频教学/第11章/新手练习——设置叠加效果.flv
- 技术掌握：应用“混合模糊”特效并设置叠加效果的方法

扫码看视频

本例是介绍应用“混合模糊”特效并设置叠加效果的操作，案例效果如图11-61所示，该案例的制作流程如图11-62所示。

图11-61

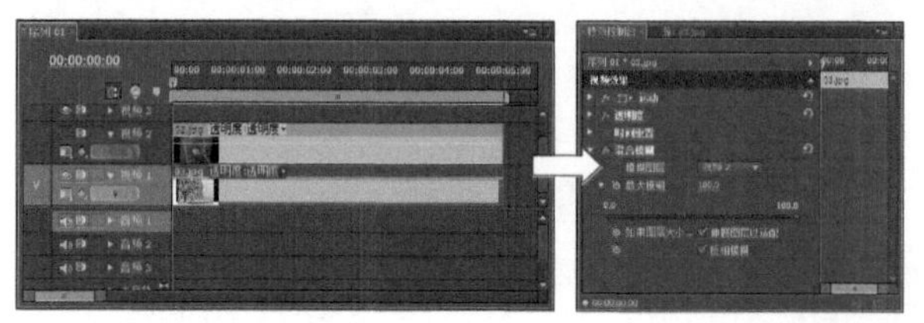

图11-62

【操作步骤】

01 新建一个项目，并导入一个视频素材（02.jpg和03.jpg），然后将03.jpg拖到视频1轨道上，将02.jpg拖到视频2轨道上，如图11-63所示。

图11-63

02 单击“时间线”面板上的眼睛图标，隐藏02.jpg素材。然后将“混合模糊”特效拖到视频1轨道上的03.jpg素材上，如图11-64所示。

图11-64

03 在“特效控制台”面板上，将“模糊图层”下拉菜单设置为视频2轨道，然后将“最大模糊”控件移动到100左右，如图11-65所示。

图11-65

04 单击“反相模糊”复选框反转模糊。如果图层的大小不一致，可以单击“伸展图层以适配”复选框，拉伸应用模糊效果的素材的模糊图层，如图11-66所示。

图11-66

11.7.7 通道模糊

这个效果通过使用红色、绿色、蓝色或Alpha通道来模糊图像。“通道模糊”效果控件设置及在“节目监视器”中的预览效果如图11-67所示。

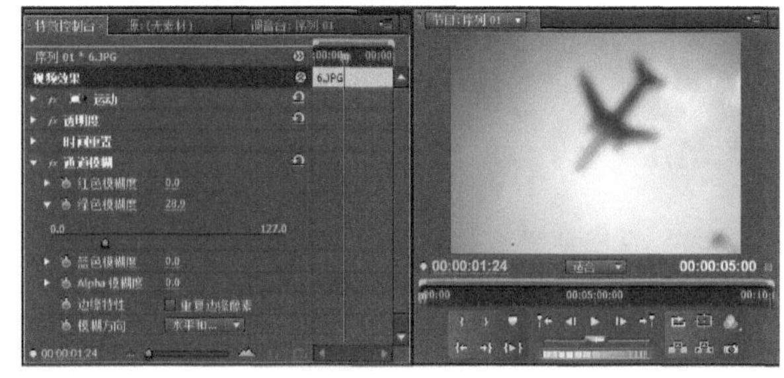

图11-67

“模糊尺寸”下拉菜单的默认设置为“水平与垂直”。在默认设置下应用的模糊效果，会在水平和垂直两个方向上影响图像。如果想只在一个维度上进行模糊，则将下拉菜单设置为“水平”或“垂直”。没有选中“边缘形态/重复边缘像素”选项时，素材周围的边缘是模糊的。选中它，边缘就不再模糊。

11.7.8 锐化

这个特效包含一个控制素材内部锐化的值。单击并向右拖动“特效控制台”面板上的“锐化数量”值增加锐化程度，此滑块的取值范围是0-100。但是，如果单击屏幕上带下划线的锐化数量，在“值”域中可以输入的最大值是4000。“锐化”效果控件设置及在“节目监视器”中的预览效果如图11-68所示。

图11-68

11.7.9 非锐化遮罩

使用该效果可以通过增加颜色间的锐化来增加图像的细节。“非锐化遮罩”效果控件设置及在“节目监视器”中的预览效果如图11-69所示。这个效果有3个可以调整的控件：数量、半径和界限。增加“数量”值增加效果的数量。增加“半径”值增加受影响的像素数量。“阈值”控件的取值范围为0-255，该值越小，效果越明显。

图11-69

11.7.10 高斯模糊

此效果模糊视频并减少视频信号噪声。“高斯模糊”效果控件设置及在“节目监视器”中的预览效果如图11-70所示。与“快速模糊”效果类似，可以指定模糊的方向：垂直、水平或者两者兼有。因为在消除对比度来创建模糊效果时，这个滤镜使用高斯（铃形）曲线，所以使用高斯一词。

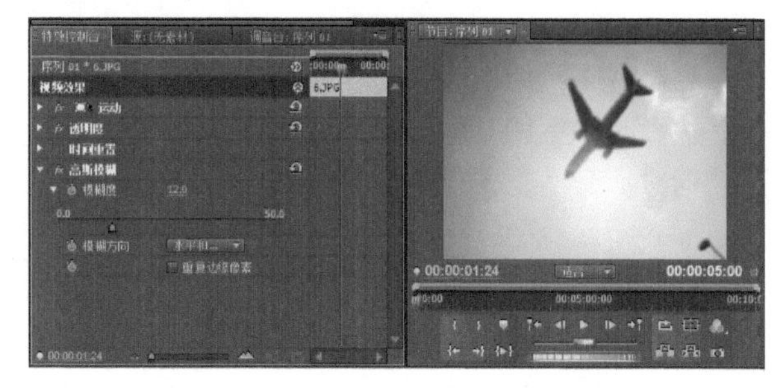

图11-70

11.8 生成

“生成”文件夹中包含各种各样的有趣特效，如图11-71所示。其中有些似曾相识。例如，“镜头光晕”特效就与Adobe Photoshop的“镜头光晕”滤镜类似。而其他特效可能是全新的，比如书写、吸色管填充、四色渐变、圆、棋盘、椭圆、油漆桶、渐变、网格、蜂巢图案和闪电。

图11-71

11.8.1 书写

该特效可以用于在视频素材上制作彩色笔触动画，还可以和受其影响的素材一起使用，在其下方的素材上创建笔触，使用方法如下。

高手进阶：制作书写效果

- 素材文件：素材文件/第11章/04.jpg、05.jpg
- 案例文件：案例文件/第11章/高手进阶——制作书写效果.Prproj
- 视频教学：视频教学/第11章/高手进阶——制作书写效果.flv
- 技术掌握：应用“书写”特效并设置书写效果的方法

扫码看视频

本例是介绍应用“书写”特效并设置书写效果的操作，案例效果图及该案例的制作流程如图11-72所示。

图11-72

【操作步骤】

01 新建一个项目，并导入一个视频素材（04.jpg和05.jpg），然后将04.jpg拖到视频1轨道上，将05.jpg拖到视频2轨道上，如图11-73所示。

图11-73

02 将“生成”文件夹中的“书写”特效应用到视频2轨道的素材上，如图11-74所示。

图11-74

03 在“特效控制台”面板中可以使用“画笔位置”控件或单击书写字样，并移动出现在“节目监视器”面板中的圆圈图标，如图11-75所示。

图11-75

04 要为笔触的运动制作动画，可以将当前时间指示器移到素材的起点，然后单击“笔触位置”前方的“切换动画”图标来创建一个关键帧，继续移动当前时间指示器并调节笔触位置控件，为笔触动画创建关键帧。图11-76所示为创建的笔触动画效果。

图11-76

05 展开“画笔大小”选项，然后调节画笔大小，“节目监视器”面板中的画笔大小会出现相应的变化，如图11-77所示。

图11-77

06 单击“节目监视器”上的“播放-停止切换”按钮▶，预览创建书写特效后的效果，如图11-78所示。

图11-78

小技巧

使用“上色样式”下拉菜单决定笔触应用的位置。如果将下拉菜单设置成“在原始图像”，笔触会使用颜色控件中选择的颜色在视频2轨道上绘制。如果将下拉菜单设置为“在透明区域”，笔触会使用颜色控件中选择的颜色在视频1轨道上绘制，如图11-79所示。如果将“上色样式”下拉菜单设置成“显示原始图像”，会将视频2轨道用作笔触，在视频1轨道上绘制，如图11-80所示。

图11-79　　图11-80

11.8.2 吸色管填充

该特效从应用了特效的素材中选择一种颜色，该效果控件设置及在“节目监视器”中的预览效果如图11-81所示。要更改样本颜色，可以使用“特效控制台”面板中的“采样点”和“采样半径”控件。单击“平均像素颜色”下拉菜单，选择选取像素颜色的方法。增加“与原始图像混合”值可以查看受影响素材的更多细节。

图11-81

11.8.3 四色渐变

该特效可以应用于纯黑视频来创建一个四色渐变，或者应用于图像来创建有趣的混合效果。以下是“四色渐变”特效的应用方法。

【参数介绍】

将“四色渐变”特效拖到带有有趣图像的视频素材上。要将渐变和视频素材混合在一起，可以单击“混合模式”下拉菜单，并选择渐变与素材混合的模式。可以体验不同的模式。图11-82所示为选择“强光”模式后的效果。

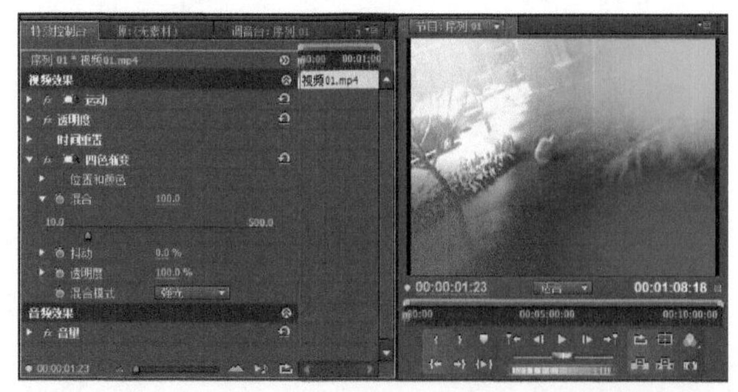

图11-82

要移动渐变的位置，可以单击“特效控制台”面板中的四色渐变字样。注意“节目监视器”面板中会出现4个带加号圆圈。单击其中一个圆圈图标来移动某一色渐变，如图11-83所示。

图11-83

如果想降低渐变的透明度，则减小“透明度”控件的百分比值。

要更改渐变的颜色及位置，可以单击“位置和颜色”选区前的三角，使用其中的控件创建想要的效果，如图11-84所示。

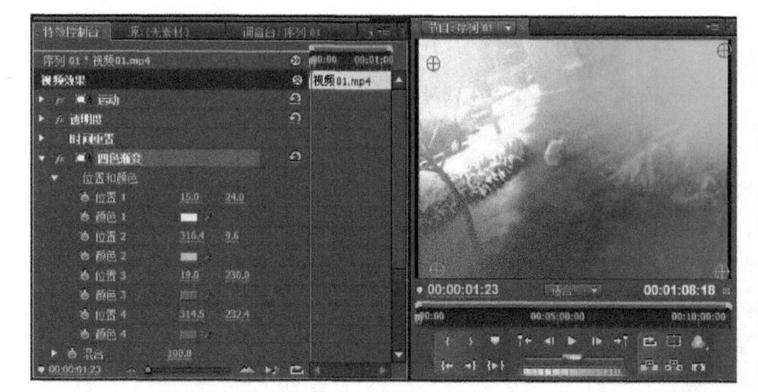

图11-84

使用“混合”控件来更改渐变间混合的数量。使用“抖动”控件来调节不同渐变间噪波的数量。

11.8.4 圆

对黑场视频或纯色蒙版应用该特效，可以创建圆或者圆环。应用“圆”特效时，默认设置是在黑色背景中创建一个小的白圆，如图11-85所示。

图11-85

【参数介绍】

要将圆转换成圆环，可以单击“边缘”下拉菜单并将设置从“无”更改为“边缘半径”，然后增加边缘半径值，如图11-86所示。

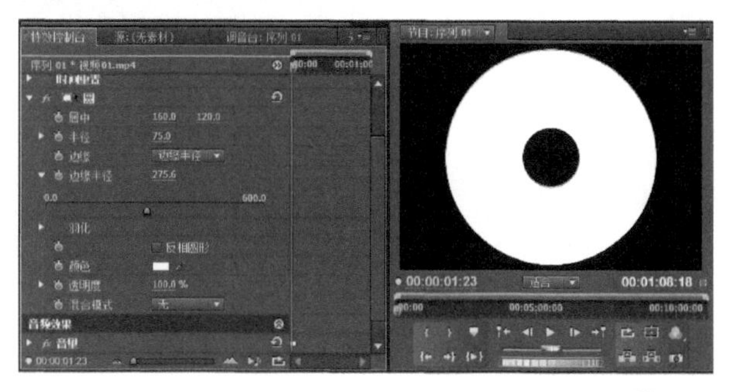

图11-86

可以将“边缘”下拉菜单的设置更改为“厚度”或者“厚度*半径”，然后调节“厚度”控件。

要柔化圆环的外侧边及内侧边，可以将“边缘”下拉菜单的设置更改为“厚度和羽化半径”，或者保持“边缘半径”不变，然后增加“羽化外侧边”及“羽化内侧边”控件的值，如图11-87所示。

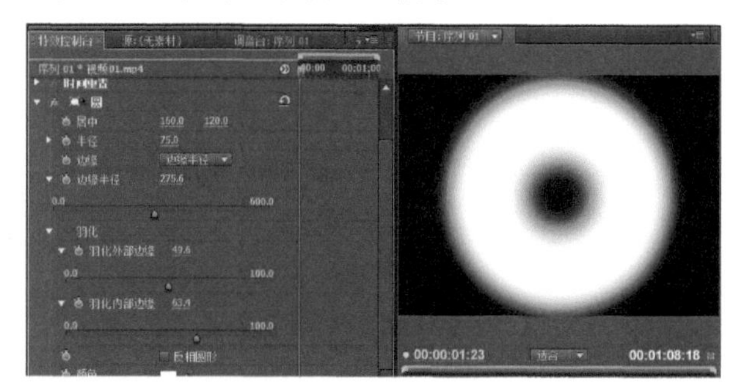

图11-87

要更改圆环或圆的颜色，可以使用颜色控件进行修改。图11-88所示为更改为橘黄后的效果。

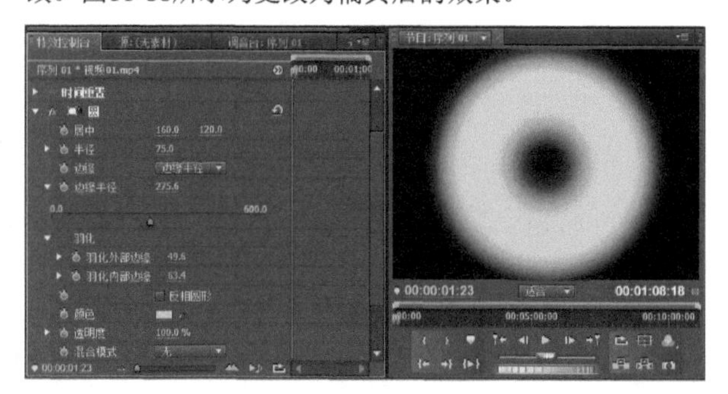

图11-88

使用“居中”控件可以移动圆或圆环。也可以单击“圆”字样并在“节目监视器”中移动圆圈图标来移动圆，如图11-89所示。要增加圆或圆环的尺寸，可以增加半径控件的值。

将“圆”特效的“混合模式”从“无”切换到“正常”，这样就能看到应用了该特效的视频素材，如图11-90所示。要使圆环或圆更加透明，减小“透明度”控件的值，要反转特效，单击“反相圆形”复选框。

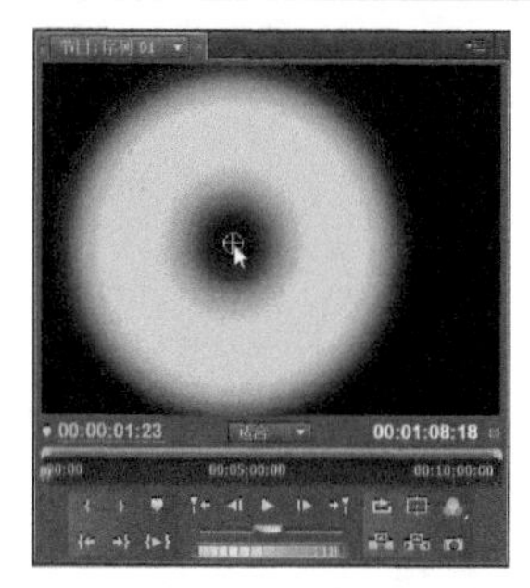

图11-89

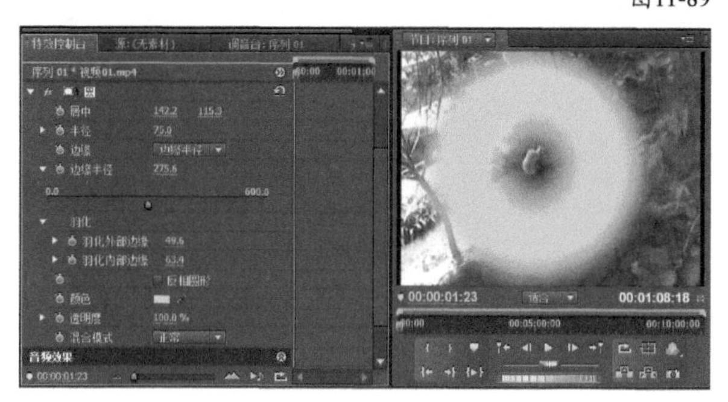

图11-90

要使素材文件看起来像是和唱片一样，则将“边缘”下拉菜单设置为“边缘半径”，然后将“边缘半径”设置为57。确保没有选中“反相圆形”复选框。将“混合模式”下拉菜单设置为“模板Alpha”。为了得到最好的结果，应该将颜色样本设置为白色，效果如图11-91所示。

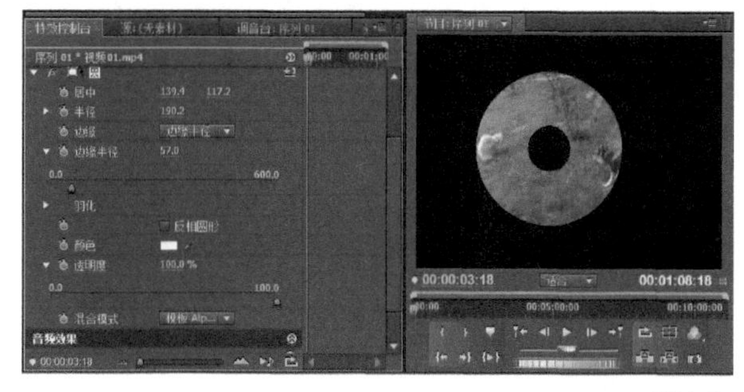

图11-91

使用“圆”特效还可以混合两个视频素材。可以使用随书资源中的视频素材进行体验。首先，将该特效应用于视频2轨道的视频素材；然后，在视频1轨道下添加另一个视频素材。将混合模式下拉菜单设置成“模板Alpha”，从而将两个图像混合在一起，如图11-92所示。

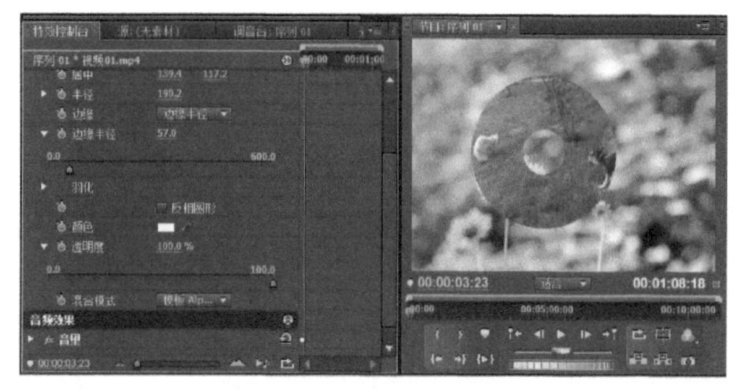

图11-92

11.8.5 棋盘

将该特效应用到黑场视频或彩色蒙版可以创建一个棋盘背景，或者作为蒙版使用。棋盘图案也可应用到图像中并与其混合在一起，从而创建出有趣的效果。图11-93显示了该效果控件设置及“节目监视器”面板中的“棋盘”特效预览。

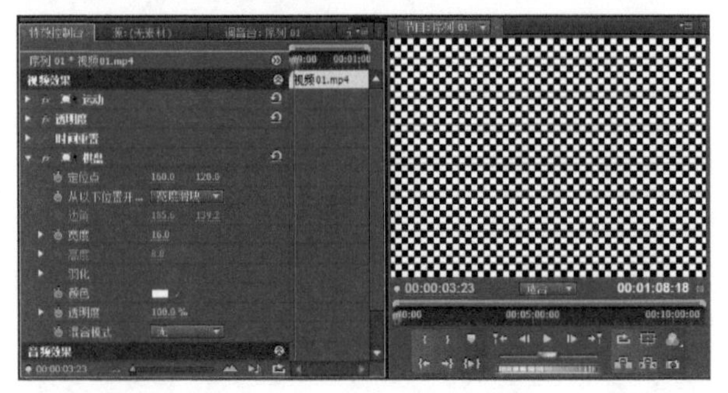

图11-93

要在素材和棋盘间创建混合特效，可以选择“混合模式”下拉菜单中的“差值”。通过增加“宽度”控制值来更改棋盘的宽度。要更改“高度”，必须单击“从以下位置开始的大小”下拉菜单，并选择“宽度和高度滑块”。要模糊宽度及高度的边缘，可以使用“羽化”中的“宽度”和“高度”控件。图11-94所示为更改设置后的效果。

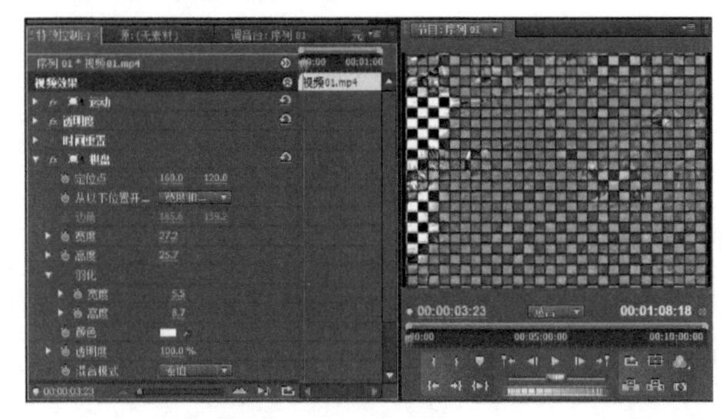

图11-94

要更改棋盘的颜色及不透明度，可以单击颜色样本图标并在颜色拾取对话框中更改颜色，或者使用吸管工具单击视频素材中的某一颜色。要移动图案，可以使用“锚点”控件或者单击棋盘字样，然后在“节目监视器”面板中移动圆圈图标。

11.8.6 油漆桶

使用该特效可以为图像着色或者对图像的某个区域应用纯色。图11-95显示了“特效控制台”面板中的油漆桶属性及在“节目监视器”面板中对该特效的预览。为了将油漆桶颜色和素材混合在一起，可以将“混合模式”下拉菜单设置成“颜色”。要创建示例中的效果，可以选中“反转填充”复选框来反转填充。

图11-95

【参数介绍】

使用颜色控件可以选择用于着色素材的颜色。

更改“宽容度”值可以调节应用于图像的颜色数目。

“查看阈值”控件可以用作润色和颜色校正的一种形式。它能够提供在黑白状态下的素材预览和填充颜色。对素材应用油漆桶颜色时，切换这个控制开关可以查看在黑白状态下的效果。这使得查看油漆桶颜色的结果更容易。

“填充点”和“填充选取器”控件用来指定颜色特效的区域。

“描边”下拉菜单决定颜色边缘的工作方式。

要使油漆桶颜色填充变得透明，可以减小“透明度”控件的百分比值。

11.8.7 渐变

该特效能够创建线性渐变或放射渐变。图11-96显示了该效果控件设置及“节目监视器”面板中的“渐变”特效预览。

图11-96

单击“渐变形状”下拉菜单，可以选择“径向渐变”或“线性渐变”模式。使用吸管工具单击图像中的某种颜色，或者单击颜色样本并使用颜色拾取对话框来设置渐变的开始颜色和结束颜色。向左移动“渐变扩散”滑块创建更加平滑的混合。当“与原始素材混合”滑块设置为50时，混合结果和应用该特效的图像素材的透明度均为50%。向右移动滑块，图像素材会越来越不透明；向左移动滑块，混合会越来越透明。

11.8.8 网格

该特效创建的栅格可以用作蒙版，或可以通过混合模式选项来进行叠加。图11-97显示的是使用了“混合模式”下拉菜单中的“叠加”选项的“网格”特效的结果。

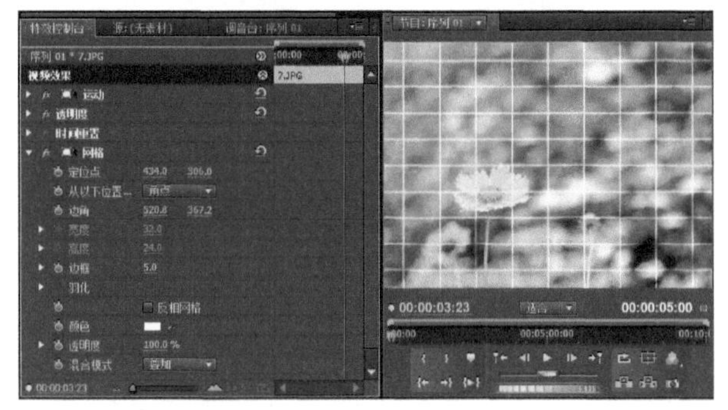

图11-97

可以使用“从以下位置开始的大小”下拉菜单来调节栅格的宽和高。单击下拉菜单，选择3个控件中的一个：“角点”“宽度滑块”或“宽度和高度滑块”。通过调节“边框”控件来更改栅格线的厚度。通过增加“羽化”值来柔化线的边界。使用颜色控件来更改栅格线的颜色。栅格可以通过单击“反相网格”复选框来进行反转。要在受影响的素材上混合栅格，可以单击“混合模式”下拉菜单，并选择一个选项。要使栅格透明，则减小“透明度”值。

11.8.9 蜂巢图案

该特效可以用于创建有趣的背景特效，或者用作蒙版。图11-98显示了“特效控制台”面板中的“蜂巢图案”特效属性和在“节目监视器”面板中的预览效果。

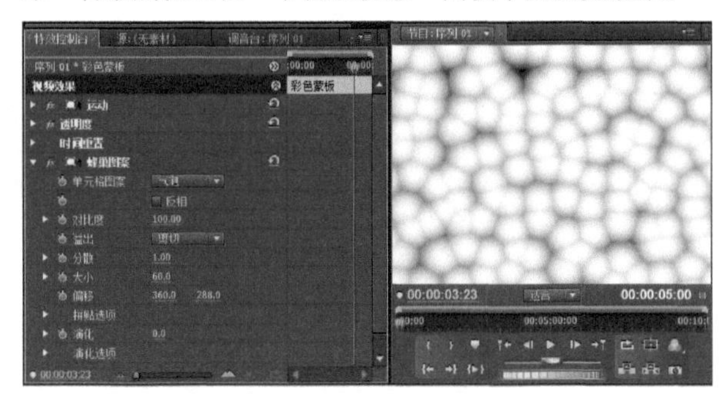

图11-98

应用“蜂巢图案”特效，可以通过调节“分散”“大小”和“偏移”控件来更改图案的样貌。这些控件只改变图案，不会影响视频素材。如果愿意，可以使用运动控件同时更改图案和视频素材。为了增加或减小图案内的对比度，可以使用“对比度”控件，也可以单击“反相”复选框来反转图案。

11.8.10 镜头光晕

该特效会在图像中创建闪光灯的效果。“镜头光晕”特效设置出现在“特效控制台”面板中。单击镜头光晕字样旁边的矩形，并在“节目监视器”面板中为镜头光晕选择位置，或者单击并拖动“光晕中心”控件来调整镜头光晕的位置，然后选择镜头类型；接着，单击并拖动“光晕亮度”控件来调节光晕的亮度。图11-99显示了镜头光晕控件及对其效果的预览。

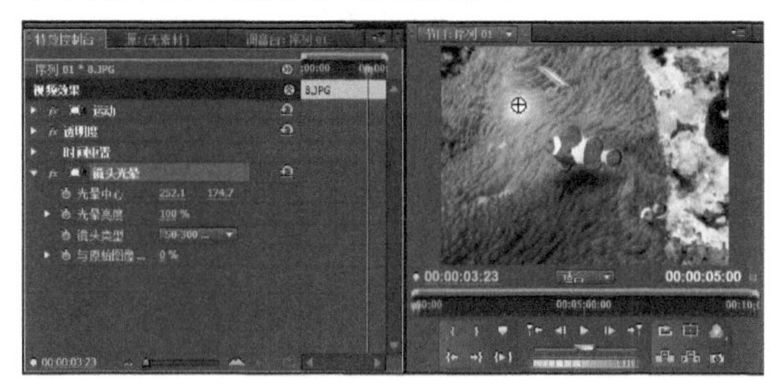

图11-99

11.8.11 闪电

该特效允许为素材添加闪电。使用“起始点”和“结束点”控件为闪电选择起始点和结束点。向右移动“分段数”滑块会增加闪电包括的分段数目，而向左移动滑块则会减少分段数目。同样，向右移动其他“闪电”特效滑块会增强特效，而向左移动滑块则会减弱特效。

用户可以通过调节“线段”“波幅”“分支”“速度”“稳定性”“核心宽度”“拉力”和“混合模式”选项来设计闪电风格。图11-100显示了使用“闪电”特效创建的闪电。

图11-100

11.9 色彩校正

“色彩校正”特效用于校正素材中的色彩。该文件夹中的特效如图11-101所示。“色彩校正”特效包括亮度与对比度、分色、广播级颜色、更改颜色、染色、色彩均化、色彩平衡、色彩平衡（HLS）、转换颜色、通道混合。第18章将会详细介绍“色彩校正”特效。

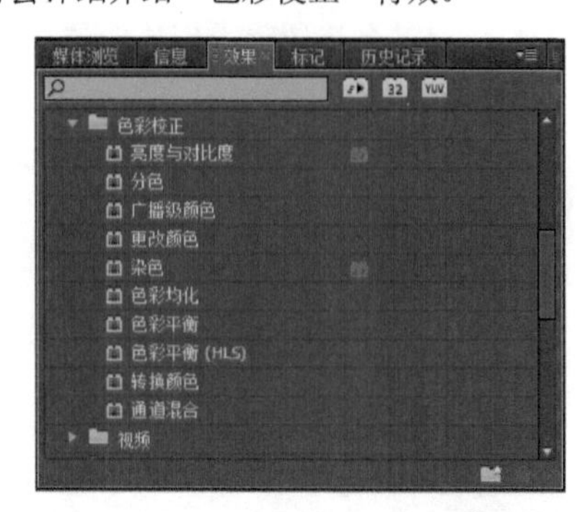

图11-101

11.10 视频

“视频”文件夹中的特效能够模拟视频信号的电子变动。如果要将节目输出到录像带中，那么只需应用这些特效。“视频”文件夹中只有“时间码”效果，如图11-102所示，该效果控件设置及应用后的效果如图11-103所示。

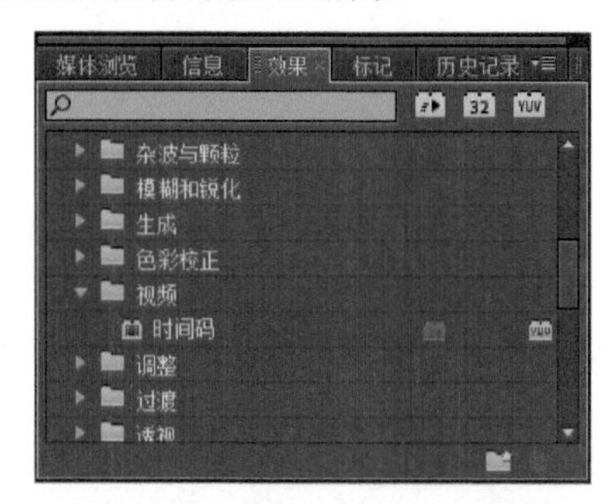

图11-102

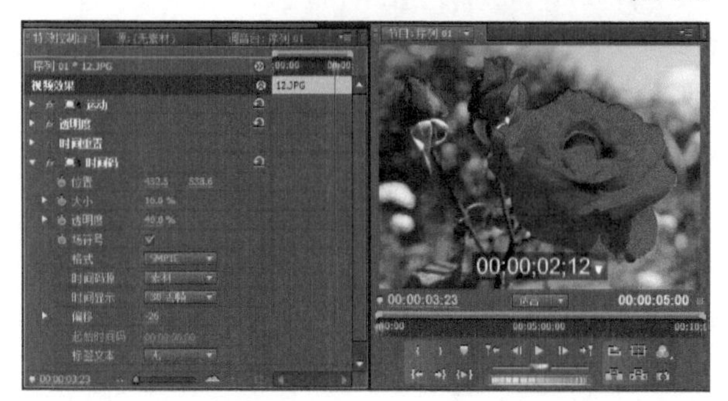

图11-103

“时间码”特效并不是用于增强色彩的，而是用于将时间码“录制”到影片中，以便在“节目监视器”上显示。应用该特效时，可以在“特效控制台”面板中选择“位置”“大小”和“透明度”选项。还可以选择时间码格式，以及应用帧偏移。

还可以通过“时间码”特效，将时间码以透明视频方式放置在影片之上的轨道上。这样就可以在不影响实际节目影片的情况下查看时间码。要创建透明视频，首先选择“文件→新建→透明视频”命令，然后将透明视频从“项目”面板拖到“时间线”面板中影片上方的轨道中。接着，将“时间码”特效拖到透明视频上应用“时间码”特效。

11.11 调整

“调整”效果可以调整选中素材的颜色属性，如图像的亮度和对比度（请参阅第18章获取更多关于调整彩色素材的内容）。如果对Adobe Photoshop很熟悉，那么会发现一些Premiere Pro视频特效（如照明效果、自动对比度、自动色阶、自动颜色、色阶和阴影/高光）与Photoshop中的滤镜很相似。图11-104所示为“调整”文件夹中的效果。

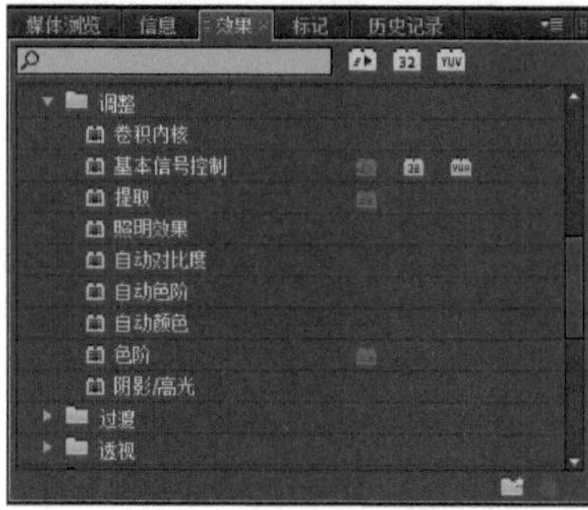

图11-104

11.12 过渡

“过渡”文件夹中的特效与“效果”面板中“视频切换”文件夹中的特效类似。“过渡”文件夹中包含“块溶解”“径向擦除”“渐变擦除”“百叶窗”和“线性擦除”效果，如图11-105所示。

图11-105

11.12.1 块溶解

使用该特效可以使素材消失在随机像素块中，该效果控件设置及应用后的结果如图11-106所示。“过渡完成”用于设置像素块的数量。“块宽度”和“块高度”用于设置像素块的大小。“羽化”用于设置像素块的边缘柔化程度。

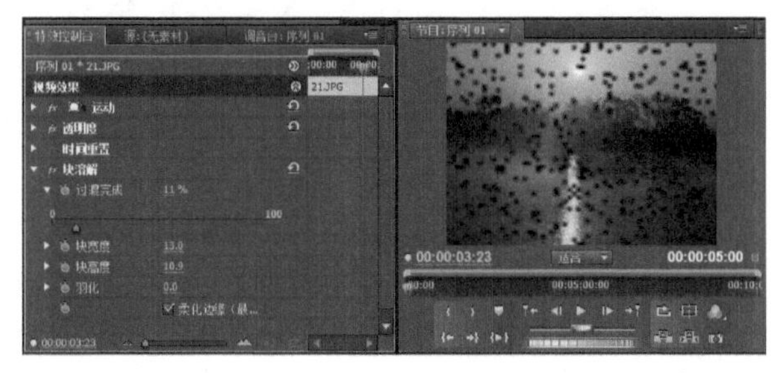

图11-106

11.12.2 径向擦除

使用该特效可以利用圆形板擦擦除素材，进而显示其下面的素材。“径向擦除”控件设置及应用后的结果如图11-107所示。

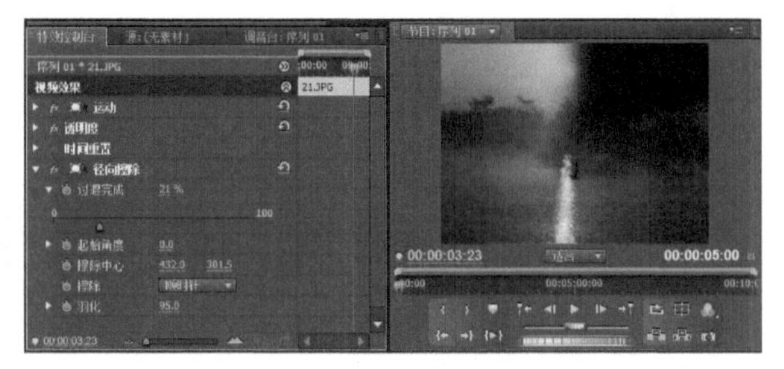

图11-107

【参数介绍】

增加“过渡完成”百分比，或单击“径向擦除”字样，然后移动出现在“节目监视器”面板中的圆形图标，可以创建“径向擦除”效果。

调节“起始角度”控件可以修改“径向擦除”的角度。

调节“擦除中心”控件可以增加“径向擦除”的擦除中心。

单击“擦除”下拉菜单可以选择想要顺时针还是逆时针的径向擦除。

增加“羽化”值可以使两个素材间的混合更流畅。

11.12.3 渐变擦除

该特效能够基于亮度值将素材与另一素材（称为渐变层）上的特效进行混合。图11-108显示了创建“渐变擦除”特效时“特效控制台”面板上的属性设置及在“节目监视器”中的预览效果。

图11-108

11.12.4 百叶窗

使用该特效可以擦除应用该特效的素材，并以条纹形式显示其下方的素材。图11-109显示了“特效控制台”面板中的“百叶窗”属性以及“节目监视器”面板中对该特效的预览。

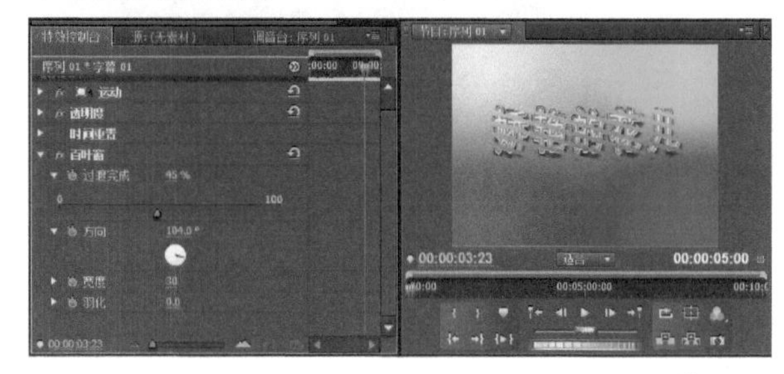

图11-109

将百叶窗特效应用于Premiere Pro项目中创建的字幕素材（字幕01）。将字幕素材放在视频2轨道中。在视频1轨道中，使用“文件→新建→彩色蒙版”命令添加彩色蒙版素材。将“百叶窗”特效应用到视频2轨道中的字幕素材。

要创建“百叶窗”特效，增加“过渡完成”百分比值。调节“方向”控件修改百叶窗的角度。使用“宽度”控件确定需要的百叶窗数量和宽度。如果希望有一个柔化的边缘，可以增加“羽化”值。

11.12.5 线性擦除

该特效能够擦除使用该特效的素材，以便看见其下方的素材。图11-110显示了“特效控制台”面板中的“线性擦除”属性以及“节目监视器”面板中对该特效的预览。

图11-110

11.13 透视

使用“透视”文件夹中的特效（如图11-111所示）可以将深度添加到图像中，创建阴影和把图像截成斜角边。

图11-111

11.13.1 基本3D

该特效能够创建好看的旋转和倾斜效果。“特效控制台”面板中的“旋转”滑块控制旋转。“倾斜”滑块调节图像的坡度。拖动“图像距离”滑块，通过缩小或放大图像来创建距离幻象。单击“显示镜面高光”选项可以为图像添加微小的闪光（用一个红色的+号表示）。“绘制预览线框图”允许查看特效的模拟线框，这样不用Premiere Pro进行渲染就可以方便有效地预览特效。“基本3D”控件设置及在“节目监视器”中预览到的效果如图11-112所示。

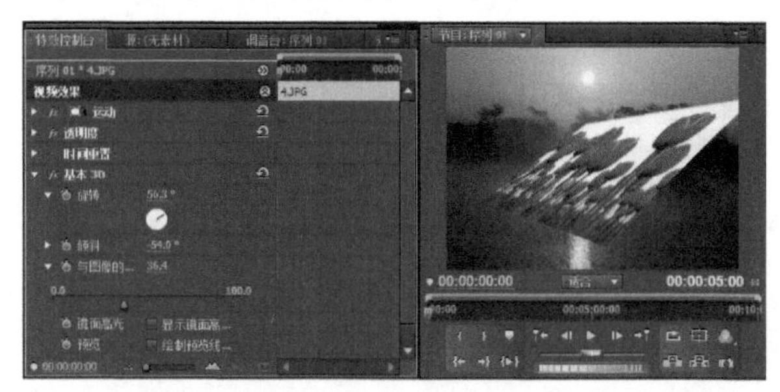

图11-112

11.13.2 径向阴影

使用该特效可以在带Alpha通道的素材上创建阴影。可以使用Premiere Pro的字幕素材或随书资源中的文件来体验此特效。图11-113所示为“径向阴影”特效控件设置及应用结果。

图11-113

11.13.3 投影

该特效能够将阴影添加到素材中，其中使用素材的Alpha通道来确定图像边缘。调节滑块控制阴影的透明度、方向和与源素材的距离。单击面板中的颜色样本并从颜色拾取对话框中选择一种颜色可以更改照明颜色。尝试对Premiere Pro的字幕素材应用该特效。“投影”特效控件的设置及在“节目监视器”中预览到的效果如图11-114所示。

图11-114

11.13.4 斜角边

该特效能够倾斜图像，并为其添加照明，使素材呈现三维效果。使用该特效创建的图像边缘比使用“斜角Alpha”特效创建的要突出一些。为了确定图像边缘，该滤镜也使用了素材的Alpha通道。与“斜角Alpha”类似，使用“特效控制台”面板中的滑块可以更改斜角的边缘厚度、照明角度和照明强度，对特效进行微调。单击颜色样本并在颜色拾取对话框中选择一种颜色，可以更改照明颜色。尝试对Premiere Pro的字幕素材应用该特效。“斜角边”特效控件设置及在“节目监视器”中预览到的效果如图11-115所示。

图11-115

11.13.5 斜角Alpha

该特效通过倾斜图像的Alpha通道，使二维图像看起来具有三维效果。使用该特效创建文本的倾斜效果尤其方便。在“特效控制台”面板中，使用滑块更改斜角的边缘厚度、照明角度和照明强度，可以对特效进行微调。单击颜色样本并在颜色拾取对话框中选择一种颜色，可以更改照明颜色。尝试对Premiere Pro的字幕素材应用该特效。“斜角Alpha”特效控件设置及在“节目监视器”中预览到的效果如图11-116所示。

图11-116

11.14 通道

“通道”文件夹中包含各种效果（如图11-117所示），这些效果可以组合两个素材，在素材上面覆盖颜色，或者调整素材的红色、绿色和蓝色通道。

图11-117

使用“反转”效果可以反转素材中的颜色值。“固态合成”效果可以将一种颜色覆盖到素材上。“混合”效果可以基于颜色模式混合视频素材。“计算”效果可以混合不同素材的通道。“设置遮罩”效果可以将一个素材的通道（蒙版）替换成另一个素材的通道。

11.14.1 反转

这个效果能够反转颜色值。将黑色转变成白色，白色转变成黑色，颜色都变成相应的补色。图11-118中的例子将白色转变成黑色。

图11-118

“反转”特效有两个控制效果结果的属性。它们是“通道”和“与原始图像混合”。通过“通道”下拉菜单可以选择颜色模式：RGB、HLS或YIQ等。YIQ是NTSC颜色空间。Y代表亮度，I代表相位色度，Q代表正交色度。选择“Alpha”选项，能够反转Alpha通道中的灰度色调。如果需要将通道效果和原始图像进行混合，则使用“与原始图像混合”滑块。

11.14.2 固态合成

这个效果能够将固态颜色覆盖在素材上。颜色在素材上的显示方式取决于选择的混合模式。既可以调整原始素材的透明度，也可以调整固态颜色的透明度。

使用“固态合成”特效可以将海星变成紫色，如图11-119所示。要创建紫色效果，需要将颜色样本设置成蓝色，并将“混合模式”设置成“饱和度”，然后降低固态颜色的透明度。为了加深效果，还可以使用“色阶”特效调整素材的色调值。

图11-119

11.14.3 复合算法

设计这个效果是为了与使用“复合算法”效果的After Effects项目一起使用。这个效果通过数学运算使用图层创建组合效果。这个效果的控件用来决定原始图层和第二来源层的混合方式。

“二级源图层”下拉菜单允许用户选择用作混合运算的另一个视频素材。“操作符”下拉菜单提供各种模式，从中选择所要使用的混合方式。调整这两个控件将会对效果的结果做出很大改变。还可以单击“在通道上操作”下拉菜单并进行选择。“与源图像混合”控件用于调整原始图层和第二来源层的不透明度。

“复合算法”特效控件设置及在“节目监视器”中预览到的应用效果如图11-120所示。

图11-120

11.14.4 混合

应用这个效果，可以通过不同模式来混合视频轨道，模式有“交叉淡化”“只有颜色”“只有色调”“只有暗色”和“只有亮色”。

“与原始图像混合”选项用于指定想要混合的素材。例如，如果想对视频2轨道上的素材应用“混合”效果，并将它与它下面视频1轨道上的素材混合起来，则将“与图层混合”下拉菜单设置成视频1。为了使两个素材都半透明显示，将“与原始图像混合”值设置成50%。

图11-121所示为对视频1中的素材应用该效果，并与视频2中的素材混合的效果。为了在“节目监视器”面板上看到两个素材，必须用时间线标记将它们选中。

图11-121

如果对视频1轨道应用混合效果，并想将它和它正上方视频2轨道上的素材进行混合，则将“与图层混合”下拉菜单设置成视频2轨道。然后单击“时间线”面板上的眼睛图标，隐藏视频2轨道。为了在“节目监视器”面板上看到两个素材，必须通过时间线标记将它们选中，并将“与原始图像混合”值设置成小于90%的值。图11-122所示为对视频2中的素材应用该效果，并与视频1中的素材混合的效果。

图11-122

11.14.5 算法

这个效果基于算术运算修改素材的红色、绿色和蓝色值。修改颜色值的方法由“操作符”下拉菜单中选中的选项决定。要使用“算法”效果，首先设置“操作符”下拉菜单选项，然后调整红色、绿色和蓝色额度值。“算法”特效控件设置及在“节目监视器”中预览到的应用效果如图11-123所示。

图11-123

11.14.6 计算

这个效果可以通过使用素材通道和各种“混合模式”将不同轨道上的两个视频素材结合到一起。可以选择使用的覆盖素材的通道包括：合成通道（RGBA）；红色、绿色或蓝色通道；或者灰度或Alpha通道。如图11-124所示为“计算”特效后的效果。

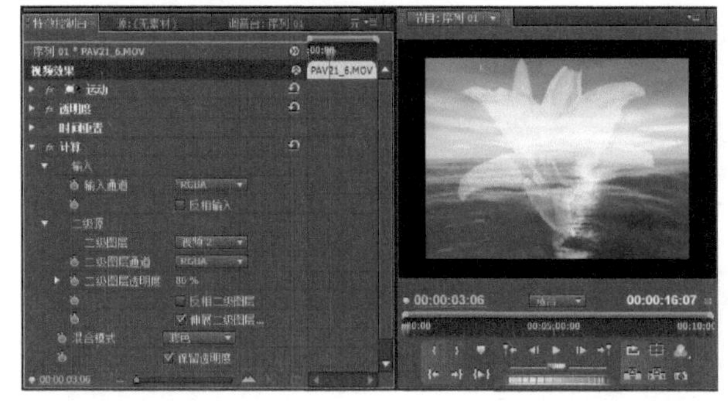

图11-124

11.14.7 设置遮罩

这个效果能够组合两个素材，从而创建移动蒙版效果。不过，“设置遮罩”特效是创建移动蒙版的更好方法。要使用设置蒙版特效，需要将两个视频素材放到时间线面板上，其中一个位于另一个上方。然后将效果应用到第一个视频轨道上的素材，并隐藏它上面的素材，如图11-125所示的是对视频2轨道上的花朵视频素材应用“设置遮罩”特效后的结果。

图11-125

11.15 键控

“键控”特效允许创建各种有趣的叠加特效，这些特效包括“16点无用信号遮罩”“4点无用信号遮罩”“8点无用信号遮罩”“Alpha调整”“RGB差异键”“亮度键”“图像遮罩键”“差异遮罩”“极致键”“移除遮罩”“色度键”“蓝屏键”“轨道遮罩键”“非红色键”和“颜色键”，如图11-126所示。“键控”特效在第12章将进行详细介绍。

图11-126

11.16 颜色校正

“颜色校正”特效用于校正素材中的颜色，该文件夹中的特效如图11-127所示，颜色校正特效包括RGB曲线、RGB色彩校正、三路色彩校正、亮度曲线、亮度校正、快速色彩校正和视频限幅器。第18章将会详细介绍“颜色校正”特效。

图11-127

11.17 风格化

“风格化”文件夹中包含的各种特效在更改图像时并不进行重大的扭曲，如图11-128所示。例如，“浮雕”特效增加整个图像的深度，而“马赛克”特效会将图像划分为马赛克瓷砖。

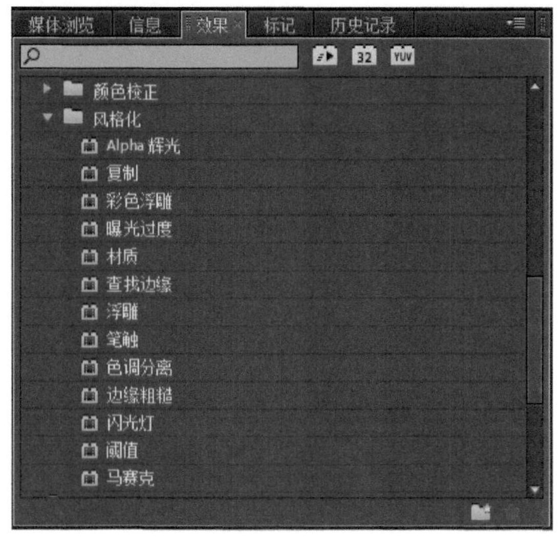

图11-128

11.17.1 Alpha辉光

该特效能够在Alpha通道边缘添加辉光。图11-129所示是为字幕素材应用“Alpha 辉光”特效的结果。

图11-129

【参数介绍】

在“Alpha 辉光设置”中，使用“发光”滑块调节辉光从Alpha通道向外延伸的距离。

使用“亮度”滑块增加或减少亮度。

“起始颜色”样本表示辉光颜色。如果想要更改颜色，可以单击颜色样本并从颜色拾取对话框中选择一种颜色。

如果选择“结束颜色”，Premiere Pro会在辉光边缘额外添加颜色。要创建结束色，可以选择“使用结束颜色”复选框，并单击颜色样本在“颜色拾取”对话框中选择颜色。要淡出“起始颜色”，可以选择“淡出”复选框。

11.17.2 复制

该特效在画面中创建多个素材副本。它创建瓦片并将多个素材副本放到各个瓦片中，从而生成复制效果。向右拖动“计算”滑块，可以增加屏幕上的瓦片数。图11-130所示为对“字幕03”素材文件应用该特效后的结果。

图11-130

高手进阶：制作多画面电视墙

- 素材文件：素材文件/第11章/01.wmv
- 案例文件：案例文件/第11章/高手进阶——制作多画面电视墙.Prproj
- 视频教学：视频教学/第11章/高手进阶——制作多画面电视墙.flv
- 技术掌握：应用“复制”视频特效的方法

扫码看视频

本例是介绍应用“复制”视频特效制作多画面电视墙的操作，案例效果如图11-131所示，该案例的制作流程如图11-132所示。

图11-131

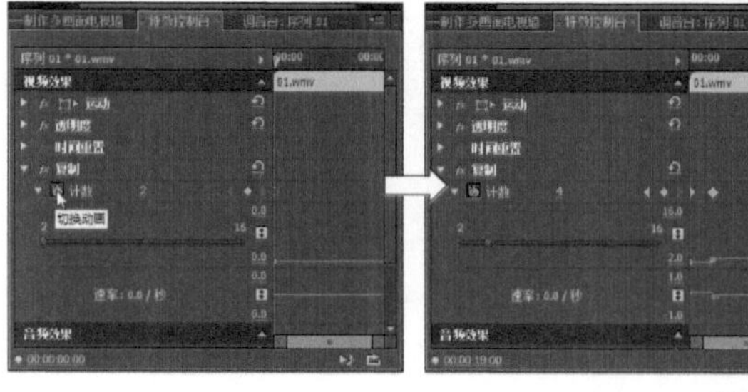

图11-132

【操作步骤】

01 执行“文件→新建→项目”命令，在“新建项目”对话框中设置项目的存储位置和文件名，然后单击“确定”按钮，如图11-133所示，在打开的“新建序列”对话框中选择一个预置或创建一个自定义设置，再单击“确定”按钮创建一个新序列，如图11-134所示。

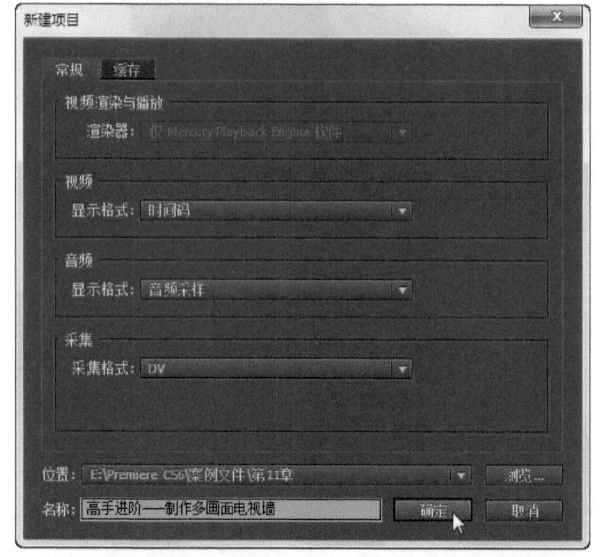

图11-133

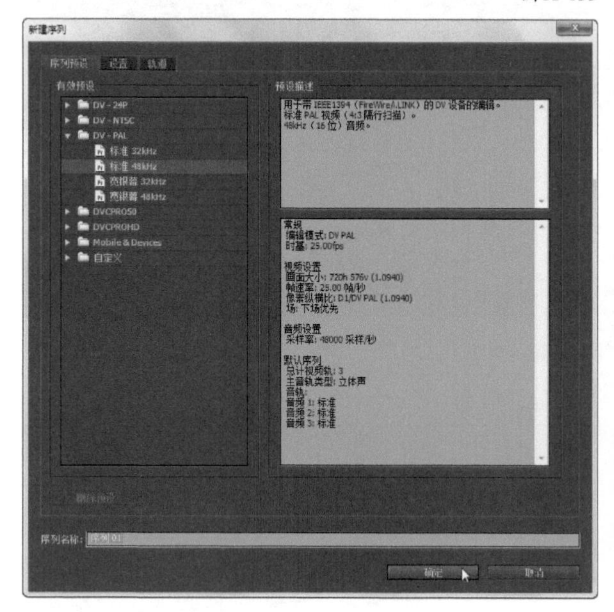

图11-134

02 执行“文件→导入”命令，将“01.wmv”素材导入到“项目”面板中，再将素材从“项目”面板中拖动到“时间线”面板的视频1轨道上，如图11-135所示。

03 选择“视频特效/风格化/复制”视频特效，将“复制”视频特效拖到“时间线”面板中的“01.wmv”素材上，如图11-136所示。

04 选择“时间线”面板中的“01.avi”素材。执行“窗口→特效控制台”命令，打开“特效控制台”面板，在第0秒的位置，单击“计数”选项前面的“切换动画”按钮，在此时间位置添加一个关键帧，如图11-137所示。

图11-135

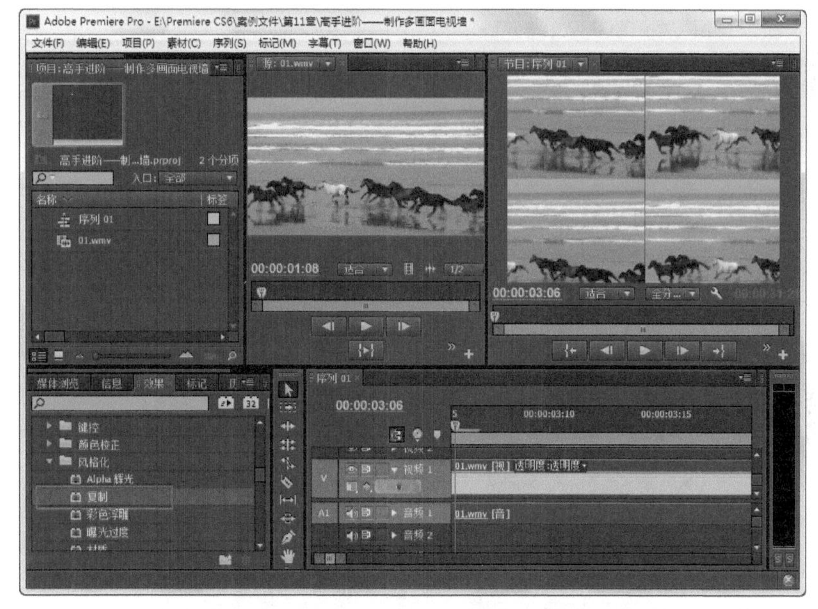

图11-136

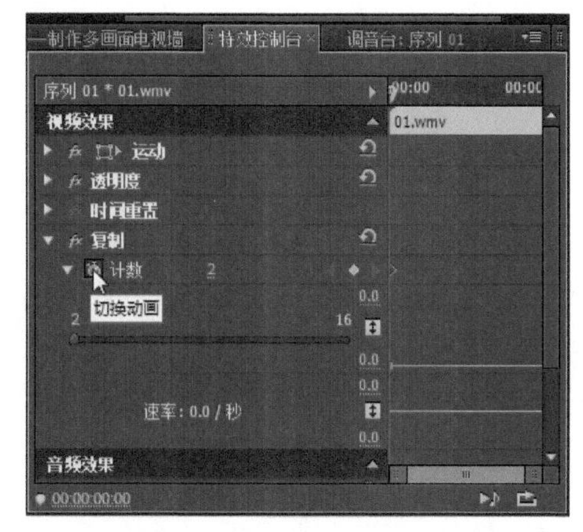

图11-137

05 将时间线移动到第6秒的位置，单击“计数”选项后面的“添加/移除关键帧”按钮，在此时间位置添加一个关键帧，然后将“计数”值改为3，如图11-138所示。

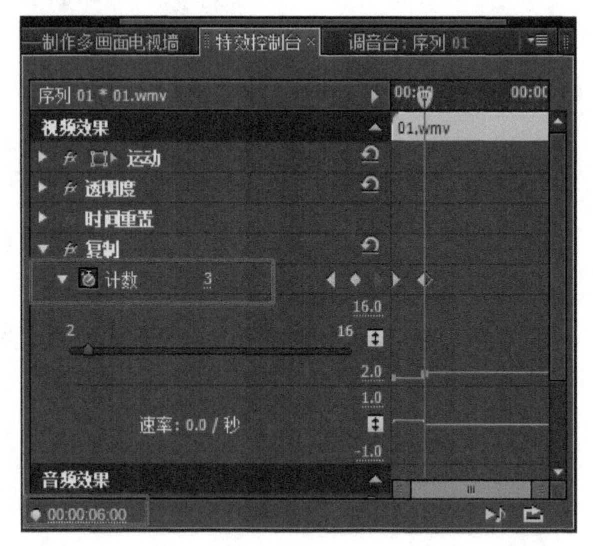

图11-138

06 将时间线移动到第19秒的位置，单击“计数”选项后面的“添加/移除关键帧”按钮，在此时间位置添加一个关键帧，然后将“计数”改为4，如图11-139所示。

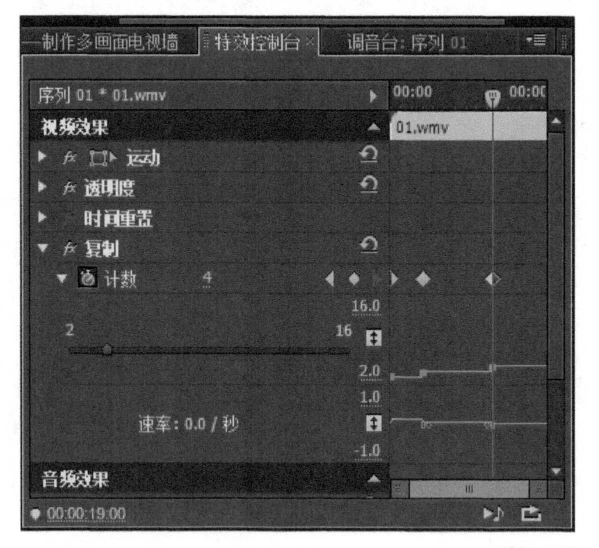

图11-139

07 单击“节目监视器”上的“播放-停止切换”按钮，预览“复制”特效创建的多画面效果，如图11-140所示。

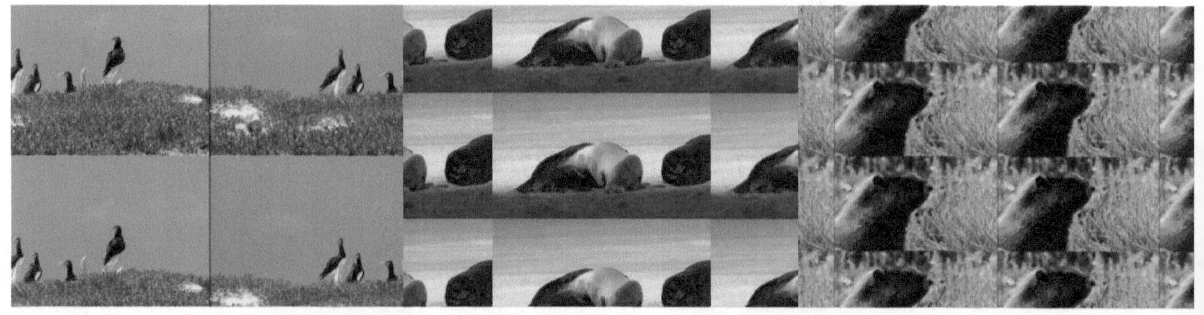

图11-140

11.17.3 彩色浮雕

该特效与浮雕特效几乎一样，只是不移除颜色。图11-141显示了“特效控制台”面板中的“彩色浮雕”特效控件设置以及在“节目监视器”面板中的预览效果。其中仍然是对字幕03素材文件应用的该特效。

图11-141

11.17.4 曝光过度

该特效会为图像创建一个正片和一个负片，然后将它们混合在一起创建曝光过度的效果，这样就会生成边缘变暗的亮化图像。在图11-142所示的“曝光过度”特效控件设置中，单击并拖动“阈值”滑块来调节“曝光过度”特效的亮度级别。

图11-142

11.17.5 材质

该特效通过将一个轨道上的材质（例如沙子或石头）应用到另一个轨道上来创建材质纹理。图11-143所示显示了“特效控制台”面板中的材质纹理属性以及在“节目监视器”面板中的预览效果。

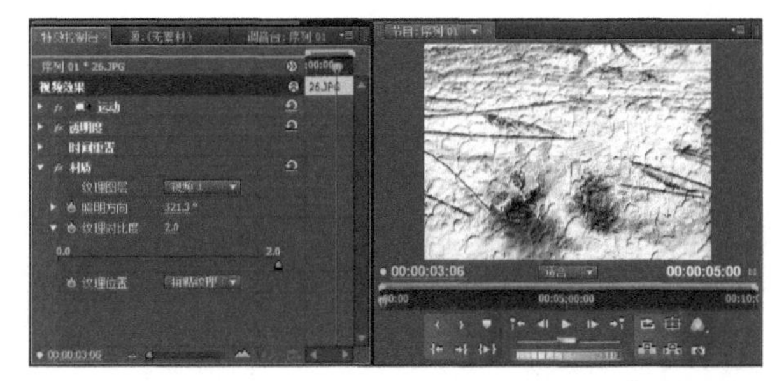

图11-143

11.17.6 查找边缘

该特效能够使素材中的图像呈现黑白草图的样子。该特效查找高对比度的图像区域，并将它们转换成白色背景中的黑色线条，或者黑色背景中的彩色线条。在“特效控制台”面板中，使用“与原始图像混合”滑块将原始图像与这些线条混合在一起。图11-144所示显示了“查找边缘”特效的结果。

图11-144

11.17.7 浮雕

该特效会在素材的图像边缘区域创建凸出的3D特效。在“特效控制台”面板中，使用“方向”滑块调节浮雕的角度。拖动“起伏”滑块增加浮雕级别，创建出更明显的浮雕效果。要创建更明显的效果，向右拖动“对比度”滑块增加对比度。使用“与原始图像混合”滑块将素材的原始图像与浮雕的阴影混合在一起。

图11-145显示了“特效控制台”面板中的“浮雕”特效控件设置以及在“节目监视器”面板中的预览。图示中对27.jpg素材文件应用了该特效。

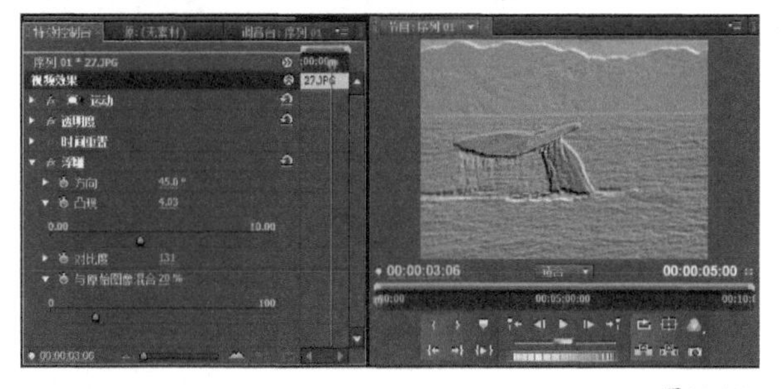

图11-145

11.17.8 笔触

该特效能够模拟将笔触添加到素材的效果。图11-146所示显示了“特效控制台”面板中的“笔触”特效控件设置。

图11-146

【参数介绍】

使用“画笔大小”和“描绘长度”控件可以设置笔触大小和长度。

更改“描绘角度”值来调节笔画角度。

使用“描绘浓度”“描绘随机性”控件和“表面上色”下拉菜单来指定笔触的应用方式。

使用“与原始图像混合”控件确定原始素材的可见度。

11.17.9 色调分离

该特效通过减少红色、绿色和蓝色通道上的色阶来创建特殊的颜色效果。单击并拖动“特效控制台”面板中的“色阶”数目设置图像中的颜色数目。图11-147所示为“色调分离”特效控件设置及在“节目监视器”中对应用该效果的预览。

图11-147

11.17.10 边缘粗糙

该特效能够使图像边缘变得粗糙。图11-148所示为“边缘粗糙”特效控件设置及在“节目监视器”中对应用该效果的预览。

图11-148

【参数介绍】

单击“边缘类型”下拉菜单选择一种粗糙类型。如果选择带颜色的选项，还必须从“边缘颜色”控件中选择一种颜色。

要自定义粗糙边缘，使用“边框”控件确定粗糙边框的大小。

“边缘锐度”控件确定粗糙边缘出现的锐化程度和柔化程度。

“不规则碎片影响”控件确定不规则计算控制的碎片数量。

“缩放”控件确定用于创建粗糙边缘的碎片大小。

“伸展宽度或高度”控件确定用于创建粗糙边缘的宽度和高度。

“偏移”“复杂度”和“演化”控件最好用于为粗糙边缘制作动画。

11.17.11 闪光灯

该特效会在素材中创建时间间隔规则或随机的闪光灯效果。图11-149所示为“闪光灯”特效控件设置及在“节目监视器”中对应用该效果的预览。

图11-149

【参数介绍】

在“特效控制台”面板中，单击明暗闪动颜色样本，为闪光特效选择一种颜色。

在“明暗闪动持续时间”字段中输入闪光的持续时间。

在“明暗闪动间隔时间”字段里，输入闪光特效的周期（闪光周期是从上一次闪光开始时开始计算，而不是闪光结束时）。

如果要创建随机闪光特效，可以向右拖动“随机明暗闪动概率”滑块（随机闪光概率设置得越大，效果的随机度越高）。

只有希望将闪光特效应用在所有的颜色通道时，在“特效控制台”面板的“闪光”区域选择“仅对颜色操作”选项。选择“使图层透明”使闪光时轨道变得透明。如果选择了“仅对颜色操作”选项，那么可以从“闪光运算符”下拉菜单中选择一种操作，从而进一步更改闪光特效。

小技巧

如果设置的闪光周期比闪光持续时间长，那么闪光将是连续的，而不是闪动的。

11.17.12 阈值

该特效能够将彩色或灰度图像调节成黑白图像，如图11-150所示。更改“色阶”控件可以调节图像中的黑色或白色数。“色阶”控件可以从0调到255。将“色阶”控件向右移动可以增加图像中的黑色，将“色阶”控件设置成255会使整个图像变成黑色。将“色阶”控件向左移动可以增加图像中的白色，将“色阶”控件设置成0会使整个图像变成白色。

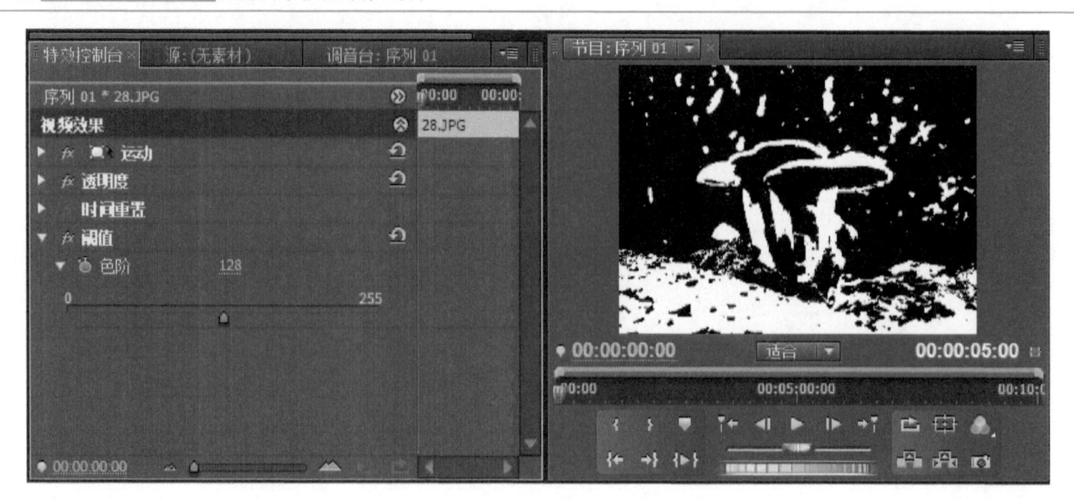

图11-150

11.17.13 马赛克

该特效将图像区域转换成矩形瓦块。在“特效控制台”面板中的“水平块”和“垂直块”字段中输入马赛克块数。该特效还可以用于制作过渡动画，在过渡处使用其他视频轨道的平均色选择瓦块颜色。但是，如果选择了“锐化颜色”选项，Premiere Pro就会使用其他视频轨道中相应区域中心的像素颜色。图11-151所示为“马赛克”特效控件设置及在“节目监视器”中对应用该效果的预览。

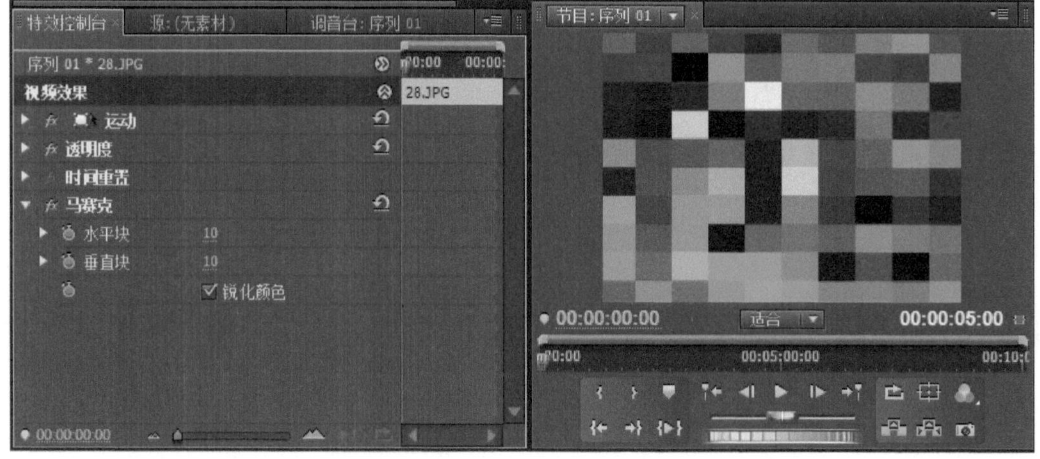

图11-151

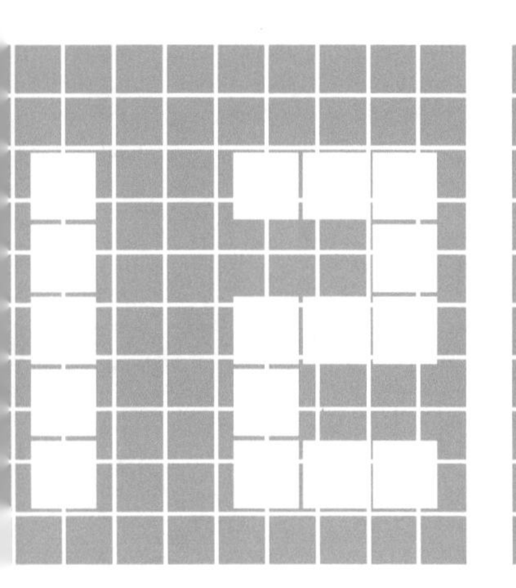

第12章 叠加画面

要点索引

本章概述

在Premiere Pro中，可以像制作拼贴画一样将两个或多个视频素材重叠起来，然后将它们混合在一起创建奇妙的透明效果。Premiere Pro视频特效中的“键控”选项提供了各种各样的效果，使用这些特效可以将某个轨道上的图像区域切割成不同部分（隐藏），并用这个轨道下面的轨道中的视频填充这些部分，从而获得更加奇妙的效果。

本章将介绍两种创建素材叠加效果的有效方法：Premiere Pro的“透明度”选项和“效果”面板上“视频特效”文件夹中的“键控”特效。“透明度”选项通过改变视频轨道的透明度来创建混合效果；“效果”面板上的“键控”文件夹中包含了多种不同的键控特效，使用这些特效可以创建基于颜色、Alpha通道或亮度级别的透明效果。

12.1 使用工具渐隐视频轨道

可以渐隐整个视频素材、静帧图频素材或静帧图像。渐隐视频素材或静帧图像，实际上是在改变素材或图像的透明度。视频1轨道外的任何视频轨道都可以作为叠加轨道并被渐隐。

12.1.1 制作渐隐视频效果

展开“时间线”面板上一个视频轨道时，可以看到Premiere Pro的透明度选项。展开视频轨道后，单击“显示关键帧”图标并选择“显示透明度控制”选项就可以显示透明度，如图12-1所示，展开轨道后，透明度图形线就出现在视频素材下面。在“特效控制台”面板上也可以找到视频素材的透明度。选中“时间线”面板上的一个素材，“透明度”选项就会出现在“特效控制台”面板上，如图12-2所示。

图12-1

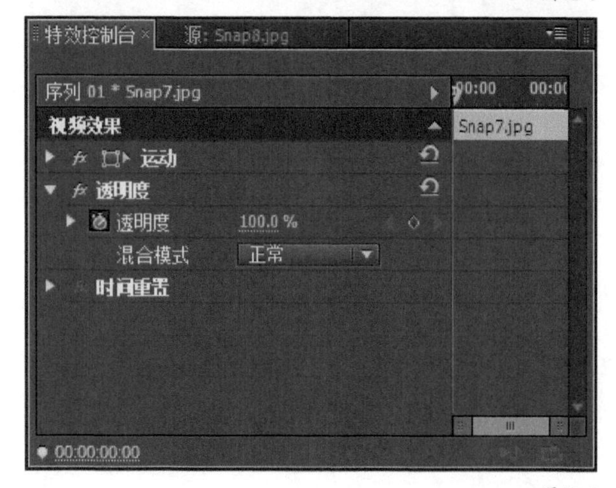

图12-2

创建两幅图像的渐隐效果，可以将一个视频素材放到视频2轨道上，将另一个视频素材放到视频1轨道上。在视频2轨道上的图像被渐隐起来，所以能看到视频1轨道上的图像，图12-3显示的是两个素材渐隐的结果。

图12-3

新手练习：在“时间线”面板中控制渐隐轨道

- 素材文件：素材文件/第12章/01.jpg、02.jpg
- 案例文件：案例文件/第12章/新手练习——在“时间线”面板中控制渐隐轨道.Prproj
- 视频教学：视频教学/第12章/新手练习——在“时间线”面板中控制渐隐轨道.flv
- 技术掌握：在“时间线”面板中使用透明度图形线控制渐隐轨道的方法

扫码看视频

本例是介绍在“时间线”面板中使用透明度图形线控制渐隐轨道的操作，案例效果如图12-4所示，该案例的制作流程如图12-5所示。

图12-4

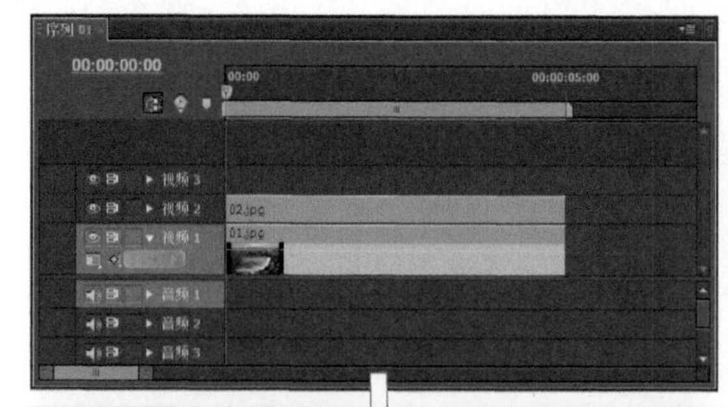

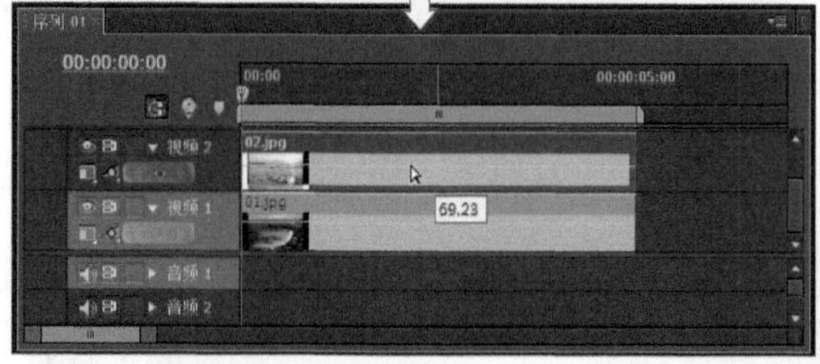

图12-5

【操作步骤】

01 新建一个项目，并导入两个视频素材（如01.jpg和02. jpg），如图12-6所示。

图12-6

02 将导入的素材分别拖到“时间线”面板中的视频1和视频2轨道上，并确保视频轨道上的素材相互重叠，如图12-7所示。

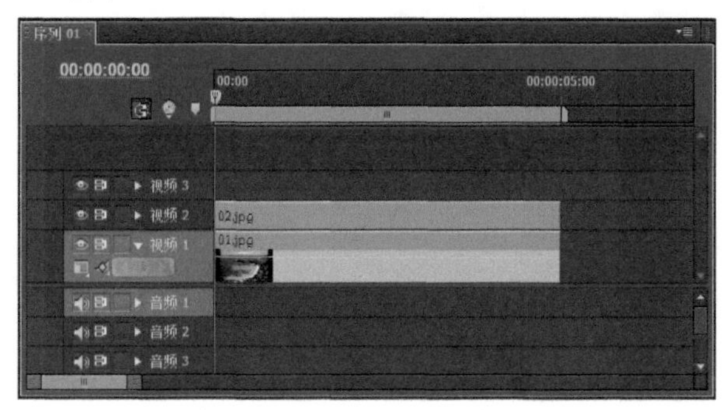

图12-7

03 选中视频2轨道上的素材，单击视频2轨道左方的“折叠-展开轨道”三角形图标，展开视频2轨道，然后单击视频2轨道中的“显示关键帧”图标，选中“显示透明度控制”选项，如图12-8所示。此时将显示透明度图形线，这条透明度图形线为黄色线显示在视频素材名称下方，如图12-9所示。

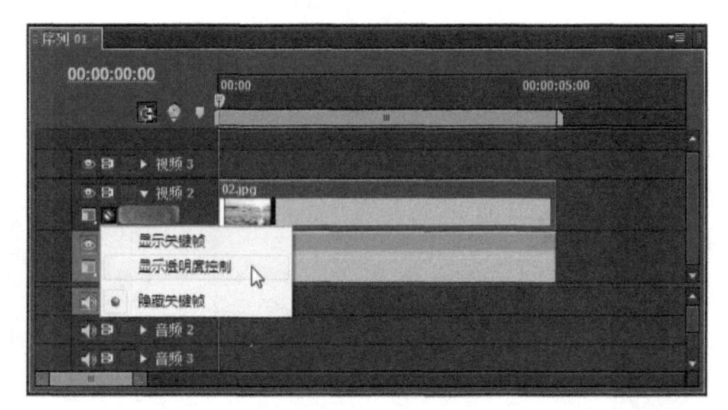

图12-8

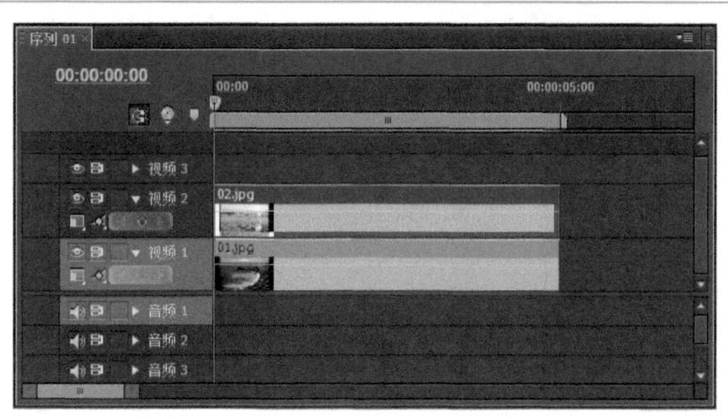

图12-9

04 使用“工具”面板上的“钢笔工具”或者“选择工具”，单击并向下拖动透明度图形线来降低视频2轨道的透明度。拖动透明度图形线时，会显示透明度百分比，透明度百分比也显示在“特效控制台”面板上，如图12-10所示。

图12-10

新手练习：在“特效控制台”面板中设置渐隐

- 素材文件：素材文件/第12章/01.jpg、02.jpg
- 案例文件：案例文件/第12章/新手练习——在“特效控制台”面板中设置渐隐.Prproj
- 视频教学：视频教学/第12章/新手练习——在“特效控制台”面板中设置渐隐.flv
- 技术掌握：在“特效控制台”面板中使用透明度图形线控制渐隐轨道的方法

扫码看视频

本例是介绍在“特效控制台”面板中使用透明度图形线控制渐隐轨道的操作，案例效果如图12-11所示，该案例的制作流程如图12-12所示。

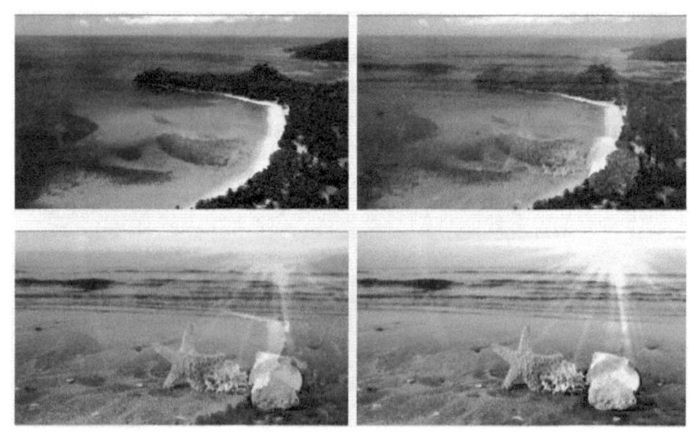

图12-11

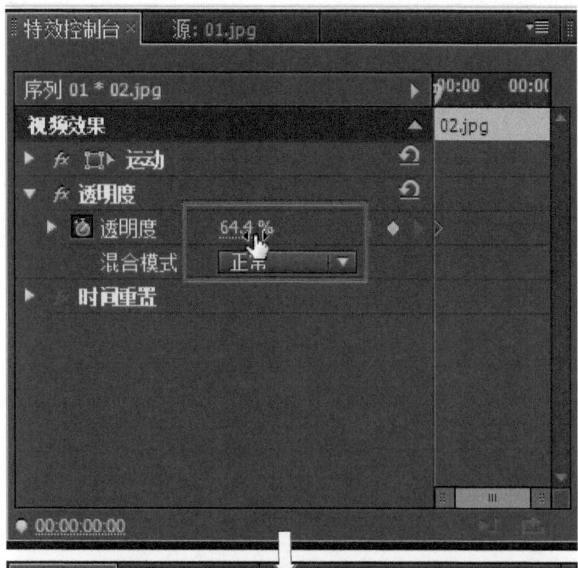

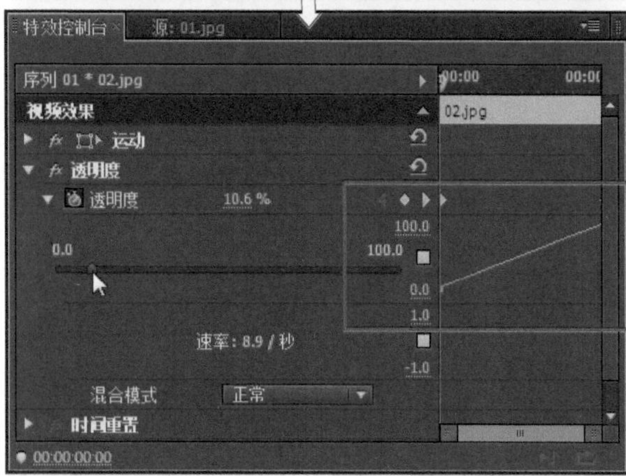

图12-12

【操作步骤】

01 新建一个项目并导入素材（如01.jpg和02. jpg），再将导入的素材分别拖到“时间线”面板中的视频1轨道和视频2轨道上，并确保视频轨道上的素材相互重叠，然后选中视频2轨道上的素材如图12-13所示。

图12-13

02 执行“窗口→特效控制台”命令，打开“特效控制台”面板，在此显示了选中素材的透明度选项。

03 单击并左右拖动“透明度”值，对视频轨道进行渐隐控制，如图12-14所示，注意透明度轨道随着所做的修改而移动。

图12-14

04 单击“透明度”效果左边的“折叠-展开轨道”图标，查看“特效控制台”面板上的透明度图形线，通过添加关键帧并改变透明度百分比值，可以设置透明度关键帧的值图和速度图，如图12-15所示。

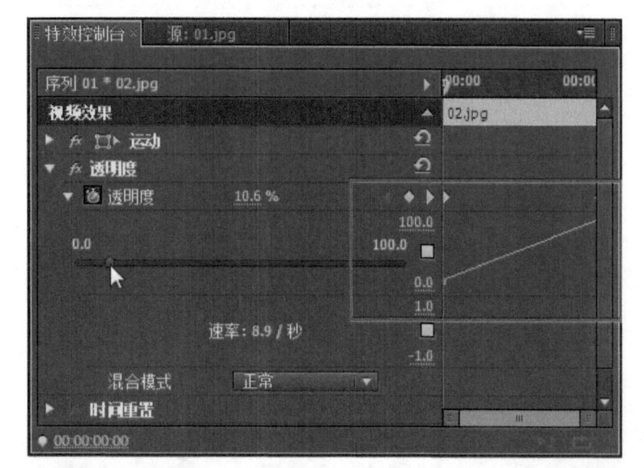

图12-15

05 沿着效果控制时间线拖动当前时间指示器，可以显示各个时间段的透明度百分比值，如图12-16所示。

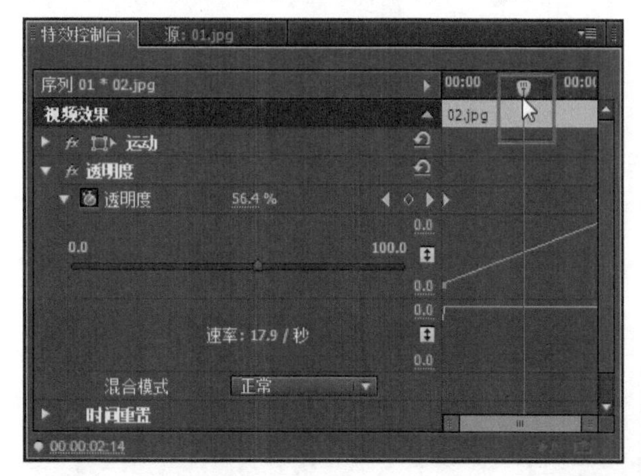

图12-16

06 单击“节目监视器”面板上的“播放-停止切换”按钮，

预览渐隐效果，如图12-17所示，然后保存。

图12-17

12.1.2 控制透明效果

为了创建更加奇妙的渐隐效果，可以使用“钢笔工具”或“选择工具”在透明度图形线上添加一些关键帧。然后根据需要上下拖动透明度图形线的各个部分，如图12-18所示。

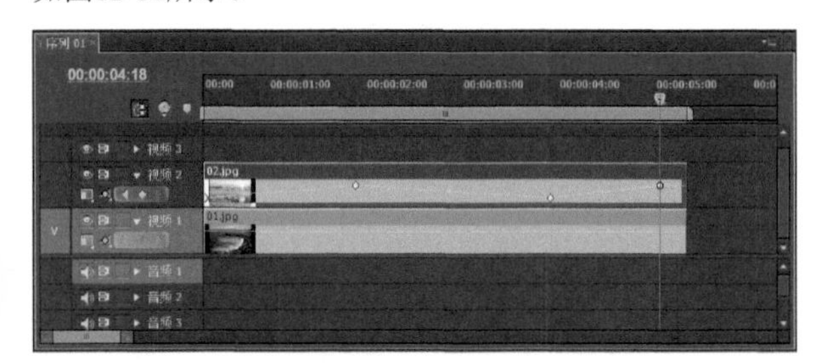

图12-18

高手进阶：使用关键帧控制渐隐效果

- 素材文件：素材文件/第12章/03.jpg、04.jpg
- 案例文件：案例文件/第12章/高手进阶——使用关键帧控制渐隐效果.Prproj
- 视频教学：视频教学/第12章/高手进阶——使用关键帧控制渐隐效果.flv
- 技术掌握：在透明度图形线上添加关键帧来控制渐隐轨道的方法

扫码看视频

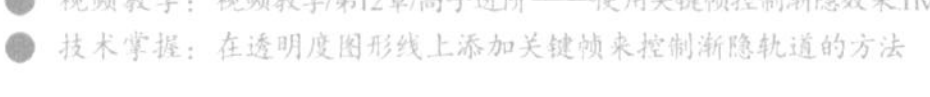

本例是介绍在透明度图形线上添加关键帧来控制渐隐轨道的操作，案例效果如图12-19所示，该案例的制作流程如图12-20所示。

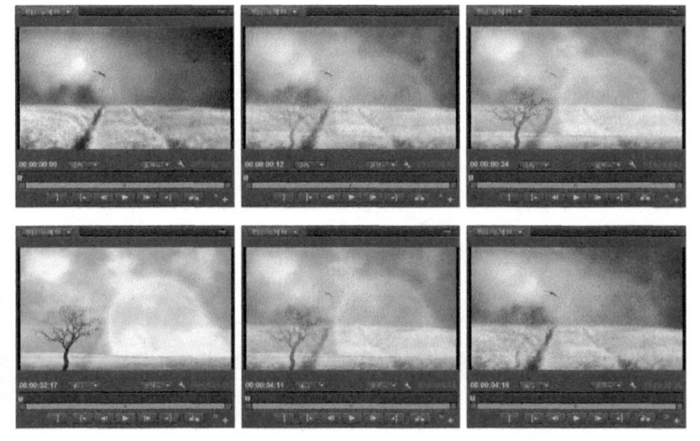

图12-19

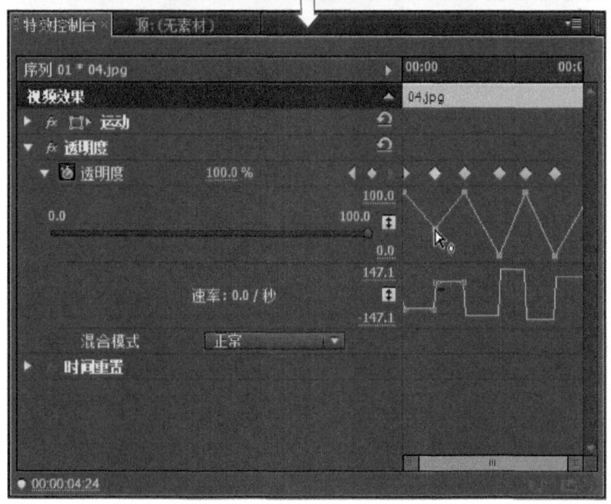

图12-20

【操作步骤】

01 新建一个项目，并导入两个视频素材（如03.jpg和04. jpg），再将导入的素材分别拖到“时间线”面板中的视频1轨道和视频2轨道上，然后选中视频2轨道上的素材，如图12-21所示。

图12-21

02 将当前时间指示器移动到素材的起始处，在“特效控制台”面板中单击“透明度”左侧的“切换动画”按钮，添加一个关键帧，如图12-22所示。

03 选中“钢笔工具”或“选择工具”，将光标移到时间线的透明度图形线上，并移到想要添加关键帧的位置，然后按住Ctrl键单击鼠标，创建一个新的关键帧（在添加关键帧时，光标右下角会出现一个“+”号），如图12-23所示，在透明度图形线上会出现一个表示关键帧的黄色菱形点，如图12-24所示。

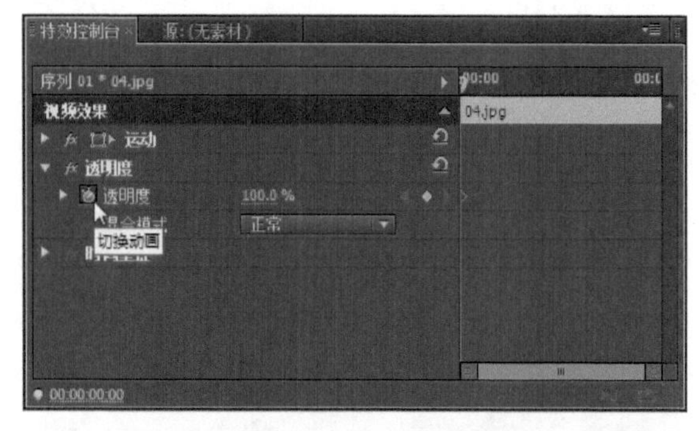

图12-22

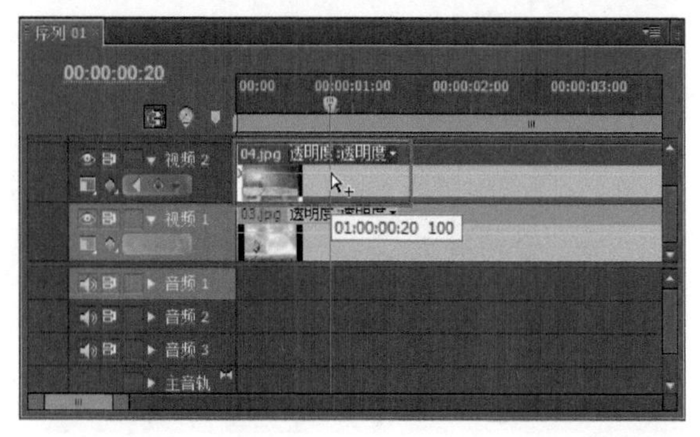

图12-23

图12-24

04 按住Ctrl键并使用“钢笔工具”或“选择工具”单击透明度图形线几次，创建多个关键帧，如图12-25所示，然后使用“钢笔工具”或“选择工具”移动它们，如图12-26所示。

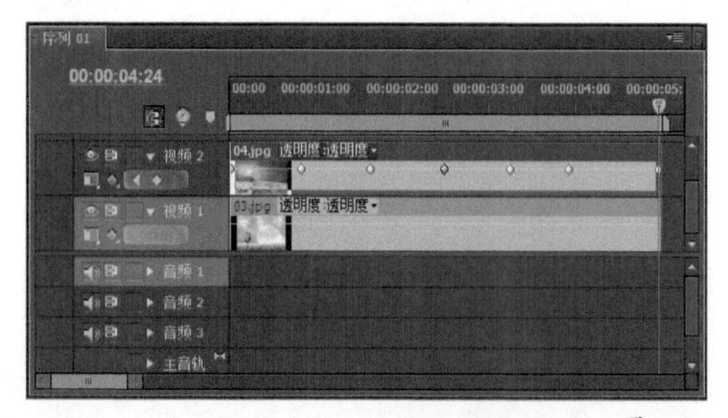

图12-25

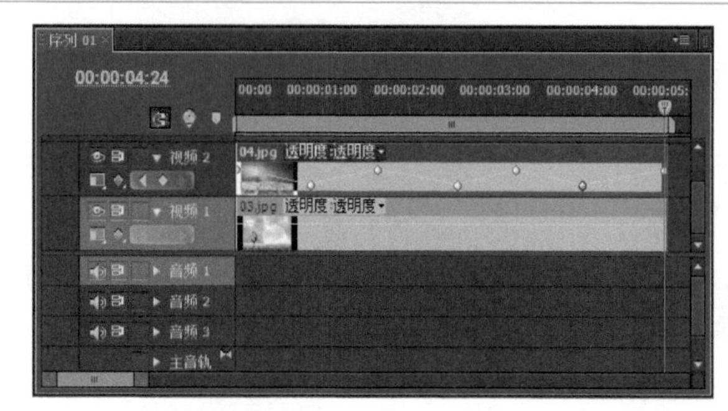

图12-26

小技巧

如果关键帧过多，只需在时间线面板上单击一个关键帧并按Delete键，即可删除这个关键帧。也可以在“特效控制台”面板上单击关键帧并按Delete键，如果要删除时间线上的所有透明度关键帧，可以单击“特效控制台”面板上的“切换动画”按钮，在出现警告提示时，单击“确定”按钮，即可删除全部现有关键帧。

05 在“特效控制台”面板中单击关键帧并上下拖动，确定看到白色菱形，并将鼠标更准确地定位在想要移动的关键帧上，如图12-27所示。

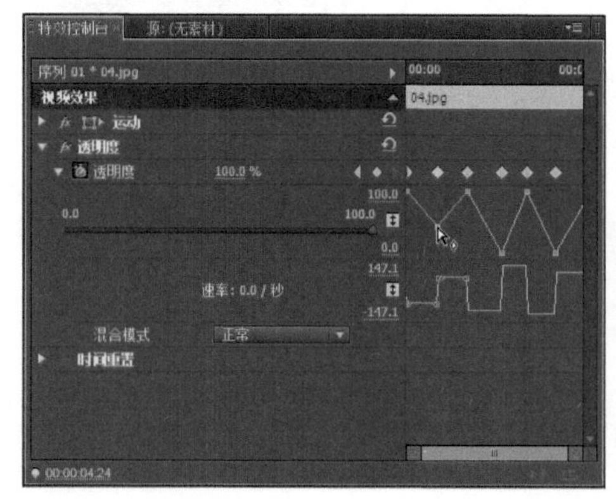

图12-27

小技巧

使用“时间线”面板上的“转到前一关键帧”和“转到下一关键帧”按钮，可以快速从一个关键帧转到另一个关键帧。

06 单击“节目监视器”面板上的“播放-停止切换”按钮，快速预览渐隐效果，如图12-28所示。

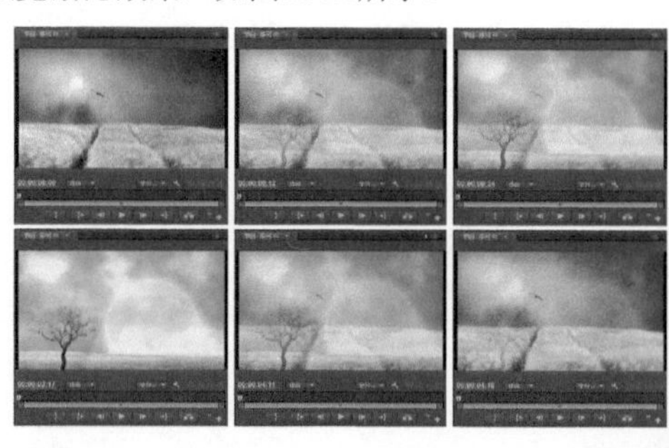

图12-28

12.1.3 调整透明度图形线

使用“钢笔工具”或“选择工具”可以将透明度图形线作为一个整体移动，也可以同时移动两个关键帧。操作步骤如下。

● 移动单个关键帧

使用“选择工具”和“钢笔工具”可以移动单个关键帧，还可以移动透明度图形线的一部分，而其他部分不受影响，方法如下。

新手练习：移动单个关键帧

- 素材文件：素材文件/第12章/01.jpg、02.jpg
- 案例文件：案例文件/第12章/新手练习——移动单个关键帧.Prproj
- 视频教学：视频教学/第12章/新手练习——移动单个关键帧.flv
- 技术掌握：在“时间线”面板中移动单个关键帧的方法

本例是介绍在“时间线”面板中移动单个关键帧的操作，案例效果如图12-29所示。

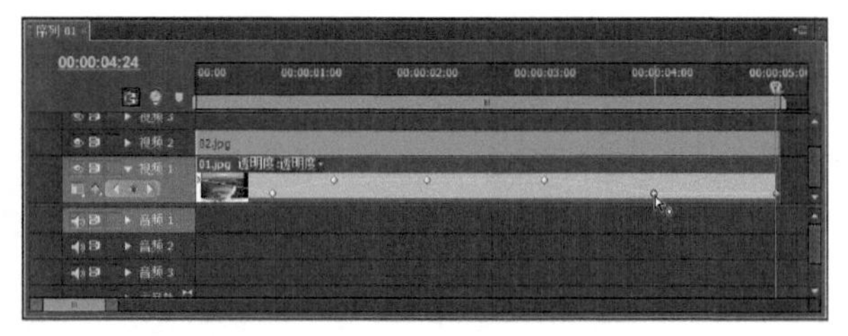

图12-29

【操作步骤】

01 新建一个项目并导入素材（如01.jpg和02. jpg），再将导入的素材分别拖到“时间线”面板中的视频1和视频2轨道上，并在“时间线”面板的素材上创建多个关键帧，如图12-30所示。

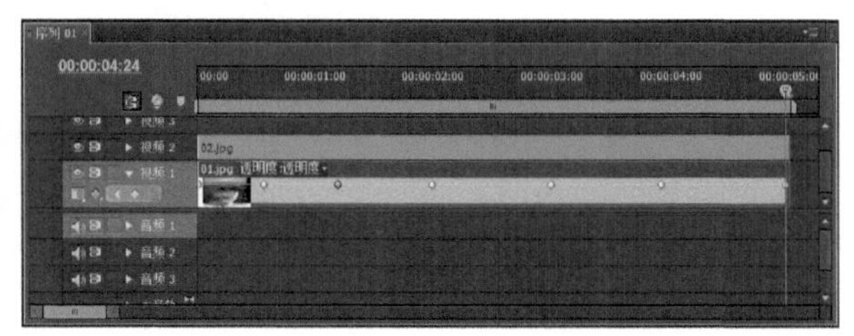

图12-30

02 用“选择工具”或“钢笔工具”向下拖动第2个关键帧，图形线会变成V字形，如图12-31所示。

图12-31

03 使用“选择工具”或“钢笔工具”选中最后一个关键帧，然后按住Shift键，再选中倒数第二个关键帧。然后单击并向下拖动透明度图形线，注意透明度图形线的变化，如图12-32所示。

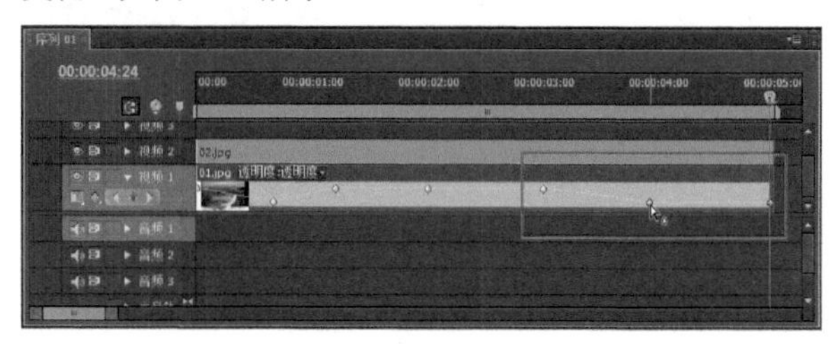

图12-32

● 同时移动两个关键帧

将“选择工具”或“钢笔工具”移到中间两个关键帧之间，当工具旁边出现带上下箭头的图标时，单击透明度图形线并向下拖动，如图12-33所示。

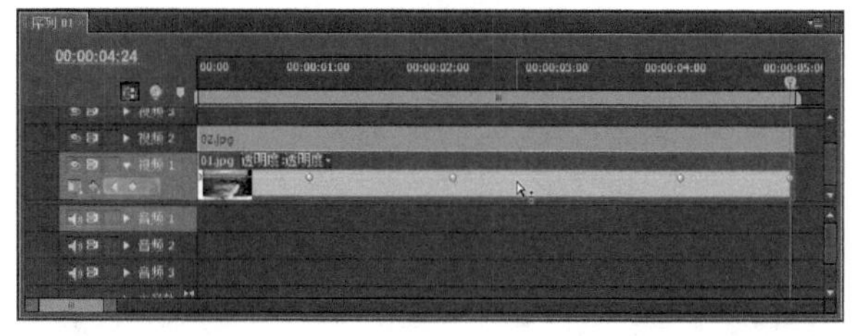

图12-33

在这两个关键帧之间单击并拖动时，两个关键帧之间的关键帧和透明度图形线会作为一个整体移动。这两个关键帧之外的透明度图形线会随之逐渐移动，如图12-34所示。

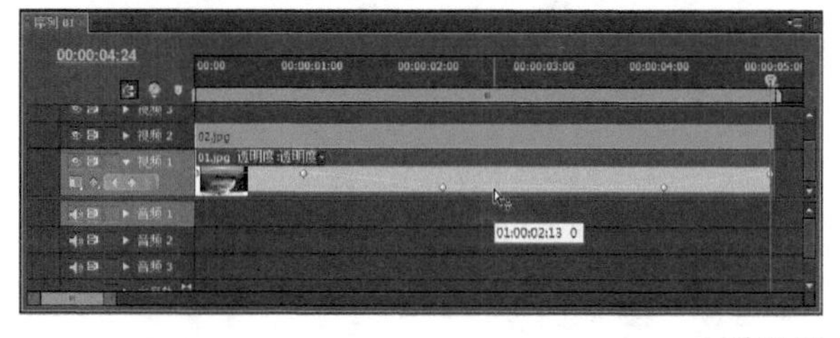

图12-34

12.2 使用“键控”特效叠加轨道

使用“键控”特效可以使视频素材或静帧图像叠加在一起，这些效果位于“效果”面板“视频特效”文件夹下的“键控”文件夹中。

12.2.1 应用“键控”特效

如果要显示并体验“键控”特效，首先在屏幕上显示一个Premiere Pro项目，或者载入现有Premiere Pro项目，也可以选择“文件→新建→项目”新建一个项目，并向新项目中导入两个视频素材。然后按照以下步骤添加“键控”特效。

新手练习：应用“键控”特效

- 素材文件：素材文件/第12章/05.jpg、06.jpg
- 案例文件：案例文件/第12章/新手练习——应用“键控”特效.Prproj
- 视频教学：视频教学/第12章/新手练习——应用“键控”特效.flv
- 技术掌握：对素材应用“键控”特效的方法

扫码看视频

本例是介绍对素材应用“键控”特效的操作，案例效果如图12-35所示。

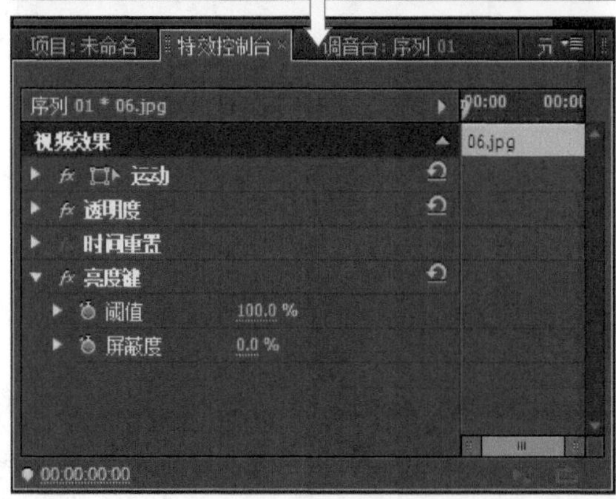

图12-35

【操作步骤】

01 新建一个项目并导入素材（如05.jpg和06. jpg），再将导入的素材分别拖到“时间线”面板中的视频1和视频2轨道上，如图12-36所示。

图12-36

02 选中视频2轨道上的素材，后面将对这个素材应用“键控”特效。

03 在“效果”面板上展开“视频特效”文件夹中的“键控”文件夹，如图12-37所示，显示“键控”特效，如图12-38所示。

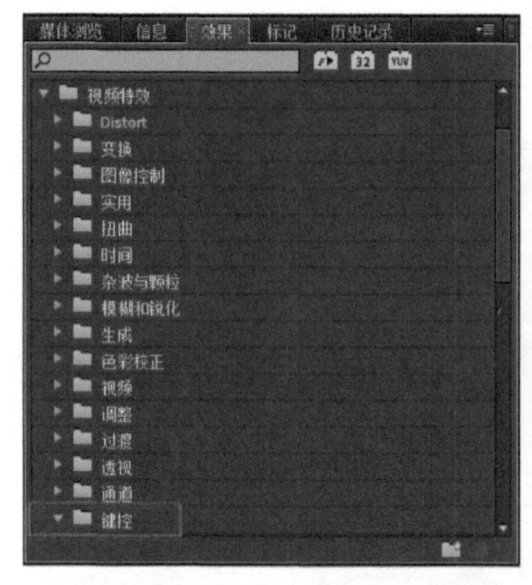

图12-37

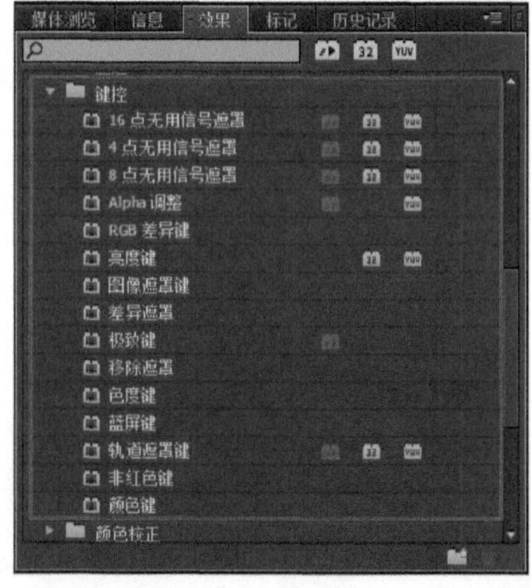

图12-38

04 应用某个“键控”特效，单击并拖动这个特效（如“亮度键”）到视频2轨道的素材上，或者拖到“特效控制台”面板上即可。每个“键控”特效都有一组可供调整的控件显示在“特效控制台”面板中，如图12-39所示。

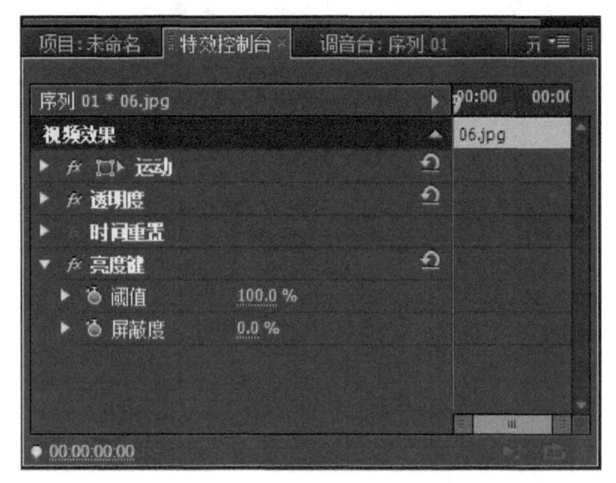

图12-39

05 取消素材的“键控”特效的预览效果，可以单击“键控”效果左边的“切换效果开关”按钮，如图12-40所示。

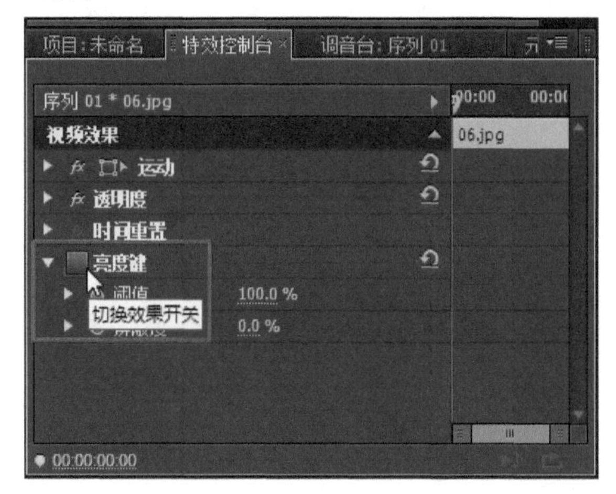

图12-40

06 “键控”特效可以在“节目监视器”面板上进行预览，效果如图12-41所示。

图12-41

12.2.2 结合关键帧应用“键控”特效

在Premiere Pro中，可以使用关键帧创建随时间变化的“键控”效果控件。使用“特效控制台”面板或“时间线”面板都可以添加关键帧。

高手进阶：使用“特效控制台”面板设置“键控”

- 素材文件：素材文件/第12章/05.jpg、06.jpg
- 案例文件：案例文件/第12章/高手进阶——使用“特效控制台”面板设置“键控”.Prproj
- 视频教学：视频教学/第12章/高手进阶——使用“特效控制台”面板设置“键控”.flv
- 技术掌握：使用“特效控制台”面板制作“键控”效果控件动画的方法

扫码看视频

本例是介绍使用“特效控制台”面板制作“键控”效果控件动画的操作，案例效果如图12-42所示，该案例的制作流程如图12-43所示。

图12-42

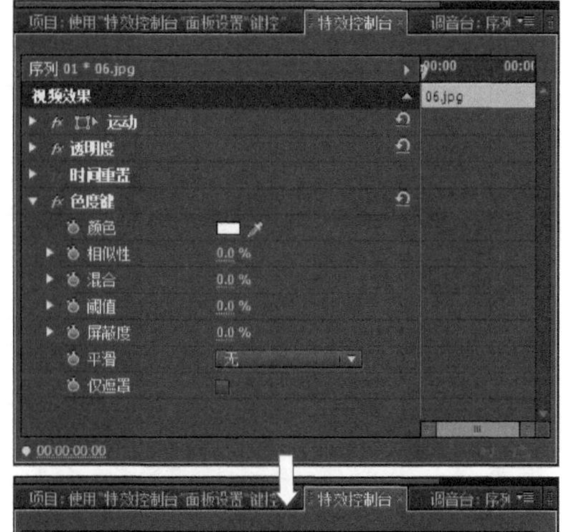

图12-43

【操作步骤】

01 新建一个项目并导入素材（如05.jpg和06. jpg），再将导入的素材分别拖到“时间线”面板中的视频1轨道和视频2轨道上。

02 选择视频2轨道上的素材，然后选择一个“键控”特效（如“色度键”），如图12-44所示。并将其拖到“特效控制台”面板中，如图12-45所示。

图12-44

图12-45

03 在“特效控制台”面板中将当前时间指示器移到想要添加第一个关键帧的位置，单击“相似性”控件左边的“切换动画”按钮，添加一个关键帧，如图12-46所示。

04 将当前时间指示器移到新位置，并调整控件，此时在控件的时间线上将自动添加一个关键帧，如图12-47所示。

图12-46

图12-47

小技巧

要编辑关键帧，将当前时间指示器移到关键帧上，并调整控件；要删除关键帧，单击关键帧并按Delete键；要删除一个控件的所有关键帧并重新开始工作，单击“切换动画”按钮，在出现的警告提示框中单击“确定”按钮即可。

05 单击“节目监视器”面板上的“播放-停止切换”按钮，预览设置关键帧后的键控动画效果，如图12-48所示。

图12-48

高手进阶：使用“时间线”面板设置“键控”

- 素材文件：素材文件/第12章/05.jpg、07.jpg
- 案例文件：案例文件/第12章/高手进阶——使用“时间线”面板设置“键控”.Prproj
- 视频教学：视频教学/第12章/高手进阶——使用“时间线”面板设置“键控”.flv
- 技术掌握：使用“时间线”面板制作“键控”效果控件动画的方法

本例是介绍使用“时间线”面板制作“键控”效果控件动画的操作，案例效果如图12-49所示，该案例的制作流程如图12-50所示。

图12-49

图12-50

【操作步骤】

01 新建一个项目并导入素材（如05.jpg和07. jpg），再将导入的素材分别拖到“时间线”面板中的视频1轨道和视频2轨道上。

02 选择视频2轨道上的素材，然后选择一个“键控”特效（如“颜色键”），并将其拖到“特效控制台”面板中，如图12-51所示。

03 单击视频2轨道左边的“折叠/展开”三角形，展开这个轨道，然后单击“显示关键帧”图标，选择“显示关键帧”选项，如图12-52所示。

04 单击视频素材标题栏中的下拉菜单，选择一个键控效果的子控件，如图12-53所示的“颜色宽容度”。

图12-51

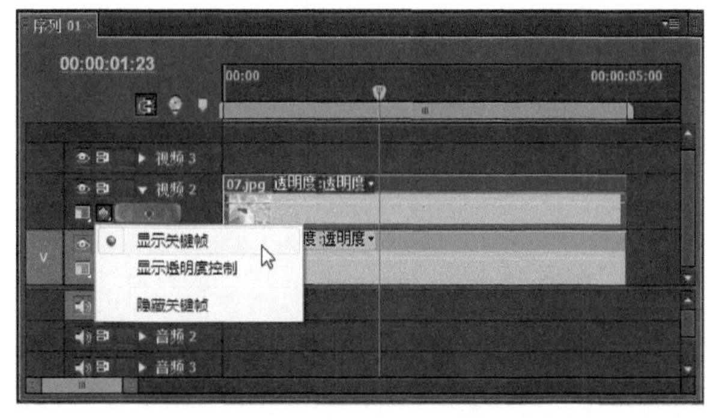

图12-52

图12-53

05 将当前时间指示器移到想要添加关键帧的位置，然后单击“添加-移除关键帧”按钮，添加一个关键帧，如图12-54所示。

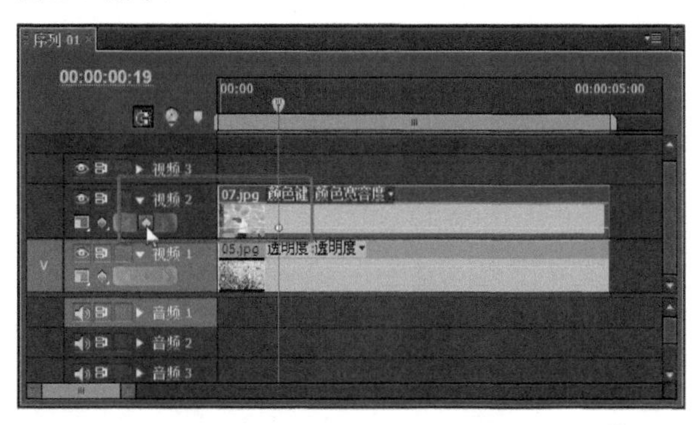

图12-54

06 将当前时间指示器移到一个新位置，然后单击“添加-移除关键帧”按钮，添加第二个关键帧，如图12-55所示。

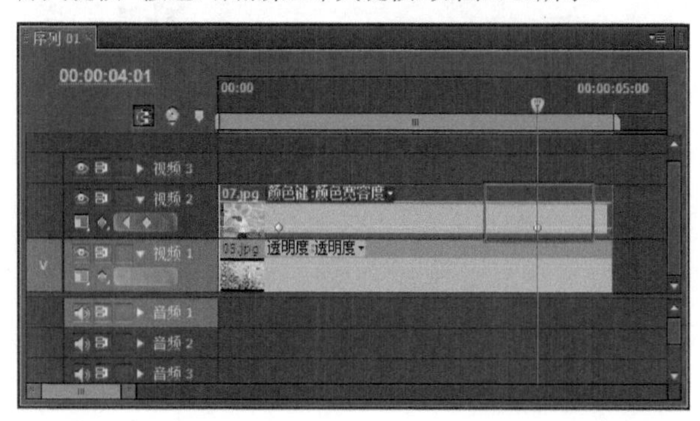

图12-55

07 在“时间线”面板上将第一个关键帧调整到最上方（即最大值），将第二个关键帧调整到最下方（即最小值），如图12-56所示，在“特效控制台”面板上的值会发生相应变化，如图12-57所示。

图12-56

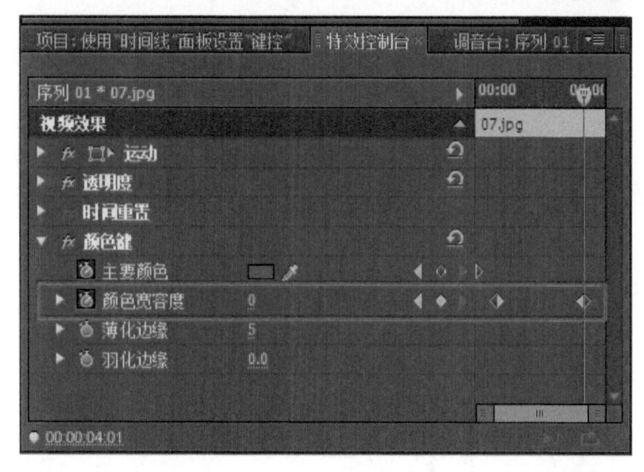

图12-57

08 单击“节目监视器”面板上的“播放-停止切换”按钮，预览设置关键帧后的键控动画效果，如图12-58所示。

图12-58

12.2.3 “键控”特效概览

使用“键控”特效可以使图像变透明，接下来介绍使用不同“键控”特效的方法。在“效果”面板中依次展开“视频特效”和“键控”文件夹，将显示各个“键控”特效，如图12-59所示。

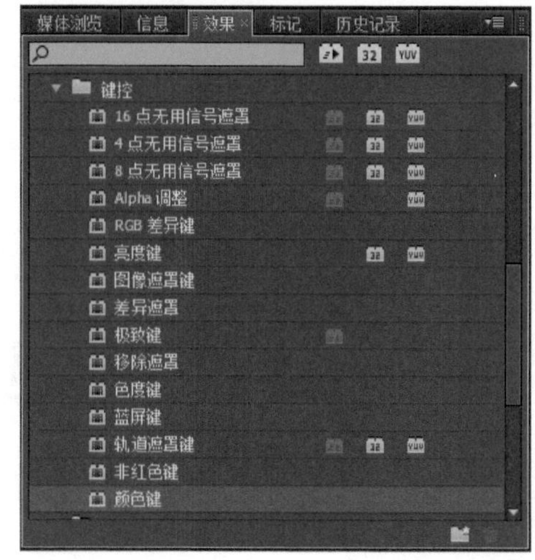

图12-59

无用信号遮罩

视频素材中可能会包含不希望在项目中显示的对象。遇到这种情况时，可以创建一个垃圾蒙版来遮住不想看到的物体。通常，将想要遮住的物体所在的视频素材放到“时间线”面板的视频2轨道上。而想要用来进行复合的素材放在视频1轨道上。

“键控”文件夹中包含3种不同的无用信号遮罩键：16点无用信号遮罩、4点无用信号遮罩和8点无用信号遮罩。

使用“4点无用信号遮罩”特效可以创建分屏效果，将两个轨道上素材间的屏幕分割开来，并调整设置，使得可以在“节目监视器”面板的右侧看到视频1轨道上的素材，如图12-60所示；也可以使用“8点无用信号遮罩”特效创建蒙版，如图12-61所示；图12-62所示为使用“16点无用信号遮罩”特效创建的蒙版，这里使用“16点无用信号遮罩”来遮掉飞机的背景，这样就可以看到视频1轨道中的大厦。

图12-60

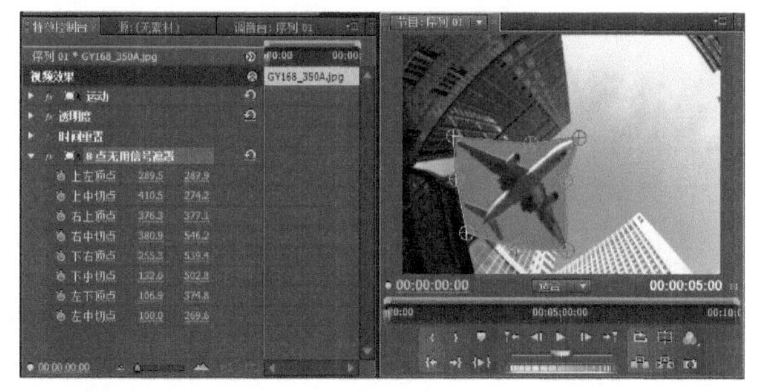

图12-61

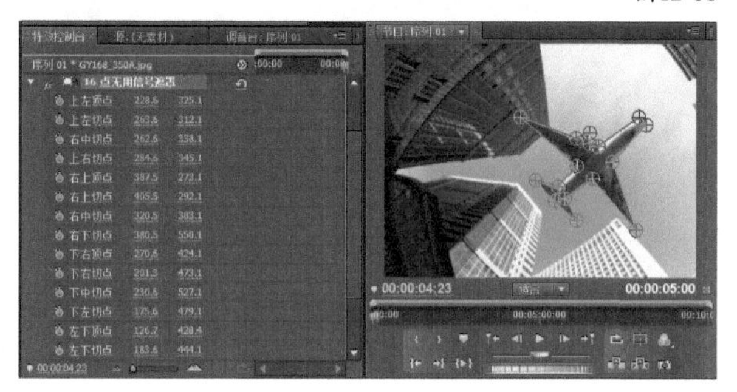

图12-62

Alpha调整

使用“Alpha调整”效果，可以对包含Alpha通道的导入图像创建透明。Alpha通道是一个图像图层，表示一个通过灰度颜色（包括黑色和白色）指定透明程度的蒙版。Premiere Pro能够读取来自Adobe Photoshop和3D图形软件等程序中的Alpha通道，还能够将Adobe Illustrator文件中的不透明区域转换成Alpha通道。

> **小技巧**
>
> 单击“项目”面板上一个带有Alpha通道的文件，然后选择“素材→修改→解释素材”命令，在“修改素材”对话框中，可以选择“忽略Alpha通道”选项，使Premiere Pro忽略此文件的Alpha通道。或者选择“反转Alpha通道”选项，使Premiere Pro反转文件的Alpha通道。

图12-63中显示了一个Alpha调整项目中的一些帧。这个项目创建杯子在移动的假象，但实际上杯子并没有移动，而是背景视频素材在移动。创建这个项目时，可以导入一个由Adobe Illustrator创建的水晶杯文件，将这个文件导入Premiere Pro项目并放到视频2轨道上，然后将“Alpha调整”效果应用到视频2轨道，在视频1轨道上是一个大海素材。

在“特效控制台”面板上，通过“Alpha调整”选项可以调整Alpha通道的显示方式，如图12-64所示。其中控件的作用如下：

【参数介绍】

透明度：减小透明度会使Alpha通道中的图像更透明。

忽略Alpha：选中该选项，Premiere Pro会忽略Alpha通道。

反相Alpha：选中该选项，会导致Premiere Pro反转Alpha通道。

仅蒙版：选中该选项，将只显示Alpha通道的蒙版，而不显示其中的图像。

图12-63

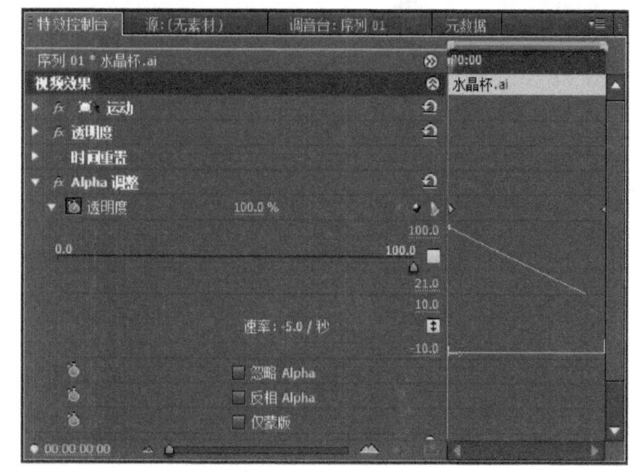

图12-64

RGB差异键

“RGB差异键”是简易版的色调键控特效。当不需要精确的键，或者要使带键的图像显示在明亮的背景前时，使用这个键。“RGB差异键”提供“相似性”和“平滑”选项，但是没有“混合”“界限”和“截断”控件，如图12-65所示。

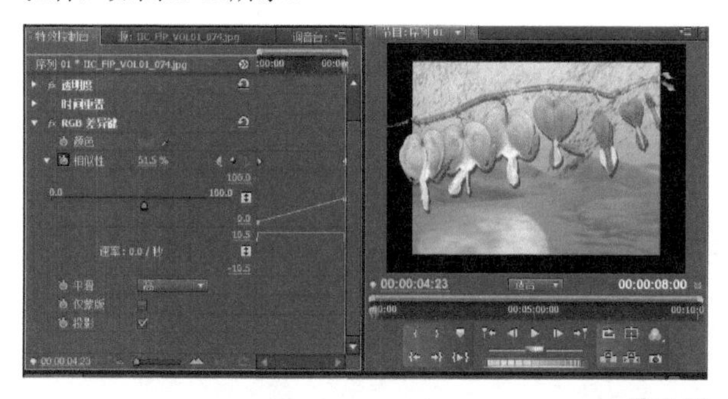

图12-65

亮度键

“亮度键”特效可以去除素材中较暗的图像区域。图12-66所示为“亮度键”控件设置及在“节目监视器”中预览应用该效果后的结果。该项目中面条素材位于视频2轨道，蔬菜素材位于视频1轨道，这里将“亮度键”效果应用于视频2轨道上。通过调整“阈值”和“屏蔽度”滑块，使两个素材很好地叠加起来。

图12-66

【参数介绍】

阈值：单击并向右拖动，增加被去除的暗色值范围。

屏蔽度：这个键控制界限范围的透明度。单击并向右拖动，提高透明度。

图像遮罩键

“图像遮罩键”特效用于创建静帧图像尤其是图形的透明效果。与蒙版黑色部分对应的图像区域是透明的，与蒙版白色区域对应的图像区域不透明，灰色区域创建混合效果。

使用“图像遮罩键”时，单击“特效控制台”面板上的“设置”按钮，然后在弹出的对话框中选择一个遮罩图像，最终结果取决于选择的图像。可以使用素材的Alpha通道或者亮度创建复合效果。可以使用反转键控特效，使白色对应的区域变得透明，而与黑色对应的区域不透明。

差异遮罩

“差异遮罩”特效能够去除一个素材与另一个素材中相匹配的图像区域。是否使用“差异遮罩”特效取决于项目中使用的素材。如果项目中的背景是静态的，而且位于运动素材上面，那么就需要使用“差异遮罩”键将图像区域从静态素材中去掉。

图12-67所示为“差异遮罩”控件设置及在“节目监视器”中预览应用该效果后的结果。

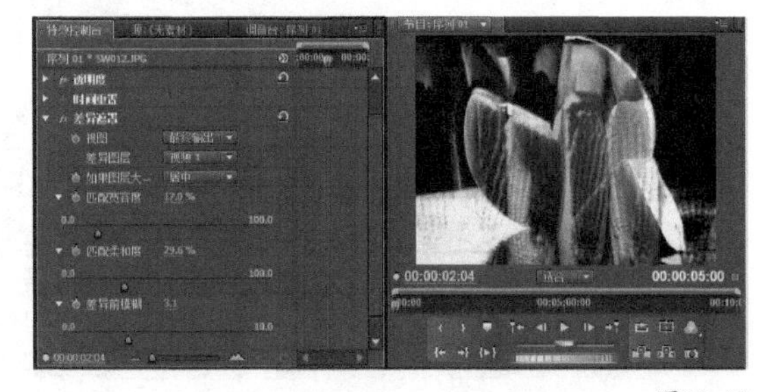

图12-67

极致键

“极致键”用于校正素材色彩，并将素材中与指定键色相似的区域从素材上遮罩起来。通过调整效果控件设置，可以调整遮罩的区域。图12-68所示为“极致键”控件设置及在“节目监视器”中预览应用该效果后的结果。

图12-68

移除遮罩

“移除遮罩”特效自红色、绿色和蓝色通道或Alpha通道创建透明效果。通常，“移除遮罩”特效用来去除黑色或白色背景。对于那些固有背景颜色为白色或黑色的图形，这个效果非常有用。

图12-69所示为“移除遮罩”控件设置及在“节目监视器”中预览应用该效果后的结果。

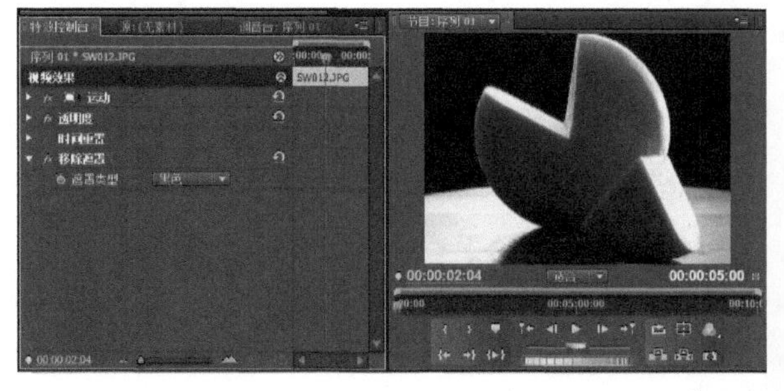

图12-69

色度键

“色度键”特效能够去除特定颜色或某一个颜色范围。通常在预制作期间就做好使用这个特效的计划，以便在某一颜色背景下进行拍摄。使用吸管工具单击图像的背景区域来选择想要去除的颜色。或者单击“颜色”一词下面的颜色样本，通过Premiere Pro颜色拾取功能选择键颜色。

图12-70所示为“色度键”控件设置及在“节目监视器”中预览应用该效果后的结果。该项目中水母素材位于视频2轨道，小鱼素材位于视频1轨道，这里将“色度键”效果应用于视频2轨道上。通过设置要去除的颜色样本，并调整“相似性”“混合”和“阈值”滑块，使两个素材很好地叠加起来。

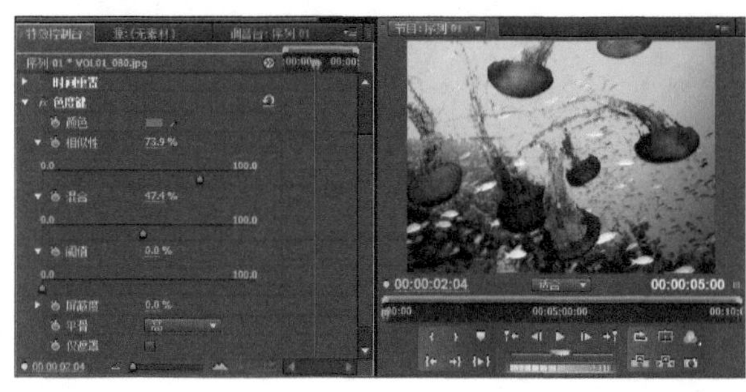

图12-70

【参数介绍】

相似性：单击并左右拖动，增加或减少将变成透明的颜色范围。

混合：单击并向右拖动，增加两个素材间的混合程度。向左拖动效果相反。

阈值：单击并向右拖动，使素材中保留更多的阴影区域。向左拖动产生相反效果。

屏蔽度：单击并向右拖动使阴影区域变暗，向右拖动使阴影区域变亮。注意如果拖动结果超出界限滑块中的设置，灰度区域和透明区域会反转。

平滑：这个控件设置锯齿消除，通过混合像素颜色来平滑边缘。选择“高”获得最高的平滑度，选择“低”只稍微进行些平滑，选择“无”不进行平滑处理。设置字幕的键控效果时，“无”选项往往是最佳选择。

仅遮罩：使用这个控件指定是否显示素材的Alpha通道。

● 蓝屏键

在电视节目中，播音员经常在蓝色的背景前进行录制，在这种情况下往往使用蓝屏键。“蓝屏键”可以去除照明良好的蓝色背景，该特效包含以下选项。

图12-71所示为“蓝屏键”控件设置及在“节目监视器”中预览应用该效果后的结果。该项目中水母素材位于视频2轨道，海底背景素材位于视频1轨道，这里将“蓝屏键”效果应用于视频2轨道上。通过调整“阈值”和“屏蔽度”滑块，使两个素材很好地叠加起来。

图12-71

【参数介绍】

阈值：向左拖动会去除更多的绿色和蓝色区域。

屏蔽度：单击并向右拖动来微调键控效果。

平滑：这个控件设置锯齿消除，通过混合像素颜色来平滑边缘。选择“高”获得最高的平滑度，选择“低”只稍微进行平滑，选择“无”不进行平滑处理。设置字幕的键控效果时，“无”选项往往是最佳选择。

仅遮罩：使用这个控件指定是否显示素材的Alpha通道。

小技巧

通常，使用“蓝屏键”特效来处理在照明良好的蓝色背景下录制的人或物。这样，可以将视频素材导入Premiere Pro，并使用“蓝屏键”特效去除背景，将背景替换成所需的图像。

● 轨道遮罩键

“轨道遮罩键”能够创建移动或滑动蒙版效果。通常，蒙版是一个黑白图像，能在屏幕上移动。与蒙版上黑色相对应的图像区域为透明的，与白色对应的图像区域不透明，灰色区域创建混合效果。

新手练习：使用“键控”特效创建叠加效果

- 素材文件：素材文件/第12章/01.jpg、02.jpg
- 案例文件：案例文件/第12章/新手练习——使用“键控”特效创建叠加效果.Prproj
- 视频教学：视频教学/第12章/新手练习——使用“键控”特效创建叠加效果.flv
- 技术掌握：使用“轨道遮罩键”创建文字与素材的叠加效果的方法

扫码看视频

本例是介绍使用“轨道遮罩键”创建文字与素材的叠加效果的操作，案例效果如图12-72所示，该案例的制作流程如图12-73所示。

图12-72

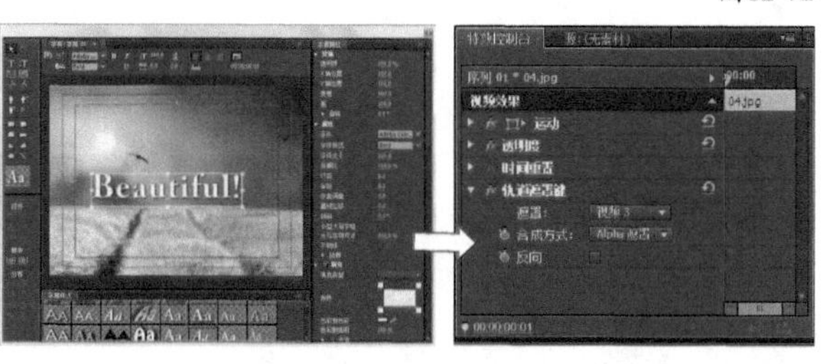

图12-73

【操作步骤】

01 新建一个项目并导入素材（如04.jpg和07.jpg），再将导入的素材分别拖到“时间线”面板中的视频1轨道和视频2轨道上，如图12-74所示。

图12-74

02 执行“字幕→新建字幕→默认静态字幕”命令，在打开的“字幕设计”窗口中使用“输入工具”输入文字，然后为文字应用一种文字样式，如图12-75所示。

图12-75

03 关闭“字幕设计”窗口，将创建的字幕拖入视频3轨道上，如图12-76所示。

图12-76

04 在“效果”面板中依次选择“视频特效”→“键控”→“轨道遮罩键”特效，然后将其拖放在视频2轨道上，如图12-77所示。

图12-77

05 在“特效控制台”面板中，将“遮罩”弹出菜单设置为视频3轨道，将视频3轨道上的字幕素材用作视频2轨道上的素材蒙版，如图12-78所示。

图12-78

06 将“合成方式”弹出菜单设置为“Alpha遮罩”。然后选择“反向”选项，可以反转效果，如图12-79所示。

图12-79

12.3 创建叠加效果的视频背景

如果想要叠加两个不带Alpha通道的视频素材，则需要使用“键控”视频特效。图12-80所示的效果中，在视频3上使用了一个Alpha的通道文件（水晶杯.ai），这样当叠加视频1和视频2轨道上的素材时，可以使用“颜色键”特效透过素材看到背景。

图12-80

高手进阶：创建叠加背景效果

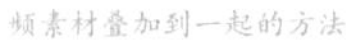

- 素材文件：素材文件/第12章/05.jpg、06.jpg
- 案例文件：案例文件/第12章/高手进阶——创建叠加背景效果.Prproj
- 视频教学：视频教学/第12章/高手进阶——创建叠加背景效果.flv
- 技术掌握：使用“颜色键”和“基本信号控制”效果，将两个视频素材叠加到一起的方法

扫码看视频

本例是介绍使用“键控”和“调整”视频特效文件夹中的“颜色键”和“基本信号控制”效果，将两个视频素材叠加到一起的操作，案例效果如图12-81所示，该案例的制作流程如图12-82所示。

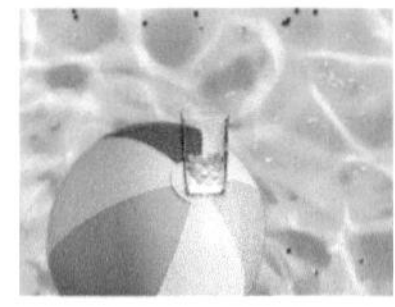

图12-81

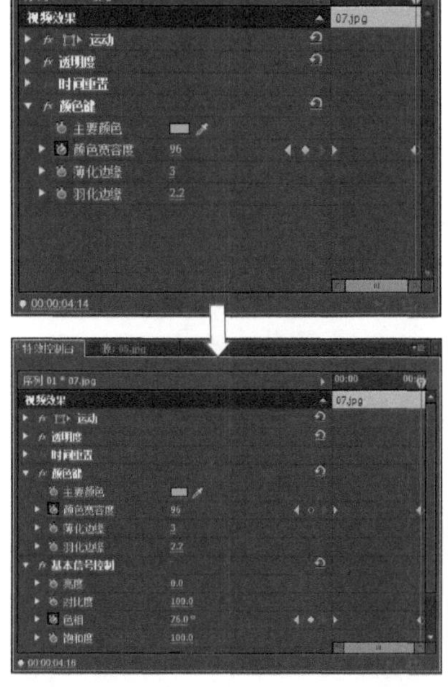

图12-82

【操作步骤】

01 新建一个项目并导入素材（如05.jpg、07. jpg、01.ai），将导入的素材分别拖到“时间线”面板中的视频1轨道、视频2轨道和视频3轨道上，在视频3轨道上要添加一个带有Alpha通道的图像，如图12-83所示。

图12-83

小技巧

如果使用的是新建项目，那么需要将一个视频素材从“项目”面板拖到视频1轨道上，然后将另一个视频素材拖到视频2轨道上，将带Alpha通道的素材拖到视频3轨道上。第三个素材要包含Alpha通道，这样才能透过素材看到背景。

02 要叠加视频1轨道和视频2轨道上的视频，可以使用“键控”文件夹中的“颜色键”效果和“色彩校正”文件夹中的“色彩平衡（HLS）”视频效果。要对视频2轨道上的素材应用“颜色键”效果，从“效果”面板上选择“颜色键”效果，将它拖到视频2轨道的素材上即可，如图12-84所示。

图12-84

03 使用“特效控制台”面板调整视频效果，单击“颜色键”一词前面的三角，显示这个效果的控制。首先单击颜色样本，拾取一种与视频1轨道上的背景素材颜色

相近的颜色，然后调整“颜色宽容度”“薄化边缘”和“羽化边缘”值，如图12-85所示。

图12-85

04 通过关键帧调整控件，可以使其随时间变化。将当前时间指示器移到视频素材的起始位置，单击“切换动画”图标，创建第一个关键帧，然后将当前时间指示器移动到新位置，调整特效参数，又可以新建一个关键帧，如图12-86所示。

图12-86

05 将“调整”文件夹中的“基本信号控制”视频特效拖到视频2轨道中的素材上，进一步调整视频2轨道上素材的色彩，如图12-87所示。

图12-87

06 要使视频2轨道上的素材颜色随时间变化，需要为“基本信号控制”中的“色相”控件创建关键帧。将编辑线移到素材的起始位置，然后单击“色相”控件前面的“切换动画”图标，激活关键帧功能，并创建第一个关键帧。将编辑线移动一个新位置，调节“色相”控制创建另一个关键帧，如图12-88所示。

图12-88

07 单击“节目监视器”面板上的“播放-停止切换”按钮，预览设置关键帧后的背景叠加效果，如图12-89所示。

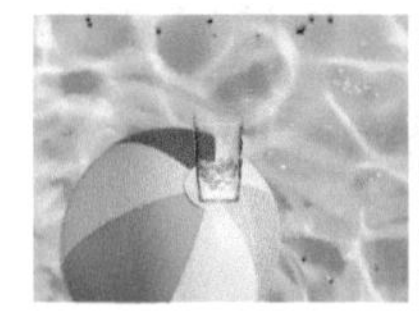

图12-89

第13章 制作运动效果

要点索引

本章概述

“运动”特效几乎能为所有演示带来生趣、增添活力。在Adobe Premiere Pro中，可以使字幕或标识在屏幕上旋转，或者使素材在移动到画幅区域边缘时反弹回来等效果来活跃演示。可以使用带有Alpha通道的图形使书动起来，或者将一个移动对象叠加到另一个上面。还可以使用移动蒙版效果创建Web影片。移动蒙版特效使某个形状内的图像能够在屏幕上的另一个图像上方来回移动。要制作这些“运动”效果，可以使用Premiere Pro“特效控制台”面板上的“运动”控件。

本章不仅介绍如何创建移动蒙版，还介绍如何在运动中设置字幕和图形，包括如何使它们在屏幕上弯曲和旋转。

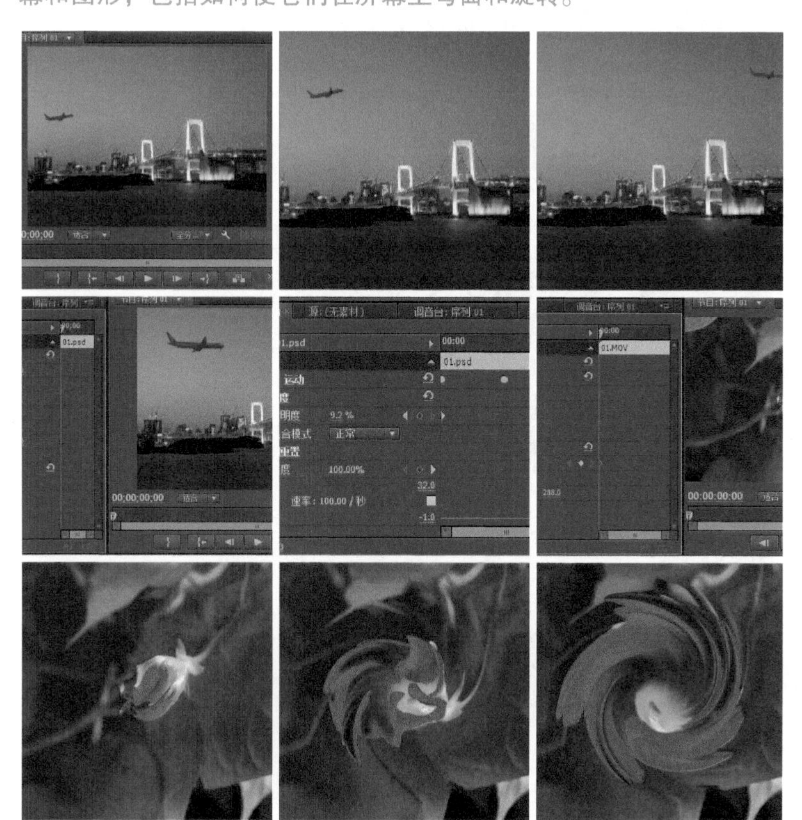

13.1 认识“运动”特效

Premiere Pro的“运动”效果控件用于缩放、旋转和移动素材。通过“运动”控件制作动画，使用关键帧设置随时变化的运动，可以使原本枯燥乏味的图像活灵活现起来。可以使素材移动或微微晃动，让静态帧在屏幕上滑动。当选中“时间线”面板上的一个素材时，“特效控制台”面板上就会显示运动效果。

单击“运动”选项组旁边的三角形按钮，展开“运动”控件，其中包含了位置、缩放比例、缩放宽度、旋转和定位点等控件。图13-1所示为所选素材上应用的“运动”效果控件显示。单击各选项前的三角形按钮，将出现一个滑块，拖动该滑块即可进行参数的设置。在每个控件对应的参数上单击鼠标左键，然后可以输入新的数值进行修改，也可以在控件值上按下鼠标左键并左右拖动来修改参数。

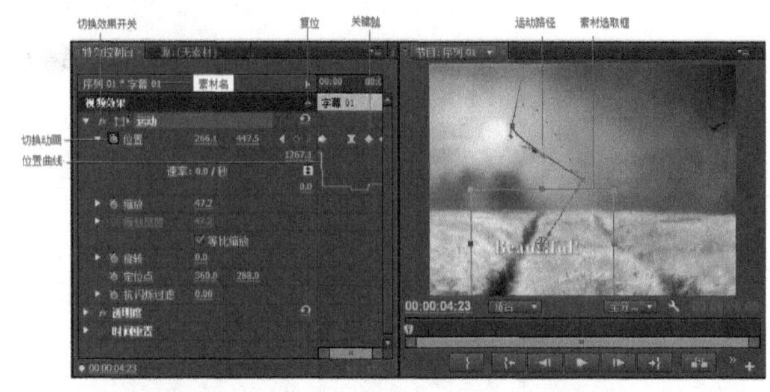

图13-1

位置：是素材相对于整个屏幕所在的坐标。

缩放比例：素材的尺寸百分比。当其下方的“等比缩放”复选框未被选中时，“缩放比例”用于调整素材的高度，同时其下方的“缩放宽度”选项呈可选状态，此时可以只改变对象的高度或者宽度。当“等比缩放”复选框被选中时，对象只能按照比例进行缩放变化。

旋转：使素材按其中心转动任意角度。

定位点：是素材的中心点所在坐标。

13.2 使用运动控件调整素材

要使用Premiere Pro的运动控制，必须创建一个项目，其中“时间线”面板上要有一个视频素材被选中，然后可以使用“运动”特效控件调整素材，并创建运动效果。

新手练习：修改运动状态

- 素材文件：素材文件/第13章/01.jpg、01.psd
- 案例文件：案例文件/第13章/新手练习——修改运动状态.Prproj
- 视频教学：视频教学/第13章/新手练习——修改运动状态.flv
- 技术掌握：使用运动控件调整素材的方法

扫码看视频

本例是介绍使用运动控件调整素材的方法，修改运动状态的效果，案例效果如图13-2所示，该案例的制作流程如图13-3所示。

图13-2

图13-3

【操作步骤】

01 新建一个项目文件，执行“文件→导入”命令，在打开的“导入”对话框中选择“01.psd”并单击“打开”按钮，如图13-4所示。然后在打开的“导入分层文件：01”对话框中单击“确定”按钮，如图13-5所示，使素材以一个图层的形式导入进来。

图13-4

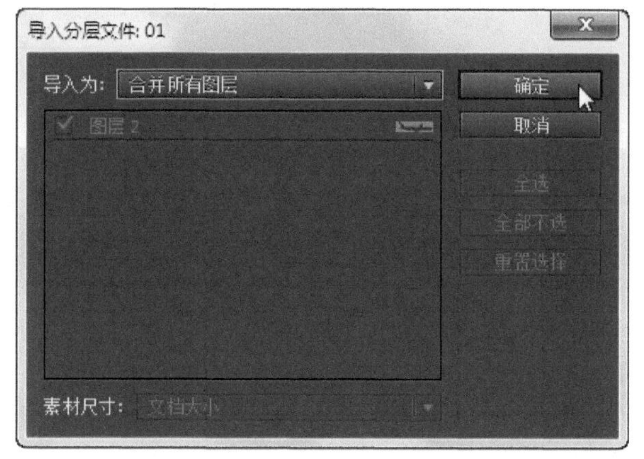

图13-5

02 继续导入“01.jpg”文件，然后将01.jpg和01.psd素材分别添加到“时间线”面板中的视频1和视频2轨道中，如图13-6所示。

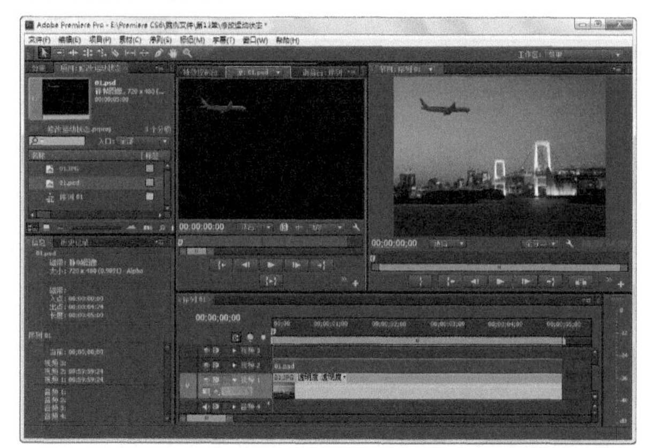

图13-6

03 选中视频2轨道上的飞机素材后，选择“窗口→特效控制台”命令，打开“特效控制台”面板。然后单击“运动”一词左边的三角形显示“运动”控件，如图13-7所示。

图13-7

04 选中“等比缩放”选项，然后单击并拖动“缩放比例”区中的值，或者单击该值并输入新值50%，将素材缩小到原来的50%，如图13-8所示。

图13-8

小技巧

选中“等比缩放”选项，可以等比例缩放对象，该值取值范围为0～600。输入0，会使素材不可见；输入600，素材扩大到正常大小的6倍。如果想单独缩放素材的高，而不影响宽，则取消选中“特效控制台”面板上的“等比缩放”选项。

05 使用“旋转”选项，可以使素材围绕素材中心旋转。单击并拖动“旋转”度数值，或在“旋转”字段中输入数值，都可以进行旋转。如果要创建完全的旋转，输入360度。然后旋转素材90度。如果旋转90度，素材按逆时针旋转。图13-9所示是将素材“旋转”值设置为-10°的效果。

图13-9

小技巧

如果要退回到默认的运动设置，单击“特效控制台”面板上“运动”名称右边的“复位”图标。

06 要移动素材的位置，可以单击并拖动“位置”值来修改并按素材的*x*坐标和*y*坐标移动素材，如图13-10所示。

图13-10

07 手动移动素材，可以单击“运动”选项前面的切换图标。这时在“节目监视器”面板中，素材周围会出现一个边框，如图13-11所示，然后拖动、旋转和缩放对象即可。

图13-11

08 在“节目监视器”面板中的素材边框内部单击，然后可以移动素材，在移动素材的时候，“特效控制台”面板的位置值会随着改变，如图13-12所示。

图13-12

09 要缩放素材，可以单击并拖动“节目监视器”面板中的素材边框的顶点或边手控，图13-13所示为放大素材的操作。

图13-13

10 要手动旋转素材，将鼠标移动稍微偏离顶点或边手控的位置，然后单击并向需要的旋转方向进行拖动，图13-14所示为旋转素材的操作。

图13-14

13.3 通过“运动”控件创建动态效果

如果要创建向多个方向移动，或者在素材的持续时间内不断改变大小或旋转的运动效果，需要添加关键帧。使用关键帧可以在指定的时刻创建效果，例如，使用图形或视频素材创建随另一个视频素材一起运动的效果。使用关键帧，可以使效果发生在指定的位置，还可以为效果添加音乐。当选择“特效控制台”面板上的“切换”图标时，就会显示运动路径。显示运动路径时，关键帧会以点的形式显示在运动路径上，指定位置的变化。

高手进阶：创建飞行的飞机效果

- 素材文件：素材文件/第13章/01.jpg、01.psd
- 案例文件：案例文件/第13章/高手进阶——创建飞行的飞机效果.Prproj
- 视频教学：视频教学/第13章/高手进阶——创建飞行的飞机效果.flv
- 技术掌握：使用关键帧添加运动效果的方法

扫码看视频

本例将介绍如何向运动路径添加关键帧，创建飞机素材从左下角向右上角沿对角线移动的效果，案例效果如图13-15所示，该案例的制作流程如图13-16所示。

图13-15

图13-16

【操作步骤】

01 选择“文件→新建→项目”命令新建一个项目。在“新建项目”对话框中命名项目，如图13-17所示，并在“新建序列”对话框中选择一个预置，然后单击“确定”按钮，如图13-18所示。

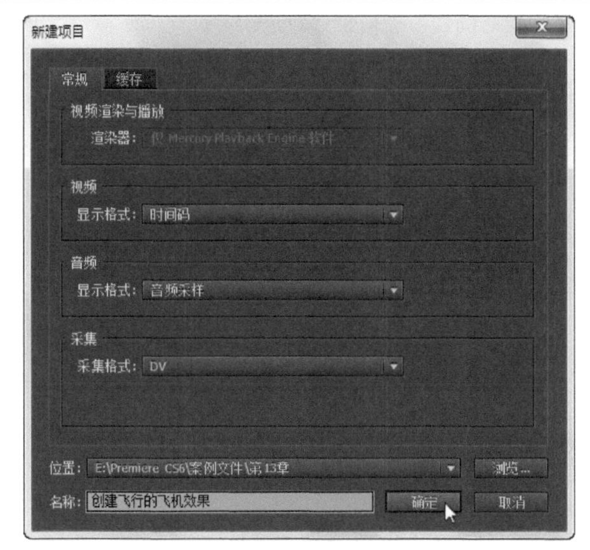
图13-17

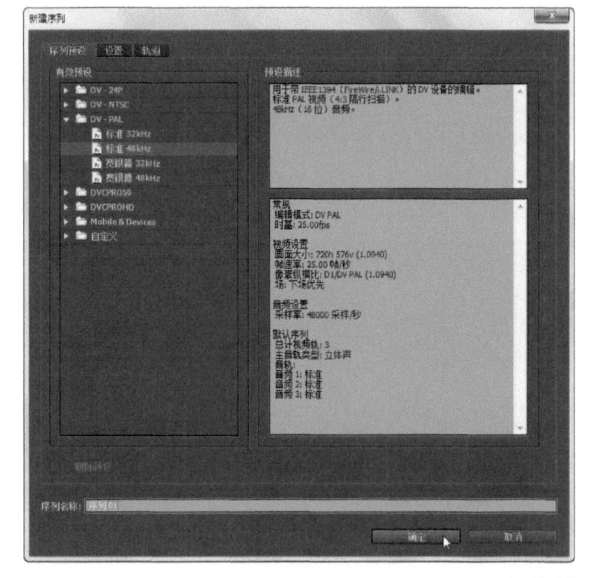
图13-18

02 导入“01.jpg”和“01.psd”文件，然后将01.jpg和01.psd素材分别添加到“时间线”面板中的视频1和视频2轨道中，如图13-19所示。

图13-19

03 单击视频2轨道上的素材将其选中。选择“窗口→特效控制台”命令，然后在“特效控制台”面板上单击“运动”选项左边的三角形，显示“运动”效果属性，如图13-20所示。

图13-20

04 将“特效控制台”面板时间线上的当前时间指示移到起始位置，使用运动效果的“缩放比例”控件将素材的大小减小50%。改变“旋转”控件的值为-21，如图13-21所示。

图13-21

05 在“特效控制台”面板中单击“运动”选项右边的方框，以显示创建的运动路径，被选中的素材周围有一个方形轮廓线，如图13-22所示。

图13-22

06 在“节目监视器”面板中将素材移到面板的右上角，如图13-23所示。

图13-23

07 单击“特效控制台”面板上“位置”选项左边的“切换动画”图标，创建第一个关键帧，如图13-24所示。

图13-24

08 将“特效控制台”面板上的当前时间指示向右移动，然后在“节目监视器”中将飞机移到屏幕的右上角，这样第二个关键帧就自动创建好了，而且在这两个关键帧之间会显示一个运动路径，如图13-25所示。

图13-25

09 将当前时间指示移到素材的起始位置，然后单击“节目监视器”面板上的“播放-停止切换”按钮，预览运动效果，图13-26所示为飞机运动中一些帧的效果。

图13-26

小技巧

单击“特效控制台”面板中的空白位置，可以在“节目监视器”中取消显示素材的运动路径。

13.4 编辑运动效果

要编辑运动路径，可以移动、删除或添加关键帧，甚至可以复制粘贴关键帧。有时可以通过添加关键帧创建平滑的运动路径。

13.4.1 修改关键帧

添加完一个运动关键帧后，任何时候都可以重新访问这个关键帧并进行修改。可以使用“特效控制台”面板或“时间线”面板来移动运动关键帧点，也可以使用“节目监视器”面板中显示的运动路径移动关键帧点。如果在“特效控制台”或“时间线”面板中移动关键帧点，将会改变运动特效在时间线上发生的时间。如果在“节目监视器”面板中的运动路径上移动关键帧点，将会影响运动路径的形状。

新手练习：修改运动关键帧

- 素材文件：素材文件/第13章/01.jpg、01.psd
- 案例文件：案例文件/第13章/新手练习——修改运动关键帧.Prproj
- 视频教学：视频教学/第13章/新手练习——修改运动关键帧.flv
- 技术掌握：使用“特效控制台”或“时间线”面板移动关键帧点的方法

扫码看视频

本例将介绍如何使用“特效控制台”或“时间线”面板移动关键帧点，案例效果如图13-27所示，该案例的制作流程如图13-28所示。

图13-27

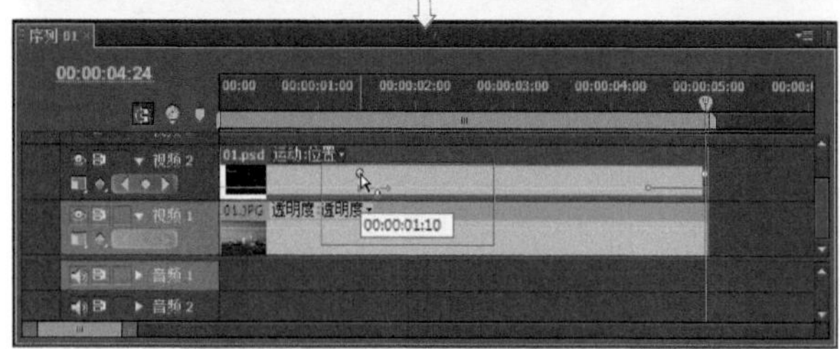

图13-28

【操作步骤】

01 新建一个项目文件。导入“01.jpg”和“01.psd”文件，然后将01.jpg和01.psd素材分别添加到“时间线”面板中的视频1和视频2轨道中。

02 展开视频2轨道，并单击素材名称右方的下拉菜单，在弹出的菜单中选择“运动→位置”命令，如图13-29所示。

03 在起始点位置添加一个关键帧，然后向右移动时间线指示器，再添加一个关键帧，如图13-30所示。

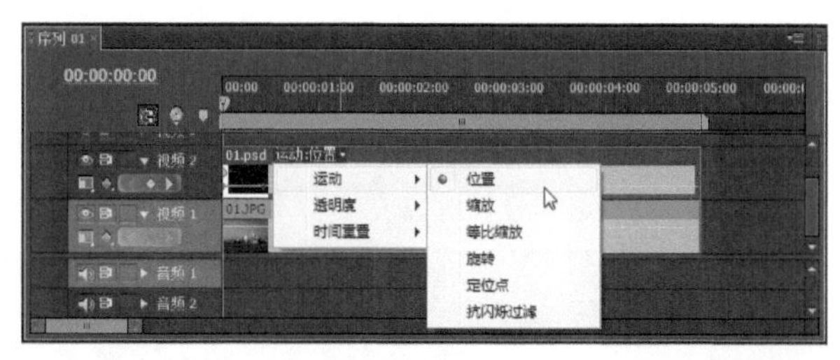

图13-29

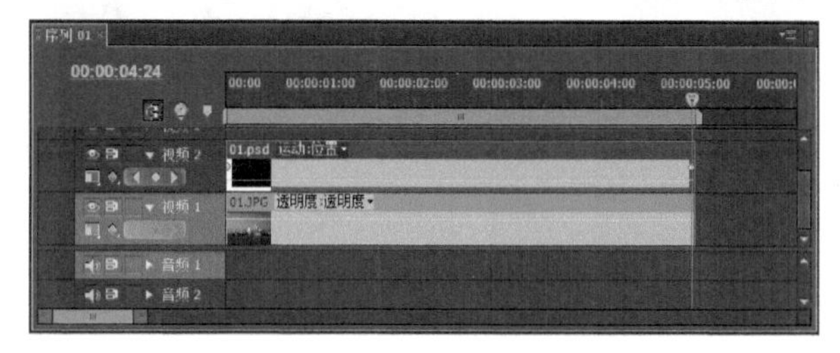

图13-30

04 单击选择“时间线”面板中的第一个关键帧点，光标会显示它在时间线上的位置以及设置到该关键帧处的效果参数，如图13-31所示。

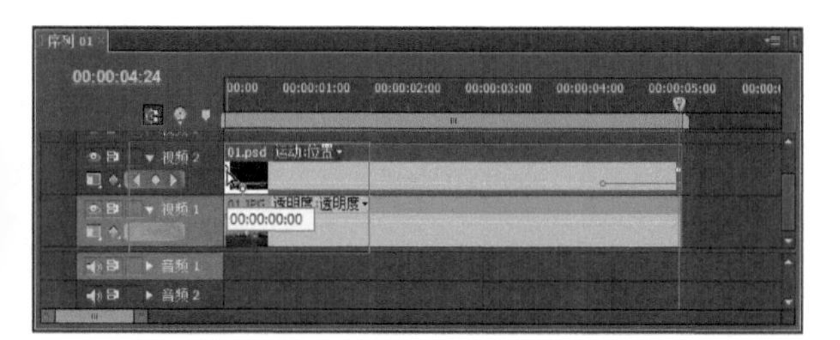

图13-31

05 单击并将选中的关键帧点拖到新位置，如图13-32所示。

图13-32

06 要在“节目监视器”面板中显示运动路径，可以在“特效控制台”面板中单击“运动”选项右方的方框对象，或者选择要编辑的视频轨道，然后双击“节目监视器”面板中的素材图形，如图13-33所示。

07 用鼠标单击想要移动的关键帧点。然后单击并将选中的关键帧点拖到新位置，如图13-34所示。

图13-33

图13-34

小技巧

如果要以每次一个像素的方式在运动路径上移动关键帧，可以按住键盘上的某一方向箭头键；如果要以每次5个像素的方式移动运动路径，可以在按住Shift键的同时按下键盘上的一个方向箭头键。

13.4.2 复制粘贴关键帧

在编辑关键帧的过程中，可以将一个关键帧点复制粘贴到时间线中的另一位置，该关键帧点的素材属性与原关键帧点具有相同的属性。单击选中要复制的关键帧，然后选择“编辑→复制”命令。再将当前时间指示器移动到新位置，如图13-35所示。选择“编辑→粘贴命令，即可将复制的关键帧点粘贴到当前时间指示器处，如图13-36所示。

图13-35

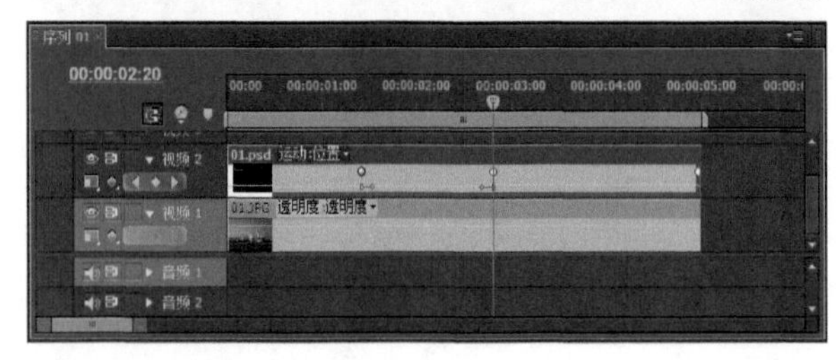

图13-36

13.4.3 删除关键帧

编辑过程中，可能会需要删除关键帧点。为此，只需简单地选择该点并按Delete键即可。如果要删除运动特效选项的所有关键帧点，可以在“特效控制台”面板中单击“切换动画”图标。出现一个如图13-37所示的警告对话框，询问是否要删除所有的现有关键帧。如果确实要删除，则单击“确定”按钮即可。

图13-37

13.4.4 移动关键帧以改变运动路径的速度

Premiere Pro关键帧间的距离决定运动速度。要提高运动速度，可以将关键帧分隔得更远一些。要降低运动速度，可以使关键帧更近一些。要移动关键帧，单击选中它，然后单击并拖动关键帧点，在时间线上移动。要提高运动速度，拖动关键帧，使它们之间的距离变大；要降低运动速度，拖动关键帧，使它们离得更近一些。

13.4.5 指定关键帧的插入方法

Premiere Pro会在两个关键帧之间插入运动的线路。所使用的插入方法对运动特效的显示方式有着显著影响。修改插入方法，可以更改速度、平滑度和运动路径的形状。最常用的关键帧插入方法是直线插入和贝塞尔曲线插入。要查看关键帧的不同插入方法，用鼠标右键单击“时间线”面板中的关键帧，在出现如图13-38所示的插入菜单后，选择一种新的插入方法即可。

图13-38

【参数介绍】

“线性”插入创建均匀的运动变化。

“曲线”“自动曲线”和“连续曲线”插入实现更平滑的运动变化。

“保持”插入创建突变的运动变化。可以用它来创建闸门特效。

“缓入”和“缓出”插入生成缓慢或急速的运动变化。使用它还可以实现逐渐启动或停止。

● 线性插入与曲线插入

使用运动的位置属性控件所得到的运动效果由多种因素决定。位置运动路径具有的效果由使用的关键帧数量、关键帧使用的插入方法类型和位置运动路径的形状决定。使用的关键帧数量和插入方法在很大程度上影响着运动路径的速度和平滑度。图13-39显示了V形的位置运动路径，该图中的第二个关键帧上应用线性插入法创建出V形路径。图13-40显示了U形的位置运动路径，该图中的第二个关键帧上应用曲线插入法创建出U形路径。两种路径都是使用三个关键帧创建的。三个关键帧通过调节运动位置属性而创建。

图13-39

图13-40

运动路径显示在“节目监视器”面板中。运动路径由小白点组成，每个小白点代表素材中的一帧。白色路径上的每个X代表一个关键帧。点间的距离决定运动速度的快慢。点间隔越远，运动速度越快；点间隔越近，运动速度越慢。如果点间距发生变化，运动速度也会随之变化。点表示时间上的连贯，因为它关系着运动路径随时间变化的快慢程度。运动路径的形状表示空间上的连贯，因为它关系着运动路径形状在空间环境中的显示方式。

在“特效控制台”面板中，运动路径以图形方式显示，根据使用的插入法，关键帧以不同的图标表示。注意在图13-39和图13-40中，“特效控制台”面板中的第二个关键帧图标是不同的。图13-39中的关键帧图标是菱形，这表示使用的是线性插入法。图13-40中的第二个关键帧图标是沙漏形，这表示使用了曲线插入法（自动曲线插入法图标用一个圆形表示）。

小技巧

要查看或修改插入法，在“时间线”面板、“节目监视器”面板或“特效控制台”面板中右键单击关键帧，在弹出的菜单中即可查看和修改插入法。在“时间线”面板中按住Ctrl键并单击关键帧，这样将会自动从一种插入法变为另一种插入法。

使用曲线插入法调节运动路径的平滑度

可以使用曲线手控调节曲线的平滑度。曲线手控是控制曲线形状的双向线。对曲线和连续曲线插入法来说，双向线都是可以调节的。对自动曲线来说，曲线是自动创建的，自动曲线选项不允许调节曲线形状。使用曲线插入法的优势是可以独立操作两个曲线手控，也就是说可以对输入控件和输出控件进行不同的设置。

向上拖动曲线手控会加剧运动变化。向下拖动曲线手控会减轻运动变化。增加双向线的长度（从中心点向外拖）会增加曲线的尺寸并会增加小白点间的间隔，从而使运动效果的速度变得更快。减少双向线的长度（从中心点向内拖）会减小曲线的尺寸并减小小白点间间隔，从而使运动效果的速度变得更慢。可以改变双向线的角度和长度来产生更显著的运动效果。可以通过“节目监视器”或“特效控制台”面板调节曲线手控。

高手进阶：制作平滑的飞行轨迹

- 素材文件：素材文件/第13章/01.jpg、01.psd
- 案例文件：案例文件/第13章/高手进阶——制作平滑的飞行轨迹.Prproj
- 视频教学：视频教学/第13章/高手进阶——制作平滑的飞行轨迹.flv
- 技术掌握：使用关键帧点插入法的方法

扫码看视频

本例将介绍如何使用关键帧点的插入法，理解关键帧点插入法的工作原理，案例效果如图13-41所示，该案例的制作流程如图13-42所示。

图13-41

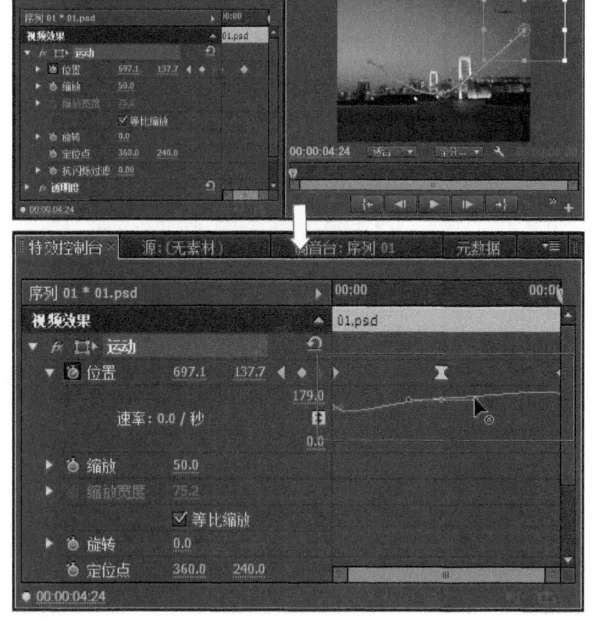

图13-42

【操作步骤】

01 新建一个项目文件并导入“01.jpg”和“01.psd”文件，然后将01.jpg和01.psd素材分别添加到“时间线”面板中的视频1轨道和视频2轨道中，然后选择视频2轨道。

02 在“特效控制台”面板中，单击“运动”选项前边的三角形显示“位置”“缩放比例”“旋转”和“定位点”属性，然后将“缩放”属性设置成50%，如图13-43所示。

图13-43

03 在“时间线”面板或“特效控制台”面板中将当前时间指示器移到素材开头，然后在“节目监视器”面板上单击素材并将其移到面板的左上角，如图13-44所示。

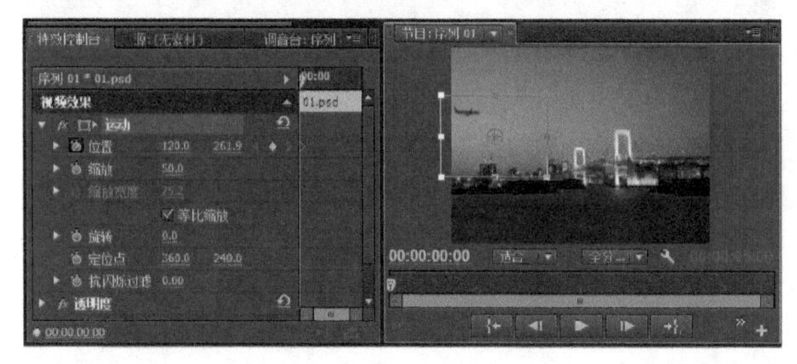

图13-44

04 单击“位置”的“切换动画”图标来为位置创建关键帧，然后在“特效控制台”面板中将当前时间指示器移到时间线中间，然后在“节目监视器”面板中将素材移到面板的正下方来创建第二个关键帧如图13-45所示。

图13-45

05 在“特效控制台”面板中将当前时间指示器移到时间线结尾处，然后在“节目监视器”面板中将素材移到面板的右上角来创建第三个关键帧，如图13-46所示。

图13-46

06 在“特效控制台”面板中单击“位置”选项左侧的三角形显示位置曲线，如图13-47所示。

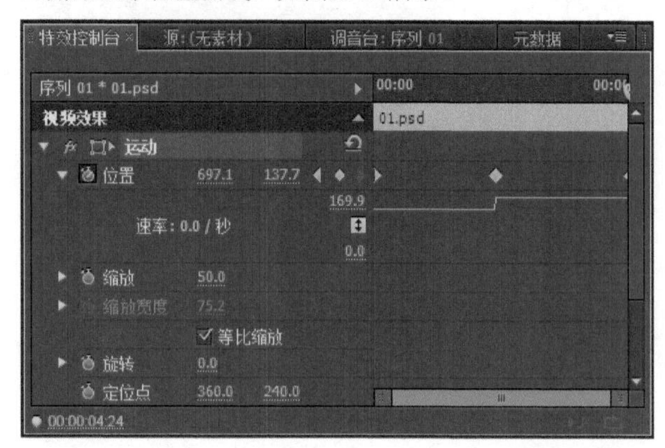

图13-47

07 修改第二个关键帧的插入方法。按住Ctrl键并在“时间线”面板或“节目监视器”面板面板中单击关键帧，然后试着调节曲线手控来修改曲线的形状，如图13-48所示。

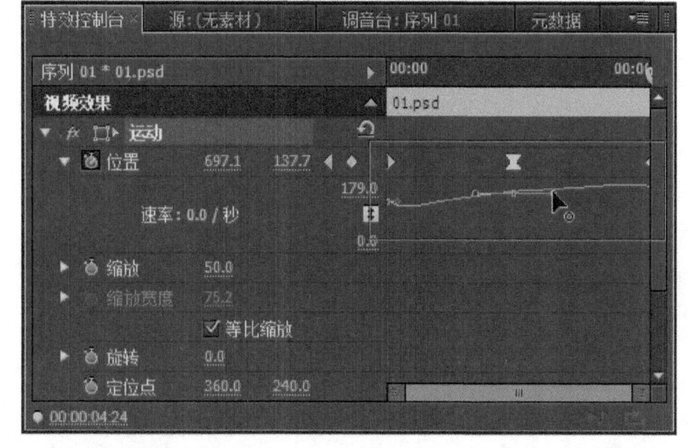

图13-48

08 在“特效控制台”面板中使用右键单击关键帧，可以在弹出的菜单中设置关键帧插值的方式，图13-49所示为选择“自动曲线”插入法。

图13-49

09 将当前时间指示移到素材的起始位置，然后单击

“节目监视器”面板上的“播放-停止切换”按钮，预览运动效果，图13-50所示为飞机运动中一些帧的效果。

图13-50

13.5 为动态素材添加效果

为对象、字幕或素材制作动画后，可能会希望对其应用一些其他的特效，可以修改运动对象的不透明度使它成为透明的。如果想对运动对象进行色彩校正，可以应用某种图像控制视频特效或某种色彩校正视频特效，也可以试试用其他视频特效来创建一些有趣的特效。

13.5.1 修改动态素材的透明度

“特效控制台”面板的“固定特效”部分包括“运动”特效控件和“透明度”控件。减小素材的透明度可以使素材变得更透明。要改变整个持续时间内素材的透明度，单击并向左拖动透明度百分比值。也可以单击透明度百分比字段，输入数值，然后按“Enter”键来修改百分比值。另外，可以单击“透明度”左侧的三角来展开不透明度控件，然后单击并拖动“透明度”滑块进行修改。

● 在“特效控制台”面板中设置透明度

在“特效控制台”面板中设置透明度及关键帧的方法如下。

将当前时间指示器移动到素材的起点处。单击“透明度”选项前面的“切换动画”图标，设置第一个关键帧，此处的素材透明度为100%。将当前时间指示器移动到素材的结束点处，然后修改“透明度”百分比值，即可创建第二个关键帧。图13-51所示是将第二个关键帧处的透明度为40%的效果。

图13-51

● 在“时间线”面板中设置透明度

在“时间线”面板中设置透明度及关键帧的方法如下。

单击“时间线”面板中的“显示关键帧”按钮，然后选择“显示透明度控制”选项，如图13-52所示，此时在轨道上将显示透明度图形线。

图13-52

将当前时间指示器移动到要添加关键帧的位置，然后单击“添加-删除关键帧”按钮，即可添加关键帧。使用“选择工具”上下拖动“时间线”面板中的透明度关键帧，可以调整素材的透明度。向上拖动关键帧，可增加素材的透明度，反之则降低素材的透明度。图13-53所示为降低素材透明度的操作，其透明度的值为9.23。

图13-53

13.5.2 重置素材的时间

“时间重置”控件允许使用关键帧调节素材随时间变化的速度。使用时间重置可以通过设置关键帧使素材在不同时间隔中加速或减速。也可以使素材静止不动或倒退。“时间重置”控制可以在“特效控制台”面板中找到，也可以显示在“时间线”面板上。

● 在“特效控制台”面板中时间重置

要在“特效控制台”面板中查看时间重置，首先确保显示“特效控制台”面板，然后单击“时间线”面板中的视频素材，接着单击“时间重置”选项左侧的三角形显示“速度”百分比值，如图13-54所示。

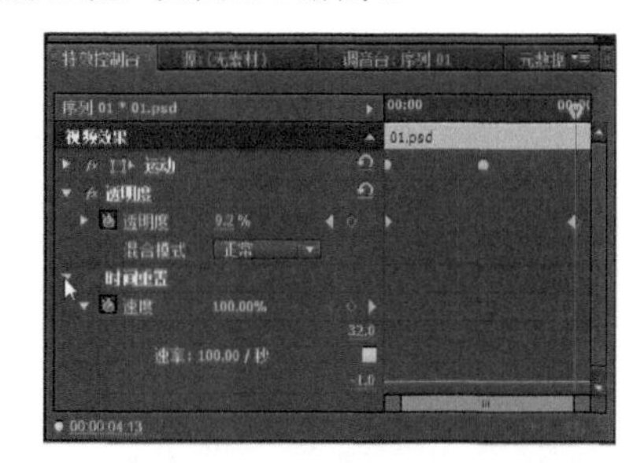

图13-54

● 在“时间线”面板中时间重置

要在“时间线”面板中显示时间重置，首先单击“显示关键帧”按钮，并选择“显示关键帧”选项，然后单击时间线视频素材上的菜单，弹出菜单后，选择“时间重置→速度”选项，如图13-55所示。

图13-55

使用“选择工具”上下拖动速度线，即可调整素材随时间变化的速度。在拖动速度线时，在光标处会显示调整后的速度百分比值，如图13-56所示。向上拖动速度线，可增加速度值；向下拖动速度线，可降低速度值。

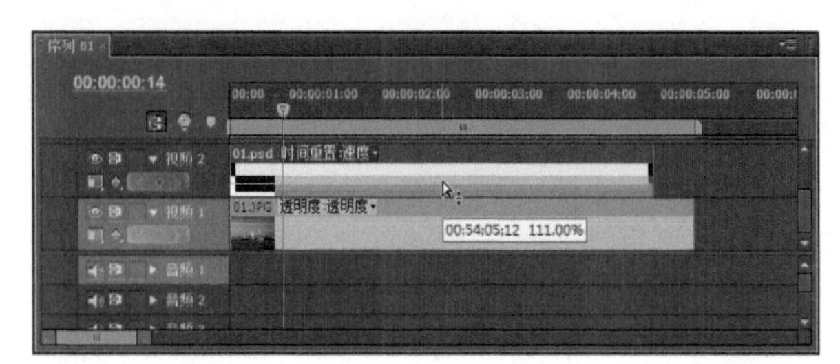

图13-56

新手练习：修改素材的播放速度

- 素材文件：素材文件/第13章/01.mov
- 案例文件：案例文件/第13章/新手练习——修改素材的播放速度.Prproj
- 视频教学：视频教学/第13章/新手练习——修改素材的播放速度.flv
- 技术掌握：使用关键帧点插入法的方法

扫码看视频

本例将介绍如何使用关键帧点的插入法，理解关键帧点插入法的工作原理，案例效果如图13-57所示，该案例的制作流程如图13-58所示。

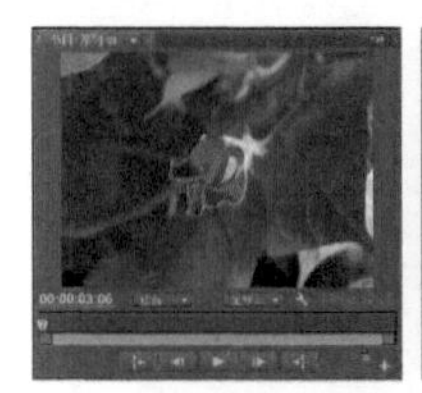
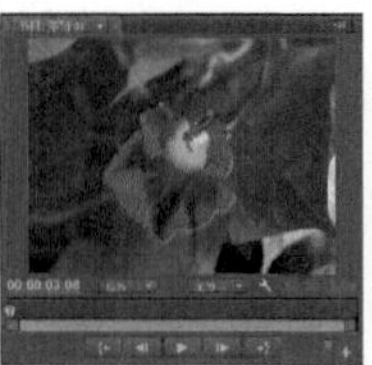
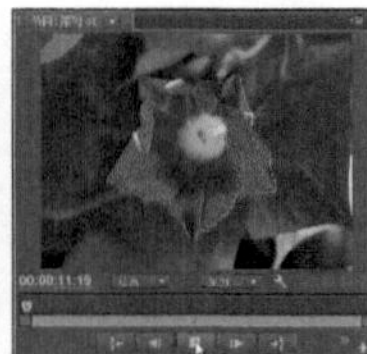

图13-57

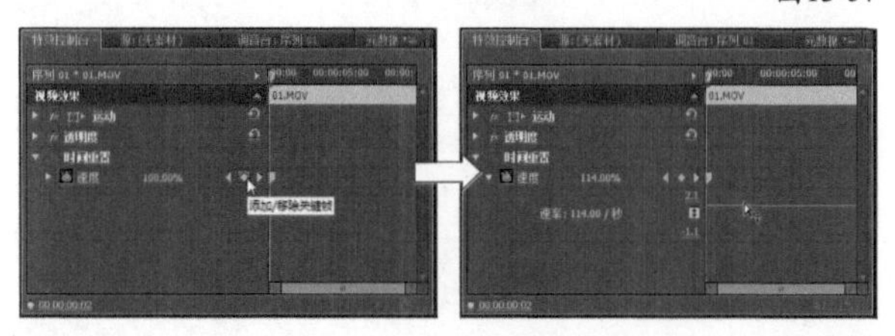

图13-58

【操作步骤】

01 新建一个项目文件并导入“01.mov”，然后将“01.mov”素材添加到“时间线”面板中的视频1轨道中，然后选择视频1轨道中的素材，如图13-59所示。

图13-59

02 为视频素材添加关键帧。在“特效控制台”面板中移动当前时间指示器，然后展开“时间重置”选项，激活“速度”选项前的“切换动画”按钮，再单击“添加-移除关键帧”按钮，即可添加关键帧，如图13-60所示。

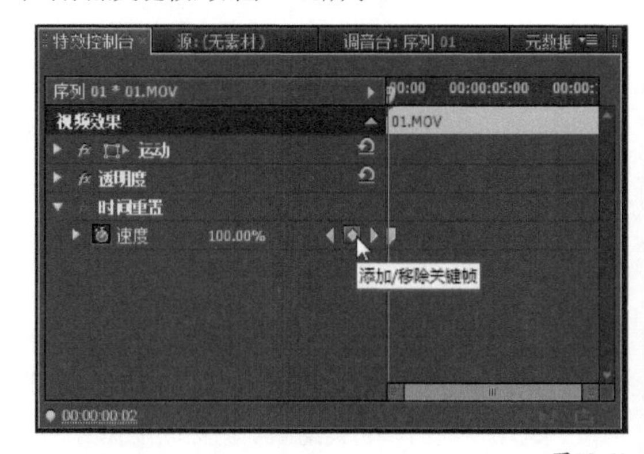

图13-60

03 添加关键帧后，在“特效控制台”面板中展开“速度”选项，然后拖动速率线控件，调节素材的速度，如图13-61所示。

图13-61

04 将当前时间指示器移到素材中想要调节速度的位置，然后单击“添加-删除关键帧”按钮，即可添加第二个关键帧。

05 在“特效控制台”或“时间线”面板中拖动速度线，即可调整指定帧的速度，如图13-62所示。

图13-62

06 单击“节目监视器”面板中的“播放-停止切换”按钮，预览修改速度后的效果，如图13-63 所示。

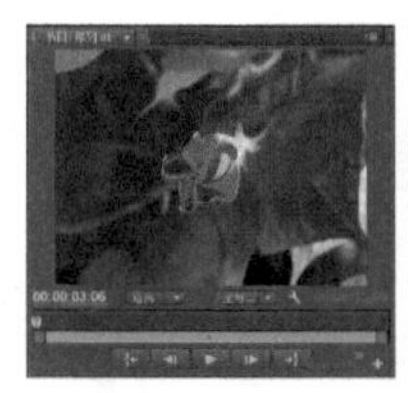
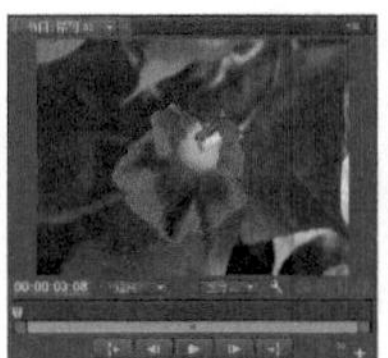

图13-63

13.5.3 为动态素材应用特效

使用“特效控制台”面板中的固定特效控件（运动和透明度）为素材制作动画效果后，可能会想要为素材添加更多的特效。在“效果”面板的“视频特效”文件夹中可以找到各种特效。要调节图像的颜色，可以试着使用某种图像控制视频特效或某种色彩校正视频特效。如果想要扭曲素材，可以试着使用“扭曲”视频特效。按照下述步骤可以为素材添加特效。

第一步：将“特效控制台”面板时间线上或“时间线”面板中的当前时间指示器移到想要添加特效的位置。

第二步：从“效果”面板上选择一种特效，将其拖到“特效控制台”面板或“时间线”面板中。

第三步：调节特效设置。单击“切换动画”图标创建关键帧。如果希望特效随时间发生变化，则需要创建各种关键帧。

高手进阶：花朵的扭曲开放

- 素材文件：素材文件/第13章/01.mov
- 案例文件：案例文件/第13章/高手进阶——花朵的扭曲开放.Prproj
- 视频教学：视频教学/第13章/高手进阶——花朵的扭曲开放.flv
- 技术掌握：使用视频特效制作运动效果的方法

扫码看视频

本例将介绍如何使用视频特效制作运动效果的操作，案例效果如图13-64所示，该案例的制作流程如图13-65所示。

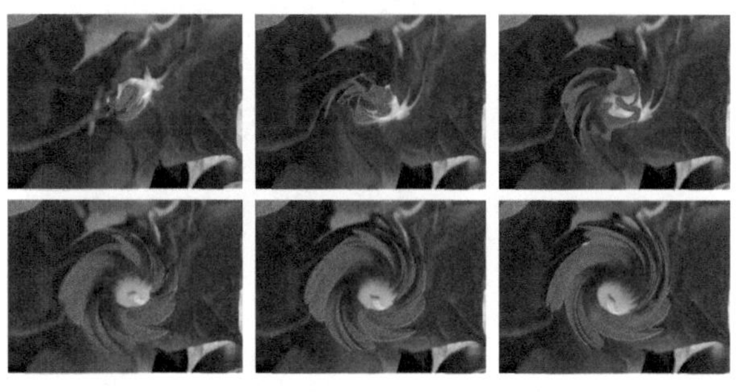

图13-64

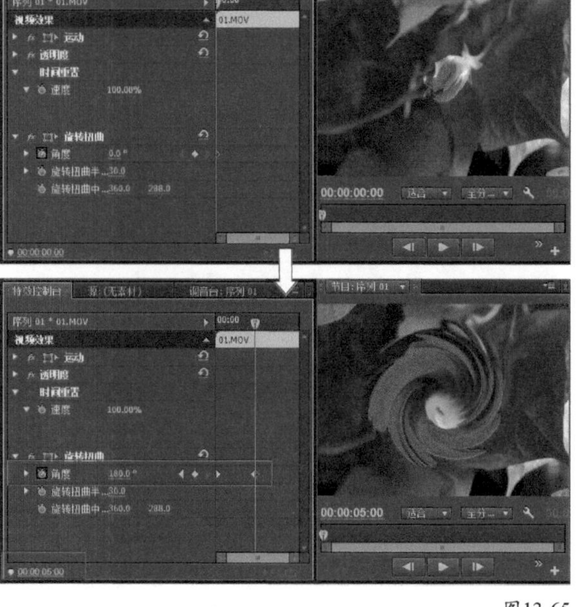

图13-65

【操作步骤】

01 新建一个项目文件并导入“01.mov”，然后将“01.mov”素材添加到“时间线”面板中的视频1轨道中，然后选择视频1轨道中的素材。

02 在“效果”面板中依次展开“视频特效”“扭曲”文件夹，然后选择“旋转扭曲”视频特效，并将其拖动到视频1轨道中的素材上，如图13-66所示。

03 在“特效控制台”面板中将当前时间指示器移到素材开头，然后在“角度”选项栏中添加一个关键帧，如图13-67所示。

图13-66

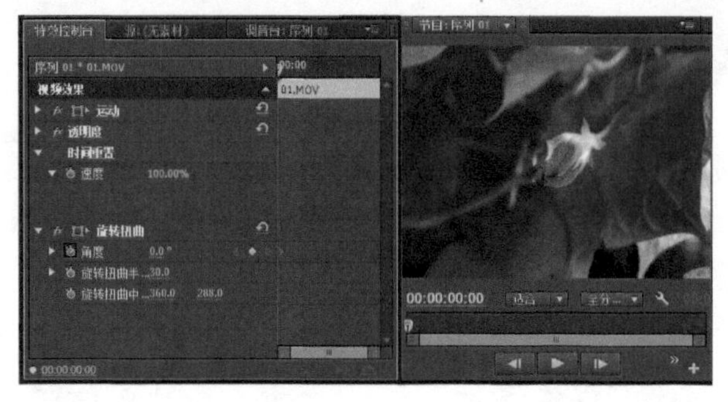

图13-67

04 在“特效控制台”面板中将当前时间指示器移到第5秒的位置，然后在“角度”选项栏中设置“角度”值为180，此时将添加第二个关键帧，如图13-68所示。

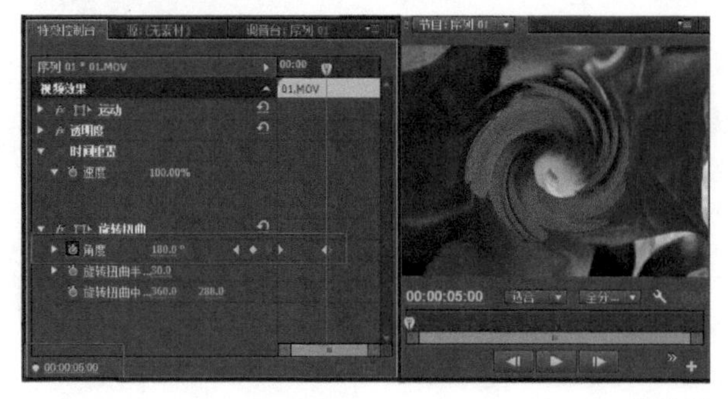

图13-68

05 将时间指示器移动到起点位置，然后单击“节目监视器”面板中的“播放-停止切换”按钮，预览花朵素材的播放效果，如图13-69所示。

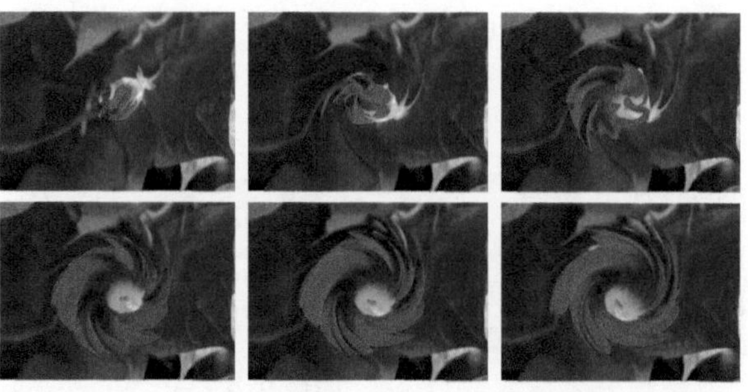

图13-69

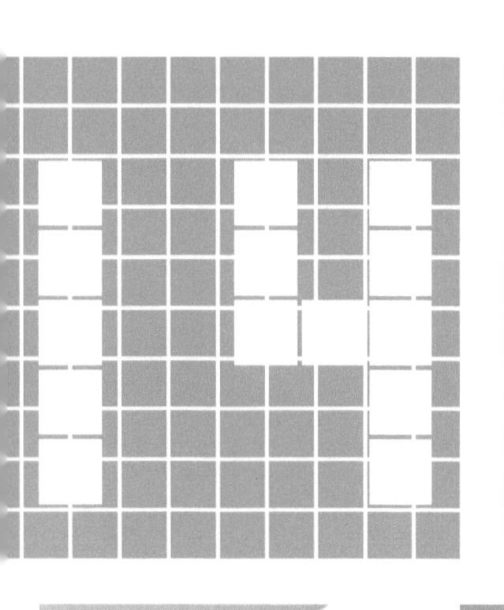

第14章 创建文字和图形

要点索引

本章概述

使用文字效果可以在视频作品的开头部分起到制造悬念、引入主题、设立基调的作用，当然也可以用来显示作品的标题。在整个视频中，字幕在片段之间起过渡作用，也可以用来介绍人物和场景。字幕与图形一起使用可以更好地传达统计信息、地域信息以及其他技术性信息。在视频的结尾部分，还可以使用字幕向制作成员致谢。

Premiere Pro的字幕设计提供了制作视频作品所需的所有字幕特性，而且无需脱离Premiere Pro环境就能够实现这些字幕特性。正如即将看到的那样，使用“字幕设计”，用户不仅能够创建文字和图形，还可以通过游动或滚动文字来制作阴影和动画效果。

14.1 使用“字幕”窗口

“字幕”窗口为在Premiere Pro项目中创建用于视频字幕的文字和图形提供了一种简单有效的方法。要显示“字幕”窗口，首先要启动Premiere Pro，然后创建一个新项目或者打开一个项目。在创建新项目时，一定要根据需要选择字幕绘图区域的画幅大小，字幕绘图区域与项目的画幅大小相一致。如果字幕和输出尺寸一致，那么在最终产品中，字幕就会精确地显示在用户希望它们出现的位置上。

14.1.1 认识“字幕”窗口

为了熟悉“字幕设计”的核心工具和特征，请按照下述步骤创建一个简单字幕素材并将它保存，以便在Premiere Pro项目中使用。

新手练习：创建简单字幕

- 素材文件：素材文件/第14章/无
- 案例文件：案例文件/第14章/新手练习——创建简单字幕.Prproj、简单字幕.PRTL
- 视频教学：视频教学/第14章/新手练习——创建简单字幕.flv
- 技术掌握：创建一个简单字幕素材并将它保存的方法

扫码看视频

本例将介绍如何创建一个简单字幕素材并将它保存的操作，案例效果如图14-1所示，该案例的制作流程如图14-2所示。

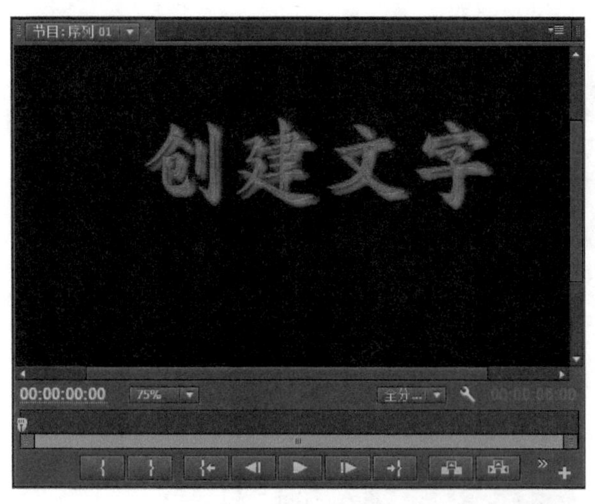

图14-1

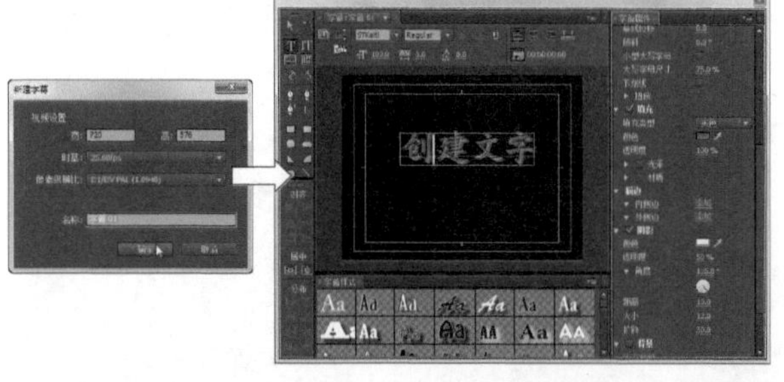

图14-2

【操作步骤】

01 选择“文件→新建→项目”命令，在“新建项目”对话框中设置项目的存储位置和文件名，然后单击“确定”按钮，在打开的“新建序列”对话框中选择一个预置或创建一个自定义设置，如图14-3所示；再单击“确定”按钮创建一个新项目，如图14-4所示。

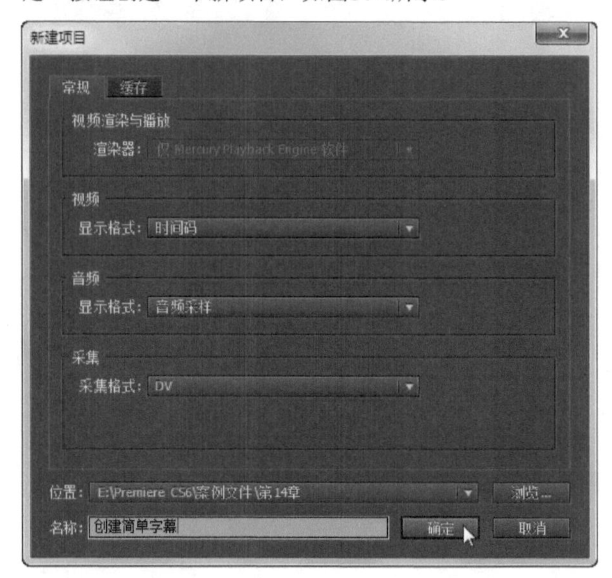

图14-3

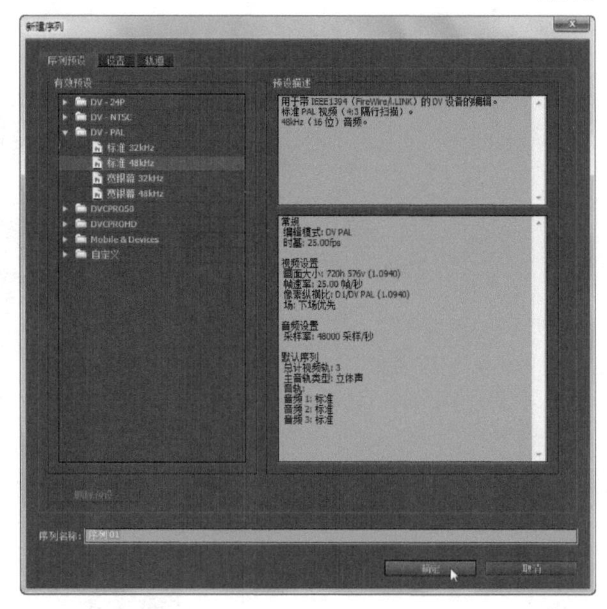

图14-4

02 选择“字幕→新建字幕→默认静态字幕”命令，在打开如图14-5所示的“新建字幕”对话框中为字幕命名，也可以保持默认设置，然后单击“确定”按钮，打开“字幕”窗口，字幕面板的绘图区域与项目的画幅大小尺寸相同，如图14-6所示。

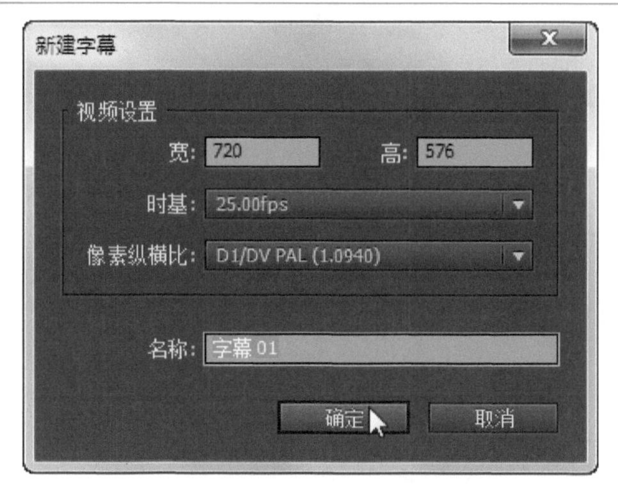

图14-5

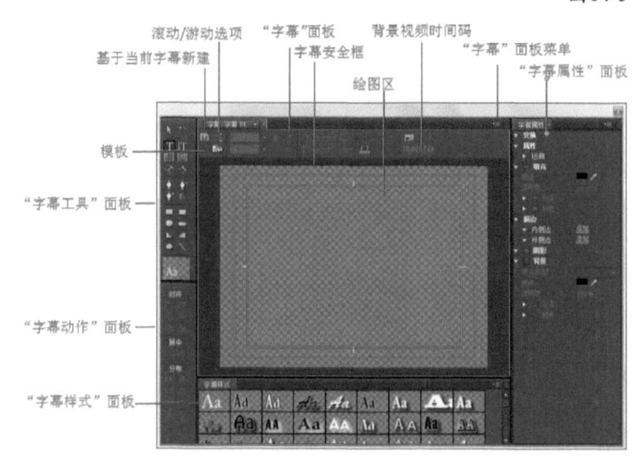

图14-6

"字幕"面板：该面板由绘图区域和主工具栏组成。主工具栏中的选项用于指定创建静态文字、游动文字或滚动文字，还可以指定是否基于当前字幕新建字幕，或者使用其中的选项选择字体和对齐方式等。这些选项还允许在背景中显示视频剪辑。

"字幕工具"面板：该面板包括文字工具和图形工具，以及一个显示当前样式的预览区域。

"字幕动作"面板：该面板中的图标用于对齐或分布文字或图形对象。

"字幕样式"面板：该面板中的图标用于对文字和图形对象应用预置自定义样式。

"字幕属性"面板：该面板中的设置用于转换文字或图形对象，以及为它们制定样式。

小技巧

字幕会被自动放在当前项目的"项目"面板中，并随着项目一起保存下来。

03 在"字幕工具"面板中单击"输入工具" T，然后将鼠标移到绘图区的中心位置单击鼠标，然后键入文字"创建文字"，如图14-7所示。

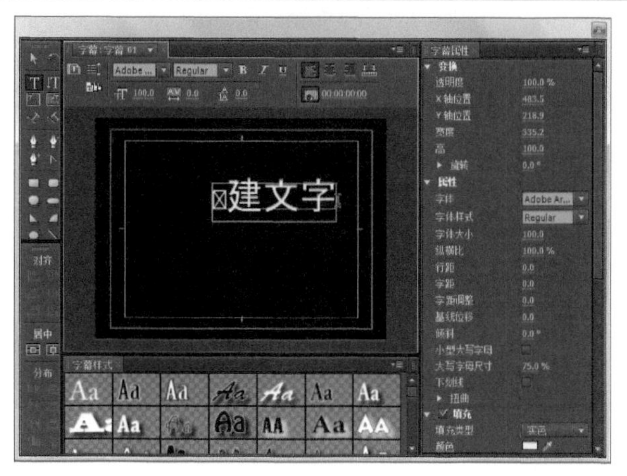

图14-7

04 使用"字幕属性"面板中的选项设计文字样式（如果用户希望仅对一个字母进行样式设计，可以在要进行样式设计的字母上单击并拖动，从而单独将其选择）。在"字幕属性"面板中，可以设置文字的多种属性，包括"字体""字体大小""填充""描边"和"阴影"等。例如，单击"字体"下拉按钮，在弹出的下拉列表中可以选择文字的字体。如图14-8所示是将文字的字体设置为STKaiTi（楷体）的效果。

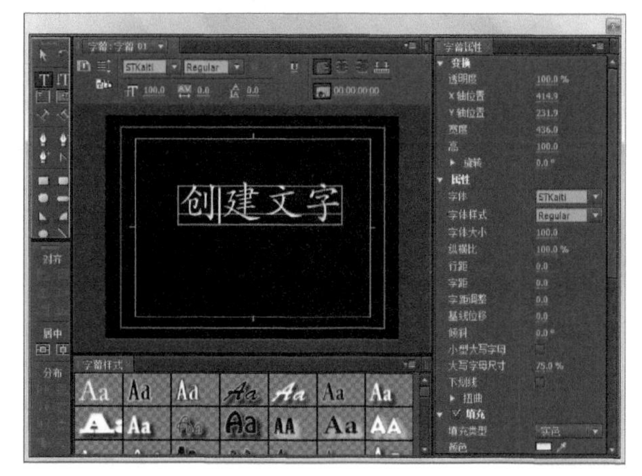

图14-8

05 单击"填充"旁边的三角形展开"填充"选项，并保持"填充"复选框为选取状态。保持"填充类型"选项的默认设置"实色"不变，单击"颜色"右边的颜色样本图标，在随后出现的"颜色拾取"对话框中选择一种颜色，如图14-9所示，然后单击"确定"按钮，新选的颜色会应用到字幕文字，如图14-10所示。

06 单击"阴影"旁边的三角形展开"阴影"选项，然后选中"阴影"复选框。在"阴影"选项区域中，单击"颜色"右边的颜色样本图标，在随后出现的"颜色拾取"对话框中选择一种颜色，如图14-11所示，然后单击"确定"按钮，即可为文字添加指定颜色的阴影，如图14-12所示。

图14-9

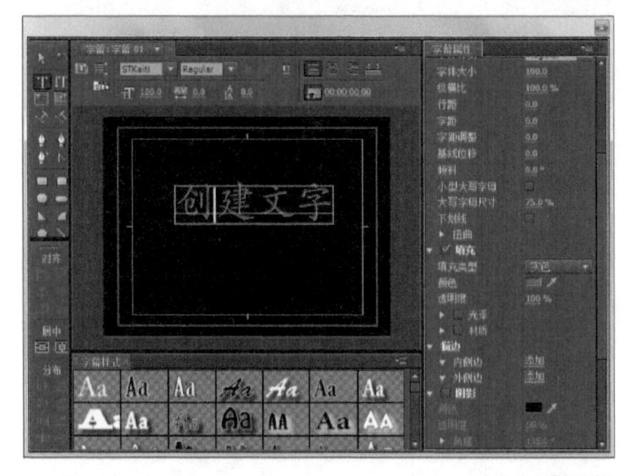

图14-10

图14-11

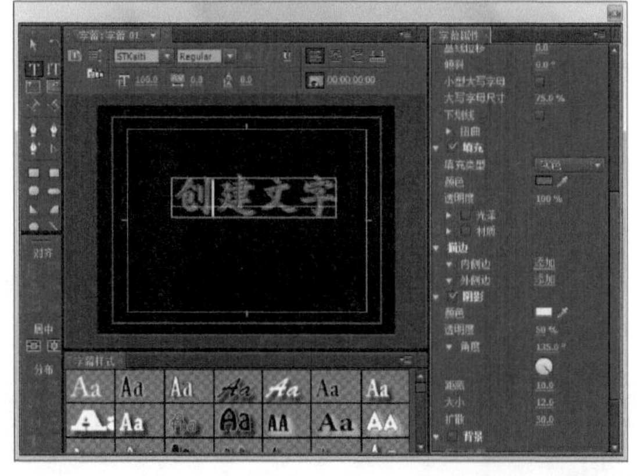

图14-12

07 关闭“字幕”窗口，编辑好的字幕文件将自动添加到项目中，然后将字幕文件从“项目”面板拖到“时间线”面板的一条视频轨道中，如图14-13所示。

图14-13

08 将字幕文件保存到硬盘上，可以方便将其导入其他Premiere Pro项目中。在“项目”面板中选择该字幕，接着选择“文件→导出→字幕”菜单命令，在弹出的“存储字幕”对话框中，为字幕重新命名并指定存储路径，最后单击“保存”按钮，即可将字幕以PRTL格式保存下来，如图14-14所示。

图14-14

14.1.2 认识“字幕工具”

“字幕工具”面板如图14-15所示，这些工具用于创建图形和文字，表14-1是对这些工具和其他图形控件的说明。

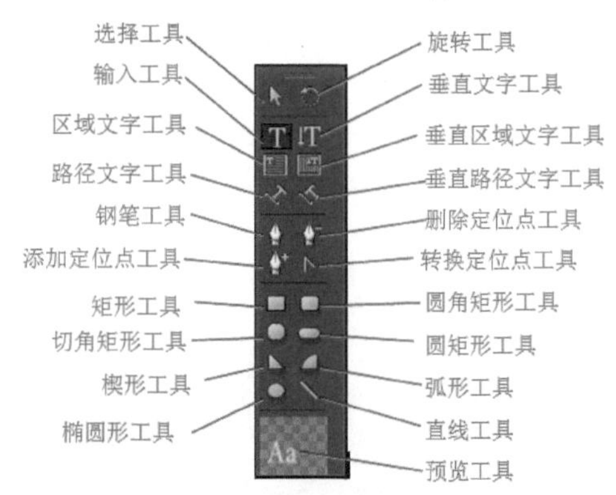

图14-15

表14-1 “字幕工具”面板中的工具

快捷键	名称	说明
V	选择工具	用于选择文字
O	旋转工具	用于旋转文字
T	输入工具	沿水平方向创建文字
C	垂直文字工具	沿垂直方向创建文字
	区域文字工具	沿水平方向创建换行文字
	垂直区域文字工具	沿垂直方向创建换行文字
	路径文字工具	创建沿路径排列的文字
P	钢笔工具	使用贝塞尔曲线创建曲线形状
	添加定位点工具	将锚点添加到路径上
	删除定位点工具	从路径上删除锚点
	转换定位点工具	将曲线点转换成拐点，或将拐点转换成曲线点
R	矩形工具	创建矩形
	切角矩形工具	创建切角矩形
	圆角矩形工具	创建圆角矩形
W	楔形工具	创建三角形
A	弧形工具	创建弧形
E	椭圆形工具	创建椭圆
L	直线工具	创建直线

14.1.3 了解字幕菜单

Premiere Pro的字幕菜单可用于修改文字和图形对象的视觉属性。例如，单击“字幕”菜单，显示相应的命令，在“字幕”菜单中设置在“字幕设计”中创建的文字的字体、大小和样式，也可以用它来设置滚动字幕文字的移动速度和方向，如图14-16所示。在“字幕”面板中单击鼠标右键，可以显示右键菜单，其中的大部分命令与字幕菜单中的命令相同，如图14-17所示。

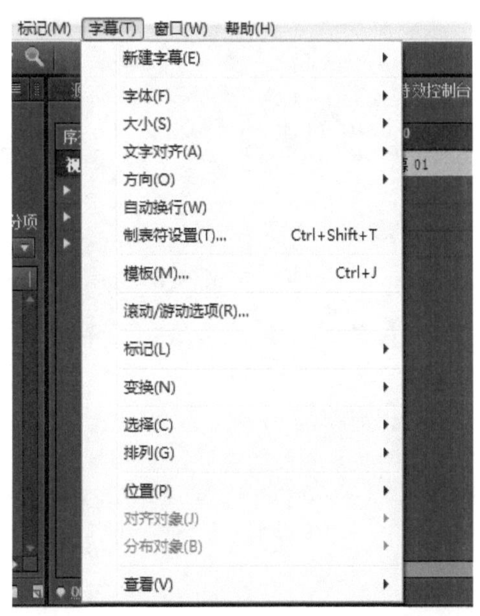

图14-16

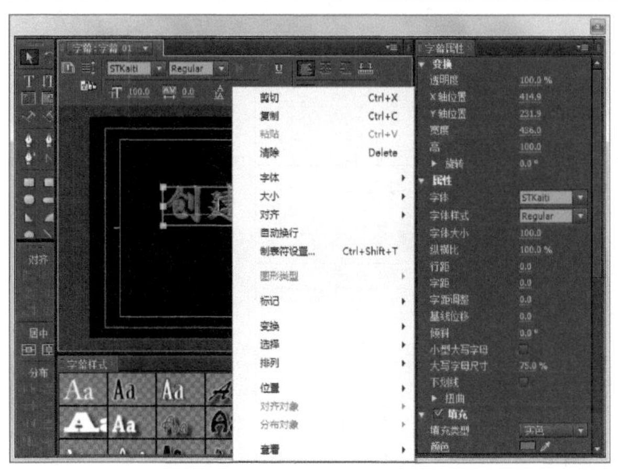

图14-17

表14-2 Title（字幕）菜单命令

菜单命令	说明
新建字幕	可以选择新建静态字幕、滚动字幕或游动字幕。也可以选择基于当前字幕或者基于模板新建字幕
字体	修改字体
大小	修改文字的大小
对齐	将文字设置成左对齐、右对齐或居中
自动换行	将文字设置成在遇到字幕安全框时自动换行
模板	允许用户应用、创建或编辑模板
滚动/游动选项	提供设置滚动和游动文字的方向和速度的选项
标记	允许用户将标记作为背景插入到字幕设计的整个绘图区域，或者插入到绘图区域的某一部分，或者在文本框内插入标记
变换	允许用户修改对象或文字的位置、比例、旋转和透明度
选择	允许用户在一堆对象中选择第一个对象之上、下一个对象之上、下一个对象之下或最后一个对象之下的对象
排列	允许用户在一堆对象中将选中对象提到最前、提前一层、退后一层或退到最后
位置	移动对象使其水平居中或垂直居中，或者将其移到字幕设计绘图区域下方三分之一处。对于必须显示而不会掩盖屏幕图片的文字，经常使用屏幕下方三分之一的部分
对齐对象	允许用户将选中的对象按水平左对齐、水平右对齐或水平居中、垂直顶对齐、垂直底对齐或垂直居中的方式进行排列
分布对象	允许用户将选中的对象按水平左对齐、水平右对齐、水平居中或水平平均、垂直顶对齐、垂直底对齐、垂直居中或垂直平均的方式进行分布
查看	允许用户查看字幕安全框、动作安全框、文本基线和跳格标记。还允许用户查看绘图区域中时间线上的视频

14.2 字幕文件的基本操作

在用“字幕”窗口创建了令人炫目的文字和图形后，用户可能希望在不同的Premiere Pro项目中重复使用它们。为此，需要将字幕文件导出并保存到硬盘，然后将这些文件导入到需要使用它们的项目中去。

> **小技巧**
> 将字幕保存到硬盘上后，可以将它加载到任何项目中，双击项目面板的字幕素材会在字幕设计中打开该字幕。

在Premiere Pro中，用户可以进行字幕文件的基本操作如下：

要将字幕保存到硬盘上，可以单击“项目”面板上的字幕，然后选择“文件→导出→字幕”菜单命令，在弹出的“存储字幕”对话框中，为字幕重新命名并指定存储路径，最后单击“保存”按钮，即可将字幕以PRTL格式保存下来

要将已保存的字幕导入某个Premiere Pro项目中，选择“文件→导入”菜单命令，在弹出的“导入”对话框中，查找并选择希望导入的字幕文件，然后单击“打开”按钮即可，导入的字幕文件会出现在“项目”面板中，以备在“时间线”面板的视频轨道中使用。

要编辑字幕文件，可双击“项目”面板中的字幕文件，当字幕出现在“字幕”窗口中时，就可以对字幕进行修改来替换原来的字幕。如果不希望替换当前字幕，可以单击“字幕”面板中的“基于当前字幕新建”图标，这样可以将修改后的字幕保存为新的字幕。

要复制当前字幕，可以单击“字幕”面板中的“基于当前字幕新建”图标，并在“新建字幕”对话框中修改字幕的名称，然后单击“确定”按钮即可。

14.3 创建和编辑文字

“字幕设计”中的“输入工具”和“垂直文字工具”与其他绘图软件中的文字工具非常相似，因此创建文字、选中并移动文字以及设计字体样式的操作与大多数文字工具也几乎相同。只有修改文字颜色和添加阴影的操作会稍有不同，但熟悉之后也会非常简单。

14.3.1 使用文字工具

视频作品中的文字必须清晰易读。如果观众需要睁大眼睛才能看清字幕的话，那么在他们试图去译解屏幕上的文字时，可能就会放弃阅读字幕，或者忽略视频和音频。

Premiere Pro的文字工具提供了创建明了生动的文字所需要的各种功能。另外，使用“字幕属性”面板中的选项不仅可以修改字幕的大小、字体和色彩，还可以创建阴影和浮雕效果。

使用Premiere Pro的文字工具，可以在“字幕”面板的绘图区的任意位置放置文字。在处理文字时，Premiere Pro将每个文字块放在一个文字边框里，这样方便对它进行移动、调整大小或者删除等操作。

使用文字工具创建文字

使用“输入工具”或“垂直文字工具”创建水平或文字的操作步骤如下。

第一步：选择“文件→新建→项目”来创建一个新项目，并为字幕和作品的尺寸设置预置。

第二步：选择“字幕→新建字幕→默认静态字幕”命令来创建一个新字幕，在出现“新建字幕”对话框里为字幕命名，然后单击“确定”按钮，这时“字幕”窗口就会出现。

第三步：在“字幕工具”面板中单击“输入工具”或“垂直文字工具”。“输入工具”从左到右水平创建文字，“垂直文字工具”则在垂直方向上创建文字。

第四步：将光标移动到希望文字出现的位置，然后单击鼠标，一个空白光标就会出现。

第五步：键入字幕文字。如果输入错误，希望删除键入的最后那个字符，可以按Backspace键将其删除。图14-18显示的是在文本框中键入的文字，背景是一个图像素材。

图14-18

> **小技巧**
> 要在“字幕”面板上显示一个视频素材，首先需要将素材导入“项目”面板，然后将素材从“项目”面板拖到“时间线”面板。这样在打开“字幕”窗口时，素材就会出现在绘图区域。

使用“区域文字工具”或“垂直区域文字工具”可

以创建需要换行的水平或垂直文本，这两种工具可以根据文本框的大小使文字自动换行。

第一步：从“字幕工具”面板中选择相应的工具，然后将工具移到绘图区域。

第二步：单击并拖动鼠标创建一个文本框，如图14-19所示。

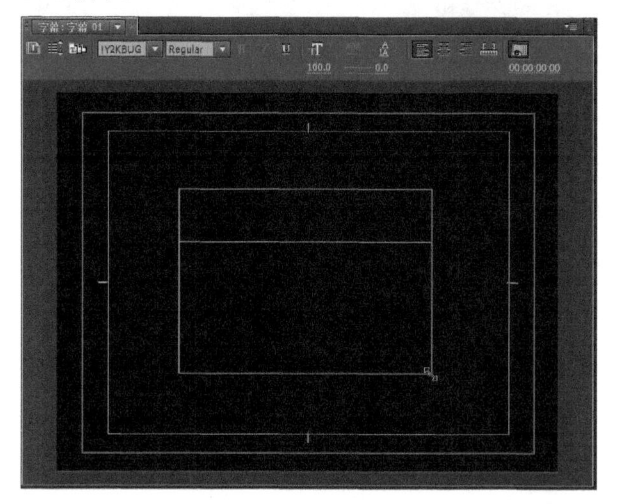

图14-19

第三步：释放鼠标后，就可以开始键入文字。在键入文字时，文字会根据文本框的大小自动换行，如图14-20所示。

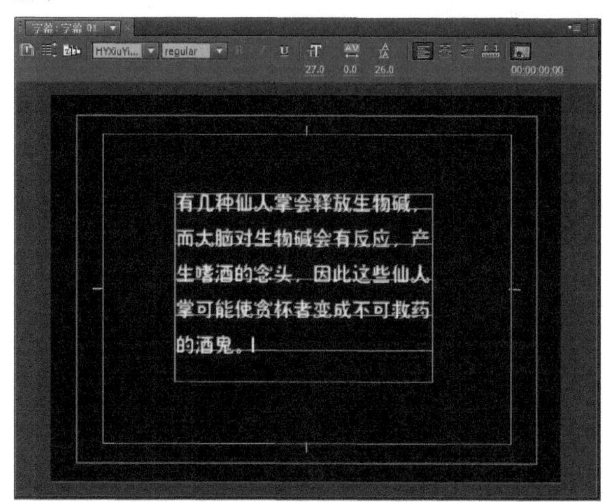

图14-20

● 使用文字工具编辑文字

如果在输入文字后希望编辑文字，可以使用“选择工具”选中所有文字，然后就可以编辑文字了。如果用户仅对部分文字进行编辑，可以在要进行编辑的文字上单击并拖动，从而单独将其选择。

如果正在使用“输入工具”或“垂直文字工具”，并且希望另起一行，请按Enter键，然后开始键入。在按Enter键前，请确保将I型光标放在了需要重起新行的位置。

● 文字换行

使用“输入工具”和“垂直文字工具”输入的水平文字和垂直文字不会自动换行，如果希望使用这两种工具创建文字时自动换行，那么请在输入的文字上单击鼠标右键，然后选择“自动换行”命令。

14.3.2 变换文字

要变换文字的位置、角度、文本框大小和透明度等参数，可以使用以下几种方法来完成。

选择“选择工具”选取文字，然后选择“字幕→变换→位置”命令，在弹出的“位置”对话框中可以指定文字的精确位置。

在“字幕属性”面板的“变换”部分，修改“*x*轴位置”和“*y*轴位置”。

选择“选择工具”选取文字，然后选择“字幕→变换→旋转”命令。

在“字幕属性”面板的“变换”部分，修改文字在屏幕上的“旋转”角度。

将光标放到文字边框外靠近其中一个控制点的位置，通过移动鼠标可旋转文字。

在“字幕属性”面板的“变换”部分，修改文字的“透明度”参数，可以调整文字的透明度。“透明度”百分值越小，文字越透明。

在“字幕属性”面板的“变换”部分，修改“宽”和“高”值，可以调整文字或文本框的大小。

下面具体介绍在Premiere Pro中使用“选择工具”“字幕属性”面板和“字幕”菜单变换文字的各种方法。

● 使用“选择工具”变换文字

使用“选择工具”可以快速移动文字、调整文字和文本框的大小，还可以旋转文字，具体操作步骤如下：

移动文字：在“字幕”面板的绘图区中，使用“选择工具”在文字边框内单击，将文字选取。将文字拖动到一个新位置即可，此时，在“字幕属性”面板的“变换”区域中的“*x*轴位置”和“*y*轴位置”，会显示文字的当前位置参数，如图14-21所示。

调整区域文字的文本框大小：将“选择工具”移动到文本框的一个控制点上，光标会变成一个短的、两端带箭头的直线。单击并拖动鼠标即可放大或缩小文本框的大小，如图14-22所示。此时在“字幕属性”面板的“变换”区域中的“宽”和“高”值，会显示文本框的当前大小。

调整非区域文字的大小：使用“选择工具”选择一个非区域文字，然后拖动文字边框上的一个控制点，可以快速调整文字的大小，如图14-23所示。此时在“字幕属性”面板的“变换”区域中的“宽”和“高”值，会显示当前文字的大小。

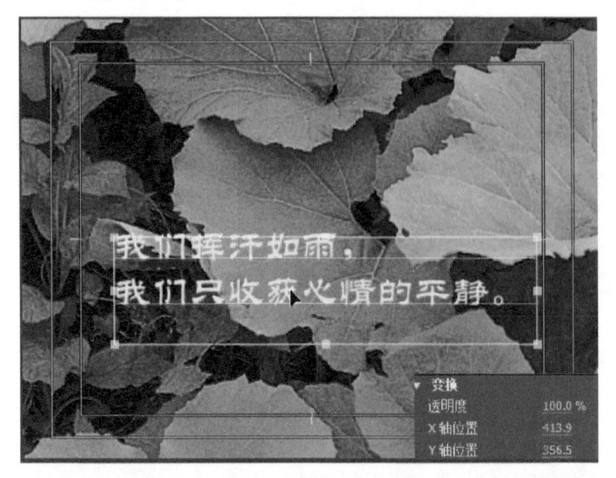

图14-21

图14-22

图14-23

旋转文字：将“选择工具”移动到区域文字的文本框或非区域文字的文字边框外靠近其中一个控制点的位置处。当光标变成一个短的，两端带箭头的弧线时，单击并拖动鼠标即可旋转文字，如图14-24所示。此时，“字幕属性”面板的“变换”区域中的“旋转”值会显示当前文字的角度。

图14-24

小技巧

要旋转文字，还可以使用“字幕工具”面板中的“旋转工具”。将“旋转工具”移动到文字处，然后按下鼠标左键并沿着希望文字旋转的方向拖动鼠标，即可旋转文字。

使用“变换”选项

用户可以使用位于“字幕属性”面板中的各类“变换”值对文字进行移动、调整大小及旋转操作。在进行这些操作之前，必须先使用文字工具或“选择工具”在文字上单击将其选中，然后通过下述方法来操作文字。

修改文字的透明度：在“透明度”参数上单击并按住鼠标左键并向左或向右拖动，即可进行修改。该值小于100%时，文字边框中的内容会呈现半透明状态。

移动文字：在“*x*轴位置”和“*y*轴位置”参数上按下鼠标左键并向左或向右拖动，即可移动文字的位置。要以10为增量来移动文字，请在向左或向右拖动“*x*轴位置”和“*y*轴位置”参数按住Shift键。

调整文字的大小：在“宽”和“高”参数上按下鼠标左键并向左或向右拖动，即可调整文字的大小。在左右拖动鼠标的同时按住Shift键，将以10为增量来修改“宽”和“高”值。

旋转文字：在“旋转”值上按下鼠标左键并向左或向右拖动，即可旋转文字。向左拖动“旋转”值，会沿逆时针方向旋转文字；向右拖动“旋转”值，会沿顺时针方向旋转文字。

使用“字幕”菜单命令变换文字

在选择文字后，就可以使用“字幕”菜单命令移动文字、调整文字的大小和透明度，以及旋转文字，具体操作方法如下。

移动文字：选择“字幕→变换→位置”命令，在打开如图14-25所示的“位置”对话框中，键入“x轴位置”和“y轴位置”值，然后单击“确定”按钮即可。

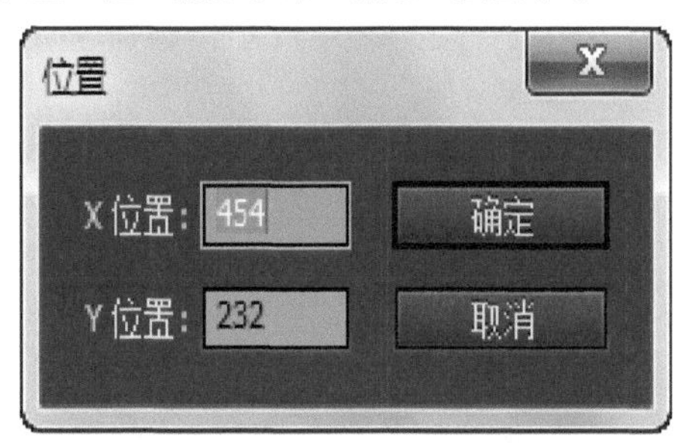

图14-25

小技巧

选择“字幕→位置”菜单命令，从弹出的子菜单中选择一个命令，可以将文字移动到水平居中、垂直居中或屏幕下方三分之一处的区域。

调整文字的大小：选择“字幕→变换→缩放”命令，在打开的如图14-26所示的“比例”对话框中，键入比例百分比（可以选择以一致或不一致的方式调整比例），然后单击“确定”按钮，即可应用定义的比例值。

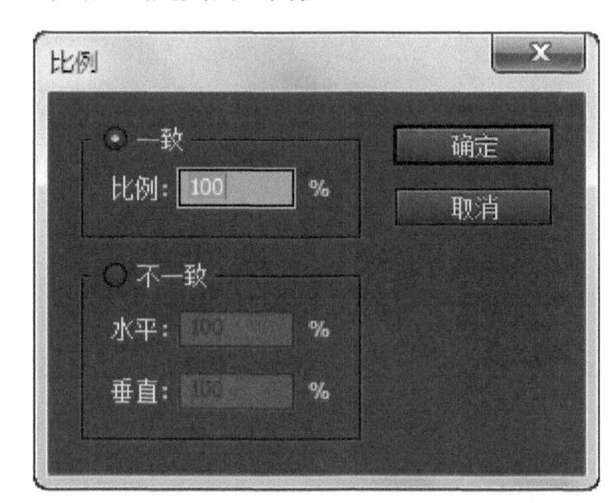

图14-26

调整文字的透明度：选择“字幕→变换→透明度”命令，在打开的如图14-27所示的“透明度”对话框中，键入文字的透明参数，然后单击“确定”按钮即可。图14-28所示是将透明度设置为50%的效果。

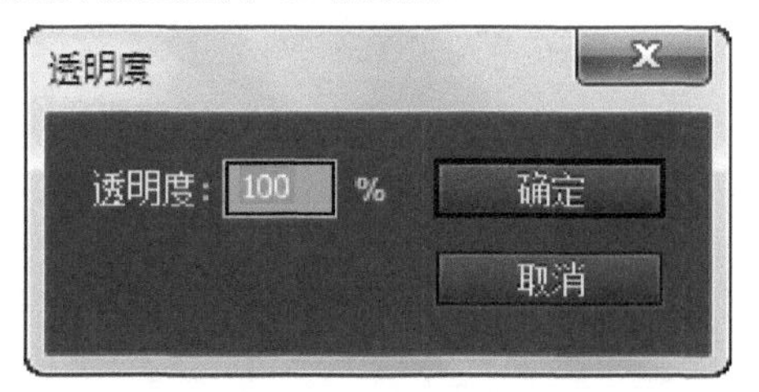

图14-27

图14-28

旋转文字：选择“字幕→变换→旋转”命令，在打开的如图14-29所示的“旋转”对话框中，键入希望文字旋转的角度值，然后单击“确定”按钮即可。

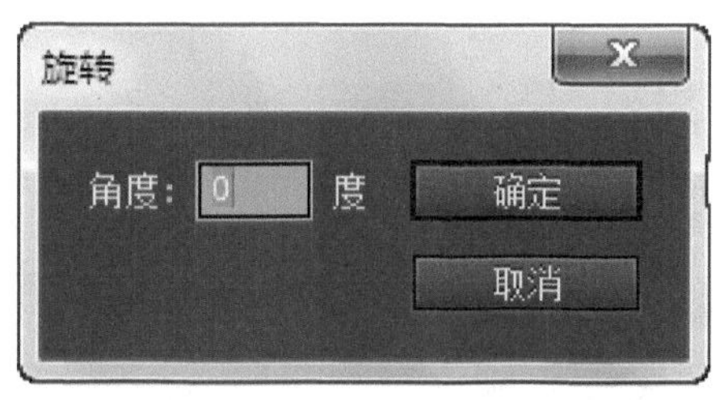

图14-29

小技巧

当对文本框进行移动、调整大小和旋转时，注意字幕属性面板转换区中的选项会随时更新以反映变化。

14.3.3 设置文字样式

在第一次使用文字工具键入文字时，Premiere Pro会将放在屏幕上的文字设置成默认的字体和大小。可以通过修改“字幕属性”面板中的属性选项，或者使用“字幕”菜单中的菜单命令来修改文字属性。

在“字幕属性”面板的属性区，可以修改文字的字体和字体大小，设置纵横比、字距、跟踪、基线位移和倾斜，以及应用小型大写字母和添加下画线等。

使用“字幕”菜单可以修改文字的字体和大小，还可以将文字方向从水平改成垂直，或从垂直改成水平。

设置文字的字体和大小

用户可以使用“字幕”菜单和“字幕属性”面板中的属性选项来修改文字的字体和大小。“字幕”窗口为编辑文字的字体和字体大小属性提供了三种基本方法。

在键入文字前修改字体和字体大小属性的步骤如下。

第一步：选择文字工具，然后在希望文字出现的位置单击。

第二步：使用“字幕字体”命令和“字幕大小”命令修改文字的字体和大小设置，也可以从“字幕属性”面板的“属性”区中的“字体”和“字体大小”下拉列表中选择字体和大小，或者单击“字幕”面板顶部的Adobe ...图标进行修改，如图14-30所示。

图14-30

第三步：输入所需的文字，此时输入的文字会使用当前设置的字体和大小。

要修改单个字符或部分相连文字的文字属性，可按照以下步骤进行操作。

第一步：使用文字工具在需要选择的首个字符前单击，然后向后拖动鼠标，即可选中指定的部分文字，如图14-31所示。

图14-31

第二步：使用“字幕”菜单命令或“字幕属性”面板的“属性”选项来修改文字属性。

小技巧

如果希望修改所有区域文字的属性，可使用“选择工具”选择区域文字，然后进行修改。

修改文字间距

通常，字体的默认行距（行之间的间隔）、字距（两个字符间的间隔）和跟踪（整个选中区域内所有字母间的间隔）提供了文字在屏幕上的可读性。但是，如果使用了大字体，那么行间距和字距可能会看起来不太协调。如果发生这种情况，可以使用Premiere Pro的行距、字距和跟踪控件来修改间距属性。

请按照以下步骤修改行距。

第一步：使用“水平区域文字工具”或“垂直区域文字工具”在“字幕”面板的绘图区内创建多行文字。

第二步：在“字幕属性”面板的“属性”区域中，向左或向右拖动“行距”值，即可调整文字的行距。增加行距值会增加行与行之间的间隔，减小行距值会减少行与行之间的间隔。如果希望将间距重新设置成初始行距，那么在行距字段中键入0。图14-32所示为修改行距前后的效果对比。

图14-32

用户可以使用“基线位移”属性上下移动选中的字母、文字或句子的基线。增加基线位移值会使文字上移，减小基线位移值会使文字下移。用户可以按照以下步骤修改文字的基线位移。

第一步：使用“输入文字”或“垂直文字工具”创建多行文字，并选择其中的部分文字，如图14-33所示。

图14-33

第二步：在“属性”区中的“基线位移”值上按下鼠标左键并左右拖动，即可调整所选文字相对于基线的位置，如图14-34所示。

图14-34

要修改文字的字距，可以按照以下步骤进行。

第一步：使用文字工具在“字幕”面板的绘图区内创建文字，并选择需要修改字距的两个文字或部分相连的文字，如图14-35所示。

图14-35

第二步：在“属性”区中的“字距”值上按下鼠标左键并拖动，即可调整所选文字的字距。当增加字距值时，两个字母间的间隔会增加。减小了字距值时，两个字母间的间隔会减小。图14-36所示为增加字距后的文字。

图14-36

要修改文字的跟踪属性，请按照以下步骤进行。

第一步：使用文字工具在“字幕”面板的绘图区内创建文字，然后选择需要设置跟踪属性的部分文字，如图14-37所示。

图14-37

第二步：在“属性”区中的“跟踪”值上按下鼠标左键并拖动，即可调整所选文字的跟踪属性。增加跟踪值会增加字母间的间隔，减小跟踪值会减少字母间的间隔。图14-38所示为减小跟踪值后的文字。

图14-38

设置其他文字属性

其他一些文字属性可用来修改文字的外观，包括纵横比、倾斜、扭曲、小型大写字母和下画线属性。图14-39显示了修改纵横比、倾斜、扭曲和其他文字属性，并为文字添加阴影后的效果，对其中每个字母都是单独选中，然后修改属性的。这样，每个字母都拥有独一无二的外观。

图14-39

按照以下步骤，使用“字幕属性”面板的“属性”区中的一些文字属性来修改文字外观。

第一步：选择“输入工具”，并为文字选择一种字体和字体大小。

第二步：使用输入工具键入文字。

第三步：在“纵横比”值上按下鼠标左键，并向左或向右拖动来增加或减小文字的横向比例。

第四步：要使文字向右倾斜，在“倾斜”值上向右拖动。要使文字向左倾斜，在“倾斜”值上向左拖动。

第五步：要扭曲文字，在“扭曲”区的“X”和“Y”值上按下鼠标左键并拖动即可。

知识窗：将英文设置为小型大写字母样式

如果希望为文字添加下划线或将文字转换成小型大写字母，可以在“属性”区中选中“下画线”或“小型大写字母”复选框。图14-40所示为将文字转换为小型大写字母后的效果。

图14-40

14.4 修改文字和图形的颜色

为文字和图形选择的色彩会给视频项目的基调和整体效果增色。使用Premiere Pro的色彩工具，可以选择颜色，并能创建从一种颜色到另一种颜色的渐变，甚至还可以添加透明效果，使其可以透过文字和图形显示背景视频画面。

为创建的字幕选择颜色时，最好的方法是使用可以从背景图片中突出的颜色。当观看电视节目时，特别观察一下字幕会发现，很多电视制作人只是简单地在暗色背景中使用白色文字，或者使用带阴影的亮色文字来避免字幕看起来单调。如果制作一个包括很多字幕的作品，那么请保持整个作品中文字颜色一致，以避免分散观众的注意力。此类字幕的一个样例是屏幕下方三分之一处，其中图形出现在屏幕底部，经常提供诸如说话者名字之类的信息。

14.4.1 了解RGB颜色

计算机显示器和电视屏幕使用红绿蓝颜色模式创建颜色，在这种模式下，混合不同的红、绿和蓝光值可以创建出上百万种颜色。

Premiere Pro的“颜色拾取”允许用户在Red（R）、Green（G）和Blue（B）字段里输入不同的值来模拟混合光线的过程。表14-3给出了一些颜色值。

颜色域中可输入的最大值是255，最小值是0。因此，Premiere Pro允许用户创建1600万（256×256×256）种颜色。如果每个RGB值都为0，创建颜色时就不添加任何颜色，结果颜色就是黑色。如果每个RGB域输入的都是255，就会创建出白色。

要创建不同深浅的灰色，必须使所有字段中的值都相等。例如，值R50、G50和B50创建出深灰色，值R250、G250和B250创建出浅灰色。

表14-3 颜色的RGB值

颜色	R（红色）值	G（绿色）值	B（蓝色）值
黑色	0	0	0
红色	255	0	0
绿色	0	255	0
蓝色	0	0	255
青色	0	255	255
洋红色	255	0	255
黄色	255	255	0
白色	255	255	255

14.4.2 通过颜色样本修改颜色

在Premiere Pro中，随时都可以使用Premiere Pro的颜色拾取来选择颜色。单击“填充”三角展开“填充”区并显示颜色样本（“填充”区位于“字幕属性”面板的“属性”区下方）。要使实色填充颜色样本出现，必须在“填充类型”下拉列表中选择“实色”选项，如图14-41所示。

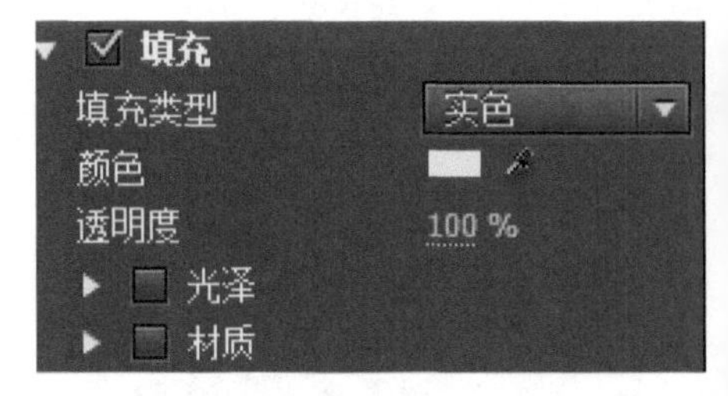

图14-41

在Premiere Pro中拾取颜色就像单击鼠标一样简单。单击实色填充颜色样本，打开“颜色拾取”对话框，如图14-42所示。

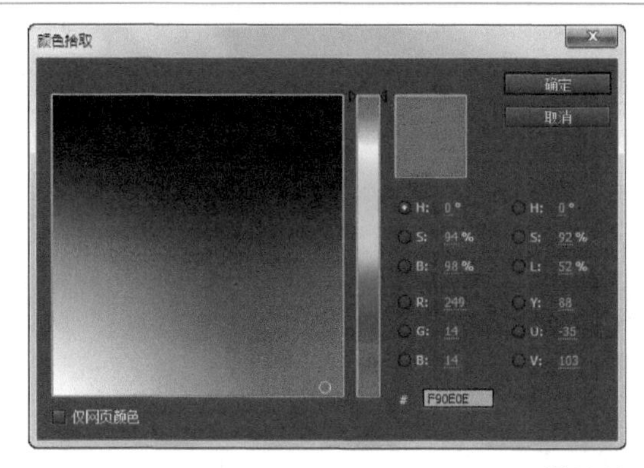

图14-42

在“颜色拾取”对话框中，可以单击对话框的主要色彩区，或者输入特定的RGB值，为文字和图形选择颜色。在使用“颜色拾取”对话框时，可以在对话框右上角颜色样本的上半部分预览到设置的颜色。颜色样本的下半部分显示为初始颜色。如果希望恢复成初始颜色，只需单击下半部分颜色样本即可。

如果选择的颜色不在NTSC（全国电视系统委员会制式）视频色域之内，Premiere Pro会显示范围警告信号，这个信号看起来类似黄色三角中的一个惊叹号，如图14-43所示。要使颜色改变成最接近NTSC制式的颜色，只需单击范围警告信号即可。

图14-43

如果希望使用专门用于Web的颜色，可以选中颜色拾取对话框左下角的“仅网页颜色”复选框，如图14-44所示。

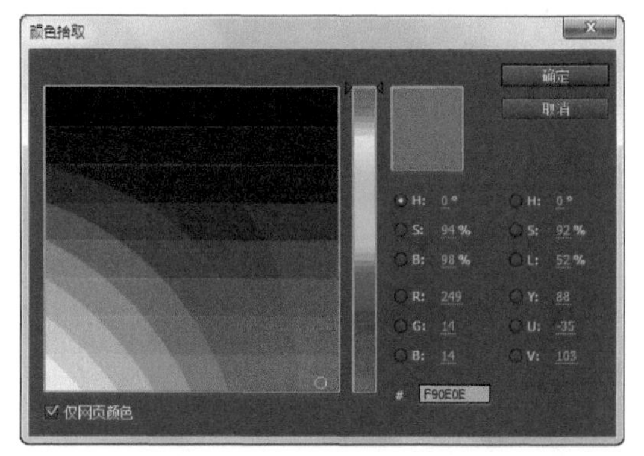

图14-44

小技巧

PAL（精确近照明设备）和SECAM制式视频（顺序与存储彩色电视系统）使用的色域比NTSC制式要宽。如果采用的不是NTSC制式视频，可以忽略范围警告。

14.4.3 使用“吸管工具”选择颜色

除了“颜色拾取”对话框，拾取颜色最有效的方法就是使用“吸管工具”。“吸管工具”会将用户单击的颜色自动复制到颜色样本中。这样，使用鼠标单击就可以重新创建颜色，而不必把时间浪费在试验“颜色拾取”话框中的RGB值上。

使用“吸管工具”从视频素材、标记、样式或模板上选择颜色非常便利。使用“吸管工具”可以完成下列操作。

从绘图区中的文字或图形对象上选择一种颜色。

从标记、样式或模板上选择一种颜色。

从“字幕”面板背景中的视频素材上选择一种颜色。

14.4.4 应用“实色”填充

在创建图形对象或文字后，使用Premiere Pro的“颜色拾取”来应用实色填充的操作非常简单。操作步骤如下。

新手练习：“实色”填充文字

- 素材文件：素材文件/第14章/01.jpg
- 案例文件：案例文件/第14章/新手练习——“实色”填充文字.Prproj
- 视频教学：视频教学/第14章/新手练习——“实色”填充文字.flv
- 技术掌握：应用“实色”填充文字的方法

扫码看视频

本例将介绍如何应用“实色”填充文字并修改文字透明度的操作，案例效果如图14-45所示，该案例的制作流程如图14-46所示。

图14-45

图14-46

【操作步骤】

01 选择“文件→新建→项目”命令，在“新建项目”对话框中设置项目的存储位置和文件名，然后单击“确定”按钮，在打开的“新建序列”对话框中选择一个预置或创建一个自定义设置，如图14-47所示，再单击“确定”按钮创建一个新项目，如图14-48所示。

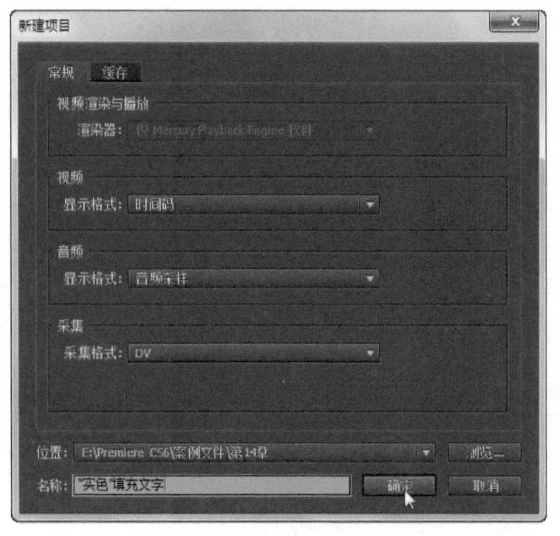

图14-47

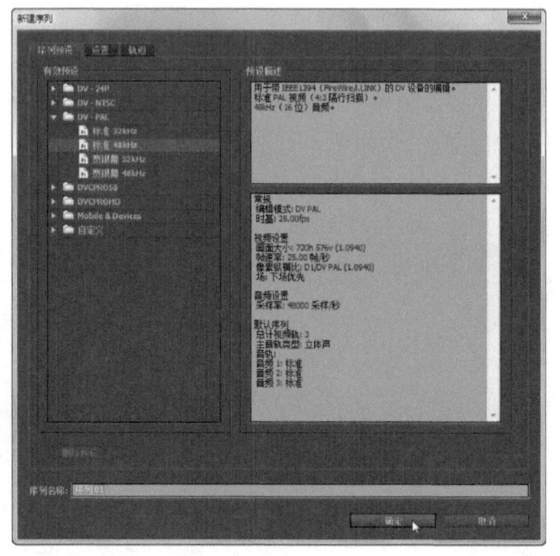

图14-48

02 选择“文件→导入”命令，将“01.jpg”素材导入到“项目”面板中，然后将素材拖入到“时间线”面板的视频1轨道中，如图14-49所示。

图14-49

03 选择“字幕→新建字幕→默认静态字幕”命令，在打开如图14-50所示的“新建字幕”对话框中为字幕命名，也可以保持默认设置，然后单击“确定”按钮。

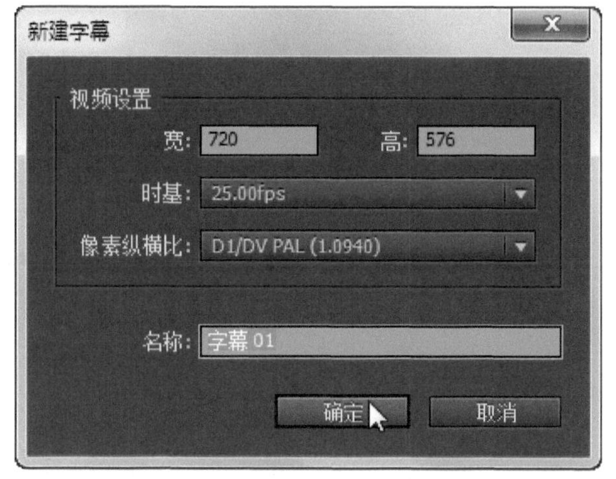

图14-50

04 在打开的“字幕”窗口中使用文字工具在屏幕上创建文字对象，或使用绘图工具绘制图形对象，然后使用“选择工具”选择屏幕上已存在的文字或图形对象,如图14-51所示。

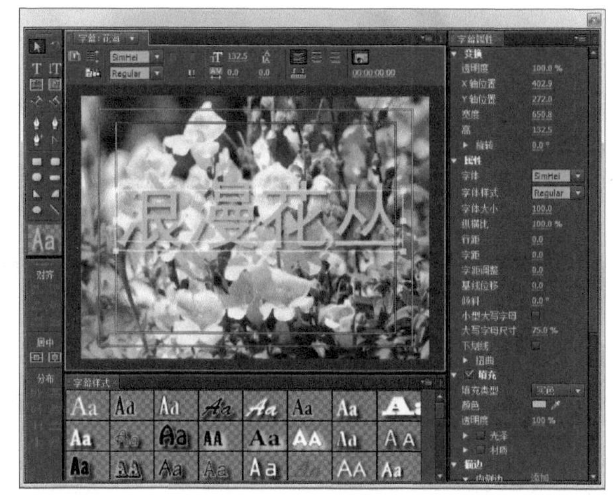

图14-51

05 确保在“字幕属性”面板中选中了“填充”复选框（取消对“填充”复选框的选择会撤销填充效果）。将“填充类型”设置为“实色”。

06 单击颜色样本打开“颜色拾取”对话框。在该对话框中选择新的颜色，如图14-52所示，然后单击“确定”按钮关闭该对话框，修改文字颜色后的效果如图14-53所示。也可以使用“填充”区中的吸管工具从绘图区的对象上或背景视频素材中选取一种颜色。

07 要将颜色变得透明以便透过它看到后面的东西，可以减小“透明度”百分比。透明度百分比越小，对象看起来越透明。图14-54所示为设置“透明度”值为50%的效果。

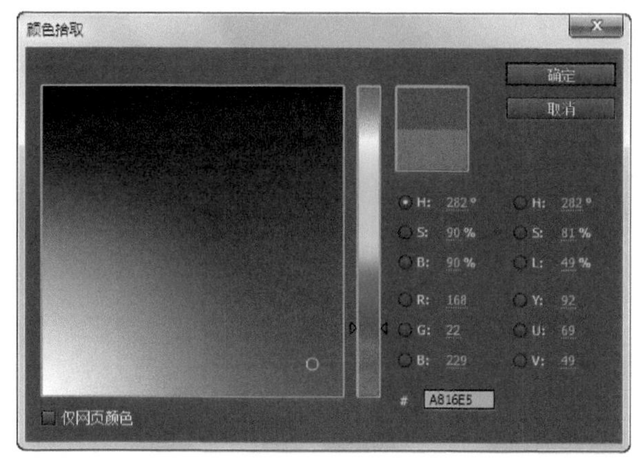

图14-52

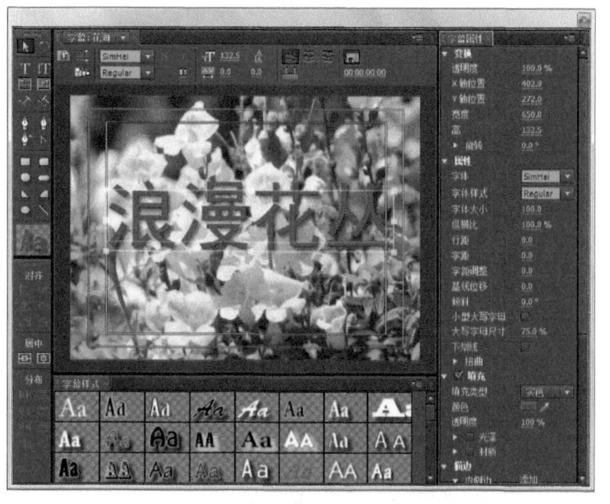

图14-53

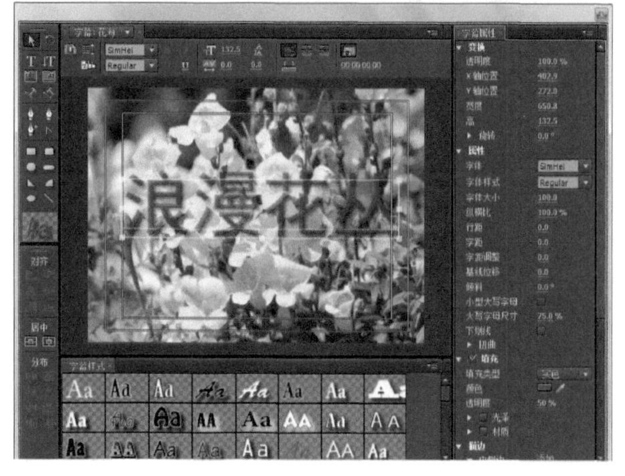

图14-54

14.4.5 应用“光泽”和“材质”效果

用户还可以将“光泽”和“材质”效果添加到文字或图形对象的填充和描边中。要添加光泽，首先单击紧挨着“填充”的三角显示“填充”选项，“光泽”选项位于“填充”区内。要查看“光泽”选项，需要选中

"光泽"复选框，然后单击"光泽"选项旁边的三角来显示所有"光泽"属性。

添加光泽

下面以在上一节中添加的字幕素材为例，介绍在文字中制造"光泽"和"阴影"效果的操作方法。

新手练习：添加文字光泽

- 素材文件：素材文件/第14章/01.jpg
- 案例文件：案例文件/第14章/新手练习——添加文字光泽.Prproj
- 视频教学：视频教学/第14章/新手练习——添加文字光泽.flv
- 技术掌握：为文字制造光泽和阴影效果的方法

扫码看视频

本例将介绍如何为文字制造"光泽"和"阴影"效果的操作，案例效果如图14-55所示，该案例的制作流程如图14-56所示。

图14-55

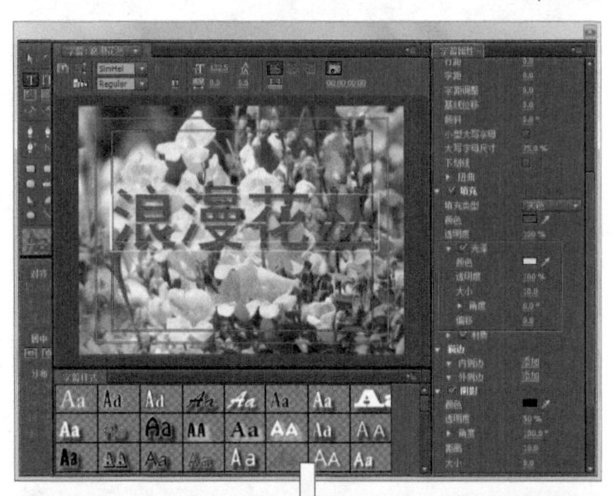

图14-56

【操作步骤】

01 打开上一节中制作的项目文件，并双击字幕素材，打开"字幕"窗口，将"填充"属性栏的"透明度"改为100，然后单击"填充"属性栏的三角形来显示"光泽"选项，并选中"光泽"复选框，单击"光泽"复选框旁边的三角形来显示"光泽"选项，如图14-57所示。

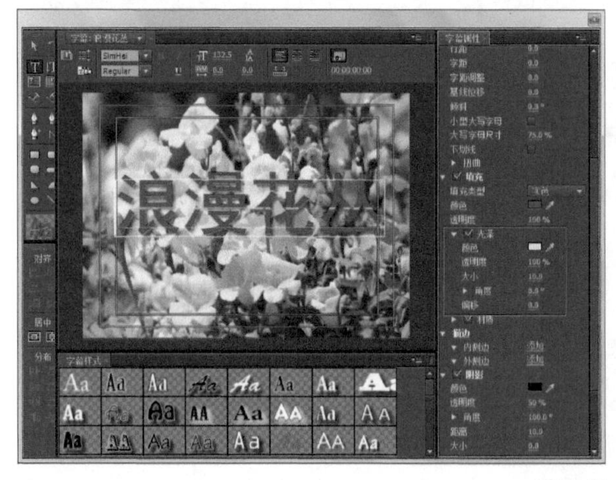

图14-57

02 单击颜色样本修改颜色，也可以使用吸管工具从屏幕上的对象或背景视频素材中拾取颜色，如图14-58所示。

图14-58

03 在"光泽"区中的"大小"值上按住鼠标左键并左右拖动来修改光泽的大小。向右拖动会增加光泽的大小，向左拖动会减小高亮的大小。图14-59所示为增加光泽大小后的文字。

04 在"角度"值上按下鼠标左键并拖动可修改光泽的角度，如图14-60所示。

05 在"偏移"值上按下鼠标左键并拖动可上下移动光泽。增加偏移值光泽会向上移动，减小偏移值光泽会向下移动。图14-61所示为增加偏移值的文字效果。

图14-59

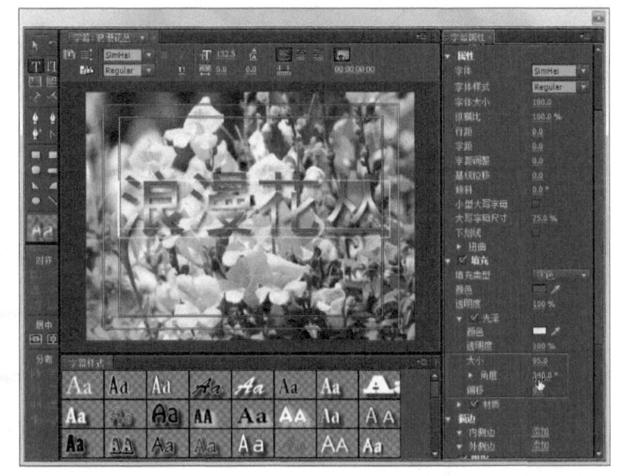

图14-60

图14-61

06 降低“光泽”区中的“透明度”值，可以使光泽部分看起来透明，如图14-62所示。

图14-62

添加材质

应用材质会使文字和图形看起来更逼真，按照以下步骤应用材质。

第一步：在绘图区中选择一个图形或文字对象，单击“填充”属性旁边的三角来显示“材质”选项，然后选中“材质”复选框。

第二步：单击“材质”复选框旁边的三角形来显示“材质”选项。

第三步：单击“材质”右边的材质样本来显示“选择材质图像”对话框。

第四步：在“选择材质图像”对话框中，从Premiere Prod的Textures文件夹中选择一个材质。

第五步：单击“打开”按钮，将材质应用到选中的对象中。

小技巧

用户可以创建自己的材质。例如，可以使用Photoshop将任何位图文件保存为PSD、JPEG、TARGA或TIFF文件，用户也可以使用Premiere Pro从视频素材中输出一个画面。

“材质”选项如图14-63所示，其中各选项的功能如下。

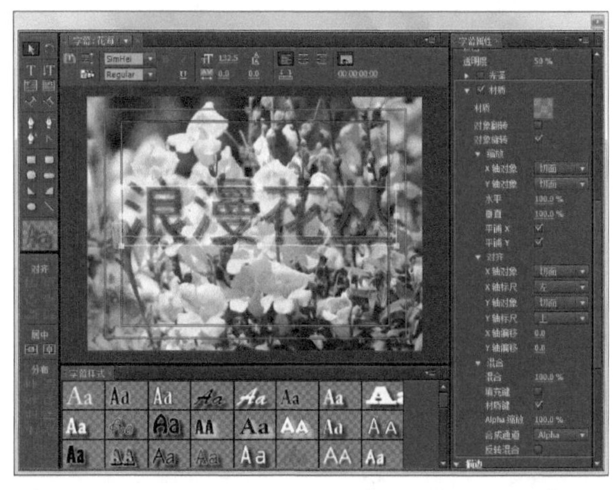

图14-63

【参数介绍】

“对象翻转”或“对象旋转”：Premiere Pro随物体一起翻转或旋转物体的材质。

缩放：Premiere Pro缩放材质的比例。首先，单击选项旁边的三角，然后单击并拖动“水平”和“垂直”值。缩放比例区中还包括“平铺X”和“平铺Y”选项，使用这两个选项可以指定是否将材质平铺到物体。使用“缩放”区的“x轴对象”和“y轴对象”下拉列表来决定材质沿着x轴和y轴延伸的方式。下拉菜单的四个选项分别是“材质”“切面”“面”和“扩展字符”，如图14-64所示。

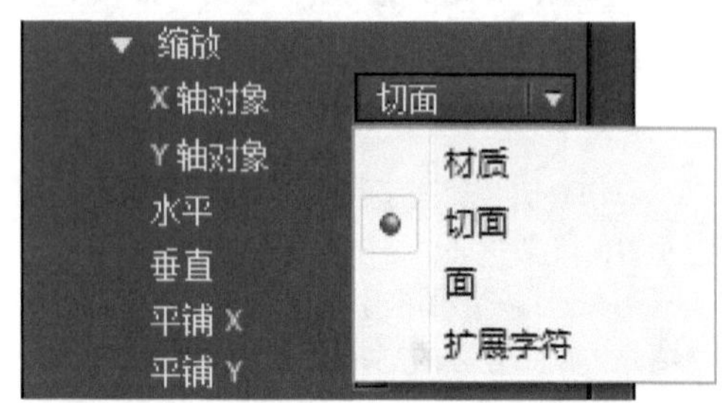

图14-64

对齐：使用“x轴对象”和“y轴对象”下拉列表来决定物体材质排列的方式。下拉菜单的4个选项分别是“材质”“切面”“面”和“扩展字符”，选择的选项将决定材质的排列方式。默认状态下，选中的是“切面”选项。使用“x轴标尺”和“y轴标尺”下拉列表中的“左”“居中”或“右”选项，可以决定材质排列的方式。使用“x轴偏移”和“y轴偏移”值，可以在选中物体里移动材质。

混合：使用“混合”区的“混合”值可以将填充颜色和材质融合在一起。减小“混合”值可以增加填充颜色，同时减少材质。“混合”区的“填充键”和“材质键”复选框会考虑物体的透明度。降低融合区的“Alpha缩放”值使得物体显得更透明。使用“合成通道”下拉菜单选择决定透明度所要使用的通道。单击“反转组合”复选框翻转Alpha值。

14.4.6 应用渐变色填充

Premiere Pro的颜色控件允许用户对字幕设计创建的文字应用渐变色。渐变是指从一种颜色向另一种颜色的逐渐过渡，它能够增添生趣和深度，否则颜色就会显得单调。如果应用得当，渐变还可以模拟图形中的光照效果。用户可以在“类型设计”中创建三种渐变，分别是“线性渐变”“放射渐变”和“4色渐变”。线性和放射渐变都是由2种颜色创建，4色渐变则可以由4种颜色创建。

下面以创建放射渐变为例，介绍为文字或图形应用渐变色的方法。

第一步：在“字幕”窗口中，使用“字幕工具”面板中的工具创建文字或图形，然后使用“选择工具”选择文字或图形。

第二步：确保选中“字幕属性”面板中的“填充”复选框，并且确保复选框旁边的三角形是朝下的。从“填充类型”下拉列表中选择“放射渐变”选项，此时的选项设置如图14-65所示。要设置渐变的开始颜色和终止颜色，可以使用渐变开始和渐变结束颜色样本。

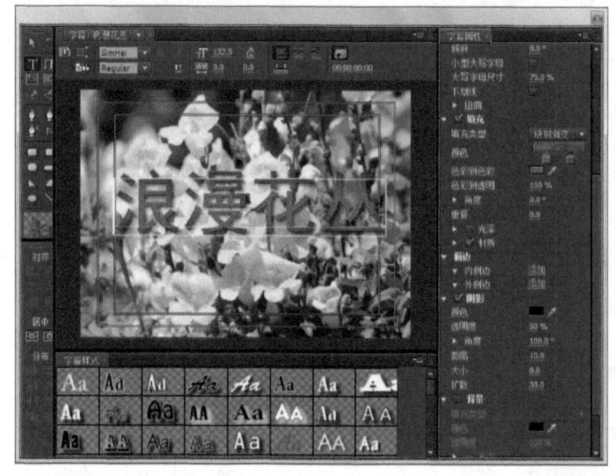

图14-65

【参数介绍】

可以移动渐变开始颜色样本和渐变终止颜色样本，移动样本会改变每个样本应用到渐变的颜色比例。

“色彩到色彩”颜色样本用于修改选中颜色样本的颜色。

“色彩到透明”设置用于修改选中颜色样本的透明度。选中的颜色样本上面的三角形显示为实心。

要修改线性渐变中的角度，可以单击并拖动“角度”值。

对于线性渐变和放射渐变来说，开始和结束颜色样本是渐变条下的两个小矩形。双击渐变开始颜色样本，当打开“颜色拾取”对话框时，选择一种开始渐变颜色。双击渐变终止颜色样本，当打开“颜色拾取”对话框时，选择一种渐变终止颜色。图14-66所示为修改渐变开始和渐变结束颜色样本后，应用到文字上的渐变色。

要增加线性或放射渐变的重复次数，可以单击并拖动“重复”值。图14-67所示为增加“重复”值后的渐变色。

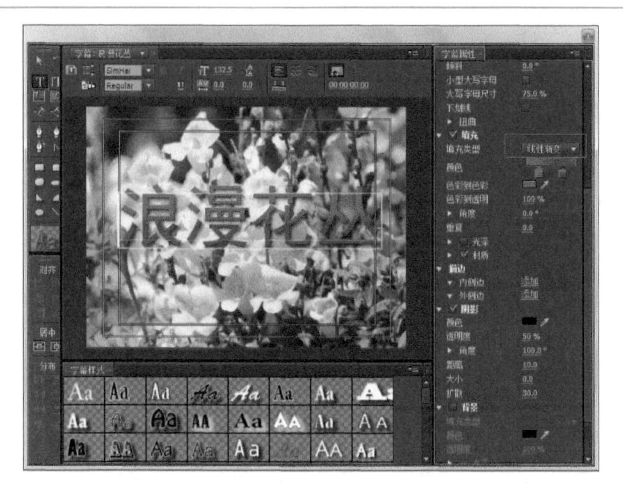

图14-66

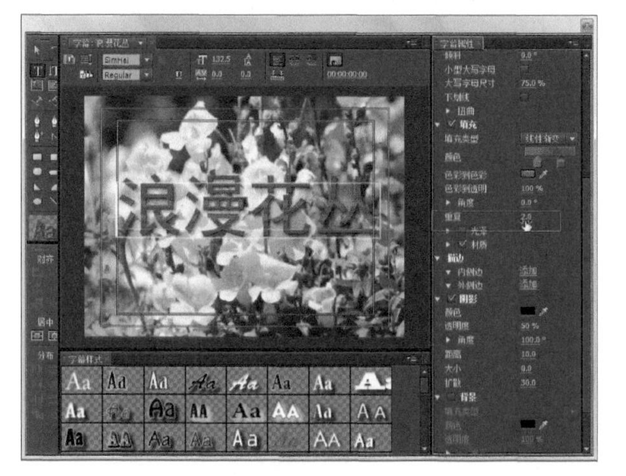

图14-67

知识窗：四色渐变中的颜色样本

4色渐变有两个开始样本和两个终止样本。对于4色渐变来说，渐变条上下各有两个小矩形，这些是它的颜色样本，如图14-68所示。

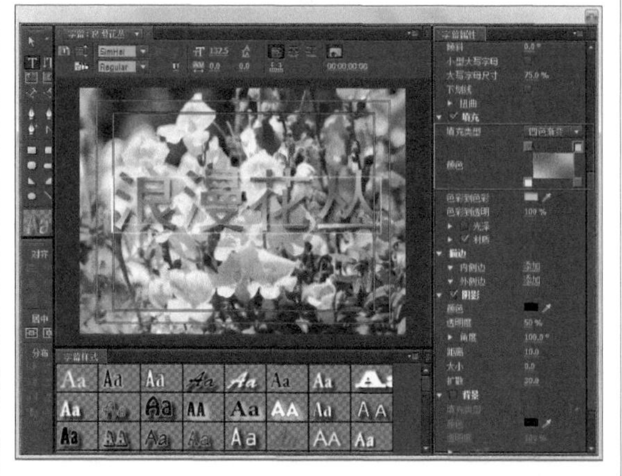

图14-68

14.4.7 应用“斜面”效果

Premiere Pro允许用户在字幕设计中创建一些真实有趣的斜面，斜面可以为文字和图形对象添加三维立体效果，如图14-69所示。

图14-69

高手进阶：创建斜面立体文字

- 素材文件：素材文件/第14章/02.jpg
- 案例文件：案例文件/第14章/高手进阶——创建斜面立体文字.Prproj
- 视频教学：视频教学/第14章/高手进阶——创建斜面立体文字.flv
- 技术掌握：使用斜面文字和图形对象添加三维立体效果的方法

扫码看视频

本例将介绍如何使用斜面文字和图形对象添加三维立体效果的操作，案例效果如图14-70所示，该案例的制作流程如图14-71所示。

图14-70

图14-71

【操作步骤】

01 根据需要选择预置新建一个项目，然后导入一个视频素材到“项目”面板中，这里以导入“02.jpg”图片为例。然后将视频素材从“项目”面板拖到“时间线”面板的视频轨道上，如图14-72所示。

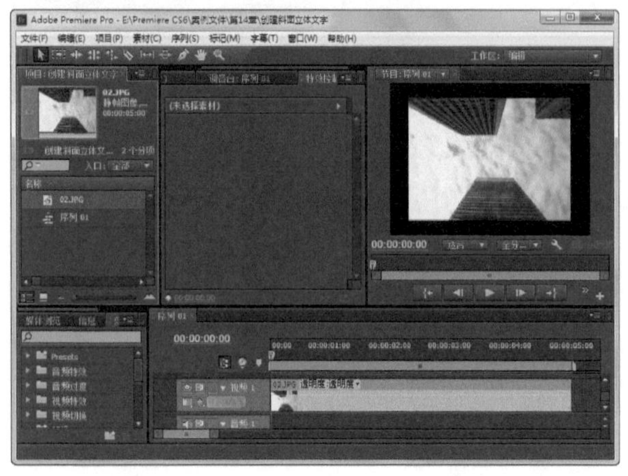

图14-72

02 选择“字幕→新建字幕→默认静态字幕”命令，在打开如图14-73所示的“新建字幕”对话框中为字幕命名，然后单击“确定”按钮，打开“字幕”窗口。

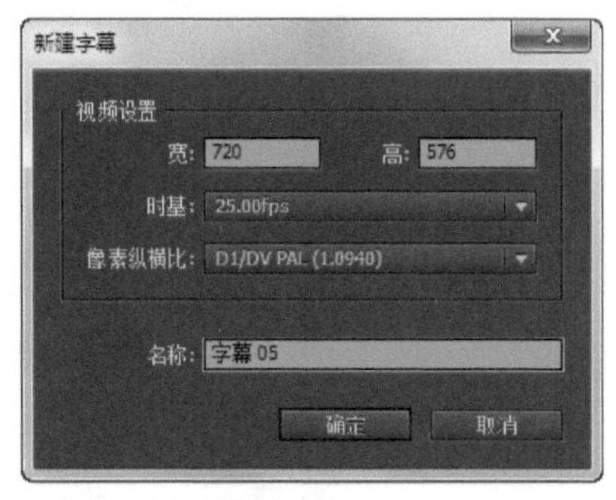

图14-73

03 在“字幕”面板中单击“显示背景视频”图标，显示素材，然后使用“字幕工具”面板中的“输入工具”创建文字City，并设置文字的字体和大小，如图14-74所示。

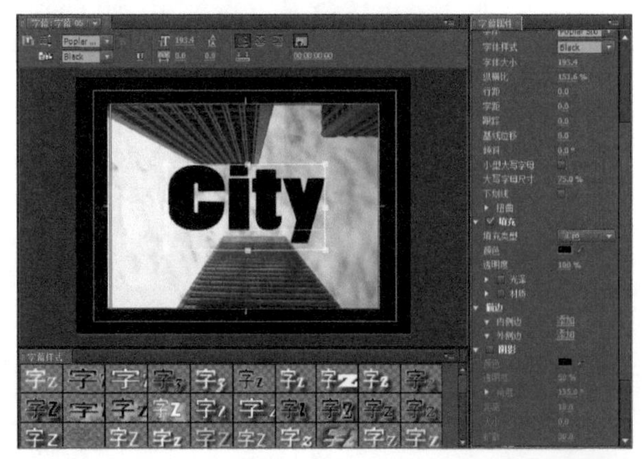

图14-74

04 使用“选择工具”选择文字，然后选中“填充”复选框，并展开该区域选项。从“填充类型”下拉列表中选择“斜面”，此时“填充”区的选项如图14-75所示。

05 单击“高光色”颜色样本或者使用吸管工具拾取高光颜色，然后单击“阴影色”颜色样本，或者使用吸管工具来拾取阴影颜色。这里将高光色设置为白色、阴影色设置为深蓝色，如图14-76所示。

图14-75

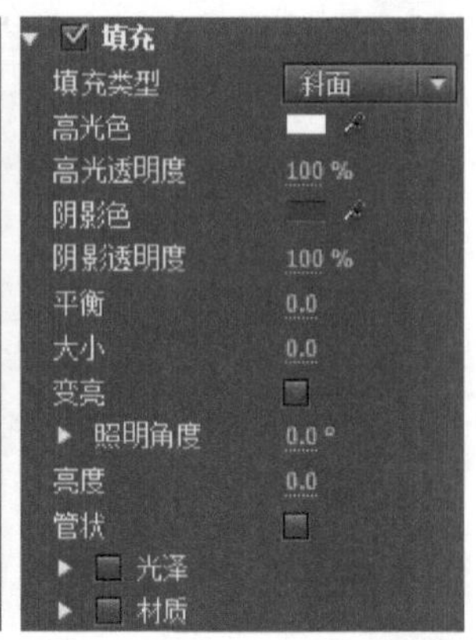

图14-76

06 向右拖动“大小”滑块，即可增加斜面尺寸，如图14-77所示。

图14-77

07 要增加或减少高亮颜色，单击并拖动“平衡”值。增加高亮颜色会减少阴影颜色，反之亦然。图14-78所示为增加平衡值的效果，图14-79所示为减小平衡值的效果。

08 要进一步装饰斜面，可以选中“管状”复选框，这时一个管状的修饰就出现在高亮和阴影区域之间，如图14-80所示。

09 选中“变亮”复选框，可以增加斜角边效果，并使得物体看起来更具立体感，如图14-81所示。

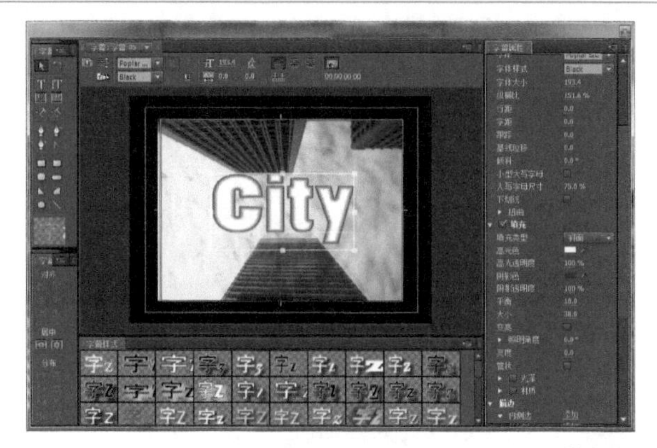

图14-78

图14-79

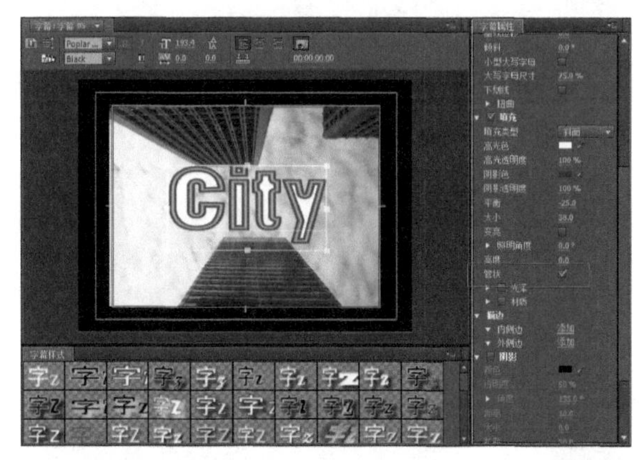

图14-80

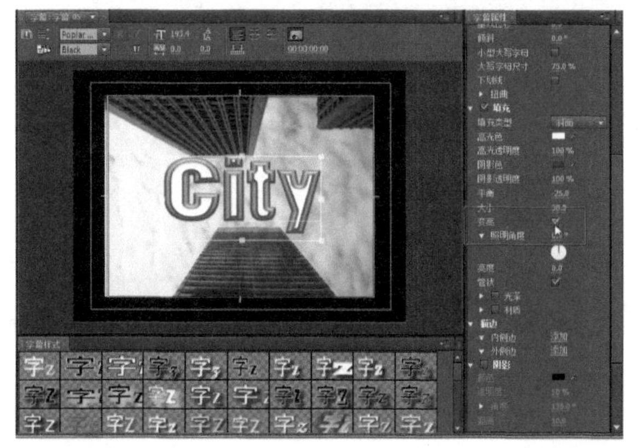

图14-81

10 拖动“照明角度”值来修改光线的角度，如图14-82所示。如果想使斜角边呈透明状，可以向左拖动“高亮不透明”或“阴影不透明”值。图14-83所示为降低高光透明度后的斜面效果。

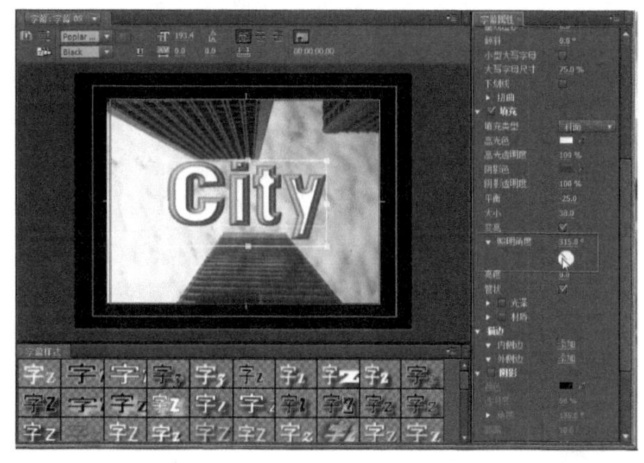

图14-82

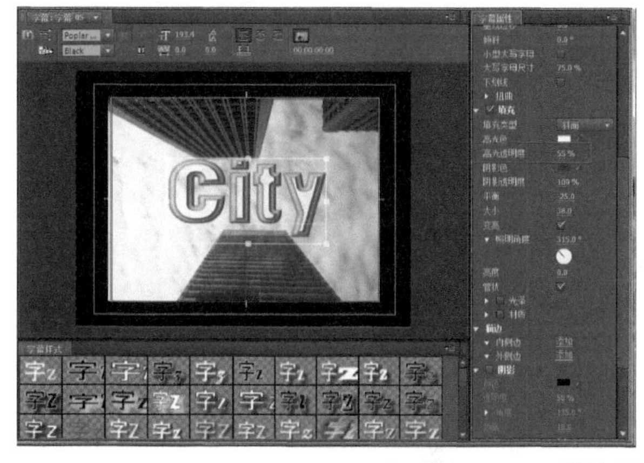

图14-83

14.4.8 添加“阴影”

若要为文字或图形对象添加最后一笔修饰，可能会想到为它添加阴影。Premiere Pro可以为对象添加内侧边或外侧边阴影，步骤如下。

高手进阶：创建阴影文字

- 素材文件：素材文件/第14章/02.jpg
- 案例文件：案例文件/第14章/高手进阶——创建阴影文字.Prproj
- 视频教学：视频教学/第14章/高手进阶——创建阴影文字.flv
- 技术掌握：创建阴影文字的方法

扫码看视频

本例将介绍如何创建阴影文字的操作，案例效果如图14-84所示，该案例的制作流程如图14-85所示。

图14-84

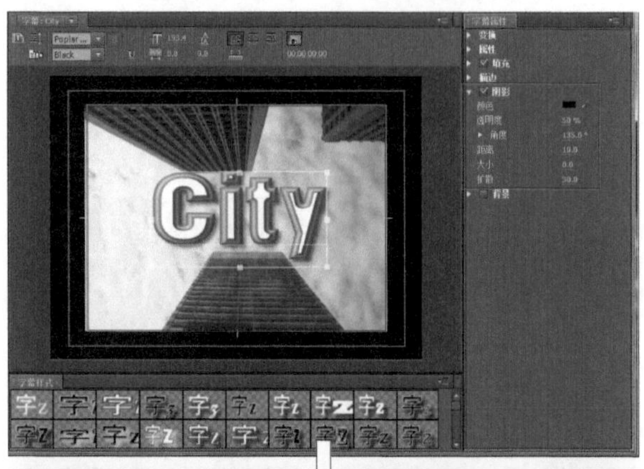

图14-85

【操作步骤】

01 选择上一小节中创建的文字City，然后在“填充”区中将“高光透明度”设置为100%，这样便于在应用阴影后，更好地突出阴影效果，如图14-86所示。

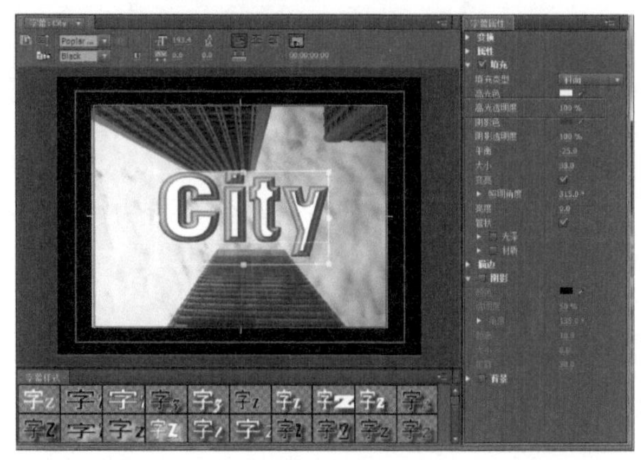

图14-86

02 单击“阴影”复选框将其选中，然后单击“阴影”选项旁边的三角形，使其朝下，以展开该区域中的选项，如图14-87所示。

03 拖动“阴影”区中的“大小”值来设置阴影的大小。该值越大，阴影的范围越大。图14-88所示是增加阴影大小后的效果。

图14-87

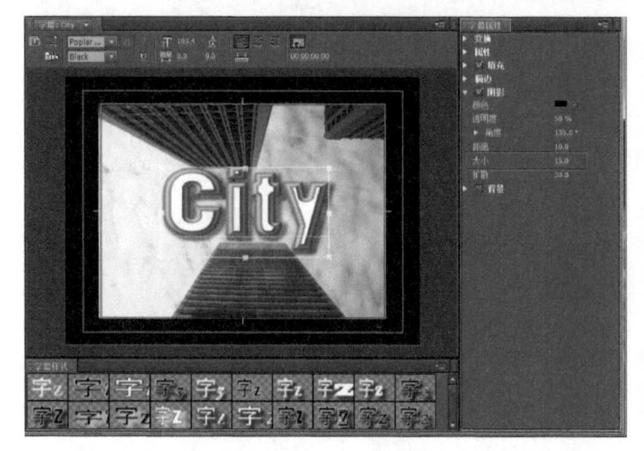

图14-88

04 拖动“距离”和“角度”值将阴影移到希望到达的位置，如图14-89所示。

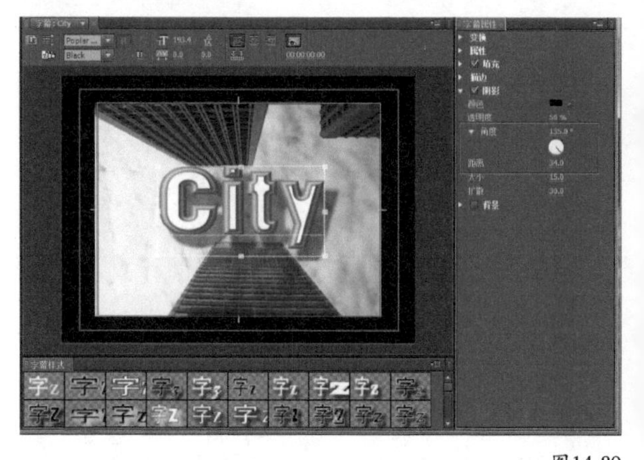

图14-89

05 拖动“扩散”值柔化阴影的边缘，如图14-90所示。

06 双击阴影颜色样本修改阴影的颜色，也可以使用该区域中的吸管工具从背景视频素材或模板中拾取颜色。图14-91所示是将阴影颜色设置为深蓝色后的效果。

图14-90

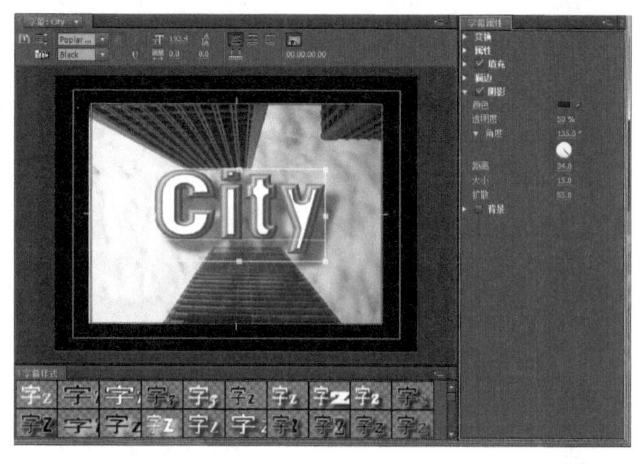

图14-91

小技巧

不要被阴影欺骗了。如果要修改具有实色阴影的物体的透明度，必须移除阴影或者使阴影变得透明，否则无法获得期望的效果。如果需要调整阴影的透明度，可以拖动“透明度”值。该百分比值越小，阴影越透明。

14.4.9 应用“描边”

为了将填充颜色和阴影颜色分开，可能需要对其添加“描边”，Premiere Pro可以为物体添加内侧边或外侧边。应用“描边”的操作步骤如下。

高手进阶：创建描边文字

- 素材文件：素材文件/第14章/02.jpg
- 案例文件：案例文件/第14章/高手进阶——创建描边文字.Prproj
- 视频教学：视频教学/第14章/高手进阶——创建描边文字.flv
- 技术掌握：使用描边文字将填充颜色和阴影颜色分开的方法

扫码看视频

本例将介绍如何创建描边文字将填充颜色和阴影颜色分开的操作，案例效果如图14-92所示，该案例的制作流程如图14-93所示。

【操作步骤】

01 继续选择前面创建的文字City，然后在“字幕属性”面板中单击“描边”选项左方的三角形，展开该区域中的选项，如图14-94所示。

图14-92

图14-93

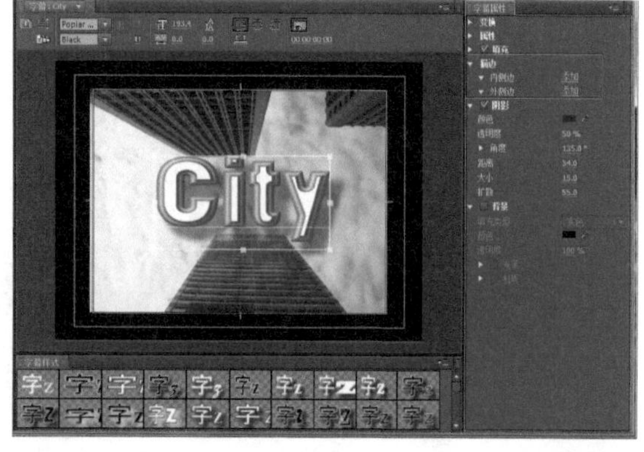

图14-94

小技巧

如果希望为选中物体添加描边，但不进行填充或为其添加阴影，可以将物体的“填充类型”设置成“消除”，这样便可将选中物体作为边框使用。

02 单击“内侧边”或“外侧边”选项旁边的“添加”，为文字添加内侧边或外侧边，此时将展开对应的选项。图14-95所示为添加外侧边的效果。

图14-95

03 在该区域中单击“类型”下拉按钮，然后从下拉列表中选择“深度”“凸出”或“凹进”描边类型，这里保持默认设置“凸出”不变。拖动“大小”值来修改描边的大小，图14-96所示为将该值设置为15的效果。

图14-96

04 在“填充类型”下拉列表中选择填充的类型，这里以“实色”填充类型为例。双击描边颜色样本，为外侧边选择颜色，也可以使用吸管工具从背景视频素材或模板中拾取一种颜色，这里将颜色设置为接近于黑色的深蓝色，如图14-97所示。

图14-97

小技巧

如果想使描边显得透明，可以减小“透明度”值。

05 选中该区域中的“光泽”复选框，并展开光泽选项，如图14-98所示。

图14-98

06 向右拖动“大小”值，调整光泽中高光的大小，如图14-99所示。

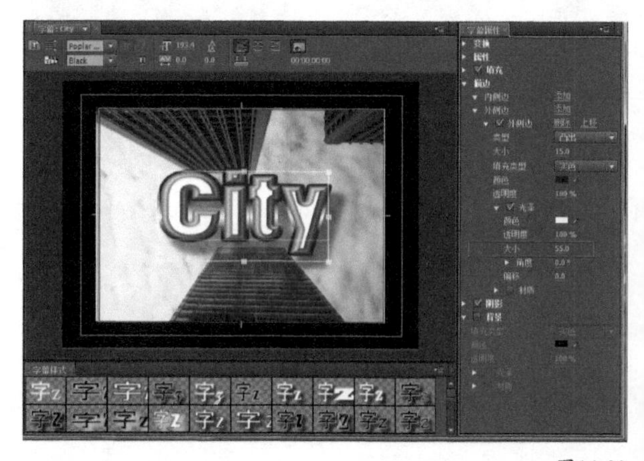

图14-99

07 向右拖动“偏移”值，使描边中的光泽稍微向上偏移，完成应用描边的操作，最终效果如图14-100所示。

图14-100

14.5 使用字幕样式

虽然设置文字属性非常简单，但是有时会发现将字体、大小、样式、字距和行距合适地组合在一起非常耗时。在花时间调整好一个文本框里的文字属性后，可能会希望对字幕设计里的其他文字或先前保存过的其他文字应用同样的属性，这时可以使用样式将属性和颜色保存下来。图14-101所示是为文字和矩形应用不同的字幕样式后的效果。

图14-101

Premiere Pro的“字幕样式”面板为文字和图形提供保存和载入预置样式的功能。因此，不用在每次创建字幕时都选择字体、大小和颜色，只需为文字选择一个样式名，就可以立即应用所有的属性。在整个项目中使用一两种样式有助于保持效果的一致性。如果不想自己创建样式，可以使用“字幕样式”面板中的预置样式。

要显示“字幕样式”面板，可以选择“窗口→字幕样式”命令，或者单击“字幕”面板菜单并选择“样式”命令。应用样式首要的操作就是选择文字，然后单击所需的样式样本即可。

单击“字幕样式”面板右上角的▤按钮，显示如图14-102所示的面板菜单，在该菜单中可以选择新建样式、应用样式、复制样式、存储样式库和替换样式库等命令。

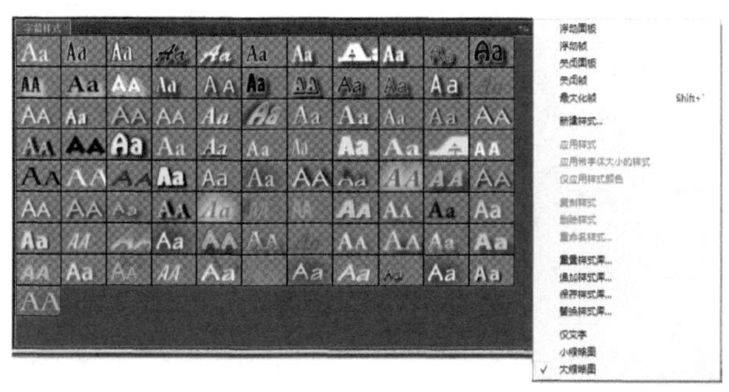

图14-102

要新建样式，可以按照以下操作步骤进行。

第一步：使用输入工具输入文字，然后在“字幕属性”面板中为文字设置必要的属性。这里以选择前面创建的文字City为例。

第二步：选择“字幕样式”面板菜单中的“新建样式”命令，在弹出的“新建样式”对话框中为新样式命名，如图14-103所示。单击“确定”按钮，即可保存为样式。在“字幕样式”面板中会看到新样式的样本或样式名，如图14-104所示。

图14-103

图14-104

新建样式后，新样式只保留在当前Premiere Pro项目会话中。如果想再次使用该样式，必须将它保存到一个样式文件。按照下述操作可以保存样式文件。

在“字幕样式”面板中选择该样式的缩略图。从“字幕样式”面板菜单中选择“存储样式库”命令，弹出“存储样式库”对话框，在其中为样式输入名称，并指定保存的硬盘路径，如图14-105所示。单击“保存”按钮即可。Premiere Pro使用.prsl扩展名保存样式文件。

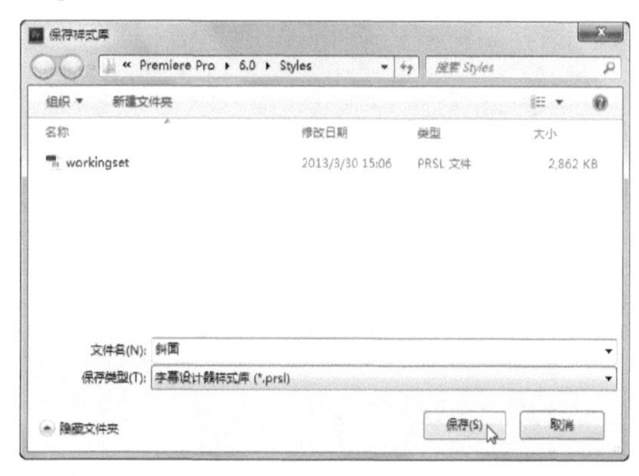

图14-105

小技巧

要更改样式名，可以在“字幕样式”面板菜单中选择“重命名样式”命令。要创建样式副本，可以选择“复制样式”命令。

14.5.1 载入并应用字幕样式

如果想载入硬盘上的样式以在Premiere Pro的新会话中应用，必须在应用之前先载入样式库。按照以下操作可以载入硬盘上的样式。

第一步：在“字幕样式”面板菜单中选择“追加样式库”命令，弹出“打开样式库”对话框。在该对话框中选择需要载入并应用的样式，如图14-106所示。

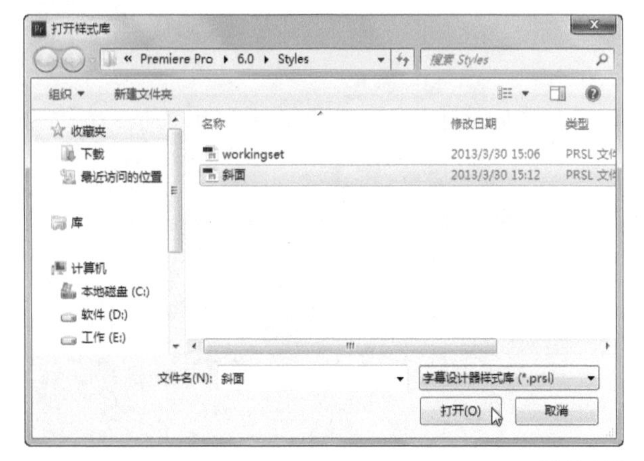

图14-106

第二步：单击“打开”按钮即可。载入样式后，只需选择文字或对象，然后在“字幕样式”面板中单击想要应用的样式缩略图，就可以应用该样式了。图14-107所示是为矩形和文字应用所选样式后的效果。

图14-107

14.5.2 管理样式样本

用户可以复制和重命名样式，可以删除现存的但以后不再使用的样式，还可以修改样式样本在字幕设计中的显示方式。复制、重命名、删除和修改样式样本的操作方法如下。

选中一个样式，然后从“字幕样式”面板菜单中选择“复制样式”命令即可。

要重命名样式，首先选中该样式，然后从“字幕样式”面板菜单中选择“重命名样式”命令，在出现的“重命名样式”对话框中键入新的样式名，然后单击“确定”按钮即可。

要删除样式，首先从“字幕样式”面板中选中需要删除的样式，然后从“字幕样式”面板菜单中选择“删除样式”命令，在出现的对话框中单击“确定”按钮，即可删除选中的样式。

如果觉得样式样本占用的屏幕空间太多，可以修改样式的显示使其以文字或小图标的形式显示。要修改样式的显示，只需在“字幕样式”面板菜单中选择“只显示文字”或“小缩略图”命令即可。

知识窗：修改样式中显示的字符

要修改样式样本中显示的两个字符，可以选择“编辑→首选项→字幕”命令，在出现的对话框中键入希望在“样式示例”字段中显示的两个字符，如图14-108所示的“字Z”，然后单击“确定”按钮，即可修改“字幕”窗口中的样式显示的字符，效果如图14-109所示。

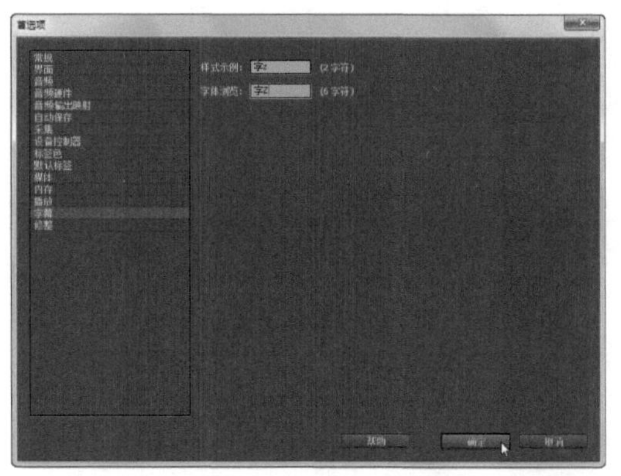

图14-108

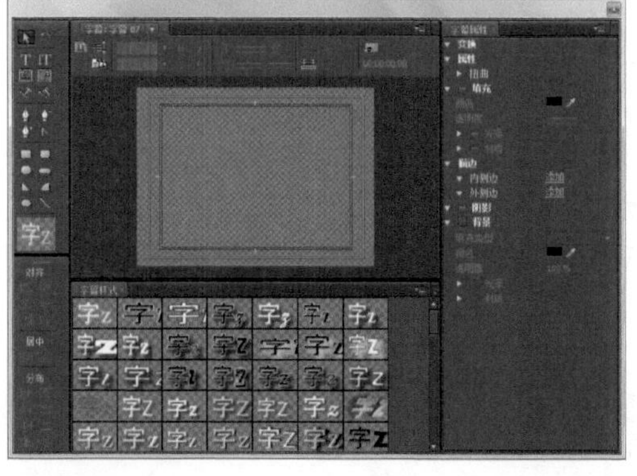

图14-109

14.6 在项目中应用字幕

本节介绍将字幕添加到项目中和在字幕素材中加入背景效果的操作。下面首先学习一下将字幕添加到项目中的方法。

14.6.1 将字幕添加到项目

要使用在字幕设计中创建的字幕，必须将它们添加到Premiere Pro项目中。当保存字幕时，Premiere Pro会自动将字幕添加到当前项目的“项目”面板中。字幕出现在“项目”面板后，将它们从“项目”面板拖到时间线面板中即可。

可以将字幕放在视频素材之上的视频轨道里或者和视频素材相同的轨道里。通常，可以将字幕添加到视频2轨道，这样字幕或字幕序列就会显示在视频1轨道的视频素材上方。如果希望字幕文件逐渐切换到视频素材，可以将字幕文件放在同一个视频轨道中，使字幕与视频素材在开头或者结尾处重叠。然后对重叠区应用切换。按照下述操作方法，使用“导入”命令将字幕添加到“项目”面板中。

第一步：选择“文件→导入”命令导入想要使用的字幕文件。这时，在项目文件的“项目”面板中会出现该字幕文件。

第二步：将字幕文件从“项目”面板拖到“时间线”面板的视频轨道中。

第三步：要预览添加字幕的效果，可以在“时间线”面板中，在想预览的区域移动当前时间指示器，然后打开“节目监视器”面板。

小技巧

将字幕文件放置到Premiere Pro项目中后，可以双击该文件，然后在出现的“字幕”窗口中进行编辑。

14.6.2 在字幕素材中加入背景

本节将新建一个项目，在新建的项目中导入一个视频素材作为Premiere Pro字幕设计创建的字幕的背景，然后保存字幕，并将其放在作品中。

新手练习：为字幕添加视频背景

- 素材文件：素材文件/第14章/01.mov
- 案例文件：案例文件/第14章/新手练习——为字幕添加视频背景.Prproj
- 视频教学：视频教学/第14章/新手练习——为字幕添加视频背景.flv
- 技术掌握：为字幕添加视频背景的方法

扫码看视频

本例将介绍如何为字幕添加视频背景的操作，案例效果如图14-110所示，该案例的制作流程如图14-111所示。

图14-110

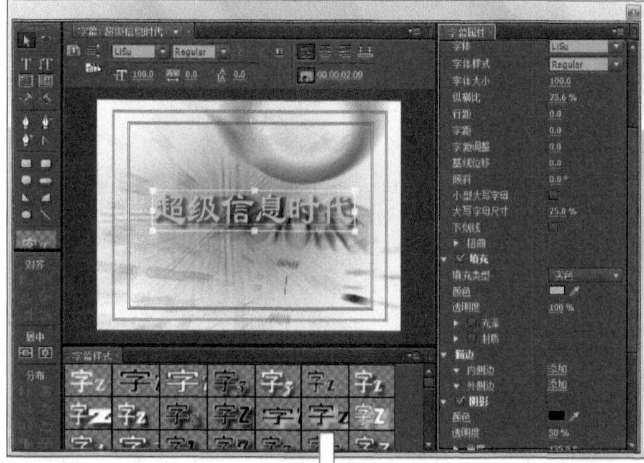

图14-111

【操作步骤】

01 选择“文件→新建→项目”命令，在“新建项目”对话框中设置项目的存储位置和文件名，然后单击“确定”按钮，在打开的“新建序列”对话框中选择一个预置或创建一个自定义设置，如图14-112所示；再单击“确定”按钮创建一个新项目，如图14-113所示。

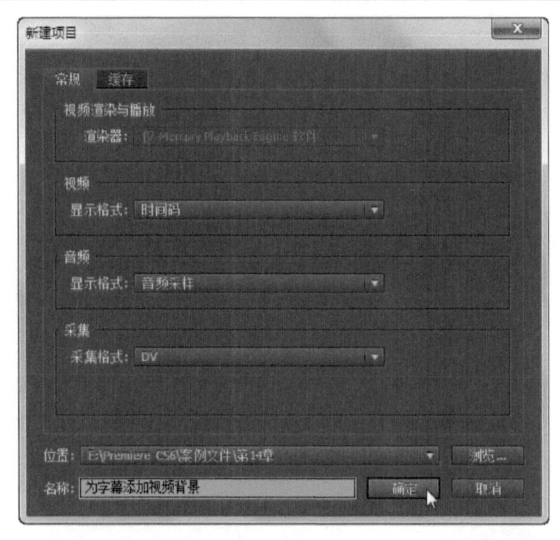

图14-112

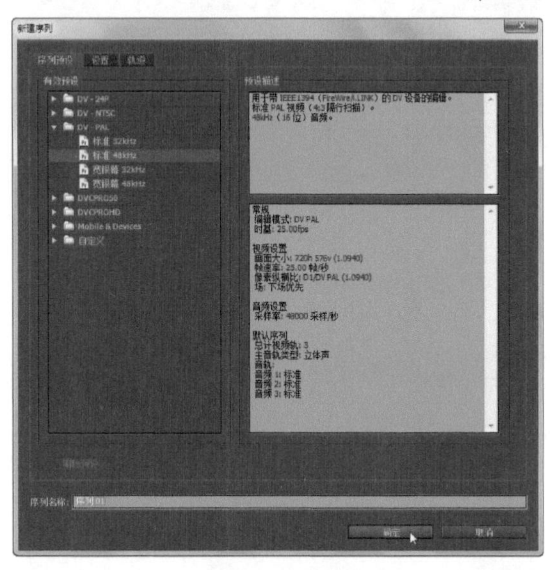

图14-113

02 执行“文件→导入”命令，将“01.mov”素材导入到“项目”面板中，然后将素材拖入到“时间线”面板的视频1轨道中，如图14-114所示。

图14-114

03 执行“字幕→新建字幕→默认静态字幕”命令，在打开如图14-115所示的“新建字幕”对话框中为字幕命名，然后单击“确定”按钮，打开“字幕”窗口。

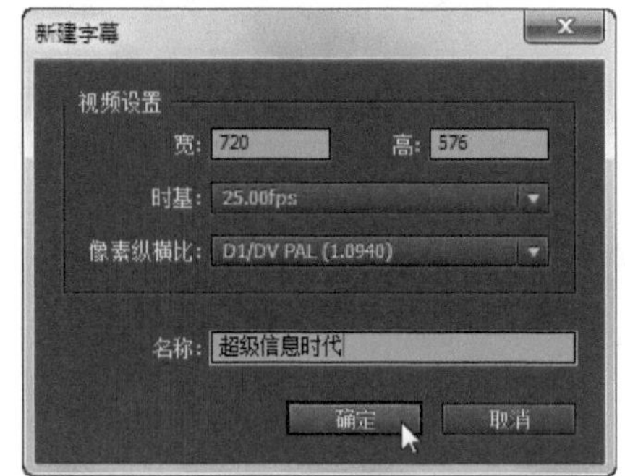

图14-115

04 单击“显示视频”图标，以便在“字幕”面板的绘图区中显示视频素材。Premiere Pro会将当前时间指示器所在的画面作为背景，如图14-116所示。要使用不同的视频素材画面，可以移动“时间线”面板中的当前时间指示器，或者拖动“显示视频”图标下方的背景视频时间码。

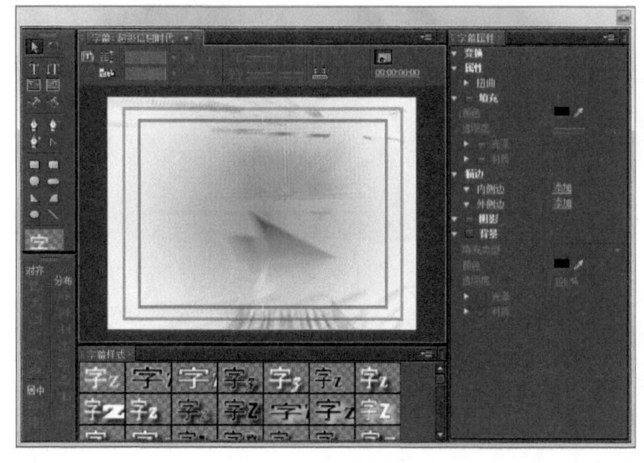

图14-116

05 选择“输入工具”，将I形光标移到“字幕面板”的绘图区单击，然后键入需要的文字。示例中输入的文字是“超级信息时代”。然后使用“字幕属性”面板按需修改文字属性、颜色和阴影。图14-117所示为设置文字属性后的效果。

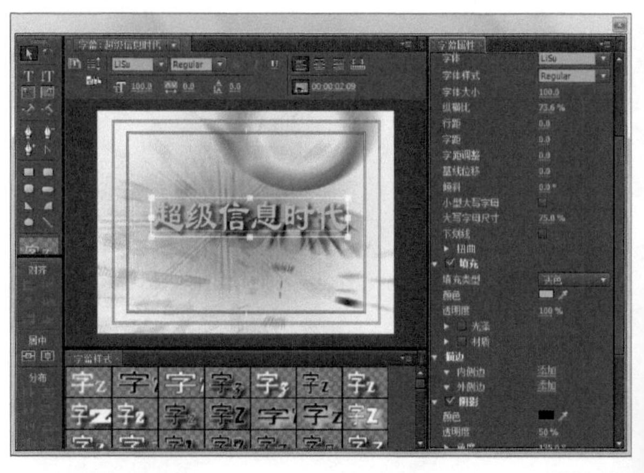

图14-117

06 设置好文字样式后，关闭“字幕”窗口，字幕会自动出现在“项目”面板中，如图14-118所示。如果想将字幕保存到硬盘上，可以选择“项目”面板中的字幕，并选择“文件→导出→字幕”命令，在弹出的“存储字幕”对话框中单击“保存”按钮。

图14-118

07 将字幕从“项目”面板拖到“时间线”面板的视频2轨道中，然后调整字幕位置，如图14-119所示。字幕经过调整后，与视频1轨道中的视频素材对齐。

图14-119

08 如果需要延长字幕以便与视频素材的长度相同，可以单击“时间线”面板中的字幕，然后向右拖动字幕的右侧边缘与视频素材对齐，如图14-120所示。

图14-120

知识窗：修改字幕的持续时间

要想修改字幕的持续时间，可以单击“时间线”面板上的字幕，并选择“素材→速度/持续时间”命令，在弹出的“素材速度/持续时间”对话框中，单击链条解除速度和持续时间的关联，如图14-121所示，然后键入新的持续时间，再单击“确定”按钮激活所作的修改。

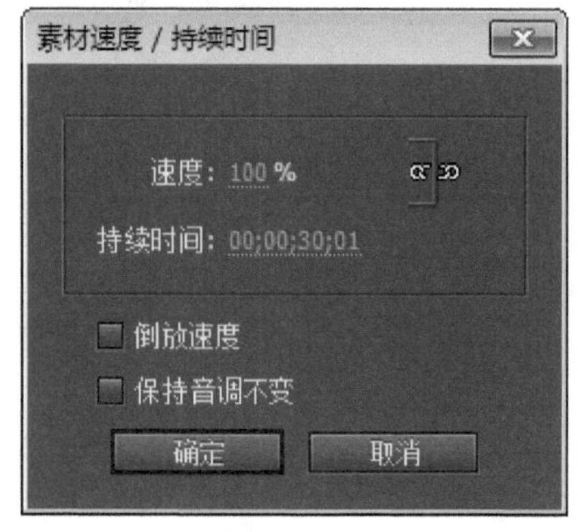

图14-121

14.7 创建滚动字幕与游动字幕

用户在创建视频的致谢部分或者长篇幅的文字时，可能希望文字能够活动起来，可以在屏幕上上下滚动或左右游动。Premiere Pro的字幕设计能够满足这一需求。使用字幕设计可以创建平滑的、引人注目的字幕，使字幕如流水般穿过屏幕。

新手练习：创建游动字幕

- 素材文件：素材文件/第14章/01.mov
- 案例文件：案例文件/第14章/新手练习——创建游动字幕.Prproj
- 视频教学：视频教学/第14章/新手练习——创建游动字幕.flv
- 技术掌握：创建游动字幕的方法

扫码看视频

本例将介绍如何创建游动字幕的操作，案例效果如图14-122所示，该案例的制作流程如图14-123所示。

图14-122

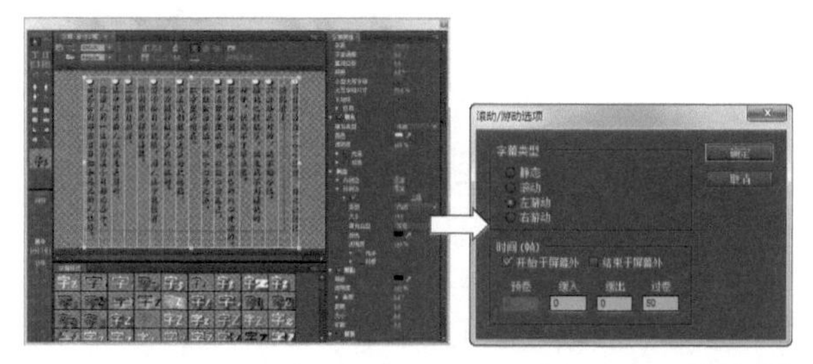

图14-123

【操作步骤】

01 执行“文件→新建→项目”命令，在“新建项目”对话框中设置项目的存储位置和文件名，然后单击“确定”按钮，在打开的“新建序列”对话框中选择一个预置或创建一个自定义设置，如图14-124所示；再单击“确定”按钮创建一个新项目，如图14-125所示。

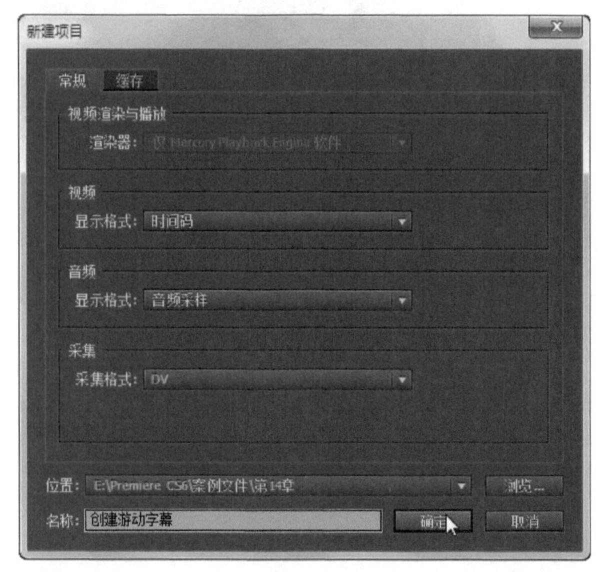

图14-124

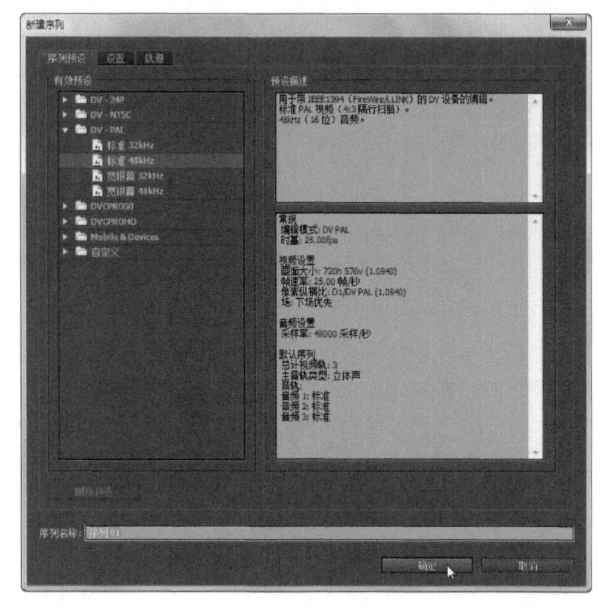

图14-125

02 执行“字幕→新建字幕→默认游动字幕”命令，如图14-126所示，创建一个新字幕（如果希望文字垂直上下滚动，选择“默认滚动字幕”；如果希望文字横跨屏幕左右游动，选择“默认游动字幕”）。

03 在打开的“新建字幕”对话框中为字幕命名并单击“确定”按钮，如图14-127所示。

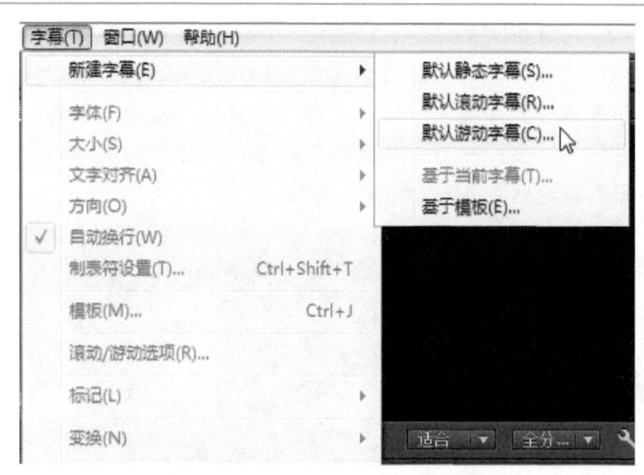

图14-126

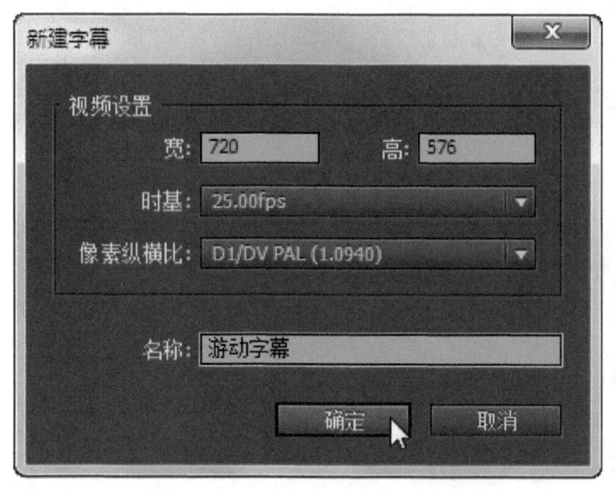

图14-127

04 在打开的“字幕”窗口中选择一个文字工具。将光标定位在字幕预期显示的位置，单击鼠标，然后输入希望在屏幕上左右滚动的文字，在输入文字时按下Enter键为游动文字添加新行，游动文字如图14-128所示。

图14-128

05 为游动文字设计样式，如图14-129所示。如果要重新设置文字框的位置，可以单击文字框的中部并拖动以重设位置。想要调整文字框的大小，可以单击一个手控并进行拖曳。

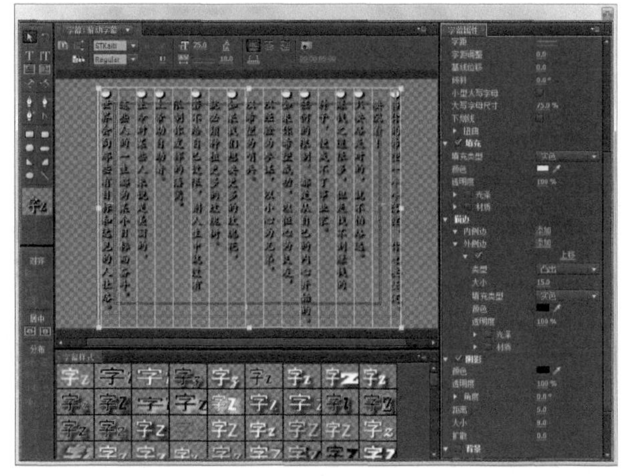

图14-129

06 单击“字幕”面板顶部的“滚动/游动选项”图标，打开如图14-130所示的“滚动/游动选项”对话框，该对话框中提供以下选项来自定义滚动和游动效果。

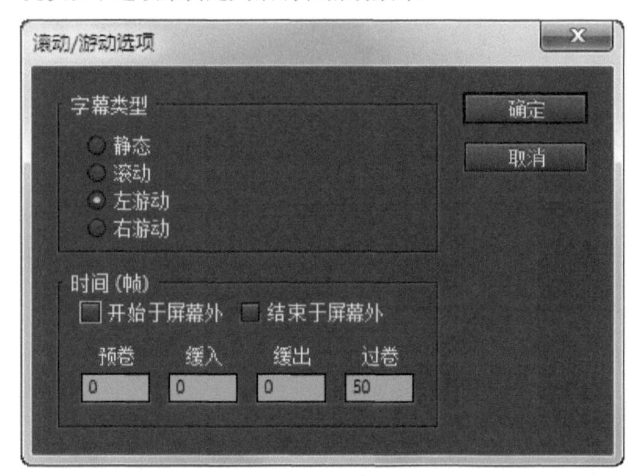

图14-130

【参数介绍】

开始于屏幕外：选择这个选项可以使滚动或游动效果从屏幕外开始。

结束于屏幕外：选择这个选项可以使滚动或游动效果到屏幕外结束。

预卷：如果希望文字在动作开始之前静止不动，那么在这个输入框中输入静止状态的帧数目。

缓入：如果希望字幕滚动或游动的速度逐渐增加直到正常播放速度，那么输入加速过程的帧数目。

缓出：如果希望字幕滚动或游动的速度逐渐变小直到静止不动，那么输入减速过程的帧数目。

过卷：如果希望文字在动作结束之后静止不动，那么在这个输入框中输入静止状态的帧数目。

07 从“滚动/游动选项”对话框中选择“开始于屏幕外”选项，如图14-131所示，然后单击“确定”按钮关闭对话框。

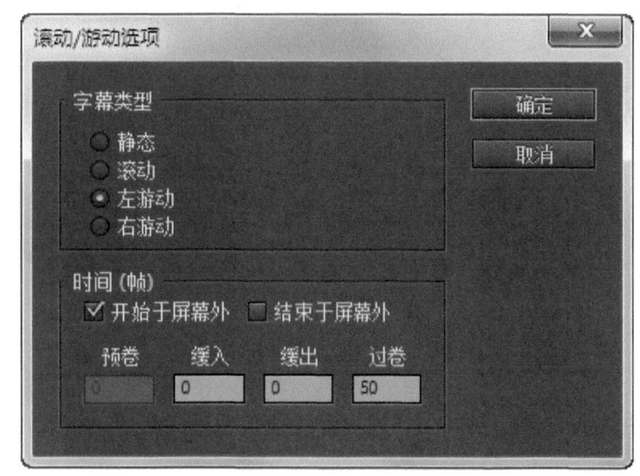

图14-131

小技巧

用户可以将滚动或游动文字创建成模板。要想将屏幕上的滚动或游动字幕保存成模板，选择“字幕→模板”命令。在“模板”对话框中单击三角形显示“模板”菜单，然后选择“导入当前字幕为模板”命令，再单击“确定”按钮将屏幕上的字幕保存成模板。

08 创建滚动或游动字幕后，关闭“字幕”窗口。注意“项目”面板中滚动或游动字幕的图标显示为视频素材图标，而不是静态素材图标。单击“项目”面板上的字幕预览旁边的“播放-停止切换”按钮，可以预览滚动或游动字幕，如图14-132所示。

图14-132

09 导入一个背景素材（03.jpg），并将其拖入“时间线”面板的视频1轨道中，然后将字幕从“项目”面板拖到“时间线”面板的视频2轨道中，如图14-133所示。

图14-133

10 单击“节目监视器”面板上的“播放-停止切换”按钮，预览滚动文字的效果，如图14-134所示。

图14-134

14.8 在字幕设计中绘制基本图形

Premiere Pro的绘图工具可以用于创建简单的对象和形状，如线、正方形、椭圆形、矩形和多边形等。在“字幕工具”面板上可以找到这些基本绘图工具，它们是“矩形工具”“圆角矩形工具”“切角矩形工具”“圆矩形工具”“楔形工具”“弧形工具”“椭圆形工具”和“直线工具”。

绘制基本图形的操作非常简单，用户可以按照以下步骤创建矩形、圆角矩形、椭圆形或直线。

01 在“字幕工具”面板中，选择一个Premiere Pro的基本绘图工具，如矩形工具、圆角矩形工具、椭圆形工具或直线工具。这里以选择“圆矩形工具”为例。

02 将指针移动到字幕设计绘图区中形状的预期位置，在屏幕上单击并拖曳鼠标来创建形状，如图14-135所示。要想创建正方形、圆角正方形或圆形，可以在单击并拖动的同时按住Shift键。按住Alt键可以按从中心向外的方式创建图形。要想创建一条倾斜度为45°的斜线，可以在拖动直线工具的同时按住Shift键。

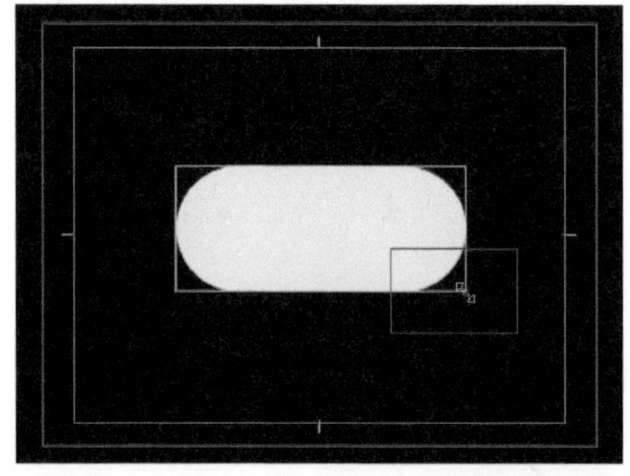

图14-135

03 随着鼠标的拖动，形状就会出现在屏幕上。绘制完形状后释放鼠标，图14-136所示为绘制的圆矩形。

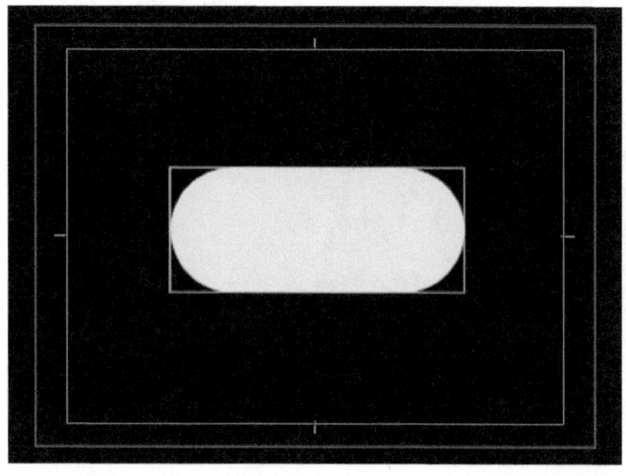

图14-136

04 要想将一个形状变成另一种形状，首先选择上一步绘制的形状，然后单击“绘图类型”下拉菜单，并从中选择一个选项。“绘图类型”下拉菜单位于“字幕属性”面板的“属性”区中。图14-137所示为将圆矩形更改为切角矩形的效果。

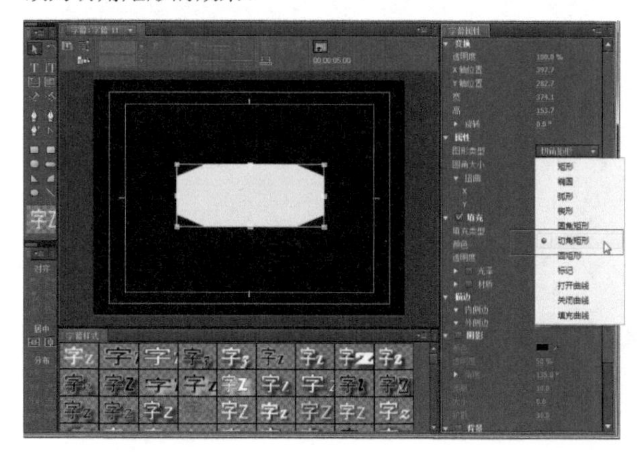

图14-137

小技巧

要想扭曲形状，单击“扭曲”选项旁边的三角显示X和Y值，然后根据需要调整X和Y值即可。

14.9 变换对象

在Premiere Pro中创建图形对象后，可能会移动它或进行大小等方面的变换调整。下面各小节逐步介绍变换图形的各种方法。

14.9.1 调整对象大小和旋转对象

按照以下步骤和方法调整图形或形状对象的大小，或者将其旋转。

第一步：使用“选择工具”选择需要调整的对象。将鼠标指针移动到一个形状手控上，如图14-138所示，当图标变成一个两端各有一个箭头的线段时，单击并拖动形状手控即可放大或缩小对象，如图14-139所示。在调整对象大小时，注意观察“字幕属性”面板的“变换”区中“x轴位置”和“y轴位置”的变化，以及“宽”和“高”值的变化。

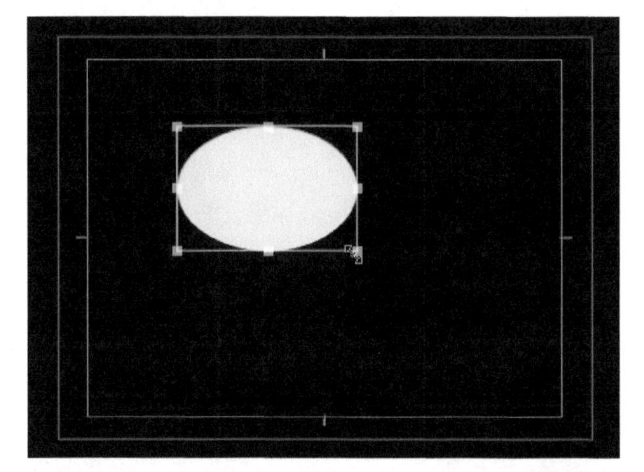

图14-138

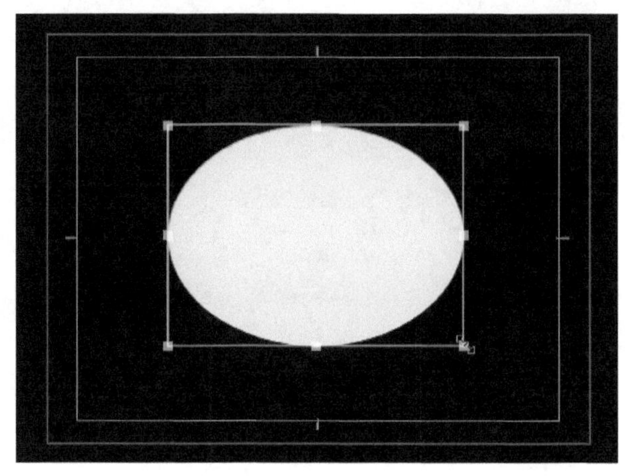

图14-139

小技巧

在使用“选择工具”调整对象大小的同时按下Shift键，可以在放大或缩小对象时保持对象的宽高比例不变。在使用“选择工具”调整对象大小的同时按下Alt键，可以按从中心向外的方式放大或缩小对象。

第二步：如果需要，可以通过改变“字幕属性”面板“转换”区域中的“宽”和“高”值来精确改变对象的大小。同样也可以使用“字幕→变换→缩放”命令来完成这一操作。

第三步：要旋转对象，可以将鼠标指针移动到所选对象的一个形状手控上，当光标变成一个两端各有一个箭头的曲线形状时，如图14-140所示，单击并拖动形状手控即可旋转对象，如图14-141所示。在旋转对象的时候，注意观察“字幕属性”面板“转换”区域中“旋转”值的变化。

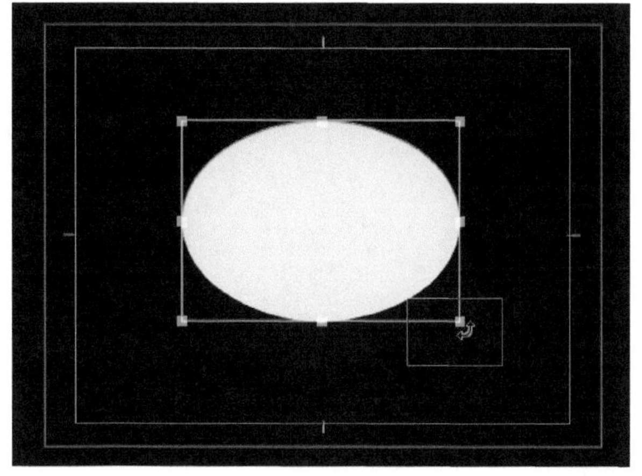

图14-140

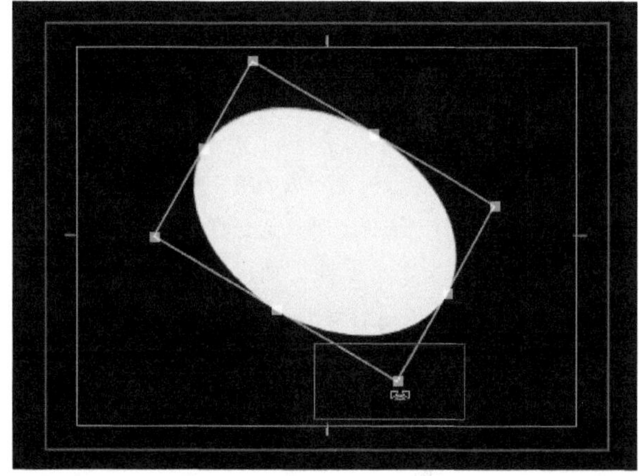

图14-141

第四步：旋转对象还可以通过改变“字幕属性”面板“变换”区域中的“旋转”值来完成，也可以使用“字幕→变换→旋转”命令或者使用“字幕工具”面板中的“旋转工具”。

14.9.2 移动图形的位置

要移动对象，可以依照下面的方法来完成。

使用“选择工具”将所选对象拖动到新的位置即可。注意观察“字幕属性”面板“变换”区中“X位置”和“Y位置”的变化情况。

小技巧

如果屏幕上的对象相互重叠而很难选中其中的某一个对象，那么可以使用“字幕→选择”或“字幕→排列”中的子菜单命令来进行选择。

如果需要，可以通过修改“字幕属性”面板“变换”区中的“X位置”或“Y位置”来改变对象的位置，也可以使用“字幕→变换→位置”命令来完成。

要想使对象水平居中、垂直居中或者位于字幕绘图区域下方三分之一处，然后选择“字幕→位置”菜单中的一个子命令即可。

小技巧

如果选择了屏幕上的多个不同对象，而且很难将它们进行水平或垂直的分布和排列，可以使用“字幕→对齐对象”或“字幕→分布对象”命令。

14.10 对象外观设计

创建一个图形或形状对象后，可能会希望改变它的属性或为其设计样式。例如，改变填充颜色、填充样式、透明度、描边和大小或者为其添加阴影等，所有这些效果都可以通过“字幕属性”面板中的选项来修改或创建。

14.10.1 修改对象颜色

按照以下步骤可以改变对象的填充颜色。

第一步：使用“选择工具”选择想要改变的对象。

第二步：在“字幕属性”面板“填充”区域中的“填充类型”下拉按钮上单击，然后从下拉列表中选择一种填充类型。

第三步：单击填充颜色样本，从Premiere Pro的“颜色拾取”对话框中选择一种颜色。

第四步：如果需要，可以改变透明度，使对象变成半透明效果。减小透明度值，可以使对象变得更加透明。

第五步：还可以为对象添加光泽或材质。单击“光泽”复选框可以添加光泽，如图14-142所示。单击“材质”复选框，可以将所选的材质添加到对象上。

图14-142

14.10.2 为对象添加阴影

按照以下步骤可以为对象添加阴影。

第一步：使用“选择工具”选择想要改变的对象。

第二步：单击“字幕属性”面板中的“阴影”复选框将其选中，然后单击复选框旁边的三角展开“阴影”区。

第三步：默认的阴影颜色为黑色。如果想要改变阴影颜色，单击阴影颜色样本即可。如果在字幕设计的背景中有一个视频素材或者图形对象，则可以使用吸管工具将阴影颜色改成背景中的一种颜色。只要单击吸管工具，再单击希望阴影颜色样本变成的颜色就可以了。

第四步：使用“大小”“距离”“角度”选项可以自定义阴影的大小和方向。要想柔化阴影的边缘，可以使用“扩散”选项和“透明度”选项，如图14-143所示。

第五步：要想去除阴影，单击“阴影”复选框取消选择即可。

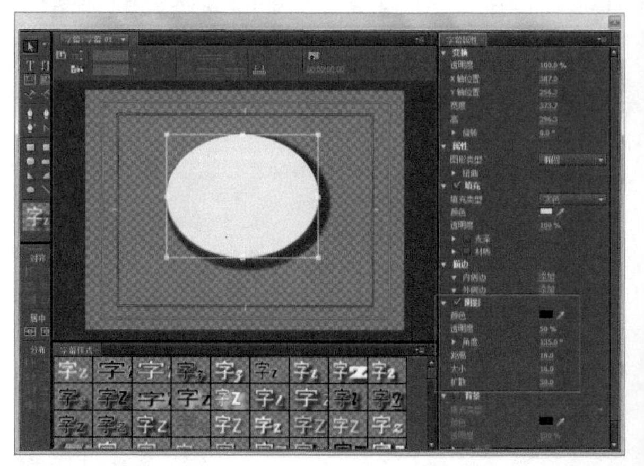

图14-143

14.10.3 为对象描边

按照以下步骤可以为对象添加描边效果。

第一步：使用“选择工具”选择想要改变的对象。

第二步：单击“字幕属性”面板中的“描边”复选框将其选中，然后单击旁边的三角展开“描边”区。

第三步：要想添加使用默认设置的描边，单击“内侧边”或“外侧边”后面的“添加”即可。

第四步：要想自定义内侧边或外侧边，分别单击“内侧边”或“外侧边”旁边的三角形展开对应的选项。

第五步：选择描边“类型”与“大小”，以及“填充类型”与填充“颜色”，如图14-144所示。如果需要，可以添加光泽和材质。

第六步：要想去除描边，单击“内侧边”或“外侧边”复选框取消选择即可。

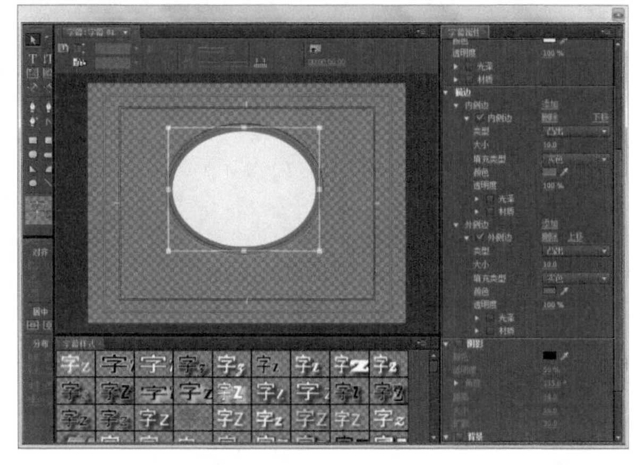

图14-144

14.11 创建不规则图形

Premiere Pro提供了一个“钢笔工具”，该工具是一种绘制曲线的工具。使用该工具可以创建带有任意弧度和拐角的任意形状，这些任意多边形通过锚点、直线和曲线创建而成。

使用“选择工具”可以移动锚点，使用“添加定位点工具”或“删除定位点工具”可以添加或删除锚点，从而对这些贝塞尔曲线多边形进行编辑。另外，使用“转换定位点工具”可以使多边形的尖角变成圆角、圆角变成尖角。例如，可以将大三角形转换成山脉，将小三角形转换成波浪。

14.11.1 绘制直线段

在“字幕工具”面板中选择“钢笔工具”，可以通过建立锚点的操作绘制直线段。在绘制直线段时，如果创建了多余的锚点，可以用“删除定位点工具”来将多余的锚点删除。

新手练习：创建连接的直线段

- 素材文件：素材文件/第14章/04.jpg
- 案例文件：案案例文件/第14章/新手练习——创建连接的直线段.Prproj
- 视频教学：视频教学/第14章/新手练习——创建连接的直线段.flv
- 技术掌握：使用“钢笔工具”通过建立锚点的操作绘制直线段的方法

扫码看视频

本例将介绍如何使用“钢笔工具”绘制直线段的操作，案例效果如图14-145所示，该案例的制作流程如图14-146所示。

图14-145

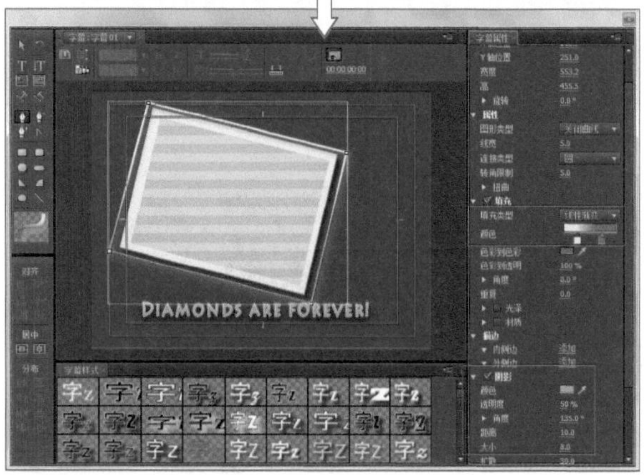

图14-146

【操作步骤】

01 新建一个项目文件，然后导入素材“04.jpg”，再将素材“04.jpg”拖动到“时间线”面板中的视频1轨道上，如图14-147所示。

图14-147

02 执行“字幕→新建字幕→默认游动字幕”命令，在打开的“新建字幕”对话框中为字幕命名并单击“确定”按钮，打开“字幕”窗口，然后显示背景视频，如图14-148所示。

图14-148

03 在“字幕工具”面板中选择“钢笔工具”，然后将“钢笔工具”移动到字幕设计工作区的左侧，单击鼠标，建立一个锚点，如图14-149所示。

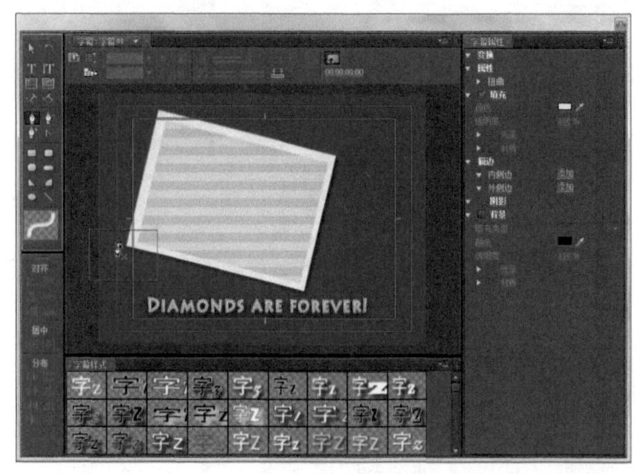

图14-149

04 为了创建一条直线，将“钢笔工具”在字幕设计工作区移动并单击鼠标，现在就会出现一条连接两个锚点的直线，如图14-150所示。

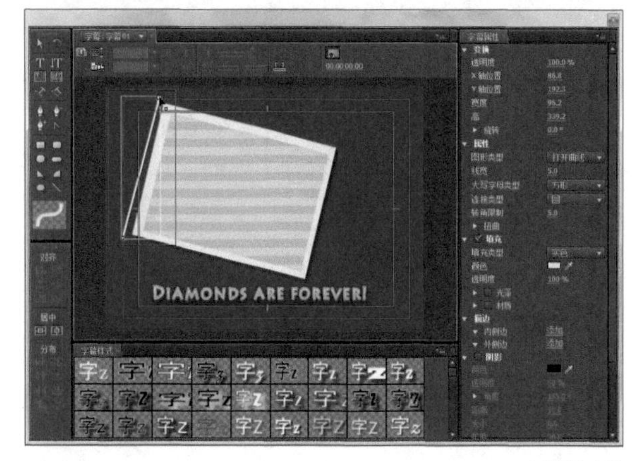

图14-150

小技巧

在使用“钢笔工具”绘制直线时按住Shift键，可以绘制出水平或垂直的直线段。

05 移动光标到下一个位置再次单击鼠标，钢笔工具会继续创建锚点和连线，如图14-151所示。按照同样的方法再创建一个锚点和连线，如图14-152所示。

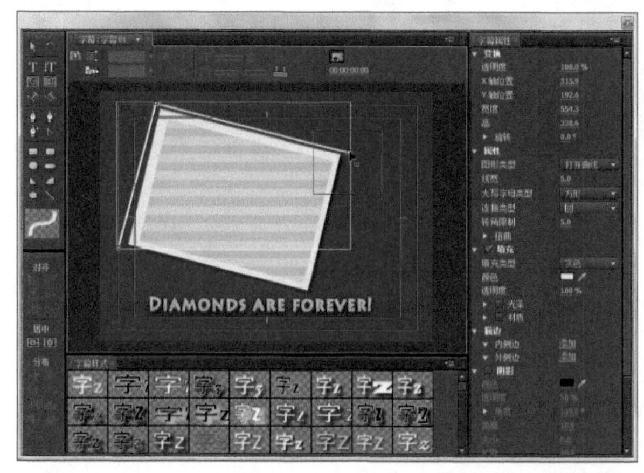

图14-151

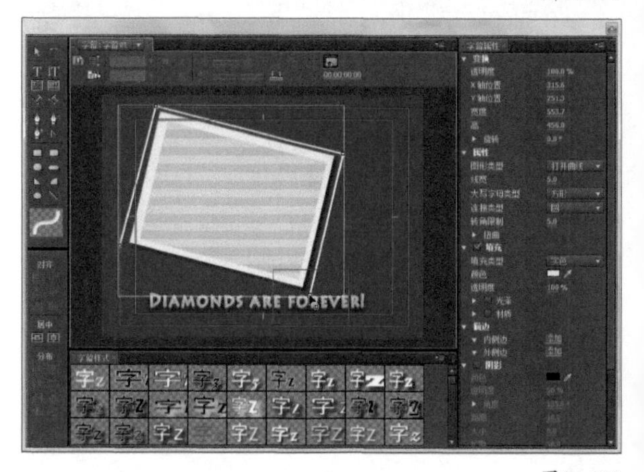

图14-152

06 继续在创建线段的起点处指定下一个锚点，绘制一条线段，如图14-153所示。如果要结束绘制，可以单击“选择工具”将绘制的对象选择。

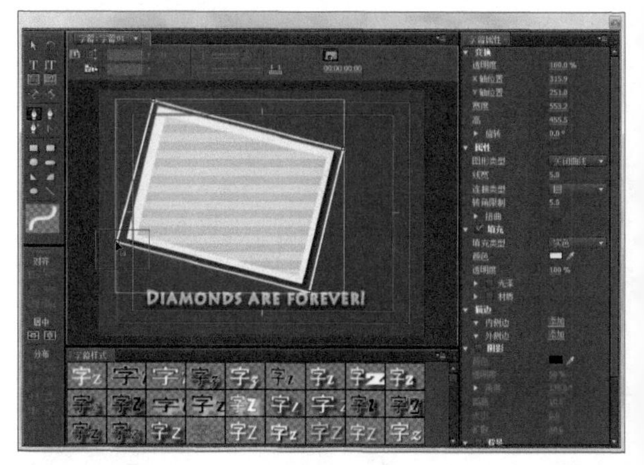

图14-153

07 绘制好对象后，可以在“字幕属性”面板中修改对象的颜色、大小，以及为对象添加描边和阴影属性等，还可以为对象应用样式。图14-154所示是为对象填充线性渐变和添加阴影后的效果。

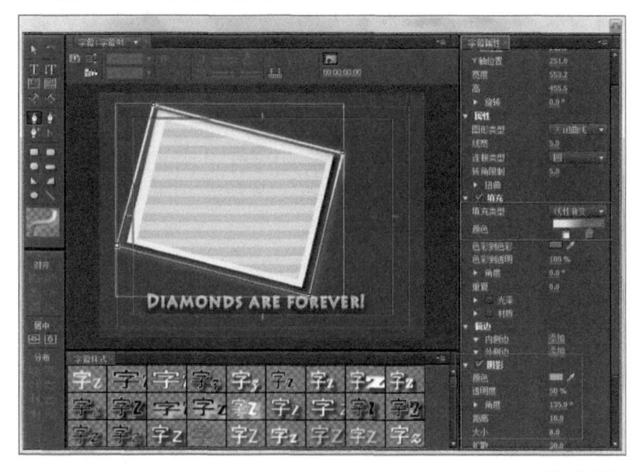

图14-154

14.11.2 修改矩形的形状

使用“钢笔工具”单击并拖动矩形的锚点，可以修改矩形的形状。

新手练习：将矩形转换成菱形

- 素材文件：无
- 案例文件：案例文件/第14章/新手练习——将矩形转换成菱形.Prproj
- 视频教学：视频教学/第14章/新手练习——将矩形转换成菱形.flv
- 技术掌握：使用“钢笔工具”，将矩形转换成菱形的方法

扫码看视频

本例将介绍如何使用“钢笔工具”单击并拖动矩形的锚点，将矩形转换成菱形的操作，案例效果如图14-155所示，该案例的制作流程如图14-156所示。

【操作步骤】

01 新建一个项目，再新建一个字幕对象，打开“字幕”窗口，在“字幕工具”面板中选择“矩形工具”。在字幕设计绘图区中，单击并拖动鼠标创建一个矩形，如图14-157所示。

图14-155

图14-156

图14-157

02 选择该矩形，然后为其应用Hobo Medium Gold 58样式，如图14-158所示。

图14-158

03 为了使画面看上去完整，可以在绘图区中添加文字。使用“输入工具”输入一些文字，在输入过程中可以按下Enter键换行。完成输入后，为文字应用与矩形相同的样式，并调整文字的大小，如图14-159所示。

图14-159

04 选择矩形，然后在“字幕属性”面板中，将“绘图类型”设置为“填充曲线”选项。选择“钢笔工具”，这时在矩形的四个角的位置出现4个锚点，如图14-160所示。

图14-160

05 使用“钢笔工具”单击并拖动这些锚点，使矩形变成菱形。在拖动时可以按住Shift键，以便在水平或垂直方向上移动锚点，完成效果如图14-161所示。

图14-161

14.11.3 将尖角转换成圆角

在“字幕工具”面板中选择“转换定位点工具”，可以通过单击并拖动锚点，将尖角转换成圆角。操作方法如下。

第一步：使用“钢笔工具”创建4个相互连接的角朝上的小角，如图14-162所示。如果需要，可以使用“钢笔工具”拖动其中的锚点，使它们均匀分布。

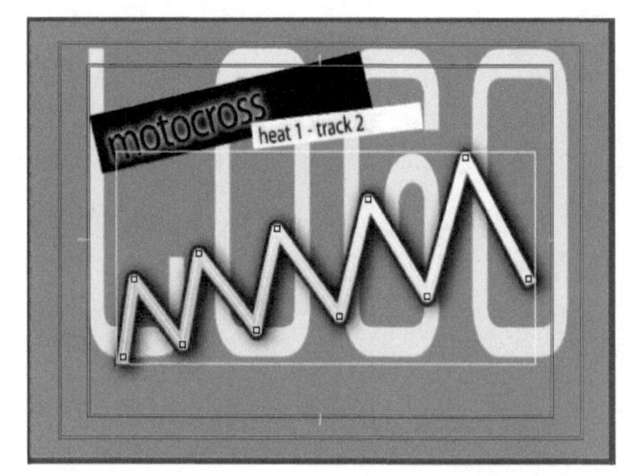

图14-162

第二步：选择“转换定位点工具”，用该工具单击并拖动锚点，即可将尖角转换成圆角，如图14-163所示。

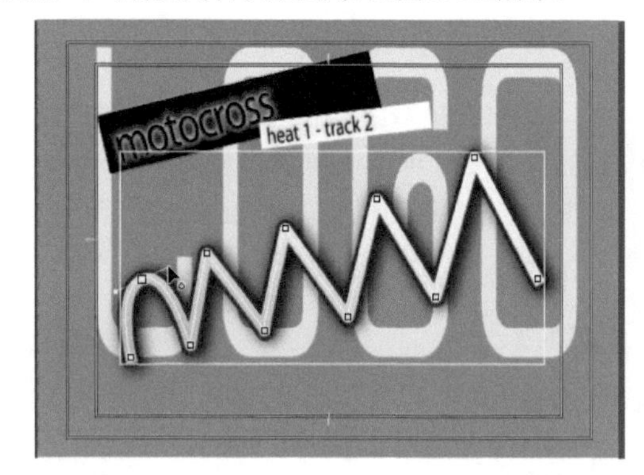

图14-163

第三步：使用“转换定位点工具”拖动其他的锚点，将该对象上的所有锚点由尖角转换为圆角，完成效果如图14-164所示。使用“钢笔工具”就可以移动锚点。

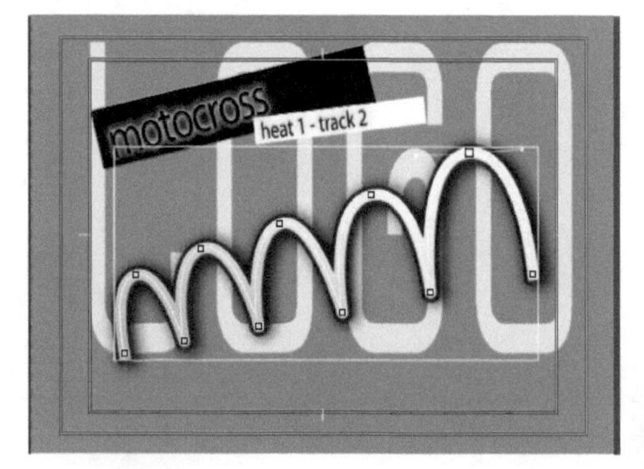

图14-164

14.11.4 绘制曲线

本节将介绍绘制曲线的操作。

新手练习：绘制曲线

- 素材文件：素材文件/第14章/02.Prproj
- 案例文件：案例文件/第14章/新手练习——绘制曲线.Prproj
- 视频教学：视频教学/第14章/新手练习——绘制曲线.flv
- 技术掌握：绘制曲线的方法

扫码看视频

本例将介绍如何绘制曲线的操作，案例效果如图14-165所示，该案例的制作流程如图14-166所示。

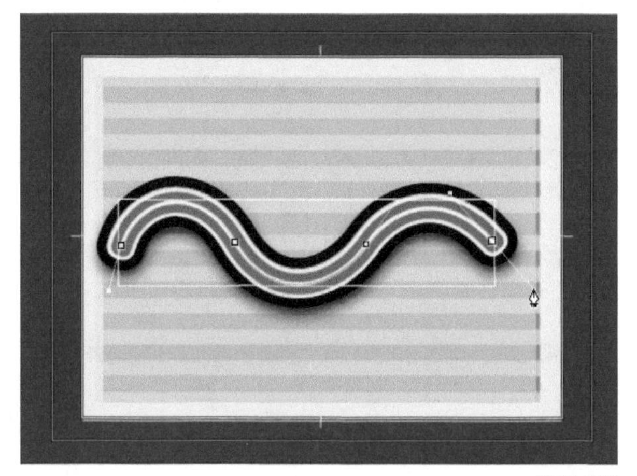

图14-165

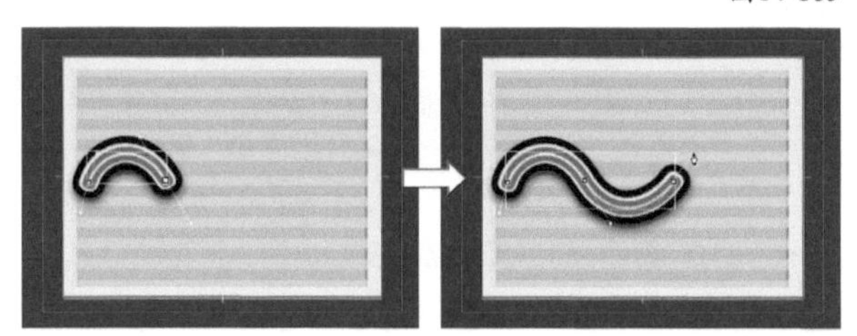

图14-166

【操作步骤】

01 新建一个项目文件，然后导入素材“05.jpg”，再将素材“05.jpg”拖动到“时间线”面板中的视频1轨道上，如图14-167所示。

图14-167

02 执行“字幕→新建字幕→默认游动字幕”命令，在打开的“新建字幕”对话框中为字幕命名并单击“确定”按钮，打开“字幕”窗口，然后显示背景视频，如图14-168所示。

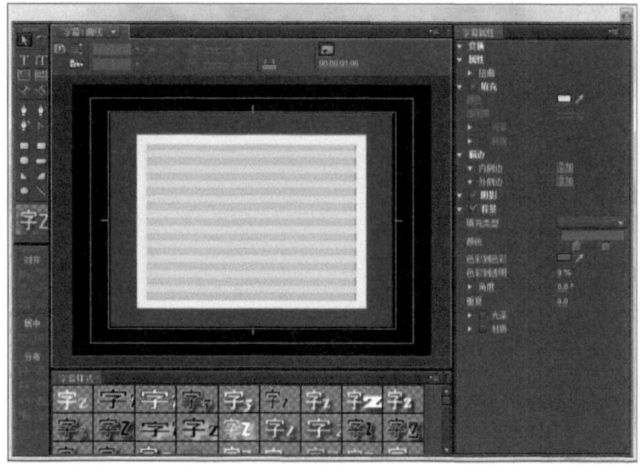

图14-168

03 在“字幕工具”面板中选择“钢笔工具”，将光标移动到字幕设计的左侧，单击鼠标建立一个锚点。不要释放鼠标，向正上方拖动鼠标到一定的距离，然后释放鼠标，此时出现在锚点上下两边的线称为方向线，如图14-169所示。创建方向线的角度和方向决定着将要创建的曲线的角度和方向。向上扩展锚点，曲线的上半部分随之向上延长，反之亦然。

图14-169

04 将光标移到步骤2中创建的锚点右面一定的位置，然后单击鼠标并向正下方拖动鼠标。注意在向下拖动的过程中，会出现一条新的方向线。释放鼠标，就创建了一条曲线，这条曲线的前半部分向上，后半部分向下，如图14-170所示。

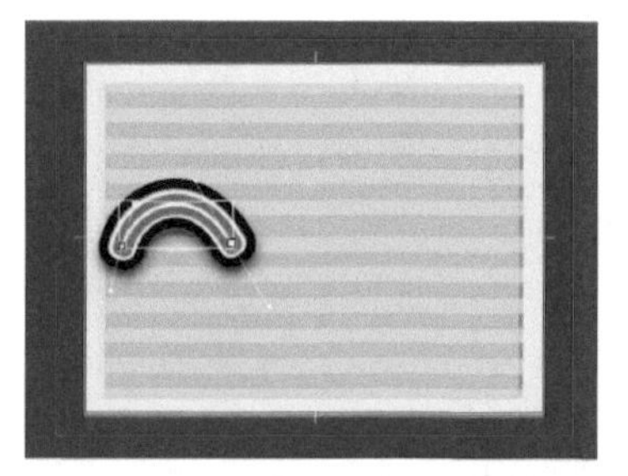

图14-170

小技巧

使用钢笔工具移动曲线的方向线，随着方向线的移动，曲线的形状会相应改变。

05 为了继续绘制曲线，将鼠标移动到步骤3中创建的锚点右侧一定的位置，然后单击鼠标并向上拖动鼠标，创建一条向下弯曲的曲线，如图14-171所示。

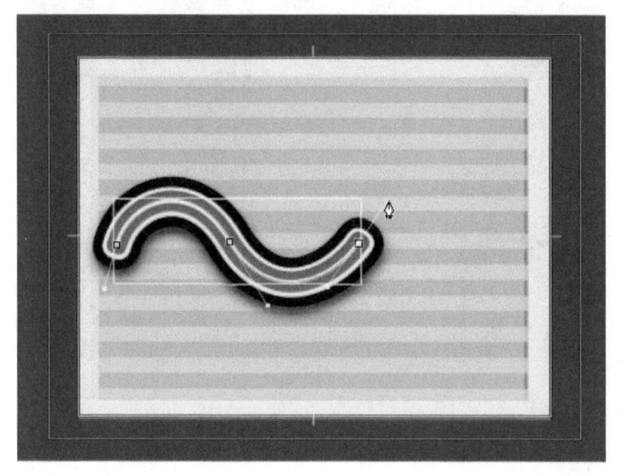

图14-171

06 为了绘制一条向上弯曲的曲线，将鼠标移动到步骤4中创建的锚点右侧一定的位置，然后单击鼠标并向下拖动鼠标，如图14-172所示。绘制完曲线后，选择“选择工具”，从而退出曲线绘制状态。

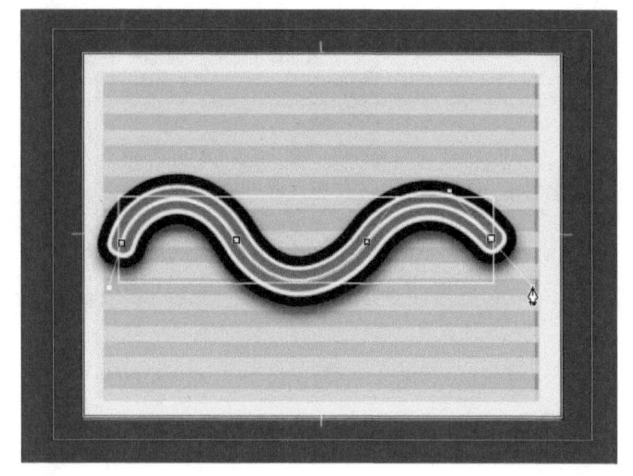

图14-172

14.11.5 创建相连的直线和曲线

本节将介绍创建相连的直线和曲线的操作。

新手练习：绘制曲线

- 素材文件：素材文件/第14章/05.jpg
- 案例文件：案例文件/第14章/新手练习——绘制相连的直线和曲线.Prproj
- 视频教学：视频教学/第14章/新手练习——绘制相连的直线和曲线.flv
- 技术掌握：绘制相连直线和曲线的方法

扫码看视频

本例将介绍如何绘制相连直线和曲线的操作，案例效果如图14-173所示，该案例的制作流程如图14-174所示。

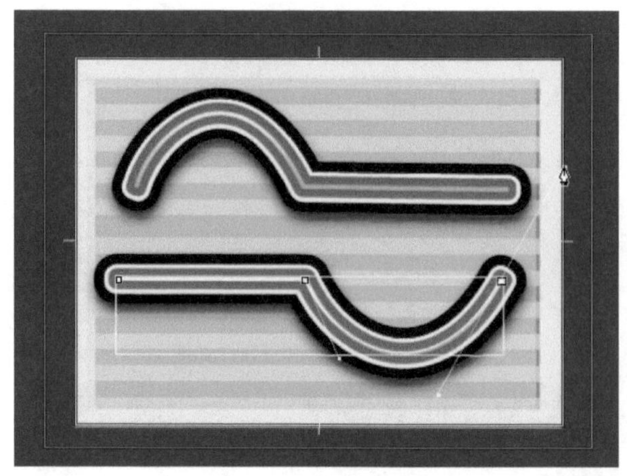

图14-173

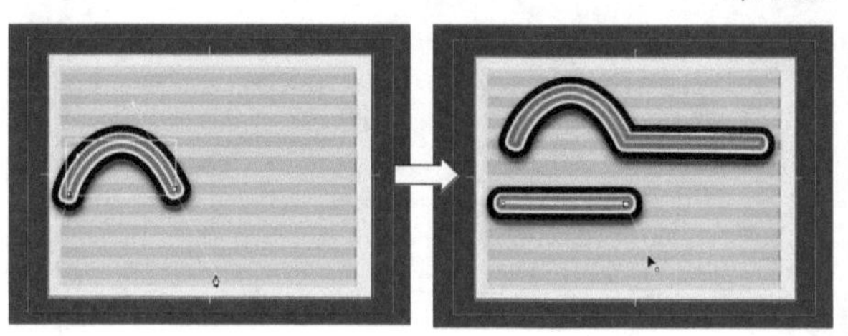

图14-174

【操作步骤】

01 新建一个项目文件，然后导入素材“05.jpg”，再将素材“05.jpg”拖动到“时间线”面板中的视频1轨道上。

02 执行“字幕→新建字幕→默认游动字幕”命令，在打开的“新建字幕”对话框中为字幕命名并单击“确定”按钮，打开“字幕”窗口，然后显示背景视频。

03 选择“字幕工具”面板中的“钢笔工具”。将光标移动到字幕设计左侧，然后单击并向正上方拖动一段距离，创建锚点，如图14-175所示。

图14-175

04 将光标移动到刚刚创建的锚点右面一定的位置，然后单击并向下拖动鼠标，创建一条曲线（如果希望曲线向下弯曲而不是向上弯，则反向拖动），如图14-176所示。

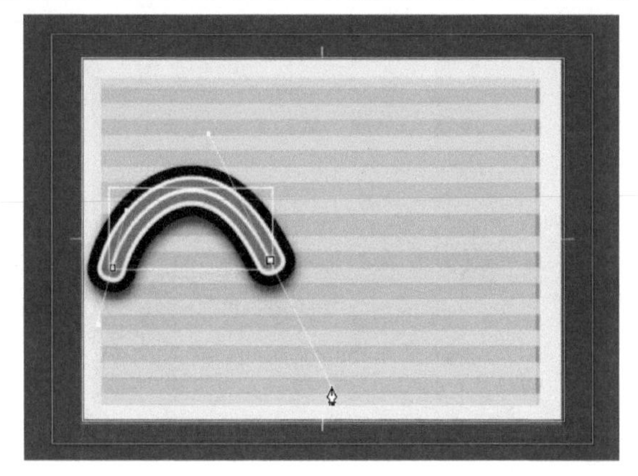

图14-176

05 创建一条连接曲线的直线。将光标移动到步骤4中创建的后一个锚点上方，按住Alt键（此时在“钢笔工具”图标的下方会出现一条小斜线），单击这个锚点创建一个拐点，如图14-177所示。

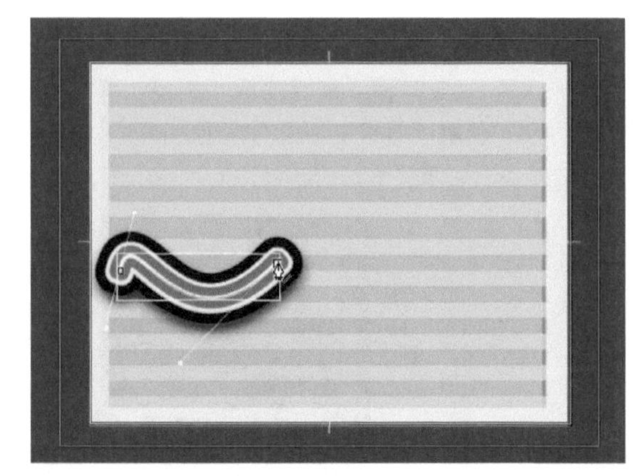

图14-177

06 将该点转换成拐点后，曲线的形状可能会有所改变。为了调整曲线，使用“钢笔工具”单击并移动拐点上方的方向线来调整曲线，如图14-178所示。

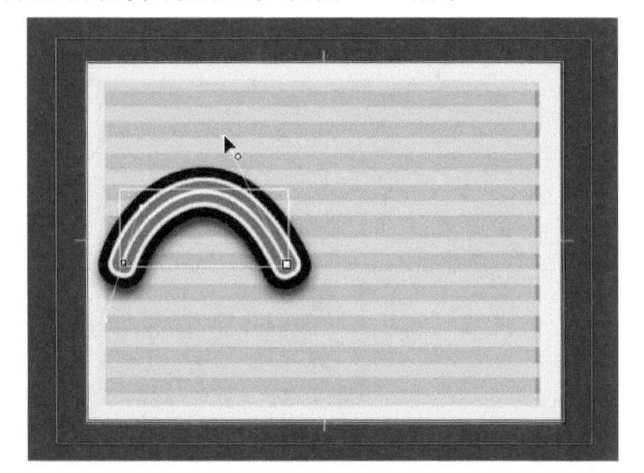

图14-178

07 将光标向右移动一定的距离，然后单击鼠标即可创建直线段，如图14-179所示。如果需要调整直线的位置，可以使用“钢笔工具”进行调整。

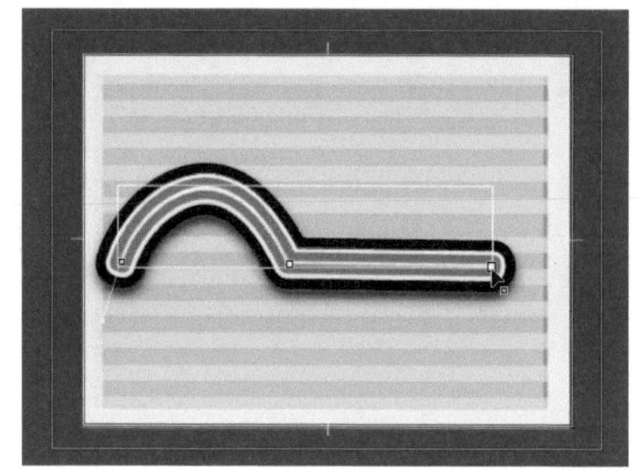

图14-179

小技巧

单击“选择工具”，可以取消选择这些曲线和直线段；选择“钢笔工具”，可以创建新的贝塞尔曲线轮廓。

08 使用“钢笔工具”创建一条直线。为了创建直线，在屏幕中单击鼠标，接着向右移动光标再单击鼠标，然后按住Alt键的同时单击锚点，并向下拖动来建立方向线，如图14-180所示。

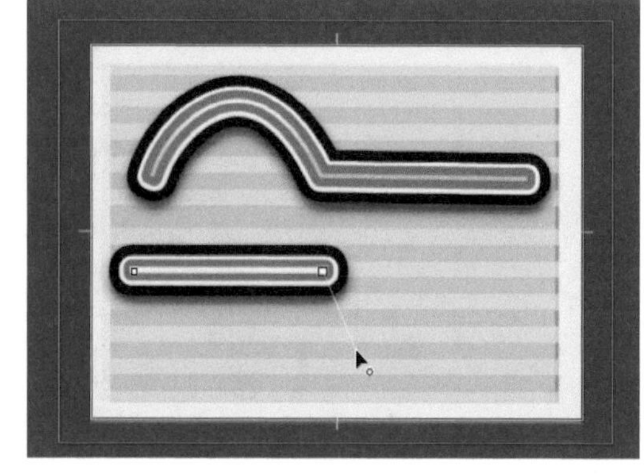

图14-180

09 为了将曲线连接到刚刚绘制的直线上，将光标向右移动一定的距离，然后单击并向上拖动鼠标，即可创建一条向下弯曲的曲线，如图14-181所示。如果希望曲线向上弯，使方向线朝上，然后单击鼠标并向下拖动。

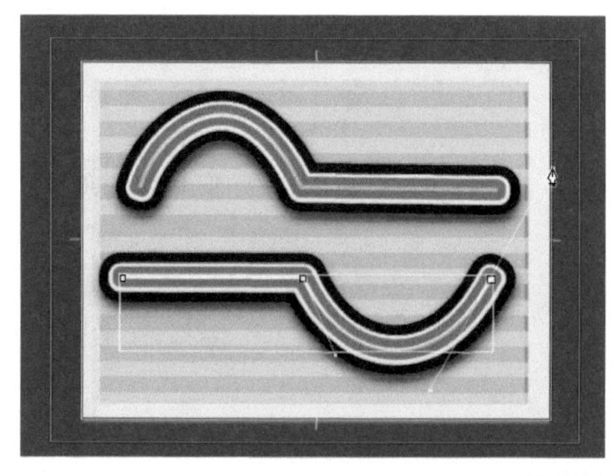

图14-181

14.12 应用“路径文字工具”

使用“路径文字工具”或“垂直路径文字工具”可以在路径上创建水平或垂直方向的路径文字。为了创建路径文字，首先需要创建一条路径，然后就可以沿着路径输入文字。

高手进阶：创建路径文字

- 素材文件：素材文件/第14章/06.jpg
- 案例文件：案例文件/第14章/高手进阶——创建路径文字.Prproj
- 视频教学：视频教学/第14章/高手进阶——创建路径文字.flv
- 技术掌握：使用“路径文字工具”创建路径文字的方法

本例将介绍如何使用“路径文字工具”创建路径文字的操作，案例效果如图14-182所示，该案例的制作流程如图14-183所示。

图14-182

图14-183

【操作步骤】

01 新建一个项目文件，然后导入素材“06.jpg”，再将素材“06.jpg”拖动到“时间线”面板中的视频1轨道上，如图14-184所示。

图14-184

02 执行“字幕→新建字幕→默认游动字幕”命令，在打开的“新建字幕”对话框中为字幕命名并单击“确定”按钮，打开“字幕”窗口，然后显示背景视频，如图14-185所示。

图14-185

03 在“字幕设计”中，选择“字幕工具”面板中的“路径文字工具”。按照使用“钢笔工具”创建路径的方法，使用“路径文字工具”创建一条路径，使用“钢笔工具”根据需要编辑路径，如图14-186所示。

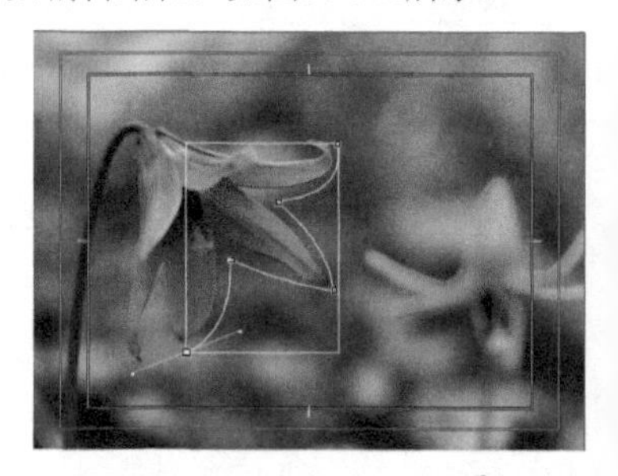

图14-186

小技巧

如果想要创建一条曲线路径，但对创建曲线不是十分自信，那么可以通过使用“路径文字工具”创建角锚点来创建路径，然后使用“转换定位点工具”将角锚点转换成曲线锚点。

04 再次选择“路径文字工具”，然后在路径上单击鼠标，在路径上将出现输入文字的图标，如图14-187所示，这时就可以输入文字，如图14-188所示。

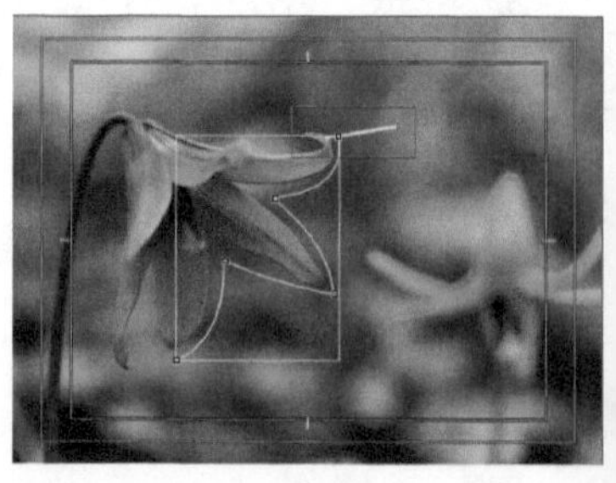

图14-187

图14-188

05 在“字幕属性”面板中，为路径文字修改大小、字体等属性样式，完成效果如图14-189所示。

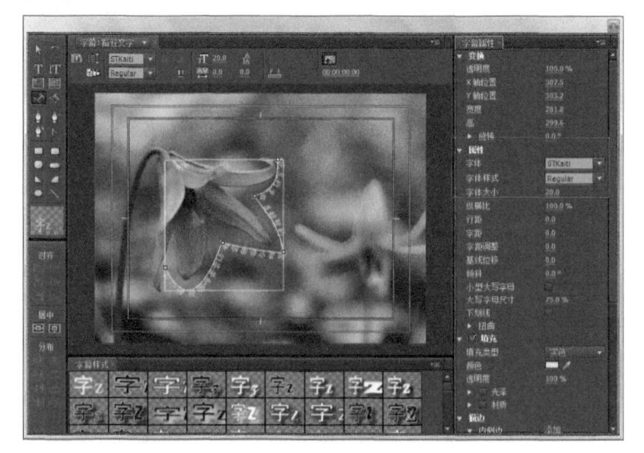

图14-189

小技巧

如果文字在路径上有重叠排列的现象，可以在重叠的文字处输入空格，以避开其他的文字，避免重叠现象。

14.13 创建和使用标记

标记可以导入字幕设计中，并在绘图区或整个区域中使用，还可能会出现在视频素材的开头或结尾，或者贯穿视频素材始终。标记可以是图片或照片，可以使用Premiere Pro的字幕设计来导入其他软件创建的标记，也可以在字幕设计中创建标记。

高手进阶：创建按钮标记

- 素材文件：无
- 案例文件：案例文件/第14章/高手进阶——创建按钮标记.Prproj
- 视频教学：视频教学/第14章/高手进阶——创建按钮标记.flv
- 技术掌握：通过填充不同的渐变色来表现质感效果的方法

扫码看视频

本例将创建的一个按钮标记。在绘制该标记时使用了“椭圆形工具”“圆矩形工具”“楔形工具”“旋转工具”和“输入工具”，案例效果如图14-190所示，该案例的制作流程如图14-191所示。

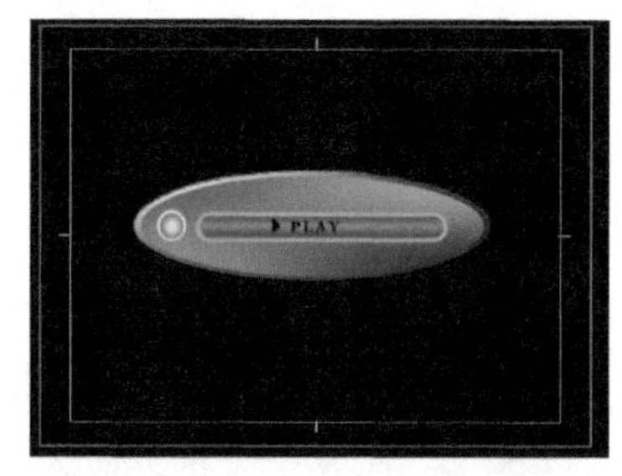

图14-190

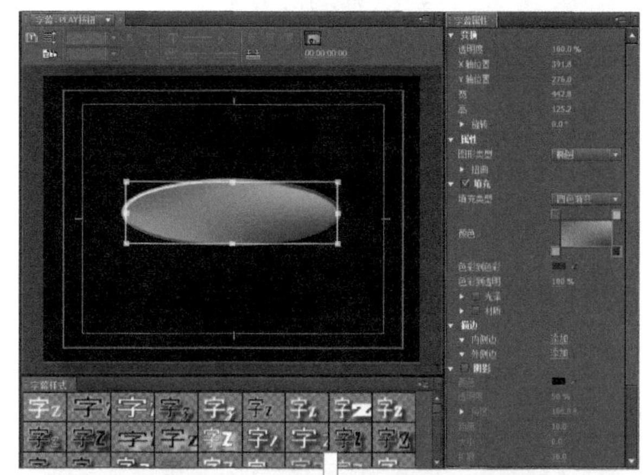

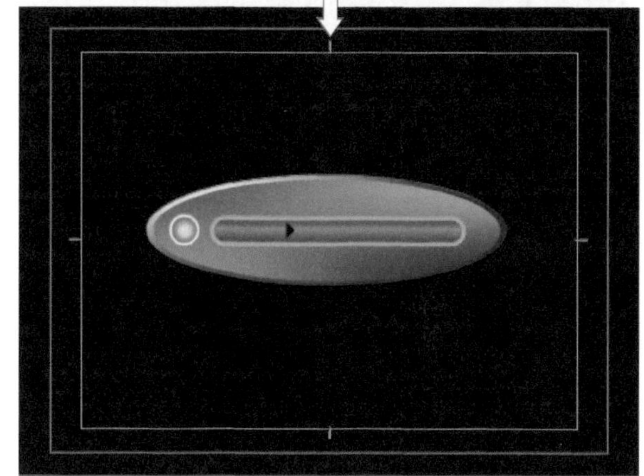

图14-191

【操作步骤】

01 新建一个项目文件，并根据需要选择预置序列，然后执行“字幕→新建字幕→默认静态字幕”命令，打开“新建字幕”对话框，接着为字幕命名并确定，如图14-192所示。

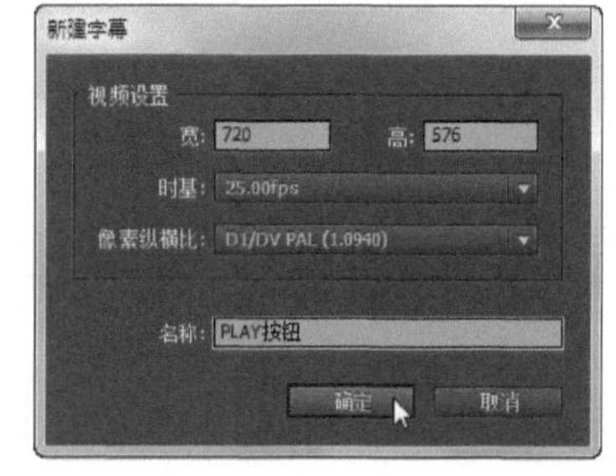

图14-192

02 在打开的“字幕”窗口中使用“椭圆形工具”在字幕绘图区中绘制一个椭圆形，然后为其填充四色渐变。四色渐变设置和椭圆形效果如图14-193所示。渐变中的四个颜色设置按从上到下、从左到右的顺序分别为白色、R52G53B52、 R78G73B72和R64G67B65。

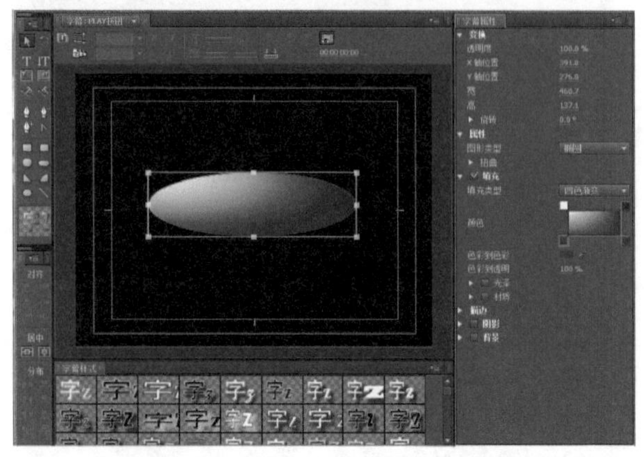

图14-193

03 选择上一步绘制的椭圆形，然后按下Ctrl+C和Ctrl+V快捷键，复制上一步绘制的椭圆形。然后按住“Alt”键，将复制的椭圆形按中心缩小到如图14-194所示的大小。

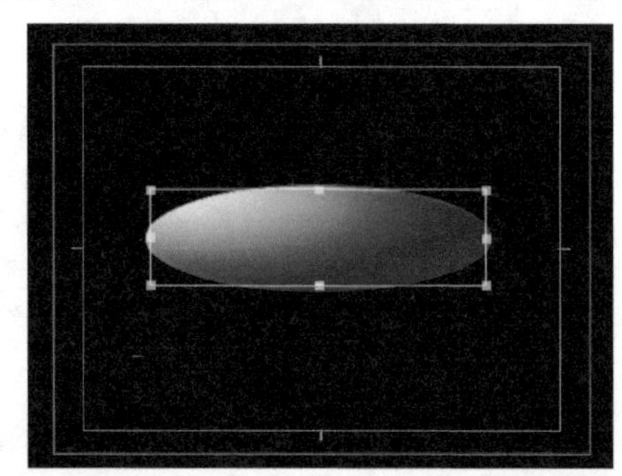

图14-194

04 修改复制对象的四色渐变色，效果如图14-195所示。渐变中的四个颜色设置按从上到下、从左到右的顺序分别为白色、R176G173B170、 R148G152B157和R58G57B51。

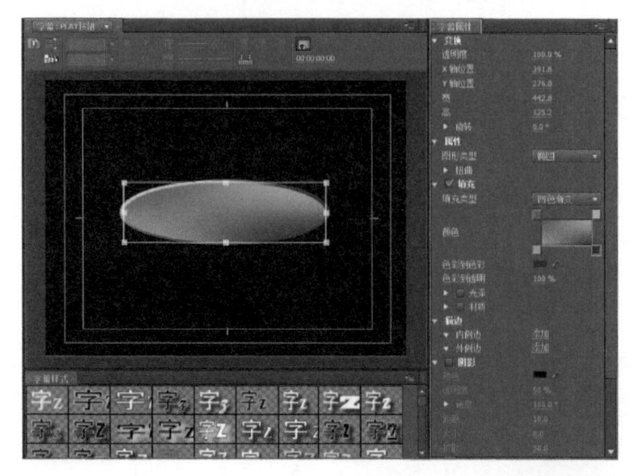

图14-195

05 使用“圆矩形工具”在椭圆形的中心位置绘制一个如图14-196所示的圆矩形，圆矩形中渐变设置为R99G86B91到R139G143B146的线性渐变。

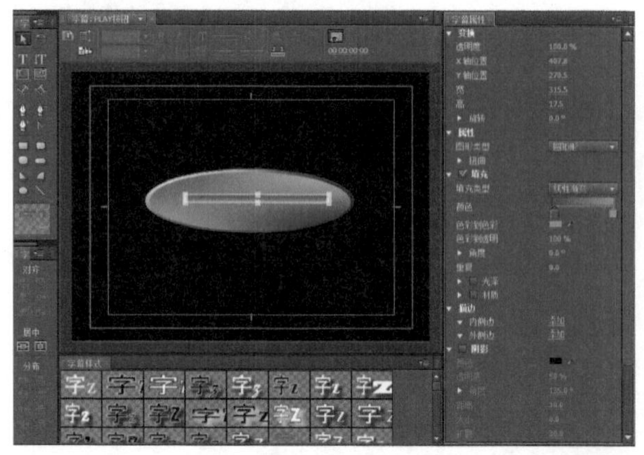

图14-196

06 使用“选择工具”在按住Alt和Shift键的同时，将圆矩形复制到下方如图14-197所示的位置，然后使用“旋转工具”在按住Shift键的同时将其旋转360°，如图14-198所示。

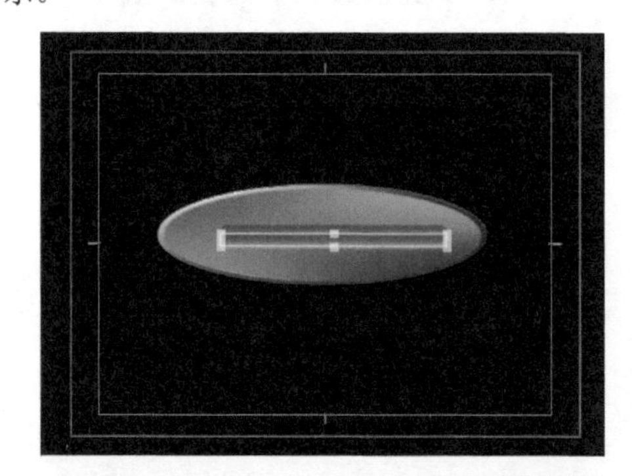

图14-197

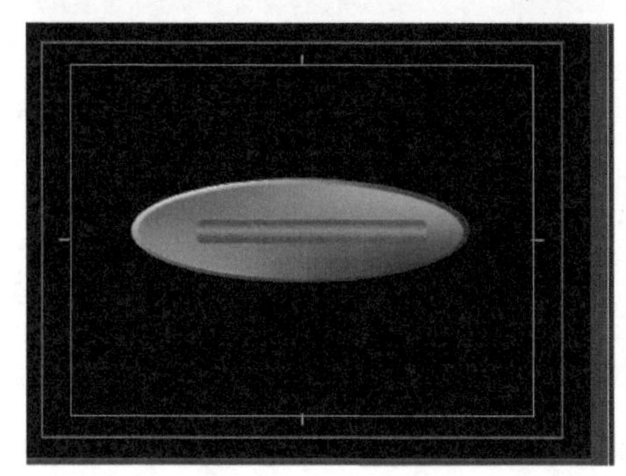

图14-198

07 使用“圆矩形工具”在前面绘制的圆矩形上再绘制一个圆矩形，其大小与两个重叠的圆矩形的大小基本上相同，并为该对象设置“内侧边”描边效果。描边设置和圆矩形边框效果如图14-199所示，其中描边颜色为R168G173B173。

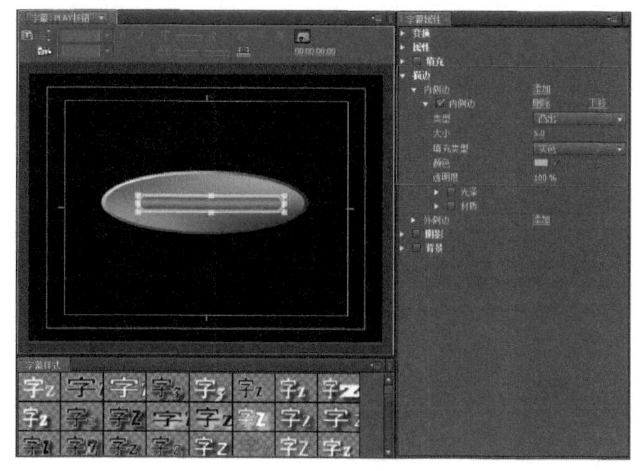

图14-199

08 使用“椭圆形工具”在按住Shift和Alt键的同时绘制一个圆形，圆形的效果和属性设置如图14-200所示，其中应用到该对象上的渐变设置为R251G232B191到R231G65B65的放射渐变。

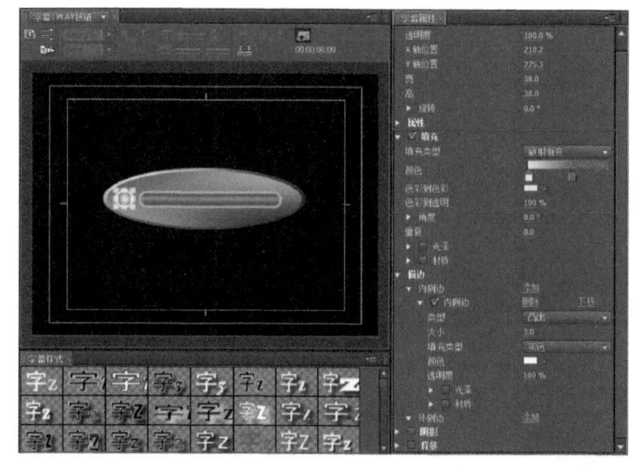

图14-200

09 使用“楔形工具”在屏幕中的圆角矩形上绘制一个黑色的三角形，然后使用“旋转工具”在按住Shift键的同时，将其旋转到如图14-201所示的角度。

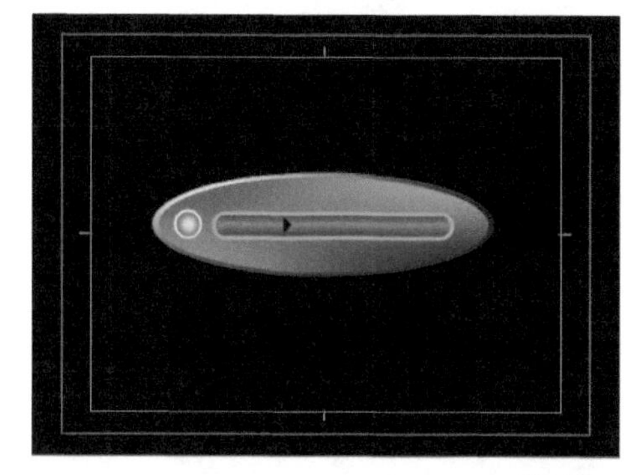

图14-201

10 使用“输入工具”输入文字PLAY，并如图14-202所示设置文字属性，其中文字颜色为黑色。绘制完标记后，保存该项目。

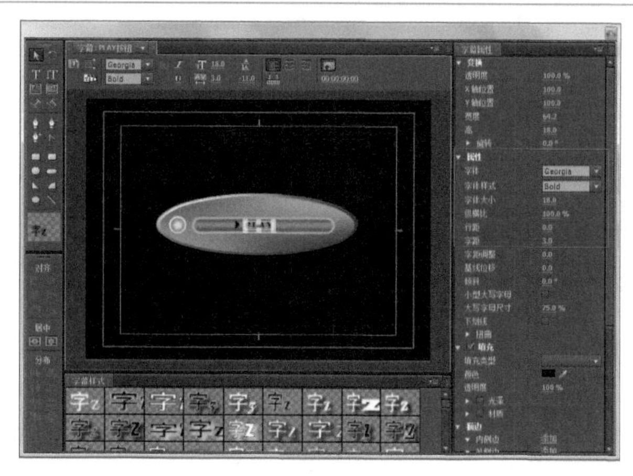

图14-202

高手进阶：在素材中使用标记

- 素材文件：素材文件/第14章/07.jpg
- 案例文件：案例文件/第14章/高手进阶——在素材中使用标记.Prproj
- 视频教学：视频教学/第14章/高手进阶——在素材中使用标记.flv
- 技术掌握：创建插入标记的字幕

扫码看视频

本例将创建一个插入了标记的字幕，背景是一张鲨鱼图片，绘图区下方是一张“按钮”标记图片。文字设置了填充、描边和阴影属性，案例效果如图14-203所示，该案例的制作流程如图14-204所示。

图14-203

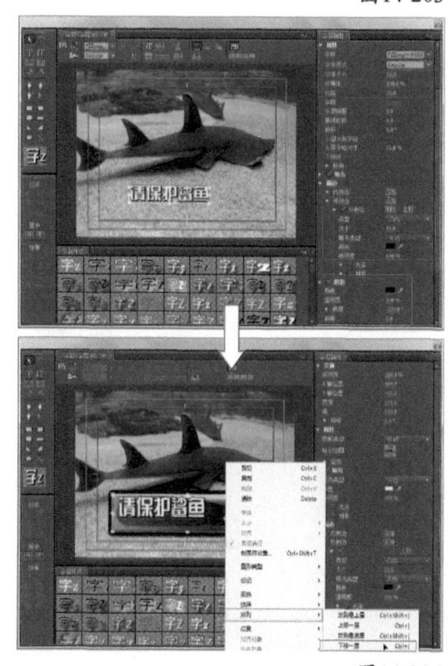

图14-204

【操作步骤】

01 新建一个项目文件，并根据需要选择预置序列。然后导入一个背景素材“07.jpg”，再将其拖入“时间线”面板的视频1轨道中，如图14-205所示。

图14-205

02 执行“字幕→新建字幕→默认静态字幕”命令，在打开如图14-206所示的“新建字幕”对话框中为字幕命名并确定。

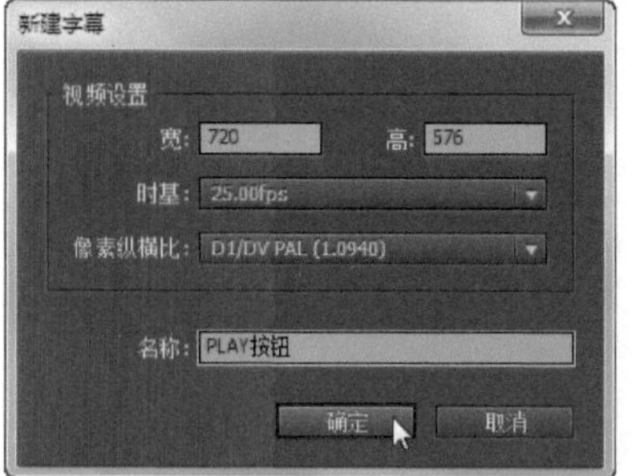

图14-206

03 在打开的“字幕”窗口中输入文字，并按照如图14-207所示的效果和参数设置文字样式。

图14-207

04 执行“字幕→标记→插入标记”命令，在打开的“导入图像为标记”对话框中，选择“01.ai”素材文件并打开，如图14-208所示。将按钮素材导入到字幕绘图区中的效果如图14-209所示。

图14-208

图14-209

小技巧

要想在文本框中插入标记，可以用选择工具双击文本框，然后执行“字幕→标记→插入标记到正文”命令。

05 将标记移动到适当的位置，然后单击右键，选择“排列→下移一层”命令，将标记调整到文字的下方，如图14-210所示。

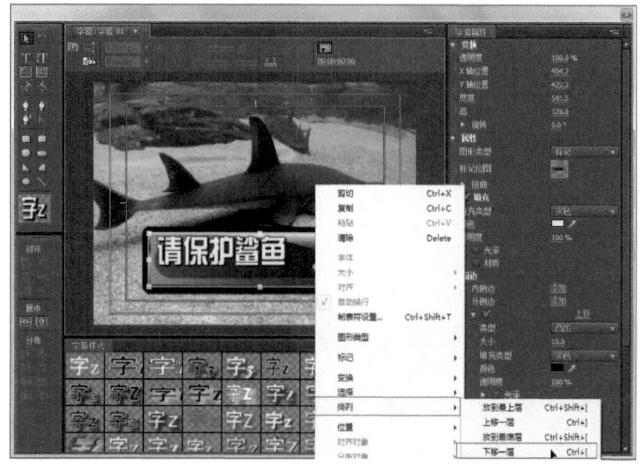

图14-210

小技巧

标记导入绘图区后，可以使用选择工具来移动、旋转标记或调整标记的大小，还可以使用对话框或“字幕”面板菜单中的“变换”命令来调整标记。

06 适当缩小文字的大小，使其与标记更协调，然后移动文字到标记上如图14-211所示的位置。然后关闭“字幕”窗口并保存项目。

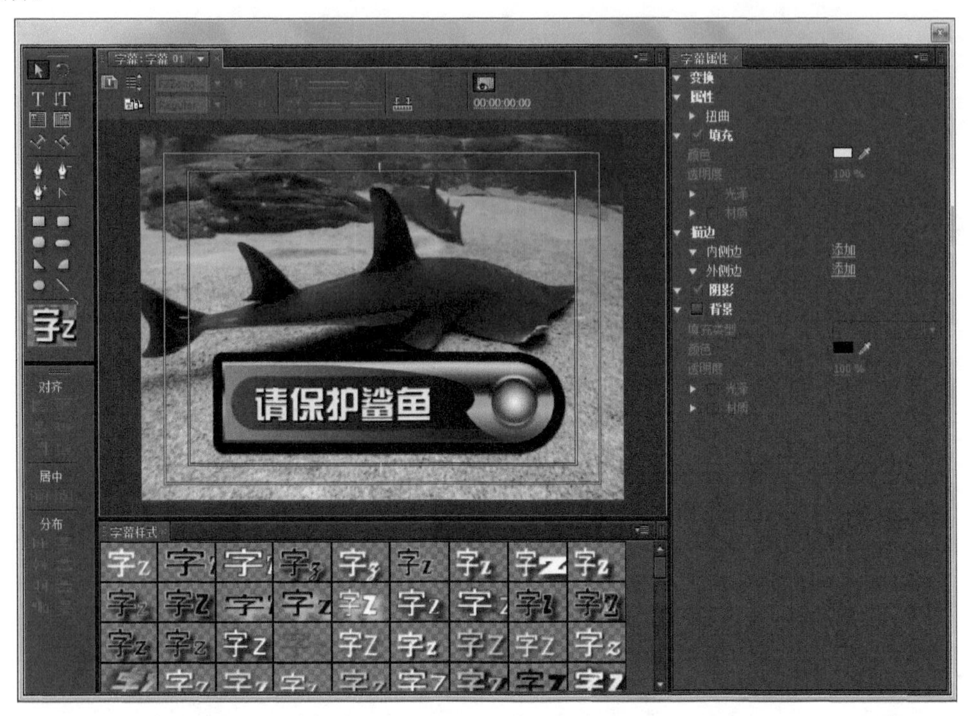

图14-211

知识窗：更改标记位图

如果要将绘图区中的标记变更为其他图片，可以在“字幕属性”面板的“属性”区中单击“标记位图”右侧的选项框，如图14-212所示，然后在出现的对话框中选择一个文件即可。如果要恢复标记的原始设置，请选择“字幕→标记→重置标记大小”或“字幕→标记→重置标记纵横比”命令。

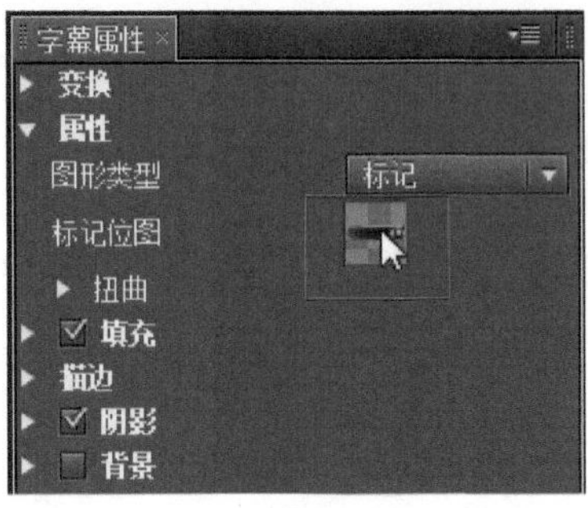

图14-212

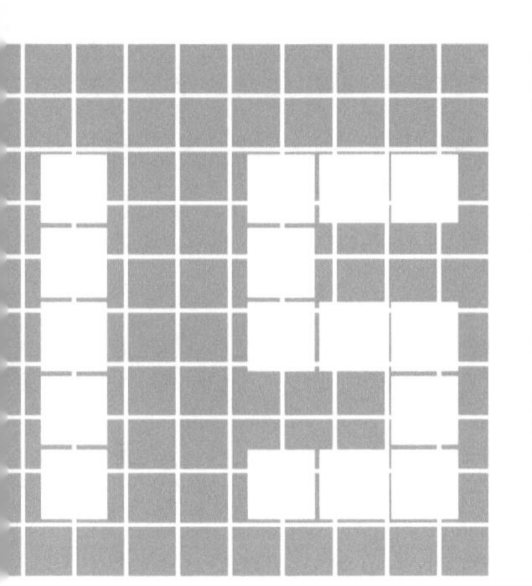

第15章 编辑音频素材

要点索引

本章概述

Premiere Pro提供了许多将声音集成到视频项目中的功能。在时间线中放入视频素材后，Premiere Pro会自动采集与视频素材一起提供的声音。如果要淡入或淡出背景音乐或旁白，Premiere Pro的特效控制台面板提供了相应的工具。如果要添加增强音频素材的音频效果，或者想添加特效，那么只需将它从“效果”面板拖至素材中即可。如果要将混合音频放入主轨道，那么Premiere Pro的调音台可以胜任此工作。

本章重点介绍音频轨道基础知识，还介绍了使音频增强、使用特效和Premiere Pro音频轨道，以及如何在时间线中创建效果的方法。另外，本章还包括Premiere Pro许多音频效果的概述和如何导出音频的介绍。

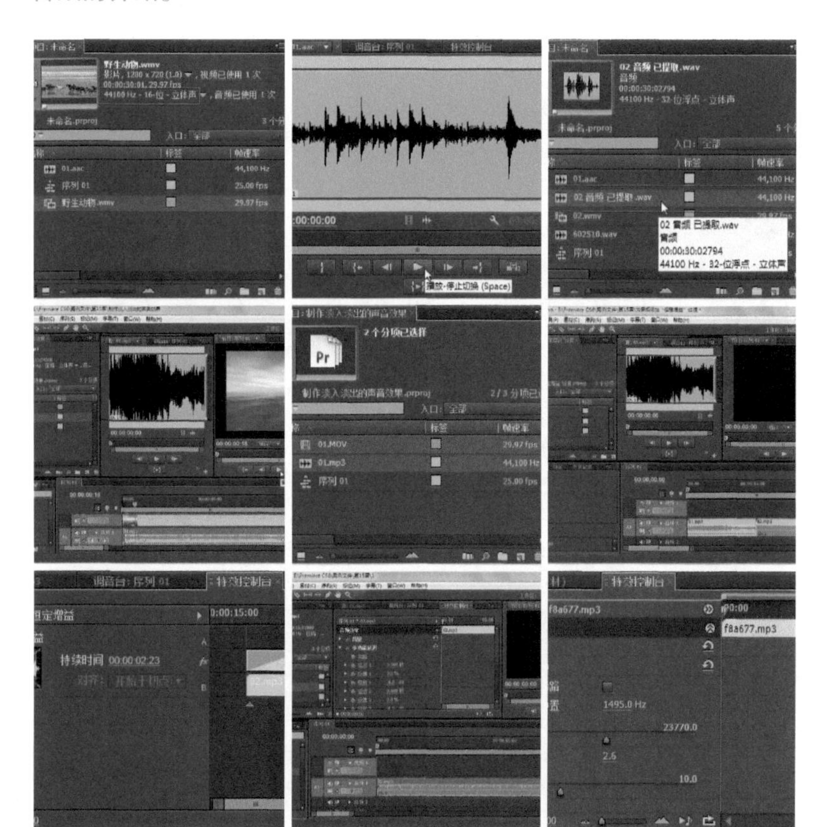

15.1 认识数字声音

在开始使用Premiere Pro的音频功能之前，需要对什么是声音以及描述声音使用的术语有一个基本了解，这有助于了解正在使用的声音类型是什么，以及声音的品质如何。声音的相关术语（如44 100Hz的采样率和16位）会出现在“自定义设置”对话框、“导出”对话框和“项目”面板中，如图15-1所示。

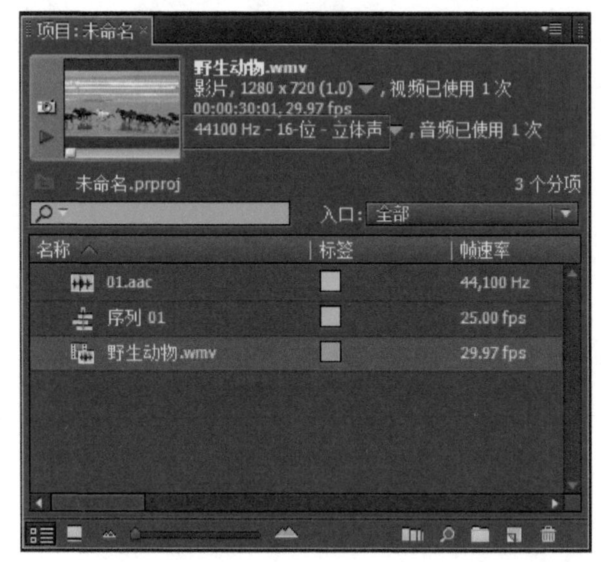

图15-1

为了理解数字声音，必须先从一个模拟世界开始，在那里，声音（如某人在音乐大厅中敲鼓或演奏乐器）是通过声波传播给我们的。我们听到声音是因为声波的震动，震动频率就是声音的音调。因此，高音调声音的震动要多于低音调声音的震动，这些震动声波的频率是通过每秒发生的循环次数确定的。音频（每秒钟的循环次数）以赫兹（Hz）为测量单位，人们通常可以听到从20Hz到大约20 000Hz（20kHz）范围内的声音。声波的幅度（或者说是其振幅）以分贝为单位进行测量。波形弯曲的幅度越大，振幅也就越大，声音也就越响亮。

15.1.1 声音位和采样

在数字化声音时，由数千个数字表示振幅或者波形的高度和深度。在这期间，需要对声音进行采样，以数字方式重新创建一系列的1和0，或者位。如果使用Premiere Pro的调音台对旁白进行录音，那么由麦克风处理来自声音的声波，然后通过声卡将其数字化。在播放旁白时，声卡将这些1和0转换回模拟声波。

高品质的数字录音使用的位也更多。CD品质立体声最少使用16位（较早的多媒体软件有时使用8位的声音速率，这会提供音质较差的声音，但生成的数字声音文件更小）。因此，可以将CD品质声音的样本数字化为一系列16位的1和0（如1 011 011 011 101 010）。

如果比特率的概念让人迷惑，那么一些视觉艺术家可能会发现，将声音的比特率想象成类似于图像分辨率之类的东西会更容易理解一些，高比特率生成更流畅的声波，就像高图像分辨率能生成更平滑的图像一样。

在数字声音中，数字波形的频率由采样率决定。许多摄像机使用32kHz的采样率录制声音，每秒录制32 000个样本。采样率越高，声音可以再现的频率范围也就越广。要再现特定频率，通常应该使用双倍于频率的采样率对声音进行采样。因此，要再现人们可以听到的20 000kHz的最高频率，所需的采样率至少是每秒40 000个样本（CD是以44 100的采样率进行录音的）。

15.1.2 数字化声音文件的大小

声音的位深越大，它的采样率就越高，而声音文件也会越大。因为声音文件（如视频）可能会非常大，因此，估算声音文件的大小很重要。可以通过位深乘以采样率来估算声音文件的大小。因此，采样率为44 100的16位单声道音轨（16-bit×44 100）一秒钟生成705600位（每秒88 200个字节）每分钟5MB多。立体声素材的大小是此大小的两倍。

15.2 音频轨道设置

在Premiere Pro中编辑时，其“时间线”面板会大致描述视频随带的音频。音频轨道集中在视频轨道下方，在“设置显示样式”弹出菜单中单击鼠标，可以选择显示音频素材的名称或其波形，如图15-2所示。

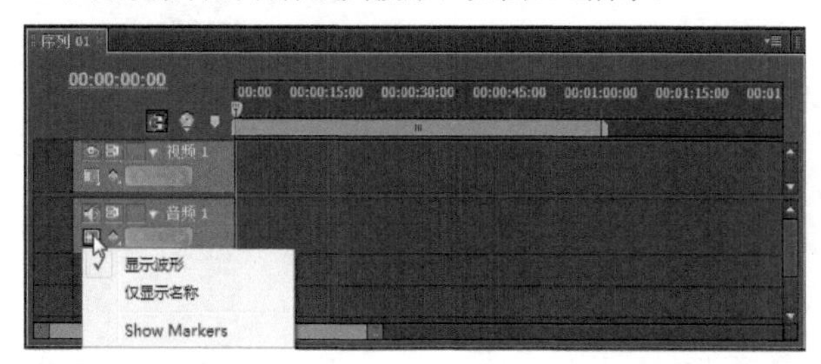

图15-2

对于视频素材，如果将音频素材放入时间线的序列中，则可以单击并拖动它们，或者使用“剃刀工具”对音频进行分割，还可以使用“选择工具”调整入点和出点。

用户还可以在“源监视器”面板中编辑音频素材的入点和出点，在“项目”面板中存储音频素材的子剪辑。将视频素材放入“时间线”面板后，Premiere Pro会自动将其音频放入相应的音频轨道。因此，如果将带有音频的视频素材放入视频1轨道，那么音频会自动放入音频1轨道（除单声道和5.1声道的音频外），如图15-3所示。如果使用“剃刀工具”分割视频素材，那么链接的音频也随之被分割。

图15-3

知识窗：更改音频的声道

如果视频素材中的音频声道为单声道，那么不管将该素材放入哪一个视频轨道，Premiere Pro都会将其音频放入新建的音频轨道中，如图15-4所示。

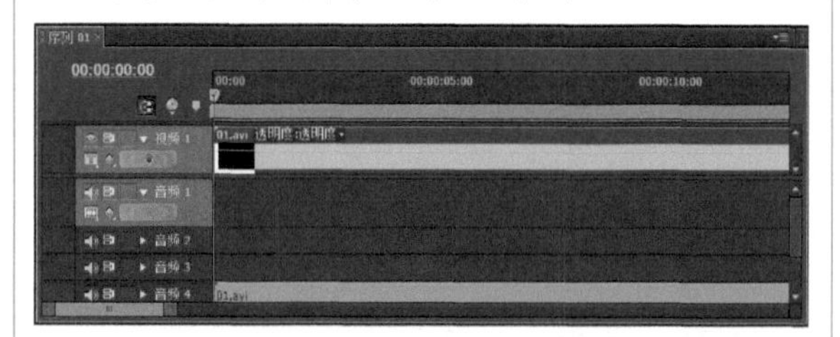

图15-4

要更改音频的声道，需要先将素材从时间线中清除，然后选择“素材→修改→音频声道”命令，从弹出的“修改素材”对话框中进行设置即可，如图15-5所示。

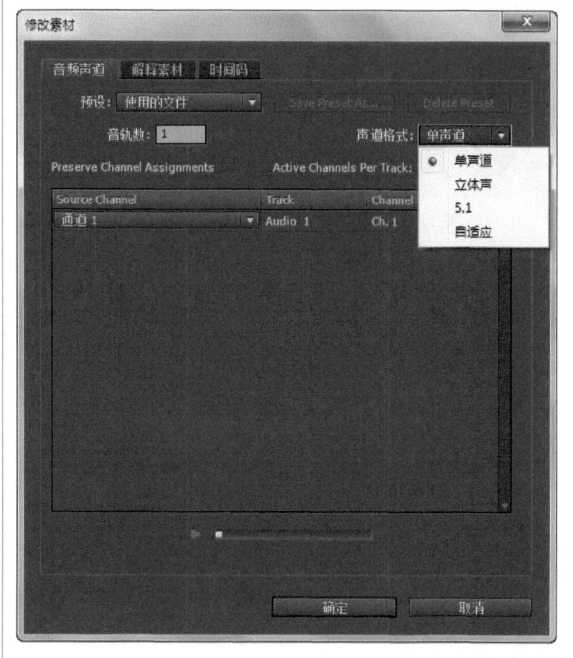

图15-5

在“时间线”面板中单击“折叠/展开轨道”图标来展开或折叠音频轨道视图。在展开轨道之后，可以从下面显示选项中进行选择。

可以选择“时间线”面板的“设置显示样式”弹出菜单中的选项，并根据名称或波形查看音频。

可以选择“显示关键帧”弹出菜单中的“显示素材音量”或“显示轨道音量”命令，查看素材或整个轨道的音频级别更改，如图15-6所示。

图15-6

可以选择“显示关键帧”弹出菜单中的“显示素材关键帧”或“显示轨道关键帧”选项，查看音频效果。“显示关键帧”模式还显示了作为效果的音量和其他效果，效果与关键帧图形线一起出现在弹出菜单中。

在Premiere Pro中处理音频时，会遇到各种类型的音频轨道。标准的音频轨道允许使用单声道或立体声（双声道声音），其他可用轨道如下。

主轨道：此轨道将显示用于主轨道的关键帧和音量，用户可以使用Premiere Pro的调音台将来自其他轨道的声音混合到主轨道上。

混合轨道：这些轨道是调音台混合其他音频轨道子集所使用的混合轨道。

5.1轨道：这些轨道用于Dolby的环绕声，通常用于环绕声DVD电影。在5.1声音中，左声道、右声道和中间声道出现在观众面前，周围环境的声音是从后面的两个扬声器发出的，这总共需要5个声道。附1声道是重低音，发出低沉的低音，有时会突然产生爆炸型的声音。这些低频率声音是其他扬声器难以发出的，其他扬声器通常小于重低音音箱。

15.3 播放声音素材

使用“文件→导入”命令将声音素材导入到“项目”面板中，单击“项目”面板中的“播放”按钮，在“项目”面板中可以播放素材，如图15-7所示。

双击“项目”面板中的声音素材图标，素材将在“源监视器”面板中打开。然后在“源监视器”中可以看到音频波形，单击“源监视器”的“播放”按钮，也可以播放素材，如图15-8所示。

图15-7

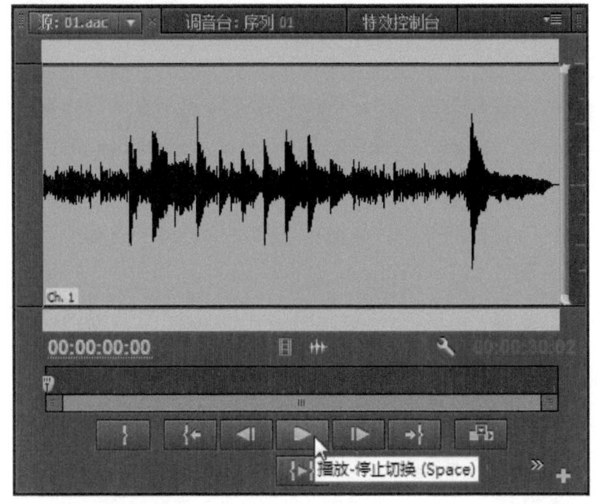

图15-8

小 技 巧

选择“源监视器”面板菜单中的“音频波形”命令，可以查看视频素材的音频波形。

15.4 编辑和设置音频

根据需要，可以在Premiere Pro中使用几种方法来编辑音频。用户可以像编辑视频那样使用剃刀工具在时间线中分割音频，只需单击并拖动素材或素材边缘即可。如果需要单独处理视频的音频，则可以解除音频与视频的链接。如果需要编辑旁白或声音效果，可以在源监视器中为音频素材设置入点和出点。Premiere Pro还允许从视频中提取音频，这样该音频就可以作为另一个内容源出现在“项目”面板中。

如果需要更精确地编辑音频，那么可以选择只有音频的主剪辑、子剪辑或素材实例。用户如果要增强或者创建切换效果和音频效果，还可以使用Premiere Pro的“效果”面板提供的音频效果。

15.4.1 在时间线上编辑音频

Premiere Pro不是一个复杂的音频编辑程序，因此可以在“时间线”面板中执行一些简单编辑。用户可以解除音频与视频的链接并移动音频，以便附加音频的不同部分。通过在“时间线”面板中缩放音频素材波形，可以执行音频编辑，还可以使用“剃刀工具”分割音频。

● 设置时间线

要使“时间线”面板更好地适用于音频编辑，可按照以下操作设置时间线。

单击“折叠-展开轨道”按钮（音频轨道名称前面的三角形），展开音频轨道。单击时间线中的“设置显示样式”图标，然后从弹出式菜单中选择“显示波形”命令。

选择“时间线”面板菜单中的“显示音频时间单位”命令，将单位更改为音频样本，如图15-9所示。这会将时间线的音频单位的标尺显示变为音频样本或毫秒（默认设置是音频样本，但是可以通过执行“项目→项目设置→常规”菜单命令，然后从对话框中的音频“显示格式”下拉列表中选择“毫秒”来更改此设置）。

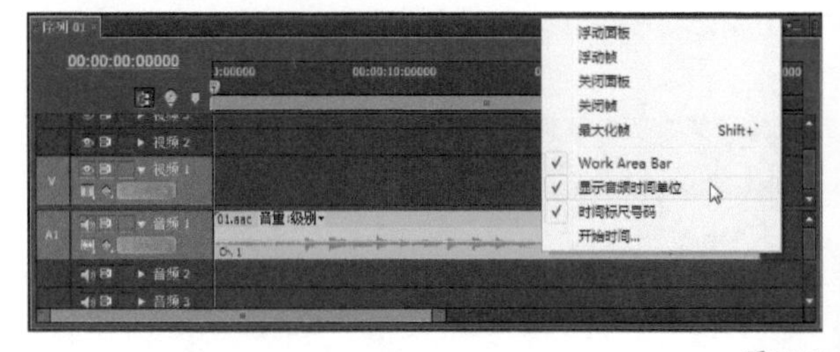

图15-9

单击并拖动时间线缩放滑块来缩放音频素材，如图15-10所示。

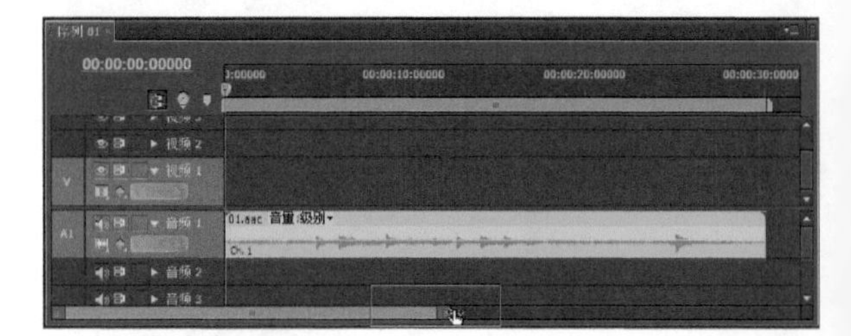

图15-10

知识窗：更改音频的声道

使用编辑工具编辑音频。可以单击并拖动素材边缘来更改入点和出点，还可以激活“工具”面板中的“剃刀工具”，并使用该工具在特定点单击来分割音频，如图15-11所示。

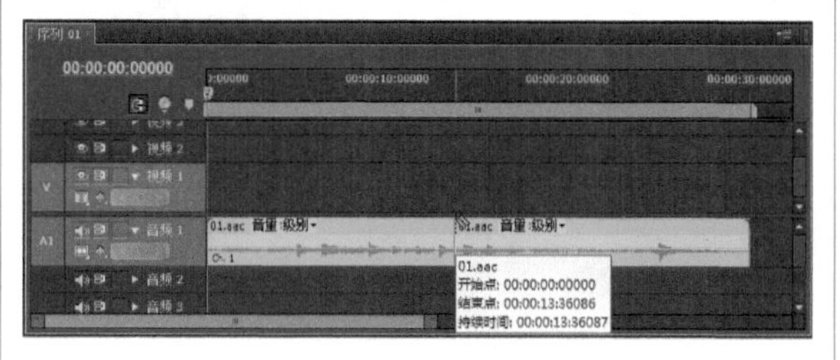

图15-11

● 解除音频和视频的链接

如果将带音频的素材放入时间线，那么可以独立于视频编辑音频。为此，首先需要解除音频和视频的链接，然后才可以独立于视频来编辑音频的入点和出点。

将带音频的视频素材导入到“项目”面板中，并将其拖入到时间线轨道上，然后在“时间线”面板中选择该素材，将同时选中视频和音频对象，如图15-12所示。

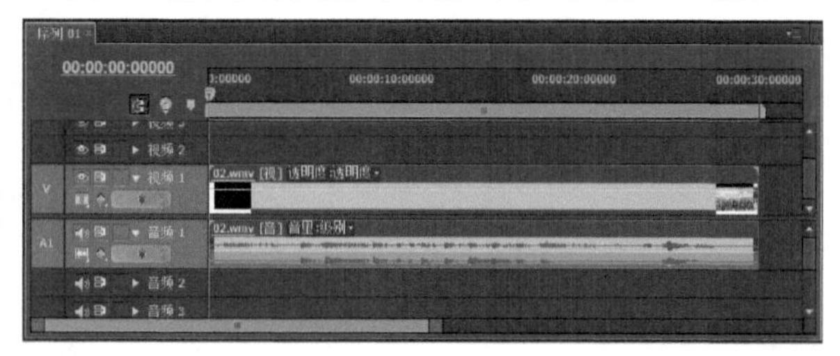

图15-12

选择“素材→解除视音频链接”菜单命令，或者在时间线中右键单击音频或视频，然后选择“解除视音频链接”命令，如图15-13所示，即可解除音频和视频的链接。单击其他空时间线轨道，取消对音频和视频轨道的选择。解除链接后，就可以单独选择音频或视频来对其进行编辑。

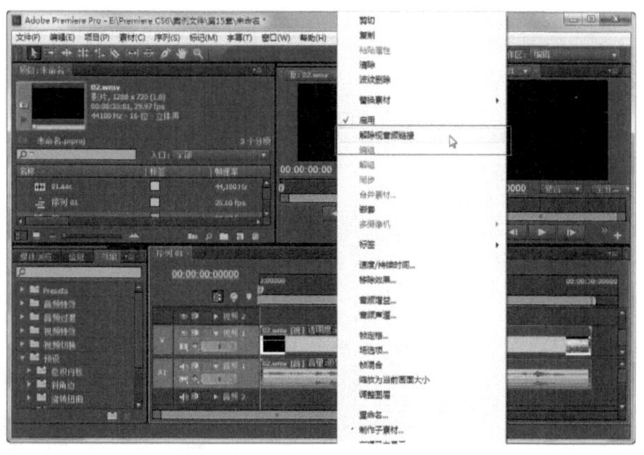

图15-13

小技巧

如果已经将两个素材编辑在一起，并且解除了音频链接，就可以使用“旋转编辑工具”同时调整某个音频素材的出点和下一个音频素材的入点。

如果要重新链接音频和视频，可以先选择要链接的音频和视频，然后选择“素材→链接视频和音频”菜单命令。

● 解除音频链接和重新同步音频

Premiere Pro提供了一个暂时解除音频与视频的链接的方法，用户可以按住Alt键，然后单击并拖动素材的音频或视频部分，通过这种方式暂时解除音频与视频的链接。在释放鼠标之前，系统仍然认为素材处于链接状态，但是不同步。在使用此暂时解除链接的方法时，Premiere Pro会在时间线上显示不同步的帧在素材入点上的差异，如图15-14所示。

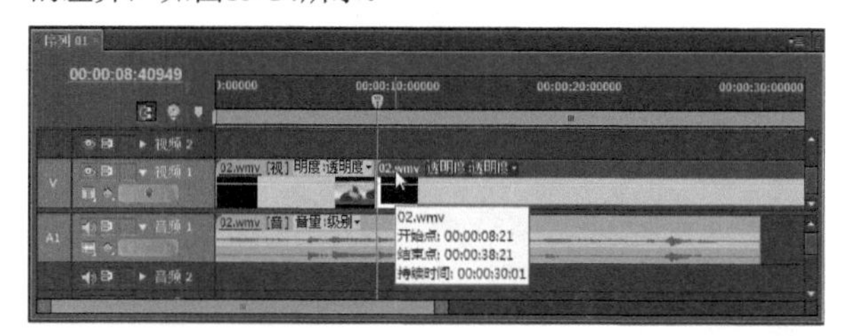

图15-14

知识窗：设置素材同步

通过选择“素材→同步”菜单命令，可以将多个轨道中的素材同步为目标轨道中的一个素材。使用“同步素材”对话框，可以在目标轨道中某个素材的起点和终点或编号序列标记上同步素材，或者通过时间码同步素材，如图15-15所示。

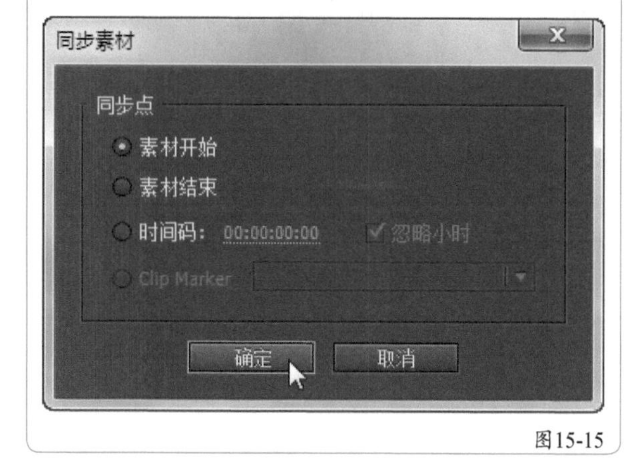

图15-15

15.4.2 使用源监视器编辑源素材

虽然在时间线中编辑音频已经能够满足用户大部分需求，但还可以在“源监视器”中编辑音频素材的入点和出点。此外，可以使用“源监视器”创建长音频素材的子剪辑，然后在“源监视器”或“时间线”中单独编辑子剪辑。

只获取音频

在编辑带有音频和视频的素材时，可能只想使用音频而不使用视频。如果在源监视器中选择获取音频选项，那么视频图像就会被音频波形取代。

将需要编辑的视频素材拖至“源监视器”窗口中，或者在“项目”面板中双击该素材图标，并将其添加到时间线中。在“源监视器”面板菜单中选择“音频波形”命令，如图15-16所示，素材的音频波形将出现在“源监视器”窗口中，如图15-17所示。

图15-16

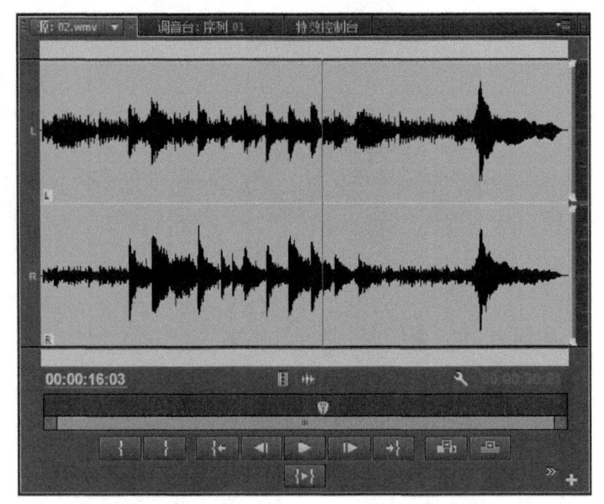

图15-17

小技巧

如果“源监视器”中的显示被设置为“显示音频时间单位”，那么可以使用“步退”或“步进”按钮（或按下左箭头键或右箭头键）一次一个音频单位地单步调试音频。

采用在“源监视器”中为视频素材设置入点和出点的方法，为音频设置入点和出点。将当前时间指示器移动到需要设置为入点的位置，然后单击“设置入点”按钮。将当前时间指示器移动到出点位置，然后单击“设置出点”按钮。如果要为音频更改或选择目标轨道，可以单击左轨道边缘选中它，并将轨道左端的A1图标拖动到对应的目标轨道处，如图15-18所示。

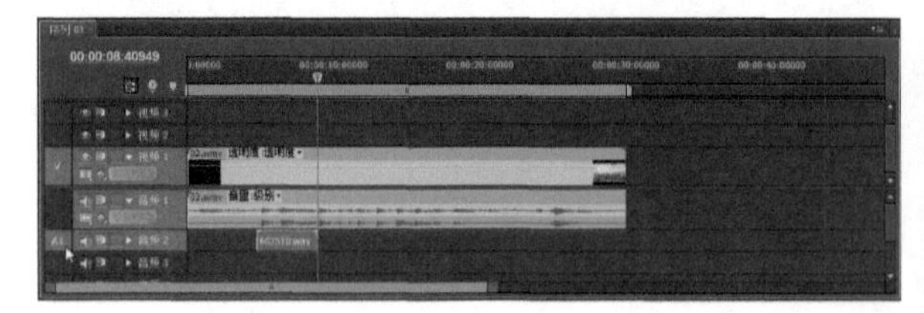

图15-18

要将已编辑的音频放在目标轨道中，可以将时间线中的当前时间指示器设置到想要放置音频的位置，然后单击“源监视器”面板中的“插入”或“覆盖”按钮。图15-19所示为执行覆盖编辑后的音频。

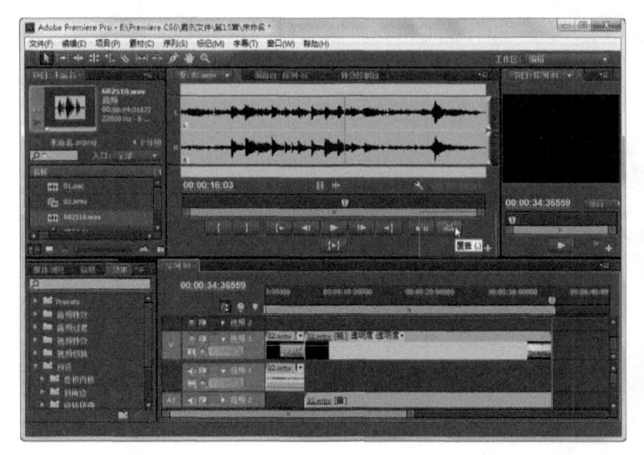

图15-19

小技巧

用户可以用一个素材替换另一个素材，方法是右键单击或按住Ctrl键单击时间线中的素材，并从弹出菜单中选择“替换素材”命令，然后从子菜单中选择用源监视器或“项目”面板中的素材替换时间线中的素材。

从视频中提取音频

如果想从视频中分离出音频，将它作为“项目”面板中一个独立的媒体源处理，就可以让Premiere从视频中提取音频。要从包含音频的视频素材中创建一个新音频文件，可以选择“项目”窗口中的一个或多个素材，然后选择“素材→音频选项→提取音频”命令，提取的音频文件随后会显示在“项目”面板中，如图15-20所示。

图15-20

15.4.3 设置音频单位

在监视器面板中进行编辑时，标准测量单位是视频帧。对于可以逐帧精确设置入点和出点的视频编辑而言，这种测量单位已经很完美。但是，对于音频，可能需要得更为精确。例如，如果想编辑出一段长度小于一帧的无关声音，Premiere Pro就可以使用与帧对应的音频“单位”显示音频时间。用户可以用毫秒或可能是最小音频样本来查看音频单位。

以下是使用音频单位时的选择。

在毫秒与音频样本之间选择：选择“项目→项目设置→常规”菜单命令，弹出“项目设置”对话框，在音频“显示格式”下拉列表中选择“毫秒”或“音频采样”选项，如图15-21所示。

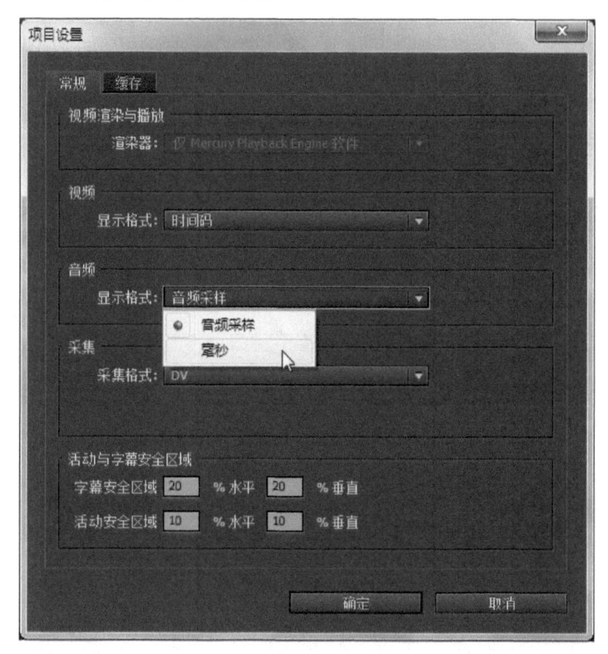

图15-21

要在“源监视器”或“节目监视器”面板的时间显示区域中查看音频单位，请选择面板菜单中的“显示音频时间单位”命令。

要在时间线的时间标尺和时间显示中查看音频单位，请选择“时间线”面板菜单中的“显示音频时间单位”命令。

15.4.4 设置音频声道

在处理音频时，可能想禁用立体声轨道中的一个声道，或者选择某个单声道音频素材，将它转换成立体声素材。在Premiere Pro中修改音频声道的操作方法如下。

选择“项目”面板中还未放在时间线序列中的音频素材，然后选择“素材→修改→音频声道”菜单命令，打开“修改素材”对话框，在“音频声道”选项卡的“声道格式”下拉列表中可以选择轨道的格式，包括“单声道”“立体声”“5.1”和“自适应”选项，如图15-22所示。

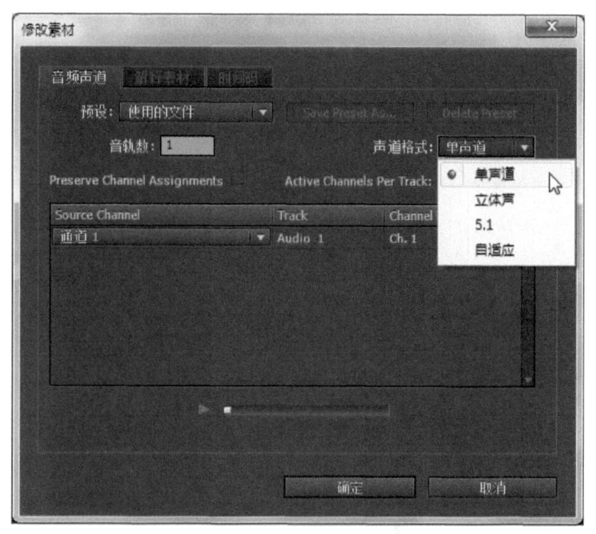

图15-22

小技巧

如果想从立体声轨道中隔离单声道轨道，可选择“项目”面板中的音频，然后选择“素材→音频选项→拆解为单声道”菜单命令，两个音频子剪辑将添加到“项目”面板中。

15.5 编辑音频的音量

最常见的声音效果之一是慢慢地在素材的开始处淡入音频并在结束处淡出。在Premiere Pro中很容易做到这一点，方法是在关键帧图形线上设置关键帧，在音频轨道显示弹出菜单中选择显示素材音量时会显示关键帧图形线。

用户还可以改变立体声声道中声音的均衡。调整均衡时，即重新分配声音（从某个声道中移除一定百分比的声音信息，将它添加到另一个声道中）。Premiere Pro还允许使用声像调节创建似乎来自同一房间不同区域的声音。要进行声像调节，需要在输出到多声道主音轨或混合轨道时更改单声道轨道。

除此以外，还可以使用Premiere Pro的“音频增益”命令更改声音素材的整个音量。下面介绍如何调整音频增益、音频淡入和淡出，以及如何均衡立体声声道的方法。

15.5.1 使用“音频增益”命令调整音量级别

增益命令用于通过提高或降低音频增益（以分贝为单位）来更改整个素材的声音级别。在音频录制中，工程师通常会在录制过程中提高或降低增益。如果声音级别突然降低，工程师就会提高增益；如果级别太高，就降低增益。

Premiere Pro的增益命令还用于通过单击一个按钮来标准化音频，这会将素材的级别提高到不失真情况下的最高级别。标准化通常是确保音频级别在整个制作过程中保持不变的有效方法。

要使用Premiere Pro的增益命令调整素材的统一音量，可按照以下步骤进行。

第一步：选择“文件→导出”命令，导出声音素材或者带声音的视频素材。

第二步：单击“项目”面板中的素材，或者将声音素材从“项目”面板拖至“时间线”面板的音频轨道中。

第三步：如果素材已经在时间线中，那么单击“时间线”面板上音频轨道中的声音素材。

第四步：选择“素材→音频选项→音频增益”菜单命令，将打开如图15-23所示的“音频增益”对话框。

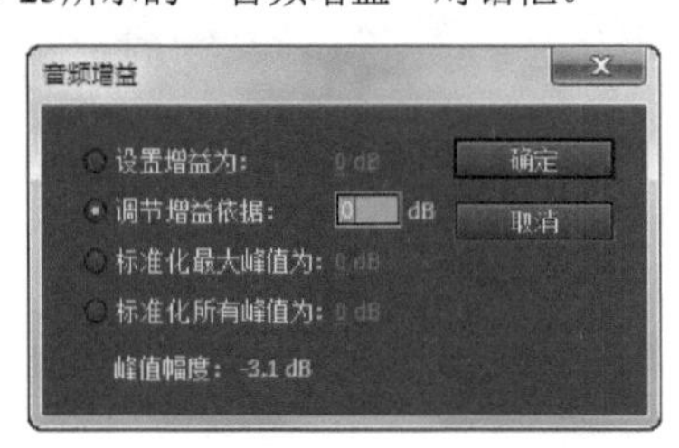

图15-23

第五步：选中“设置增益为”选项，然后键入一个值。0.0dB设置是原始素材音量（以分贝为单位），大于0的数字表示提高素材的音量，小于0的数字表示降低音量。如果选中“标准化最大峰值为”或“标准化所有峰值为”选项，并为其键入一个值，Premiere Pro就会设置不失真情况下的最大可能增益。但是在音频信号太强时，可能会发生失真。完成设置后，单击“确定”按钮即可。

小技巧

可单击“音频增益”对话框中的dB值，并通过拖动鼠标来提高或降低音频增益。单击并向右拖动可提高dB级别，单击并向左拖动可降低dB级别。

15.5.2 音量的淡入或淡出效果编辑

Premiere Pro提供了用于淡入或淡出素材音量的各种选项，用户可以淡入或淡出素材，并使用“效果”控制面板中的音频效果更改其音量，或者在素材的开始和结尾处应用交叉淡化音频过渡效果，以此淡入或淡出素材。

如下面步骤所讲，还可以使用“钢笔工具”或“选择工具”在时间线中创建关键帧。在设置关键帧后，就可以单击并拖动关键帧图形线来调整音量了。

在淡化声音时，可以选择淡化轨道的音量或素材的音量。注意，即使将音量关键帧应用到某个轨道（而不是素材）并删除该轨道中的音频，关键帧仍然保留在轨道中。如果将关键帧用于某个素材并删除该素材，那么关键帧也将被删除。

高手进阶：制作淡入/淡出的声音效果

- 素材文件：无
- 案例文件：案例文件/第15章/高手进阶——制作淡入淡出的声音效果.Prproj
- 视频教学：视频教学/第15章/高手进阶——制作淡入淡出的声音效果.flv
- 技术掌握：制作淡入淡出声音效果的方法

扫码看视频

本例将介绍如何制作淡入/淡出声音效果的操作，案例效果如图15-24所示，该案例的制作流程如图15-25所示。

图15-24

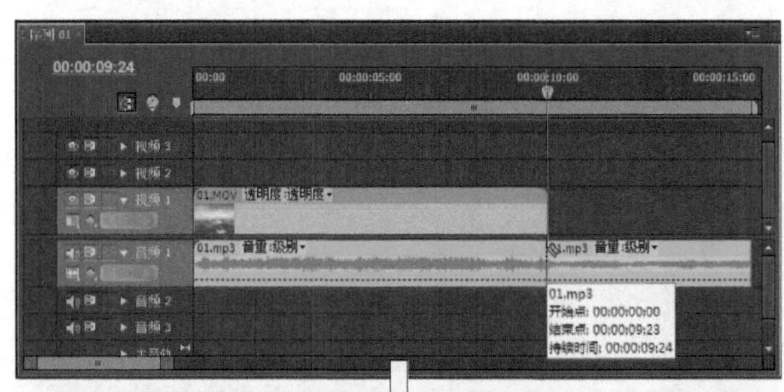

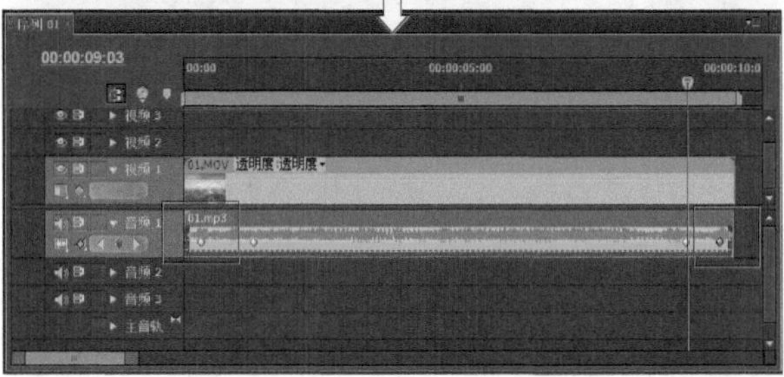

图15-25

【操作步骤】

01 选择“文件→新建→项目”命令，在“新建项目”对话框中设置项目的存储位置和文件名，然后单击“确定”按钮，在打开的“新建序列”对话框中选择一个预置或创建一个自定义设置，再单击“确定”按钮创建一个新项目，如图15-26所示。

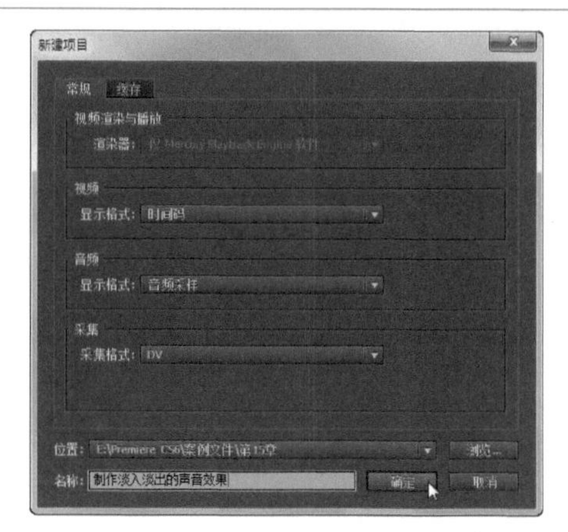

图15-26

02 选择“文件→导入”命令，导入声音素材“01.mp3”和视频素材“01.mov”，如图15-27所示。

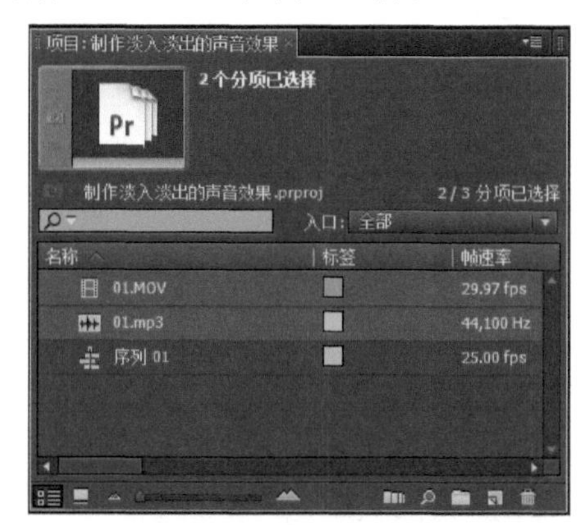

图15-27

03 选择音频素材，并选择“素材→修改→音频声道”菜单命令，在如图15-28所示的“修改素材”对话框中将该音频转换为立体声道，然后单击“确定”按钮。

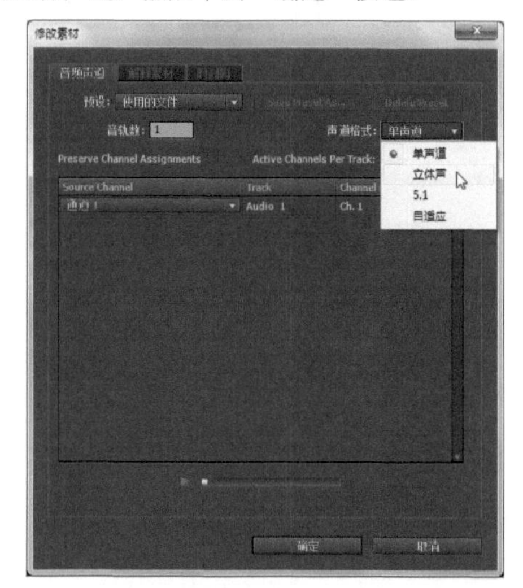

图15-28

04 将视频素材从“项目”面板拖至“时间线”面板的视频1轨道中，将声音素材从“项目”面板拖至“时间线”面板的音频1轨道中，如图15-29所示。

图15-29

05 在“时间线”面板中将时间指示器拖动到视频素材的出点处，然后使用“剃刀工具”在此将音频素材切割开，如图15-30所示。

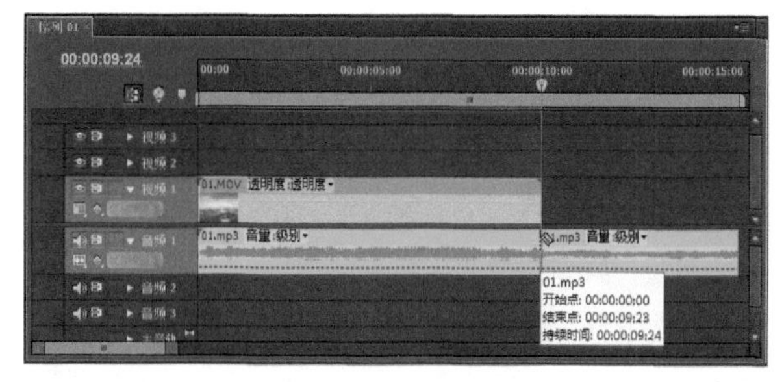

图15-30

06 使用“选择工具”选择后面部分的音频素材，然后按Delete键将其删除，如图15-31所示。

图15-31

07 展开音频轨道，选择“显示关键帧”弹出菜单中的“显示轨道音量”或“显示素材音量”命令，如图15-32所示，此时一条黄色的图形线出现在音频轨道的中间。

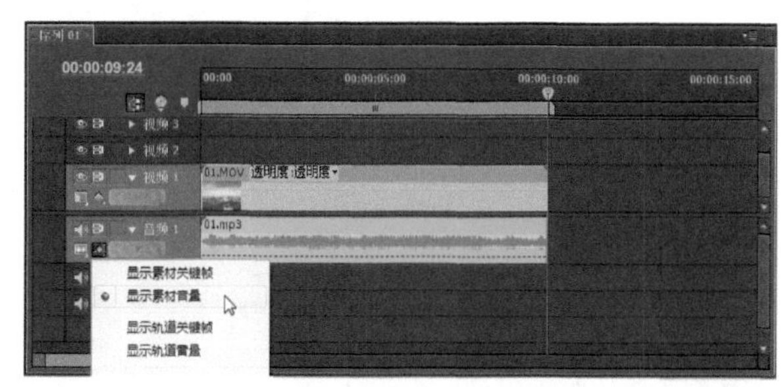

图15-32

小技巧

还可以选择“显示关键帧”弹出菜单中的“显示素材关键帧”或“显示轨道关键帧”命令，这将使“音量”下拉列表出现在轨道中。在选择下拉列表中的“音量”时，可以调整关键帧图形线中的音量。

08 将当前时间指示器设置到想作为淡化终点的时间线处，然后按住Ctrl的同时在图形线上单击，创建一个关键帧（在创建时将出现一个加号），如图15-33所示。此关键帧图标可充当占位符，指示声音素材中间的声音停在其100%音量上。

图15-33

09 按住Ctrl并在素材的开始处单击鼠标，在此创建另一个关键帧，如图15-34所示。

图15-34

10 使用同样的方法另外再创建两个关键帧，如图15-35所示。

图15-35

小技巧

将更多的关键帧添加到图形线中能使声音素材淡化到素材中的各个部分。

11 将图形线开始处的关键帧向下拖动，这会使音频素材逐渐淡入（将关键帧向上拖动可提高声音）。在单击并拖动时，会有一个读数显示当前时间线位置和分贝的更改，如图15-36所示。

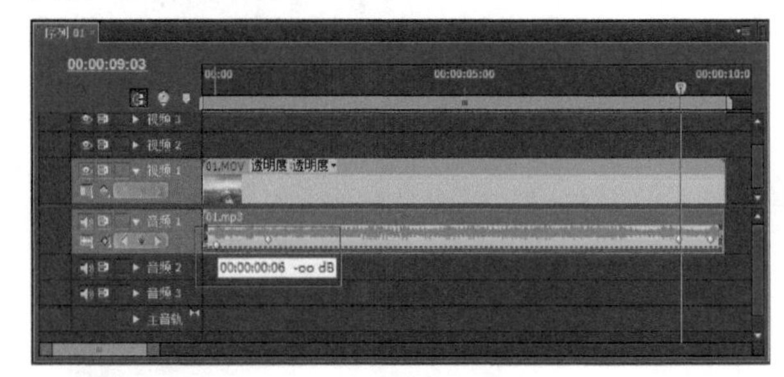

图15-36

12 将图形线结束处的关键帧向下拖动，使音频素材淡出，如图15-37所示。

图15-37

13 单击“节目监视器”面板中的“播放-停止切换”按钮，预览影片及声音效果，如图15-38所示。

图15-38

小技巧

可以调整素材或轨道的整体音量，方法是先显示轨道音量，然后使用钢笔工具或选择工具单击轨道的音量图形线并向上或向下拖动它。

15.5.3 移除音频关键帧

在时间线中编辑音频时，可能想移除关键帧。实现这一点的具体操作步骤如下。

第一步：将当前时间指示器移动到需要移除的关键帧的前面。

第二步：单击时间线中的“转到下一关键帧”按钮▶。

第三步：单击“添加-移除关键帧”按钮◆，即可移除当前时间指示器处的关键帧。

小技巧

要移除关键帧，还可以单击关键帧，然后按“Delete”键来将其删除。另外，使用右键单击关键帧，然后从菜单中选择“删除”命令。

15.5.4 在时间线中均衡立体声

Premiere Pro允许调整立体声轨道中的立体声声道均衡。在调整立体声轨道均衡时，可以将声音从一个轨道重新分配到另一个轨道。在调整均衡时，因为提高了一个轨道的音量，所以要降低另一个轨道的音量。用户可按照以下操作调整立体声轨道均衡。

在时间线中展开音频素材所在的音频轨道。单击“显示关键帧”按钮◈，从弹出菜单中选择“显示轨道关键帧”命令，此时“音量”下拉按钮将出现在轨道中，如图15-39所示。

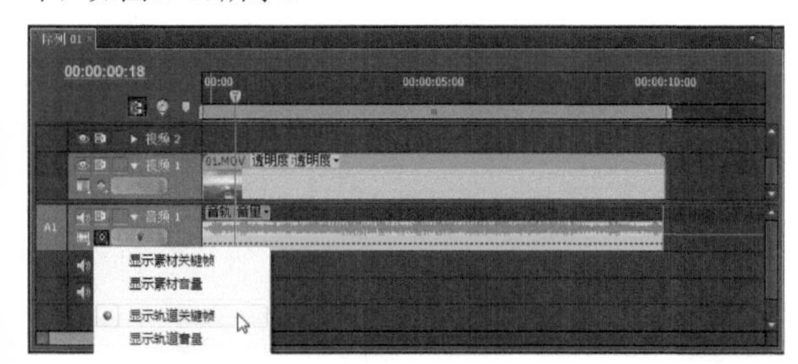

图15-39

在“音量”下拉列表中选择“声像器→平衡”命令，如图15-40所示。要调整立体声级别，可以选择“选择工具”或“钢笔工具”，然后在轨道关键帧图形线上单击并拖动。

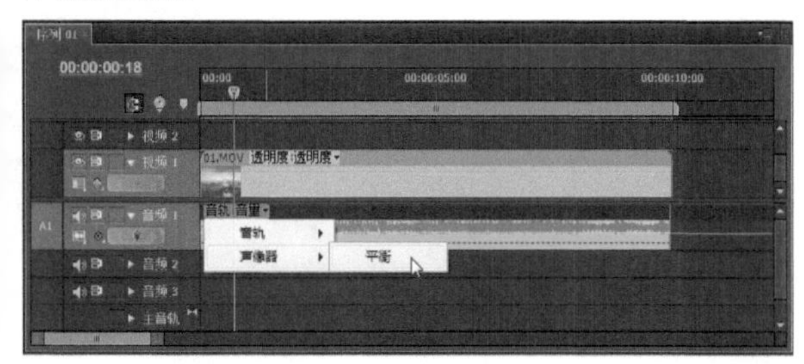

图15-40

15.6 应用音频过渡和音频特效

Premiere Pro“效果”面板的“音频特效”文件夹中提供了音频效果和音频过渡，用于增强和校正音频。“音频特效”文件夹中提供的效果类似于专业音频工作室中所使用的那些效果。

选择“窗口→效果”菜单命令，显示“效果”面板，在“效果”面板中还包括音频过渡文件夹，如图15-41所示。单击文件夹前面的三角形图标，可以查看切换或其他任何文件夹中的效果。

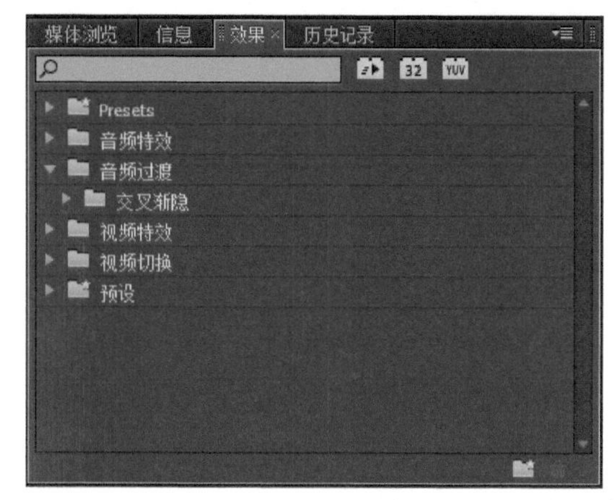

图15-41

15.6.1 应用“音频过渡”效果

“效果”面板的“音频过渡”效果文件夹提供了用于淡入和淡出音频的三个交叉淡化效果。Premiere Pro提供了三种过渡效果，这三种过渡效果被放置在“交叉渐隐”文件夹中，包括“恒定功率”“恒定增益”和“指数型淡入淡出”效果，如图15-42所示。

图15-42

【参数介绍】

“恒定功率”是默认的音频过渡效果，它产生一种听起来像是逐渐淡入/淡出人们耳朵的声音效果。

“恒定增益”可以创造精确的淡入和淡出效果。

“指数型淡入淡出”可以创建弯曲淡化效果，它通过创建不对称的指数型曲线来创建声音的淡入淡出效果。

通常，“交叉渐隐”用于创建两个音频素材之间的流畅切换。但是，在使用Premiere Pro时，可以将交叉切换放在音频素材的前面创建淡入效果，或者放在音频素材的末尾创造淡出效果。

小技巧

在创建切换效果之前，必须确保“显示关键帧”弹出菜单没有设置为“显示轨道关键帧”或“显示轨道音量”，否则将无法应用切换效果。

新手练习：为音频添加“恒定增益”过渡

- 素材文件：无
- 案例文件：案例文件/第15章/新手练习——为音频添加“恒定增益”过渡.Prproj
- 视频教学：视频教学/第15章/新手练习——为音频添加“恒定增益”过渡.flv
- 技术掌握：为音频添加“恒定增益”过渡效果的方法

扫码看视频

本例将介绍如何为音频添加“恒定增益”过渡效果的操作，案例效果如图15-43所示，该案例的制作流程如图15-44所示。

图15-43

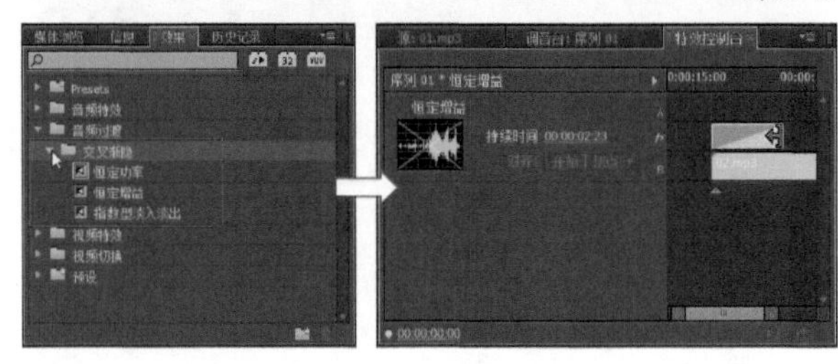

图15-44

【操作步骤】

01 新建一个项目文件，然后将音频素材“01.mp3和02.mp3”导入到“项目”面板中，再将素材添加到“时间线”面板的音频轨道中，并让它们在时间线上彼此相邻，如图15-45所示。

02 选择“窗口→效果”命令，打开“效果”面板。单击“音频过渡”文件夹左边的小三角形将其展开。再单击“交叉渐隐”文件夹左边的小三角形将其展开，如图15-46所示。

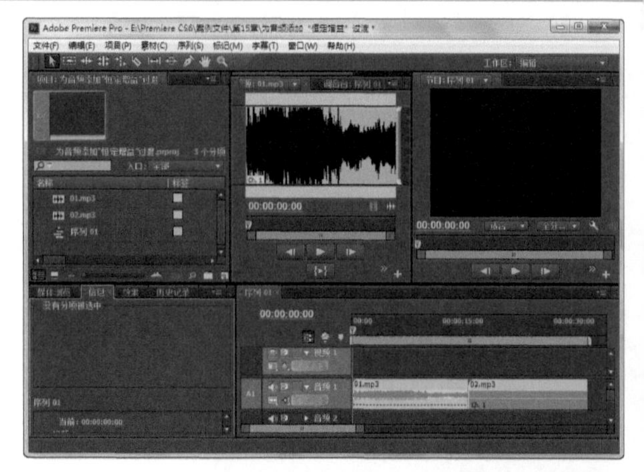

图15-45

图15-46

03 拖动“恒定增益”效果到音频轨道的两个素材之间，如图15-47所示，然后释放鼠标，此时会在“时间线”面板中看到切换效果图标，如图15-48所示。

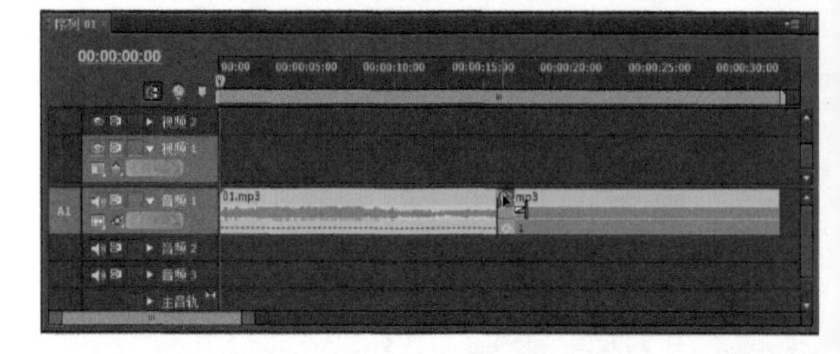

图15-47

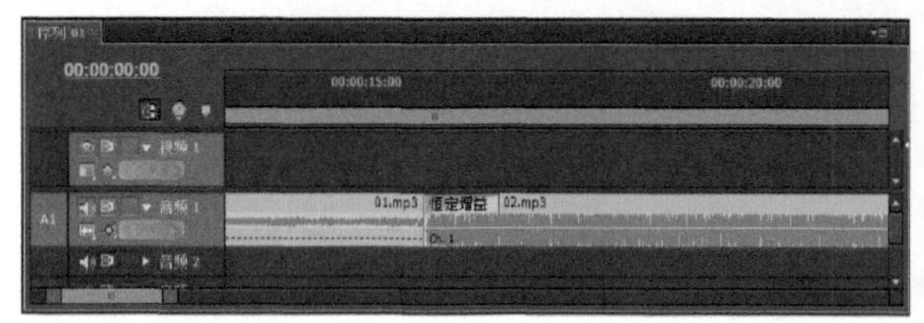

图15-48

小技巧

要删除音频素材中应用的音频过渡效果，可在时间线中右键单击过渡效果图标，从弹出的菜单中选择“清除”命令即可。

04 在音频轨道中选中“恒定增益”切换效果，然后在“特效控制台”面板中拖动“恒定增益”切换效果的边缘，可以调节“恒定增益”的过渡时间，如图15-49所示。

图15-49

知识窗：更改默认音频过渡持续时间

通过更改“默认音频过渡持续时间”设置，可以设置默认的音频持续时间。选择“编辑→首选项→常规”命令或者“效果”面板菜单中的“设置默认过渡持续时间”命令，在弹出的“首选项”对话框中的“音频过渡默认持续时间”选项中即可进行更改，如图15-50所示。

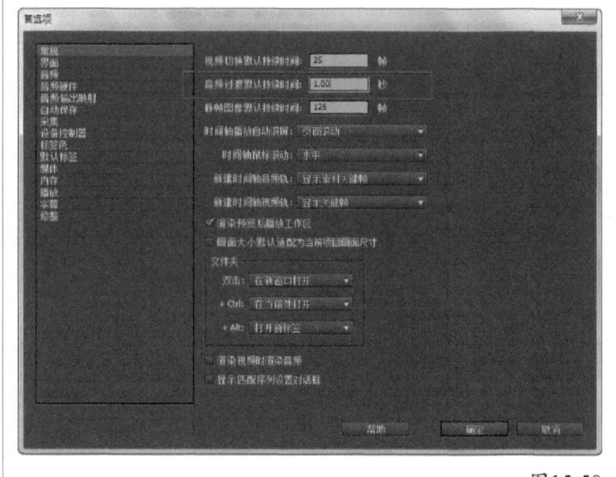

图15-50

15.6.2 应用“音频特效”

与过渡效果一样，可以访问“效果”面板中的音频特效，并使用“特效控制台”面板中的控件调整它们。选择“时间线”面板中的音频素材，然后选择“效果”面板中的“音频特效”效果，将其拖至“特效控制台”面板或者时间线音频轨道中的音频的上方，然后释放鼠标，即可为该素材应用音频特效，如图15-51所示。应用音频特效后，在音频上将出现一条绿线。

图15-51

大多数音频特效提供用于微调音频效果的设置。如果音频效果提供的设置可以调整，那么这些设置会在展开效果时出现在“特效控制台”面板中。

【参数介绍】

单击效果名称前面的三角形，可以展开或折叠效果设置，如图15-52所示。

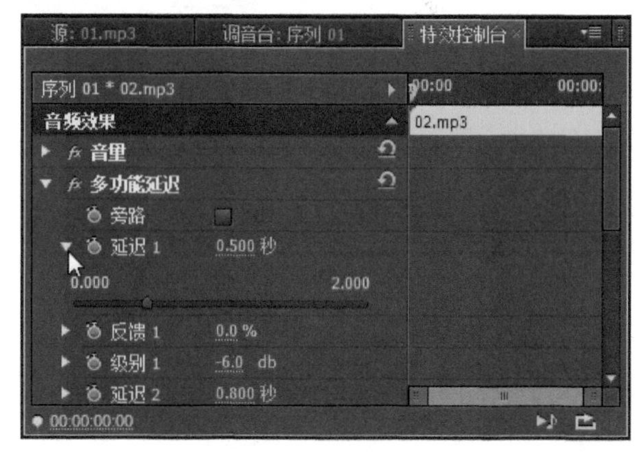

图15-52

拖动“特效控制台”面板中的滑块，或者在控件的字段中输入一个值，可以调整效果面板中的效果。

单击“特效控制台”面板底部中的“仅播放该素材的音频”按钮，可播放声音。

在“特效控制台”面板中右键单击音频特效名称，并从弹出菜单中选择“清除”命令，可以删除应用到素材上的音频效果（固定音量效果除外）。

要阻止播放应用到音频素材中的某一特效，单击特效名称旁边的“切换效果开关”按钮，将该效果关闭。要打开该效果，再次单击“切换效果开关”按钮即可。

拖动“特效控制台”面板底部的缩放滑块，可以缩放该面板中的时间线显示。

15.6.3 音频特效概览

Premiere Pro的音频特效提供了效果分类，帮助提高声音质量或创建不常用的声音效果。为了更好地了解每个特效，可以在阅读每个效果的概述时，实际应用一下。

选频

“选频”音频特效用于移除嗡嗡声和其他外来噪音，可使用“中置”控件设置想要排除的频率，还可以使用Q设置控制频率的带宽，如图15-53所示。

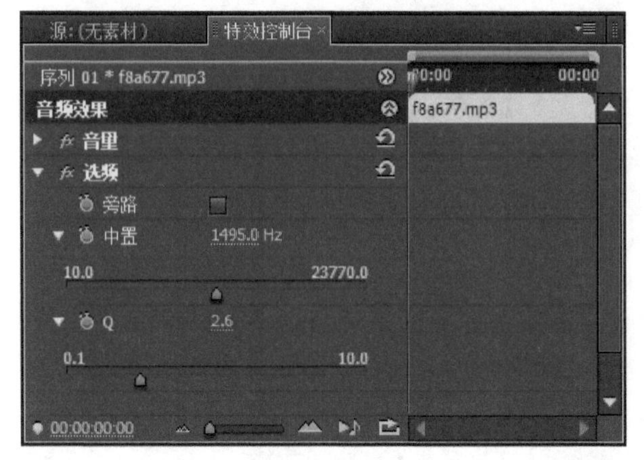

图15-53

多功能延迟

“多功能延迟”音频特效设置如图15-54所示，它允许使用4个延迟或分接头（一个分接头就是一个延迟效果）来控制整个延迟效果，可以使用贯穿延迟4控件的延迟1来设置延迟时间。

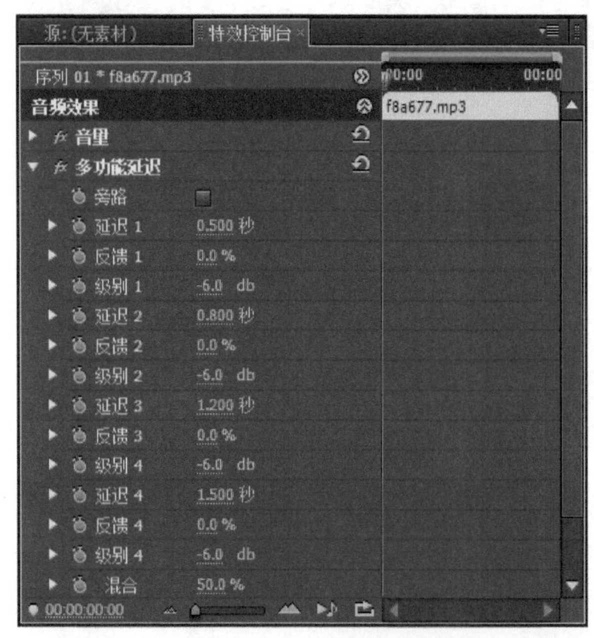

图15-54

要创建多个延迟效果，可使用“反馈1”到“反馈4”这几个控件，反馈控制增加了延迟信号返回延迟的百分比。使用“混合”字段可控制延迟到非延迟回声的百分比。

Chorus

Chorus音频特效可以创造和声效果，它将一个原始声音复制，并将复制的声音作降调处理，或者将其频率稍加偏移，以形成一个效果声，然后将效果声与原始声音混合后播放。

运用Chorus音频特效可以使一些单一的声音（如仅包含单一乐器或语音的音频）产生较好的视听效果。Mix参数可以设定原始声音与效果声混合的程度，一般这一值设为50%。Chorus特效设置如图15-55所示。

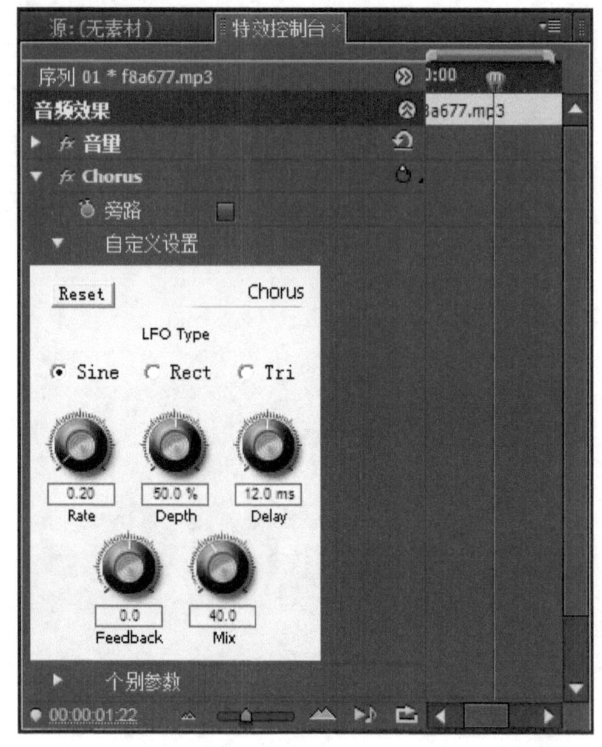

图15-55

【参数介绍】

Depth参数可以设置效果声延时的程度，较高数值产生的音调变化较大，通常设置为较小的数值。如果要加强和声效果，可以设置较高的数值。

Rate参数可以设置震荡速度。

DeClicker

DeClicker音频特效用于降低或消除各种噪声，其中20Hz以下的音频都将被消除掉。

DeCrackler

DeCrackler特效可以从音频中移除爆炸噪声，该特效设置如图15-56所示。

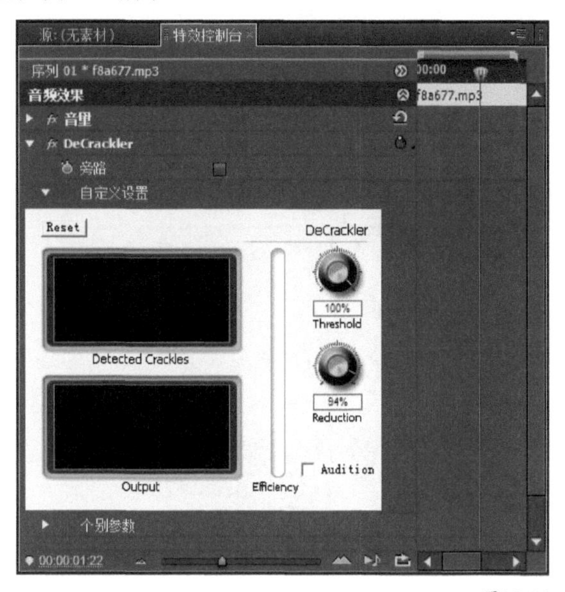

图15-56

【参数介绍】

阈值滑块控制想进行校正的起始级别。可使用调整滑块控制去噪音校正量。

如果想在调整爆炸噪音时听到它们，请将Audition滑块向右拖动，以便将其设置为on。

要以可见方式监视去暴音效果，请单击“特效控制台”面板中的自定义按钮，这将显示检测到的爆炸声和输出图，在随音频播放调整效果时，这些图也被更新。

DeEsser

DeEsser特效将移除可能出现在旁白和唱歌声中的咝咝声，此特效设置如图15-57所示。

图15-57

可使用增益控件设置“咝咝声”的降低级别，还可以使用Gain和Gender控件基于Gain和Gender声音频率，将DeEsser特效设置为消除“咝咝声”。

DeHummer

DeHummer特效将从音频中移除50Hz（常出现在欧洲和日本的音频中）到60Hz（常出现在美国和加拿大）范围内的嗡嗡声，此特效设置如图15-58所示。

可使用Reduction控件设置嗡嗡声的减少级别，还可以调整频率设置指定嗡嗡声频率范围的中心。过滤器使用DeHummer调和频率是DeHummer频率设置的倍数。

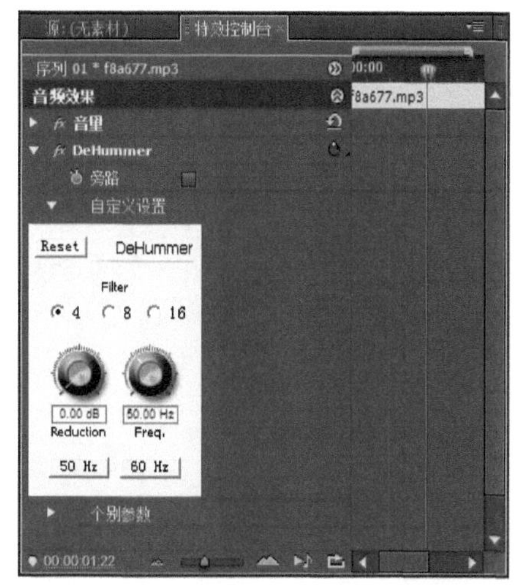

图15-58

DeNoiser

使用DeNoiser特效自动从音频中移除噪声，此特效设置如图15-59所示。在“自定义设置”区域中，可以单击并拖动旋纽图标来调整效果。要设置关键帧，请使用“个别参数”部分。

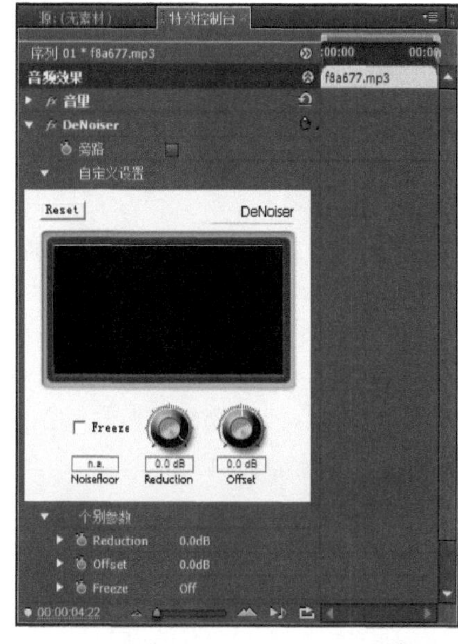

图15-59

【参数介绍】

Noisefloor：此设置指示播放素材时的噪音基底（以分贝为单位）。

Reduction：单击并拖动滑块来指示要移除多少噪声。该范围是-20dB到0dB。

Offset：此控件用于设置偏移量或去噪范围，该范围在Noisefloor和从-10dB到+10dB值之间。

Freeze：单击Freeze按钮，在Noisefloor的当前分贝级别上停止Noisefloor读数。

Dynamics

Dynamics音频特效提供用来调整音频的不同选项集，如图15-60所示。

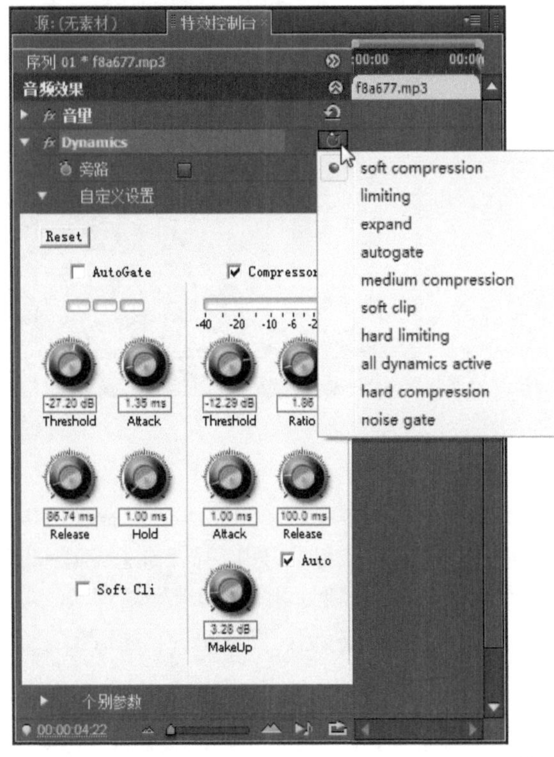

图15-60

【参数介绍】

AutoGate：此选项是关闭不必要的音频信号的门。在不必要的信号级别降低到阈值控制的dB设置之下时，该选项会移除这些信号。当信号超出阈值时，由Attack选项确定门打开的时间间隔，Release选项确定门关闭的时间间隔。在信号降到阈值以下时，由Hold时间确定门处于打开状态的持续时间。

Compressor：此选项试图通过提高柔和声音的级别并降低喧闹声音的级别来均衡素材的动态范围（动态范围是从最高级别到最低级别的范围）。

Soft Clip：用于减少信号峰值时的剪辑。

EQ

EQ效果可剪切或放大特定频率范围，并且可充当“参量均衡器”，这些均衡器用于准确实现特定频率上的音频校正。EQ控制频率、带宽（也称为Q）和使用几种频率带的级别（低、中和高）。图15-61所示为EQ音频特效控件。

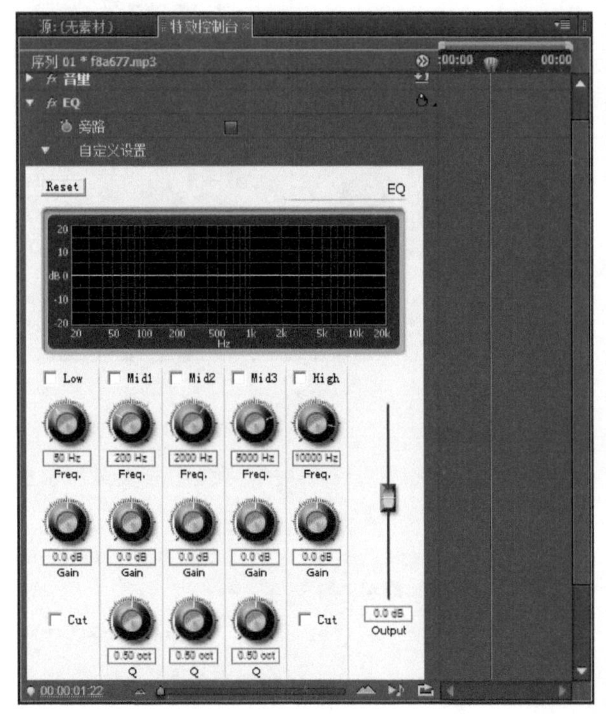

图15-61

【参数介绍】

Frequency：在20Hz与2 000Hz之间提高或降低频率。

Gain：在-20dB与20dB之间调整增益。

Cut：在高频率带与低频率带之间切换，不同于倾斜型过滤器（shelving filter），该过滤器可以将部分信号提高或降至截止过滤器（cutoff filter）的处理范围内，后者排除并截止特定频率的信号。

Q：指定0.05倍频程（octaves）与5.0倍频程之间的过滤器宽度。这指定了EQ调整的频谱范围。

Flanger

Flanger特效和Chorus特效类似，可以将原始声音的中心频率反向并与原始声音混合，使声音产生一种推波助澜的效果。图15-62所示为Flanger特效设置。

【参数介绍】

Depth：用于设置效果的延时时间。

Rate：用于设置效果循环的速度。

Mix：用于设置原始声音与效果声混合的比例，其中Dry对应原始声音，Effect 对应效果声音。

图15-62

MultibandCompressor

MultibandCompressor特效将根据音频中对应于低、中和高频率的三种带宽来压缩声音，此特效设置如图15-63所示。

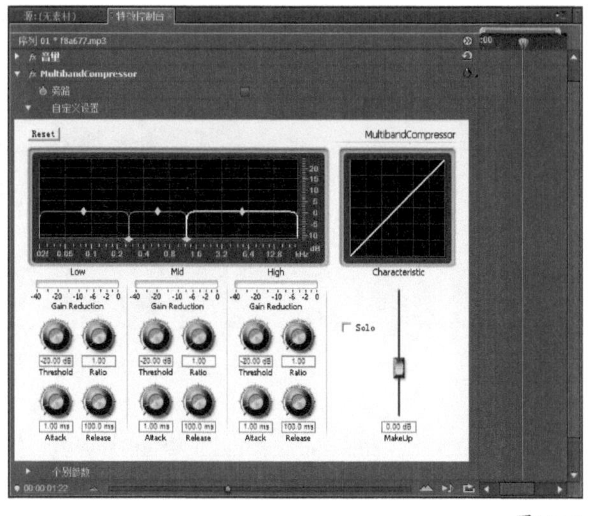

图15-63

调整手柄用于控制增益和频率范围。使用Band Select（带选择）选项选择一个频率带，然后使用Crossover Frequency（交叉频率）更改选中频率带的频率范围，那么MultibandCompressor将生成比动态音频效果更柔和的效果。此过滤器可应用于单独的立体声轨道。

低通

“低通”音频特效用于移除截止频率以下的频率，此特效设置如图15-64所示。

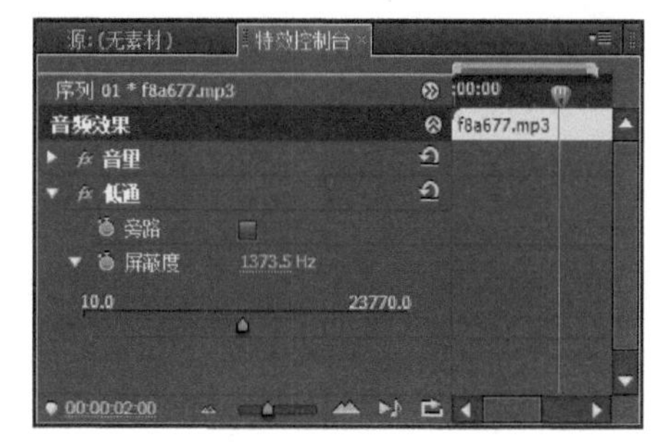

图15-64

低音

“低音”特效用于调整较低的频率（200Hz以及更低的频率），此特效设置如图15-65所示。使用“放大”选项可提高或降低分贝。

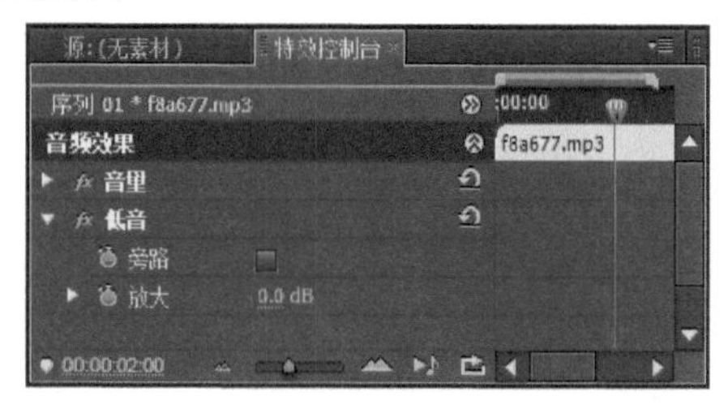

图15-65

Phaser

Phaser特效可以将音频中的一部分频率的相位反转，并与原音频混合，此特效设置如图15-66所示。

【参数介绍】

Depth：用于设置效果的延时时间。

Rate：用于设置效果循环的速度。

Mix：用于设置原始声音与效果声混合的比例，其中Dry对应原始声音，Effect 对应效果声音。

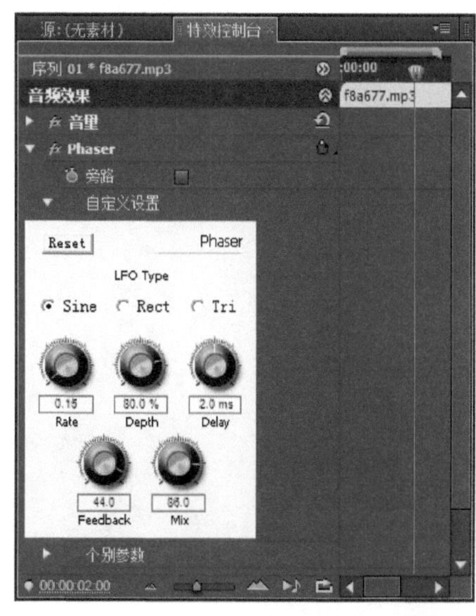

图15-66

PitchShifter

可以使用PitchShifter特效更改音调，尤其是想在变化声音时。使用音调还可以产生特殊的效果，特别是在想让讲述者的声音听起来像是来自太空的时候。此特效设置如图15-67所示。

图15-67

【参数介绍】

Pitch：此控件用于更改音调，以半音程为单位。

Fine Tune：此控件用于对效果进行微调。Formant Perserver通过阻止PitchShifter更改共振峰（一个共振峰就是一个共振频率）来防止高音调声音听起来像是卡通人发出的声音。可以尝试着使用调音台为自己录歌，看看变调器是否能起到关键作用。

Reverb

Reverb效果通常用于模仿房间内的声音和音响效果。因此，可以使用Reverb特效将充满人性的氛围和感觉添加到干涩的电子声音中，此特效设置如图15-68所示。

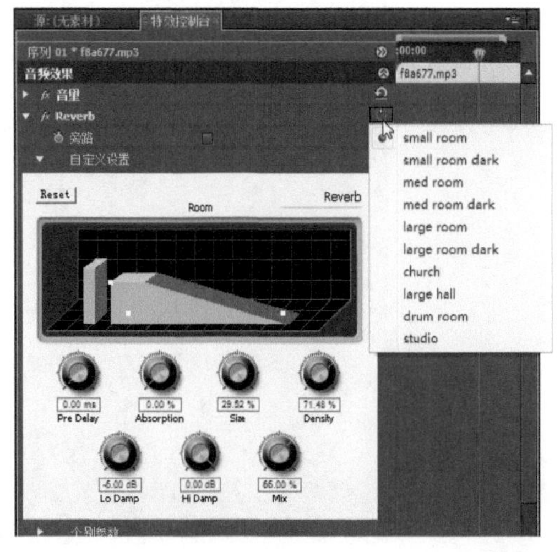

图15-68

【参数介绍】

此控件中的弹出菜单用于自动为特定环境生成设置。

单击并拖动效果显示空间范围内的图像可以对效果进行控制。

Pre Delay：用于模拟声音击打墙壁并返回到观众所花费的时间。

Absorption：用于设置声音吸收。此效果模拟吸收声音的房间。

Size：用于设置房间大小的百分比。百分比越大，房间就越大。

Density：用于设置混响“末端”的大小或密度。

Lo Damp：用于设置低频隔音。

Hi Damp：用于设置高频隔音。

Mix：用于设置将多少混响效果添加到声音中。

平衡

振幅用于衡量声波的幅度，控制振幅的效果通常会使音量或音频声道之间的均衡发生改变。

“平衡”效果用于更改立体声素材中左右立体声声道的音量。图15-69所示为此特效设置，其中“平衡”值为正数时，可提高右声道的音量并降低左声道的音量。“平衡”值为负值时，可降低右声道的音量并提高左声道的音量。

图15-69

Spectral NoiseReduction

Spectral NoiseReduction特效在减少嗡嗡声和啸声噪音时提供频谱音频显示，该效果使用三个过滤器解决音频问题。通过单击过滤器复选框，可以打开或关闭三个过滤器中的任何一个。在激活一个过滤器之后，就可以使用该过滤器的频率控件和减少控件了。频率选项控制特定过滤器的中心频率，减少选项控制减少量。图15-70所示为此特效设置。

【参数介绍】

MaxLevel滑块（自定义安装中的垂直滑块）：用于控制从信号中移除噪音的数量。

Cursor：选中该复选框，然后单击用于过滤器带的光标单选按钮，就可以在自定义安装显示区域内单击并拖动鼠标来更改频率，这意味着可以在播放音频时单击并拖动鼠标来更改过滤器的频率设置。

图15-70

● 使用右声道

应用“使用右声道”特效后，只使用声音片断中的右声道部分音频信号。

● 使用左声道

应用“使用左声道”特效后，只使用声音片断中的左声道部分音频信号。

● 互换声道

“互换声道”特效用于交换立体声轨道中的左声道和右声道。

● 去除指定频率

“去除指定频率”特效用于移除频带以外的频率，图15-71所示为此特效设置。

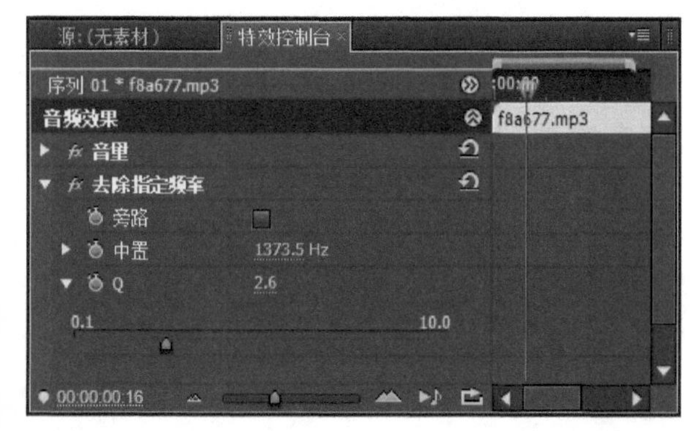

图15-71

【参数介绍】

“中置”字段指示要保持的频带中心。

Q设置指示要保留的频带范围。要创建大范围的保留频率，请使用低设置；要保留小的频率带，请使用高设置。

● 参数均衡

“参数均衡”特效可以增大或减小与指定中心频率接近的频率，此特效设置如图15-72所示。

【参数介绍】

“中置”字段指示要保持的频带中心。

Q设置指示要保留的频带范围。要创建大范围的保留频率，请使用低设置；要保留小的频率带，请使用高设置。

放大：用于设置增大或减小的范围。

图15-72

● 反相

“反相”特效用于反转每个声道的音频相位。

● 声道音量

“声道音量”特效用于调整立体声、5.1素材或其他轨道中的声道音量。与参数均衡不同，声道音量独立于其他声道来对声道进行调整。图15-73所示为“声道音量”特效设置。

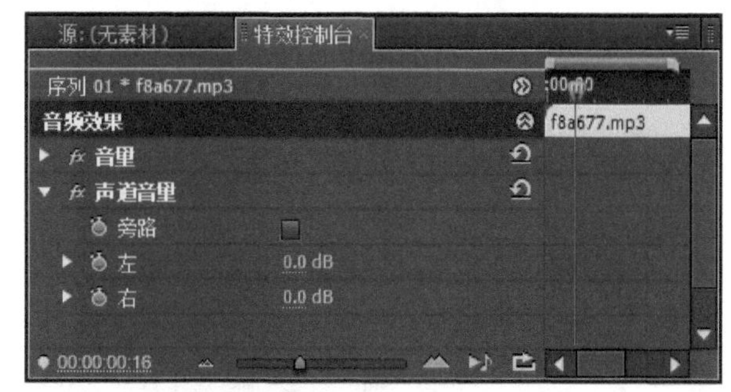

图15-73

● 延迟

“延迟”特效用于创建回声，该回声发生在“延迟”字段中所输入的时间之后，图15-74所示为此特效设置。“反馈”是弹回延迟的音频百分比，使用“反馈”选项能创建一系列的延迟回声。“混合”选项用于指定效果中发生回声的次数。

图15-74

音量

要想先进行音量渲染时，可使用“音量”效果，而不是Premiere的固定音量效果。如果使用Premiere的固定音量效果，那么在其他标准效果应用到“特效控制台”面板后，才会渲染音量。

“音量”效果通过阻止在提高音量时进行剪辑来防止失真，此特效设置如图15-75所示。当“级别”值为正数时，可提高音量，反之则降低音量。

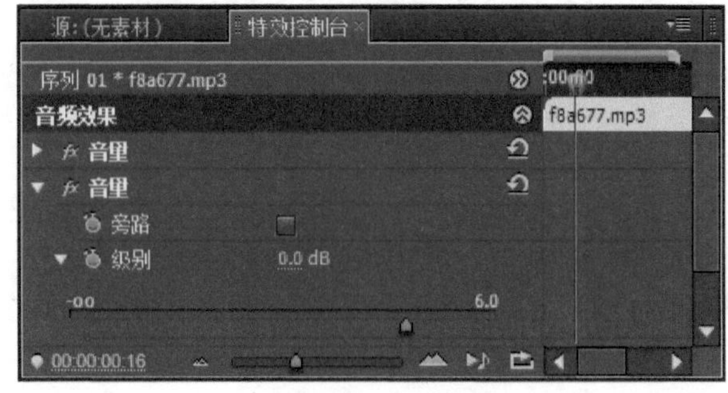

图15-75

高通

“高通”特效用于移除截止频率以上的频率，图15-76所示为此特效设置。

图15-76

高音

“高音”特效用于调整较高的频率（4 000Hz以及更高的频率），图15-77所示为此特效设置。可使用“放大”滑块调整效果，向右拖动会增加分贝量，向左拖动则减少分贝量。

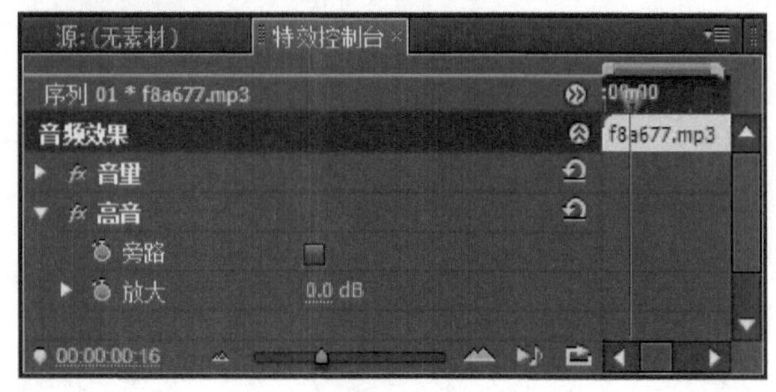

图15-77

15.7 导出音频文件

在编辑和优化音频轨道之后，可能想将它们作为独立声音文件导出，以便在其他节目或其他Premiere Pro项目中使用。

新手练习：导出音频

- 素材文件：无
- 案例文件：案例文件/第15章/新手练习——导出音频.mp3
- 视频教学：视频教学/第15章/新手练习——导出音频.flv
- 技术掌握：导出音频的方法

扫码看视频

本例将介绍如何导出音频的操作。在导出声音素材时，可以导出为各种格式，如Windows Waveform (.wav)、QuickTime (.mov)和Microsoft AVI (.avi)。

【操作步骤】

01 打开前面编辑完成后的“为音频添加恒定增益过渡”项目文件，然后单击轨道的左边缘，选择包含想要导出的音频素材的音频轨道，如图15-78所示。

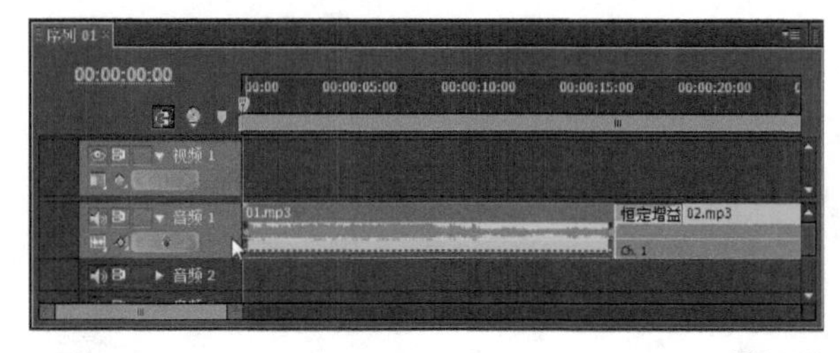

图15-78

02 执行“文件→导出→媒体”菜单命令，打开“导出设置”对话框，在“格式”下拉列表中选择输出音频的格式（如MP3），如图15-79所示。

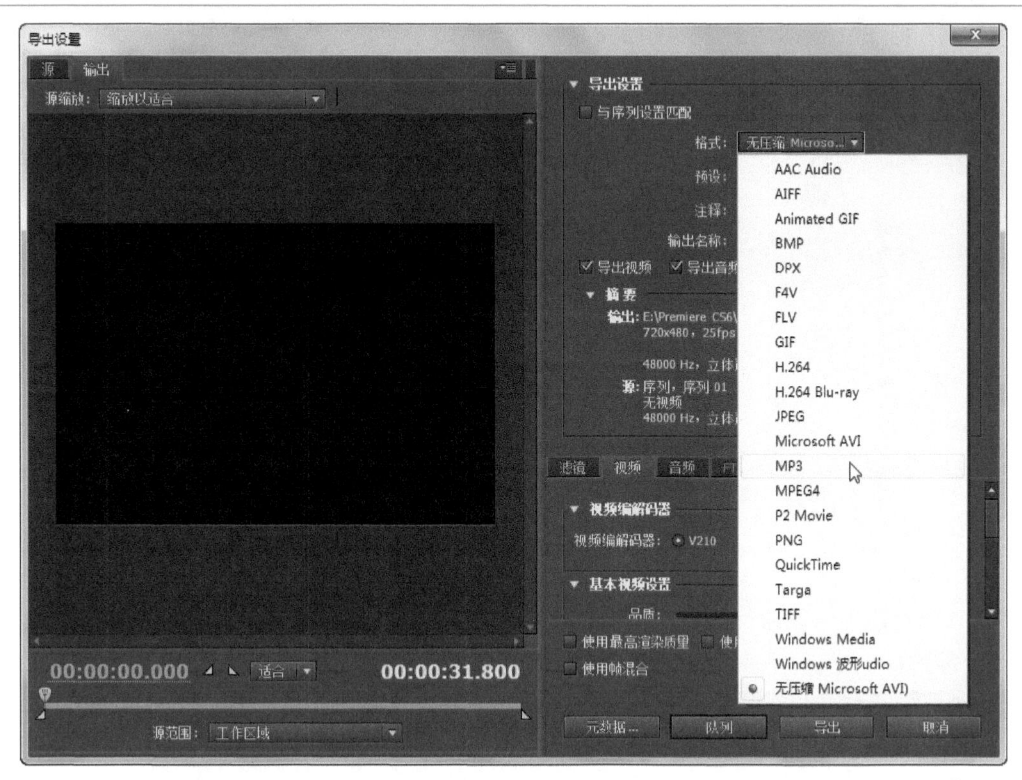

图15-79

03 在对话框中单击“输出名称”选项右方的名称对象（此名称显示为黄色），如图15-80所示。

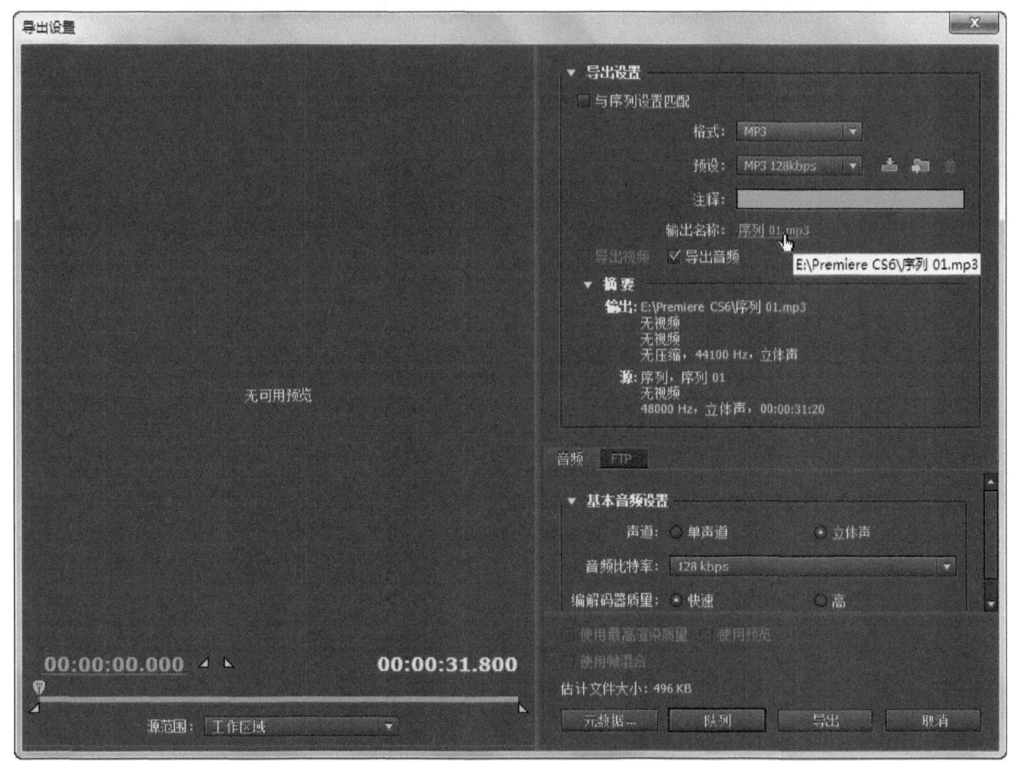

图15-80

04 在弹出的“另存为”对话框中指定文件的输出路径和文件名，完成后单击“确定”按钮，如图15-81所示。

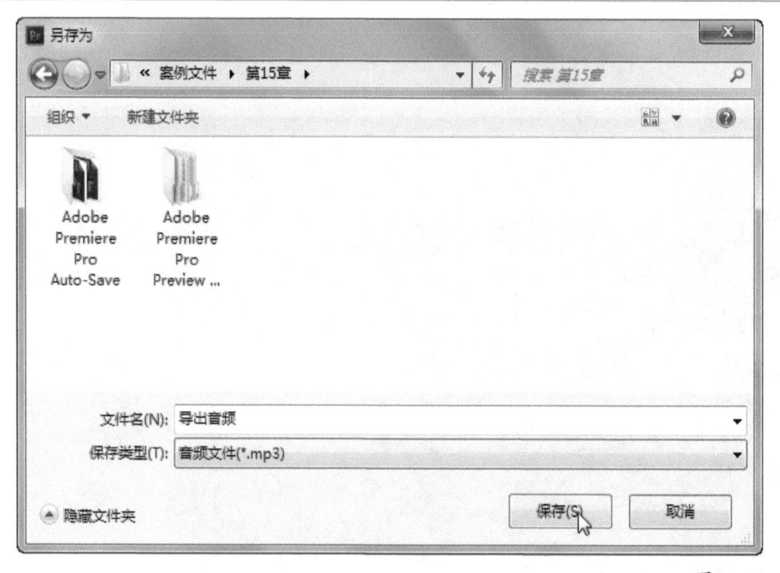

图15-81

05 返回到“导出设置”对话框中单击“音频”选项卡，切换到该选项卡进行音频基本设置，如音频声道和音频比特率，如图15-82所示。

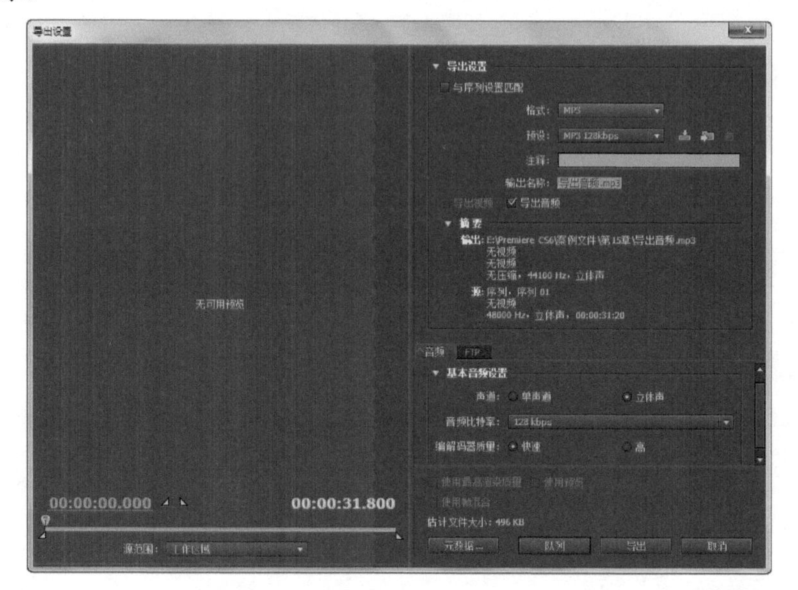

图15-82

06 完成音频基本设置后，单击“导出”按钮关闭对话框，Premiere Pro即可将音频以指定的格式导出，如图15-83所示。

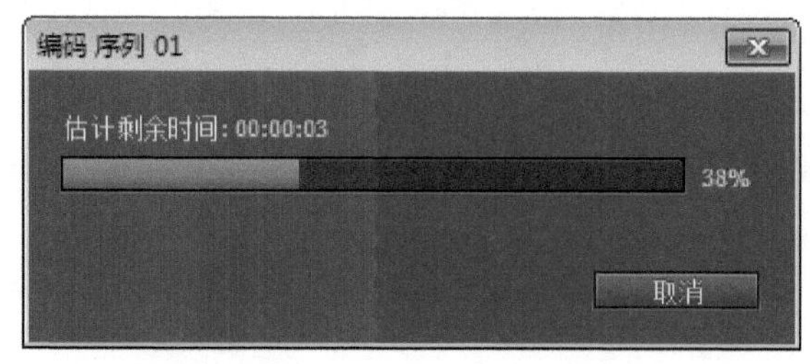

图15-83

第16章 应用Premiere Pro调音台

要点索引

本章概述

在录音工作室中，工程师使用混合控制台控制音乐轨道的混合。在Premiere Pro中，可以使用它的“调音台”创建混音。使用Premiere Pro“调音台”，最多可以将来自5个轨道的声音混合到主轨道中，或者使用子混合轨道一次将效果应用到几个轨道上，还可以将子混合轨道拖动到主轨道中。与专业调音台一样，Premiere Pro允许调整音频级别、淡入和淡出、均衡立体声、控制效果以及创建效果发送。Premiere Pro的“调音台”还允许录制音频、分离音频和聆听“单独的”轨道音频，即使播放其他音频时也是如此。甚至可以使用“调音台”添加和调整“效果”面板中的许多音频效果。

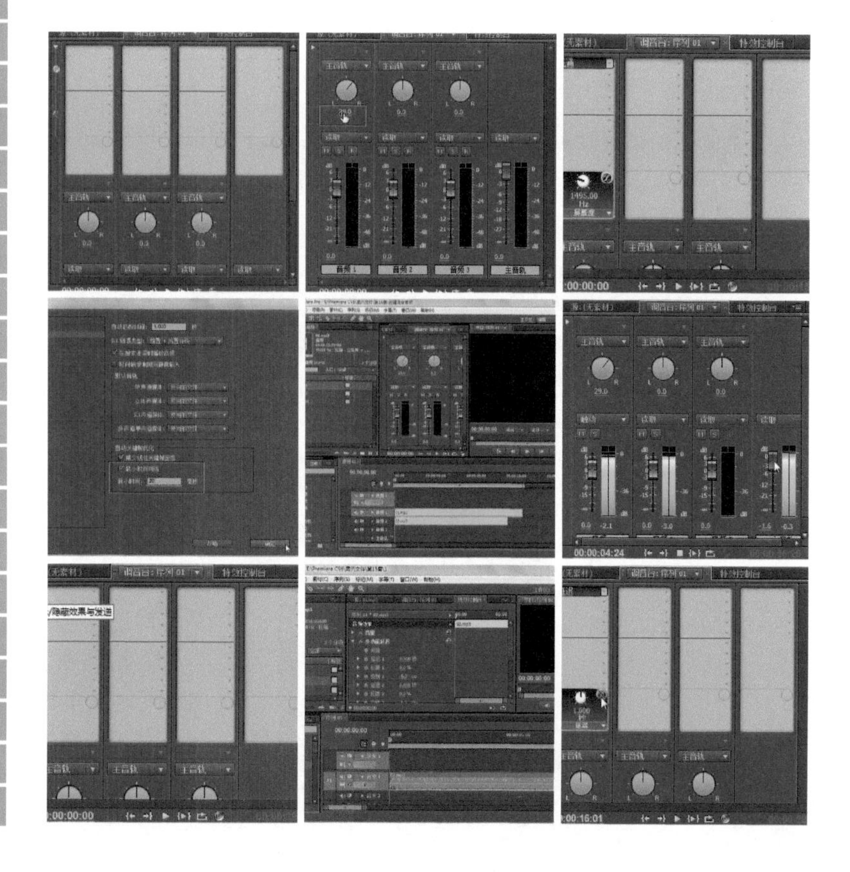

16.1 应用“调音台”面板

Premiere Pro的“调音台”无疑是最复杂和最强大的工具之一，要有效地使用它，应该熟悉它的所有控件和功能。

16.1.1 认识“调音台”面板

如果没有在屏幕上打开调音台，可以选择“窗口→调音台”命令将其打开。如果喜欢在Premiere Pro的音频工作区中打开“调音台”，则可以选择“窗口→工作区→音频”命令。当在屏幕上打开“调音台”时，它会自动为当前活动序列显示至少两个轨道和主轨道，如图16-1所示。

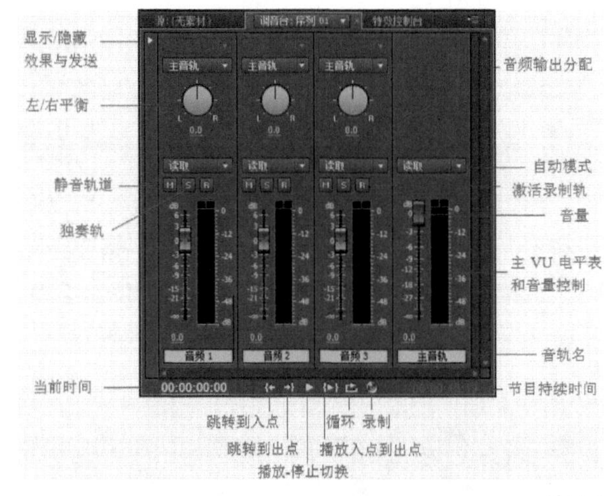

图16-1

如果在序列中拥有两个以上的音频轨道，可以用鼠标单击并拖动“调音台”面板的左右边缘或下方边缘来扩展面板。尽管看到许多旋钮和级别对音频工程师并不稀奇，但用户必须全面了解这些按钮和功能。调音台提供了两个主要视图，分别是折叠视图和展开视图，前者没有显示效果区域，后者显示用于不同轨道的效果，如图16-2所示。要在折叠视图和展开视图之间进行切换，可以单击“显示/隐藏效果与发送”三角形按钮。

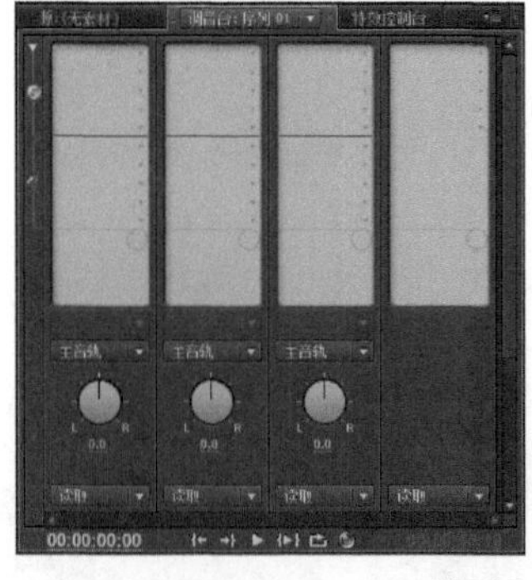

图16-2

知识窗：轨道与素材

在开始使用Premiere Pro的“调音台”之前，必须明白“调音台”可以影响整个轨道中的音频。在“调音台”中工作时，是对音频轨道进行调整，而不是对音频素材进行调整。

在调音台中创建和更改效果后，是将音频效果应用于轨道，而不是应用于特定素材。如第8章中所述，在“特性控制台”面板中应用效果时，是将它们应用于素材。当前序列的“时间线”面板可以对工作进行概括，并且清楚素材或轨道关键帧是否在“时间线”面板中显示。以下是对音频轨道显示选项的说明。

要查看素材的音频调整，可以选择音频轨道“显示关键帧”按钮弹出菜单中的“显示素材音量”或“显示素材关键帧”命令。注意，素材的关键帧图形线是从素材的入点扩展到素材的出点，而不是扩展到整个轨道。

要查看整个轨道的音频调整，可以选择音频轨道“显示关键帧”弹出菜单中的“显示轨道音量”或“显示轨道关键帧”命令。在使用“调音台”应用音频效果时，这些效果将按名称出现在音频轨道图形线中的轨道弹出菜单中。如果从音频轨道图形线的弹出菜单中选择效果，那么效果的关键帧会出现在图形线上。

对于素材图形线和轨道图形线，均可通过按Ctrl键并单击“钢笔工具”来创建关键帧。使用“钢笔工具”用鼠标单击并拖动关键帧可以调整关键帧的位置。

要熟悉“调音台”，可以从检查“调音台”的轨道区域开始。垂直区域以轨道1开头，后面是轨道2，依此类推，这些轨道对应于活动序列上的轨道。在混合音频时，可以在每个轨道列的显示中看到音频级别，并且可以使用每个列中的控件进行调整。在进行调整时，音频被混合到主轨道或子混合轨道中。注意，每个轨道底部的下拉菜单都指示了当前轨道信号是发往子混合轨道还是主轨道。默认情况下，所有轨道都输出到主轨道。

轨道名称的下方是轨道的“自动模式”选项，“自动模式”选项被设置为“只读”。在“自动模式”选项设置为只读时，轨道调整写入带有关键帧的轨道并且只供该轨道读取。如果将只读更改为“写入”“触动”或“锁存”，那么关键帧在当前序列的音频轨道中创建，并且调整会在“调音台”中反映出来。

16.1.2 声像调节和平衡控件

在输出到立体声轨道或5.1轨道时，“左/右平衡”旋钮用于控制单声道轨道的级别。因此，通过声像平衡调节，可以增强声音效果（如随着树从视频监视器右边进入视野，右声道中发出鸟的鸣叫声）。

平衡用于重新分配立体声轨道和5.1轨道中的输出。在增加一个声道中的声音级别的同时，另一个声道的声音级别将减少，反之亦然。可以根据正在处理的轨道类型，使用“左/右平衡”旋钮控制均衡和声像调节。在使用声像调节或平衡时，可以用鼠标在“左/右平衡”旋钮上或旋钮下的数字读数上单击并拖动，如图16-3所示，还可以单击数字读数并用键盘键入一个值。

图16-3

16.1.3 “音量”控件

可以上下拖动“音量”控件来调整轨道音量。音量以分贝为单位进行录制，分贝音量显示在“音量”控件中。在单击并拖动“音量”控件更改音频轨道的音量时，“调音台”的自动化设置可以将关键帧放入时间线面板中该轨道的音频图形线中。

使用“选择工具”在轨道中的图形线上拖动关键帧，可以进一步调整音量。注意，当VU电平表（在音量控件的左边）变红时发出警告，指示可能发生剪辑失真或声音失真。还要注意的是单声道轨道显示一个VU电平表，立体声轨道显示两个VU电平表，而5.1轨道则显示5个VU电平表。

16.1.4 静音轨道、独奏轨和激活录制轨按钮

“静音轨道”和“独奏轨”按钮用于选择哪些轨道是要使用的，哪些轨道是不想使用的。“激活录制轨”按钮用于录制模拟声音（该声音可能来自附属于计算机音频输入的麦克风）。

在“调音台”重放期间，单击“静音轨道”按钮使不想听到的轨道变为静音区。在单击“静音轨道”按钮时，轨道的调音台音频级别电平表中没有显示音频级别。使用静音功能，可以设置听不到其他声音的一个或多个轨道的级别。例如，假定音频中包含音乐以及走近一池呱呱叫的青蛙的脚步声的声音效果。可以对音乐使用静音，只调整脚步声的级别，并将呱呱叫的青蛙作为视频，用这种方式显示将进入视野的池塘。

单击“独奏轨”按钮孤立或处理“调音台”面板中的某个特定轨道。在单击“独奏轨”按钮时，Premiere Pro会对其他所有轨道使用静音，除了独奏轨以外。

单击“激活录制轨”按钮，录制激活的轨道。要录制音频，那么随后必须单击面板底部的“录制”按钮，然后单击“播放-停止切换”按钮。

小技巧

要完全关闭时间线中音频轨道的输出，可以单击“切换轨道输出”图标。在单击该按钮之后，扬声器图标会消失。要打开频道输出，可以再次单击“切换频道输出”图标。

16.1.5 效果和发送选项

“效果”选项和“发送”选项出现在“调音台”的展开视图中，如图16-4所示。要显示效果和发送，可以单击“自动模式”选项左边的“显示/隐藏效果与发送”图标。要添加效果和发送，可以单击“效果选择”按钮和“发送任务选择”按钮。

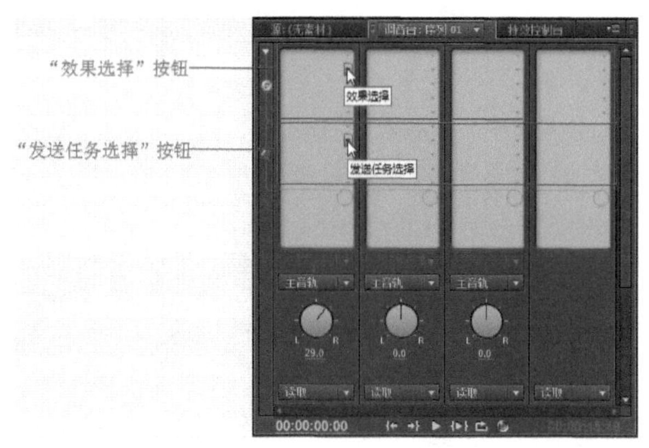

图16-4

● 选择音频效果

单击音频效果区域中的“效果选择”按钮，选择一个音频效果，如图16-5所示。在每个轨道的效果区域中，最多可以放置5个效果。在加载效果时，可以在效果区域的底部调整效果设置。图16-6显示了加载到音频效

果区域中的“低通”效果，效果区域的底部显示了“互换声道”效果的调整控件。

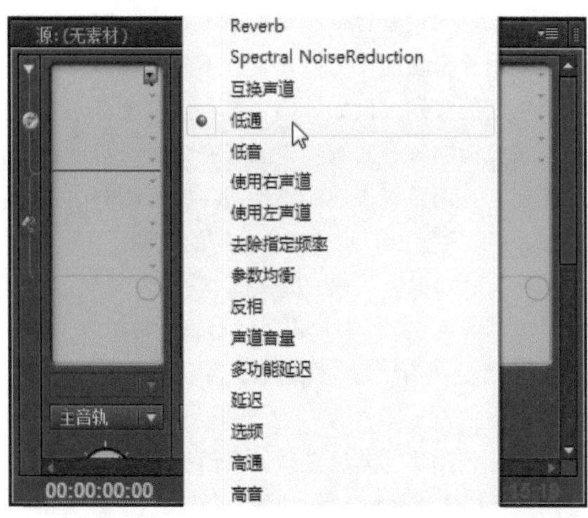

图16-5

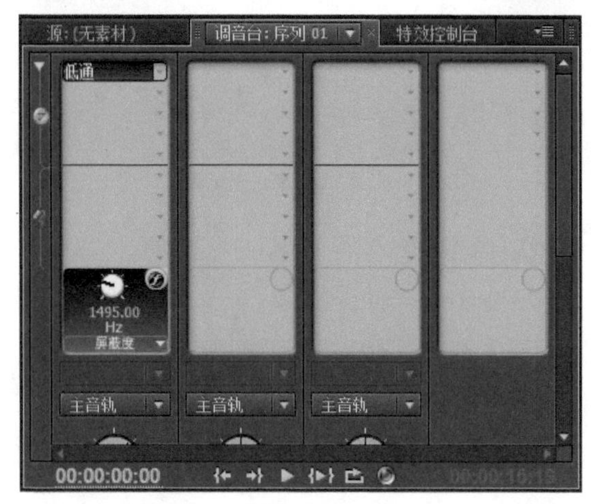

图16-6

效果发送区域

效果区域下方是效果发送区域，图16-7显示了创建发送的弹出菜单。发送允许用户使用音量控制旋钮将部分轨道信号发送到子混合轨道。

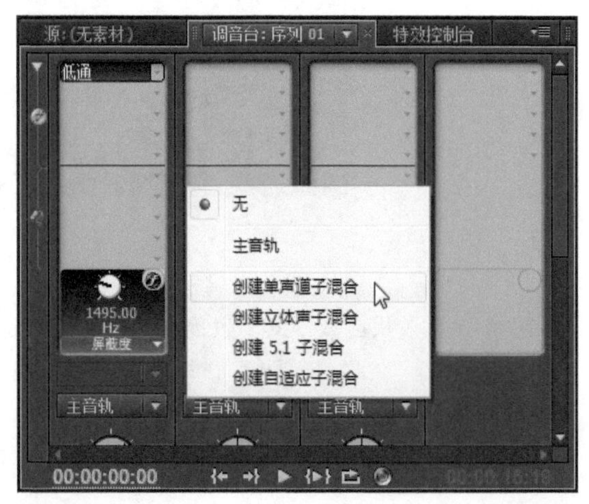

图16-7

16.1.6 其他功能按钮

在“调音台”面板的左下方有6个按钮，分别是“跳转到入点”按钮、“跳转到出点”按钮、“播放-停止切换”按钮、“播放入点到出点”按钮、“循环”按钮和“录制”按钮。

单击“播放-停止切换”按钮，可以播放音频素材。

要想只处理“时间线”面板中的部分序列，则需要先设置入点和出点，然后单击“跳转到入点”按钮跳转到入点，接着单击“跳转到出点”按钮只混合入点和出点之间的音频。如果单击“循环”按钮，那么可以重复播放，这样就可以继续微调入点和出点之间的音频，而无需开始和停止重放。

小技巧

单击“节目监视器”中的“设置入点”和“设置出点”按钮，可以在序列中设置入点和出点。还可以选择序列中的素材，然后选择“标记→设置序列标记→套选入点和出点”命令。

16.1.7 “调音台”面板菜单

因为调音台包含如此多的图标和控件，所以用户可以自定义调音台，以便只显示要使用的控件和功能。此列表介绍了在“调音台”面板菜单中可以使用的自定义设置，如图16-8所示。

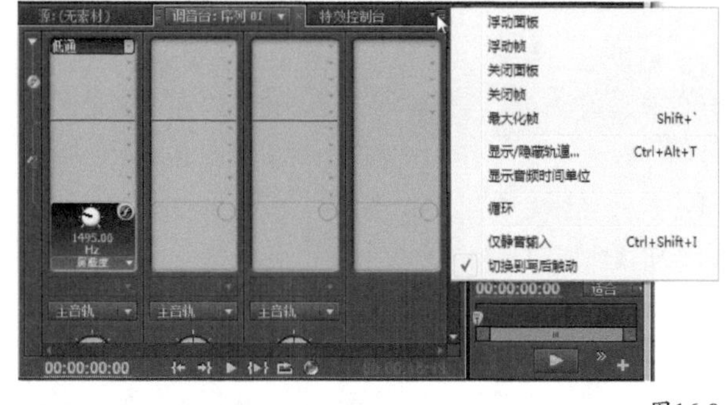

图16-8

显示/隐藏轨道：该命令用于显示或隐藏个别的轨道。

仅静音输入：在录制时显示硬件（而不是轨道）输入级别。要在VU电平表上显示硬件输入级别（而不是在Premiere Pro中显示轨道级别），可以选择“仅静音输入”命令。在选中此命令时，仍然可以监视Premiere Pro中没有录制的所有轨道的音频。

显示音频时间单位：将显示设置为音频单位。如果想以毫秒而不是音频样本为单位显示音频单位，可以执行“项目→项目设置→常规”命令，在弹出的“项目设置”对话框中更改此设置。

切换到写后触动：在使用“写入”自动模式后，自动将“自动模式”从“写入”模式切换到“触动”模式。

16.2 声像调节和平衡

在调音台中进行混合时，可以使用声像调节或平衡。声像调节用于调整单声道轨道，以便在多轨道输出中重点强调它。例如，正如前面所述，用户可以创建声像效果，提高立体声轨道右声道中的声音效果级别，该轨道作为一个对象出现在视频监视器的右边。在将单声道轨道输出到立体声轨道或5.1轨道中时，可通过声像调节实现这一点。

平衡将重新分配多声道轨道中的声音。例如，在立体声轨道中，可以从一个声道中提取音频，将它添加到其他声道中。在使用声像调节或平衡时，必须认识到声像调节或平衡能力取决于正在播放的轨道以及作为输出目标的轨道。例如，如果输出到立体声轨道或5.1环绕声轨道中，那么可以平衡立体声轨道。如果将立体声轨道或5.1环绕声轨道输出到单声道轨道中，那么Premiere Pro会向下混合，或者将声音轨道放入更少的声道。

小技巧

通过选择“新建序列”对话框中的主轨道设置，可以将主轨道设置为单声道轨道、立体声轨道或5.1轨道。

如果对单声道轨道或立体声轨道使用声像调节或平衡，那么只需设置“调音台”将输出内容输出到立体声子混合轨道或主轨道，并使用“左/右平衡”旋钮调整效果即可。如果对5.1子混合轨道或主轨道使用声像调节，那么调音台会使用“托盘”图标替换旋钮。要使用托盘实现声像调节，可以在托盘区域中滑动圆盘图标。顺着托盘边摆放的“口袋”代表5个环绕声扬声器。单击并拖动“中心”百分比旋钮，可以调整中心声道。还可以通过单击并拖动“低音谱号”图标上方的旋钮调整重低音声道。

在使用调音台完成声像调节或平衡会话之后，就可以在“时间线”面板中已调整音频轨道的关键帧图形线中看到记录的自动化调整。要查看图形线中的关键帧，可以将已调整轨道中的“显示关键帧”弹出菜单设置为“显示轨道关键帧”。在出现关键帧图形线中的轨道弹出菜单中选择“声像”或“平衡”。

小技巧

在“项目”面板中选择立体声素材，然后选择“素材→音频选项→拆解为单声道”命令，可以将立体声轨道复制到两个单声道轨道中。

在时间线中，无需使用“调音台”就可以实现声像调节或均衡。为此，可以将“显示关键帧”弹出菜单设置为“显示轨道关键帧”，并在“轨道”弹出菜单中选择“声像器→平衡”命令，然后使用“钢笔工具”调整图形线。若要创建关键帧，可以使用“钢笔工具”按住Ctrl键并单击轨道。

16.3 混合音频

使用“调音台”混合音频时，Premiere Pro可以在“时间线”面板中为当前选中的序列添加关键帧。在添加效果时，效果名称也会显示在“时间线”面板轨道的弹出菜单中。将所有音频素材放入Premiere Pro轨道，就可以开始尝试混合音频了。在开始混合音频之前，应该了解“调音台”的“自动模式”设置，因为这些设置控制着是否在音频轨道中创建关键帧。

16.3.1 “自动模式”设置

Premiere Pro的“调音台”之所以使用“自动化”术语，是因为它能自动化音频轨道调整，并将这些调整保存为关键帧。在调整某个轨道后，可以重放音频序列并调整另一个轨道。在播放“调音台”时，可以聆听对第一个轨道所做的更改，并观察音量控制手柄在“调音台”的轨道区域中上下移动时的情况。

除非在“调音台”中对每个轨道的顶部进行正确设置，否则无法成功使用“自动模式”选项混合音频。例如，为了记录使用关键帧所做的轨道调整，需要在“自动模式”下拉菜单中设置为“写入”“触动”或“锁存”。在调整并停止音频播放之后，这些调整将通过关键帧反映在“时间线”面板的轨道图形线中。图16-9所示为主音轨的“自动模式”菜单。

【参数介绍】

关：在重放期间，此设置对存储的“自动模式”设置不予理睬。因此，如果使用“自动模式”设置（比如“只读”）调整级别，并在将“自动模式”设置为“关”的情况下重放频道，则无法听到原始调整。

只读：在重放期间，此设置会播放每个轨道的自动模式设置。如果在重放期间调整设置（如音量），就会在轨道的VU电平表中听到和看到所做的更改，并且整个轨道仍然处于原来的级别。

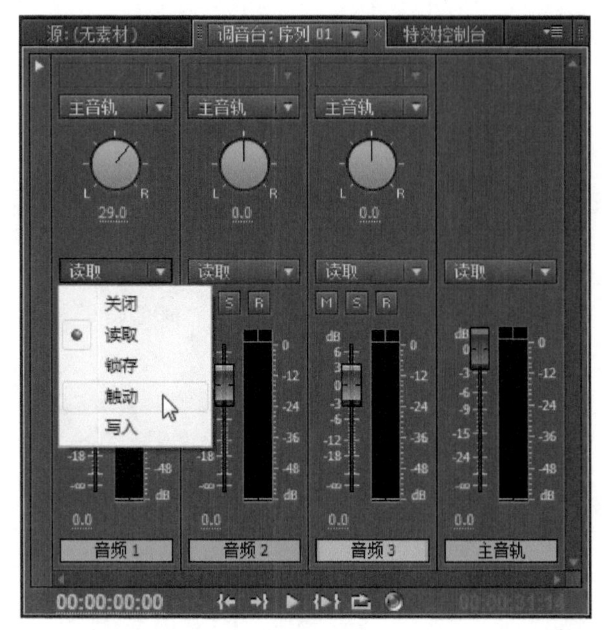

图16-9

小技巧

如果先使用自动模式进行调整（如使用“只读”模式记录轨道变化），然后在“只读”模式下重放，那么这些设置将返回停止“只读”模式调整之后的记录值。与“触动”自动模式类似，返回的速度取决于自动匹配时间参数。

锁存：与“写入”一样，此设置会保存调整，并在时间线中创建关键帧。但是，只有开始调整之后，自动化才开始。不过，如果在重放已记录自动模式设置的轨道时更改设置（如音量），那么这些设置在完成当前调整之后不会回到以前的级别。

触动：与“锁存”一样，“触动”自动设置在时间线中创建关键帧，并且在更改控件值时才会进行调整。不过，如果在重放已记录自动模式设置的轨道时更改设置（如音量），那么这些设置将会回到以前的级别。

写入：此设置立刻把所做的调整保存到轨道，并在反映音频调整的“时间线”面板中创建关键帧。与“锁存”和“触动”设置不同，“写入”设置在开始重放时就开始写入，即使这些更改不是在调音台中进行的。因此，如果将轨道设置为“写入”，然后更改音量设置，并随后开始重放该轨道，那么即使没有做进一步的调整，轨道的开始处也会创建一个关键帧。注意，在选择“写入”自动模式之后，可以选择“切换到写后触动”命令，这会将所有轨道从“写入”模式变为“触动”模式。

知识窗：设置关键帧的时间间隔

右键单击“音量”控件的声像/音量或效果，然后选择“写入安全”命令，以此防止在使用“写入”自动模式设置时更改设置。还可以在使用“调音台”面板菜单中的“切换到写后触动”命令，在重放结束时自动将“写入”模式切换为“触动”模式。

在将“自动模式”设置为“触动”时，返回值的速度由“自动匹配时间”参数控制。可以选择“编辑→首选项→音频”命令，然后在“首选项”对话框中更改“自动匹配时间”参数即可，默认时间是1秒。

Premiere Pro中的“自动模式”设置创建的关键帧之间的默认最小时间间隔是2 000ms。如果要降低关键帧的时间间隔，可以选择“编辑→首选项→音频”命令，在弹出的“首选项”对话框中选中“最小时间间隔”选项，然后在字段中输入所需的值即可，此值以毫秒为单位，如图16-10所示。

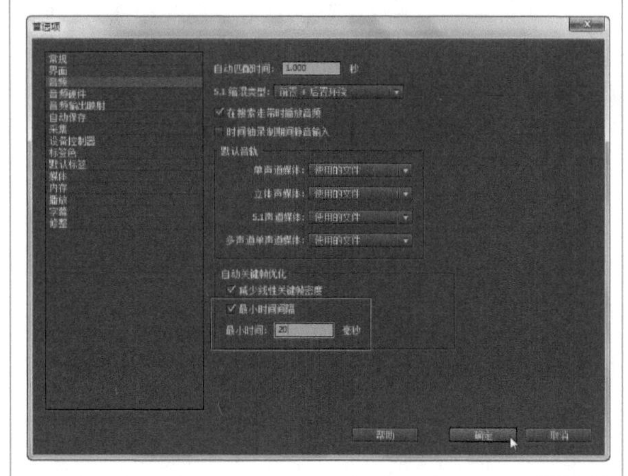

图16-10

16.3.2 混合音频

在检查自动化设置并熟悉“调音台”控件之后，就可以进行混合了。

新手练习：创建混合音频

- 素材文件：素材文件/第16章/01. mp3、02. mp3
- 案例文件：案例文件/第16章/新手练习——创建混合音频.Prproj
- 视频教学：视频教学/第16章/新手练习——创建混合音频.flv
- 技术掌握：创建混合音频的方法

本例将介绍如何创建混合音频的操作。

【操作步骤】

01 新建一个项目文件，导入音频素材“01.mp3和02.mp3”，然后将其放置在“时间线”面板的两个音频轨道（如轨道1和轨道2）中，如图16-11所示。

02 展开音频1和音频2轨道，在每个音频轨道单击“显示关键帧”按钮，然后选择“显示轨道关键帧”命令，如图16-12所示。

图16-11

02 展开音频1和音频2轨道，在每个音频轨道单击“显示关键帧”按钮，然后选择“显示轨道关键帧”命令，如图16-12所示。

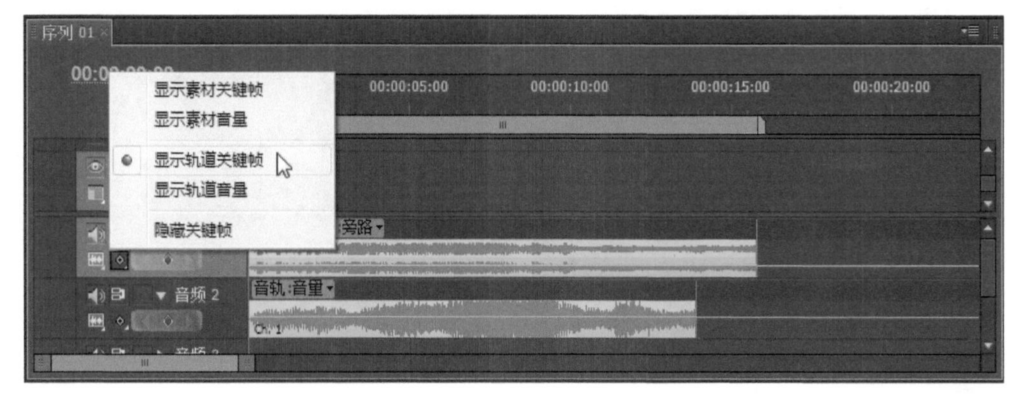

图16-12

小技巧

在使用“调音台”进行试验时，可以单击“历史”面板中以前的历史状态来快速取消所做的更改。

03 在“调音台”面板中将“自动模式”设置为“读取”，然后单击“播放-停止切换”按钮预览音频，如图16-13所示。

04 在“调音台”面板或“时间线”面板中，将当前时间指示器设置到要开始混合的位置上，如图16-14所示。

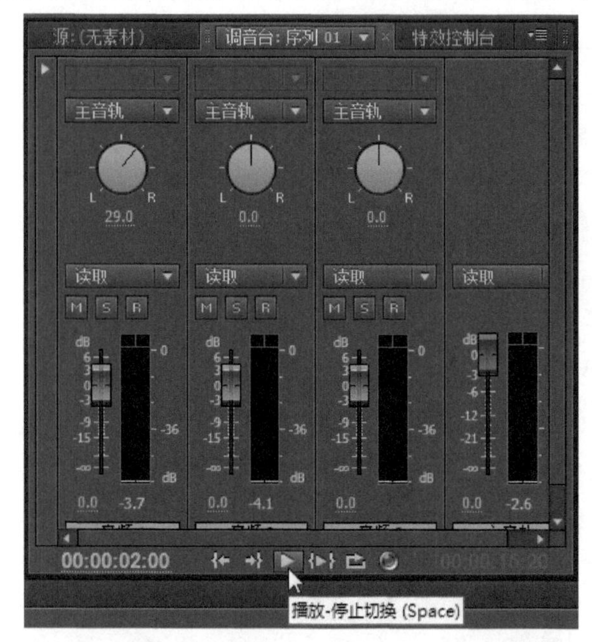

图16-13

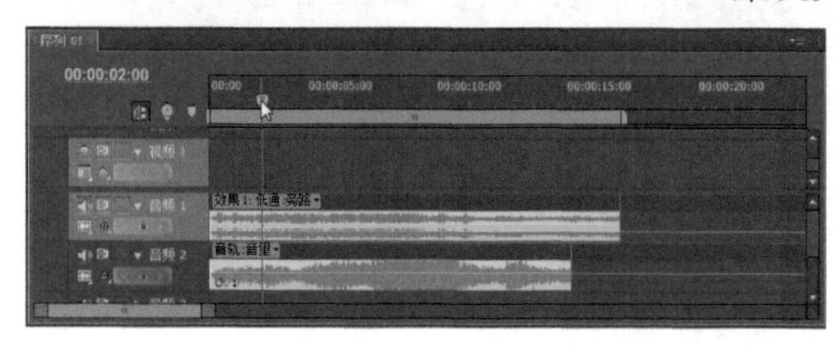

图16-14

05 在“调音台”面板中设置自动模式（如“锁存”“触动”或“写入”）。如果想根据更改设置之前的设置创建关键帧，就将“自动模式”设置为“写入”。如果想在开始进行调整时创建关键帧，就将“自动模式”设置为“锁存”或“触动”，如图16-15所示。

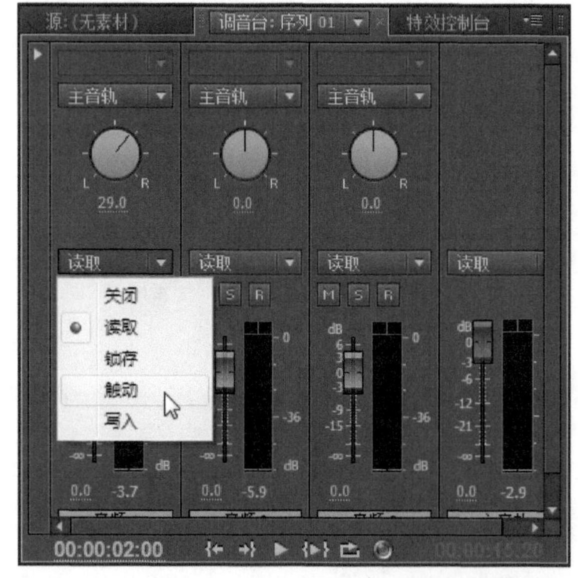

图16-15

06 在播放音频素材时对“调音台”中的控件进行调整。如果使用“音量”控件，那么可以在不同轨道的电平表中看见这些更改，如图16-16所示。

图16-16

07 在结束调整时，可以单击“调音台”中的“播放-停止切换”按钮停止播放。如果“时间线”面板是打开的，并且“显示关键帧”弹出菜单被设置为“显示轨道关键帧”命令，那么可以单击轨道弹出菜单显示“音量”“平衡”或“声像”关键帧。图16-17所示为调整音频1轨道后的轨道关键帧设置。

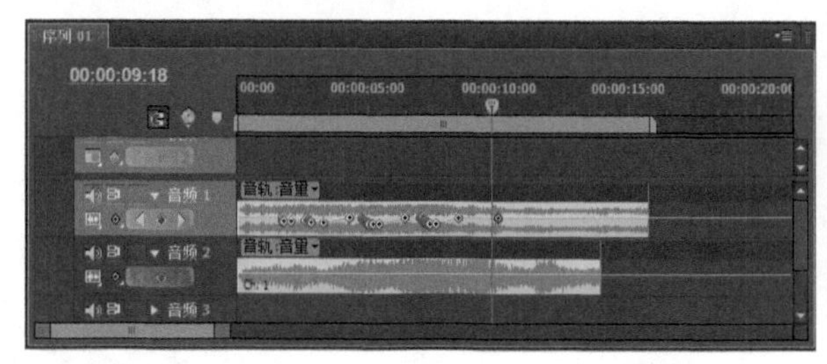

图16-17

16.4 在“调音台”中应用效果

熟悉“调音台”动态调整音频的功能之后，可以使用它为音频轨道应用和调整音频效果。

16.4.1 添加效果

将效果添加到调音台非常简单：先将效果加载到“调音台”的效果区域，然后调整效果的个别控件（一个控件显示为一个旋钮）。如果打算对轨道应用多种效果，则需要注意“调音台”只允许添加5种音频效果。

新手练习：在“调音台”中应用音频效果

- 素材文件：素材文件/第16章/01. mp3、02. mp3
- 案例文件：案例文件/第16章/新手练习——在“调音台”中应用音频效果.Prproj
- 视频教学：视频教学/第16章/新手练习——在“调音台”中应用音频效果.flv
- 技术掌握：在“调音台”中应用音频效果的方法

扫码看视频

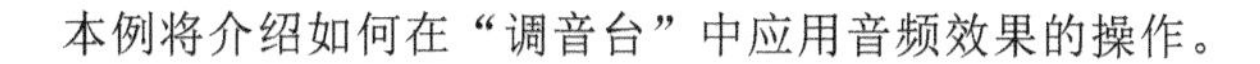

本例将介绍如何在“调音台”中应用音频效果的操作。

【操作步骤】

01 新建一个项目文件，导入音频素材“01.mp3和02.mp3”，然后将其放置在“时间线”面板的音频1轨道中。再展开音频1轨道，在每个音频轨道单击“显示关键帧”按钮，然后选择“显示轨道关键帧”命令，如图16-18所示。

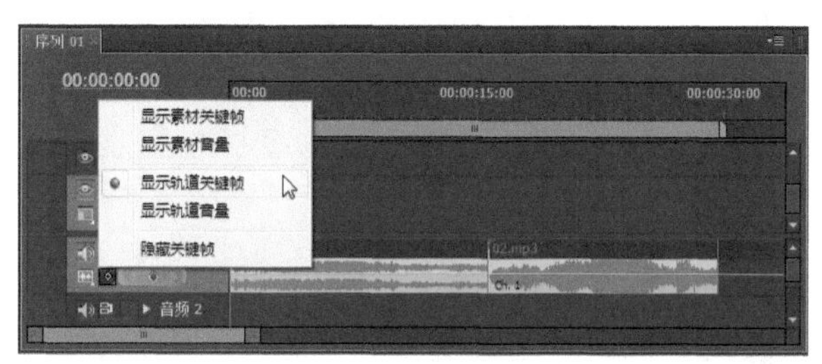

图16-18

02 单击“自动模式”选项左边的“显示/隐藏效果与发送”三角形按钮，打开“调音台”的效果区域，如图16-19所示。

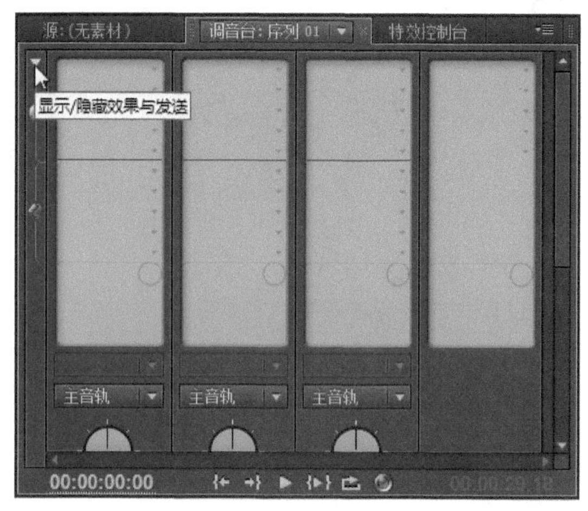

图16-19

03 在要应用效果的轨道中，单击效果区域中的“效果选择”按钮，将打开一个音频特效列表，从效果列表中选择想要应用的效果，如图16-20所示。

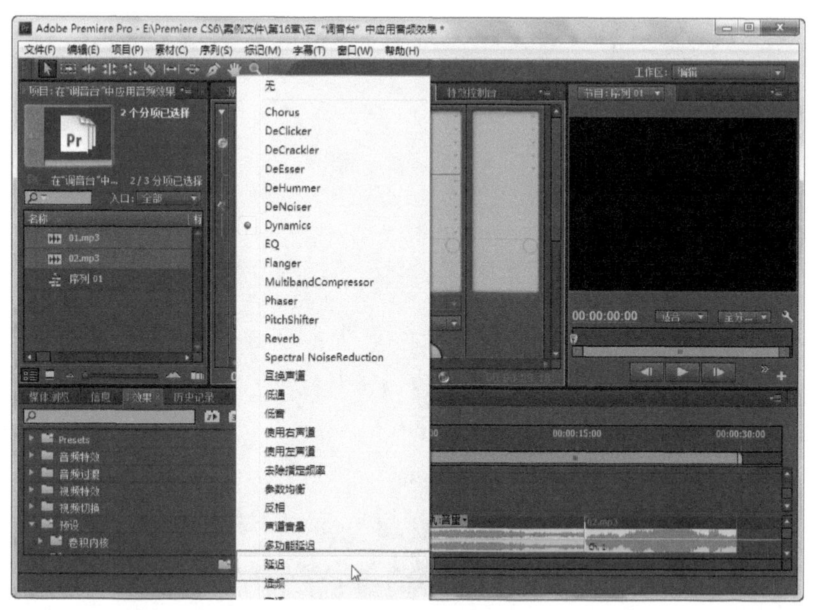

图16-20

04 在选择效果后，其名称会显示在“调音台”面板的效果区域中，如图16-21所示。

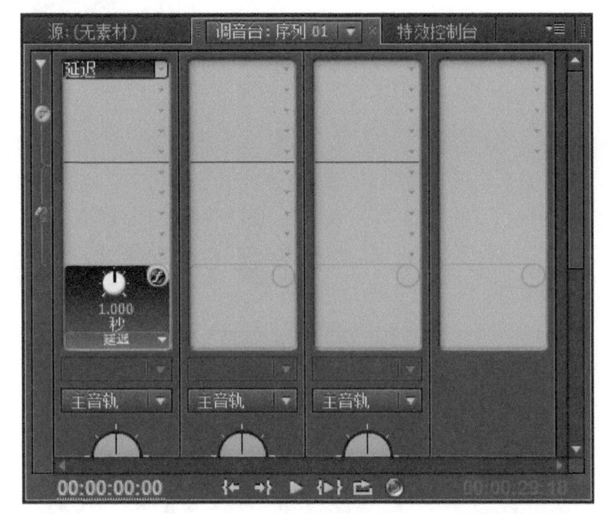

图16-21

05 如果想切换到效果的另一个控件，可以单击控件名称右边的向下箭头并选择另一个控件，如图16-22所示。

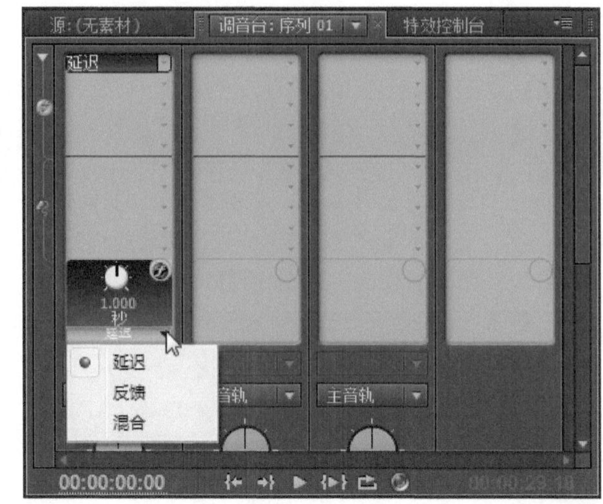

图16-22

06 设置轨道的自动模式为“触动”，然后单击“调音台”面板中的“播放-停止切换”按钮，再根据需要调整效果控制，如图16-23所示。调整后的轨道关键帧设置效果，如图16-24所示。

图16-23

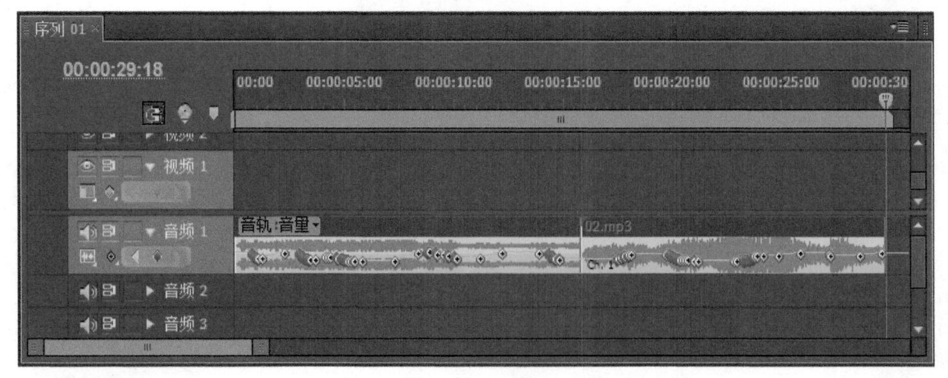

图16-24

16.4.2 移除效果

如果想从“调音台”轨道中移除音频效果，可以单击该效果名称右边的“效果选择”按钮，然后选择下拉列表中的“无”选项即可，如图16-25所示。

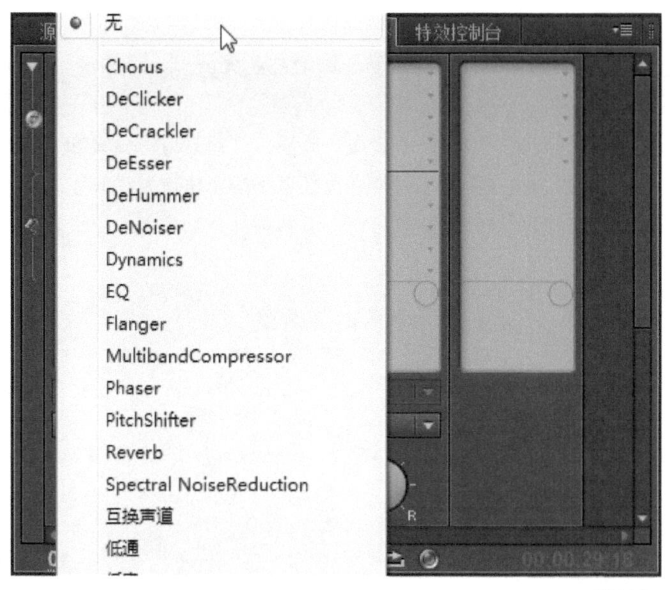

图16-25

16.4.3 使用“旁路”设置

单击出现在效果控件旋钮右边的旁路图标，可关闭或绕过一个效果。在单击旁路图标之后，一条斜线会出现在该图标上，如图16-26所示。要重新打开该效果，只需再次单击旁路图标即可。

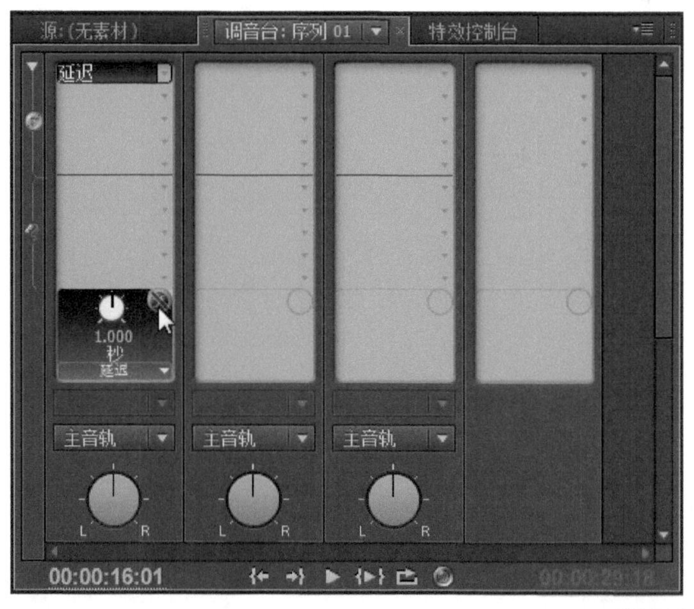

图16-26

16.5 音频处理顺序

因为所有控件都可以用于音频，所以用户可能想知道Premiere Pro处理音频时的顺序。例如，素材效果是在轨道效果之前处理，还是在轨道效果之后处理。以下是一个概括，首先，Premiere Pro会根据“新建项目”对话框中的音频设置处理音频。在输出音频时，Premiere Pro按以下顺序进行。

第一步：使用Premiere Pro的“音频增益”命令调整音频增益素材。

第二步：素材效果。

第三步：轨道效果设置，如“预衰减”效果、“衰减”效果、“后衰减”效果和“声像/平衡”。

第四步：“调音台”中从左到右的轨道音量，以及通过任意子混合轨道发送到主轨道的输出。

当然，不要求一定要记住这些，但在处理复杂项目时，对音频处理顺序有一个大致了解会很有用。

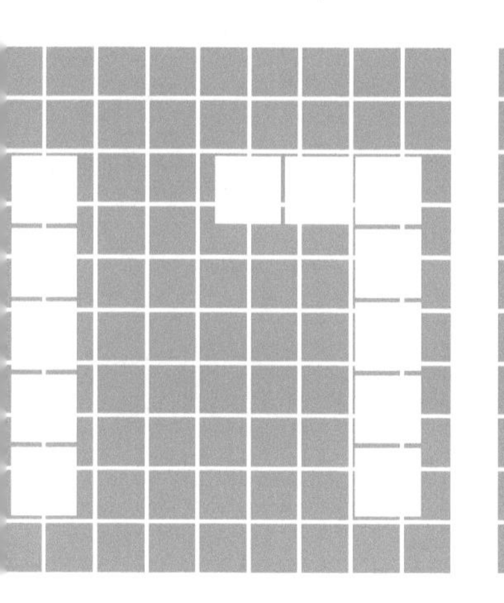

第17章 Premiere Pro高级编辑技术

要点索引

本章概述

Premiere Pro功能非常强大，仅使用Premiere Pro的选择工具就可以创建和编辑整个项目。但是，如果进行精确编辑，就需要深入研究Premiere Pro的高级编辑功能。例如，使用Premiere Pro的修整监视器面板，只需单击鼠标即可在素材入点或出点时间内减去一帧。在单击时，会在监视器的一边看到出点的最后一帧，在监视器的另一边看到相邻入点的第一帧。

本章为Premiere Pro的中级和高级编辑功能提供指南，包括复制粘贴素材属性、Premiere Pro的工具面板编辑工具—波纹编辑工具、旋转编辑工具、错落工具和滑动工具、如何使用修整监视器修整，以及如何使用多机位监视器编辑。

17.1 使用“素材”命令编辑素材

编辑作品时，为了在项目中保持素材的连贯，需要调整素材。例如，减慢素材的速度以填充作品的间隙，或者将一帧定格几秒钟。

“素材”菜单中的许多命令可用于编辑素材。在Premiere Pro中，使用“素材→速度/持续时间”命令可以改变素材的持续时间和速度。使用“素材→视频选项→帧定格”命令，可以改变素材的帧比率，还可以定格视频画面。

17.1.1 使用“速度/持续时间”命令

执行“素材→速度/持续时间”命令，可以改变素材的长度，加速或减慢素材的播放速度，或者使视频反向播放。

修改素材持续时间

修改素材持续时间的方法如下。

单击视频轨道或“项目”面板上的素材将其选中。然后选择“素材→速度/持续时间”命令，打开“素材速度/持续时间”对话框，输入一个持续时间值，再单击“确定”按钮，如图17-1所示，关闭对话框即可设置为新的持续时间。

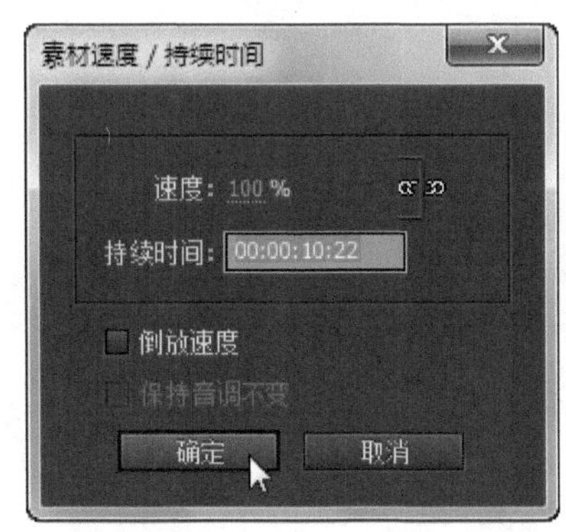

图17-1

小技巧

单击“链接”按钮，解除速度和持续时间之间的链接。

修改素材播放速度

修改素材播放速度的方法如下。

单击视频轨道或“项目”面板上的素材将其选中。然后选择“素材→速度/持续时间”命令，打开“素材速度/持续时间”对话框。在“速度”字段中输入值。输入大于100%的数值会提高速度，输入0%~99%的数值将减小素材速度。再单击“确定”按钮，关闭“素材速度/持续时间”对话框，即可应用新的速度。

小技巧

选中“倒放速度”复选框，可以反向播放素材。

17.1.2 使用“帧定格”命令

Premiere Pro的“帧定格”命令用于定格素材中的某一帧，以便该帧出现在素材的入点到出点这段时间内。用户可以在入点、出点或标记点0处创建定格帧，其操作方法如下。

选中视频轨道上的素材。如果想要定格入点和出点以外的某一帧，可以在“源监视器”中为素材设置一个未编号的标记。然后选择“素材→视频选项→帧定格”，打开“帧定格选项”对话框，在“定格在”下拉菜单中选择在“入点”“出点”或“标记0”处创建定格帧，如图17-2所示。

图17-2

小技巧

要防止关键帧的效果被看到，选中“定格滤镜”复选框；要消除视频交错现象，选择“反交错”复选框。选中“反交错”复选框，系统会移除帧的两个场中的一个，然后重复另一个场，以此消除交错视频中的场痕迹。

17.1.3 更多素材命令和实用工具

在Premiere Pro中进行编辑时，可能会用到各种素材工具，其中一些工具已经在前面章节中介绍过了。这里对在编辑时非常有用的命令作一个总结。

“素材→编组”命令：这个命令将素材编组在一起，允许将这些素材作为一个实体进行移动或删除。编组素材可以避免不小心将某个轨道中的字幕和未链接的音频与其他轨道中的影片分离。素材编组在一起后，在“时间线”面板上单击并拖动，可以同时编辑所有素材。要编组素材，选中所有素材，然后选择“素材→编组”命令。要取消编组，选择其中一个素材，然后选择“素材→取消编组”命令。要单独选择编组中的某个素材，按Alt键，然后单击并拖动该素材。注意可以对一个编组中的素材同时应用“素材”菜单中的命令。

“素材→视频选项→缩放为当前画面大小”命令：

这个命令用于调整素材的比例，使其与项目的画幅大小一致。

“素材→视频选项→帧混合”命令：“帧混合”命令可以避免在修改素材的速度或帧速率时产生波浪似的起伏。帧融合选项默认是选中的。

“素材→视频选项→场选项”命令：使用这个命令提供的选项可以减少素材中的闪烁并能消除交错。

“文件→获取属性→选择”命令：这个命令提供项目面板上选中文件的数据率、文件大小、图像大小和其他文件信息。

17.2 使用Premiere编辑工具

在序列时间线上将两个素材编辑到一起后，可能需要修改第一个素材的出点来微调编辑。虽然可以使用“选择工具”修改编辑点，但是使用Premiere Pro的编辑工具更便捷，如“滚动编辑工具”和“波纹编辑工具”，使用这两个工具可以快速编辑相邻接素材的出点。

如果将三个素材编辑到一起，那么使用“错落工具”和“滑动工具”可以快速编辑中间素材的入点和出点。

本节将介绍如何使用“滚动编辑工具”和“波纹编辑工具”编辑相邻接素材，以及如何使用“错落工具”和“滑动工具”编辑位于两个素材之间的素材。在练习使用这些工具时，保持“节目监视器”打开状态。“节目监视器”能够显示素材的扩大效果视图。使用“错落工具”和“滑动工具”时，“节目监视器”还能够显示编辑的帧数。“波纹编辑工具”“滚动编辑工具”“错落工具”和“滑动工具”如图17-3所示。

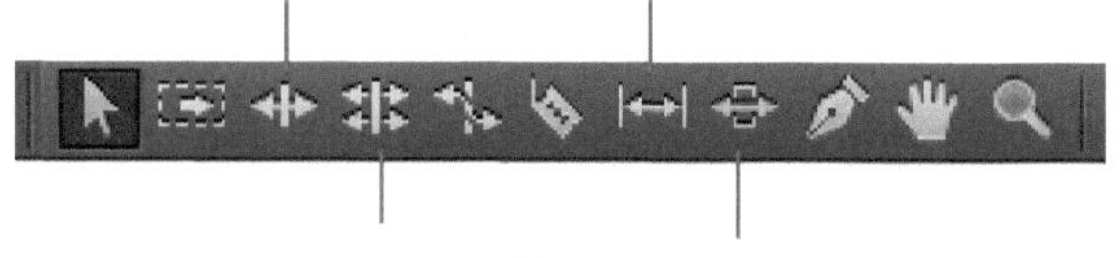

图17-3

17.2.1 使用“滚动编辑工具”

使用“滚动编辑工具”可以单击并拖动一个素材的编辑线，同时修改编辑线上下一个素材的入点或出点。当单击并拖动编辑线时，下一个素材的持续时间会根据前一个素材的变动自动调整。例如，如果第一个素材增加5帧，那么就会从下一个素材减去5帧。这样，使用“滚动编辑工具”编辑素材时，不会改变所编辑节目的持续时间。

新手练习：滚动编辑素材的入点和出点

- 素材文件：素材文件/第17章/01.mov、02.mov
- 案例文件：案例文件/第17章/新手练习——滚动编辑素材的入点和出点.Prproj
- 视频教学：视频教学/第17章/新手练习——滚动编辑素材的入点和出点.flv
- 技术掌握：滚动编辑素材入点和出点的方法

【操作步骤】

01 新建一个项目，然后将两个素材“01.mov和02.mov”导入到“项目”面板中，如图17-4所示。

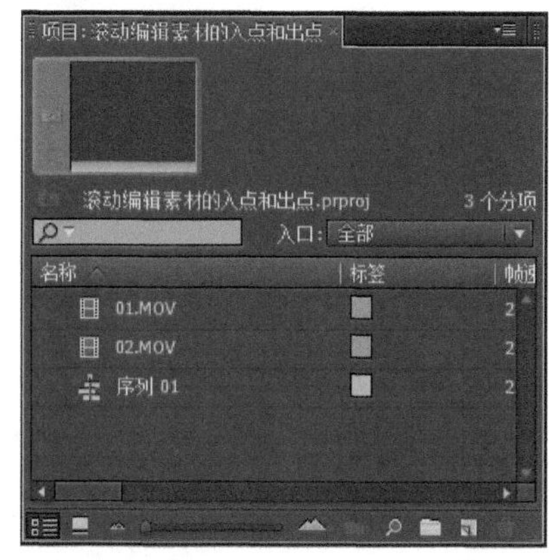

图17-4

02 在“源监视器”中，分别为这两个素材设置入点和出点，如图17-5和图17-6所示。

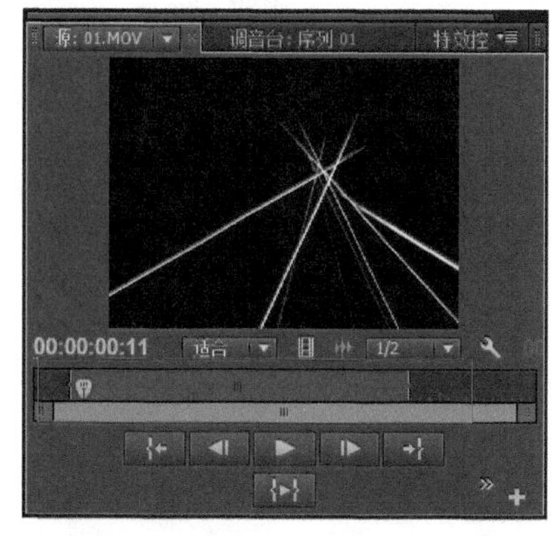

图17-5

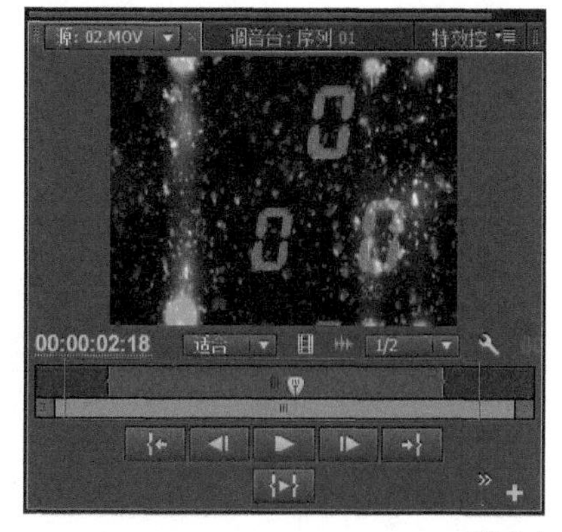

图17-6

03 将设置入点和出点后的两个素材依次拖动到“时间线”面板的视频1轨道中，并使它们相邻接，如图17-7所示。

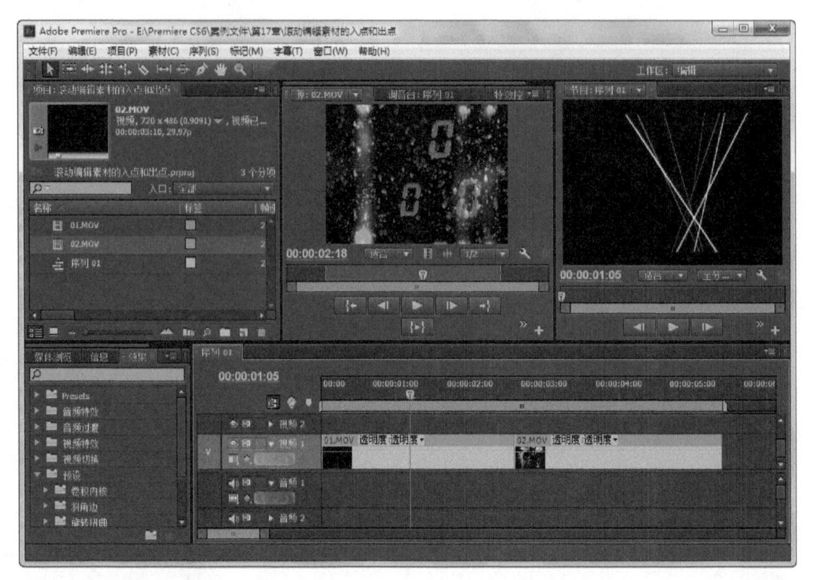

图17-7

04 按N键选择“滚动编辑工具”，将“滚动编辑工具”移到两个邻接素材中的编辑线处，如图17-8所示。

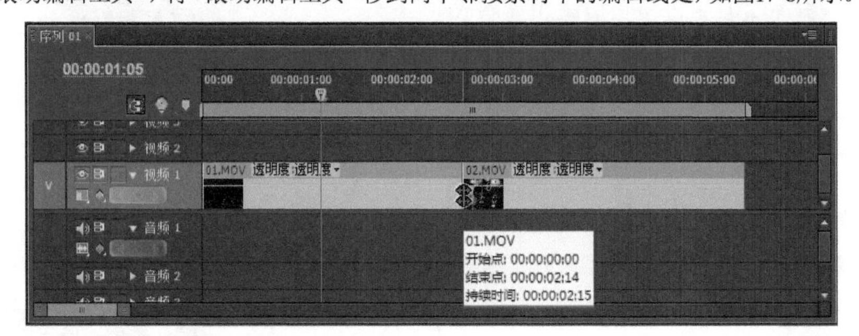

图17-8

05 单击并向左或向右拖动素材来修整素材。如果向右拖动，会扩展第一个素材的出点，减少下一素材的入点。如果向左拖动，会减小第一个素材的出点，增加下一素材的入点。在图17-9中，向左拖动“滚动编辑工具”，同时改变右边素材的入点和左边素材的出点，在“节目监视器”中还显示了编辑入点和出点时的预览情况。

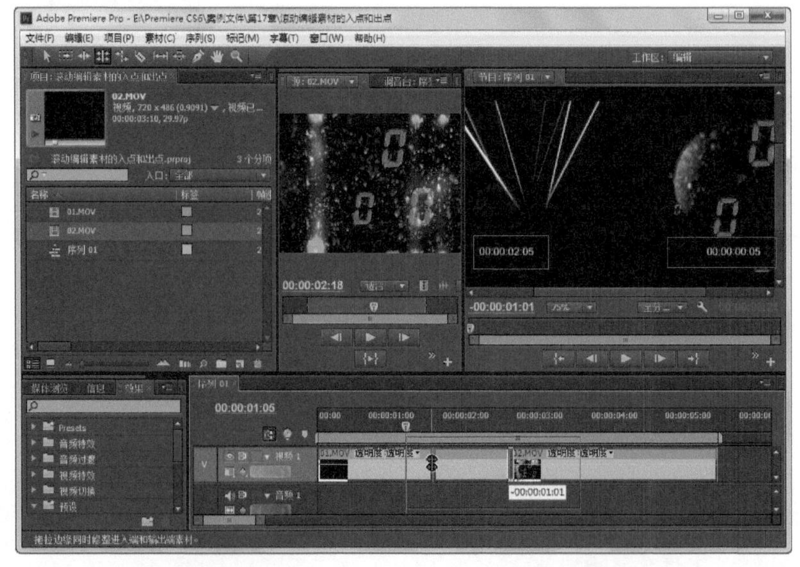

图17-9

17.2.2 使用“波纹编辑工具”

使用“波纹编辑工具”可以编辑一个素材，而不影响相邻素材。应用波纹编辑与应用滚动编辑正好相反。在进行单击并拖动来扩展一个素材的出点时，Premiere Pro将下一个素材向右推，而不改变下一个素材的入点，这样就形成了贯穿整个作品的波纹效果，从而改变了整个持续时间。如果单击并向左拖动来减小出点，Premiere Pro不会改变下一个素材的入点。为平衡这一更改，Premiere Pro会缩短序列的持续时间。

新手练习：波纹编辑素材的入点或出点

- 素材文件：素材文件/第17章/01.mov、02.mov
- 案例文件：案例文件/第17章/新手练习——波纹编辑素材的入点或出点.Prproj
- 视频教学：视频教学/第17章/新手练习——波纹编辑素材的入点或出点.flv
- 技术掌握：波纹编辑素材入点或出点的方法

【操作步骤】

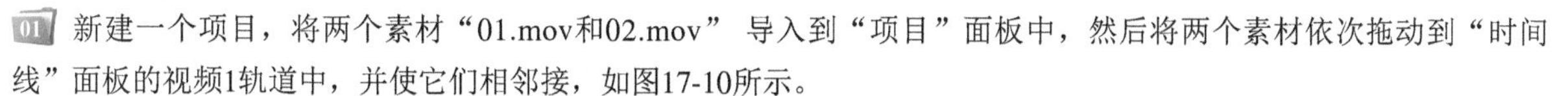

01 新建一个项目，将两个素材“01.mov和02.mov” 导入到“项目”面板中，然后将两个素材依次拖动到“时间线”面板的视频1轨道中，并使它们相邻接，如图17-10所示。

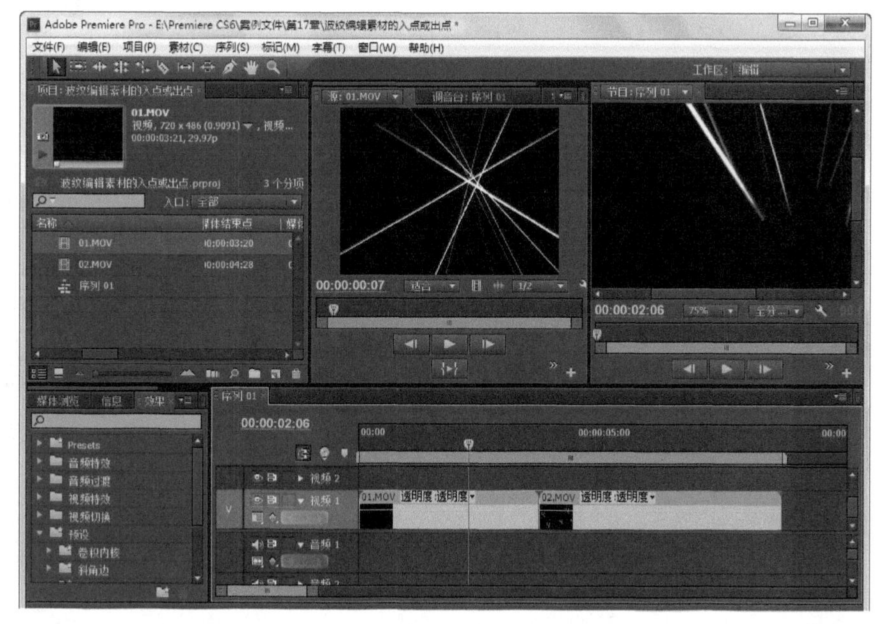

图17-10

02 单击“波纹编辑工具”或按B键。然后将“波纹编辑工具”移到想要修整的素材的出点处，如图17-11所示。

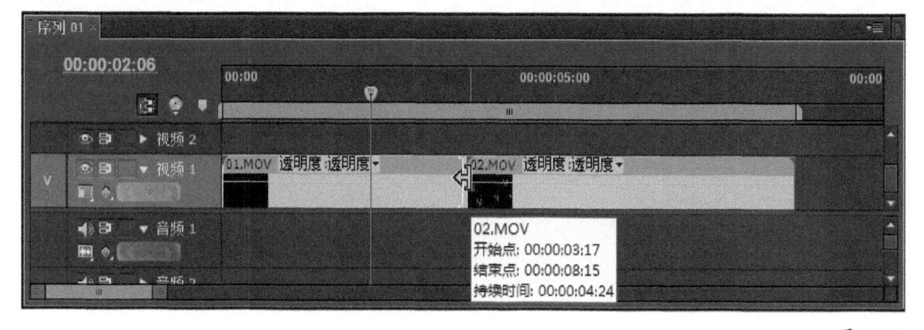

图17-11

03 单击并向右拖动增加素材的长度，或向左拖动减小素材的长度。相邻的下一个素材的持续时间保持不变，但整个序列的持续时间发生改变。图17-12所示为使用“波纹编辑工具”向左拖动第一个素材时的编辑效果，图17-13所示为减小第一个素材出点后的效果，可以看到后面的PM02-024.mov素材的入点没有变化，而整个序列的持续时间变短了。

图17-12

图17-13

17.2.3 使用“错落工具”

使用“错落工具”可以改变夹在另外两个素材之间的素材的入点和出点，而且保持中间素材的原有持续时间不变。单击并拖动素材时，素材左右两边的素材不会改变，序列的持续时间也不会改变。

新手练习：错落编辑素材的入点和出点

- 素材文件：素材文件/第17章/01.mov、02.mov
- 案例文件：案例文件/第17章/新手练习——错落编辑素材的入点和出点.Prproj
- 视频教学：视频教学/第17章/新手练习——错落编辑素材的入点和出点.flv
- 技术掌握：错落编辑素材入点和出点的方法

扫码看视频

【操作步骤】

01 新建一个项目，将两个素材“01.mov和02.mov”导入到“项目”面板中，然后将两个素材依次拖动到“时间线”面板的视频1轨道中，并使它们相邻接，如图17-14所示。

图17-14

02 再导入一个视频素材“03.mov”，并在“源监视器”中为新导入的素材设置入点和出点，如图17-15所示。

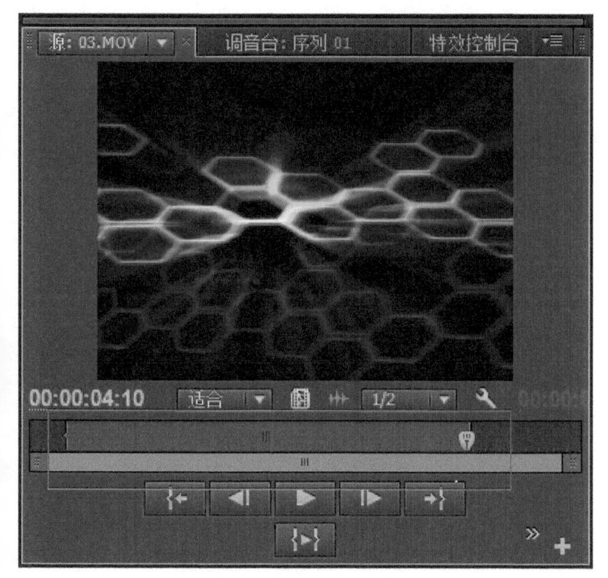

图17-15

03 将新导入的素材拖入时间线中的视频1轨道上，并与前面两个素材相邻接，如图17-16所示。

04 单击“错落工具”或按Y键。用“错落工具”单击两个素材中间的素材。要改变选中素材的入点和出点，而不改变序列的持续时间，则单击素材并向左或向右拖动。在图17-17中，将中间的素材向左拖动，这样改变了该素材的入点和出点，而整个序列的持续时间没有改变，如图17-18所示。

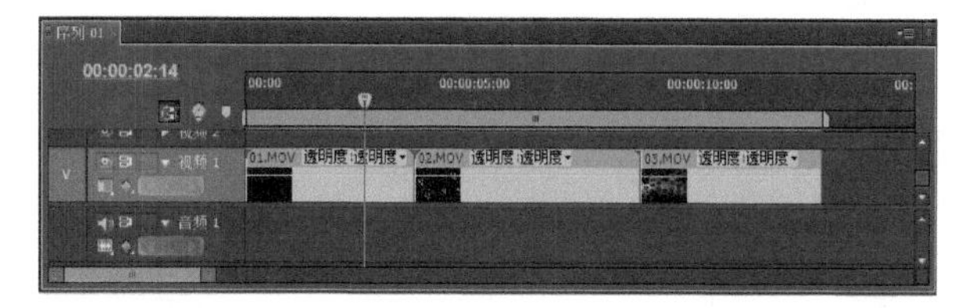

图17-16

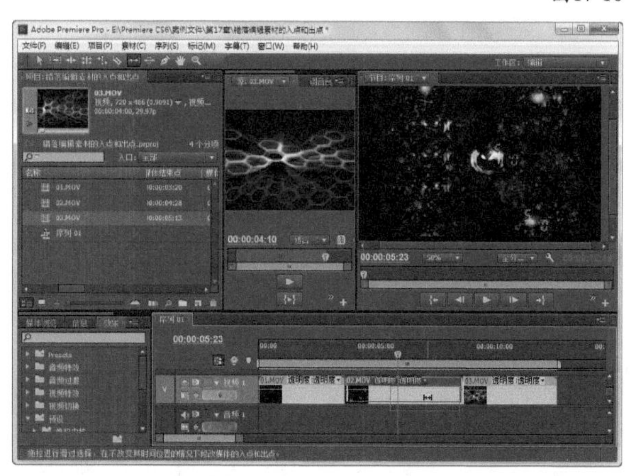

图17-17

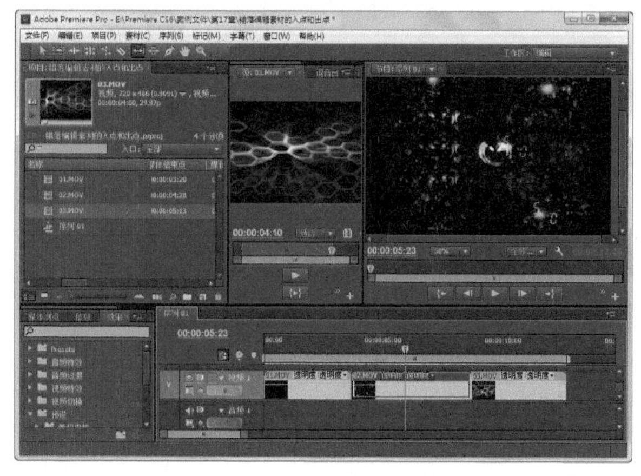

图17-18

> **小技巧**
>
> 虽然“错落工具”通常用来编辑两个素材之间的素材，但是即使一个素材不是位于另两个素材之间，也可以使用错落工具编辑它的入点和出点。

17.2.4 使用“滑动工具”

与错落编辑类似，“滑动工具”也是用于编辑序列上位于两个素材之间的一个素材。不过在使用“滑动工具”进行拖动的过程中，将保持中间素材的入点和出点不变，而改变相邻素材的持续时间。

进行滑动编辑时，向右拖动扩展前一个素材的出点，而使下一个素材的入点发生时间延后。向左拖动减小前一个素材的出点，而使下一个素材的入点发生时间提前。这样，所编辑素材的持续时间和整个节目没有改变。

新手练习：滑动编辑素材的入点和出点

- 素材文件：素材文件/第17章/01.mov、02.mov
- 案例文件：案例文件/第17章/新手练习——滑动编辑素材的入点和出点.Prproj
- 视频教学：视频教学/第17章/新手练习——滑动编辑素材的入点和出点.flv
- 技术掌握：滑动编辑素材入点和出点的方法

扫码看视频

【操作步骤】

01 新建一个项目，将两个素材“01.mov、02.mov和03.mov” 导入到“项目”面板中，然后将3个素材依次拖动到“时间线”面板的视频1轨道中，并使它们相邻接，如图17-19所示。

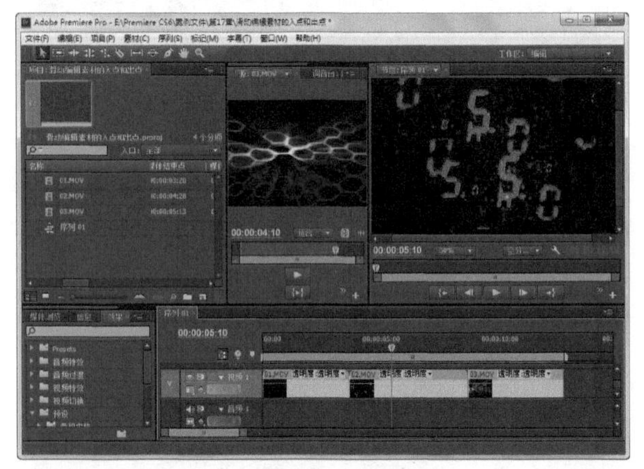

图17-19

02 单击“滑动工具”或按U键。然后单击并拖动位于两个素材之间的素材来移动它。向左拖动缩短前一个素材并加长后一个素材。向右拖动加长前一个素材并缩短后一个素材，“节目监视器”显示了对所有素材的影响，如图17-20所示。在图17-21中，向右拖动01.mov素材，01.mov素材的出点被扩展，这使得02.mov素材的入点发生时间延后，而整个序列的持续时间没变。

图17-20

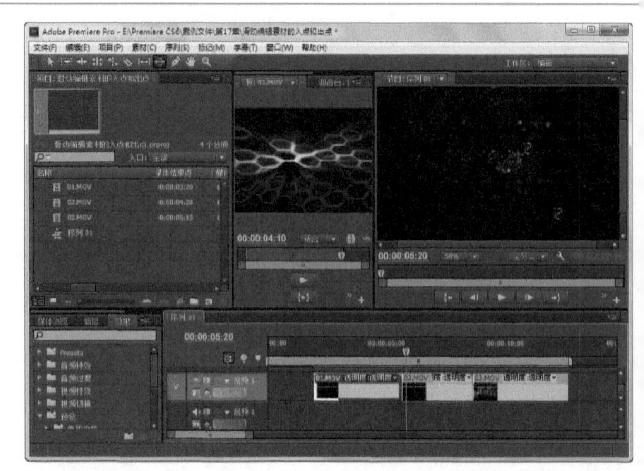

图17-21

17.3 使用辅助编辑工具

有时，用户要进行的编辑只是简单地将素材从一个地方复制粘贴到另一个地方。为帮助编辑，可能会解除音频和视频之间的链接。本节将学习几种能够辅助编辑的命令，首先学习“历史”面板，使用这个面板可以快速撤销各种工作进程。

17.3.1 使用“历史记录”面板撤销操作

即使是最优秀的编辑人员，也会有改变主意和犯错误的时候。传统的非线性编辑系统允许在将源素材真正录制到节目录像带之前预览编辑。但是，传统的编辑系统提供的撤销级别没有Premiere Pro的“历史记录”面板提供的多，如图17-22所示。

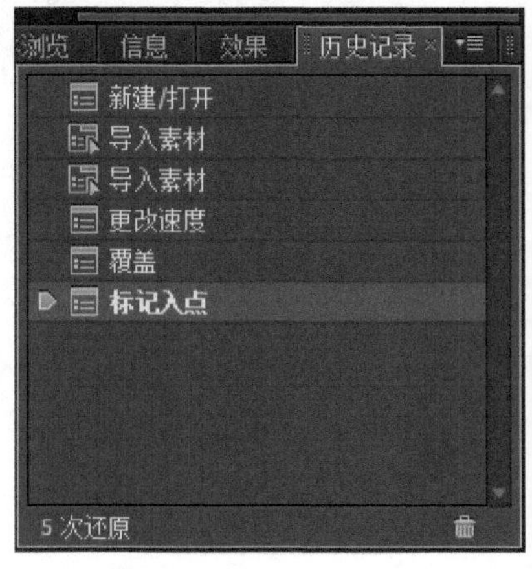

图17-22

“历史记录”面板记录使用Premiere Pro时的编辑活动，每一步活动都分别对应“历史”面板上一个单独的条目。如果想返回到以前的某一步，在“历史”面板上单击那一步即可。继续工作时，以前记录的步骤（返回步骤之后的那些步骤）会消失。

如果屏幕上没有显示“历史”面板，可以选择“窗口→历史”命令将其打开。要了解“历史”面板的工作方式，打开一个新项目或现有项目，将一些素材拖到时间线上。在拖动时，注意观察“历史”面板上记录的每一个状态。例如，在选择时间线上的一个素材，按Delete键将它删除，再删除一个素材，然后观察“历史记录”面板上记录的每一个状态，如图17-23所示。

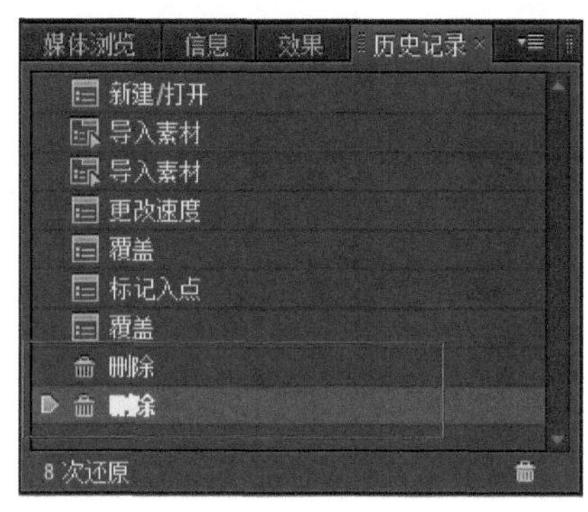

图17-23

现在，假设想要使项目恢复到删除素材之前的状态。单击“历史”面板上第一个“删除”状态，项目就恢复到未做任何删除操作之前的状态，如图17-24所示。现在使用“选择工具”在时间线上移动一个素材。只要一移动素材，一个新的状态就会记录在“历史”面板上，同时将第二个“删除”状态从“历史”面板上清除，如图17-25所示。一旦恢复到“历史”面板中的某一个状态并开始工作，就无法再继续之前的工作。

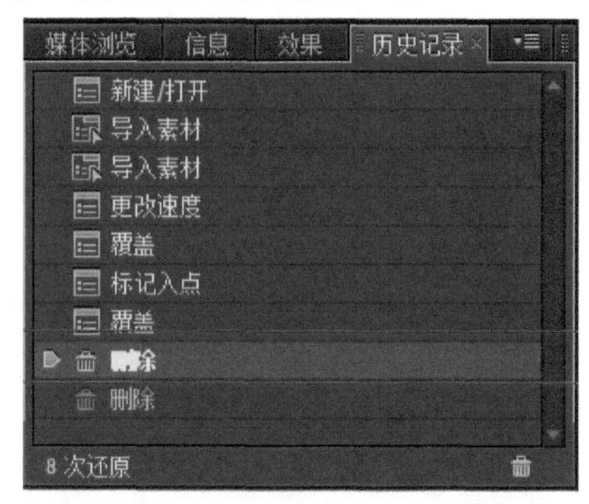

图17-24

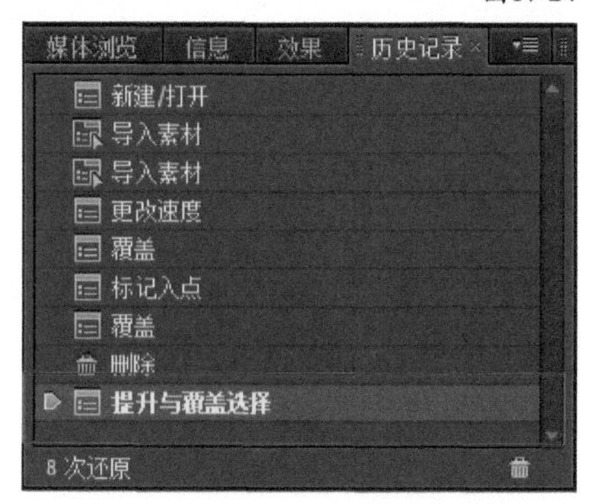

图17-25

17.3.2 删除序列间隙

时间线中不可避免地会留有间隙。有时由于“时间线”面板的缩放比例，间隙根本看不出来。下面说明如何自动消除时间线中的间隙。

右键单击时间线的间隙处，可能一些小间隙需要放大才能看到。从弹出的菜单中选择“波纹删除”命令，如图17-26所示。Premiere Pro就会将间隙清除。

图17-26

17.3.3 使用“参考监视器”

“参考监视器”是另一种“节目监视器”，它独立于“节目监视器”显示节目。在“节目监视器”中编辑序列的前后，需要使用“参考监视器”显示影片，以帮助预览编辑的效果。还可以使用“参考监视器”显示Premiere的各种图形，如矢量图和YC波形，可以边播放节目边观察这些图形。

用户可能会希望将“参考监视器”和“节目监视器”绑定到一起，以便它们显示相同的帧，其中“节目监视器”显示视频，而“参考监视器”显示各种范围。

要查看“参考监视器”，选择“窗口→参考监视器”命令即可。默认情况下，“节目监视器”面板菜单中的“绑定到参考监视器”命令是选中的，该命令会在屏幕中显示“参考监视器”时成为可访问状态，如图17-27所示。如果要关闭该选项，只需单击“节目监视器”面板菜单中的“嵌套参考监视器”命令即可。

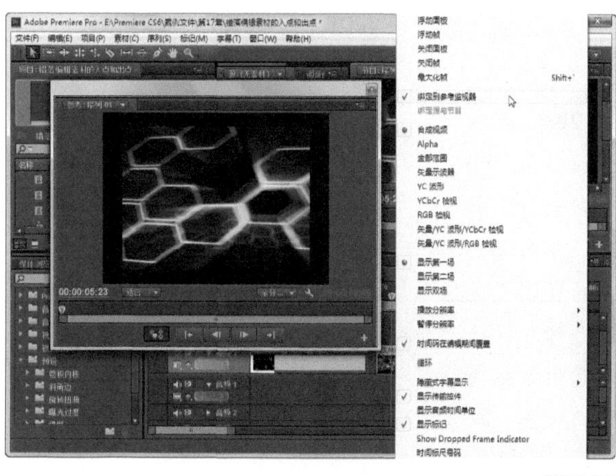

图17-27

17.4 使用“多机位监视器”编辑素材

如果采用了多机位对音乐会或舞蹈表演这种实况演出进行拍摄，那么将胶片按顺序编辑到一起会非常耗时。幸运的是，Premiere Pro的多机位编辑功能能够模拟视频信号转换开关（模拟视频信号转换开关用来从工作的多机位拍摄中进行选择镜头）的一些功能。

使用Premiere Pro的“多机位监视器”最多可以同时查看4个视频源，进而快速选择最佳的拍摄，将它录制到视频序列中。随着视频的播放，不断从4个同步源中做出选择，进行视频源之间的镜头切换，还可以选择监视和使用来自不同源的音频。

虽然使用“多机位监视器”进行编辑很简单，但要涉及以下设置：将源胶片同步到一个时间线序列上；将这个源序列嵌入到目标时间线序列中（录制编辑处）；激活多机位编辑；开始在“多机位监视器”中进行录制。

完成一次多机位编辑会话后，还可以返回到这个序列，并且很容易就能够将一个机位拍摄的影片替换成另一个机位拍摄的影片。接下来的各小节将详细介绍这些操作过程。

17.4.1 创建多机位素材

将影片导入Premiere Pro后，就可以试着进行一次多机位编辑会话了。正如上文所述，可以创建一个最多源自4个视频源的多机位会话。

高手进阶：建立多机位对话

- 素材文件：素材文件/第17章/01.mov、02.mov
- 案例文件：案例文件/第17章/高手进阶——建立多机位对话.Prproj
- 视频教学：视频教学/第17章/高手进阶——建立多机位对话.flv
- 技术掌握：建立多机位对话的方法

扫码看视频

【操作步骤】

01 选择“文件→新建→项目”命令新建一个项目，在“新建序列”对话框中设置视频轨道数为4，如图17-28所示。

02 导入素材“01~04.mov”到“项目”面板中，然后将所有素材分别添加到“时间线”面板中的不同视频轨道上，如图17-29所示。

03 使用“选择工具”同时选择轨道中的4个素材，然后选择“素材→同步”命令，弹出如图17-30所示的“同步素材”对话框，在其中选择一个选项，然后单击“确定”按钮，即可对齐轨道上的胶片，Premiere Pro将所有素材与目标轨道上的素材同步。

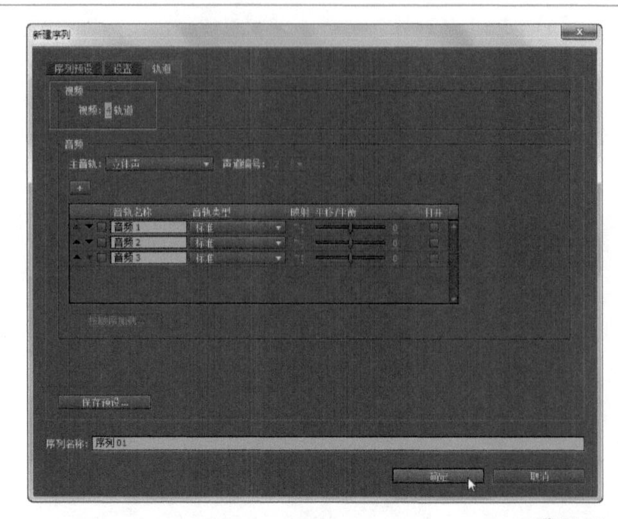

图17-28

图17-29

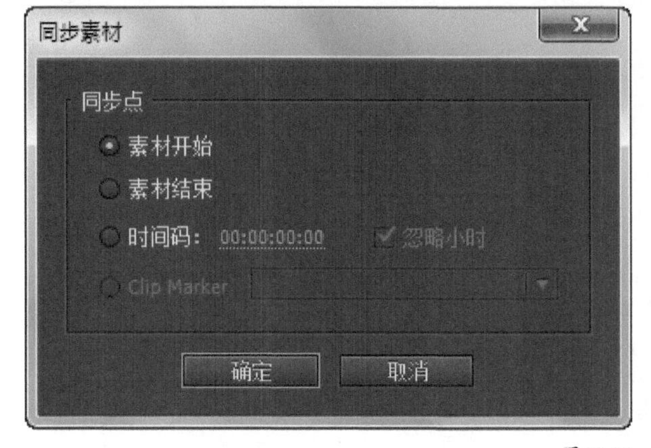

图17-30

【参数介绍】

素材开始：选择该选项，同步素材的入点。

素材结束：选择该选项，同步素材的出点。

时间码：在时间码读数域中单击并拖动，或者通过键盘输入一个时间码。如果想要进行同步，只使用分、秒和帧就可以了，保持“忽略小时”选项为选中状态。

Clip Marker（编号标记）：选择该选项，同步选中的素材标记。

04 选择“文件→新建→序列”命令，创建一个作为目标序列的新序列（用来记录最终编辑结果）。将带有同步视频的源序列从“项目”面板拖到目标序列中的一个轨道上，从而将源序列嵌入到目标序列中。图17-31所示为将带有同步视频的序列1嵌入到目标序列（序列2）中。

图17-31

05 单击目标轨道左侧的头区域，选择这个轨道作为目标轨道。然后单击目标轨道中嵌入的序列将其选中。再选择“素材→多摄像机→启用”命令（只有在“时间线”面板上选中了嵌入的序列，才能访问这个命令），即可激活多机位编辑，如图17-32所示。

图17-32

17.4.2 查看多机位影片

正确设置好源轨道和目标轨道，并激活多机位编辑后，就可以准备在“多机位监视器”中观看影片了。选择“窗口→多机位监视器”命令，打开“多机位监视器”面板，播放“多机位监视器”中的影片，即可同时观看多个素材，如图17-33所示。

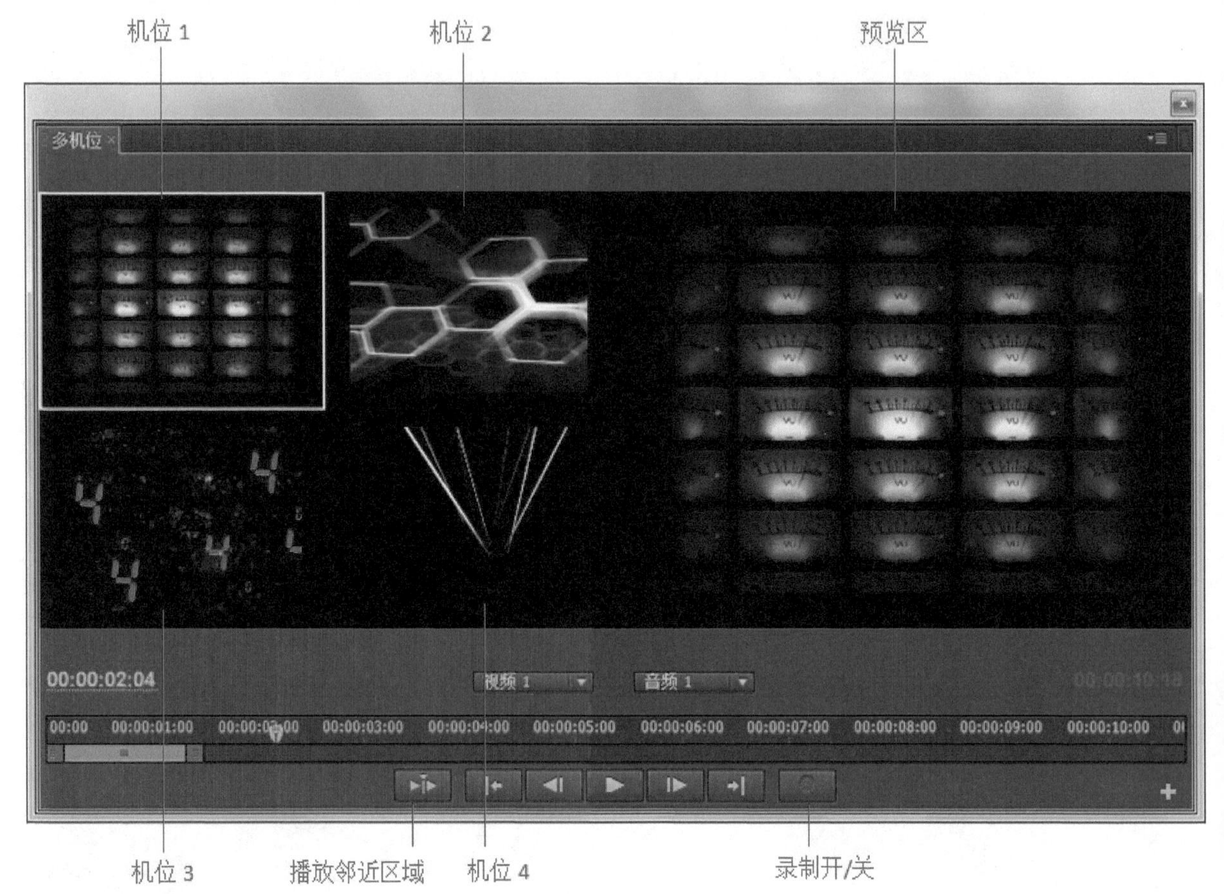

图17-33

小技巧

在“多机位监视器”中播放影片时，如果单击机位1、2、3或4，被单击的那个机位的边缘会变成黄色，并且对应的影片会自动录制到时间线上。

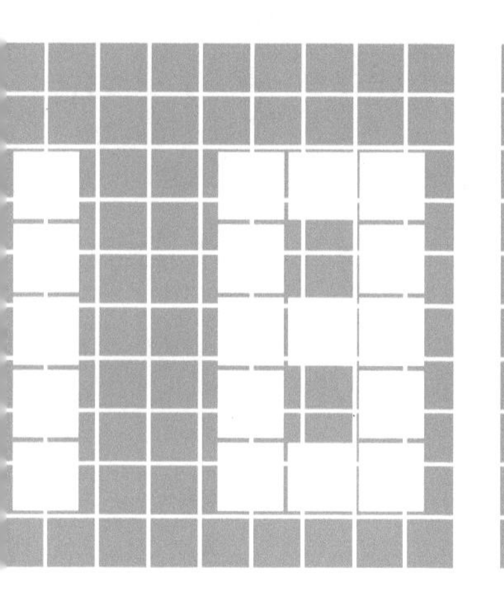

第18章 调整视频的色彩

要点索引

本章概述

进行视频拍摄时，有时无法控制现场或光线条件，这就会导致视频素材太暗或太亮，或者笼罩着某种色泽。幸运的是，Premiere Pro的“视频特效”面板有许多特效，专门使在昏暗单调的光线中拍摄的作品色彩丰富起来。使用Premiere Pro的色彩特效，可以调整图像的亮度、对比度和颜色。在“特效控制台”面板上进行调整时，可以通过“节目监视器”或“参考监视器”预览屏幕上的所有效果。虽然无法取代在良好的光线条件下的高质量视频拍摄，但是Premiere Pro的视频特效可以提高作品的整体色调和颜色质量。

本章将讲解用于增强颜色的Premiere Pro效果。首先概述RGB颜色模式，然后进一步讨论“效果”面板中的色彩校正、调节和图像控制文件夹中的颜色增强效果。

18.1 色彩的基础知识

在开始使用Premiere Pro校正颜色、亮度和对比度之前，先复习一些关于计算机颜色理论的重要概念。正如即将看到的那样，大多数Premiere Pro的图像增强效果不是基于视频世界的颜色机制。相反，它们基于计算机创建颜色的原理。

18.1.1 认识RGB颜色模式

当观看计算机显示器上的图像时，颜色是通过红色、绿色和蓝色光线的不同组合而创建的。当需要选择或编辑颜色时，大多数计算机程序允许选择256种红、256种绿和256种蓝。这样就可以生成超过1760万种（256×256×256）颜色。在Premiere Pro和Photoshop中，一个图像的红色、绿色和蓝色成分都称为通道。

Premiere Pro的“颜色拾取”就是一个说明红色、绿色和蓝色通道如何创建颜色的例子。使用颜色拾取，可以通过指定红色、绿色和蓝色值选择颜色。要打开Premiere Pro的颜色拾取，必须首先在屏幕上创建一个项目，然后选择“文件→新建→颜色蒙版”命令。在“颜色拾取”对话框中注意红色（R）、绿色（G）和蓝色（B）输入字段，如图18-1所示。如果在颜色区中单击一种颜色，输入字段中的数值会变为创建那种颜色所用的红色、绿色和蓝色值。要改变颜色，也可以在红色（R）、绿色（G）和蓝色（B）输入字段中输入0~255之间的数值。

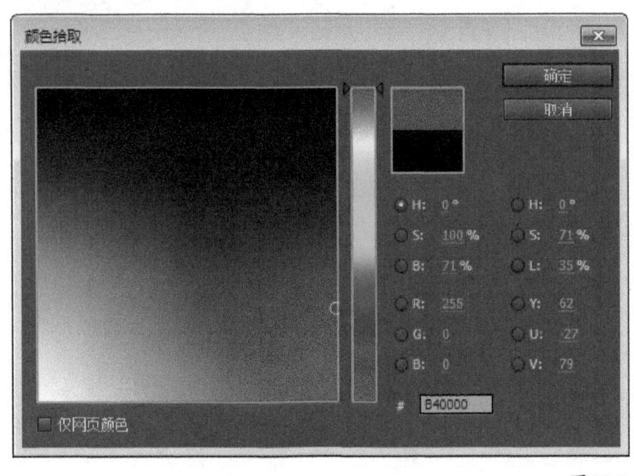

图18-1

如果使用Premiere Pro校正颜色，那么对红色、绿色和蓝色通道如何相互作用来创建红色、绿色和蓝色以及它们的补色（相反色）—青色、洋红和黄色的基本了解大有裨益。

下面列出的各种颜色组合有助于理解不同通道是如何创建颜色的。注意数值越小颜色越暗，数值越大颜色越亮。红色为0，绿色为0，蓝色也为0的组合创建黑色，没有亮度。如果将红色、绿色和蓝色值都设置成255，就生成白色—亮度最高的颜色。如果红色、绿色和蓝色都增加相同的数值，就生成深浅不同的灰色。较小的红、绿和蓝色值形成深灰，较大的值形成浅灰。

黑色：0 红色 + 0 绿色 + 0 蓝色

白色：255红 + 255绿 + 255蓝色

青色：255绿 + 255蓝

洋红：255红 + 255蓝

黄色：255红 + 255绿

注意：增加RGB颜色中的两个成分会生成青色、洋红或黄色。它们是红绿蓝的补色。理解这些关系很有用，因为这能够为工作提供指导方向。从上述颜色计算可以看出绿色和蓝色值越大，生成的颜色越发青；红色和蓝色值越大，生成的颜色就会更加洋红；红色和绿色值越大，生成的颜色就会更黄。

18.1.2 认识HLS颜色模式

正如将在本章的例子中所看到的那样，很多Premiere Pro的图像增强效果使用调整红、绿和蓝颜色通道的控件，这些效果不使用RGB颜色模式的“色相”“饱和度”和“亮度”控件。如果刚刚接触色彩校正，可能会有这样的疑问：为什么使用HLS（也称作HSL），而不使用RGB，RGB是计算机固有的颜色创建方法。答案就是：许多艺术家发现使用HLS创建和调整颜色比使用RGB更直观。在HLS颜色模式中，颜色的创建方式与颜色的感知方式非常相似。色相指颜色，亮度指颜色的明暗，饱和度指颜色的强度。

使用HLS，通过在颜色轮（或表示360°轮盘的滑块）上选择颜色并调整其强度和亮度，能够快速启动校正工作。这一技术通常比通过增减红绿蓝颜色值微调颜色节省时间。

18.1.3 了解YUV颜色系统

向视频录像带导出，要牢记计算机屏幕能够显示的色域（组成图像的颜色范围）比电视屏幕的色域范围大。计算机监视器使用红绿蓝色磷光质涂层创建颜色。美国广播电视使用YCbCr标准（通常简称为YCC）。YCbCr使用一个亮度通道和两个色度通道。

小技巧

“亮度”值指图像的明亮度。如果查看图像的亮度值，会以灰度方式显示图像。“色度”通常指“色相”和“饱和度”的结合，或者减去亮度后的颜色。

YCbCr基于YUV颜色系统（虽然经常用作YUV的同义词）。YUV是Premiere Pro和PAL模拟信号电视系统使用的颜色模式。YUV系统由一个亮度通道（Y）和两个色度通道（U和V）组成。亮度通道以黑白电视的亮度值为基础。由于延用这个值，所以适配颜色后，黑白电视的观众还能够看到彩色电视信号。

与RGB和HLS一样，YUV颜色值也显示在Adobe颜色拾取对话框中。YUV颜色可以通过RGB颜色值计算得到。例如，Y（亮度）分量可以由红绿蓝颜色的比例计算。U分量等于从RGB中的蓝色值中减去亮度值后乘以一个常量。V分量等于从RGB中的红色值中减去Y亮度值后乘以另一个常量。这就是为什么色度一词实际上是指减去亮度值后的颜色的信号。

制作高清项目，可以选择“序列→序列设置”命令打开“序列设置”对话框，选择“最大位数深度”复选框，这个复选框可以使颜色深度达到32位，这取决于序列预置的“压缩”设置，如图18-2所示。选择“最大位数深度”选项，能够提高视频效果的质量，但是会给计算机系统带来负担。

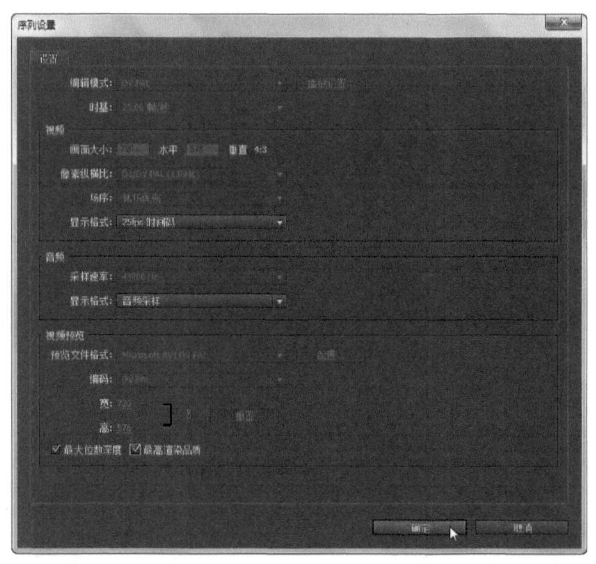

图18-2

小技巧

使用高清预置时，视频渲染中会出现一个YUV 4:2:2选项。4:2:2比率是从模拟信号到数字信号转换的颜色向下取样比率。其中4表示Y（亮度），2:2指色度值按亮度的二分之一取样。这个过程成为色度二次抽样。这一颜色的二次抽样是由于人眼对颜色变化的敏感度比对亮度变化的敏感度弱。

18.1.4 掌握色彩校正基础

在对素材进行色彩校正之前，首先要确定是否需要对素材的阴影、中间色和高光进行全面的调整，或确定素材的颜色是否需要增强或修改。素材也许需要各种调整。确定素材需要进行哪些调整的最好的方法就是查看素材的颜色和亮度分布。可以通过显示矢量图、YC波形、YCbCr检视和RGB检视来进行查看，这些选项位于监视器菜单中。一旦熟悉图像的组成，就能够更好地使用色彩校正、调节或图像控制视频特效来调整素材的颜色亮度。

如果使用过Adobe Photoshop，就会知道查看素材直方图的重要性。试着使用“调整”文件夹中的“色阶”视频特效来熟悉素材直方图的含义。直方图显示素材的阴影、中间色、高光以及各个颜色通道，并允许对它们进行全面的调整。如果一开始这看起来有些不可思议，那么在对这个新术语的一切都熟悉之后，就会希望使用Premiere Pro进行色彩校正。如果是这样的话，那么就要练习使用“调整”文件夹中的“自动颜色”“自动对比度”和“自动色阶”视频特效。如果素材需要细微调节，而用户希望素材能够更加与众不同，可以使用“色彩校正”文件夹中的“亮度与对比度”视频特效。也可以使用“模糊与锐化”文件夹中的“锐化”或“非锐化遮罩”特效。

18.2 设置色彩校正工作区

在开始校正视频之前，可以进行一些小小的工作区变动来改进效果。首先可以选择“窗口→工作区→色彩校正”命令，将工作区设置为Premiere Pro的“色彩校正”工作区，如图18-3所示。

图18-3

使用“参考监视器”。使用“参考监视器”就像使用屏幕上的另一个“节目监视器”一样。借此能够同时查看同一个视频序列的两种不同的场景：一个在“参考监视器”中，一个在“节目监视器”中。还可以通过“参考监视器”查看Premiere Pro的视频波形，同时在

“节目监视器”中查看该波形表示的实际视频。

如果选择使用“色彩校正”工作区，“参考监视器”会自动打开。如果“参考监视器”没有打开，那么选择“节目监视器”面板菜单中的“参考监视器”选项来显示“参考监视器”。默认情况下，“参考监视器”与“节目监视器”嵌套在一起，进行同步播放。也可以取消选择“参考监视器”菜单中的“绑定到节目监视器”选项，解除绑定“参考监视器”。这样，就可以在“参考监视器”中查看一个场景，而在“节目监视器”中查看另一个场景。解除绑定“参考监视器”的另一方法是单击“参考监视器”上的“绑定到节目监视器”按钮，如图18-4所示。

图18-4

查看最高品质输出。可以改变Premiere Pro的“源监视器”“节目监视器”和“参考监视器”的输出品质。在进行色彩调整时，可能会想要查看最高品质的输出，以便精确地判断色彩。要将监视器设置为最高品质，可以单击监视器面板菜单，然后选择“播放分辨率”或“暂停分辨率”中的“全分辨率”命令。

使用最大位数深度。为了获得最高品质的输出，可以通过序列的预置“压缩”将Premiere Pro的“视频预览”设置为最大位数深度。选择“序列→序列设置”命令，在“序列设置”对话框的“视频预览”区中，选择“最大位数深度”复选框。

使用Premiere Pro的视频波形。如果项目通过一个视频监视器播放，那么可以使用Premiere Pro的视频波形帮助确认视频电平是否超出专业视频的目标电平。

18.3 认识视频波形

Premiere Pro的视频波形提供对色彩信息的图形表示。它们模拟专业广播中使用的视频波形，而且对于想要输出NTSC或PAL视频的Premiere Pro用户来说尤其重要。其中一些波形输出的图形表示视频信号的色度（颜色和强度）与亮度（亮度值，尤其是黑色、白色和灰色值）。

要查看素材的波形读数，在“项目”面板上双击该素材，或者将当前时间指示器移到“时间线”面板上的一个序列中的素材上，然后从“源监视器”“节目监视器”或“参考监视器”面板菜单中选取波形或波形组，如图18-5所示。

图18-5

18.3.1 矢量示波器

矢量示波器显示的图形表示与色相相关的素材色度。矢量示波器显示色相，以及一个带有红色、洋红、蓝色、青色、绿色和黄色（R、MG、B、Cy、G和YL）标记的颜色轮盘，如图18-6所示。因此，读数的角度表示色相属性。矢量图中接近外边缘的读数代表高饱和度的颜色。中等饱和度的颜色显示在圆圈的中心和外边缘之间。视频的黑色和白色部分显示在中心。

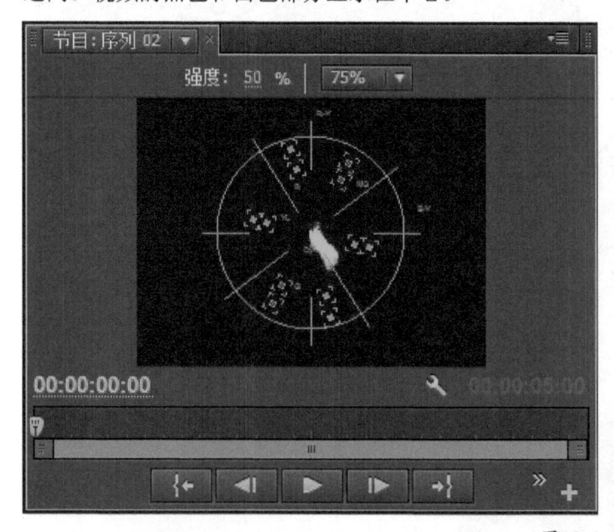

图18-6

矢量示波器中的小目标靶表示饱和度的上界色阶。NTSC视频色阶不能超过目标靶。图形顶部显示的控件用于修改矢量示波器显示的强度。可以单击不同的强度，或者单击并拖动来改变“强度”百分比。这些强度选项不会改变视频中的色度级别，只改变波形的显示。矢量示波器上的75%选项会改变显示以接近模拟色度，100%选项显示数字视频色度。

18.3.2 YC波形

YC波形图如图18-7所示，该图提供一个表示视频信号强度的波形（Y代表亮度，C代表色度）。在YC波形中，横轴表示实际的视频素材，纵轴表示以IRE（Institute of Radio Engineers无线电工程师协会）为度量单位的信号强度。

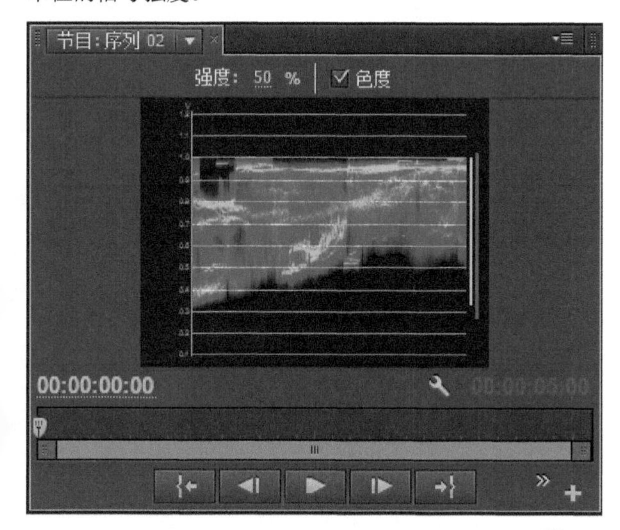

图18-7

波形中的绿色波形图案表示视频亮度。视频越亮，波形在图中的显示位置越靠上；视频越暗，波形在图中的显示位置越靠下。色度由蓝色波形表示。通常，亮度和色度会重叠在一起，而它们的IRE值也基本相等。

在美国，NTSC视频的可接受亮度级别范围从7.5IRE（黑色级别，称为基础级别）到100IRE（白色级别）；在日本，取值范围从0IRE到100IRE。为帮助理解这个波形，可以单击“色度”复选框来开或关掉色度显示。与矢量示波器一样，可以单击并拖动“强度”百分比来改变波形显示的强度。默认情况下，YC波形按输出模拟视频时的形式来显示波形。如果要查看数字视频的波形，取消选择Setup（7.5IRE）复选框。

18.3.3 YCbCr检视

YCbCr检视图如图18-8所示，它提供一个“检视”波形，表示视频信号中的亮度和色彩差异，可以单击并拖动“强度”读数来控制显示的强度。

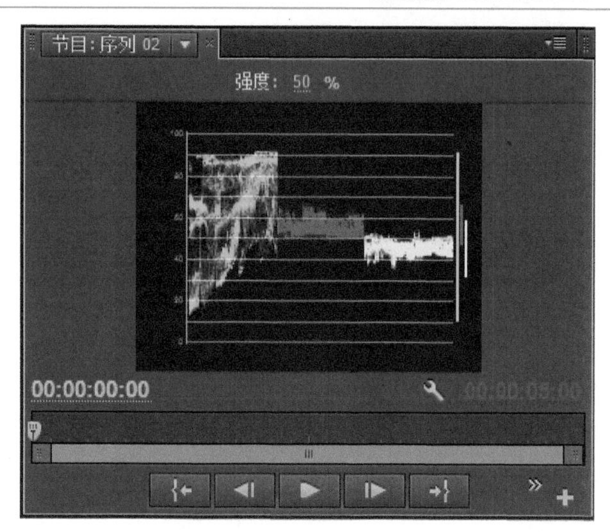

图18-8

检视的顺序如下所述。

Y：第一个波形表示Y或亮度级别。

Cb：第二个波形表示Cb（蓝色去除亮度）。

Cr：第三个波形表示Cr（红色去除亮度）。

图尾部的垂直条表示Y、Cb和Cr波形的信号范围。

18.3.4 RGB检视

RGB检视图如图18-9所示，显示视频素材中红色、绿色和蓝色级别的波形。RGB检视波形有助于确定素材中的色彩分布方式。在这个图形中，红色是第一个波形，绿色是第二个，蓝色是最后一个。RGB检视图右侧的垂直条表示每种RGB信号的范围。

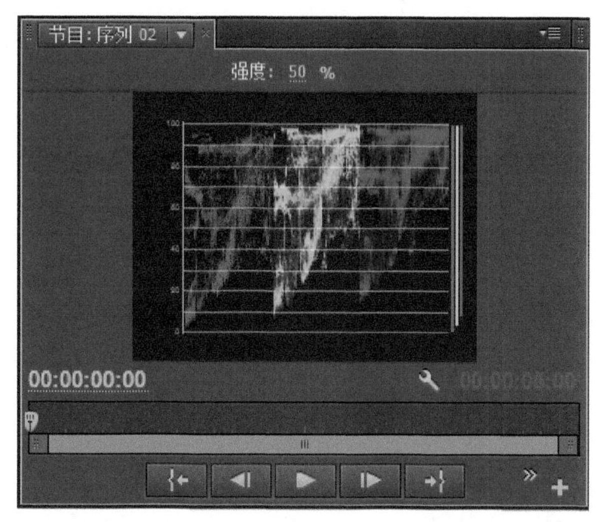

图18-9

18.4 调整和校正素材的色彩

Premiere Pro视频特效中的色彩增强工具分散在3个

文件夹中：色彩校正、调整和图像控制。“色彩校正”特效提供校正色彩所需的最精确最快捷的选项。

应用“色彩校正”特效的方法与应用其他视频特效的方法相同。要应用一个特效，单击该特效并将其拖到“时间线”面板上的一个视频素材上即可。应用特效后，可以使用“特效控制台”面板调节特效，如图18-10所示。

图18-10

同处理其他视频特效一样，可以单击“显示/隐藏时间线”按钮查看面板上的时间线。要创建关键帧，可以单击“切换动画”按钮，然后移动当前时间指示器进行调节。还可以单击“重置”按钮取消效果设置。

18.4.1 使用原色校正工具

Premiere Pro最强大的色彩校正工具位于“效果”面板上的“颜色校正”文件夹中，如图18-11所示。可以使用这些特效来微调视频中的色度（颜色）和亮度（亮度值）。在进行调节时，可以查看节目监视器、视频波形或Premiere Pro参考监视器中的效果。本节介绍的特效按照相似性进行分组，方便对不同特性进行比较。

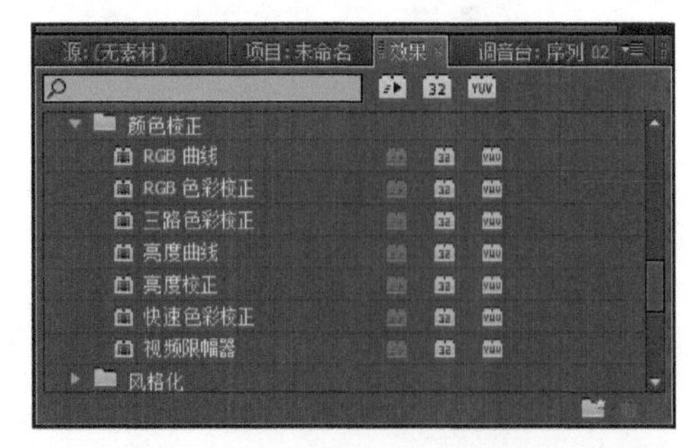

图18-11

使用色彩校正特效时，可能会注意到许多特效共享相似的特性，如图18-12和图18-13中的“快速色彩校正”和“三路色彩校正”特效控件。例如，每个特效选项都允许选择在节目监视器或参考监视器中查看校正场景的方式。

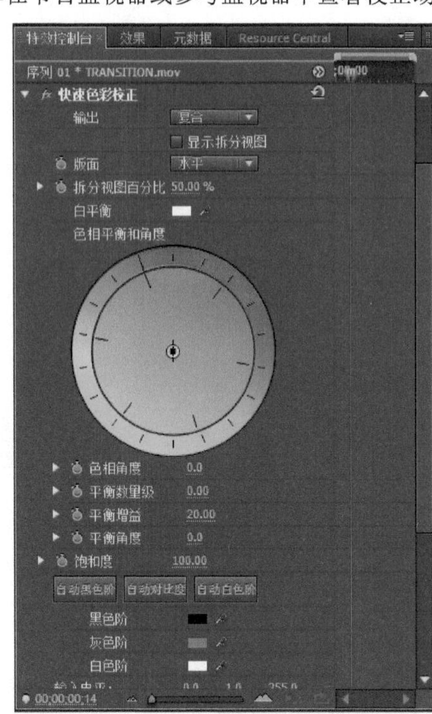

图18-12

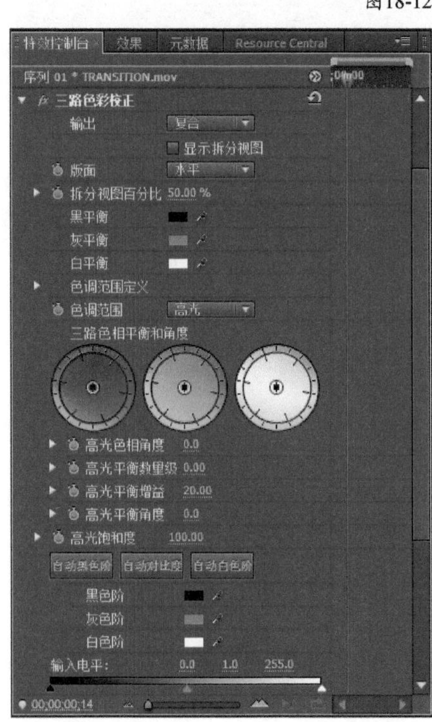

图18-13

【参数介绍】

输出：“输出”下拉菜单控制“节目监视器”或

“参考监视器”输出的内容。菜单中包括复合、Luma和蒙版选项。选择“复合”选项后，就像在“节目监视器”或“参考监视器”中正常显示的那样显示合成图像。选择Luma选项，显示亮度值（显示亮度和暗度值的灰度图像）。当使用附属色彩校正控件时，“蒙版”选项会以黑白形式显示图像，其中白色区域表示将会受到色彩调整影响的图像区域，黑色区域表示不会受到影响的区域。

色调范围：许多色彩校正特效都包含“色调范围”选项，可以通过该控件指定要校正的阴影、中间色调和高光的颜色范围。当选择“输出”下拉菜单中的“色调范围”时，目标颜色范围就会显示在“节目监视器”或“参考监视器”中。

显示拆分视图：这个选项将屏幕分割开来，使得可以对原始（未校正的）视频和经过调整的视频进行对比。

版面：选择垂直分割视图或者水平分割视图。这个选项决定以垂直分割屏幕还是水平分割屏幕的形式查看校正前后的区域。

拆分视图百分比：选择要在分割屏幕视图上显示的校正视频的百分比。

● 使用“快速色彩校正”特效

“快速色彩校正”特效能够快速调节素材的色彩和亮度。使用“快速色彩校正”的“白平衡”控件还能够去除白色区域中的彩色光泽。要使用“快速色彩校正”，首先设置“输出”选项，然后使用“色相位平衡与角度”色轮开始校正色彩。要校正亮度和对比度，可以使用色轮下面的“色阶”滑块。

白平衡：使用“白平衡”控件可以清除色泽。选择“白平衡”吸管工具，并单击图像上应该为白色的区域。单击时，Premiere Pro会调节整个图像的色彩。

“色相平衡与角度”色轮：使用“色相平衡与角度”色轮可以快速选择色相位，并调节色相位强度。单击并拖动色轮外圈来改变色相位（该操作改变“色相位角度”值），然后单击并拖动轮盘中央的圆圈来控制色彩强度（该操作改变“平衡幅度”值）。修改角度会改变所指方向上的色彩；单击并拖动中央的条或控件可以进行微调。

要查看使用轮盘的图形表示，可以查看“参考监视器”上的矢量图。对于其中大部分调整，都可以通过在色轮内单击并拖动，或者单击并拖动色轮下面的滑块来显示隐藏的参数，如图18-14所示。

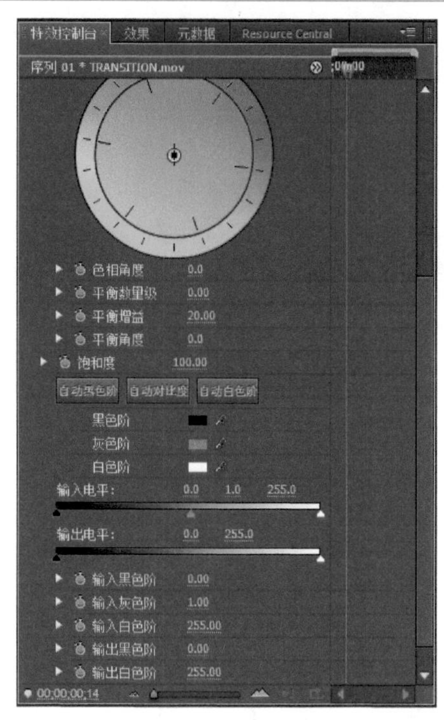

图18-14

【参数介绍】

色相角度：单击并拖动色轮外圈调节色相位。单击并向左拖动色轮外圈会旋转到绿颜色，而单击并向右拖动会旋转到红颜色。在拖动时，色相位角度的数值表示色轮上的度数。

平衡数量级：单击并拖动色轮中心朝向某一色相位的圆圈来控制色彩强度。向外拖动时，色彩会变得更强烈（这种变化可以通过Premiere Pro的矢量图清晰地体现）。

平衡增益：使用这个控件可以微调平衡增益和平衡角度控件。向外拖动控件会生产更粗糙的效果；将控件保持在中心附近会生成更细腻的效果。

平衡角度：单击并拖动平衡角度会改变控件所指方向上的颜色。

饱和度：单击并拖动饱和度滑块调节色彩强度。向左拖动滑块到0.0，将会清除颜色或降低饱和度（将颜色转换成只显示亮度值的灰度颜色）。向右拖动会增强饱和度。

自动黑色阶：单击自动黑电平按钮，将黑电平增加到7.6IRE以上。这将会有效地剪辑或切除较暗的电平并按比例重新分布像素值，通常会使阴影区域变亮。

自动对比度：单击自动对比度按钮的效果与同时应用Auto Black Level（自动黑电平）和Auto White Level（自动白电平）的效果相同。阴影区域会变亮，而高光区域会变暗。这对增加素材的对比度很有用。

自动白色阶：单击自动白电平按钮会降低白电平，

使高光区域不超过100IRE。这将会有效的剪辑或切除白电平。像素值按比例重新分布后，通常会使高光区域变暗。

“黑色阶”“白色阶”和“灰色阶”：这些控件提供与自动对比度、自动白色阶和自动黑色阶相似的调节功能，只是需要单击图像或样本通过Adobe颜色拾取选择颜色来选择色阶。通过设置黑场和白场，可以指定哪些区域应该最亮，哪些区域应该最暗；因此可以扩大图像的中值色范围。设置黑场或白场时，应该单击图像中想要保留的最亮或最暗的区域。单击后，Premiere Pro基于新的白场调节图像的色调范围。例如，如果单击图像中的一个白色区域，Premiere Pro会将所有比该白场亮的区域变成白色，然后重新按比例映射像素。

各种输入色阶和输出色阶：使用各种色阶控件调节对比度和亮度。“输入”与“输出”滑动条上的外部标记表示黑场和白场。输入滑块指定与输出色阶相关的白场和黑场。输入和输出色阶范围为0（黑色）到255（白色）。可以同时使用两个滑块一起来增加或减小图像中的对比度。但是，如果将白色输出滑块向左拖动到230，将会重新映射图像，使230成为图像中的最亮值（Premiere Pro也会相应地重新映射图像中的其他像素）。

和预想的一样，拖动黑色的输入和输出滑块会反转白色输入和输出滑块产生的效果。向右拖动黑色输入滑块会使图像变暗。如果向右拖动黑色输出滑块，会使图像变亮。

如果要改变中值色调，而不影响高光和阴影，可以单击并拖动“输入灰色阶”滑块。向右拖动滑块会使中间色变亮，向左拖动会使中间色变暗。

新手练习：校正偏暗的素材

- 素材文件：素材文件/第18章/01.jpg
- 案例文件：案例文件/第18章/新手练习——校正偏暗的素材.Prproj
- 视频教学：视频教学/第18章/新手练习——校正偏暗的素材.flv
- 技术掌握：使用“快速色彩校正”特效校正偏暗素材的方法

扫码看视频

本例是介绍使用“快速色彩校正”特效校正偏暗素材的操作，案例对比效果如图18-15所示，该案例的制作流程如图18-16所示。

图18-15

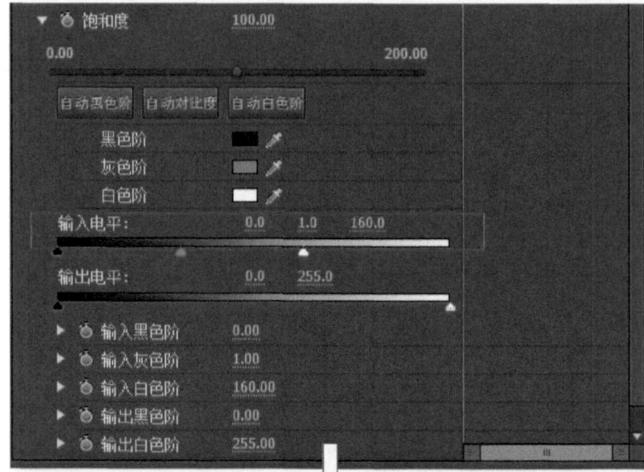

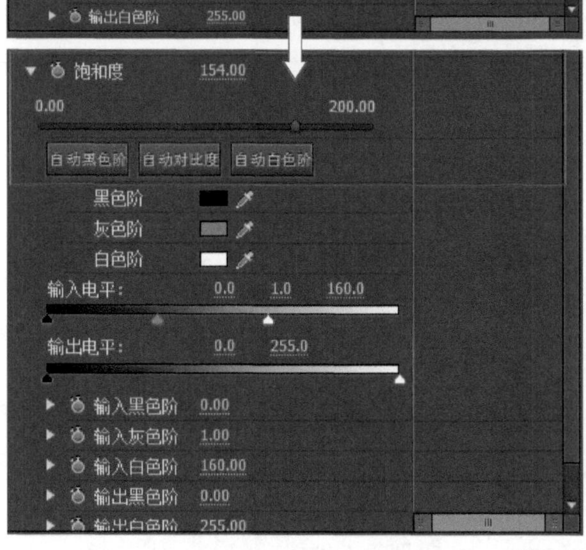

图18-16

【操作步骤】

01 新建一个项目，然后选择“窗口→工作区→色彩校正”命令，将工作区设置为Premiere Pro的“色彩校正”工作区。

02 导入需要校正色彩的素材（01.jpg），并将该素材拖入“时间线”面板的视频1轨道中，如图18-17所示。这张图片素材中的光线偏暗，而且缺少对比度，下面就使用“快速色彩校正”特效校正该素材中存在的颜色问题。

图18-17

03 在“效果”面板中将“颜色校正”文件夹中的“快速色彩校正”特效拖动到视频1轨道的素材上，然后显示

“特效控制台”面板，并展开“快速色彩校正”效果控件，如图18-18所示。

图18-18

04 校正素材的色调问题。在“输入电平”控件上，向左拖动白场滑块到160.0的参数位置，即可有效校正素材色调偏暗的问题，如图18-19所示。

图18-19

05 增加素材色彩的饱和度，使色彩更加鲜艳。在“饱和度”控件上，向右拖动“饱和度”值，将该值设置为154即可。图18-20所示为增加色彩饱和度后的效果。

图18-20

06 为了使红叶看上去更红，可以拖动“色相角度”值，将该值设置为6，完成对该素材的色彩校正操作，完成效果如图18-21所示。用户可以通过“源监视器”和“节目监视器”面板中显示的素材，查看校正素材颜色前后的效果对比。

图18-21

使用“三路色彩校正”特效

“三路色彩校正”特效如同一把Premiere Pro色彩调节的瑞士军刀。三路色彩校正提供完备的控件来校正色彩，包括阴影（图像中最暗的区域）、中间色调和高光（图像中最亮的区域）。在很多方面，“三路色彩校正”是扩展后的“快速色彩校正”。之所以说它扩展了快速色彩校正的功能，是因为它能以特定的颜色范围为目标，而且提供一个“附属色彩校正”组，使用它可以进一步细化调节的色调范围。下面是对这些选项的概述。

“平衡”命令可以通过中和白色、黑色和灰色将图像中的色泽去除。它们还可以用来添加色泽。例如，可能需要暖色调，使壁炉中燃烧的火周围散发红色色泽。如果不希望中和黑色、白色或灰色，同时希望添加色泽，可以单击吸管图标旁边的白色、黑色或灰色样本，然后在Adobe的颜色拾取中设置颜色。注意平衡命令能够影响素材中的所有颜色。

白平衡：选择白平衡吸管工具，单击图像上希望成为白色的区域。

灰度平衡：选择灰度平衡吸管工具，单击图像上希望成为灰色的区域。

黑平衡：选择黑平衡吸管工具，单击图像上希望成为黑色的区域。

“三路色彩校正”中的“三路色相平衡和角度”色彩功能与快速色彩校正中的色轮相似。但是，“三路色彩校正”允许使用主轮（一个轮盘）或三个轮盘。要显示三个轮盘，可以选择“色调范围”下拉菜单中的“阴影”“中间调”或“高光”，如图18-22所示。第一个轮盘表示阴影，第二个轮盘表示中间调，第三个轮盘表示高光。

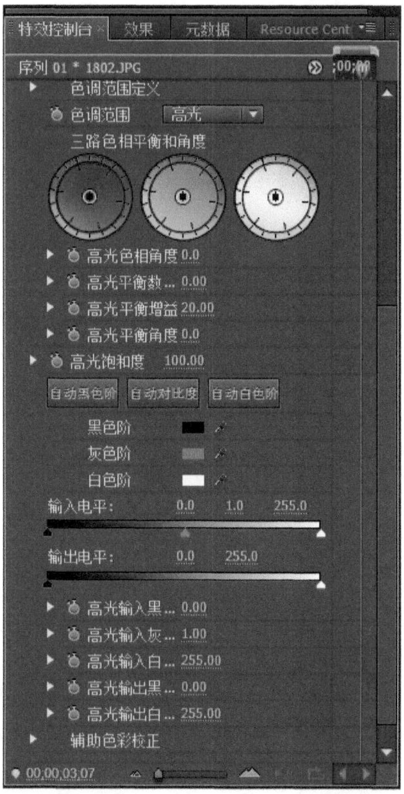

图18-22

以下列表对色轮控件进行描述。其中大部分调整都可以通过在色轮内单击并拖动，或单击并拖动色轮下面的滑块来完成。

【参数介绍】

色相角度：单击并拖动色轮外圈调节色相位。单击并向左拖动色轮外圈会转向绿色，而单击并向右拖动会转向红色。拖动时，色相角度读数表示色轮上的度数。

平衡数量：单击并拖动色轮中央朝向某一色相位的圆圈来控制色彩强度。向外拖动时，色彩会变得更强烈（这种变化可以通过Premiere Pro的矢量示波器清晰地体现）。

平衡增益：使用这个控件可以微调平衡增益和平衡角度控件。向外拖动控件会生产更粗糙的效果；将控件保持在中心附近会生成更细腻的效果。

平衡角度：单击并拖动平衡角度会改变控件所指方向上的颜色。

饱和度：单击并拖动饱和度滑块调节整个图像，或者阴影、中值和高光的色彩强度。向左拖动滑块到0.0，将会清除颜色或降低饱和度（将颜色转换成只显示亮度值的灰度颜色）。向右拖动会增强饱和度。

自动黑色阶：单击自动黑色阶按钮，将黑色阶增加到7.6IRE以上。这将会有效地剪辑或切除较暗的色阶并按比例重新分布像素值，通常会使阴影区域变亮。

自动对比度：单击自动对比度按钮的效果与同时应用自动黑色阶和自动白色阶的效果相同。阴影区域会变亮，而高光区域会变暗。这对增加素材的对比度很有用。

自动白色阶：单击自动白色阶按钮会降低白色阶，使高光区域不超过100IRE。这将会有效地剪辑或切除白色阶。像素值按比例重新分布后，通常会使高光区域变暗。

“黑色阶”“白色阶”与“灰色阶”：这些控件提供与自动对比度、自动白色阶和自动黑色阶相似的调节功能，只需要单击图像或样本通过Adobe颜色拾取选择颜色来选择色阶即可。通过设置黑场和白场，可以指定哪些区域应该最亮，哪些区域应该最暗；因此可以扩大图像的中间调范围。设置黑场或白场时，应该单击图像中想要保留的最亮或最暗的区域。单击后，Premiere Pro基于新的白场调节图像的色调范围。例如，如果单击图像中的一个白色区域，Premiere Pro会将所有比该白场亮的区域变成白色，然后重新按比例映射像素。

电平：使用各种电平控件调节对比度和亮度。电平能够改变整个图像，或阴影、中间调和高光，这取决于“色调范围”下拉菜单中所选中的色调范围。

如果要改变中间调，而不影响高光和阴影，单击并拖动“输入灰色阶”输入滑块。向右拖动滑块会使中间色变亮，向左拖动会使中间色变暗。

如同“快速色彩校正”一节中所介绍的那样，“输入”和“输出”滑块指定白场和黑场。输入滑块指定与输出电平相关的白场和黑场，其取值范围为0～255。可以同时使用两个滑块一起来增加或减小图像中的对比度。例如，向右拖动黑色输入滑块会使图像变暗。如果将黑色输入滑块设置成25，原来值为25的像素都变成0（黑色），阴影变得更暗，阴影的数量也会增加。但是，如果将黑色输出滑块向右拖到25或更高值，将会重新映射图像，使新的输出值成为图像中最暗的值，Premiere Pro也会相应地重新映射图像中的像素，从而使图像变亮。

18.4.2 使用辅助色彩校正工具

“辅助色彩校正”工具提供控件来限制对素材中的特定范围或特定颜色进行色彩校正。这些控件（见图18-23）可以精确指定某一特定颜色或色调范围来进行校正，而不必担心影响其他范围的色彩。使用“辅助色彩校正”工具可以指定色相位、饱和度和亮度范围来限制色彩校正。“辅助色彩校正”工具出现在“三路色彩校正”“亮度校正”“亮度曲线”“RGB色彩校正”“RGB曲线”和“视频限幅器”特效中。

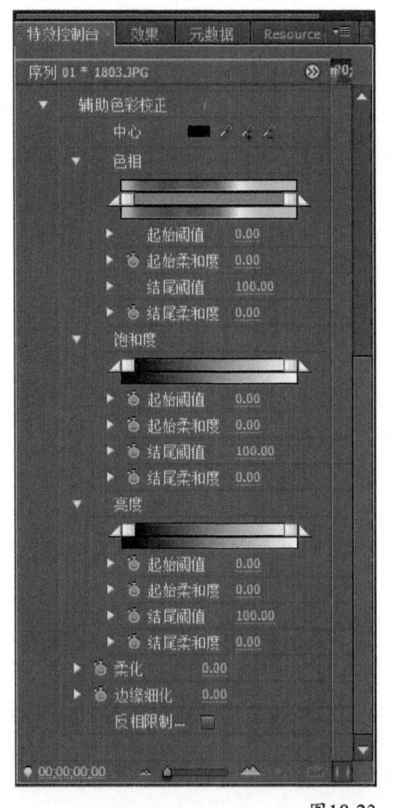

图18-23

按照以下步骤使用“辅助色彩校正”控件。

第一步：单击吸管图标，在“节目监视器”或“参考监视器”中的图像上选择想要修改的色彩区域。也可以单击颜色样本，然后在Adobe颜色拾取对话框中选择一种颜色。

第二步：应用以下技术调节色彩范围。

要扩大颜色范围，单击带加号（+）的吸管图标。

要缩小颜色范围，单击带减号（－）的吸管图标。

要扩大色相控件，首先单击“色相”三角打开色相滑块，然后单击“起始阈值”和“结尾阈值”方形滑块，指定颜色范围。注意可以通过单击并拖动彩色区域来添加色相滑动条上的可见颜色。

第三步：要柔化想要校正的色彩范围与其相邻区域之间的差异，单击并拖动“起始柔和度”和“结尾柔和度”滑块，也可以单击并拖动“色相”滑块上的三角。

第四步：单击并拖动“饱和度”和“亮度”控件，调节饱和度和亮度范围。

第五步：使用“边缘细化”微调效果。“边缘细化”能够淡化彩色边缘，值为－100~100。

第六步：如果想要调节选中范围以外的所有色彩，请选中“反向限制色”复选框。

第七步：要查表示颜色更改的遮罩（单调的黑色、白色和灰度区域），请选择“输出”下拉菜单中的“蒙版”。蒙版使只展示正在调整的图像区域变得更容易。选择蒙版时，会发生以下几种情况。

黑色表示被色彩校正完全改变的图像区域。

灰色表示部分改变的图像区域。

白色表示未改变的区域（被遮罩的）。

使用“亮度校正”特效

“亮度校正”能够调节素材的亮度或亮度值。“亮度校正”控件设置如图18-24所示。使用“亮度校正”时，首先分离出想要校正的色调范围。然后使用亮度校正的“定义”控件调节亮度和对比度。

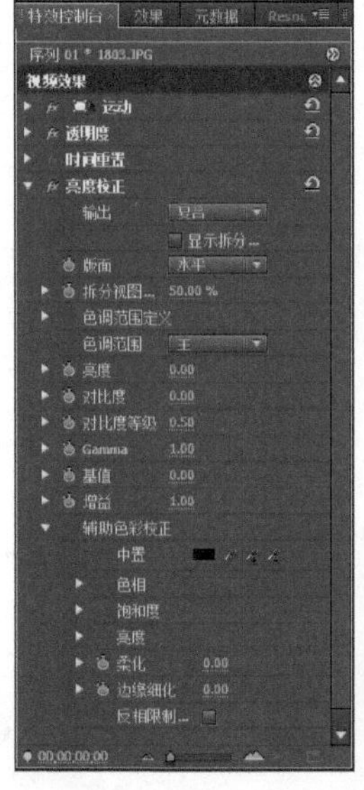

图18-24

小技巧

如果查看色调范围，可以单击“输出”下拉菜单中的“色调范围”选项。这样“节目监视器”或“参考监视器”上就会显示受亮度校正影响的色调范围。建立要校正的色调范围后，可以再将“输出”下拉菜单切换为“复合”或“亮度”。

【参数介绍】

色调范围定义：单击该三角查看色调范围定义条，如图18-25所示，然后单击并拖动来设置想要调节的阴影、中间调和高光的范围。单击方块控制阴影和高光界限（阴影和高光区域的上界和下界）。单击三角控制阴影和高光柔化（淡化受影响和未受影响的区域间的界线）。柔化滑块实际上能实现更柔和的调节范围，也可以使用下面将要介绍的控件来设置校正的色调范围。

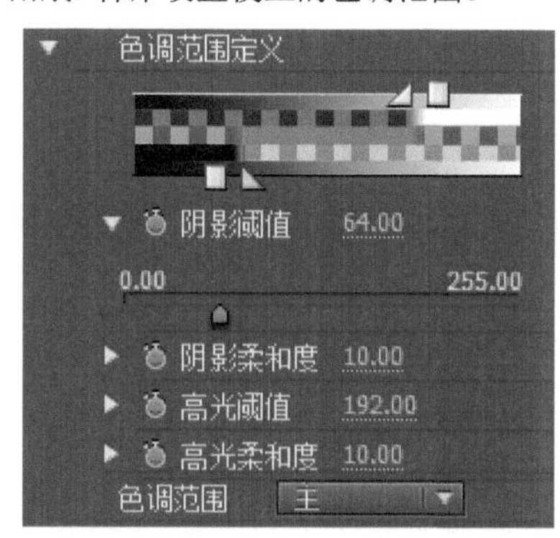

图18-25

阴影阈值：指定阴影（较暗区域）的色调范围。

阴影柔和度：指定柔化边缘的阴影色调范围。

高光阈值：调节高光（较亮的图像区域）的色调范围。

高光柔和度：确定柔化边缘的高光色调范围。

“色调范围”下拉菜单：选择是对合成的主图像、高光、中间调，还是对阴影进行校正。

使用Definition（定义）控件设置亮度和对比度：

亮度：设置素材中的黑电平。如果黑色没有显示成黑色，请试着提高对比度。

对比度：基于对比度电平调节对比度。

对比度等级：为调节对比度控件设置对比度等级。

Gamma：主要调节中间调色阶。因此，如果图像太暗或太亮，但阴影并不过暗，高光也不过亮，则应该使用Gamma控件。

基准：增加特定的偏移像素值。结合增益使用，基准能够使图像变亮。

增益：通过将像素值加倍来调节亮度。结果就是将较亮像素的比率改变成较暗像素的比率；它对较亮像素的影响更大。

新手练习：校正图像亮度和对比度

- 素材文件：素材文件/第18章/02.jpg
- 案例文件：案例文件/第18章/新手练习——校正图像亮度和对比度.Prproj
- 视频教学：视频教学/第18章/新手练习——校正图像亮度和对比度.flv
- 技术掌握：校正偏暗和缺少对比度的图像的方法

扫码看视频

本例是介绍校正偏暗和缺少对比度的图像的操作，案例对比效果如图18-26所示，该案例的制作流程如图18-27所示。

图18-26

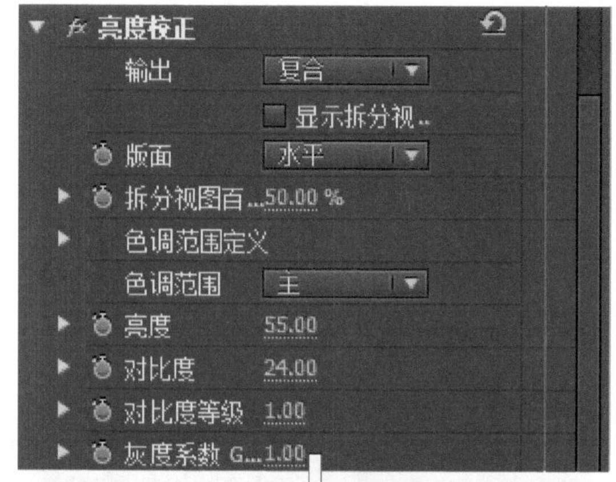

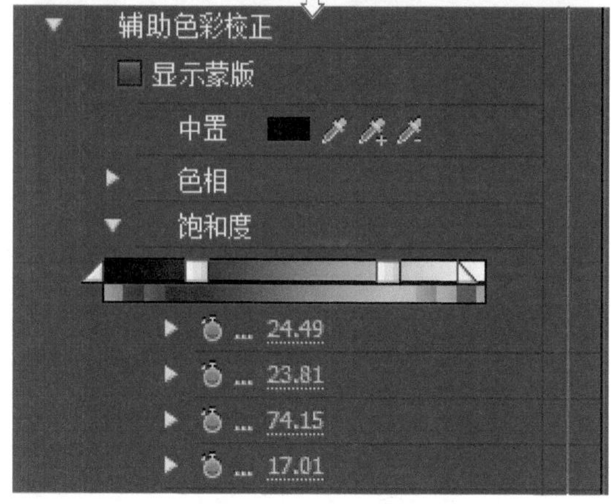

图18-27

【操作步骤】

01 新建一个项目，然后执行“窗口→工作区→色彩校正”命令，将工作区设置为Premiere Pro的“色彩校正”工作区。

02 导入需要校正色彩的素材（02.jpg，并将该素材拖入“时间线”面板的视频1轨道中，这张图片素材有些偏暗并且缺少对比度，如图18-28所示。下面就使用“亮度校正”特效进行校正。

图18-28

03 在“效果”面板中将“颜色校正”文件夹中的“亮度校正”特效拖动到视频1轨道的素材上，然后显示“特效控制台”面板，并展开“亮度校正”效果控件，如图18-29所示。

图18-29

04 在“亮度”值上向右拖动，增加图像色调的亮度，如图18-30所示。

05 在“对比度”值上向右拖动，增加图像色调的对比度，如图18-31所示。

图18-30

图18-31

06 在“对比度等级”值上向右拖动，将该值设置为1.00，以增加色调的对比度等级，如图18-32所示。

07 展开“辅助色彩校正”中的“饱和度”控件，然后拖动控件上的方形和三角形滑块，调整图像的饱和度，完成校正图像亮度的操作，如图18-33所示。然后尝试调整“亮度校正”控件中的其他参数，查看图像颜色的变化。

图18-32

图18-33

使用“亮度曲线”特效

使用“亮度曲线”特效，可以通过单击并拖动代表素材亮度值的曲线来调节素材的亮度值。曲线的x轴表示原始图像值，y轴表示变化后的值。因为开始时所有点都是等价的，所以亮度曲线打开时显示的都是笔直的对角线。横轴的左边表示原始图像的暗区；亮区对应横轴的右边区域。

要调节中间调，单击并拖动曲线的中间部分。单击并向上拖动会使图像变亮，单击并向下拖动会使图像变暗。要使高光区域变暗，向下拖动曲线的右上部分。向上拖动曲线的左下部分可以使阴影变亮。创建一条S形曲线能够增加图像的对比度，如图18-34所示。

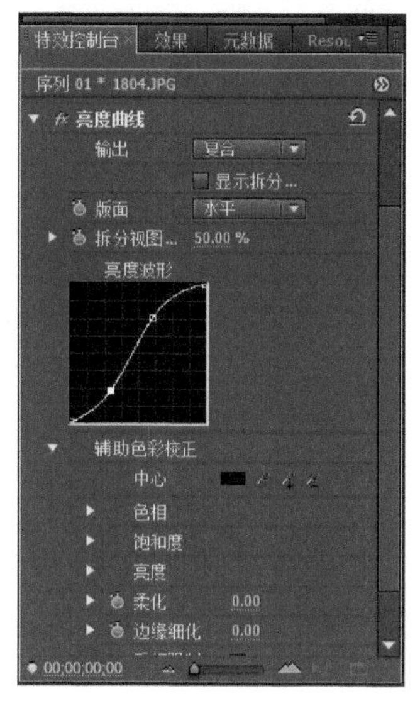

图18-34

要进行微调，可以单击曲线，在曲线上创建多个锚点，最多16个，然后单击并拖动这些锚点，或者拖动锚点之间的区域。要删除锚点，则单击该锚点并将它拖离曲线。

使用“RGB色彩校正”特效

使用“RGB色彩校正”特效能够通过RGB值对颜色和亮度进行调整。如图18-35所示，“RGB色彩校正”提供的控件中有许多与“亮度校正”中的相同，但增加了RGB颜色控件。

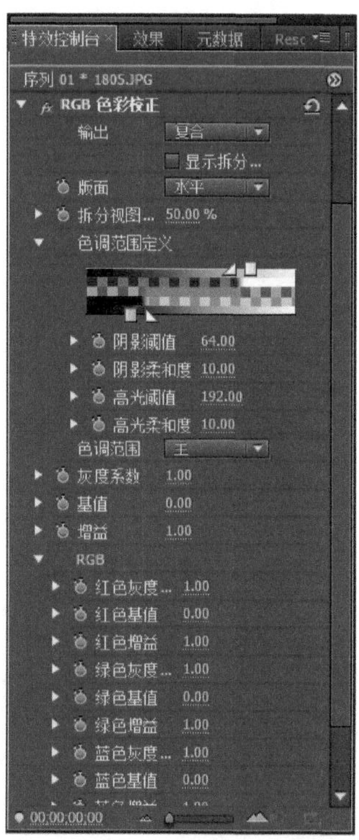

图18-35

【参数介绍】

色调范围定义：单击三角，查看色调范围定义条，然后单击并拖动来设置想要调节的阴影、中间调和高光的范围。单击方块控制阴影和高光界限（阴影和高光区域的上限和下限）。单击三角控制阴影和高光柔化（受影响和未受影响的区域间的淡化）。柔化滑块实际上能实现更柔和的调节范围。也可以使用下面将要介绍的滑块控件来设置校正的色调范围。

阴影阈值：指定阴影（较暗区域）的色调范围。

阴影柔和度：指定柔化边缘的阴影色到范围。

高光阈值：调节高光（较亮的图像区域）的色调范围。

高光柔和度：确定柔化边缘的高光色调范围。

色调范围：单击“色调范围”下拉菜单，指定是要对合成的主图像、高光、中间调，还是对阴影应用校正。

基值：增加特定的偏移像素值。结合增益使用，基准能够使图像变亮。

增益：通过使像素值加倍来调节亮度。结果就是将较亮像素的比率改为较暗像素的比率，不过它对较亮像素的影响更大。

RGB：单击RGB三角展开并查看RGB滑块。这些滑块控制素材中红色、绿色和蓝色通道的Gamma、基值和增益。

使用“RGB曲线”特效

使用“RGB曲线”特效可以通过曲线来调节RGB色彩值。在图18-36所示的“RGB曲线”特效中，曲线图中的x轴表示原始图像值，y轴表示变化后的值。因为开始时所有点都是等价的，所以曲线对话框打开时显示4条对角线。

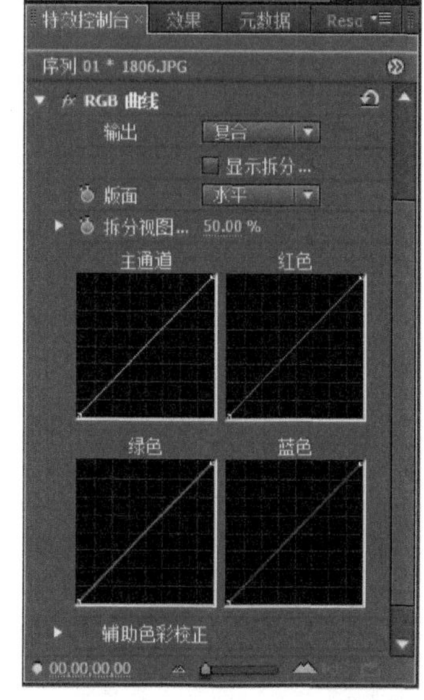

图18-36

【参数介绍】

每个曲线图上横轴的左边都表示原始图像中较暗的区域，横轴的右边表示较亮的区域。

要使图像区域变亮，单击并向上拖动曲线。要使图像区域变暗，单击并向下拖动。拖动时，曲线会显示图像中其他像素的变化情况。

要想使曲线只局部改变，可以单击曲线设立锚点。在单击并拖动时，锚点会锁定曲线。如果要删除锚点，将它拖离曲线即可。

如果单击并拖动表示通道的曲线，向上拖动会增加图像中该通道的颜色，向下拖动则会减小该颜色并增加其补色。例如，向上拖动绿色通道曲线会增加更多绿色，而向下拖动该曲线会增加更多的洋红色。

● 使用“视频限幅器”特效

在色彩校正后使用“视频限幅器”特效，以确保视频落在指定的范围内。用户可以为素材的“亮度”“色度”“色度和亮度”或者“智能限制（全部视频信号）”设置限幅。与“亮度校正”和“RGB色彩校正”一样，“视频限幅器”特效允许为特效制定色调范围。“视频限幅器”控件设置如图18-37所示，下面提供了对控件选项的说明。

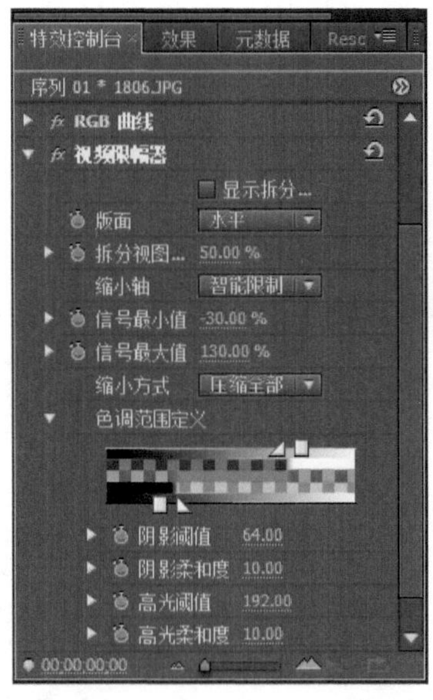

图18-37

【参数介绍】

缩小轴：使用“缩小轴”选择要限制的视频信号部分：“亮度”“色度”“色度和亮度”或者“智能限制（全部视频信号）”。

“信号最小值”和“信号最大值”：选择“缩小轴”后，“信号最小值”和“信号最大值”滑块会基于“缩小轴”进行修改。因此，如果在“缩小轴”中选择“亮度”，那么可以为“亮度”设置最小和最大值。

缩小方式：使用“缩小方式”选择要压缩的特定色调范围：高光、中间调、阴影或全部压缩。选择一种缩减方式会有助于保持特定图像区域内的图像锐化状态。

色调范围定义：单击三角查看色调范围定义条，然后单击并拖动色调范围定义条为想要调节的阴影、中间调和高光设定范围。单击方块控制阴影和高光界限（阴影和高光区域的上限和下限）。单击三角控制阴影和高光柔化（受影响和未受影响区域间的淡化）。柔化滑块实际上能实现更柔和的调节范围。也可以使用下面将要描述的滑块控件设置校正的色调范围。

阴影阈值：指定阴影（较暗的区域）的色调范围。

阴影柔和度：指定柔化边缘的阴影色调范围。

高光阈值：调节高光（较亮的图像区域）的色调范围。

高光柔和度：确定柔化边缘的高光色调范围。

18.4.3 使用“色彩校正”特效

本节将介绍“色彩校正”文件夹中一些其他的色彩校正视频特效，“色彩校正”文件夹中包括的特效如图18-38所示。

图18-38

● 使用“亮度与对比度”特效

“亮度与对比度”特效是最早使用的图像特效之一。对于亮度不够和缺少对比度的视频素材，使用该特效可以有效地校正图像的色调问题。

“亮度”控制图像中的亮度级别，“对比度”是最亮和最暗级之间的差异。和其他特效一样，要使用“亮度与对比度”特效，必须将特效从视频特效面板拖到想要调节的素材上。图18-39所示为“亮度与对比度”特效的控件设置。

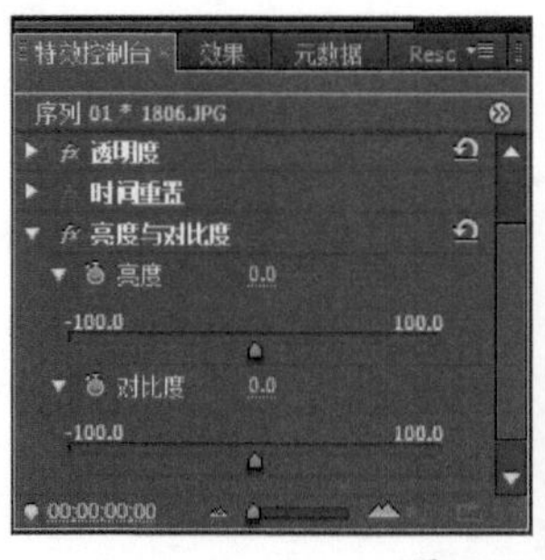

图18-39

【参数介绍】

亮度：要增加素材的整体亮度，单击并向右拖动Brightness（亮度）滑块。拖动时，整个图像都会变亮。要降低亮度，单击并向左拖动滑块。拖动时，整个素材都会变暗。

对比度：要查看对比度滑块的效果，首先单击并向右拖动滑块。拖动时，增加对比度会加大图像中最亮区域和最暗区域间的差异。这样也有助于创建更清晰的图像。要降低清晰度，单击并向左拖动滑块。拖动时，整个素材会逐渐淡出。

使用“更改颜色”特效

“更改颜色”特效如图18-40所示。该特效允许修改色相、饱和度以及指定颜色或颜色区域的亮度。可以按照几个常规步骤来使用“更改颜色”特效校正素材。

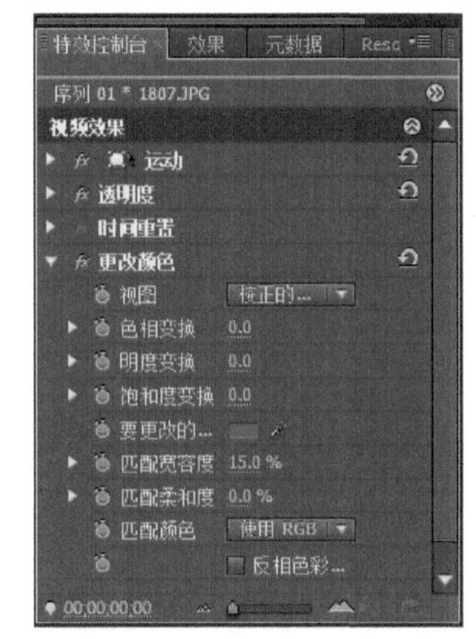

图18-40

【参数介绍】

视图：选择“校正的图层”或“色彩校正蒙版”。选择“校正的图层”，在校正图像时会显示该图像。选择“色彩校正蒙版”，会显示表示校正区域的黑白蒙版。白色区域是颜色调节影响到的区域。图18-41所示为显示在“节目监视器”中的色彩校正蒙版。

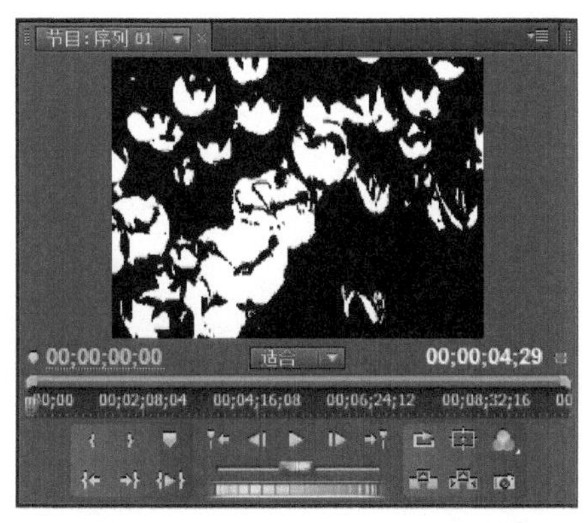

图18-41

色相变换：单击并拖动该控件可以调节所应用颜色的色相。度数滑块模拟颜色轮盘。

明度变换：该控件增加或减少颜色亮度。使用正数值使图像变亮，负数值使图像变暗。

饱和度变换：该控件增加或减少颜色的浓度。可以降低指定图像区域的饱和度（向左拖动饱和度滑块），这样使图像的一部分变成灰色而其他部分保持彩色，从而获得有趣的效果。

要更改的颜色：使用吸管工具单击图像选择想要修改的颜色，或者单击样本使用Adobe颜色拾取选择一种颜色。

匹配宽容度：该选项控制要调整的颜色（基于色彩更改）的相似度。选择低限度会影响与色彩更改相近的颜色。如果选择高的限度值，图像的大部分区域都会受到影响。

匹配柔和度：单击并向右拖动一般会柔化色彩校正蒙版。该控件也可以柔化实际校正的图像。

匹配颜色：在下拉菜单中为匹配颜色选择一种方法。选项有：使用RGB、使用色相和使用色度。RGB匹配RGB值。色相匹配色相值，即表示特定颜色的阴影受到影响。色度匹配使用饱和度和色相，因此不考虑亮度。

反相色彩校正蒙版：单击该复选框反转色彩校正蒙版。蒙版反转时，蒙版中的黑色区域才会受到色彩校正的影响，而不是蒙版的亮度区域，如图18-42所示。

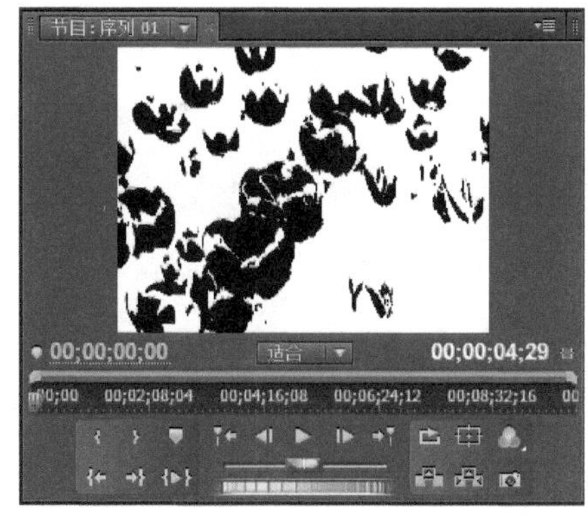

图18-42

使用“色彩平衡”特效平衡颜色

“色彩平衡”特效的控件设置如图18-43所示。“色彩平衡”特效允许对素材中的红、绿和蓝色通道的阴影、中间调和高光进行修改。使用红、绿和蓝色通道时，应用的是RGB色彩理论。这就意味着增加某一颜色的值时，会添加更多该颜色到素材中；减少某一颜色值时，就会减少该颜色并添加其补色。记住红色的补色是青色，绿色的补色是洋红色，而蓝色的补色是黄色。

图18-43

使用“色彩平衡（HLS）”

虽然计算机显示器采用RGB色彩模式创建颜色，但并不是非常直观。很多用户发现HLS色彩模式要更直观一些。正如前面所讨论的，色相是颜色，饱和度是颜色的强度，亮度是颜色的亮暗程度。

要使用“色彩平衡（HLS）”特效，单击并拖动“色相”圆形控件（或拖动数字读数）选择一种颜色，如图18-44所示。查看改变色相效果的最好办法是为图像添加饱和度，单击并向右拖动“饱和度”滑块。要查看“亮度”滑块的效果，单击并向右拖动以便为图像添加更多的亮度，然后向左拖动减少亮度数目。

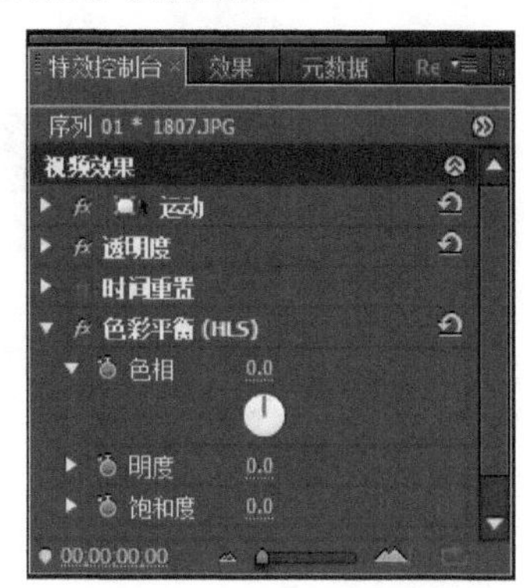

图18-44

使用“转换颜色”特效

“转换颜色”特效允许使用色相、饱和度和亮度快速地将选中颜色转换成另一种颜色。修改一种颜色时，其他颜色不会受到影响。“转换颜色”控件设置如图18-45所示，以下是对各控件设置的概述。

【参数介绍】

从：单击从吸管图标选择想要转换的颜色区域，或者单击样本使用Adobe颜色拾取选择一种颜色。

到：单击图像中想用作最终校正颜色的区域，或者单击样本使用Adobe颜色拾取选择一种颜色。

更改：选择想要变化的HLS值组合。选项包括以下几种：“色相”“色相和明度”“色相和饱和度”以及“色相、明度和饱和度”。

更改根据：“更改根据”选项是“颜色设置”和“颜色变换”。选择“颜色设置”选项，直接修改颜色而无需任何插入。选择“颜色变换”选项，变换基于“从”和“到”像素值之间的差额以及宽容度值。

宽容度：扩展宽容度滑块，控制基于色相、亮度和饱和度值而变化的颜色范围。增加值会扩大图像变化的范围，减小值会减小范围。可以单击“查看校正蒙版”查看变化范围。

柔和度：单击并向右拖动，创建“从”和“到”颜色间的平滑过渡。

查看校正蒙版：在“节目监视器”或“参考监视器”中单击以显示黑白蒙版。这样就可以清晰地查看受转换颜色特效影响的图像区域。白色区域是受影响区域，黑色区域是未受影响区域，灰色区域是部分受影响区域。

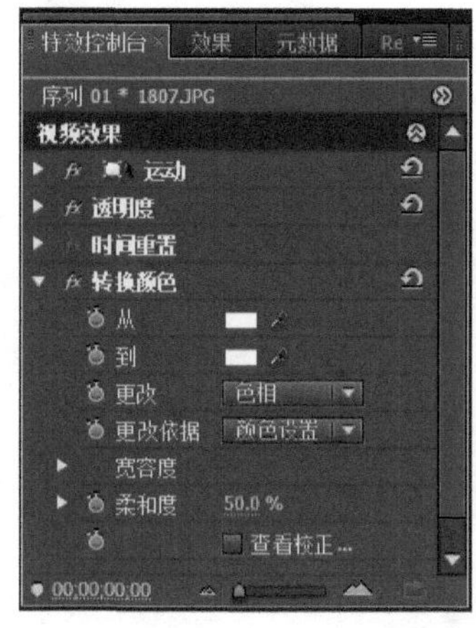

图18-45

高手进阶：转换文字的颜色

- 素材文件：素材文件/第18章/03.jpg
- 案例文件：案例文件/第18章/高手进阶——转换文字的颜色.Prproj
- 视频教学：视频教学/第18章/高手进阶——转换文字的颜色.flv
- 技术掌握：使用“转换颜色”特效改变图像颜色的方法

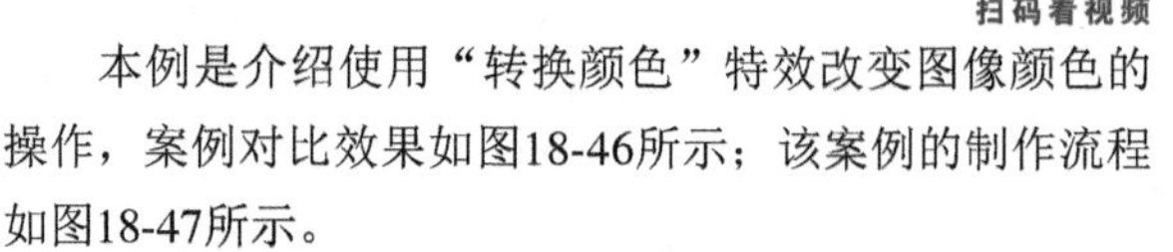

扫码看视频

本例是介绍使用“转换颜色”特效改变图像颜色的操作，案例对比效果如图18-46所示；该案例的制作流程如图18-47所示。

【操作步骤】

01 新建一个项目文件，导入需要转换颜色的素材“03.jpg”，并将该素材拖入“时间线”面板的视频1轨道中。然后在“项目”面板中双击素材图标，使其在“源监视器”中显示，如图18-48所示。下面使用“转换颜色”特效更改素材中的文字颜色。

图18-46

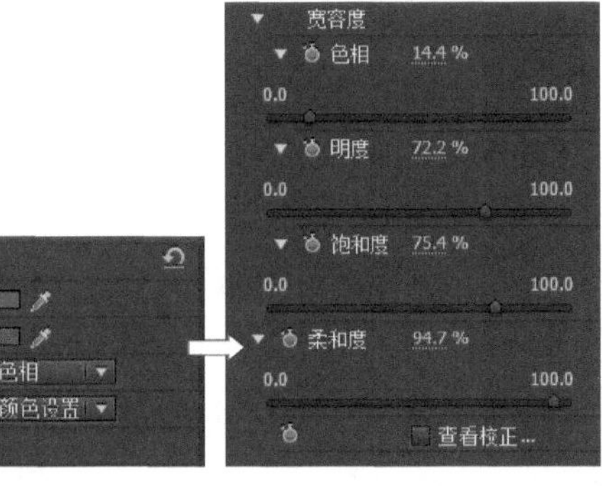

图18-47

图18-48

02 在“效果”面板中，将“色彩校正”文件夹中的“转换颜色”特效拖动到视频1轨道的素材上，然后显示“特效控制台”面板，并展开“转换颜色”效果控件。

03 选择“从”吸管工具，然后在图像中的文字上单击，拾取想要修改的彩色区域的颜色样本，如图18-49所示。

图18-49

04 单击“到”颜色样本，从弹出的“颜色拾取”对话框中设置用于转换的颜色。例如，这里设置为红色，图18-50所示为转换后的文字颜色。

图18-50

05 展开“宽容度”控件，然后拖动“色相”“明度”或“饱和度”滑块，调整转换颜色后的效果，完成实例的制作，如图18-51所示。

图18-51

其他“色彩校正”特效

在“色彩校正”文件夹中，还有其他色彩校正特效会影响视频素材的颜色，包括“广播级颜色”“通道混合”“色彩均化”“分色”和“染色”特效。

广播级颜色：如果将作品输出到录像带中，可能需要使用广播级颜色特效改进色彩输出质量。

通道混合：该特效可以创建棕褐色或浅色特效。

色彩均化：该特效重新分配图像中的亮度值。

分色：该特效将整个彩色图像转换成灰度图像，单色图像除外。

染色：该特效允许用户为图像着色。

18.4.4 使用“图像控制”特效

Premiere Pro的“图像控制”文件夹中提供更多的颜色特效，该文件夹中的特效包括“灰度系数（Gamma）校正”“色彩传递”“颜色平衡（RGB）”“颜色替换”以及“黑白”，如图18-52所示。

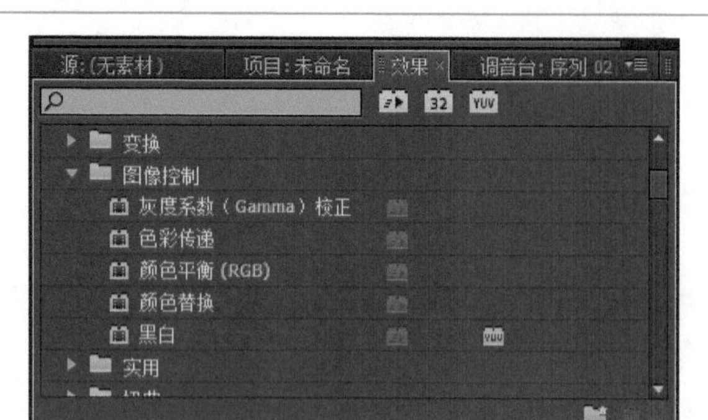

图18-52

使用“灰度系数（Gamma）校正”特效调整中间调

“灰度系数（Gamma）校正”特效能够修改素材中的中间调，而不影响阴影和高光。在“灰度系数（Gamma）校正”控件设置中，只需单击并拖动该滑块即可。图18-53所示为该特效控件设置及使用该特效调整素材后的预览显示。

图18-53

单击并向右拖动“灰度系数（Gamma）校正”滑块时，会增加Gamma值，从而使中间调变暗；单击并向左拖动“灰度系数（Gamma）校正”滑块时，会减小Gamma值，从而使中间调变亮。

使用“颜色平衡（RGB）”特效平衡颜色

“颜色平衡（RGB）”特效允许修改素材红、绿和蓝色通道的平衡。使用该特效时，即在实践RGB颜色理论。以下是红、绿和蓝色滑块的工作原理。图18-54所示为该特效控件设置及使用该特效平衡素材颜色后的预览显示。

【参数介绍】

单击并向右拖动“红色”滑块。拖动时会逐渐增加图像中的红色。向左拖动滑块会减少红色。注意减少红色的同时，青色会增加。青色会增加是因为现在图像中有更多的蓝色和绿色。要增加青色，也可以单击并向右拖动蓝色和绿色滑块。

单击并向右拖动“绿色”滑块。拖动时会增加图像中的绿色。向左拖动会减少绿色。减少绿色的同时，洋红色会增加。洋红色会增加的原因是图像中有比绿色更多的红色和蓝色出现。要添加更多的洋红色，单击并同时向右拖动红色和蓝色滑块。

单击并向右拖动“蓝色”滑块。拖动时会增加图像中的蓝色。向左拖动会减少蓝色。减少蓝色的同时，黄色会增加。黄色会增加的原因是图像中有更多的红色和绿色出现。要添加更多的黄色，单击并同时向右拖动红色和绿色滑块。

图18-54

使用其他“图像控制”特效

除了“灰度系数（Gamma）校正”和“颜色平衡（RGB）”特效外，还可以使用以下“图像控制”特效控制视频素材的颜色。

色彩传递：可以使用该特效将单色素材以外的所有素材转换成灰度图像。

颜色替换：该特效将一种颜色范围替换为另一种颜色范围。

黑白：该特效将一个彩色图像转换成灰度图像。

18.4.5 使用“调整”特效

“调整”文件夹中的视频特效包括“卷积内核”“基本信号控制”“提取”“照明效果”“自动对比度”“自动色阶”“自动颜色”“色阶”和“阴影/高光”等，如图18-55所示。

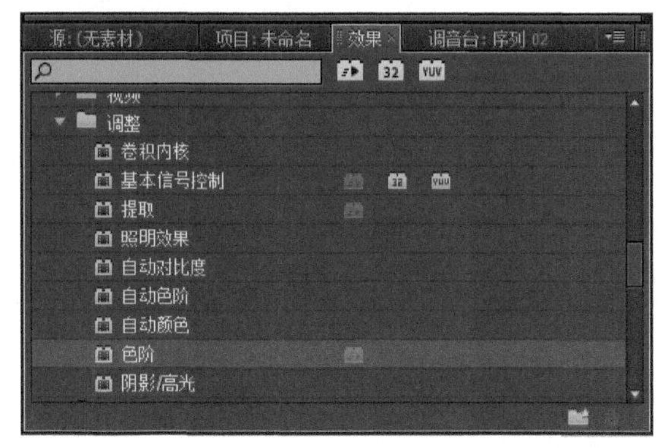

图18-55

使用“色阶”特效校正色调的明暗问题

“色阶”特效可以用于微调阴影（较暗图像区域）、中间调（明暗适中图像区域）和高光（较亮图像区域）。使用“色阶”，可以同时或单独校正红、绿和蓝色通道，如图18-56所示。

“调整”文件夹中的“色阶”特效实际上类似于Adobe Photoshop中的“色阶”命令。单击“色阶”控件中的

“设置”按钮，可以打开如图18-57所示的“色阶设置”对话框。

图18-56

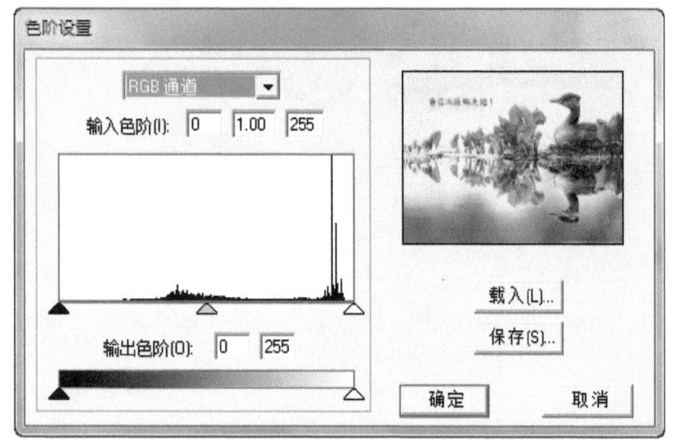

图18-57

在“色阶设置”对话框中，Premiere Pro显示图像的一个直方图。直方图表示图像中像素的亮度色阶。直方图的左边表示较暗的像素色阶，直方图的右边表示较亮的色阶。直方图中色阶线越高，在此亮度色阶处产生的像素数越多。色阶线越低，在此亮度色阶处产生的像素数越少。

【参数介绍】

使用“色阶”控件可以调节对比度和亮度。输入和输出滑块上的外部标记指示黑场和白场。输入滑块指定与输出色阶相关的白场和黑场。输入和输出的取值范围从0到255。可以同时使用两个滑块增加或减少图像中的对比度。如果想要使一个较暗图像变亮，单击并向左拖动白色输入滑块。其工作方式如下：如果将白色输入滑块重置为230，原来是230的像素（以及比230还要亮的像素）就会变成255（白色）；高光部分就会变亮，高光像素数目也会增多。但是，如果向左拖动白色输出滑块，就会使图像变暗。如果将该滑块拖到230，以前所有是白色（255）的像素现在都变成230，图像也会相应地重新进行映射。因此，所有以前是230的像素都会变暗。

如果向右拖动黑色输入滑块到25，那么以前为25的像素都会变成0（黑色）；阴影部分会变暗，阴影像素的数目也会增加。如果向右拖动黑色输出滑块到25或更高，就会重新映射图像以便新的输出值是图像中的最暗值，因此会使其变亮，同时Premiere Pro会相应地重新映射图像中的像素。

要修改中间调而不影响高光和阴影，单击并拖动中间调输入滑块。一般最好先使用中间调滑块开始校正（向右拖动滑块使得中间调变亮，向左拖动使得中间调变暗）。

使用“色阶设置”对话框，可以单独修改红、绿或蓝色通道的色阶。例如，要为红色通道添加对比度，从“色阶设置”对话框中的下拉菜单选择“红色通道”。选择一个通道时，直方图会显示对该通道颜色的像素分布变化。单击并拖动高光滑块，可以增加红色通道的对比度。单击并拖动“输出色阶”滑块，可以减少红色通道中的对比度。

● 使用其他“调整”特效调整颜色

“调整”文件夹中的其他特效也可以影响视频素材的颜色。

卷积内核：使用该特效可以修改图像的亮度和清晰度。

基本信号控制：该特效允许调节素材的色相、饱和度和亮度。

提取：该特效允许用户将颜色素材转换成黑白色。

照明效果：该特效允许为图像添加照明。

自动对比度、自动色阶和自动颜色：使用这些特效让Premiere Pro执行快速全面的自动色彩校正。

阴影/高光：可以在图像上使用该特效处理逆光问题。它会使阴影变亮，并减少高光。

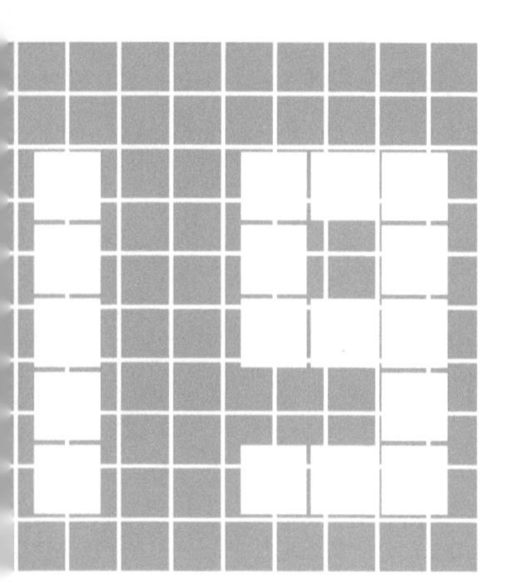

第19章 导出影片

要点索引

本章概述

由于DVD逐渐成为最流行的观看影片和制作视频工具，所以视频制作者和编辑们对Premiere Pro的DVD制作功能特别感兴趣，先进的DVD制作程序已经是Adobe Premiere Pro CS6包的一部分了。

本章介绍了如何将Premiere Pro项目导出为MPEG格式、QuickTime和Microsoft AVI，首先讲解一些导出过程所需的简单操作步骤，然后重点讲解导出设置，如选择压缩器、关键帧和数据率。

19.1 使用Encore章节标记

Premiere Pro的Encore章节标记简化了制作交互式DVD的过程。Premiere Pro的Encore章节标记在Encore中作为章节标记出现，并且可以用作导航链接目的地。因此，Premiere Pro的Encore章节标记可以帮助用户在开发DVD项目时管理它。

19.1.1 创建Encore章节标记

沿着项目的时间线设置Encore章节标记，可以在Premiere Pro中创建Encore章节标记。为了避免总是重设Encore章节标记，最好在完成作品后再创建Encore章节标记。当创建标记时，可以简单地对它们进行编辑，并且Encore允许在刻录DVD之前预览作品。

在“时间线”面板中，将当前时间指示器移到想创建Encore章节标记的地方，然后选择“标记→添加Encore章节标记”命令，打开“标记”对话框，如图19-1所示。为标记命名或输入一段描述性的文字，然后单击“确定”按钮，即可创建一个Encore章节标记。图19-2所示为在“时间线”面板中创建的Encore章节标记。

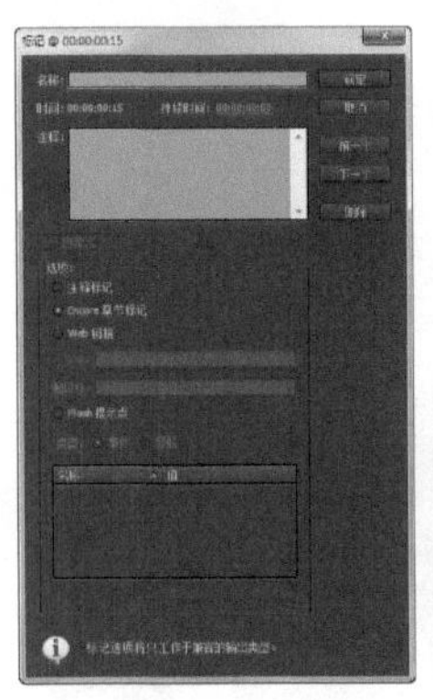

图19-1

图19-2

小技巧

单击时间线上的“Encore章节标记”图标，或者右键单击时间线并从出现的下拉菜单中选择“添加Encore章节标记”命令，可快速创建一个Encore章节标记。这样创建Encore章节标记时不用打开“标记”对话框，因此这是添加章节标记的快速方法。

19.1.2 操作Encore章节标记

在创建Encore章节标记后，可以对Encore章节标记进行移动、编辑和删除操作，具体操作方法如下。

如果想移动Encore章节标记，只需单击并将其拖动到时间线上要显示它的地方。要快速移动到Encore章节标记，右键单击时间线，从出现的下拉菜单中选择“到上一标记”或“到下一标记”命令即可，如图19-3所示。另外，也可以选择“标记→到下一标记”或“标记→到上一标记”命令。

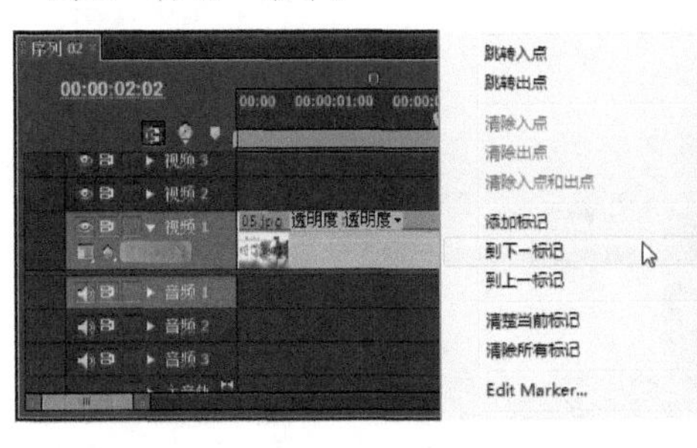

图19-3

如果想编辑Encore章节标记，在时间线上双击需要编辑的标记，打开“标记”对话框，在其中进行修改编辑即可。

要删除时间线中的所有Encore章节标记，在标记上右键单击，然后从出现的菜单中选择“清除所有标记”命令即可。要删除其中一个标记，将当前时间指示器移动到需要删除的标记上，然后右键单击标记，从出现的菜单中选择“清除当前标记”命令即可。

19.2 导出为MPEG格式

如果想将Premiere Pro项目导出到DVD，可以将其导出到Encore来进行编辑或刻录。如果要在Encore中编辑，Premiere Pro将MPEG2文件导出为音频和视频，并将音频和视频MPEG文件布置到Encore项目面板中，同时在Encore中为项目创建一个包含MPEG文件的时间线。如果将文件导出到Encore只是为了刻录，那么Encore就创建一个自动播放的DVD，该DVD在没有菜单的情况下自动播放。

导出时，可以从几种不同的DVD格式类型中进行选择。例如，可以导出到单面4.7GB磁盘，或者能存储更多数据的双面DVD磁盘。也可以导出到两种蓝光单面磁盘格式之一：MPEG2或H.264。如果DVD刻录机与Encore不兼容，可以使用Encore的刻录选项之一保存到磁盘文件夹中，然后使用DVD刻录机的软件来刻录DVD。

知识窗：关于蓝光（Blu-ray）格式

蓝光（Blu-ray）是一种高清DVD磁盘格式，该格式由Blu-ray Disc联盟开发，该联盟由索尼、松下、先锋、三星、夏普、TDK、胜利、苹果和戴尔等公司组成。该格式提供了标准的4.7GB单层DVD 5倍以上的存储容量（双面蓝光可以存储50GB，这可以提供高达9小时的高清晰内容或23小时的标准清晰度内容）。这种格式之所以被称为蓝光，是因为它使用蓝紫激光而不是传统的红色激光来读写数据。蓝光支持高清晰的增强MPEG2标准，以及MPEG4和H.264。它还支持所有传统DVD的音频编码及Dolby TrueHD。

DVD+R和DVD-R是DVD刻录格式的竞争对手。DVD+RW和DVD-RW是可重写DVD格式的竞争对手。

19.2.1 设置导出格式为MPEG

当视频编辑完成后，选择“文件→导出→媒体”命令，打开“导出设置”对话框，在“格式”下拉菜单中选择一种MPEG格式，如图19-4所示。当选择MPEG格式后，“导出设置”对话框的参数如图19-5所示。

图19-4

图19-5

设置MPEG格式的操作如下。

第一步：在“导出设置”对话框单击“源范围”下拉菜单，可以选择Premiere Pro项目要导出的内容，如“时间线”面板的工作区或是整个序列，如图19-6所示。

第二步：如果不想导出视频或音频，就取消选择“导出视频”或“导出音频”复选框，如图19-7所示。

第三步：如果想更改音频设置，可以选择“音频”选项卡，然后在AAC和AMR中进行选择，如图19-8所示。

图19-6

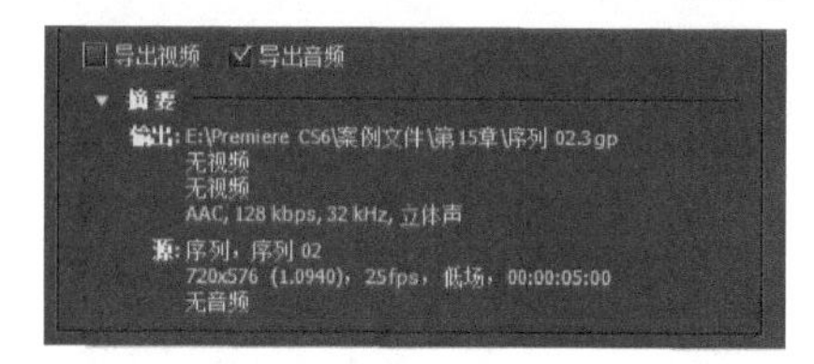

图19-7

图19-8

第四步：展开“视频”选项卡，在其中可更改视频设置，如视频的高度和宽度、帧速率、纵横比和电视标准等，如图19-9所示。

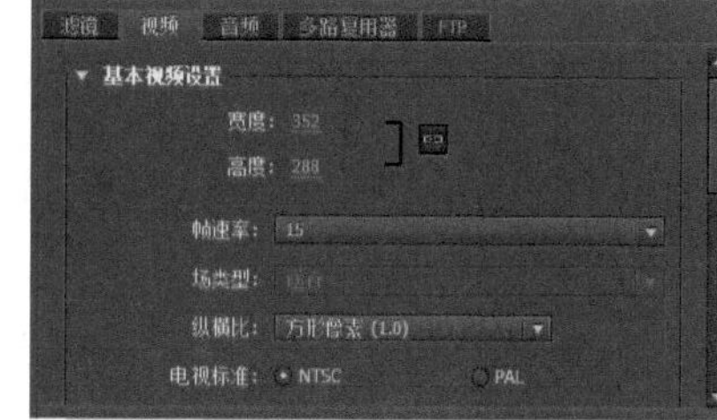

图19-9

第五步：选择“滤镜”选项卡，然后选中“高斯模糊”复选框，可以应用“高斯模糊”滤镜，单击并拖动“模糊度”值，可以指定模糊的量，如图19-10所示。

图19-10

19.2.2 导出为MPEG格式时的可选设置

在导出为MPEG格式时，“导出设置”对话框允许创建自定义预置，并允许裁切、预览视频和取消视频的交错。

● 预览

“导出设置”对话框提供了源文件的预览及最终视频输出的预览。下面列出了用于预览源和输出视频的选项。

要预览源文件，单击“源”选项卡。

要在“导出设置”对话框中预览基于设置的视频，单击“输出”选项卡。

要在“源”或“输出”选项卡中拖动浏览视频，则单击并拖动预览区底部的时间标尺。

剪裁和缩放

在导出文件前，可以裁剪源视频。裁剪的区域以黑色形式出现在最终视频中。单击“源”选项卡，打开视频的“源”视图，然后选择“剪裁输出视频”工具进行剪裁，如图19-11所示。要使用像素维度精确地进行裁切，单击并在“左侧”“顶部”“右侧”或“底部”数字字段上拖动。单击并向右拖动减少剪裁区域。单击并拖动时，剪裁区域会显示在屏幕上。另外，可以在想保留的视频区域上单击并拖动一角。单击并拖动时，会显示一个读数，表示以像素为单位的帧大小。

图19-11

如果想将裁切的纵横比更改到4:3或16:9，单击“剪裁比例”下拉菜单，然后选择剪裁纵横比，如图19-12所示。

图19-12

要预览裁切的视频，可以单击“输出”选项卡。如果想缩放视频的帧大小以适合裁切边框，可以在“裁剪设置”下拉菜单中选择“缩放以适合”选项，如图19-13所示。

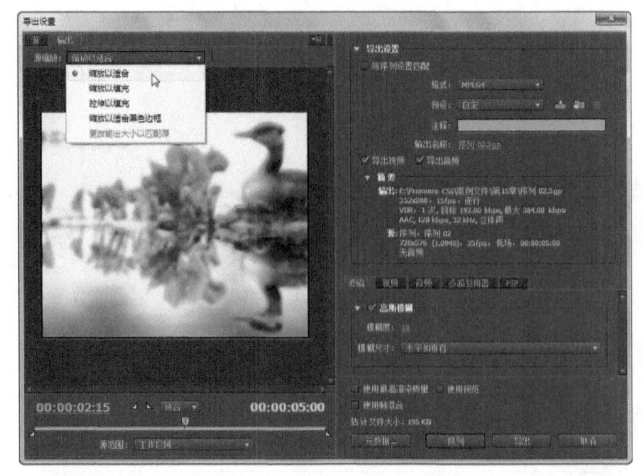

图19-13

保存元数据

如果正在创建MPEG文件，在“导出设置”对话框中单击下方的“元数据”按钮，将打开如图19-14所示的“元数据导出”对话框，在其中可以输入版权信息及有关文件的描述性信息。完成后单击“确定”按钮，即可将原数据嵌入该文件。

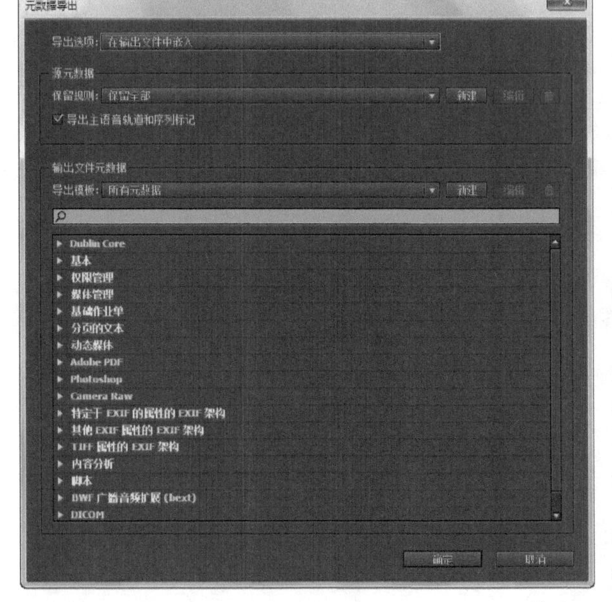

图19-14

保存、导出和删除预设

如果对预设进行更改，可以将自定义预设保存到磁盘中，以便以后使用它。在保存预设后，可以导入或删除它们。下面是相关的预设选项。

保存预设：要保存一个编辑过的预置以备将来使用，或以之作为比较导出效果的样本，就单击“保存预设”按钮，如图19-15所示，在打开的“选择名称”

对话框中输入名称。如果想保存“滤镜”选项卡设置，就选中“保存滤镜设置”复选框；要保存“FTP选项卡设置”，则选中“保存FTP设置”复选框，完成后单击“确定”按钮即可，如图19-16所示。

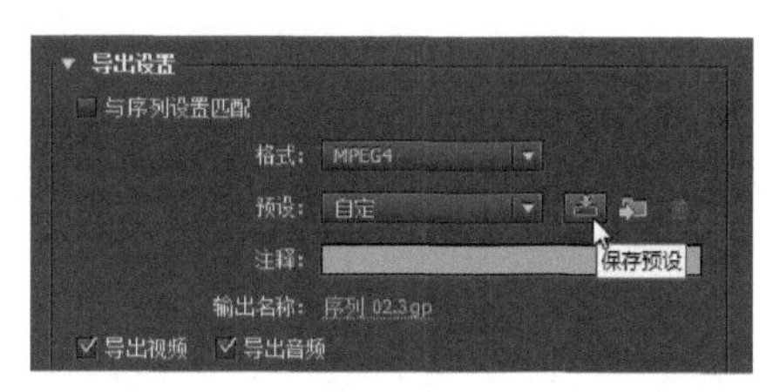

图19-15

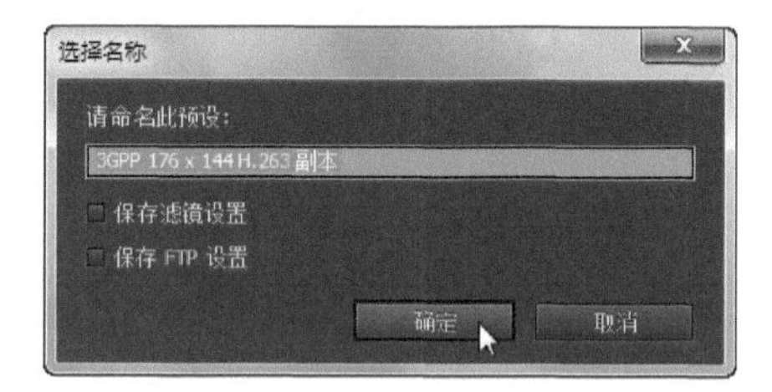

图19-16

导入预设：导入自定义预置最简单的方法是单击“预设”下拉菜单，并从列表的顶部选择它。另外可以单击“导入预设”按钮，然后从磁盘加载预设。预设文件的扩展名为.vpr。

删除预设：要删除预设，首先加载预设，然后单击“删除预设”按钮。出现一条警告，警告此删除过程不可恢复。

19.3 导出为AVI和QuickTime影片格式

如果没有选择将影片作为DVD或以MPEG格式导出，那么可以导出为Windows AVI或QuickTime格式。如果以Video for Windows（在“导出设置”对话框中称为Microsoft AVI）格式导出一个影片，影片就可以在运行Microsoft Windows的系统上观看。Mac用户也可以查看AVI影片，方法是将它们导入Apple的QuickTime Movie播放器的最新版本。在Web上，Microsoft已经从AVI格式切换到Advanced Windows Media格式（第22章讨论）。但是，AVI格式仍然可以导入到许多多媒体软件程序中。视频编辑程序（如Premiere Pro）使用Microsoft的DV AVI格式捕捉影片。

19.3.1 以AVI和QuickTime格式导出

以AVI和QuickTime格式导出项目的操作步骤如下。

第一步：在编辑工作并预览作品后，选择想在时间线中导出的序列，并选择“文件→导出→媒体”命令，打开“导出设置”对话框。

第二步：在“导出设置”对话框的“格式”下拉列表中，选择Microsoft AVI或QuickTime影片格式，如图19-17所示。

图19-17

第三部：在该对话框的底部，Premiere Pro显示当前视频和音频设置。如果想使用这些设置导出，只需命名文件并为文件设置存储路径，然后单击“导出”按钮即可。Premiere Pro用于渲染最终影片的时间长短取决于作品的大小、帧速率、画幅大小和压缩率。

19.3.2 更改影片导出设置

尽管用于制作Premiere Pro项目的视频和音频设置非常适用于编辑，但它们不可能为特定的观看环境带来最佳的质量。例如，画幅较大而帧速率较高的数字影片在多媒体程序或Web上播放时可能会不流畅。因此，在以AVI或QuickTime影片格式导出Premiere Pro项目到磁盘前，可能需要更改几个配置设置。

以下是对导出为影片格式时，“导出设置”对话框中可用选项的描述。

格式：如果想切换文件格式，可以使用此选项。除了选择QuickTime或AVI格式外，还可以选择将数字影片作为一系列静态帧以不同的文件格式（如GIF、TIFF或Windows Bitmap）进行保存。

源范围：可以选择导出时间线上的整个序列或指定工作区。

导出视频：如果不想输出视频，则取消选中该选项。

导出音频：如果不想输出音频，则取消选中该选项。

19.3.3 设置“视频”选项卡

在“导出设置”对话框中选择“视频”选项卡，可以查看和更改视频设置，如图19-18所示。“视频”设置反映了当前使用的项目设置。在进行设置时，必须了解所做的选择可能会影响质量。例如，如果输出到Web，就要缩小DV项目的画幅，并从非方形像素更改为方形像素。在导出到Web或多媒体应用程序时考虑下面的选项。

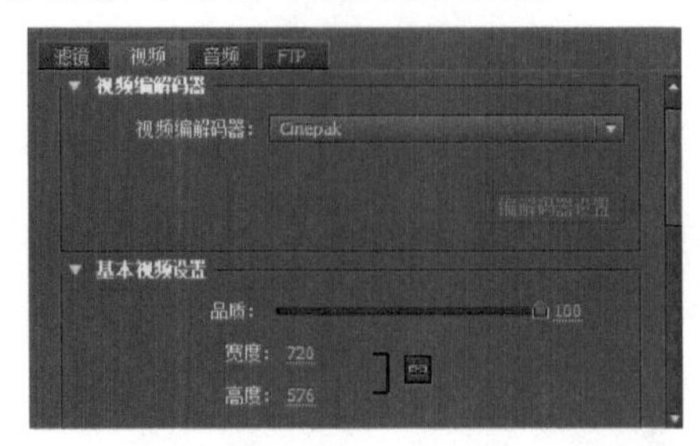

图19-18

如果要更改画幅大小，请确保画面的纵横比匹配项目的纵横比。例如，可以将DV图像从720像素×480像素更改到320像素×240像素或160像素×120像素，将像素的纵横比从4:3更改到3:2。将像素纵横比更改到方形像素后，导出才能维持4:3的图像纵横比。

减少Web和多媒体输出的帧速率使播放更流畅。如果导出的帧速率是原始帧速率的倍数，编码器能提供更好的品质。因此，在导出以每秒30帧拍摄的影片时，可将其设置为每秒15帧。

QuickTime的视频编解码器

创建一个项目、捕捉一个视频或导出Premiere Pro项目时，最重要的决定之一是选择合适的压缩设置。一个压缩器或编解码器准确地确定了计算机重构或删除数据后的方式，以使数字视频文件更小。尽管大多数压缩设置是用于压缩文件的，但不是所有设置都适用于所有类型的项目。技巧是为Premiere Pro项目选择最佳的编解码器，以获得最佳的品质和最小的文件大小。一些编解码器可能适合于Web数字视频，而另一些编解码器则可能更适合处理包含动画的项目。

设置导出影片的格式为QuickTime后，在“视频编解码器”下拉菜单中可以选择视频编解码器，如图19-19所示。

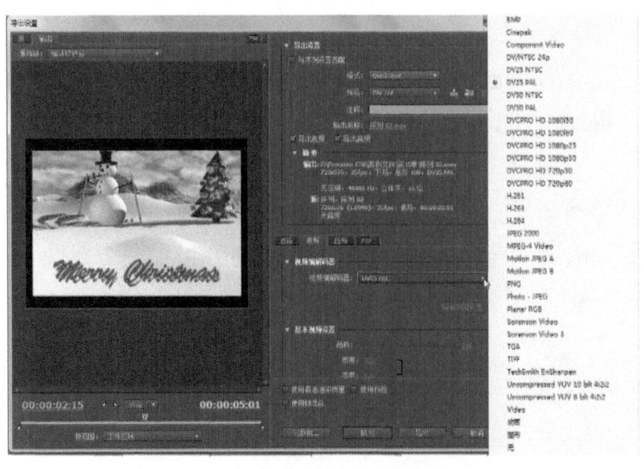

图19-19

【参数介绍】

BMP：这是静帧图像的Windows兼容图形格式。

Cinepak：这种格式是用于Web和多媒体工作的最流行格式中的一种。尽管它仍然用于在较慢的计算机系统上播放，但这个编解码器基本上已被淘汰，由Sorenson编解码器代替。当导出时，也可以使用Cinepak设置数据率，但要注意将数据率设置在30Kbit/s以下会降低视频的质量。

Component Video（分量视频）：这通常用于捕捉模拟视频。捕捉视频时，这可能是仅有的选择，取决于计算机上安装的视频捕获卡。

DV PAL和DV NTSC：这些是PAL和NTSC的DV格式（根据目标观众的地理位置选择合适的格式）。

H.263：此选项适用于视频会议，能提供比H.261编解码器更好的质量。不建议将此编解码器用于视频编辑。

Motion JPEG A、Motion JPEG B：这些格式用于编辑和捕捉视频。当质量设置到100%时，它们能提供非常好的效果。这两个编解码器都使用空间压缩，因此关键帧控件不可用。Motion JPEG的播放还对硬件有特别要求。

PNG：这个选项通常用于动态图像。该编解码器包含在QuickTime中，是以PNG Web格式或平面RGB动画保存静帧图像的一种方式。

Photo-JPEG：尽管此编解码器可以创建良好的图像品质，但较慢的解压缩使它不适合于桌面视频。

Plannar RGB：这是无损编解码器，适用于在绘画和3-D程序中创建动画；这是动画编解码器的另一种替代。

Sorenson Video 3：这种格式用于Web或CD上的高品质桌面视频。编解码器能提供优于Cinepak的压缩效果，对于Cinepak提供的文件大小，编解码器可以将它减小3~4倍。请记住，当从DV项目导出到Web或多媒体时，这个编解码器允许将像素纵横比更改到方形像素。Sorenson Video 3提供了更佳的品质，效果优于Sorenson Video 2；因此它应该代替Sorenson Video 2被使用。

TIFF：Fagged Information File Format（标签图像文件格式）的简写，这是静帧图像的一种打印格式。

Video（视频）：这是过时的编解码器，一般不再使用。

动画：这个设置可用于存储二维动画，特别是色彩单一的动画字幕。使用这个压缩器，可以将位深设置成百万种以上的颜色，这使得Alpha通道可以与影片一起导出。如果选择100%选项，动画会进行无损压缩，这将使文件变得很大。这个编解码器通常不适合“现实视频”电影胶片。它通常被认为对存储和制作很有用，而不是作为传送编解码器。

图形：用于具有256色或更少颜色的图形，这个编解码器通常不用于桌面视频。

小技巧

QuickTime编解码器列表可能包含计算机或主板厂商提供的特定于硬件的编解码器。例如，Sony Vaio计算机所有者在QuickTime编解码器列表中能看到Sony DV格式。当选择这些编解码器其中之一时，需要遵守由捕捉板或计算机提供的说明。

Microsoft AVI的视频编解码器

如果导出为Microsoft AVI格式，视频编解码器选项将不同于QuickTime选项，Microsoft AVI格式的视频编解码器如图19-20所示。

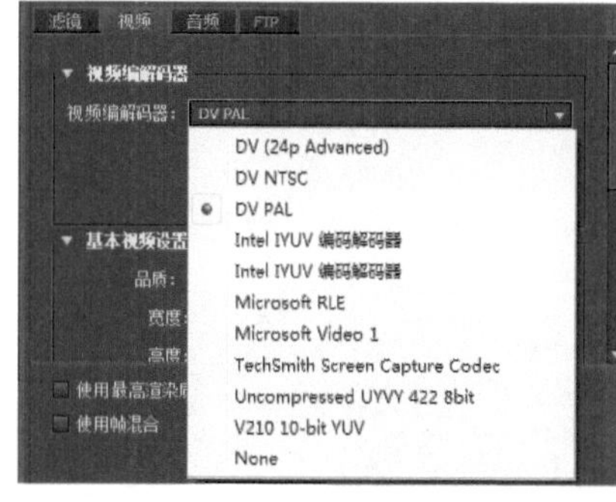

图19-20

【参数介绍】

Intel IYUV编码解码器：此编解码器由Intel（Pentium计算机芯片的生产商）出品，能提供较好的图像品质。通常用于捕捉原始数据，效果类似于使用Cincepak编解码器生成的桌面视频。

Microsoft RLE：此编解码器的位深限制为256种颜色，使它仅适合于以256色的绘图程序创建的动画或已经减少到256色的图像。当“品质”滑块被设置为“高”，这个编解码器将生成无损压缩。

更改位深度

在选择了一种编解码器后，对话框更改以展示由该编解码器提供的不同选项。如果所选编解码器允许更改位深度，就可以选择以8位深度或24位深度渲染。例如，当Sorenson编解码器不允许更改位深时，而Cinepak编解码器却允许选择8位或24位，如图19-21所示。

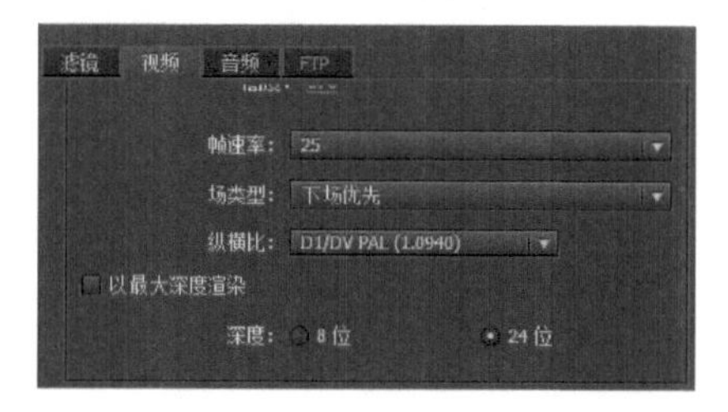

图19-21

选择品质

由选定的编解码器控制的下一个选项是“品质”滑块，如图19-22所示。大多数编解码器允许单击并拖动来选择一种质量设置。品质越高，导出影片文件也越大。

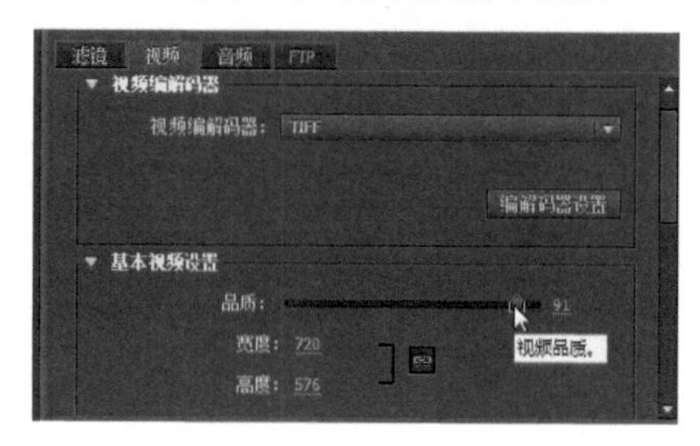

图19-22

在导出视频前，可能想减少帧速率或画幅大小以减少最终文件的大小。帧速率是Premiere Pro每秒导出的帧数量。如果要更改画幅大小，可以确保以像素为单位指定水平和垂直宽度。

指定关键帧

可以控制导出文件大小的另一个视频导出设置是“视频”选项卡中的“高级设置”部分的“关键帧距离（帧）”设置，如图19-23所示。

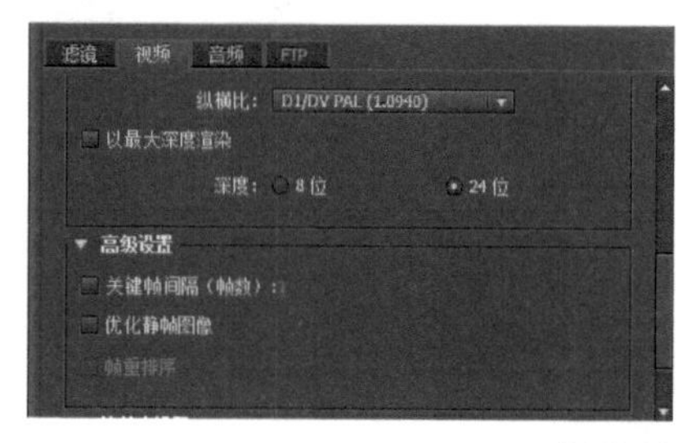

图19-23

当选择具有临时压缩功能的编解码器时，如Cinepak和Sorenson视频，可以更改关键帧设置。关键帧设置指定将完整的视频帧保存多少次。通常，创建的关键帧越多，视频品质越好，但同时产生的文件也越大。如果编解码器的关键帧设置以帧为单位指定，60的设置将以每秒30个帧的速度每两秒创建一个帧。当编解码器压缩时，它比较每个后续帧，并且只保存每个帧中更改的信息。这样，有效地使用关键帧可以大大减小视频文件。

在创建关键帧之前，应该重新搜索选定的编解码器。例如，Sorensen 3编解码器每50帧自动创建关键帧。Sorenson文档推荐每35~65帧设置一个关键帧。当试验时，尝试保存尽可能少的关键帧。但是，注意与动作较多的画面相比动作较少的画面需要更多的关键帧。

选择数据速率

许多编解码器允许指定输出数据速率。图19-24所示为限制数据速率设置。数据速率是在导出视频文件的播放期间必须处理的数据量。数据速率的改变取决于播放作品的系统。例如，低速计算机上的CD播放数据速率远小于硬盘的数据速率。如果视频文件的数据速率太高，系统就无法处理播放。如果是这种情形，播放可能在帧被丢弃时变得混乱。下面是一些针对不同播放场景的建议。

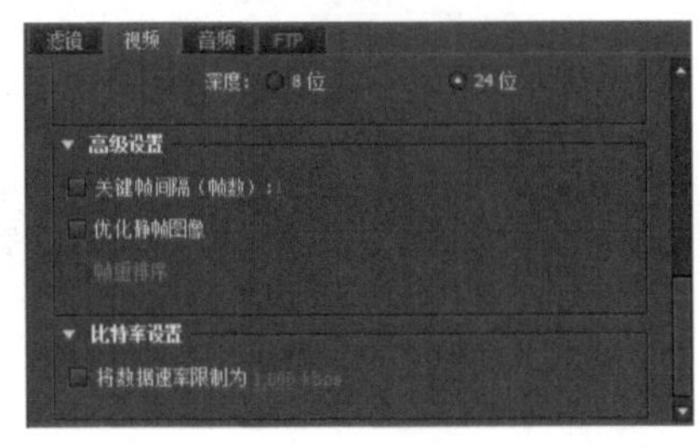

图19-24

19.3.4 设置"音频"选项卡

导出最终项目时，可能需要更改音频设置。要访问音频选项，可以在"导出设置"对话框中切换到"音频"选项卡。"导出设置"对话框中的"音频"选项卡设置如图19-25所示。

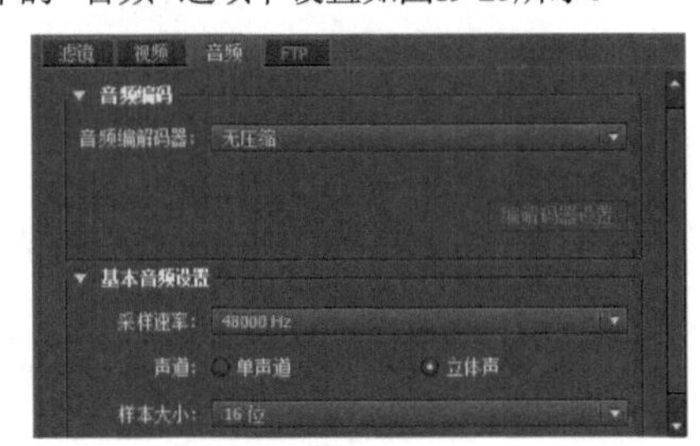

图19-25

【参数介绍】

音频编码：在"音频编码"下拉菜单中，选择一种压缩方式。图19-26所示为导出QuickTime格式时的音频编码设置。当导出为Microsoft AVI格式时，音频编码采用无压缩方式，如图19-27所示。

图19-26

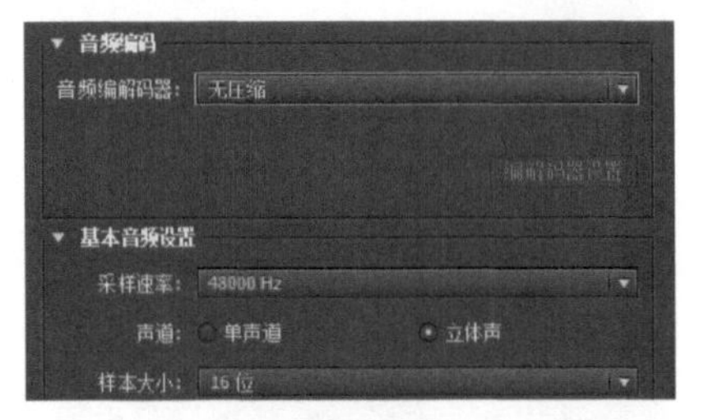

图19-27

采样速率：降低速率设置可以减少文件大小，并加速最终产品的渲染。速率越高，质量越好，但处理时间也越长。例如，CD品质是44kHz。

声道：可以选择立体声（两个通道）或单声道（一个通道）。

样本大小：立体32位是最高设置，8位单声是最低设置。位深度越低，生成的文件越小，并能减少渲染时间。

新手练习：输出音乐盒影片

- 素材文件：素材文件/第19章/01.Prproj
- 案例文件：案例文件/第19章/新手练习——输出音乐盒影片.avi
- 视频教学：视频教学/第19章/新手练习——输出音乐盒影片.flv
- 技术掌握：输出影片的方法

扫码看视频

本例是介绍输出影片的操作，其中包括音频和视频的设置，影片的播放效果如图19-28所示，该案例的制作流程如图19-29所示。

图19-28

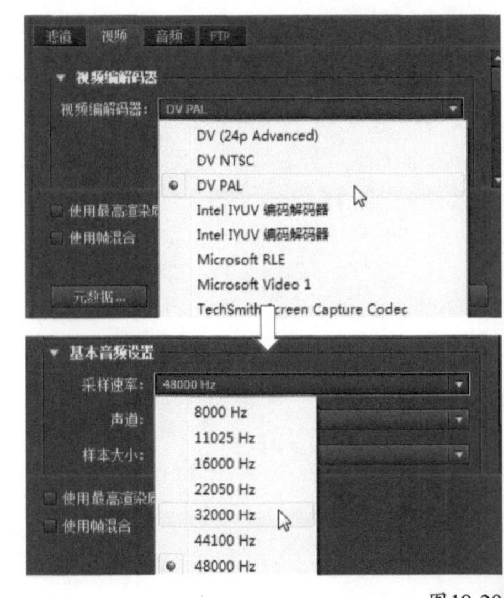

图19-29

【操作步骤】

01 打开“01.prproj”素材文件，如图19-30所示，然后选择“文件→导出→媒体”菜单命令，如图19-31所示。

图19-30

图19-31

02 打开“导出设置”对话框，在“格式”下拉列表框中选择一种影片格式，如图19-32所示。

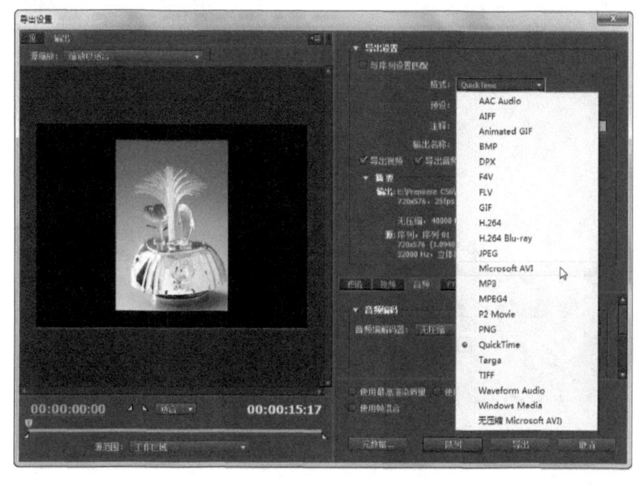

图19-32

03 在“输出名称”选项中单击输出的名称，打开“另存为”对话框，设置存储文件的名称和路径后，单击“保存”按钮，如图19-33所示。

04 返回“导出设置”对话框中，在“视频”选项卡的“视频编码器”下拉列表框中选择需要的编码器，如图19-34所示。

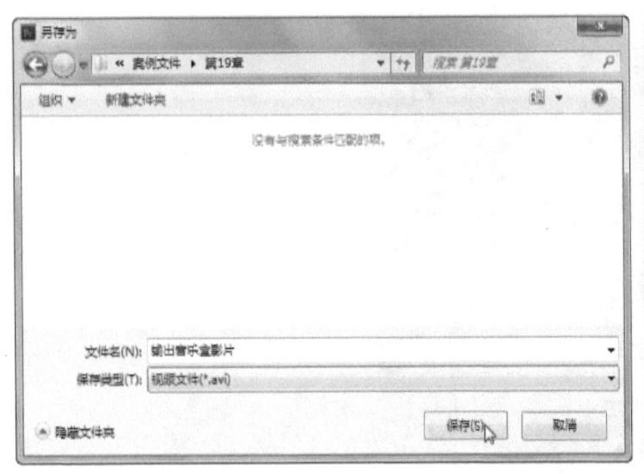

图19-33

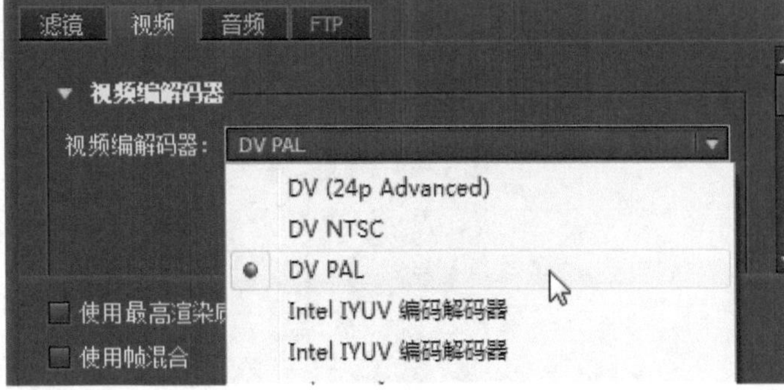

图19-34

05 选择“音频”选项卡，然后选择声道类型和样本大小，如图19-35所示。

06 在“采样速率”下拉列表框中选择音频采样率，如图19-36所示。

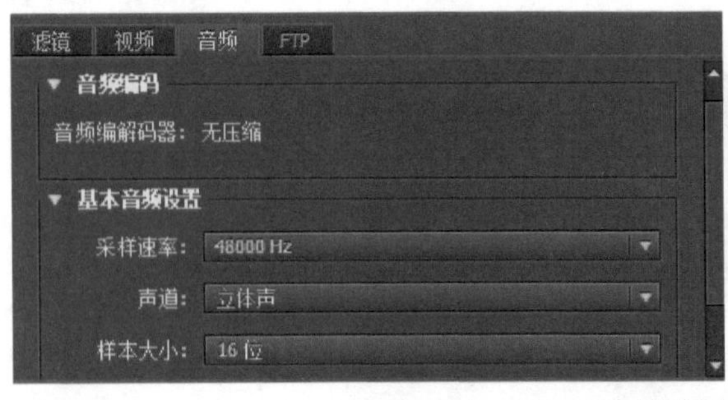

图19-35

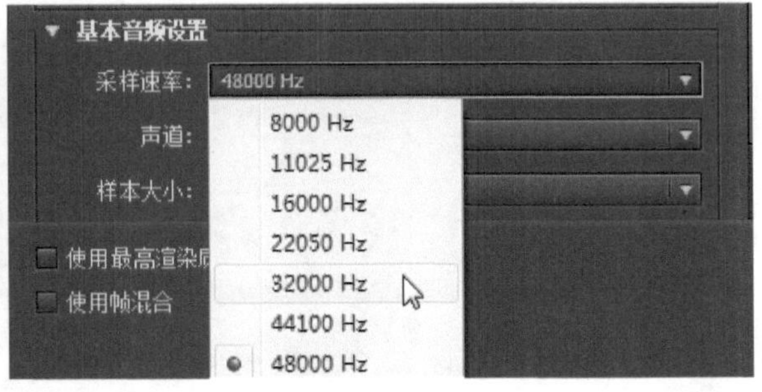

图19-36

07 设置好导出参数后，单击“导出”按钮，将项目文件导出为影片文件，在相应的位置可以找到导出的文件，使用媒体播放器可以对该文件进行播放，如图19-37所示。

图19-37

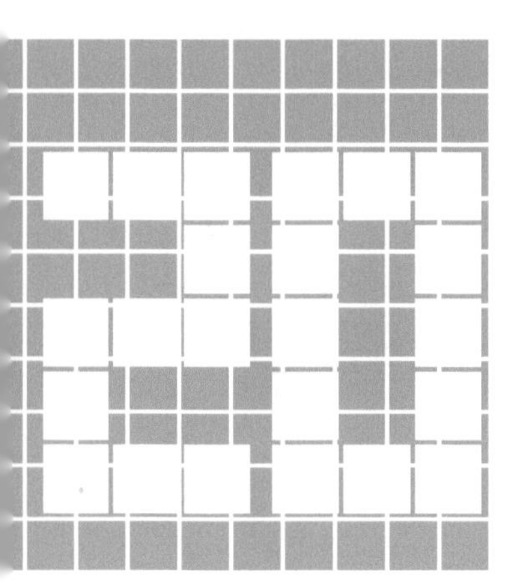

第20章 综合实例

要点索引

20.1 制作影片片头

- 素材文件：素材文件/第20章/1-10.jpg、影片.avi 、报时.wav、音乐.wav
- 案例文件：案例文件/第20章/影片片头效果.Prproj
- 视频教学：视频教学/第20章/影片片头效果.flv
- 技术掌握：制作影片倒计时片头的方法

记得小时候在影院看电影，每部影片的开头或换片都会有十秒钟的倒计时，这是老电影惯用的手法。如果在个人的影视作品中也加入这种“电影倒计时”效果，不仅可以增加影片的娱乐性和趣味性，而且还会使作品看上去更趋于完美。使用Premiere Pro CS6即可实现影片倒计时的效果制作。

本实例将介绍如何制作影片倒计时片头。在本实例的制作过程中，首先在项目面板中导入图片素材，并在时间线面板中安排好素材的顺序位置。然后为时间线面板中的图片素材添加转场特效，制作出动态的图像显示效果。最后在影像的开始位置和结束位置增加关键帧并修改图像显示不透明性，为视频素材制作淡入淡出的显示效果。

20.2 制作广告宣传片

- 素材文件：素材文件/第20章/闪光.avi、音乐.wav、鸽子.jpg、手.jpg、心.jpg
- 案例文件：案例文件/第20章/广告宣传片.Prproj
- 视频教学：视频教学/第20章/广告宣传片.flv
- 技术掌握：制作公益广告宣传片的方法

本实例以制作“广告宣传片”影片为例，介绍Premiere Pro CS6编辑视频文件的方法。在本实例的制作过程中，包括创建项目文件、创建素材、组

接影片素材、编辑影片素材、编辑音频素材和输出影片文件等环节。

本实例完成后，影片的播放效果如下图所示。

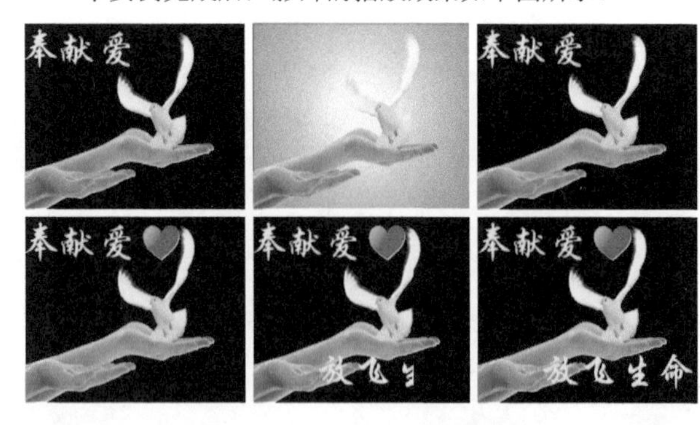

20.3 制作旅游宣传片

- 素材文件：素材文件/第20章/粒子.mov、音乐.wav、名胜、风景、美食、文化等图片
- 案例文件：案例文件/第20章/旅游宣传片.Prproj
- 视频教学：视频教学/第20章/旅游宣传片.flv
- 技术掌握：制作旅游宣传专题片的方法

扫码看视频

扫码看电子书

本实例是一个主题为“帝都古城”的旅游宣传影片，用“名胜”“风景”“美食”“文化”等富有感染力的主题板块，配以丰富、精美的实景照片和悠扬、动听的背景音乐，展示了独具古都特色的文化风貌。

制作影片的过程中需要修改素材的持续时间，然后在素材间添加视频切换效果。为了使影片效果更自然，还需要对影片的开始和结尾部分制作淡入/淡出的效果。接下来在字幕窗口中创建需要的字幕对象，然后根据需要将这些字幕添加到时间线面板中。在字幕对象中会应用到运动效果、视频切换效果和视频特效，最后为影片添加音乐效果，并将项目文件输出为影片文件。

本实例完成后，影片的播放效果如下图所示。

20.4 制作“梅花会”专题片

- 素材文件：素材文件/第20章/渐变字.tif、音乐.mp3、梅花图片
- 案例文件：案例文件/第20章/“梅花会”专题片.Prproj
- 视频教学：视频教学/第20章/“梅花会”专题片.flv
- 技术掌握：制作“梅花会”专题片的方法

扫码看视频　扫码看电子书

本实例将学习如何制作“梅花会”专题片的片头效果。实例效果在悠扬的音乐响起的同时，将造型俊美的梅花照片交替展示在观众面前。

本实例首先需要制作书写文字的效果，该操作需要两个素材，一个是彩色蒙板，另一个是渐变字，彩色蒙板素材可以在Premiere Pro中直接创建。制作影片中的写字效果时使用“渐变擦除”切换效果，然后将黑白写字效果转换为彩色写字效果，该操作需要前面输出的写字序列图像，以及一个完成的文字素材和一个彩色蒙板。将黑白写字效果转换为彩色写字效果使用“轨道遮罩键”视频特效。最后对整个影片进行编辑，此时需要导入所需的素材，并在相邻的素材间添加各种适当切换效果，使素材间的过渡自然和谐，并在诗句素材上添加切换效果，使诗句逐字展现出来。

本实例完成后，影片的播放效果如下图所示。

20.5 制作“世界之窗”专题片

- 素材文件：素材文件/第20章/01.jpg~05.jpg、音乐.mp3
- 案例文件：案例文件/第20章/“世界之窗”专题片.Prproj
- 视频教学：视频教学/第20章/“世界之窗”专题片.flv
- 技术掌握：制作“世界之窗”专题片的方法

扫码看视频

扫码看电子书

本实例将制作“世界之窗”专题片影片效果。本实例由5幅世界著名风景图片拼接起来的画面，组成五画同映的效果。

在本实例中，首先运用“边角固定”特效对素材进行调节，并通过在不同的时间段修改视频素材的大小，使其产生一种由远及近的视觉推近效果，实现“五画同映”效果。然后创建字幕，并为字幕添加视频特效和透明度效果。最后添加音频效果。

本实例完成后，影片的播放效果如下图所示。

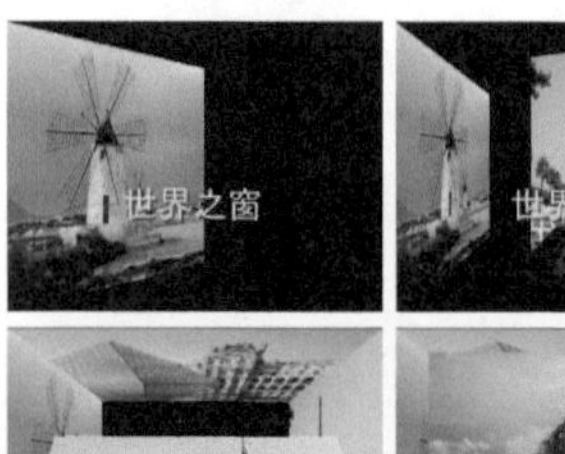